de Gruyter Lehrbuch

Jansen/Margraf · Approximative Algorithmen
und Nichtapproximierbarkeit

Klaus Jansen
Marian Margraf

Approximative Algorithmen und Nichtapproximierbarkeit

Walter de Gruyter
Berlin · New York

Prof. Dr. Klaus Jansen
Institut für Informatik
Christian-Albrechts-Universität zu Kiel
Christian-Albrechts-Platz 4
24118 Kiel
E-Mail: kj@informatik.uni-kiel.de

Dr. Marian Margraf
Bundesamt für Sicherheit in der Informationstechnik
Kompetenzbereich Kryptographie
E-Mail: mma@informatik.uni-kiel.de

Mathematics Subject Classification 2000: 68Rxx, 68W25, 68Q05

⊛ Gedruckt auf säurefreiem Papier, das die US-ANSI-Norm über Haltbarkeit erfüllt.

ISBN 978-3-11-020316-5

Bibliografische Information der Deutschen Nationalbibliothek

Die Deutsche Nationalbibliothek verzeichnet diese Publikation in der Deutschen
Nationalbibliografie; detaillierte bibliografische Daten sind im Internet
über http://dnb.d-nb.de abrufbar.

Printed in Germany.
Konvertierung von LaTeX-Dateien der Autoren: Kay Dimler, Müncheberg.
Einbandgestaltung: Martin Zech, Bremen.
Druck und Bindung: Hubert & Co. GmbH & Co. KG, Göttingen.

Vorwort

Algorithmen zum Lösen von Optimierungsproblemen spielen heutzutage in der Industrie eine große Rolle. So geht es zum Beispiel bei dem Problem MIN JOB SCHEDULING, das uns während der Lektüre dieses Buches immer wieder begegnen wird, darum, zu einer gegebenen Anzahl von Maschinen und Jobs bzw. Prozessen eine Verteilung der Jobs auf die Maschinen so zu finden, dass alle Jobs in möglichst kurzer Zeit abgearbeitet werden. Natürlich soll auch das Finden einer Verteilung nicht allzu viel Zeit in Anspruch nehmen. Das Ziel ist somit, einen Algorithmus zu konstruieren, der effizient, d. h. schnell, arbeitet und eine optimale Lösung findet.

Allerdings ist dieses Ziel für viele Probleme nicht erreichbar. Wir werden sehen, dass es zum Beispiel für das Problem MIN JOB SCHEDULING höchstwahrscheinlich keinen effizienten Algorithmus gibt, der zu jeder Eingabe eine optimale Verteilung konstruiert. Ein Ausweg besteht dann darin, sogenannte Approximationsalgorithmen zu finden, d. h. Algorithmen, die zwar eine effiziente Laufzeit haben, aber dafür Lösungen konstruieren, die nicht optimal, jedoch schon ziemlich nahe an einer Optimallösung liegen.

Damit ist die Absicht, die diesem Buch zugrunde liegt, schon beschrieben. Wir werden uns also hauptsächlich mit Optimierungsproblemen beschäftigen, die schwer, d. h. nicht optimal, in effizienter Zeit zu lösen sind und stattdessen Approximationsalgorithmen für diese Probleme konstruieren und analysieren. Dabei lernen wir, sozusagen nebenbei, eine Vielzahl von Techniken für das Design und auch die Analyse solcher Algorithmen kennen.

Das Buch richtet sich gleichermaßen an Studierende der Mathematik und Informatik, die ihr Grundstudium bereits erfolgreich absolviert haben. Weiterführende Kenntnisse, wie zum Beispiel der Wahrscheinlichkeitstheorie, Logik oder Maschinenmodelle, werden nicht vorausgesetzt. Wo immer wir diese Begriffe benötigen, werden sie kurz erläutert. Allerdings erheben wir dabei keinen Anspruch auf Vollständigkeit, sondern führen die benötigten Theorien nur bis zu einem Grad ein, der für das Verständnis der hier behandelten Algorithmen und insbesondere deren Analyse notwendig ist.

Weiter haben wir versucht, weitestgehend auf Literaturverweise zu verzichten, sondern wollen stattdessen die Beweise der meisten benötigten Aussagen selbst vorstellen, um der Leserin und dem Leser eine vollständige Einführung in das behandelte Thema zu ermöglichen. Dass dies nicht immer haltbar ist, zeigt sich zum Beispiel an der umfangreichen Theorie zum Lösen linearer oder semidefiniter Programme. Die Vorstellung dieser Algorithmen ist Bestandteil einer Vorlesung über effiziente Algorithmen und selbst in diesen werden diese Themen häufig nicht vollständig behandelt. Wir werden deshalb an einigen Stellen nicht darum herumkommen, einige Ergebnisse der aktuellen Forschung ohne Beweise zu zitieren. Dem Verständnis sollte dies aber keinen Abbruch tun. Die Alternative wäre gewesen, wichtige Errungenschaften unbehandelt zu lassen und so dem Anspruch, einen möglichst großen Überblick über die Theorie approximativer Algorithmen zu geben, nicht zu genügen.

Im Einzelnen gehen wir wie folgt vor: Im ersten Abschnitt werden zunächst die wichtigsten Begriffe und Notationen eingeführt und diese anhand von einfach zu formulierenden Optimierungsproblemen und Approximationsalgorithmen motivieren.

Der zweite Abschnitt dieses Buches dient der Definition der Komplexitätsklassen P und NP. Da diese beiden Klassen eine zentrale Bedeutung bei der Behandlung von Approximationsalgorithmen spielen (insbesondere liefert uns diese Theorie das Werkzeug dafür, von Optimierungsproblemen zeigen zu können, dass sie mit großer Wahrscheinlichkeit nicht effizient lösbar sind), werden wir sowohl besonderen Wert darauf legen, sehr formale Definitionen zu liefern, was sich leider als etwas kompliziert herausstellt, als auch verschiedene Interpretationen dieser Definitionen zu besprechen. Wir lernen in diesem Kapitel weiterhin den berühmten Satz von Cook kennen. Dieser Satz zeigt, dass das Entscheidungsproblem SAT unter der Voraussetzung P $\neq$ NP nicht effizient lösbar ist, und ist die erste bewiesene Aussage dieser Art überhaupt. Darauf aufbauend sind wir dann in der Lage, von einer Reihe von Problemen nachzuweisen, dass es für diese keine effizienten Algorithmen gibt, die optimale Lösungen bestimmen.

Bevor wir uns dann ab Kapitel 4 mit approximativen Algorithmen, die eine multiplikative Güte garantieren, beschäftigen, wollen wir zunächst in Kapitel 3 den Begriff der additiven Güte kennen lernen und an drei graphentheoretischen Beispielen vertiefen. Zusätzlich behandeln wir in diesem Kapitel erste Nichtapproximierbarkeitsresultate, die ebenfalls einen wichtigen Bestandteil dieses Buches bilden. Die Kapitel 17–20 sind allein diesem Thema gewidmet.

Bis einschließlich Kapitel 7 konstruieren wir meist sogenannte Greedy-Algorithmen, d. h. Algorithmen, die die Strategie verfolgen, zu jedem Zeitpunkt den lokal besten Gewinn zu erzielen (greedy (engl.) = gierig). Diese Algorithmen sind oft einfach zu formulieren, allerdings ist ihre Analyse häufig erheblich komplizierter.

Ist ein Approximationsalgorithmus für ein Optimierungsproblem mit einer multiplikativen Güte gefunden, so stellt man sich automatisch die Frage, ob dieses Ergebnis noch verbessert werden kann, d. h., ob es einen Approximationsalgorithmus gibt, der eine bessere Güte garantiert, oder ob sich ein Problem vielleicht sogar beliebig gut approximieren lässt. Dies führt zum Begriff der sogenannten Approximationsschemata, d. h. Folgen von Approximationsalgorithmen $(A_\varepsilon)_{\varepsilon > 0}$ so, dass A_ε eine Approximationsgüte von $(1 + \varepsilon)$ garantiert. Wir werden in Kapitel 8 eine sehr einfach zu beschreibende Technik einführen, die, so die Voraussetzungen dafür erfüllt sind, häufig zum Ziel führt.

Allerdings ist das Problem bei der obigen Konstruktion oft, dass sich die Laufzeiten der Algorithmen so stark erhöhen, dass sie zwar immer noch unserem Effizienzbegriff nicht widersprechen, aber nicht mehr praktikabel sind. Die Aussagen sind also nur noch von theoretischer Natur. Kapitel 9 behandelt deshalb sogenannte vollständige Approximationsschemata, die dieses Problem beheben. Auch die in diesem Kapitel eingeführte Technik lässt sich leicht erläutern und auch theoretisch untermalen, was wir am Ende von Kapitel 9 tun werden.

Einen völlig neuen Ansatz zur Konstruktion approximativer Algorithmen lernen wir schließlich in Kapitel 10 kennen. Hier behandeln wir sogenannte randomisierte Algorithmen, d. h. Algorithmen, die Zufallsexperimente durchführen können. Die für die Behandlung solcher Algorithmen benötigte Theorie, insbesondere die wahrscheinlichkeitstheoretischen Grundlagen, werden wir dort einführen. Es wird sich zeigen, dass randomisierte Algorithmen häufig einfach zu beschreiben sind. Allerdings liefern diese für eine Eingabe unterschiedliche Ergebnisse (eben abhängig vom Ausgang des Zufallsexperimentes). Wir werden deshalb einen zweiten Begriff von Güte definieren müssen, die sogenannte erwartete Güte, und sehen, dass dies in der Praxis oft schon ausreicht. Darüber hinaus spielt die Methode der bedingten Erwartungswerte, oder auch Derandomisierung, eine große Rolle. Ziel dieser Technik ist es, aus einem randomisierten Algorithmus wieder einen deterministischen zu konstruieren, so dass die Güte erhalten bleibt.

Nahtlos daran schließt sich die Betrachtung der LP-Relaxierung an, die wir in Kapitel 11 einführen. Viele klassische Optimierungsprobleme lassen sich, wie wir noch sehen werden, in natürlicher Weise als ganzzahliges lineares Programm schreiben. Damit reduzieren wir die Behandlung vieler Optimierungsprobleme auf das Lösen dieser linearen Programme, was allerdings nicht unbedingt leichter ist. Verzichtet man aber auf die Ganzzahligkeit, d. h., relaxiert man das Programm, dann erhält man ein Problem, für das es effiziente Algorithmen gibt. Unglücklicherweise ist die so erhaltene Lösung im Allgemeinen nicht mehr ganzzahlig, immerhin aber eine gute Näherung. Es gibt nun zwei Möglichkeiten, aus einer Lösung des relaxierten Problems eine ganzzahlige Lösung zu gewinnen. Man betrachtet die Technik des randomisierten Rundens und erhält einen randomisierten Algorithmus, oder man rundet deterministisch. Beides muss so geschickt gemacht werden, dass die so erhaltene Lösung auch eine zulässige ist. Ist dies nicht der Fall, so kann man sich natürlich die Frage stellen, wie groß die Wahrscheinlichkeit dafür ist, auf diese Weise eine zulässige Lösung zu erhalten. Dies führt dann zum Begriff des probabilistischen Algorithmus, d. h., hier ist die Wahrscheinlichkeit dafür, eine zulässige Lösung zu erhalten, hinreichend groß.

Nachdem wir in Kapitel 11 lineare Programme zum Lösen von Optimierungsproblemen benutzt haben, stellen wir die Theorie der Linearen Programmierung in Kapitel 12 noch einmal genauer vor. Wir werden die drei verschiedenen Versionen der Linearen Programmierung kennen lernen und zeigen, dass alle drei äquivalent zueinander sind. Hauptziel dieses Kapitels ist aber die Formulierung des sogenannten Dualitätssatzes, der zu den bedeutendsten Sätzen der klassischen Mathematik gehört. Aufbauend auf diesen berühmten Satz werden wir eine weitere Technik für das Design

und die Analyse von Approximationsalgorithmen an einem schon bekannten Optimierungsproblem kennen lernen.

Das Kapitel 13 widmet sich ganz dem Problem MIN BIN PACKING. Wir werden sogenannte asymptotische Approximationsschemata, unter anderem ein vollständiges,
für dieses Problem behandeln. Hier ist das Ziel, einfach gesprochen, eine gute multiplikative Güte für Instanzen zu garantieren, deren optimale Lösungen große Werte annehmen. Die Idee für das Design dieser Approximationsalgorithmen ist etwas
kompliziert und nutzt einige Techniken, die wir im Laufe der Lektüre dieses Buches
kennen gelernt haben werden.

Weiter vertiefen werden wir unser Wissen anhand des bereits mehrfach behandelten Problems MIN JOB SCHEDULING. Wir geben am Anfang von Kapitel 14 eine
umfangreiche, aber nicht vollständige Einführung in verschiedene Versionen dieses
Problems (die sogenannte 3-Felder-Notation) und behandeln insbesondere drei dieser
Versionen genauer.

In Kapitel 15 lernen wir einen Algorithmus kennen, der konkave Funktionen auf
einer konvexen kompakten Menge approximativ maximiert. Es zeigt sich, dass dieser Algorithmus dazu genutzt werden kann, eine große Klasse sogenannter Überdeckungsprobleme approximativ zu lösen. Wir werden dies am Beispiel des Problems
MIN STRIP PACKING diskutieren, genauer konstruieren wir ein vollständiges asymptotisches Approximationsschema für dieses Problem.

Semidefinite Programmierung, die wir in Kapitel 16 behandeln, kann man als Verallgemeinerung der Linearen Programmierung auffassen. Es ist leicht einzusehen,
dass sich jedes lineare Programm auch als semidefinites schreiben lässt. Außerdem
beruhen die Ideen zum Lösen semidefiniter Programme auf denen zum Lösen linearer Programme. Der Trick, mit Hilfe der semidefiniten Programmierung eine Lösung
für ein Optimierungsproblem zu gewinnen, ist einfach, aber sehr geschickt. Über-
raschenderweise lässt sich dieser Trick auf eine ganze Reihe höchst unterschiedlicher Optimierungsprobleme wie zum Beispiel MAXSAT, MAXCUT und MIN NODE
COLORING anwenden.

Damit ist die Einführung neuer Techniken zum Design und zur Analyse abgeschlossen. Bevor wir uns nun vollständig mit Nichtapproximierbarkeitsresultaten beschäftigen können, benötigen wir zunächst eine genauere Definition des Begriffs Optimierungsproblem, speziell um auch für diese Klasse geeignete Reduktionsbegriffe
einzuführen. Wie sich zeigen wird, sind die Erläuterungen aus Kapitel 2 dafür nicht
ausreichend. Wir werden also in Kapitel 17 noch einmal genauer darauf eingehen.

Ab Kapitel 18 beschäftigen wir uns dann ausgiebig mit Nichtapproximierbarkeitsresultaten bezüglich der multiplikativen Güte. Solche haben wir schon in vorangegangenen Kapiteln behandelt, wir wollen aber nun damit beginnen, diese Theorie etwas
systematischer vorzustellen. Unter anderem lernen wir in diesem Kapitel einen neuen
Reduktionsbegriff, die sogenannten lückenerhaltenen Reduktionen, kennen, die auch
Nichtapproximierbarkeitsresultate übertragen können (im Gegensatz zu den in Ka-

pitel 2 definierten Reduktionen, die zwar die nichteffiziente Lösbarkeit übertragen, allerdings keine Aussage über Nichtapproximierbarkeit garantieren).

Anknüpfungspunkt für alle in den letzten Kapiteln dieses Buches behandelten Nichtapproximierbarkeitsresultate ist eine neue Charakterisierung der Klasse NP, das berühmte PCP-Theorem. PCP seht für *probabilistic checkable proof* und wir werden Kapitel 19 ganz diesem Thema widmen. Leider wird es uns nicht möglich sein, den Beweis des PCP-Theorems vollständig vorzustellen, die Ausführungen werden aber trotzdem eine Ahnung davon geben, was die Ideen hinter dieser Aussage sind.

Mit Hilfe dieses Theorems können wir dann zeigen, dass das Problem MAX3SAT kein polynomielles Approximationsschema besitzt. Ausgehend von diesem Resultat weisen wir in Kapitel 20 von einer ganzen Reihe höchst unterschiedlicher Optimierungsprobleme ähnliche und bei weitem stärkere Ergebnisse nach.

Wir formulieren in diesem Buch Algorithmen größtenteils umgangssprachlich, d. h., wir beschreiben die einzelnen Schritte im sogenannten Pseudocode. Die zugrundeliegenden Maschinenmodelle führen wir im Anhang sowohl für deterministische und nichtdeterministische als auch für randomisierte Algorithmen ein. Wir werden dort einen groben Überblick über verschiedenste Versionen von Turingmaschinen geben und wollen die Definitionen an mehr oder weniger komplizierten Beispielen festigen.

Es liegt in der Natur eines Lehrbuches, dass die meisten präsentierten Ergebnisse nicht auf wissenschaftliche Erkenntnisse der Autoren zurückgehen, sondern hierin vielmehr bereits seit langem bekanntes Wissen lediglich in neuer Form dargestellt wird. Das vorliegende Buch ist aus einem Skript zur Vorlesung Approximative Algorithmen I und II hervorgegangen, die von Klaus Jansen regelmäßig und von Marian Margraf im Sommersemester 2003 an der Universität zu Kiel gehalten wurden. Bei der Vorbereitung dieser Vorlesungen wurde neben den bekannten Büchern zu diesem Thema, die im Literaturverzeichnis aufgelistet sind, eine Reihe von im Internet frei verfügbaren Vorlesungsskripten anderer Hochschuldozenten genutzt, beispielsweise von J. Blömer und B. Gärtner (ETH Zürich), M. Lübbecke (TU Berlin) und R. Wanka (Universität Erlangen-Nürnberg).

Die wenigsten Bücher sind frei von Fehlern. Wir werden daher auf der Seite

www.informatik.uni-kiel.de/mma/approx/

regelmäßig wichtige Korrekturen auflisten. Zusätzlich sind wir dankbar, wenn Sie uns über Fehler, die Ihnen während der Lektüre dieses Buches auffallen, informieren.

Viele Personen haben zur Entstehung dieses Lehrbuches beigetragen. Neben zahlreichen Durchsichten der Manuskripte über viele Jahre und die daraus resultierenden Tipps zu Verbesserungen von Florian Diedrich, Ralf Thöle und Ulrich Michael Schwarz bedanken wir uns noch einmal besonders bei Florian Diedrich für die Erstellung von Kapitel 15 und Abschnitt 14.3, bei Ulrich Michael Schwarz für die Bereitstellung vieler LaTeX-Makros und einer grundlegenden Überarbeitung des Layouts, sowie bei Sascha Krokowski für die Erstellung vieler Graphiken. Auch beim Verlag de Gruyter, speziell bei den Mitarbeitern Herrn Albroscheit und Herrn Dr. Plato und dem externen Mitarbeiter Herrn Dimler, möchten wir uns für die große Unterstützung bedanken.

Kiel und Bonn, Januar 2008   K. Jansen und M. Margraf

Inhaltsverzeichnis

Vorwort   v

I   Approximative Algorithmen   **1**

1   Einführung   **2**
   1.1   Zwei Beispiele (MIN JOB SCHEDULING und MAXCUT)   2
   1.2   Notationen und Definitionen   7
   1.3   Übungsaufgaben   18

2   Die Komplexitätsklassen P und NP   **20**
   2.1   Sprachen (Wortprobleme) und die Klassen P und NP   21
   2.2   Entscheidungsprobleme und die Klassen P und NP   25
   2.3   Das Problem SAT und der Satz von Cook   30
   2.4   Weitere NP-vollständige Probleme   37
   2.5   Wie findet man polynomielle Transformationen   42
   2.6   Übungsaufgaben   49

3   Approximative Algorithmen mit additiver Güte   **51**
   3.1   MIN NODE COLORING   51
   3.2   MIN EDGE COLORING   56
   3.3   MIN NODE COLORING in planaren Graphen   61
   3.4   Nichtapproximierbarkeit: MAX KNAPSACK und MAX CLIQUE   74
   3.5   Übungsaufgaben   78

4   Algorithmen mit multiplikativer Güte I: Zwei Beispiele   **81**
   4.1   MIN SET COVER   81
   4.2   MAX COVERAGE   84
   4.3   Übungsaufgaben   89

5   Algorithmen mit multiplikativer Güte II: Graphenprobleme   **91**
   5.1   MIN VERTEX COVER   91
   5.2   MAX INDEPENDENT SET   94
   5.3   MIN NODE COLORING 102
   5.4   Übungsaufgaben 103

6   Algorithmen mit multiplikativer Güte III: Prozessoptimierung   105
   6.1   MIN JOB SCHEDULING 106
   6.2   MIN TRAVELING SALESMAN 109
   6.3   Nichtapproximierbarkeit: MIN TRAVELING SALESMAN 122
   6.4   Übungsaufgaben 126

7   Algorithmen mit multiplikativer Güte IV: Packungsprobleme   128
   7.1   MIN BIN PACKING 128
   7.2   MIN STRIP PACKING 139
   7.3   Übungsaufgaben 149

8   Approximationsschemata   150
   8.1   MIN JOB SCHEDULING mit konstanter Maschinenanzahl 151
   8.2   MAX KNAPSACK 152
   8.3   MIN JOB SCHEDULING 157
   8.4   MIN TRAVELING SALESMAN 161
   8.5   Übungsaufgaben 174

9   Vollständige Approximationsschemata   177
   9.1   MAX KNAPSACK 177
   9.2   Pseudopolynomielle Algorithmen und streng NP-schwere Probleme . 184
   9.3   Übungsaufgaben 186

10 Randomisierte Algorithmen   187
   10.1 MAXSAT 187
   10.2 Wahrscheinlichkeitstheorie 188
   10.3 MAXSAT (Fortsetzung) 191
   10.4 Randomisierte Algorithmen 192
   10.5 Derandomisierung: Die Methode der bedingten Wahrscheinlichkeit . . 196
   10.6 MAXCUT 200
   10.7 Übungsaufgaben 203

11 Lineare Programmierung: Deterministisches und randomisiertes Runden   205
   11.1 MAXSAT 205
   11.2 MIN HITTING SET 210
   11.3 Probabilistische Approximationsalgorithmen 212
   11.4 MIN HITTING SET (Fortsetzung) 215
   11.5 MIN SET COVER 217
   11.6 MAX k-MATCHING in Hypergraphen 219
   11.7 Übungsaufgaben 224

12 Lineare Programmierung und Dualität 227
12.1 Ecken, Kanten und Facetten 227
12.2 Lineare Programmierung 231
12.3 Geometrie linearer Programme 233
12.4 Der Dualitätssatz 237
12.5 Die Methode Dual Fitting und das Problem MIN SET COVER: Algorithmendesign 244
12.6 Die Methode Dual Fitting und das Problem MIN SET COVER: Algorithmenanalyse 248
12.7 Übungsaufgaben 251

13 Asymptotische polynomielle Approximationsschemata 253
13.1 MIN EDGE COLORING 254
13.2 Ein asymptotisches polynomielles Approximationsschema für MIN BIN PACKING 257
13.3 Ein vollständiges asymptotisches Approximationsschema für MIN BIN PACKING 264
13.4 Übungsaufgaben 269

14 MIN JOB SCHEDULING 271
14.1 MIN JOB SCHEDULING auf identischen Maschinen 272
14.2 MIN JOB SCHEDULING auf nichtidentischen Maschinen 274
14.3 MIN JOB SCHEDULING mit Kommunikationszeiten 279
14.4 Übungsaufgaben 287

15 Max-Min Resource Sharing 289
15.1 Max-Min Resouce Sharing 289
15.2 MIN STRIP PACKING 303
15.3 Übungsaufgaben 317

16 Semidefinite Programmierung 318
16.1 MAXCUT 320
16.2 MAX$\leq$ 2SAT 327
16.3 MAXSAT 333
16.4 MIN NODE COLORING 341
16.5 Übungsaufgaben 347

II Nichtapproximierbarkeit **349**

17 Komplexitätstheorie für Optimierungsprobleme 350
17.1 Die Klassen PO und NPO 351
17.2 Weitere Komplexitätsklassen 353

17.3 Reduktionen 356
17.4 Übungsaufgaben 359

18 Nichtapproximierbarkeit I   **361**
18.1 MIN NODE COLORING 362
18.2 Lückenerhaltende Reduktionen 365
18.3 Übungsaufgaben 370

19 PCP Beweissysteme   **371**
19.1 Polynomiell zeitbeschränkte Verifizierer 372
19.2 Nichtapproximierbarkeit von MAX3SAT 379
19.3 $NP \subseteq PCP(\text{poly}(n), 1)$ 384
19.4 Übungsaufgaben 399

20 Nichtapproximierbarkeit II   **400**
20.1 k-OCCURENCE MAX3SAT 401
20.2 MAX LABEL COVER 406
20.3 MIN SET COVER 412
20.4 MAX CLIQUE und MAX INDEPENDENT SET 418
20.5 MAX SATISFY 423
20.6 MIN NODE COLORING 428
20.7 Das PCP-Theorem und Expandergraphen 437
20.8 Übungsaufgaben 442

III Anhang   **443**

A Turingmaschinen   **444**
A.1 Turingmaschinen 444
A.2 Probabilistische Turingmaschinen 455
A.3 Übungsaufgaben 459

B Behandelte Probleme   **461**
B.1 Entscheidungsprobleme 461
   B.1.1 Probleme aus P 461
   B.1.2 NP-vollständige Probleme 461
B.2 Minimierungsprobleme 463
   B.2.1 Minimierungsprobleme aus PO 463
   B.2.2 NP-schwere Minimierungsprobleme 464
B.3 Maximierungsprobleme 466
   B.3.1 Maximierungsprobleme aus PO 466
   B.3.2 NP-schwere Maximierungsprobleme 467

Literaturverzeichnis 471

Abbildungsverzeichnis 485

Tabellenverzeichnis 491

Symbolindex 493

Index 497

Teil I

Approximative Algorithmen

Kapitel 1

Einführung

Ein Ziel bei der Konstruktion von Algorithmen für Optimierungsprobleme ist häufig, wie bereits im Vorwort beschrieben, die Laufzeit der Algorithmen so gering wie möglich zu halten, um Lösungen schnell berechnen zu können, Dabei muss man oft, wie wir noch sehen werden, darauf verzichten, optimale Lösungen zu bestimmen.

Wir starten mit zwei motivierenden Beispielen und untersuchen zunächst sehr einfache Approximationsalgorithmen für diese Probleme, an denen wir die Hauptideen zur Konstruktion solcher Algorithmen erläutern werden. Dass diese Probleme tatsächlich schwer zu lösen sind, können wir allerdings erst im folgenden Kapitel zeigen, da uns die dafür benötigte Theorie hier noch nicht zur Verfügung steht.

Nachdem wir dann schon zwei Optimierungsprobleme und zugehörige Approximationsalgorithmen kennen, wollen wir in Abschnitt 1.2 die wichtigsten für die Lektüre dieses Buches benötigten Definitionen einführen und anhand der bereits vorgestellten Beispiele erläutern. Dazu gehört neben der Definition von Optimierungsproblem, Algorithmus, Laufzeit und Approximationsgüte (die beschreibt, wie nahe eine gefundene Lösung am Optimum liegt) auch eine sehr kurze Einführung in die Komplexitätsklassen P und NP, die für ein grobes Verständnis der Problematik genügen sollte. Für einen vertiefenden Einblick sei allerdings auf Kapitel 2 verwiesen, das sich ausgiebig mit diesem Thema beschäftigen wird.

1.1 Zwei Beispiele (MIN JOB SCHEDULING und MAXCUT)

Das folgende Problem wird uns während der Lektüre des Buches immer wieder begegnen.

Beispiel 1.1 (MIN JOB SCHEDULING). Gegeben seien m Maschinen $M_1, \ldots, M_m$, n Jobs $J_1, \ldots, J_n$ und zu jedem Job J_i, $i \in \{1, \ldots, n\}$, die Laufzeit $p_i \in \mathbb{N}$, die jede Maschine benötigt, um den Job J_i auszuführen.

Weiter machen wir die folgenden Einschränkungen: Zu jedem Zeitpunkt kann jede Maschine nur einen Job ausführen, und ein einmal angefangener Job kann nicht abgebrochen werden. Gesucht ist dann eine Verteilung (ein sogenannter *Schedule*) der n Jobs auf die m Maschinen, die den obigen Bedingungen genügt und möglichst schnell alle Jobs abarbeitet.

Ein Schedule wird durch n Paare (s_k, M_i), $k \in \{1, \ldots, n\}$, $i \in \{1, \ldots, m\}$, beschrieben. Dabei bedeute (s_k, M_i), dass der Job J_k zum Zeitpunkt s_k auf der i-ten

Maschine M_i gestartet wird. Für einen Schedule

$$((s_1, M_{i_1}), \ldots, (s_n, M_{i_n})), \quad i_j \in \{1, \ldots, m\},$$

sei

$$C_{\max} := \max\{s_k + p_k; k \in \{1, \ldots, n\}\}$$

der sogenannte *Makespan* des Schedules, also die Zeit, die die Maschinen bei vorgegebenem Schedule benötigen, um alle Jobs abzuarbeiten. Es geht also darum, den Makespan zu minimieren.

Allgemein werden wir Probleme wie folgt formulieren:

Problem 1.2 (MIN JOB SCHEDULING).
Eingabe: Maschinen $M_1, \ldots, M_m, m \in \mathbb{N}$, Jobs $J_1, \ldots, J_n, n \in \mathbb{N}$, und Ausführungszeiten $p_1, \ldots, p_n$ für jeden Job.
Ausgabe: Ein Schedule mit minimalem Makespan.

Wir betrachten als Beispiel für das obige Problem zwei Maschinen M_1, M_2 und fünf Jobs $J_1, \ldots, J_5$ mit Laufzeiten $p_1 = 1$, $p_2 = 2$, $p_3 = 2$, $p_4 = 4$ und $p_5 = 1$. Wie leicht zu sehen ist, ist ein optimaler Schedule

$$((0, M_1), (3, M_1), (1, M_1), (0, M_2), (4, M_2)),$$

siehe Abbildung 1.1.

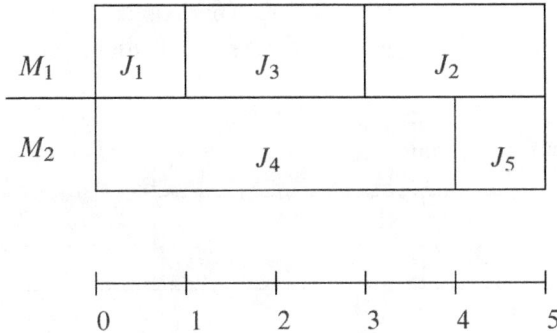

Abbildung 1.1. Ein optimaler Schedule zu den Jobs aus Beispiel 1.1.

Wie wir später noch sehen werden, ist es im Allgemeinen sehr schwer, einen optimalen Schedule zu finden. Das bedeutet, dass es höchstwahrscheinlich keinen effizienten Algorithmus gibt, der für jede Eingabe des Problems einen optimalen Schedule konstruiert.

Abhilfe schafft ein Approximationsalgorithmus, d. h. ein Algorithmus, der effizient ist, also polynomielle Laufzeit hat, dafür aber keinen optimalen Wert liefert, sondern einen, der nicht zu sehr vom Optimum abweicht. All die oben schon benutzten Begriffe wie schweres Problem, Algorithmus, Effizienz und polynomielle Laufzeit werden

wir in den nächsten Abschnitten noch einmal präzisieren. Hier soll es erst einmal
genügen, mit der Anschauung, die diesen Begriffen zugrunde liegt, zu arbeiten.

Wir werden nun einen Algorithmus für das Problem MIN JOB SCHEDULING kennen lernen, der eine ziemlich gute Annäherung an das Optimum findet. In der Analyse dieses Algorithmus sehen wir dann schon einige wichtige Techniken, die wir auch
später benutzen werden.

Algorithmus LIST SCHEDULE$(m, p_1, \ldots, p_n)$

```
 1   S := ∅
 2   for i = 1 to m do
 3     a_i := 0
 4   od
 5   for k = 1 to n do
 6     Berechne das kleinste i mit a_i = min{a_j; j ∈ {1,...,m}}.
 7     s_k := a_i
 8     a_i := a_i + p_k
 9     S := S ∪ {(s_k, M_i)}
10   od
11   return S
```

Der Algorithmus verfolgt also die Strategie, die Jobs auf die gerade frei werden-
de Maschine zu verteilen, ohne sich die gesamte Eingabe überhaupt anzusehen. Wir
werden im Laufe der Lektüre noch weitere Approximationsalgorithmen für dieses
Problem kennen lernen, die bei weitem besser sind, allerdings ist deren Analyse dann
auch komplizierter.

Für unser oben angegebenes Beispiel berechnet der Algorithmus den in Abbildung 1.2 dargestellten Schedule.

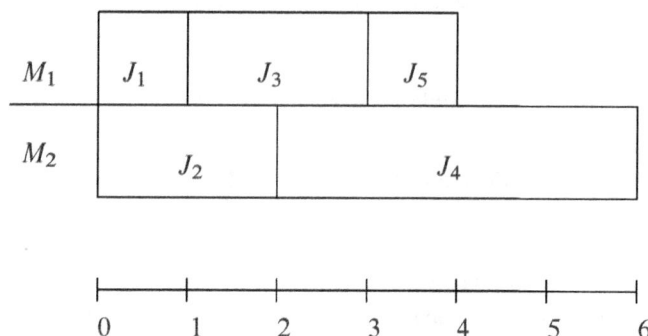

Abbildung 1.2. Das Ergebnis von LIST SCHEDULE für die Instanz aus
Beispiel 1.1.

Bevor wir im nächsten Abschnitt zeigen, dass dieser Algorithmus tatsächlich effizient ist, wozu wir zunächst noch einige Definitionen benötigen, beweisen wir erst,

dass die vom Algorithmus LIST SCHEDULE erzeugte Lösung höchstens doppelt so lang ist wie die eines optimalen Schedules. Der obige Algorithmus, ebenso wie die folgende Analyse, stammen von Graham, siehe [80].

Satz 1.3. *Der vom Algorithmus* LIST SCHEDULE *erzeugte Schedule hat einen Makespan, der höchstens doppelt so lang ist wie der Makespan eines optimalen Schedules.*

Beweis. Gegeben seien m Maschinen und n Jobs mit Laufzeiten $p_1, \ldots, p_n$. Weiter sei OPT der Makespan eines optimalen Schedules und C der vom Algorithmus erzeugte Makespan. Wie im Algorithmus sei s_k die Startzeit des k-ten Jobs in dem vom Algorithmus erzeugten Schedule und $C_k = s_k + p_k$ die Zeit, in der der k-te Job endet. Schließlich sei J_l der Job, der als letzter beendet wird. Es gilt also $C = C_l$.

Bis zum Zeitpunkt s_l ist jede Maschine durchgehend ausgelastet (sonst hätte J_l früher gestartet werden können). Damit ist die durchschnittliche Laufzeit jeder Maschine bis zum Start des letzten Jobs J_l höchstens

$$\frac{1}{m} \sum_{k \in \{1,\ldots,n\} \setminus \{l\}} p_k.$$

Es gibt also mindestens eine Maschine, deren Laufzeit höchstens von dieser Größe ist, und es folgt

$$s_l \leq \frac{1}{m} \sum_{k \in \{1,\ldots,n\} \setminus \{l\}} p_k.$$

Insbesondere erhalten wir

$$C = C_l = s_l + p_l \leq \frac{1}{m} \sum_{k \in \{1,\ldots,n\} \setminus \{l\}} p_k + p_l = \frac{1}{m} \sum_{k \in \{1,\ldots,n\}} p_k + \left(1 - \frac{1}{m}\right) p_l.$$

Weiter ist $\frac{1}{m} \sum_{k=1}^{n} p_k$ die durchschnittliche Laufzeit jeder Maschine. Damit gilt also OPT $\geq \frac{1}{m} \sum_{k=1}^{n} p_k$. Da weiter OPT $\geq p_l$, folgt insgesamt

$$
\begin{aligned}
C &\leq \frac{1}{m} \sum_{k=1}^{n} p_k + \left(1 - \frac{1}{m}\right) p_l \\
&\leq \text{OPT} + \left(1 - \frac{1}{m}\right) \text{OPT} \\
&\leq \left(2 - \frac{1}{m}\right) \text{OPT} \\
&\leq 2\,\text{OPT} .
\end{aligned}
$$

$\square$

Wir können also sogar zeigen, dass der Algorithmus LIST SCHEDULE eine Güte von $\left(2 - \frac{1}{m}\right)$ garantiert, wobei m die Anzahl der Maschinen ist.

Zunächst scheint es schwierig zu sein, den Wert der Lösung eines Approximations-algorithmus mit dem optimalen Wert zu vergleichen, da wir diesen gar nicht kennen. Der Trick dabei ist, gute untere Schranken für die optimale Lösung zu suchen. Das Finden solcher Schranken ist häufig der entscheidende Punkt in den Analysen von Approximationsalgorithmen. In dem obigen Beweis sind diese Schranken

- $\text{OPT} \geq \frac{1}{m} \sum_{k=1}^{n} p_k$, und

- $\text{OPT} \geq p_l$.

Als zweites Beispiel lernen wir nun ein *Maximierungsproblem* kennen und analy-sieren einen einfachen Approximationsalgorithmus für dieses Problem.

Problem 1.4 (MaxCut).

Eingabe: Ein ungerichteter Graph $G = (V, E)$ mit Knotenmenge V und Kanten-menge E.

Ausgabe: Eine Partition $(S, V \setminus S)$ der Knotenmenge so, dass die Größe $w(S)$ des *Schnittes*, also die Zahl der Kanten zwischen S und $V \setminus S$, maximiert wird.

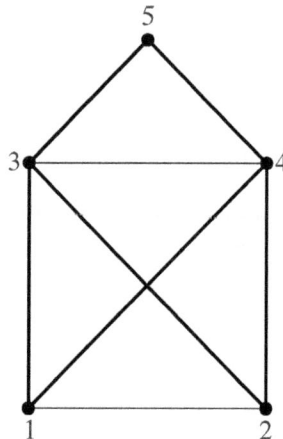

Abbildung 1.3. Ein Beispiel für einen Schnitt.

Wir betrachten das Beispiel aus Abbildung 1.3: Der Schnitt $S = \{3, 4\}$ hat eine Größe von 6 und ist, wie man leicht überlegt, ein maximaler Schnitt (im Bild sind die Schnittkanten jeweils fett gezeichnet).

Auch dieses Problem ist, wie schon das Problem MIN JOB SCHEDULING, schwie-rig (dies wurde von Karp in [128] gezeigt). Wir werden jetzt einen Approximations-gorithmus kennen lernen, der eine effiziente Laufzeit hat und dessen Lösungen min-destens halb so groß sind wie die Optimallösungen. Dieser Algorithmus und die Ana-lyse findet man in Sahni und Gonzales [178].

Algorithmus LOCAL IMPROVEMENT(G)

```
1  S := ∅
2  while ∃v ∈ V : w(S Δ {v}) > w(S) do
3     S := S Δ {v}
4  od
5  return S
```

Dabei bezeichnet Δ die *symmetrische Differenz* zweier Mengen, für unseren speziellen Fall heißt dies

$$S \,\Delta\, \{v\} = \begin{cases} S \cup \{v\}, & \text{falls } v \notin S, \\ S \setminus \{v\}, & \text{sonst.} \end{cases}$$

Die Idee des Algorithmus ist sehr einfach. Man startet mit einer Menge S von Knoten. Solange es noch einen Knoten gibt, dessen Hinzunahme oder Wegnahme von S den aktuellen Schnitt vergrößert, wird S entsprechend angepasst (local improvement). Andernfalls wird S ausgegeben.

Wir kommen nun zur angekündigten Analyse.

Satz 1.5. *Der Algorithmus* LOCAL IMPROVEMENT *liefert zu jeder Eingabe einen Schnitt, für dessen Größe $w \geq \frac{1}{2}$ OPT gilt, wobei OPT die Größe eines optimalen Schnittes bezeichnet.*

Beweis. Sei S der von dem Algorithmus berechnete Schnitt. Dann gilt für alle $v \in V$, dass mindestens die Hälfte der Kanten durch v Schnittkanten bezüglich S sind (andernfalls wäre $S \Delta \{v\}$ ein größerer Schnitt). Also sind mindestens die Hälfte aller Kanten Schnittkanten bezüglich S, woraus $2w \geq |E|$ folgt. Da aber offensichtlich OPT $\leq |E|$, erhalten wir $2w \geq |E| \geq$ OPT. □

Wie schon bei der Analyse des Algorithmus LIST SCHEDULE haben wir für den obigen Beweis eine Schranke für die optimale Lösung angegeben, nur im Gegensatz zum Ersten eine obere, da es sich bei MAXCUT um ein Maximierungsproblem handelt.

1.2 Notationen und Definitionen

Wie oben versprochen, wollen wir nun einige im letzten Abschnitt bereits benutzten Begriffe an dieser Stelle präzisieren und die Definitionen an einigen Beispielen motivieren.

Optimierungsprobleme

Ein *Optimierungsproblem* $\Pi = (\mathcal{I}, F, w)$ ist definiert durch:

- Eine Menge $\mathcal{I}$ von *Instanzen*.
- Zu jeder Instanz $I \in \mathcal{I}$ existiert eine Menge $F(I)$ von *zulässigen Lösungen*,
- Jeder Lösung $S \in F(I)$ ist ein Wert $w(S) \in \mathbb{Q}_+$ zugeordnet.

Das Ziel ist dann, bei gegebener Instanz eine zulässige Lösung so zu finden, dass $w(S)$ möglichst groß (*Maximierungsproblem*) oder möglichst klein ist (*Minimierungsproblem*).

Im MIN JOB SCHEDULING zum Beispiel wird eine Instanz I spezifiziert durch die Anzahl der Maschinen, die Anzahl der Jobs und die Laufzeiten der einzelnen Jobs. Die Menge $F(I)$ der zulässigen Lösungen ist dann die Menge der Schedules zur Eingabe I. Weiter bezeichnet für jede zulässige Lösung, also jeden Schedule $S \in F(I)$ der Wert $w(S)$ den Makespan. Da wir den Makespan möglichst klein haben wollen, handelt es sich hierbei also um ein Minimierungsproblem.

Entscheidungsprobleme

Darüber hinaus können wir aber auch folgendes *Entscheidungsproblem* betrachten.

Problem 1.6 (JOB SCHEDULING).
Eingabe: m Maschinen $M_1, \ldots, M_m$, n Jobs $J_1, \ldots, J_n$, Ausführungszeiten $p_1, \ldots, p_n$ für jeden Job und $k \in \mathbb{N}$.
Frage: Existiert ein Schedule mit einem Makespan kleiner gleich k?

Allgemein besteht ein Entscheidungsproblem $\Pi = (\mathcal{I}, Y_{\mathcal{I}})$ aus einer Menge $\mathcal{I}$ von Instanzen und einer Teilmenge $Y_{\mathcal{I}} \subseteq \mathcal{I}$ von JA-Instanzen. Das Problem kann dann wie folgt formuliert werden:

Problem 1.7 $(\Pi = (\mathcal{I}, Y_{\mathcal{I}}))$.
Eingabe: $x \in \mathcal{I}$.
Frage: Gilt $x \in Y_{\mathcal{I}}$?

Die oben angegebene Konstruktion, also zu einem Optimierungsproblem ein Entscheidungsproblem zu konstruieren, lässt sich natürlich verallgemeinern.

Definition 1.8. Sei $\Pi = (\mathcal{I}, F, w)$ ein Optimierungsproblem. Dann heißt $\Pi' = (\mathcal{I}', Y_{\mathcal{I}'})$ mit $\mathcal{I}' = \mathcal{I} \times \mathbb{Q}$ und

$$Y_{\mathcal{I}'} = \{(I, x) \in \mathcal{I}'; \text{es existiert } S \in F(I) \text{ mit } w(t) \geq x\}$$

bzw.

$$Y_{\mathcal{I}'} = \{(I, x) \in \mathcal{I}'; \text{es existiert } S \in F(I) \text{ mit } w(t) \leq x\},$$

wenn Π ein Maximierungs- bzw. ein Minimierungsproblem ist, das zu Π *zugehörige Entscheidungsproblem*.

Ein Algorithmus für ein Optimierungsproblem löst auch sofort das zugehörige Entscheidungsproblem. Dies ist umgekehrt nicht immer so. Wir werden im nächsten Kapitel noch einmal näher darauf eingehen.

Um zwischen Optimierungsproblemen und den zugehörigen Entscheidungsproblemen unterscheiden zu können, werden wir Optimierungsprobleme entsprechend ihrer Zielfunktion mit dem Präfix Min bzw. Max bezeichnen und beim zugehörigen Entscheidungsproblem dieses einfach weglassen. Beispielsweise bezeichnet MIN JOB SCHEDULING also das Optimierungsproblem und JOB SCHEDULING die Entscheidungsvariante.

Kodierung

Damit ein Algorithmus ein Optimierungsproblem bearbeiten kann, werden Instanzen und zulässige Lösungen über einem endlichen Alphabet Σ kodiert, d. h., sowohl die Menge $\mathcal{I}$ der Instanzen eines Optimierungsproblems Π als auch die Menge der zulässigen Lösungen $F(I)$ für eine Instanz $I \in \mathcal{I}$ sind Sprachen, und somit Teilmengen von Σ^*. Mit anderen Worten ist ein Optimierungsproblem Π also eine Relation $\Pi \subseteq \Sigma^* \times \Sigma^*$ mit einer Gewichtsfunktion w auf der Menge der zulässigen Lösungen. Dabei bedeutet $(I, S) \in \Pi$, dass S eine zulässige Lösung zur Instanz I ist.

Damit ist die *Länge* $|I|_\Sigma$ *einer Instanz* $I \in \mathcal{I}$ (oder auch Eingabe) die Anzahl der Zeichen aus Σ, die für die Kodierung von I benutzt werden. Ist das Alphabet bekannt oder spielt keine Rolle, so schreiben wir auch kurz $|I|$.

Da wir uns, wie wir noch sehen werden, häufig nur für die Laufzeit eines Algorithmus „bis auf Konstanten" interessieren, ist es egal, welche Kodierung wir für ein Problem wählen. Um dies einzusehen, betrachten wir die Alphabete

$$\Sigma_1 = \{0, \ldots, 9\} \text{ und}$$
$$\Sigma_2 = \{0, 1\}.$$

Jeder Buchstabe aus dem Alphabet Σ_1 lässt sich auch als Bitstring, d. h. als Wort, über dem Alphabet Σ_2 schreiben, wobei für jeden Buchstaben $x \in \Sigma_1$ höchstens $\lceil \log_2 10 \rceil$ Bits benötigt werden (Σ_1 besteht aus genau zehn Buchstaben). Dies bedeutet, dass die Längen einer Instanz I kodiert über Σ_1 und Σ_2 nur um eine Konstante voneinander abweichen. Genauer gilt

$$|I|_{\Sigma_1} \leq c \cdot |I|_{\Sigma_2},$$

wobei $c = \lceil \log_2 |\Sigma_1| \rceil = \lceil \log_2 10 \rceil$. Die Konstante c ist also insbesondere unabhängig von I. Üblicherweise wählen wir die Binärkodierung mit Trennsymbol als Standard, d. h. $\Sigma = \{0, 1, |\}$.

Für MIN JOB SCHEDULING bedeutet dies: Eine Eingabe I der Form m Maschinen, n Jobs mit Laufzeiten $p_1, \ldots, p_n \in \mathbb{N}$ wird beschrieben durch den String

$$(\text{bin}(m)|\text{bin}(p_1)|\ldots|\text{bin}(p_n)) \in \{0, 1, |\}^*,$$

wobei bin(x) die Binärdarstellung einer natürlichen Zahl $x \in \mathbb{N}$ beschreibe. Die Länge von I ist somit

$$(\lfloor \log_2 m \rfloor + 1) + (\lfloor \log_2 p_1 \rfloor + 1) + \cdots + (\lfloor \log_2 p_n \rfloor + 1) + n$$

$$= \lfloor \log_2 m \rfloor + \sum_{i=1}^{n} \lfloor \log_2 p_1 \rfloor + 2n + 1.$$

Die Kodierungslänge von natürlichen bzw. rationalen Zahlen wird häufig mit dem Symbol $\langle \cdot \rangle$ bezeichnet. Dabei ist

$$\langle n \rangle \quad := \quad \log_2 n + 1 \text{ für eine natürliche Zahl } n \in \mathbb{N},$$

$$\langle q \rangle \quad := \quad \langle n \rangle + \langle m \rangle \text{ für eine rationale Zahl } q = \frac{n}{m} \in \mathbb{Q},$$

$$\langle b \rangle \quad := \quad \sum_{i=1}^{n} \langle b_i \rangle \text{ für einen Vektor } b = (b_1, \ldots, b_n) \in \mathbb{Q}^n, \text{ und}$$

$$\langle A \rangle \quad := \quad \sum_{i=1}^{n} \sum_{j=1}^{m} \langle a_{ij} \rangle \text{ für eine Matrix } A = (a_{ij}) \in \mathbb{Q}^{n \times m}.$$

Wie man andere Arten von Instanzen, wie zum Beispiel Graphen, kodiert, lernen wir am Ende dieses Kapitels kennen.

Algorithmus und Laufzeit

Formal gesehen ist ein Algorithmus eine deterministische Turingmaschine, siehe Kapitel 2. Wir werden aber in diesem Buch Algorithmen umgangssprachlich formulieren.

Ein Algorithmus A für ein Problem Π berechnet zu jeder Eingabe I von Π einen Wert A(I). Für Optimierungsprobleme ist dies eine zulässige Lösung, d. h. ein Element aus $F(I)$, bei Entscheidungsproblemen ein Element aus der Menge {wahr, falsch}. A berechnet damit eine Funktion über der Instanzenmenge von Π. Ist eine Funktion

$$f : X \longrightarrow Y$$

gegeben, so sagen wir, dass A die Funktion f berechnet, wenn $f(x) = \mathsf{A}(x)$ für alle $x \in X$.

Die *Laufzeit* $T_{\mathsf{A}}(I)$ eines Algorithmus A zu einer gegebenen Instanz I ist die Anzahl der elementaren Operationen, die der Algorithmus (und damit die zugehörige *Turingmaschine*) auf der Eingabe I durchführt. Weiter bezeichnen wir mit

$$T_{\mathsf{A}}(n) = \max\{T_{\mathsf{A}}(I); |I| = n\}$$

die *Zeitkomplexität*, oder auch worst-case-Rechenzeit des Algorithmus A für Instanzen der Länge $n \in \mathbb{N}$. Wir sagen dann, dass ein Algorithmus A *polynomielle Laufzeit* hat, wenn es ein Polynom $p : \mathbb{N} \longrightarrow \mathbb{R}$ so gibt, dass

$$T_A(n) \leq p(n)$$

für alle $n \in \mathbb{N}$.

Betrachten wir noch einmal das Problem MIN JOB SCHEDULING und den für dieses Problem konstruierten Algorithmus LIST SCHEDULE. Zunächst setzt der Algorithmus m Werte $a_1, \ldots, a_m$ auf null. In jedem der n Schleifendurchläufe wird ein Minimum von m Elementen bestimmt, was eine Laufzeit von mindestens m Schritten benötigt, siehe Übungsaufgabe 1.10. Bis auf eine multiplikative Konstante erhalten wir also eine Laufzeit von $m + n \cdot m$. Die Eingabelänge einer Instanz von MIN JOB SCHEDULING, in der alle Jobs eine Ausführungszeit von eins haben, ist, wie wir auf Seite 10 gesehen haben, gerade $\log_2 m + 2n + 1$. Zunächst hat dieser Algorithmus also keine polynomielle Laufzeit.[1] Überlegt man sich aber, dass man sowieso nur Instanzen betrachten muss, bei der die Anzahl der Maschinen kleiner als die Anzahl der zu verteilenden Jobs ist (alles andere ist trivial), so erhalten wir eine Laufzeit kleiner gleich $n + n \cdot n$, was polynomiell in der Länge der Eingabe ist. Insbesondere werden wir im Folgenden für jede Version des Problems MIN JOB SCHEDULING immer annehmen, dass die Anzahl der Maschinen kleiner ist als die Anzahl der Jobs, ohne dies explizit zu erwähnen.

$\mathcal{O}(\cdot)$-Notation

Wie weiter oben bereits beschrieben, interessieren wir uns häufig nicht für die genaue Laufzeit eines Algorithmus, sondern nur für die Laufzeit „bis auf Konstanten".

Seien $f, g : \mathbb{N} \to \mathbb{N}$ Funktionen. Dann gilt

- $f \in \mathcal{O}(g)$, wenn $c > 0, n_0 \in \mathbb{N}$ existieren mit $f(n) \leq cg(n)$ für alle $n \geq n_0$.

- $f \in \Omega(g)$, wenn $c > 0, n_0 \in \mathbb{N}$ existieren mit $f(n) \geq cg(n)$ für alle $n \geq n_0$.

- $f \in \Theta(g)$, wenn $f \in \mathcal{O}(g)$ und $f \in \Omega(g)$.

- $f \in \widetilde{\mathcal{O}}(g)$, wenn $n_0 \in \mathbb{N}, c_1, c_2 \in \mathbb{R}_{>1}$ existieren mit $f(n) \leq c_1 g(n)(\log n)^{c_2}$ für alle $n \geq n_0$.

- $f \in o(g)$, wenn $\lim_{n \to \infty} f(n)/g(n) = 0$.

Wir sagen, dass ein Algorithmus A polynomielle Laufzeit hat, wenn $T_A \in \mathcal{O}(p)$ für ein Polynom p.

Die Laufzeit von MIN JOB SCHEDULING kann durch $\mathcal{O}(|I|^2)$ abgeschätzt werden, ist also polynomiell.

---

[1] Man beachte, dass $m + n \cdot m$ für große Zahlen m exponentiell in $\log_2 m + 2n + 1$ ist.

Approximationsalgorithmus

Sei A ein Algorithmus für ein Optimierungsproblem Π. Für eine Instanz $I \in \mathcal{I}$ sei OPT(I) der Wert einer optimalen Lösung der Instanz I. Weiter sei A(I) der Wert der vom Algorithmus A gefundenen zulässigen Lösung. Dann ist

$$\delta_A(I) = \frac{A(I)}{OPT(I)}$$

die *Approximationsgüte* oder der *Approximationsfaktor* von A bei der Eingabe von I.

Weiter sei $\delta : \mathcal{I} \to \mathbb{Q}_+$ eine Funktion. Wir sagen, dass A *(multiplikative) Approximationsgüte* oder *Approximationsfaktor* δ hat, wenn für jede Instanz $I \in \mathcal{I}$ gilt

$$\delta_A(I) \geq \delta(I) \qquad \text{bei einem Maximierungsproblem,}$$

$$\delta_A(I) \leq \delta(I) \qquad \text{bei einem Minimierungsproblem.}$$

Häufig ist δ eine konstante Funktion oder hängt nur von der Eingabelänge ab. Mit dieser Notation können wir nun sagen, dass der Algorithmus LIST SCHEDULE einen Approximationsfaktor von 2 und der Algorithmus LOCAL IMPROVEMENT einen Approximationsfaktor von $\frac{1}{2}$ hat.

Man beachte, dass die Approximationsgüte für Approximationsalgorithmen von Maximierungsproblemen immer kleiner gleich 1 ist, im Gegensatz dazu ist diese für Minimierungsprobleme immer größer gleich 1. Um diese Asymmetrie aufzuheben, wird für Maximierungsprobleme häufig auch der Wert OPT(I)/A(I) anstelle von A(I)/ OPT(I) als Approximationsgüte bezeichnet. Damit erhält man dann für alle Optimierungsprobleme eine Approximationsgüte größer gleich 1, unabhängig davon, ob es sich um Maximierungs- oder Minimierungsprobleme handelt.

Wir werden, da Verwechslungen ausgeschlossen sind, im Laufe dieses Buches beide Begriffe benutzen, wobei wir die zweite Definition hauptsächlich während der Behandlung von Nichtapproximierbarkeitsresulten in den Kapiteln 18–20 verwenden.

Die Komplexitätsklassen P und NP

Wir wollen in diesem Unterabschnitt eine sehr kurze Einführung in die Komplexitätsklassen P und NP geben, die zum Verständnis für die Lektüre dieses Buches ausreichen sollte. Eine genaue und vollständige Beschreibung der Klassen verschieben wir auf das folgende Kapitel.

Einfach gesagt besteht die Klasse P aus allen Entscheidungsproblemen Π, für die es einen polynomiell zeitbeschränkten Algorithmus gibt, der für jede Instanz I von Π korrekt entscheidet, ob I eine JA-Instanz ist oder nicht.

Schwieriger ist die Definition der Klasse NP. Diese besteht aus allen Entscheidungsproblemen $\Pi = (\mathcal{I}, Y_{\mathcal{I}})$, für die es einen polynomiell zeitbeschränkten Algorithmus A und ein Polynom p so gibt, dass für alle $I \in \mathcal{I}$ gilt:

$$I \in Y_{\mathcal{I}} \iff \text{es ex. } y \in \Sigma^* \text{ mit } |y| \leq p(|I|) \text{ so, dass } A(I, y) = \text{wahr.}$$

Man kann y dann als Hilfsvariable dafür ansehen, dass der Algorithmus sich für die korrekte Antwort entscheidet. Allerdings kann das Finden dieser Hilfsvariable sehr schwer sein. Wir werden im nächsten Kapitel weitere Interpretationen der Klasse NP kennen lernen.

Schauen wir uns aber zunächst ein Beispiel an. Bei der Entscheidungsvariante des Problems MIN JOB SCHEDULING kann zu einer Eingabe I der Form „m Maschinen, n Jobs mit Laufzeiten $p_1, \ldots, p_n$ und $k \in \mathbb{N}$" und einem Schedule s in polynomieller Zeit getestet werden, ob

(i) s überhaupt eine zulässige Lösung ist, und

(ii) der von s erzeugte Makespan kleiner als k ist.

Der Schedule s ist dann also die „Hilfsvariable", die dem Algorithmus hilft, sich für die richtige Antwort zu entscheiden.

Offensichtlich gilt $P \subseteq NP$, man setze die Hilfsvariable y in der Definition von NP einfach als leeres Wort. Die große Frage aber ist, ob auch die Umkehrung gilt, d. h., ob die beiden Klassen gleich sind. Trotz vieler Bemühungen in den letzten Jahrzehnten konnte diese Frage bisher nicht beantwortet werden, es wird allerdings angenommen, dass P eine echte Teilmenge von NP ist.

Ziel der Betrachtung der oben definierten Komplexitätsklassen, jedenfalls im Kontext des vorliegenden Buches, ist es, ein Verfahren in die Hand zu bekommen, mit dem man von Optimierungsproblemen zeigen kann, dass diese unter der Voraussetzung $P \neq NP$ nicht polynomiell gelöst werden können.

Offensichtlich ist ein Optimierungsproblem mindestens so schwer (schwer in Bezug auf polynomielle Lösbarkeit) wie das zugehörige Entscheidungsproblem. Haben wir nämlich einen polynomiellen Algorithmus für das Optimierungsproblem, so können wir auch sofort einen polynomiellen Algorithmus für die Entscheidungsvariante angeben (man löse zunächst das Optimierungsproblem und vergleiche den optimalen Wert mit der Zahl aus der Eingabe des Entscheidungsproblems).

Wir müssen uns also bei der Frage, ob ein Optimierungsproblem nicht polynomiell gelöst werden kann, nur auf das zugehörige Entscheidungsproblem konzentrieren. Kandidaten für Entscheidungsprobleme, die nicht in polynomieller Zeit gelöst werden können, sind die Probleme aus $NP \setminus P$, genauer werden wir, da wir ja gar nicht wissen, ob solche Elemente überhaupt existieren, sogenannte NP-vollständige Entscheidungsprobleme betrachten.

Ein Entscheidungsproblem Π ist, einfach gesprochen, NP-vollständig, wenn sich jedes Entscheidungsproblem aus NP auf Π in polynomieller Zeit reduzieren lässt, siehe Definition 2.7 für eine formale Definition. Dies bedeutet, dass, wenn Π polynomiell lösbar ist, jedes Entscheidungsproblem aus NP ebenfalls, dank der polynomiellen Reduktion, in polynomieller Zeit entschieden werden kann. Die NP-vollständigen Probleme sind also die am schwierigsten zu lösenden Probleme in NP.

Wir werden im Laufe der Lektüre dieses Buches von einer Vielzahl von Problemen die NP-Vollständigkeit nachweisen. Diese Probleme sind dann unter der Voraussetzung $P \neq NP$ nicht in polynomieller Zeit zu lösen. Darüber hinaus lernen wir aber noch andere Komplexitätsklassen kennen, die uns Verfahren in die Hand geben, von gewissen Problemen zeigen zu können, dass diese sogar schwer zu approximieren sind. Dazu aber später mehr.

Graphen

Eine Vielzahl von Optimierungsproblemen sind graphentheoretischer Natur und damit Gegenstand dieses Buches.

Ein *(endlicher) Graph* ist ein Tupel $G = (V, E)$, wobei $V = V(G)$ eine endliche Menge und $E = E(G)$ eine Teilmenge der zweielementigen Teilmengen von V ist. Die Elemente von V heißen *Knoten* (oder *Ecken*) und die Elemente von E *Kanten*. Wir sagen, ein Knoten $v \in V$ *inzidiert* mit einer Kante $e \in E$, wenn $v \in e$ gilt. Weitere Formulierungen sind: v liegt auf e, e geht durch v oder v ist ein Endknoten von e.

Ein Graph $G = (V, E)$ heißt *knotengewichtet*, wenn zusätzlich eine sogenannte *Gewichtsfunktion*

$$w : V \longrightarrow \mathbb{Q}$$

auf der Menge der Knoten V von G gegeben ist. Der Wert $w(v)$ heißt dann auch Gewicht von $v \in V$. Darüber hinaus kann man auch eine Gewichtsfunktion

$$w : E \longrightarrow \mathbb{Q}$$

auf der Menge der Kanten von G betrachten. In diesem Fall heißt G auch *kantengewichtet*. Wenn klar ist, auf welcher der Mengen von G die Gewichtsfunktion definiert ist, so nennen wir G auch kurz *gewichtet*.

Mit

$$K_n = (V := \{1, \ldots, n\}, \ E = \{e \subseteq V; |e| = 2\})$$

bezeichnen wir den *vollständigen Graphen* auf n Knoten, siehe Abbildung 1.4; K_3 heißt auch *Dreieck*.

Der *Grad* $\delta(v)$ eines Knotens $v \in V$ ist die Anzahl der mit diesem Knoten inzidenten Kanten. Weiter ist

$$\delta(G) := \min\{\delta(v); v \in V\} \quad \text{bzw.} \quad \Delta(G) := \max\{\Delta(v); v \in V\}$$

der *Minimalgrad* bzw. *Maximalgrad* des Graphen G.

Für einen Graphen $G = (V, E)$ heißt $H = (V', E')$ mit $V' \subseteq V$ und $E' \subseteq E \cap \mathfrak{P}(V')$ *Teilgraph* von G. H heißt *induzierter Teilgraph*, falls für alle $e \in E$ mit $\{x, y\} = e$ und $x, y \in V'$ auch $e \in E'$ gilt.

Eine *Clique* $W \subseteq V$ in G ist eine Teilmenge der Knotenmenge so, dass je zwei Knoten aus W durch eine Kante verbunden sind (d. h., der von W induzierte Teilgraph

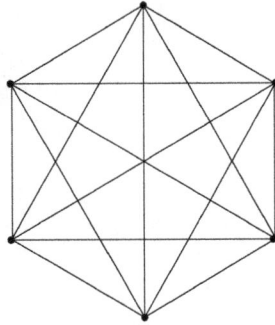

Abbildung 1.4. Der vollständige Graph auf sechs Knoten.

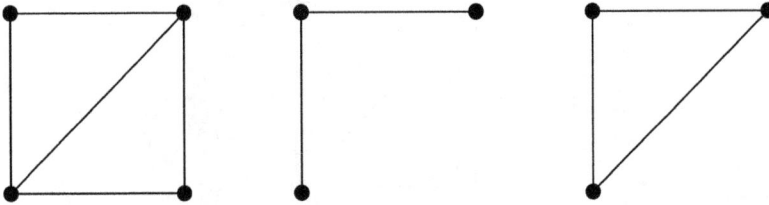

Abbildung 1.5. Ein Graph G, ein Teilgraph von G und ein induzierter Teilgraph von G.

ist vollständig). Umgekehrt heißt eine Teilmenge $W \subseteq V$ *unabhängige Menge*, wenn keine zwei Knoten aus W durch eine Kante verbunden sind.

Ein Graph $G = (V, E)$ heißt *zusammenhängend*, wenn je zwei Knoten v, w aus G durch einen Kantenzug miteinander verbindbar sind, wenn es also eine Menge von Knoten $v_1, \ldots, v_n \in V$ so gibt, dass $\{v_i, v_{i+1}\} \in E$ für alle $i < n$ und $v = v_1$ und $w = v_n$.

Für jeden Knoten v von G bezeichnen wir mit $G - v$ den Graphen, der aus G durch Löschen von v entsteht. Damit werden dann auch alle Kanten, die durch v gehen, gelöscht, also

$$V(G - v) \ := \ V \backslash \{v\} \ \text{ und}$$
$$E(G - v) \ := \ E \backslash \{e \in E; v \in e\}.$$

Analog entsteht $G - e$ aus G durch Löschen der Kante e, also

$$V(G - e) \ := \ V \ \text{ und}$$
$$E(G - e) \ := \ E \backslash \{e\}.$$

Sei $G = (V, E)$ ein Graph mit $V = \{v_1, \ldots, v_n\}$ und $E = \{e_1, \ldots, e_m\}$. Dann heißt die Matrix

$$I_G = (a_{ij})_{\substack{i \in \{1,\dots,n\} \\ j \in \{1,\dots,m\}}} \quad \text{mit} \quad a_{ij} = \begin{cases} 1, & \text{falls } v_i \in e_j, \\ 0, & \text{sonst} \end{cases}$$

Inzidenzmatrix von G. Beispielsweise erhalten wir für den in Abbildung 1.6 betrachteten Graphen die Inzidenzmatrix aus Tabelle 1.1.

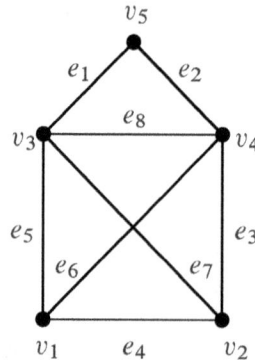

Abbildung 1.6. Der Graph zur Inzidenzmatrix in Tabelle 1.1.

	e_1	e_2	e_3	e_4	e_5	e_6	e_7	e_8
v_1	0	0	0	1	1	1	0	0
v_2	0	0	1	1	0	0	1	0
v_3	1	0	0	0	1	0	1	1
v_4	0	1	1	0	0	1	0	1
v_5	1	1	0	0	0	0	0	0

Tabelle 1.1. Die Inzidenzmatrix zum Graphen aus Abbildung 1.6.

In der Darstellung von Graphen mit Hilfe der Inzidenzmatrix haben wir eine schöne Kodierung von Graphen über Elemente von $\{0,1\}^*$. In diesem Fall ist die Länge der Kodierung eines Graphen $G = (V, E)$ also $|V| \cdot |E|$. Allerdings ergibt es keinen Sinn, neben der Information $v_i \in e_j$ (in der Inzidenzmatrix steht dann in der i-ten Zeile der j-ten Spalte eine 1) auch noch die Information $v_i \notin e_j$ zu kodieren. Es reicht, nur dann zu kodieren, wenn zwei Knoten v_i und v_j verbunden sind. Dies führt zur Definition der *Adjazenzmatrix* A_G eines Graphen G, d. h.

$$A_G = (a_{ij})_{\substack{i \in \{1,\dots,n\} \\ j \in \{1,\dots,n\}}} \quad \text{mit} \quad a_{ij} = \begin{cases} 1, & \text{falls } \{v_i, v_j\} \in E, \\ 0, & \text{sonst} \end{cases}$$

Wie man leicht sieht, gilt außerdem $A_G = I_G{}^t I_G$.

Auch in der Adjazenzmatrix gibt es noch redundante Informationen. So steht in A_G neben der Information, ob $\{u, v\} \in E$ auch, ob $\{v, u\} \in E$. Darüber hinaus wissen wir bereits, dass $a_{ii} = 0$ gilt, diese Werte benötigen wir nicht. Die Kodierungslänge eines Graphen ist damit $(|V|^2 - |V|)/2$.

Di- und Multigraphen

Zusätzlich zu den im letzten Unterabschnitt eingeführten endlichen Graphen gibt es noch Erweiterungen dieses Begriffes, die ebenfalls eine wichtige Rolle spielen.

Ein *gerichteter Graph* $G = (V, E)$, auch Digraph genannt, besteht aus einer endlichen Menge V (den Knoten) und einer Menge $E \subseteq V \times V$ (den gerichteten Kanten). Ist $e = (v, w) \in E$ eine Kante, so nennen wir v den *Anfangsknoten* und w den *Endknoten* von e. G heißt *gewichtet*, wenn zusätzlich eine Funktion $w : E \to \mathbb{N} \cup \{\infty\}$ gegeben ist, die jeder Kante $e \in E$ eine Länge bzw. ein Gewicht $w(e)$ zuordnet.

Beispiel 1.9. Wir betrachten als Beispiel einen Graphen $G = (V, E)$

$$
\begin{aligned}
V &= \{u, v, w\}, \\
E &= \{(u, v), (v, u), (u, w), (w, v)\}
\end{aligned}
$$

in Abbildung 1.7.

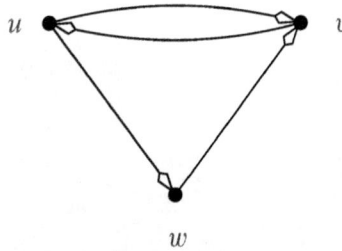

Abbildung 1.7. Der Graph aus Beispiel 1.9.

Obwohl die obige Definition häufig in der Literatur zu finden ist, hat sie den Nachteil, dass man damit nicht beschreiben kann, dass mehrere gerichtete Kanten von einem Knoten zu einem zweiten führen können. Wir wollen daher die folgende Verallgemeinerung einführen: Ein *gerichteter Graph* G ist ein Paar (V, E) von disjunkten Mengen zusammen mit zwei Abbildungen

$$
\text{init} : E \longrightarrow V \quad \text{und} \quad \text{ter} : E \longrightarrow V.
$$

Ist $e \in E$ eine Kante, so heißt init(e) Anfangsknoten (*initial vertex*) und ter(e) Endknoten (*terminal vertex*). Man beachte, dass hier zwei Knoten durch mehrere Kanten verbunden sein können, in diesem Fall heißt der Graph *Multigraph*. Zwei Kanten e_1

und e_2 heißen *parallel*, wenn init(e_1) = init(e_2) und ter(e_1) = ter(e_2). Eine Kante $e \in E$ mit init(e) = ter(e) nennen wir auch *Loop*.

Ein *Multigraph* ist ein Paar $G = (V, E)$ von disjunkten Mengen und einer Abbildung

$$\text{inz} : E \longrightarrow V \cup \{\{u, v\}; u \neq v \in V\}.$$

Zwei Knoten u, v sind durch eine Kante $e \in E$ verbunden, wenn inz(e) = $\{u, v\}$. Eine Kante $e \in E$ mit $|\text{inz}(e)| = 1$ heißt auch Loop und zwei Kanten $e_1, e_2 \in E$ mit inz(e_1) = inz(e_2) parallel, siehe Abbildung 1.8. Man kann sich also einen Multigraphen auch als Digraphen vorstellen, bei dem die Orientierung der Kanten gelöscht wurde.

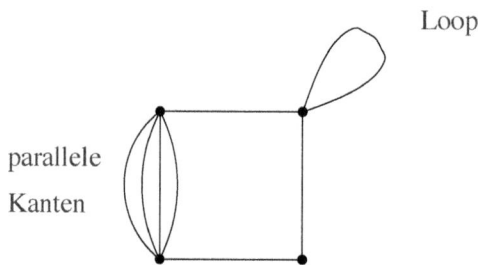

Abbildung 1.8. Beispiel eines Graphen mit Loops und parallelen Kanten.

1.3 Übungsaufgaben

Übung 1.10. Gegeben sei folgendes Problem:

Problem 1.11 (SORTING).
Eingabe: n natürliche Zahlen $m_1, \ldots, m_n \in \mathbb{N}$.
Ausgabe: Eine Folge $i_1, \ldots, i_n$ so, dass

$$m_{i_1} \leq m_{i_2} \leq \cdots \leq m_{i_n}.$$

Zeigen Sie, dass dieses Problem in polynomieller Zeit, genauer in Zeit $\mathcal{O}(n \log n)$, gelöst werden kann.

Übung 1.12. Geben Sie eine Instanz I des Problems MIN JOB SCHEDULING an, für die der Algorithmus LIST SCHEDULE eine Güte von $(2 - 1/m)$ garantiert, wobei m die Anzahl der Maschinen in I ist.

Übung 1.13. Zeigen Sie, dass der in diesem Kapitel kennen gelernte Algorithmus LOCAL IMPROVEMENT für das Problem MAXCUT polynomielle Laufzeit hat.

Übung 1.14. Überlegen Sie sich, ob die Analyse des Algorithmus LOCAL IMPROVE-MENT für das Problem MAXCUT bestmöglich war, d. h., beantworten Sie die Frage, ob ein Graph $G = (V, E)$ so existiert, dass der Algorithmus LOCAL IMPROVEMENT eine zulässige Lösung $S \subseteq V$ mit $w(S) = \frac{1}{2} \cdot \text{OPT}(G)$ findet.

Übung 1.15. Wir haben in diesem Abschnitt bereits das Problem MAXCUT kennen gelernt. Betrachten wir anstelle von Graphen gewichtete Graphen, so kann man das Problem wie folgt umformulieren.

Problem 1.16 (**WEIGHTED MAXCUT**).
Eingabe: Ein gewichteter Graph $G = (V, E)$ mit einer Gewichtsfunktion $w : E \longrightarrow \mathbb{Q}_+$ auf E.
Ausgabe: Eine Partition $(S, V \setminus S)$ der Knotenmenge so, dass die Größe $w(S)$ des *Schnittes*, also die Summe der Gewichte der Kanten zwischen S und $V \setminus S$, maximiert wird.

Versuchen Sie, einen polynomiellen Approximationsalgorithmus für dieses Problem zu konstruieren.

Kapitel 2

Die Komplexitätsklassen P und NP

Ziel dieses Kapitels ist es, eine Entscheidungsgrundlage dafür in die Hand zu bekommen, wann ein Optimierungsproblem nicht polynomiell lösbar ist, d. h., wann es keinen polynomiellen Algorithmus gibt, der optimale Lösungen konstruiert.

Offensichtlich ist ein Optimierungsproblem mindestens so schwer wie das dazugehörige Entscheidungsproblem. Haben wir nämlich einen polynomiellen Algorithmus für das Optimierungsproblem, so liefert uns der Algorithmus unmittelbar einen polynomiellen Algorithmus für die Entscheidungsvariante (vergleiche Satz 2.24). Um also zu zeigen, dass ein Optimierungsproblem schwer ist, genügt es zu zeigen, dass dies für das zugehörige Entscheidungsproblem gilt.

Wir werden uns also bei der Definition der Klassen P und NP auf Entscheidungsprobleme beschränken. Damit wir die Probleme noch ein wenig besser handhaben können, schränken wir noch etwas ein und betrachten zunächst im ersten Abschnitt dieses Kapitels die zu Entscheidungsproblemen assoziierten Wortprobleme, die wie folgt definiert sind: Sei Π ein Entscheidungsproblem, $\mathcal{I}$ die Menge der Instanzen von Π und $Y_\Pi \subseteq \mathcal{I}$ die Menge der JA-Instanzen, kodiert über einem Alphabet Σ. Dabei ist eine Kodierung eine injektive Abbildung

$$e : \mathcal{I} \longrightarrow \Sigma^*$$

von der Menge der Instanzen in die Menge der Wörter

$$\Sigma^* := \{(a_1, \dots, a_n); n \in \mathbb{N} \text{ und } a_i \in \Sigma \text{ für alle } i \leq n\}$$

mit Buchstaben aus Σ. Im letzten Abschnitt haben wir gesehen, dass es für die Entscheidung, ob ein Algorithmus polynomielle Laufzeit hat, nicht darauf ankommt, über welches Alphabet wir kodieren. Wir können daher o.B.d.A. $\Sigma = \{0, 1\}$ annehmen.

Das Entscheidungsproblem Π liefert uns dann mit dieser Formulierung eine Partition der Menge Σ^* in drei Teile:

(i) $\Sigma^* \setminus \mathcal{I}$: Strings aus Σ^*, die keine Kodierungen von Instanzen sind.

(ii) $\mathcal{I} \setminus Y_\Pi$: Strings aus Σ^*, die Kodierungen von NEIN-Instanzen sind.

(iii) Y_Π: Strings aus Σ^*, die Kodierungen von JA-Instanzen sind.

Diese letzte Menge

$$L(\Pi, e) := \{x \in \Sigma^*; \ x \text{ ist die Kodierung einer Instanz } I \in Y_\Pi \text{ bezüglich } e\}$$

heißt die zu Π *assoziierte Sprache*. Ist die Kodierung bekannt, oder spielt keine Rolle, so schreiben wir auch kurz $L(\Pi)$.

Wie bereits beschrieben, werden wir die Komplexitätsklassen P und NP im ersten Abschnitt dieses Kapitels zunächst nur für Sprachen definieren, bevor wir in Abschnitt 2.2 die Definitionen auch für Entscheidungsprobleme einführen. Komplexitätsklassen für Optimierungsprobleme werden wir dann erst in Kapitel 17 behandeln.

Das zentrale Thema in diesem Abschnitt ist die Definition von NP-vollständigen Entscheidungsproblemen. Wir zeigen, dass Optimierungsprobleme, deren Entscheidungsvarianten NP-vollständig sind, nicht in polynomieller Zeit gelöst werden können, jedenfalls unter der Voraussetzung P $\neq$ NP. Dieser Satz ist die zentrale Motivation für die in diesem Buch betrachteten Approximationsalgorithmen.

Das erste Entscheidungsproblem, von dem wir zeigen werden, dass es NP-vollständig ist, ist das sogenannte SAT-Problem (Satisfiability), das in Abschnitt 2.3 behandelt wird. Darauf aufbauend sind wir dann in der Lage, im letzten Abschnitt dieses Kapitels von einer ganzen Reihe von Problemen, die uns im Laufe der Lektüre des Buches immer wieder begegnen werden, die NP-Vollständigkeit nachzuweisen.

2.1 Sprachen (Wortprobleme) und die Klassen P und NP

Einfach gesagt ist eine Sprache $L \subseteq \Sigma^*$ polynomiell lösbar, also aus P, wenn das Wortproblem

Problem 2.1 (WORTPROBLEM L).
Eingabe: Ein Wort $w \in \Sigma^*$.
Frage: Gilt $w \in L$?

in polynomieller Zeit entscheidbar ist, es also einen polynomiellen Algorithmus für dieses Problem gibt. Formal gesehen ist ein Algorithmus eine Turingmaschine. Wir sagen, dass eine Turingmaschine $\mathfrak{M}$ eine Sprache L akzeptiert, wenn L die von $\mathfrak{M}$ erkannte Sprache ist, siehe folgende Definition. Diejenigen Leserinnen und Leser, die noch nicht mit dem Begriff der Turingmaschine vertraut sind, seien auf Anhang A verwiesen, in dem wir eine kurze Einführung in dieses Berechnungsmodell geben.

Definition 2.2. Sei $\mathfrak{M}$ eine Turingmaschine.

(i) Ein Wort $w \in \Sigma^*$ wird von $\mathfrak{M}$ *akzeptiert*, wenn $\mathfrak{M}$ nach Eingabe von w in eine Stoppkonfiguration mit Endzustand läuft (solche Stoppkonfigurationen heißen dann auch *akzeptierende Stoppkonfigurationen*).

(ii) Die von $\mathfrak{M}$ akzeptierten Wörter bilden die Menge der von $\mathfrak{M}$ *erkannten Sprache*.

Die Lauf- bzw. Rechenzeit einer solchen Turingmaschine für eine Eingabe $w \in \Sigma^*$ ist dann die Anzahl der Konfigurationswechsel, die die Maschine für die Berechnung von w benötigt.

Definition 2.3 (Rechenzeit).   (i) Sei $\mathfrak{M}$ eine deterministische Turingmaschine. Dann ist $T_{\mathfrak{M}}(w)$ die Anzahl der Konfigurationswechsel, die $\mathfrak{M}$ bei Eingabe von $w \in \Sigma^*$ durchläuft, und

$$T_{\mathfrak{M}} : \mathbb{N} \to \mathbb{N} \cup \{\infty\}; \quad n \mapsto \max\{T_{\mathfrak{M}}(w); w \in \Sigma^*, |w| = n\}$$

die *Zeitkomplexität* von $\mathfrak{M}$.

(ii) Sei $\mathfrak{M}$ eine nichtdeterministische Turingmaschine. Dann ist $T_{\mathfrak{M}}(w)$ die maximale Anzahl der Konfigurationswechsel, die $\mathfrak{M}$ bei Eingabe von $w \in \Sigma^*$ durchläuft, und

$$T_{\mathfrak{M}} : \mathbb{N} \to \mathbb{N} \cup \{\infty\}; n \mapsto \max\{T_{\mathfrak{M}}(w); w \in \Sigma^*, |w| = n\}$$

die *Zeitkomplexität* von $\mathfrak{M}$.

Wir kommen nun zur Definition der Komplexitätsklassen P und NP.

Definition 2.4.   (i) Sei $\phi : \mathbb{N} \to \mathbb{N}$ eine Funktion. Dann ist

$$\mathrm{DTIME}(\phi) = \{L \subseteq \Sigma^*; \text{es ex. eine DTM } \mathfrak{M} \text{ mit } T_{\mathfrak{M}} \in \mathcal{O}(\phi), \text{die } L \text{ erkennt}\}.$$

Weiter ist

$$P = \bigcup_{k \in \mathbb{N}} \mathrm{DTIME}(n^k)$$

die Klasse aller mit einer deterministischen Turingmaschine in polynomieller Zeit lösbaren Wortprobleme.

(ii) Analog ist $\mathrm{NTIME}(\phi)$ die Klasse aller Sprachen $L \in \Sigma^*$, für die es eine nichtdeterministische Turingmaschine $\mathfrak{M}$ mit $T_{\mathfrak{M}} \in \mathcal{O}(\phi)$ gibt, die L erkennt und

$$NP = \bigcup_{k \in \mathbb{N}} \mathrm{NTIME}(n^k).$$

Da eine deterministische Turingmaschine insbesondere auch eine nichtdeterministische Turingmaschine ist, folgt unmittelbar

Satz 2.5. *Es gilt*

$$P \subseteq NP.$$

Eine der wichtigsten Fragen der algorithmischen Mathematik und der theoretischen Informatik ist, ob auch die Umkehrung gilt, d. h., ob P und NP gleich sind. Trotz vieler Anstrengungen der letzten Jahrzehnte konnte dies bisher nicht beantwortet werden, es wird aber allgemein angenommen, dass P eine echte Teilmenge von NP ist. Wir werden am Ende dieses Kapitels eine Vorstellung davon gewonnen haben, warum dies vermutet wird.

Wir wollen zum besseren Verständnis noch kurz zwei weitere Definitionen der Klasse NP vorstellen, verschieben den Beweis der Äquivalenz jedoch auf Anhang A.

Betrachten wir noch einmal genauer, was eine nichtdeterministische Turingmaschine $\mathfrak{M}$ eigentlich tut. Im Gegensatz zu deterministischen Turingmaschinen ist der Berechnungsweg in nichtdeterministischen Turingmaschinen für eine Eingabe $w \in \Sigma^*$ nicht eindeutig. Genauer, ist $\mathfrak{M}$ eine nichtdeterministische Turingmaschine, so gibt es zu einer Eingabe $w \in \Sigma^*$ verschiedene Berechnungswege, die auch zu verschiedenen Antworten führen können. $\mathfrak{M}$ akzeptiert dann w genau dann als ein Element von $L \subseteq \Sigma^*$, wenn es einen Berechnungsweg in $\mathfrak{M}$ gibt, der als Antwort wahr liefert.

Eine Sprache L ist nun aus NP, wenn es eine nichtdeterministische Turingmaschine $\mathfrak{M}$ so gibt, dass $w \in \Sigma^*$ genau dann ein Element von L ist, wenn w in polynomieller Zeit von $\mathfrak{M}$ akzeptiert wird, d. h., wenn es einen Berechnungsweg in $\mathfrak{M}$ gibt, der als Antwort wahr ausgibt und nur polynomiell viele Konfigurationswechsel benötigt.

Informell besteht die Klasse NP also aus allen Wortproblemen Π mit der folgenden Eigenschaft:

Ist die Antwort für eine Instanz von Π wahr, dann gibt es dafür einen Beweis von polynomieller Länge.

Mit anderen Worten, wird ein Wort $w \in L$ von einer nichtdeterministischen Turingmaschine für L akzeptiert, so gibt es eine Berechnung polynomieller Länge der Turingmaschine, die w akzeptiert. Man beachte, dass diese Definition das Finden eines kurzen Beweises (bzw. des Berechnungsweges) nicht verlangt. Zum Beispiel könnte jemand beim Problem MAXCUT einen maximalen Schnitt mit viel Glück, Intuition oder übernatürlicher Kraft finden und diesen aufschreiben. Dies führt dann zu einem kurzen Beweis, dass dieser Schnitt tatsächlich maximal ist.

Die zentrale Frage, ob die beiden Komplexitätsklassen P und NP gleich sind, kann also auch wie folgt formuliert werden: Ist das Finden von Beweisen ähnlich schwierig wie das Verifizieren von Beweisen? Es ist beinahe offensichtlich, dass das Finden eines Beweises bei weitem schwieriger als das Verifizieren ist. Dies ist unter anderem ein Grund dafür, dass $P \neq NP$ angenommen wird.

Die obige Beschreibung der Klasse NP motiviert die folgende formale Charakterisierung:

Satz 2.6. *Die Klasse* NP *besteht aus allen Sprachen L, für die ein polynomiell zeitbeschränkter Algorithmus* A *und ein Polynom p so existieren, dass für alle $x \in \Sigma^*$ gilt:*

$$x \in L \iff \exists w \in \Sigma^* \, mit \, |w| \leq p(|x|) \, so, \, dass \, \mathsf{A}(x, w) = \mathtt{wahr}.$$

Ist $x \in L$, dann heißt $w \in \Sigma^*$ mit $|w| \leq p(|x|)$ und $\mathsf{A}(x, w) = \mathtt{wahr}$ ein *Zeuge* für $x \in L$. Den String w können wir dann als (kurzen) Beweis dafür auffassen, dass das Wort x in der Sprache L enthalten ist, allerdings kann, wie oben schon erwähnt, das Finden dieses Zeugen sehr schwer sein. Gilt umgekehrt $x \notin L$, so werden wir keinen Zeugen finden.

Wir werden in Kapitel 19 noch eine weitere Definition der Klasse NP mit Hilfe sogenannter probabilistischer Verifizierer kennen lernen.

Wie bereits oben beschrieben, wird allgemein vermutet, dass die beiden Komplexitätsklassen P und NP verschieden sind, d. h., dass P eine echte Untermenge von NP ist. Eine Idee, warum dies vermutet wird, wollen wir nun kennen lernen. Der Schlüssel dazu liegt in der folgenden Definition.

Definition 2.7. Seien L_1 und L_2 Sprachen über Σ. Eine *polynomielle Reduktion* von L_1 auf L_2 ist eine Funktion $f : \Sigma^* \to \Sigma^*$ so, dass gilt:

(i) Es gibt eine Turingmaschine $\mathfrak{M}$, die f in polynomieller Zeit berechnet.

(ii) Für alle $x \in \Sigma^*$ gilt $x \in L_1$ genau dann, wenn $f(x) \in L_2$.

Gibt es eine polynomielle Reduktion von L_1 auf L_2, so schreiben wir auch $L_1 \leq L_2$.

Anschaulich bedeutet dies, dass L_2 mindestens so schwer ist wie L_1 (jedenfalls in Bezug auf polynomielle Lösbarkeit). Denn wenn es einen polynomiellen Algorithmus für L_2 gibt, so können wir mit Hilfe der in polynomieller Zeit berechenbaren Reduktion f zunächst in polynomieller Zeit prüfen, ob $f(x) \in L_2$, und haben damit insgesamt einen effizienten Algorithmus für das Wortproblem L_1.

Wir formulieren diese Beobachtung im folgenden Satz.

Satz 2.8. *Seien L_1 und L_2 Sprachen über Σ mit $L_1 \leq L_2$. Dann gilt:*

(i) $L_2 \in P \Longrightarrow L_1 \in P$ und

(ii) $L_2 \in NP \Longrightarrow L_1 \in NP$.

Beweis. Wir zeigen nur (i), (ii) zeigt man analog. Sei also $\mathfrak{M}$ eine deterministische Turingmaschine für L_2 und p ein Polynom mit $T_{\mathfrak{M}} \leq p$. Sei weiter $\mathfrak{N}$ eine deterministische Turingmaschine, die die Reduktionsfunktion $f : \Sigma^* \to \Sigma^*$ in polynomieller Zeit berechnet, und q ein Polynom mit $T_{\mathfrak{N}} \leq q$. Durch Kombination der beiden Turingmaschinen erhalten wir also eine Laufzeit für das Wortproblem über L_1 bei der Eingabe von $x \in \Sigma^*$ der Größenordnung

$$p(|f(x)|) + q(|x|).$$

Da die Turingmaschine $\mathfrak{N}$ für die Berechnung von $f(x)$ höchstens $q(|x|)$ Konfigurationswechsel durchführt, gilt

$$|f(x)| \leq q(|x|) + |x|.$$

Weiter können wir o.B.d.A. annehmen, dass die Koeffizienten von p nichtnegative ganze Zahlen sind, p also insbesondere monoton wachsend ist. Wir erhalten damit

$$p(|f(x)|) \leq p(q(|x|) + |x|),$$

also

$$p(|f(x)|) + q(|x|) \leq p(q(|x|) + |x|) + q(|x|).$$

Damit ist dann auch das Wortproblem L_1 in polynomieller Zeit lösbar. □

Definition 2.9. Eine Sprache L heißt NP-*vollständig*, wenn $L \in$ NP und sich jede Sprache aus NP in polynomieller Zeit auf L reduzieren lässt.

Es gilt also

Satz 2.10. *Liegt ein* NP-*vollständiges Problem in* P, *so folgt* P = NP.

Beweis. Dies folgt sofort aus Satz 2.8 (i). □

NP-vollständige Probleme sind also die am schwierigsten zu lösenden Sprachen in NP. Nun stellt sich natürlich die Frage, wie schwer NP-vollständige Probleme denn wirklich sind. Die Antwort ist, wie oben schon geschrieben, unbekannt. Es gibt allerdings inzwischen über 1000 Probleme aus NP, von denen man weiß, dass sie NP-vollständig sind, und für keines ist ein polynomieller Algorithmus bekannt. Es wird deshalb vermutet, dass P $\neq$ NP gilt. Unter dieser Voraussetzung ergibt sich also die Abbildung 2.1.

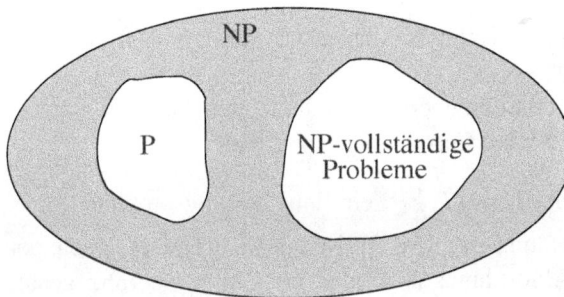

Abbildung 2.1. Die Komplexitätsklassen P und NP unter der Voraussetzung P $\neq$ NP.

Bevor wir gleich im übernächsten Abschnitt das erste NP-vollständige Problem kennen lernen, wollen wir die Klassen P und NP auch für Entscheidungsprobleme definieren.

2.2 Entscheidungsprobleme und die Klassen P und NP

Die meisten Entscheidungsprobleme sind zunächst nicht, im Gegensatz zu den im letzten Abschnitt betrachteten Wortproblemen, in einer Form gegeben, so dass ihre Instanzen von einem Algorithmus bzw. einer Turingmaschine entschieden werden können. Wir müssen also zunächst die Instanzen eines Entscheidungsproblems in eine

für Algorithmen verständliche Sprache übersetzen. Dies wird mit sogenannten Kodierungen gemacht, die wir schon in der Einleitung zu diesem Kapitel definiert haben.

Allerdings stellen wir an Kodierungen eine zentrale Bedingung, nämlich die, dass
das Bild der Instanzenmenge unter der Kodierung eine Sprache aus P ist. Solche Kodierungen nennen wir im Folgenden auch zulässig. Dies heißt insbesondere, dass man
in polynomieller Zeit entscheiden kann, ob ein Wort tatsächlich eine Instanz des Entscheidungsproblems kodiert. Da wir ja von vornherein wissen, welche Wörter wir
von einer Turingmaschine entscheiden lassen wollen (nämlich nur diejenigen Wörter,
die auch Instanzen des Problems kodieren), ist diese Bedingung keine wirkliche Einschränkung. Die Definition zulässiger Kodierungen hat zum einen den Vorteil, dass
wir bei der Betrachtung von Algorithmen für Entscheidungsprobleme nur noch Eingaben betrachten müssen, die Instanzen des Problems sind. Auf der anderen Seite
erhalten wir als Ergebnis, dass für ein polynomiell entscheidbares Problem dann auch
die Menge der JA-Instanzen eine Sprache aus P im Sinne der im letzten Abschnitt
angegebenen Definition ist, siehe Lemma 2.13.

Definition 2.11. Sei $e : \mathcal{I} \to \Sigma^*$ eine Kodierung eines Optimierungs- oder Entscheidungsproblems Π mit der Instanzmenge $\mathcal{I}$. Dann heißt e *zulässige Kodierung*, wenn
für alle $x \in \Sigma^*$ in polynomieller Zeit entschieden werden kann, ob x eine Instanz von
Π kodiert, d. h., wenn $e(\mathcal{I}) \in \mathrm{P}$.

Für den Rest dieses Kapitels nehmen wir stets an, dass Probleme zulässig kodiert
sind.

Die folgende Definition überträgt die im letzten Abschnitt eingeführten Komplexitätsklassen P und NP auf Entscheidungsprobleme.

Definition 2.12. Sei $\Pi = (\mathcal{I}, Y_\Pi)$ ein Entscheidungsproblem.

(i) Das Entscheidungsproblem Π ist aus P, wenn es einen polynomiell zeitbeschränkten Algorithmus A so gibt, dass $\mathsf{A}(I) = \mathtt{wahr}$ genau dann gilt, wenn
$I \in Y_\mathcal{I}$.

(ii) Das Entscheidungsproblem Π ist aus NP, wenn es einen polynomiell zeitbeschränkten Algorithmus A und ein Polynom p so gibt, dass gilt

$$I \in Y_\Pi \quad \Longleftrightarrow \quad \exists y \in \Sigma^* \text{mit } |y| \leq p(|x|) \text{ so, dass } \mathsf{A}(x, y) = \mathtt{wahr}.$$

Offensichtlich gilt dann

Lemma 2.13. *Sei Π ein Entscheidungsproblem. Genau dann ist Π aus P (bzw. NP),
wenn die zu Π assoziierte Sprache $L(\Pi) = Y_\Pi$ aus P (bzw. NP) ist.*

Beweis. Wir zeigen nur die erste Aussage, die zweite zeigt man wieder analog.

Sei also B ein polynomieller Algorithmus für Π. Da Π zulässig kodiert ist, existiert
ein polynomieller Algorithmus A, der für alle $x \in \Sigma^*$ entscheidet, ob x eine Instanz

von Π kodiert. Insgesamt können wir unseren Algorithmus C für $L(\Pi)$ also wie folgt formulieren:

Algorithmus C(x)

```
1  if A(x) = falsch then
2    return falsch
3  else
4    if B(x) = falsch then
5      return falsch
6    else
7      return wahr
8    fi
9  fi
```

Es gelte nun umgekehrt $L(\Pi) \in$ P. Da dann für $L(\Pi)$ ein polynomieller Algorithmus existiert, der für alle $x \in \Sigma^*$ entscheidet, ob $x \in L(\Pi)$, entscheidet die Einschränkung dieses Algorithmus auf Instanzen von Π auch Π. □

Man beachte, dass wir die Äquivalenz im obigen Lemma nur mit der Voraussetzung, dass die Probleme zulässig kodiert sind, beweisen konnten. Ohne diese Voraussetzungen können unerwartete Ergebnisse vorkommen, wie das folgende Beispiel zeigt.

Beispiel 2.14. Sei $L \subseteq \Sigma^*$ eine Sprache, die nicht polynomiell lösbar ist, und $w \in L$. Dann ist das folgende Entscheidungsproblem polynomiell lösbar.

Problem 2.15 (L_w).
Eingabe: $x \in L$.
Frage: Ist $x \in L \backslash \{w\}$?

Offensichtlich lässt sich in polynomieller Zeit testen, ob $x = w$ gilt. Damit ist auch das obige Entscheidungsproblem gelöst.

Die zum Problem L_w assoziierte Sprache ist

$$L(L_w) = L \backslash \{w\}.$$

Da L nicht polynomiell lösbar ist, gilt dies natürlich auch für $L \backslash \{w\}$.

Wir wollen nun zeigen, dass das Cliquenproblem aus NP ist.

Problem 2.16 (CLIQUE).
Eingabe: Ein Graph $G = (V, E)$, eine Zahl $k \in \mathbb{N}$.
Frage: Existiert eine Clique $C \subseteq V$ mit $|C| \geq k$?

Lemma 2.17. *Es gilt*

$$\text{CLIQUE} \in \text{NP}.$$

Beweis. Wir betrachten folgenden Algorithmus für das Problem, der als Eingabe einen Graphen $G = (V, E)$, eine Zahl $k \in \mathbb{N}$ und eine Knotenmenge $C \subseteq V$ erwartet:

Algorithmus ISCLIQUE($G = (V, E), k, C$)

```
 1   if |C| ≤ k then
 2      return falsch
 3   fi
 4   for v ∈ C do
 5      for w ∈ C\{v} do
 6         if {v, w} ∉ E then
 7            return falsch
 8         fi
 9      od
10   od
11   return wahr
```

Der Algorithmus testet also zunächst, ob die Kardinalität der Knotenmenge C überhaupt der Minimalforderung $|C| \geq k$ genügt, um danach zu überprüfen, ob C auch eine Clique bildet.

Da der Algorithmus offensichtlich polynomiell zeitbeschränkt ist, folgt die Behauptung. □

Der obige Algorithmus ist ein typisches Beispiel dafür, wie man von einem Entscheidungsproblem zeigen kann, dass es von einer nichtdeterministischen Turingmaschine entschieden werden kann. Man wähle sich zunächst einen Kandidaten, der den Anforderungen genügen könnte (im obigen Beispiel die Knotenmenge C als Kandidat für eine Clique im Graphen der Größe mindestens k), und überprüfe dann in polynomieller Zeit, ob dieser Kandidat den Anforderungen tatsächlich genügt, d. h., man versucht nicht, einen Beweis zu finden, sondern nur, Beweise in kurzer Zeit zu verifizieren.

Ähnlich wie die Klassen P und NP lässt sich auch die Definition der NP-Vollständigkeit auf Entscheidungsprobleme übertragen. Wir beginnen mit der Definition der polynomiellen Reduktion.

Definition 2.18. Seien $\Pi_1 = (\mathcal{I}_1, Y_{\mathcal{I}_1})$ und $\Pi_2 = (\mathcal{I}_2, Y_{\mathcal{I}_2})$ zwei Entscheidungsprobleme. Eine *polynomielle Reduktion* von Π_1 auf Π_2 ist eine Abbildung $f : \mathcal{I}_1 \longrightarrow \mathcal{I}_2$ so, dass gilt:

(i) Es gibt eine Turingmaschine $\mathfrak{M}$, die f in polynomieller Zeit berechnet.

(ii) Für alle $I \in \mathcal{I}_1$ gilt $I \in Y_{\mathcal{I}_1}$ genau dann, wenn $f(I) \in Y_{\mathcal{I}_2}$.

Gibt es eine polynomielle Reduktion von Π_1 auf Π_2, so schreiben wir auch $\Pi_1 \leq \Pi_2$.

Man beachte, dass sich ein Entscheidungsproblem Π_1 genau dann polynomiell auf ein zweites Entscheidungsproblem Π_2 reduzieren lässt, wenn dies für die zu den Problemen assoziierten Sprachen $L(\Pi_1)$ und $L(\Pi_2)$ gilt, siehe Übungsaufgabe 2.48. Die im letzten Abschnitt gezeigten Sätze für Sprachen gelten also auch für Entscheidungsprobleme, und wir erhalten

Satz 2.19. *Seien Π_1 und Π_2 Entscheidungsprobleme mit $\Pi_1 \leq \Pi_2$. Dann gilt:*

(i) $\Pi_2 \in$ P $\Longrightarrow \Pi_1 \in$ P und

(ii) $\Pi_2 \in$ NP $\Longrightarrow \Pi_1 \in$ NP.

Schließlich ist die Definition der NP-Vollständigkeit für Entscheidungsprobleme ganz analog zu der für Sprachen.

Definition 2.20. (i) Ein Entscheidungsproblem Π heißt NP-*vollständig*, wenn $\Pi \in$ NP und sich jedes Entscheidungsproblem aus NP in polynomieller Zeit auf Π reduzieren lässt.

(ii) Ein Entscheidungsproblem Π heißt NP-*schwer*, wenn sich jedes Entscheidungsproblem aus NP in polynomieller Zeit auf Π reduzieren lässt.

Analog zu Satz 2.10 gilt nun:

Satz 2.21. *Liegt ein NP-vollständiges Entscheidungsproblem in P, so folgt P $=$ NP.*

Erinnern wir uns an die Einleitung zu diesem Kapitel, so war das Ziel der Untersuchung der Klassen P und NP, eine Möglichkeit dafür in die Hand zu bekommen, von Optimierungsproblemen zu zeigen, dass diese nicht in polynomieller Zeit optimal gelöst werden können, es sei denn P $=$ NP. Die Schwere eines Optimierungsproblems, d. h. die Frage, ob ein Optimierungsproblem in polynomieller Zeit gelöst werden kann, lässt sich an der Schwere des zugehörigen Entscheidungsproblems ablesen. Wir werden zunächst, obwohl in Kapitel 1 bereits beschrieben, daran erinnern, wie wir das zu einem Optimierungsproblem zugehörige Entscheidungsproblem definiert haben.

Definition 2.22. Sei $\Pi = (\mathcal{I}, F, w)$ ein Optimierungsproblem. Dann heißt $\Pi' = (\mathcal{I}', Y_{\mathcal{I}'})$ mit $\mathcal{I}' = \mathcal{I} \times \mathbb{Q}$ und

$$Y_{\mathcal{I}'} = \{(I, x) \in \mathcal{I}'; \text{es existiert } t \in F(I) \text{ mit } w(t) \geq x\}$$

bzw.

$$Y_{\mathcal{I}'} = \{(I, x) \in \mathcal{I}'; \text{es existiert } t \in F(I) \text{ mit } w(t) \leq x\}$$

das zu Π *zugehörige Entscheidungsproblem*, wenn Π ein Maximierungs- bzw. ein Minimierungsproblem ist.

Die nächste Definition charakterisiert, wie Satz 2.24 zeigt, diejenigen Optimierungsprobleme, die unter der Voraussetzung P $\neq$ NP nicht in polynomieller Laufzeit
gelöst werden können.

Definition 2.23. Sei Π ein Optimierungsproblem und Π' das zugehörige Entscheidungsproblem. Dann heißt Π NP-*schwer*, wenn Π' NP-schwer ist.

Der folgende Satz ist die zentrale Motivation für die Betrachtung von Approximationsalgorithmen.

Satz 2.24. *Unter der Voraussetzung* P $\neq$ NP *existieren für* NP-*schwere Optimierungsprobleme keine optimalen polynomiellen Algorithmen.*

Beweis. Sei $\Pi = (\mathcal{I}, F, w)$ NP-schwer. Angenommen, es existiert ein optimaler polynomieller Algorithmus A für Π. Dann gibt es offensichtlich auch einen polynomiellen Algorithmus für das zugehörige Entscheidungsproblem Π' (man berechne erst
den optimalen Wert und vergleiche diesen dann mit der Zahl in der Eingabe). Nach
Satz 2.21 gilt dann P $=$ NP, ein Widerspruch.   □

2.3 Das Problem S_AT und der Satz von Cook

Bisher wissen wir noch nicht, ob NP-vollständige Probleme überhaupt existieren. Wir
werden deshalb in diesem Abschnitt einige kennen lernen. Zunächst starten wir mit
dem berühmten Satz von Cook, der zeigt, dass das Problem S_AT (Satisfiability), d. h.
die Frage, ob eine aussagenlogische Formel in konjuktiver Normalform erfüllbar ist,
NP-vollständig ist. Dieser Satz wurde von Cook 1971 (siehe [44]) und unabhängig
davon von Levin 1973 (siehe [143]) bewiesen.

Aussagenlogische Formeln bestehen aus booleschen Variablen $x_1, x_2, \ldots$ und
Operatoren $\wedge$, $\vee$, $\neg$. Die Variablen x_i und $\neg x_i$ heißen auch *Literale*. $(y_1 \vee \cdots \vee y_k)$ mit
Literalen $y_1, \ldots, y_k$ heißt *Klausel* und $\alpha = c_1 \wedge \cdots \wedge c_m$ mit Klauseln $c_1, \ldots, c_m$ auch
Ausdruck in *konjunktiver Normalform*. Wir sagen, dass ein Ausdruck α *erfüllbar* ist,
wenn es eine *Belegung* der Variablen in α mit den Werten wahr und falsch so gibt,
dass α den Wert wahr bekommt. Ist α eine Formel über den Variablen $x_1, \ldots, x_n$, so
ist also eine Belegung nichts anderes als eine Abbildung

$$\mu : \{x_1, \ldots, x_n\} \longrightarrow \{\text{wahr}, \text{falsch}\}.$$

Beispiel 2.25. (i) Wir betrachten die Formel

$$\alpha = (x_1 \vee x_2 \vee x_3) \wedge (x_1 \vee \neg x_2 \vee \neg x_3).$$

Dann ist μ mit $\mu(x_1) = \mu(x_2) = \mu(x_3) = \text{wahr}$ eine erfüllende Belegung.

(ii) Für die Formel

$$
\begin{aligned}
\alpha \;=\; & (x_1 \vee x_2 \vee x_3) \wedge (x_1 \vee \neg x_2 \vee x_3) \wedge (x_1 \vee x_2 \vee \neg x_3) \wedge \\
& (x_1 \vee \neg x_2 \vee \neg x_3) \wedge (\neg x_1 \vee x_2 \vee x_3) \wedge (\neg x_1 \vee \neg x_2 \vee x_3) \wedge \\
& (\neg x_1 \vee x_2 \vee \neg x_3) \wedge (\neg x_1 \vee \neg x_2 \vee \neg x_3)
\end{aligned}
$$

gibt es offensichtlich keine erfüllende Belegung.

Damit können wir das in diesem Abschnitt zu behandelnde Problem wie folgt formulieren.

Problem 2.26 (SAT).
Eingabe: Eine aussagenlogische Formel α in konjunktiver Normalform.
Frage: Ist α erfüllbar?

Satz 2.27 (Satz von Cook (1971)). SAT *ist* NP-*vollständig.*

Beweis. Ähnlich wie schon bei dem Problem CLIQUE lässt sich zeigen, dass auch das Problem SAT aus NP ist. Man kann ja leicht von einer gegebenen Belegung in polynomieller Zeit prüfen, ob diese alle Klauseln erfüllt.

Wir müssen nun nachweisen, dass jedes Problem aus NP in polynomieller Zeit auf SAT reduzierbar ist. Allerdings wollen wir zunächst zum besseren Verständnis die Hauptideen vorstellen, ohne uns mit zu genauen Betrachtungen der zugrunde liegenden Formalien den Blick für das Wesentliche zu verstellen.

Sei also Π ein Entscheidungsproblem aus NP und A ein polynomieller Algorithmus so, dass für alle wahr-Instanzen $I = (I_1, \ldots, I_n)$ von Π ein Zeuge $y_I = (y_1^I, \ldots, y_{p(n)}^I)$ so existiert, dass A für die Eingabe (I, y_I) wahr liefert, und für alle falsch-Instanzen I von Π gilt $A(I, y) =$ falsch für alle y mit $|y| \le p(|I|)$ für ein Polynom p. Wir müssen nun zeigen, wie sich Π in polynomieller Zeit auf SAT reduzieren lässt.

Der Algorithmus A lässt sich in eine boolesche Formel umwandeln. Dies ist nicht weiter verwunderlich, da Computer, in denen Algorithmen ablaufen, ja nur boolesche Operationen ausführen können. Allerdings benötigt diese Aussage, wie wir gleich sehen werden, eine genaue Analyse der den Algorithmen zugrundeliegenden Theorie der Turingmaschinen.

Diese dem Algorithmus A zugeordnete boolesche Formel lässt sich in eine Formel in konjunktiver Normalform umwandeln. Wir bezeichnen die so erhaltene Formel mit

$$
\alpha = c_1 \wedge \cdots \wedge c_m
$$

mit Klauseln $c_1, \ldots, c_m$ über der Variablenmenge

$$
X = \{x_1, \ldots, x_n, y_1, \ldots, y_{p(n)}\}.
$$

Damit erhalten wir $A(I, y_I) = \text{wahr}$ genau dann, wenn α mit der Variablenbelegung $x_i = I_i$ für alle $i \leq |I|$ und $y_i = y_i^I$ für alle $i \leq p(|I|)$ erfüllt ist.

Für jede Eingabe I von Π betrachtet man die Formel α_I, die aus α entsteht, indem die Variablen $x_1, \ldots, x_n$ mit den Werten $I_1, \ldots, I_n$ belegt sind. Es lässt sich zeigen, dass α_I in polynomieller Zeit aus I berechnet werden kann. Offensichtlich gilt nun: I ist genau dann eine wahr-Instanz von Π, wenn es eine erfüllende Belegung für α_I gibt. Damit haben wir aber Π auf SAT reduziert. Da Π beliebig gewählt wurde, folgt die Behauptung.

Wir kommen nun zum formalen Beweis. Sei also im Folgenden L eine Sprache, die von einer nichtdeterministischen Turingmaschine $\mathfrak{M}$ in polynomieller Zeit berechnet werden kann. Wir werden $L \leq \text{SAT}$ zeigen, genauer konstruieren wir eine polynomielle Transformation

$$f : \Sigma^* \longrightarrow \Sigma^*$$

so, dass $f(u)$ für alle $u \in \Sigma^*$ eine Instanz von SAT ist. Weiter muss f folgende Eigenschaft besitzen: Ein Wort $u \in \Sigma^*$ ist genau dann ein Element von L, wenn $f(u)$ eine erfüllende Belegung besitzt.

Sei $\mathfrak{M} = (Q, \Gamma, q_0, \delta, F)$ eine nichtdeterministische Turingmaschine für L mit Zustandsmenge $Q = \{q_0, \ldots, q_s\}$, Endzuständen $F = \{q_r, \ldots, q_s\}$, Anfangszustand q_0, Arbeitsalphabet $\Gamma = \{a_0, \ldots, a_m\}$, Blanksymbol $a_0 = \mathbf{b}$ und der Übergangsfunktion $\delta : (Q \backslash F) \times \Gamma \longrightarrow 2^{\Gamma \times \{l, r\} \times Q}$, die für alle $u \in \Sigma^*$ nach höchstens $T(|u|)$ Schritten eine Stoppkonfiguration erreicht.

Weiter gelte o.B.d.A.: Akzeptiert $\mathfrak{M}$ die Eingabe $u = a_{j_1} \cdots a_{j_{|u|}}$ mit einer Berechnung der Länge höchstens $T(|u|)$, so akzeptiert $\mathfrak{M}$ die Eingabe u mit einer Berechnung der Länge genau $T(|u|)$ (man kann immer künstlich Konfigurationswechsel einführen, bis die Anzahl der Wechsel den Wert $T(|u|)$ erreicht).

Dabei stellen wir, wie üblich, δ durch eine Folge von Zeilen (Quintupeln)

$$z^i = (z_1^i, \ldots, z_5^i) \in (Q \backslash F) \times \Gamma \times \Gamma \times \{l, r\} \times Q$$

für alle $i \leq \varrho$ dar, wobei ϱ die Anzahl der Zeilen von $\mathfrak{M}$ sei. Dabei bedeute $qaa'\beta q'$, dass $(a', \beta, q') \in \delta(q, a)$. Wir werden im Folgenden die Menge $\{l, r\}$, was ja „bewege den Schreib-/Lesekopf nach links/rechts" bedeutet, mit $\{-1, 1\}$ identifizieren. Weiter betrachten wir nur Turingmaschinen, die ein von links beschränktes Feld haben.

Wir beginnen nun, die boolesche Formel α zu konstruieren. Dabei soll $\alpha := f(u)$ die Berechnung, die $\mathfrak{M}$ bei Eingabe von u durchführt, simulieren.

Sei dazu die Variablenmenge X wie folgt definiert:

$$X := \{z_{tk}, s_{ti}, b_{tl}, a_{tij}; 0 \leq t, i \leq T(|u|), 0 \leq k \leq s, 1 \leq l \leq \varrho, 0 \leq j \leq m\}.$$

Zur besseren Lesbarkeit des folgenden Beweises wollen wir die Variablen in geeigneter Weise interpretieren:

z_{tk} $\;\hat{=}\;$ Nach t Schritten wird Zustand q_k erreicht.

s_{ti} $\;\hat{=}\;$ Nach t Schritten steht der Schreib-/Lesekopf auf Arbeitsfeld i.

b_{tl} $\;\hat{=}\;$ Nach t Schritten wird Zeile z^l ausgeführt.

a_{tij} $\;\hat{=}\;$ Nach t Schritten steht auf Arbeitsfeld i der Buchstabe a_j.

Die Anzahl der Variablen ist offensichtlich nach oben durch $c \cdot T(|u|)^2$ beschränkt, wobei c eine von $\mathfrak{M}$ abhängige Konstante ist.

Die gesuchte Formel α besteht nun aus acht Teilformeln

$$\alpha := \underbrace{\alpha_1}_{\text{Anfang}} \wedge \underbrace{\alpha_2 \wedge \alpha_3}_{\text{Eindeutigkeit}} \wedge \alpha_4 \wedge \underbrace{\alpha_5 \wedge \alpha_6 \wedge \alpha_7}_{\text{Übergänge}} \wedge \underbrace{\alpha_8}_{\text{Ende}} \;,$$

die im Einzelnen die folgende Gestalt haben:

α_1 $\;\hat{=}\;$ Startkonfiguration (auf dem Arbeitsband steht $u\mathbf{b}\cdots\mathbf{b}$, $\mathfrak{M}$ befindet sich im Zustand q_0 und das Arbeitsfeld steht auf Nummer 0)

$\;=\;$ $\bigwedge_{i \leq |u|} a_{0ij_i} \wedge \bigwedge_{|u|+1 \leq i \leq T(|u|)} a_{0i0} \wedge z_{00} \wedge s_{00},$

α_2 $\;\hat{=}\;$ $\mathfrak{M}$ befindet sich zu jedem Zeitpunkt in genau einem Zustand

$\;=\;$ $\bigwedge_{0 \leq t \leq T(|u|)} (\bigvee_{0 \leq i \leq s} z_{ti} \wedge \bigwedge_{i \neq j} \neg(z_{ti} \wedge z_{tj})),$

α_3 $\;\hat{=}\;$ der Schreib-/Lesekopf befindet sich zu jedem Zeitpunkt auf genau einer Bandposition

$\;=\;$ $\bigwedge_{0 \leq t \leq T(|u|)} (\bigvee_{0 \leq i \leq T(|u|)} s_{ti} \wedge \bigwedge_{i \neq j} \neg(s_{ti} \wedge s_{tj})),$

α_4 $\;\hat{=}\;$ zu jedem Zeitpunkt befindet sich auf jeder Bandposition genau ein Buchstabe aus dem Arbeitsalphabet Γ

$\;=\;$ $\bigwedge_{0 \leq t \leq T(|u|)} \bigwedge_{0 \leq r \leq T(|u|)} (\bigvee_{0 \leq i \leq m} a_{tri} \wedge \bigwedge_{i \neq j} \neg(a_{tri} \wedge a_{trj})),$

α_5 $\;\hat{=}\;$ ausgeführte Züge bewirken die gewünschte Änderung $(z^l = (q_{k_l}, a_i, a_{i_j}, \beta_l, q_{\tilde{k}_l}))$

$\;=\;$ $\bigwedge_{0 \leq t \leq T(|u|)} \bigwedge_{0 \leq i \leq T(|u|)} \bigwedge_{1 < l \leq \varrho} ((s_{ti} \wedge b_{tl}) \rightarrow (z_{tk_l} \wedge a_{tij_l} \wedge z_{(t+1)\tilde{k}_l} \wedge a_{(t+1)i\tilde{j}_l} \wedge s_{(t+1)(i+\beta_l)})),$

α_6 $\;\hat{=}\;$ wo der Schreib-/Lesekopf nicht steht, bleibt das Arbeitsfeld unverändert

$\;=\;$ $\bigwedge_{0 \leq t \leq T(|u|)} \bigwedge_{0 \leq i \leq T(|u|)} \bigwedge_{0 \leq j \leq m} ((\neg s_{ti}) \wedge a_{tij}) \rightarrow a_{(t+1)ij}),$

α_7 $\;\hat{=}\;$ $\mathfrak{M}$ führt zu jedem Zeitpunkt $t \neq T(|u|)$ genau einen Schritt aus

$\;=\;$ $\bigwedge_{0 \leq t \leq T(|u|)} (\bigvee_{1 \leq l \leq \varrho} b_{tl} \wedge \bigwedge_{l \neq l'} (b_{tl} \rightarrow \neg b_{tl'})),$

α_8 $\;\hat{=}\;$ die Endkonfiguration ist akzeptiert

$\;=\;$ $\bigvee_{r \leq i \leq s} z_{T(|u|)i}.$

Wie man sieht, folgen wir mit der obigen Konstruktion genau der zu Beginn dieses Beweises erläuterten Idee, die Arbeitsweise der Turingmaschine durch eine Formel zu simulieren.

Da man $\alpha = \alpha_{\text{Anfang}} \wedge \alpha_{\text{Ende}} \wedge \alpha_{\text{Eindeutig}} \wedge \alpha_{\text{Übergang}}$ in konjunktiver Normalform darstellen kann, müssen wir jetzt nur noch zeigen, dass

(a) die Transformation $u \to \alpha := f(u)$ polynomiell ist, und

(b) eine akzeptierende Berechnung von $\mathfrak{M}$ zu u der Länge $T(|u|)$ genau dann existiert, wenn $\alpha = f(u)$ erfüllbar ist.

Zu (a): Wir bestimmen die Anzahl beziehungsweise Häufigkeit $|\alpha|$ der Variablen in $\alpha = T(u)$, wobei im Folgenden $n := |u|$. Da

$$\alpha = \alpha_1 \wedge \cdots \wedge \alpha_8,$$

reicht es also, die Anzahl der Variablen in den Teilformeln abzuschätzen. Wir erhalten

$$
\begin{aligned}
|\alpha_1| &= T(n), \\
|\alpha_2| &= T(n) \cdot (s + s(s-1)), \\
|\alpha_3| &= T(n) \cdot (T(n) + T(n)(T(n) - 1)), \\
|\alpha_4| &= T(n)^2 \cdot (m + 1 + (m+1)m), \\
|\alpha_5| &= T(n)^2 \cdot \varrho \cdot 7, \\
|\alpha_6| &= T(n)^2 \cdot m \cdot 3, \\
|\alpha_7| &= T(n) \cdot (\varrho + \varrho(\varrho - 1)) \quad \text{und} \\
|\alpha_8| &= s.
\end{aligned}
$$

Insgesamt ergibt sich damit eine in $T(|u|)$ polynomielle Anzahl der Variablen (man beachte, dass die Werte s, m und ϱ Konstanten sind, die von der Turingmaschine $\mathfrak{M}$ abhängen).

Zu (b): „$\Longrightarrow$" Sei also $u \in L$. Dann existiert eine akzeptierende Berechnung von $\mathfrak{M}$ der Länge $T(|u|)$, d. h. eine Konfigurationsfolge

$$\varepsilon q_0 u_0 u_1 \cdots u_n \kappa_0 \vdash_{\mathfrak{M}} \kappa_1 \vdash_{\mathfrak{M}} \cdots \vdash_{\mathfrak{M}} \kappa_{T(|u|)} = \alpha q \alpha \beta$$

mit $q \in F$. Wir übersetzen diese Berechnung in eine Belegung der Variablen aus X wie folgt:

$$
\begin{aligned}
\mu(a_{tij}) := \text{wahr} &\iff \text{nach Schritt } t \text{ steht } a_j \text{ auf Arbeitsfeld } i, \\
\mu(b_{tl}) := \text{wahr} &\iff \text{nach Schritt } t \text{ wird Zeile } l \text{ ausgeführt}, \\
\mu(s_{ti}) := \text{wahr} &\iff \text{nach Schritt } t \text{ steht der Kopf auf Arbeitsfeld } i, \\
\mu(z_{tl}) := \text{wahr} &\iff \text{nach Schritt } t \text{ ist } \mathfrak{M} \text{ im Zustand } q_k.
\end{aligned}
$$

Offensichtlich gilt dann $\mu(f(u)) = \texttt{wahr}$.

„$\Longleftarrow$" Sei nun umgekehrt μ eine erfüllende Belegung für $\alpha = f(u)$. Wegen

$$\mu(\alpha_{\text{Eindeutig}}) = \texttt{wahr}$$

existiert zu jedem Zeitpunkt t genau ein k mit $z_{tk} = \texttt{wahr}$. Wir bezeichnen dieses mit $k(t)$. Analog definieren wir $i(t)$, $l(t)$ und $j(t,i)$. Für alle Zeitpunkte t wird eine Konfiguration κ_t eindeutig definiert durch den Zustand $q_{k(t)}$, das Arbeitsfeld Nr. $i(t)$ und die Bandinschrift $a_{j(t,0)}, \ldots, a_{j(t,T(|u|))}$.

Wir zeigen nun, dass $\kappa_0, \ldots, \kappa_{T(|u|)}$ eine akzeptierende Berechnung ist. Wegen $\alpha_{\text{Anfang}} = \texttt{wahr}$ ist κ_0 die Startkonfiguration zu u. Wegen $\alpha_{\text{Ende}} = \texttt{wahr}$ ist $\kappa_{T(|u|)}$ eine akzeptierende Konfiguration. Wegen $\alpha_{\text{Übergang}} = \texttt{wahr}$ geschieht der Übergang $\kappa_t \vdash_{\mathfrak{M}} \kappa_{t+1}$ gemäß Zeile $z^{l(t)}$. Insgesamt erhalten wir also eine akzeptierende Berechnung von $\mathfrak{M}$ auf u. $\qquad\square$

Nachdem wir nun gesehen haben, dass es zumindest ein NP-vollständiges Problem gibt, liefert uns der nächste Satz eine Möglichkeit, von weiteren Entscheidungsproblemen zeigen zu können, dass sie NP-vollständig sind.

Satz 2.28. *Seien* Π_1 *und* Π_2 *zwei Entscheidungsprobleme aus* NP *so, dass*

$$L(\Pi_1) \leq L(\Pi_2).$$

Dann gilt: Ist Π_1 *NP-vollständig, so auch* Π_2.

Beweis. Der Beweis verläuft analog zu dem von Satz 2.8. $\qquad\square$

Beweise für den Nachweis der NP-Vollständigkeit eines Entscheidungsproblems Π laufen dann in der Regel nach dem folgenden Schema ab:

(i) Zeige zunächst $\Pi \in$ NP.

(ii) Wähle ein geeignetes NP-vollständiges Entscheidungsproblem Π'.

(iii) Konstruiere eine polynomielle Transformation f von Π' auf Π.

Die Hauptschwierigkeit ist natürlich das Finden einer polynomiellen Transformation von Π' auf Π. Es gibt allerdings einige Standardtechniken, wie man diese Transformationen konstruiert. Wir werden im letzten Abschnitt dieses Kapitels noch einmal genauer darauf eingehen.

Zunächst wollen wir aber im nächsten Abschnitt von einer ganzen Reihe von Entscheidungsproblemen die NP-Vollständigkeit nachweisen und benötigen dafür, dass schon eine Einschränkung von SAT, das sogenannte 3SAT-Problem, NP-vollständig ist.

Eine aussagenlogische Formel in konjunktiver Normalform liegt in *k-konjunktiver Normalform*, $k \geq 2$, vor, wenn zusätzlich jede Klausel genau k Literale enthält. Diese Ausdrücke haben also die Form

$$\alpha = (y_1 \vee y_2 \vee \cdots \vee y_k) \wedge \cdots \wedge (y_{n-(k+1)} \vee y_{n-(k+2)} \vee \cdots \vee y_n).$$

Es stellt sich heraus, dass das Problem 2SAT in polynomieller Zeit sogar linear lösbar ist, siehe [45]. Der Fall $k = 1$ ist offensichtlich trivial. Für $k > 2$ liegen uns aber NP-vollständige Probleme vor. Wir wollen dies für den Fall $k = 3$ exemplarisch beweisen.

Wir behandeln damit das folgende Problem.

Problem 2.29 (3SAT).
Eingabe: Eine aussagenlogische Formel in 3-konjunktiver Normalform.
Frage: Ist α erfüllbar?

Satz 2.30. 3SAT *ist* NP-*vollständig.*

Beweis. Da jede Instanz von 3SAT auch eine Instanz von SAT ist und SAT $\in$ NP, folgt dies auch für das obige Problem.

Wir müssen also nur noch SAT $\leq$ 3SAT zeigen. Dazu werden wir zu jeder Formel $\alpha = c_1 \wedge \cdots \wedge c_m$ in konjunktiver Normalform über den Variablen $X = \{x_1, \dots, x_n\}$ eine Formel α' in 3-konjunktiver Normalform so konstruieren, dass α genau dann erfüllbar ist, wenn α' erfüllbar ist. Genauer konstruieren wir zu jeder Klausel c_i einen Ausdruck α_i' in 3-konjunktiver Normalform so, dass c_i genau dann erfüllbar ist, wenn dies für α_i' gilt. Mit $\alpha' = \alpha_1' \wedge \cdots \wedge \alpha_m'$ folgt dann die Behauptung.

Sei nun $i \leq m$ und $c_i = (y_1 \vee \cdots \vee y_k)$ mit Literalen $y_1, \dots, y_k \in \{x_1, \dots, x_n\} \cup \{\neg x_1, \dots, \neg x_n\}$. Die Form von α_i' hängt von der Anzahl der in c_i enthaltenen Literale ab. Man beachte, dass die zusätzlich definierten Variablen aus Z_i nur in der Formel α_i' benutzt werden. Wir erhalten die folgende Fallunterscheidung:

$$
\begin{aligned}
\textit{Fall } k = 1 : \quad Z_i \ &:= \ \{z_i^1, z_i^2\}, \\
\alpha_i' \ &:= \ (y_1 \vee z_i^1 \vee z_i^2) \wedge (y_1 \vee z_i^1 \vee \neg z_i^2) \\
&\quad \wedge (y_1 \vee \neg z_i^1 \vee z_i^2) \wedge (y_1 \vee \neg z_i^1 \vee \neg z_i^2). \\[6pt]
\textit{Fall } k = 2 : \quad Z_i \ &:= \ \{z_i\}, \\
\alpha_i' \ &:= \ (y_1 \vee y_2 \vee z_i) \wedge (y_1 \vee y_2 \vee \neg z_i). \\[6pt]
\textit{Fall } k = 3 : \quad Z_i \ &:= \ \varnothing, \\
\alpha_i' \ &:= \ c_i. \\[6pt]
\textit{Fall } k = 4 : \quad Z_i \ &:= \ \{z_i^j ; 1 \leq j \leq k - 3\}, \\
\alpha_i' \ &:= \ (y_1 \vee y_2 \vee z_i^1) \wedge \bigwedge_{1 \leq j \leq k-4} (\neg z_i^j \vee y_{j+2} \vee z_i^{j+1}) \\
&\quad \wedge (\neg z_i^{k-3} \vee y_{k-1} \vee y_k).
\end{aligned}
$$

Sei nun $\mu : \{x_1, \dots, x_n\} \longrightarrow \{\mathtt{wahr}, \mathtt{falsch}\}$ eine erfüllende Belegung für c_i. Wir zeigen, dass sich μ zu einer erfüllenden Belegung für α_i' auf ganz $X' := X \cup Z_i$ erweitern lässt.

In den Fällen 1 und 2 ist die Formel α_i' bereits erfüllt. Wir können also μ beliebig auf Z_i fortsetzen und erhalten so eine erfüllende Belegung für α_i'.

Im Fall 3 ist Z_i leer, d. h., an dieser Stelle ist nichts zu tun.

Der einzige verbleibende Fall ist Fall 4. Da μ eine erfüllende Belegung für c_i ist, gibt es zumindest ein l so, dass $\mu(y_l) = \texttt{wahr}$ ist. Wir setzen

$$l_0 := \min_l \{\mu(y_l) = \texttt{wahr}\}$$

und unterscheiden die folgenden beiden Fälle.

Fall 4.1: $l_0 \leq 2$. Dann setzen wir $\mu(z_i^j) = \texttt{falsch}$ für alle $j \leq k - 3$. Damit ist offensichtlich μ eine erfüllenden Belegung für α_i'.

Fall 4.2: $l_0 > 2$. Dann setzen wir $\mu(z_i^j) = \texttt{wahr}$ für alle $1 \leq j \leq l_0 - 2$ und $\mu(z_i^j) = \texttt{falsch}$ für alle $l_0 - 1 \leq j \leq k - 3$. Damit ist dann μ auch erfüllend.

Ist umgekehrt μ eine erfüllende Belegung von α_i', so ist leicht einzusehen, dass die Einschränkung von μ auf $\{x_1, \ldots, x_n\}$ ebenfalls eine erfüllende Belegung für c_i ist.   □

2.4 Weitere NP-vollständige Probleme

Wir wollen das im letzten Abschnitt vorgestellte Verfahren anhand des Cliquenproblems vertiefen.

Satz 2.31 (Karp [128]). CLIQUE *ist NP-vollständig.*

Beweis. Wir wissen bereits, dass das Problem aus NP ist und müssen nur noch $3\text{SAT} \leq \text{CLIQUE}$ zeigen. Sei dazu α eine Formel in 3-konjunktiver Normalform, etwa

$$\alpha = (a_{11} \vee a_{12} \vee a_{13}) \wedge \cdots \wedge (a_{k1} \vee a_{k2} \vee a_{k3})$$

mit $a_{ij} \in \{x_1, \ldots, x_n\} \cup \{\neg x_1, \ldots, \neg x_n\}$ für alle $i \in \{1, \ldots, k\}$, $j \in \{1, \ldots, 3\}$.

Wir konstruieren nun einen Graphen G so, dass in G genau dann eine Clique der Größe k existiert, wenn α erfüllbar ist. Sei

$$V = \{(j, i); j \leq k, i \in \{1, \ldots, 3\}\},$$
$$E = \{\{(j, i), (h, l)\}; j \neq h, a_{ji} \neq \neg a_{h,l}\}.$$

Zum Beispiel ergibt die Formel

$$\alpha = (\neg x \vee \neg y \vee \neg z) \wedge (x \vee y \vee \neg z) \wedge (\neg x \vee y \vee z) \tag{2.1}$$

den Graphen aus Abbildung 2.2. Dabei ist $\mu(x) = 0$, $\mu(y) = 1$, $\mu(z) = 0$ eine erfüllende Belegung von α und $\{a_{11}, a_{22}, a_{33}\}$ eine Clique von G.

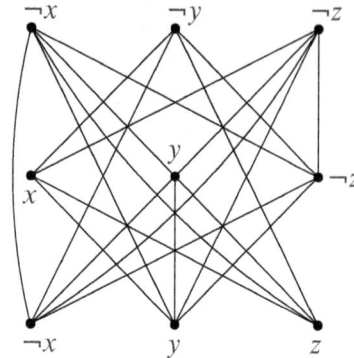

Abbildung 2.2. Der zur Formel (2.1) gehörende Graph.

Es ist leicht einzusehen, dass G in polynomieller Zeit konstruiert werden kann. Wir zeigen nun, dass G genau dann eine Clique der Größe k hat, wenn es eine erfüllende Belegung für α gibt.

„$\Longrightarrow$" Sei $C \subseteq V$ eine Clique von G mit $|C| = k$. Da je zwei Literale in derselben Klausel nicht durch eine Kante verbunden sind, gibt es für alle $j \in \{1, \dots, k\}$ genau einen Knoten $(j, i_j) \in C$. Sei nun μ eine Belegung für die Aussagensymbole $x_1, \dots, x_n$ mit

$$\mu(a_{ji_j}) = \text{wahr}.$$

Da für alle $j, h \in \{1, \dots, k\}$ stets $a_{ji_j} \neq \neg a_{hi_h}$, ist die Belegung zulässig. Weiter existiert in jeder Klausel mindestens ein auf wahr gesetztes Literal, d. h., α ist erfüllbar.

„$\Longleftarrow$" Sei umgekehrt μ eine erfüllende Belegung für α. Dann gibt es für alle $j \in \{1, \dots, k\}$ einen Index i_j so, dass $\mu(a_{ji_j}) = \text{wahr}$. Insbesondere gilt $a_{ji_j} \neq \neg a_{hi_h}$ für alle $j, h \in \{1, \dots, k\}$, also ist $C = \{(j, i_j); j \in \{1, \dots, k\}\}$ eine Clique der Größe k. $\qquad\qquad\square$

Ein weiteres Problem, das uns auch in den nächsten Kapiteln beschäftigen wird, ist das sogenannte *Rucksackproblem*. Die Fragestellung ist wie folgt: Gegeben sind n Objekte mit Gewinnen $p_1, \dots, p_n \in \mathbb{N}_+$ und Gewichten $w_1, \dots, w_n \in \mathbb{N}_+$, sowie ein Wert $K \in \mathbb{N}_+$, die Kapazität des Rucksacks. Die Optimierungsvariante fragt nach einer optimalen Füllung so, dass der Gewinn maximiert, die Kapazität aber nicht überschritten wird. Wir betrachten im Folgenden die Entscheidungsvariante und zeigen, dass diese NP-vollständig ist.

Problem 2.32 (KNAPSACK).
Eingabe: Zahlen $p_1, \dots, p_n, w_1, \dots, w_n, q, K \in \mathbb{N}$.
Frage: Gibt es eine Teilmenge $I \subseteq \{1, \dots, n\}$ mit

$$\sum_{i \in I} w_i \leq K \quad \text{und} \quad \sum_{i \in I} p_i = q?$$

Offensichtlich gilt KNAPSACK $\in$ NP, da zu einer gegebenen Lösung in polynomieller Zeit entschieden werden kann, ob die Kapazität eingehalten und der Gewinn erreicht wurde. Wir zeigen, dass das Rucksackproblem NP-vollständig ist, indem wir ein Teilproblem betrachten, das auch als Teilsummenproblem bekannt ist.

Problem 2.33 (SUBSET SUM).
Eingabe: Zahlen $p_1, \ldots, p_n, q \in \mathbb{N}$.
Frage: Gibt es eine Teilmenge $I \subseteq \{1, \ldots, n\}$ mit

$$\sum_{i \in I} p_i = q?$$

Satz 2.34 (Karp [128]). SUBSET SUM *ist* NP-*vollständig.*

Beweis. Offensichtlich ist SUBSET SUM aus NP. Wir zeigen nun, dass $3\text{SAT} \leq \text{SUB-SET SUM}$. Sei dazu wie im vorherigen Beweis α eine Formel in 3-konjunktiver Normalform, etwa

$$\alpha = (a_{11} \vee a_{12} \vee a_{13}) \wedge \cdots \wedge (a_{k1} \vee a_{k2} \vee a_{k3})$$

mit $a_{ij} \in \{x_1, \ldots, x_n\} \cup \{\neg x_1, \ldots, \neg x_n\}$ für alle $i \in \{1, \ldots, k\}$, $j \in \{1, \ldots, 3\}$. Wir nennen $\gamma_i = a_{i1} \vee a_{i2} \vee a_{i3}$ die i-te Klausel von α.

Nun ordnen wir α eine Instanz von SUBSET SUM zu. Die Dezimalzahl q sei

$$q = \underbrace{4 \cdots 4}_{k\text{-mal}} \, \underbrace{1 \cdots 1}_{n\text{-mal}},$$

wobei k die Anzahl der Klauseln und n die Anzahl der vorkommenden Aussagensymbole ist.

Weiter ordnen wir jedem Literal x_i und $\neg x_i$ eine Zahl v_i und $\neg v_i$ zu und führen noch Hilfsobjekte $c_1, \ldots, c_k, d_1, \ldots, d_k$ wie folgt ein:

- Sei b_{ij} die Anzahl der Vorkommen des positiven Literals x_j in der i-ten Klausel, und

- sei $\bar{b}_{ij}$ die Anzahl der Vorkommen des negativen Literals $\neg x_j$ in der i-ten Klausel.

Dann gilt $\bar{b}_{ij}, b_{ij} \in \{0, \ldots, 3\}$. Weiter haben die Zahlen $v_1, \ldots, v_n, \neg v_1, \ldots, \neg v_n$, $c_1, \ldots, c_k, d_1, \ldots, d_k$ jeweils $k + n$ Dezimalstellen und sind wie folgt definiert:

$$
\begin{array}{rcccccccccccc}
v_j & = & b_{j1} & \cdots & b_{ji-1} & b_{ji} & b_{ji+1} & \cdots & b_{jk} & 0 & \cdots & 010 \cdots 0, \\
\neg v_j & = & \bar{b}_{j1} & \cdots & \bar{b}_{ji-1} & \bar{b}_{ji} & \bar{b}_{ji+1} & \cdots & \bar{b}_{jk} & 0 & \cdots & 010 \cdots 0, \\
c_i & = & 0 & \cdots & 0 & 1 & 0 & \cdots & 0 & 0 & \cdots & 000 \cdots 0, \\
d_i & = & 0 & \cdots & 0 & 2 & 0 & \cdots & 0 & 0 & \cdots & 000 \cdots 0, \\
\end{array}
$$

wobei in v_j und $\neg v_j$ die 1 im hinteren Block an der j-ten Position steht.

Als Beispiel betrachten wir die Formel $\alpha = (x_1 \vee x_1 \vee x_1) \wedge (\neg x_1 \vee \neg x_1 \vee \neg x_1)$. Offensichtlich ist α nicht erfüllbar. Die zugehörige Instanz von SUBSET SUM ist dann $q = 441$ und

$$v_1 = 301, \qquad\qquad \neg v_1 = 031,$$

$$c_1 = 100, \qquad\qquad d_1 = 200,$$

$$c_2 = 010, \qquad\qquad d_2 = 020.$$

Wie man leicht sieht, hat auch diese Instanz keine Lösung.

Wir zeigen nun, dass α genau dann eine erfüllende Belegung hat, wenn es eine Teilmenge $I \subseteq \{v_1, \ldots, v_n, \neg v_1, \ldots, \neg v_n, c_1, \ldots, c_n, d_1, \ldots, d_n\}$ so gibt, dass $\sum_{v \in I} v = q$.

„$\Longrightarrow$" Sei μ eine erfüllende Belegung für α und

$$I' := \{v_j; \mu(x_j) = \mathtt{wahr}\} \cup \{\neg v_j; \mu(x_j) = \mathtt{falsch}\}.$$

Da μ insbesondere zulässig ist (d. h. $\mu(x_i) \neq \mu(\neg x_i)$ für alle $i \in \{1, \ldots, n\}$), ist für alle $i \in \{1, \ldots, n\}$ entweder $v_i \in I'$ oder $\neg v_i \in I'$. Also gilt

$$\sum_{v \in I'} v = a_1 \cdots a_k \underbrace{1 \cdots 1}_{n\text{-mal}},$$

wobei $a_i \in \mathbb{N}$ für alle $i \in \{1, \ldots, n\}$. Da jede Klausel genau drei Literale hat, erhalten wir

$$a_i = \sum_{j=1}^{n} B_{ji} \leq 3 \quad \text{mit} \quad B_{ji} \in \{b_{ji}, \bar{b}_{ji}\}.$$

Weiter existiert für jede Klausel $\gamma_i = a_{i1} \vee a_{i2} \vee a_{i3}$ ein $j \in \{1, \ldots, 3\}$ so, dass $\mu(a_{ij}) = \mathtt{wahr}$, d. h. $a_i \geq 1$ für alle $i \in \{1, \ldots, n\}$. Also kann die Menge I' durch Hinzufügen geeigneter c_is und d_is zu einer Lösung für SUBSET SUM ergänzt werden.

„$\Longleftarrow$" Sei nun umgekehrt $I \subseteq \{v_i, \bar{v}_i, c_i, d_i; i \in \{1, \ldots, n\}\}$ so, dass

$$\sum_{v \in I} v = q.$$

Sei

$$\mu(x_i) = \begin{cases} \mathtt{wahr}, & \text{falls } v_i \in I, \\ \mathtt{falsch}, & \text{sonst.} \end{cases}$$

Da für alle $i \in \{1, \ldots, n\}$ genau einer der beiden Werte v_i oder $\bar{v}_i$ zu I gehört (man betrachte den hinteren Zahlenblock), ist die Belegung μ zulässig.

Angenommen, μ ist nicht erfüllend. Dann existiert eine Klausel

$$\gamma_i = (a_{i1} \vee a_{i2} \vee a_{i3}),$$

die unter μ nicht wahr ist, d. h.

$$\mu(a_{i1}) = \mu(a_{i2}) = \mu(a_{i3}) = \texttt{falsch}.$$

Sei etwa $a_{i1} = x_j$. Dann gilt $\bar{v}_j \in I$ (genau einer der beiden Werte gehört zu I). Weiter gilt $\bar{b}_{ji} \geq 1$, da sich sonst die Ziffern der ausgewählten Zahlen in Spalte i des vorderen Ziffernblocks nicht zu 4 aufsummieren würden. Also kommt in Klausel i das Literal $\neg x_j$ mindestens einmal vor, ein Widerspruch, da $\mu(\neg x_j) = \texttt{wahr}$. Analog führt der Fall $a_{i1} = \neg x_j$ zu einem Widerspruch. $\qquad\square$

Wie wir noch sehen werden, lassen sich viele Optimierungsprobleme auf folgende Fragestellung reduzieren: Gegeben sei eine $n \times m$-Matrix

$$A = (a_{ij})_{\substack{i \in \{1,\ldots,n\} \\ j \in \{1,\ldots,m\}}}$$

und ein Spaltenvektor $b = (b_1, \ldots, b_n)$, jeweils mit ganzzahligen Koeffizienten. Gesucht ist ein Vektor $x = (x_1, \ldots, x_m)$ so, dass $Ax \geq b$, d. h.

$$\sum_{j=1}^{m} a_{ij} x_j \geq b_i \quad \text{für alle } i \in \{1, \ldots, n\}.$$

Stellt man keine Forderungen an x, so lässt sich eine Lösung des Problems in polynomieller Zeit finden, sogar die Optimierungsvariante ist polynomiell, siehe Kapitel 12. Verlangt man aber, dass die Koeffizienten von x ganzzahlig sind (oder sogar nur 0 oder 1), so ist das Problem NP-vollständig. Wir werden uns hier auf den Fall beschränken, dass alle Koeffizienten der gesuchten Lösung 0 oder 1 sind.

Problem 2.35 ($\{0, 1\}$ **LINEAR PROGRAMMING**).
Eingabe: Ein ganzzahliges lineares Ungleichungssystem $Ax \geq b$.
Frage: Gibt es einen Lösungsvektor $x = (x_1, \ldots, x_m)$ mit $x_i \in \{0, 1\}$ für alle $i \in \{1, \ldots, m\}$?

Satz 2.36 (Karp [128]). *Das Problem* $\{0, 1\}$ LINEAR PROGRAMMING *ist NP-vollständig.*

Beweis. Wieder ist offensichtlich, dass das Problem aus NP ist, und wir zeigen 3SAT $\leq \{0, 1\}$ LINEAR PROGRAMMING. Sei also

$$\alpha = (a_{11} \vee a_{12} \vee a_{13}) \wedge \cdots \wedge (a_{k1} \vee a_{12} \vee a_{k3})$$

eine Formel in 3-konjunktiver Normalform über der Variablenmenge

$$X = \{x_1, \ldots, x_n\}.$$

Wir können o.B.d.A. annehmen, dass keine Klausel sowohl x_i als auch $\neg x_i$ für ein $i \in \{1, \ldots, n\}$ enthält (ansonsten ist diese Klausel immer wahr, und wir können sie löschen).

Wir konstruieren aus α das folgende lineare Ungleichungssystem mit $2n + k$ Ungleichungen und $2n$ Variablen $x_1, \ldots, x_n, \bar{x}_1, \ldots, \bar{x}_n$, wobei $\bar{x}_i$ für $\neg x_i$ steht:

$$x_1 + \bar{x}_1 \geq 1$$
$$-x_1 - \bar{x}_1 \geq -1$$
$$\vdots$$
$$x_n + \bar{x}_n \geq 1$$
$$-x_n - \bar{x}_n \geq -1$$
$$a_{11} + a_{12} + a_{13} \geq 1$$
$$\vdots$$
$$a_{k1} + a_{k2} + a_{k3} \geq 1.$$

Offensichtlich hat nun α genau dann eine erfüllende Belegung, wenn es eine 0/1-Lösung für das obige Gleichungssystem gibt.   □

2.5   Wie findet man polynomielle Transformationen

Wir haben bereits einige NP-Vollständigkeitsbeweise durchgeführt und es stellt sich jetzt die Frage, ob es eine allgemeine Technik gibt, solche Resultate zu zeigen.

Dazu schrieben M. R. Garey und D. Johnson in ihrem berühmten Buch „Computers and Intractability, A Guide to the Theory of NP-Completeness":

> The techniques used for proving NP-completeness results vary almost as widely as the NP-complete problems themselves, and we cannot hope to illustrate them all here. However, there are several general types of proofs that occur frequently and that can provide a suggestive framework for deciding how to go about proving a new problem NP-complete. We call these (a) restriction, (b) local replacement, and (c) component design.

Wir wollen die Betrachtungen an dieser Stelle kurz wiedergeben und anhand einiger Beispiele festigen.

Einschränkung

Dies ist die leichteste Art, NP-Vollständigkeitsbeweise zu finden. Die Idee hier ist einfach zu zeigen, dass ein Teilproblem schon NP-vollständig ist.

Ein typisches Beispiel dafür ist das Problem KNAPSACK. Hier hatten wir bereits gesehen, dass die Einschränkung dieses Problems auf Instanzen mit Gewichten null gerade dem Problem SUBSET SUM entspricht.

Ganz ähnlich zeigt man, dass die Entscheidungsvariante des Problems MIN JOB SCHEDULING

Problem 2.37 (JOB SCHEDULING).
Eingabe: Maschinen $M_1, \ldots, M_m, m \in \mathbb{N}$, Jobs $J_1, \ldots, J_n, n \in \mathbb{N}$, Ausführungs-zeiten $p_1, \ldots, p_n$ für jeden Job und eine Deadline $t \in \mathbb{N}$.
Frage: Gibt es einen Schedule mit Makespan höchstens t?

NP-vollständig ist, indem man erkennt, dass die Einschränkung auf zwei Maschinen mit der Deadline $t = \frac{1}{2} \sum_{i=1}^n p_i$ schon dem Problem PARTITION

Problem 2.38 (PARTITION).
Eingabe: Eine Menge $S = \{a_1, \ldots, a_n\}$ natürlicher Zahlen.
Frage: Gibt es eine Partition $S = S_1 \cup S_2$ so, dass

$$\sum_{i \in S_1} a_i = \sum_{i \in S_2} a_i?$$

entspricht[1].

Ein weiteres triviales Beispiel ist das Problem INDEPENDENT SET:

Problem 2.39 (INDEPENDENT SET).
Eingabe: Ein Graph $G = (V, E)$ und $k \in \mathbb{N}$.
Frage: Gibt es eine unabhängige Menge U von V mit $|U| \geq k$?

Wir wissen bereits, dass das Problem CLIQUE NP-vollständig ist. Beide Probleme sind eigentlich nur unterschiedliche Formulierungen ein und desselben Problems. Dies erkennt man leicht, wenn man den zu einem Graphen $G = (V, E)$ komplementären Graph $G^c = (V, E^c)$ mit

$$E^c := \{\{u, v\} \in V \times V; \{u, v\} \notin E\}$$

betrachtet. Wie man sofort sieht, ist eine Clique C in G eine unabhängige Menge in G^c, und umgekehrt. Beide Probleme sind also nur unterschiedliche Formulierungen desselben Problems.

Auch wenn diese Methode sehr einfach ist, ergibt sich doch manchmal ein kleines Problem, auf das wir an dieser Stelle noch einmal hinweisen wollen. Man muss natürlich darauf achten, dass die Kodierungslänge der Instanzen des Teilproblems nicht deutlich kleiner werden als die Kodierungslängen des übergeordneten Problems, damit man die NP-Vollständigkeit auch tatsächlich übertragen kann. Als Beispiel betrachten wir das folgende Problem, dass wir in Abschnitt 14.2 noch einmal genauer untersuchen werden:

---

[1]Die NP-Vollständigkeit von PARTITION wird in Übungsaufgabe 2.49 bewiesen.

Problem 2.40 (MIN JOB SCHEDULING AUF NICHTIDENTISCHEN MASCHINEN).
Eingabe: n Jobs, m Maschinen und Ausführungszeiten p_{ij} für Job i auf Maschine j.
Ausgabe: Ein Schedule mit minimalem Makespan.

Hier sind die Laufzeiten der Jobs also abhängig davon, auf welche Maschine sie zugeordnet werden. Zunächst einmal ist also die bisher kennen gelernte Version dieses Problems ein Teilproblem, wenn wir Eingaben mit

$$p_i := p_{i1} = \cdots = p_{im}$$

für alle Jobs $i \le n$ betrachten. Allerdings ist die Eingabelänge einer Instanz von MIN JOB SCHEDULING gerade

$$\log_2 m + 1 + \sum_{i=1}^{n} (\log_2 p_i + 1), \tag{2.2}$$

dieselbe Instanz für MIN JOB SCHEDULING AUF NICHTIDENTISCHEN MASCHINEN hat aber eine Eingabelänge von

$$\sum_{j=1}^{m} \sum_{i=1}^{n} (\log_2 p_{ij} + 1) = m \cdot \sum_{i=1}^{n} (\log_2 p_i + 1). \tag{2.3}$$

Da die Anzahl m der Maschinen in (2.2) logarithmisch eingeht, in (2.3) aber polynomiell, können wir aus der NP-Vollständigkeit des Problems MIN JOB SCHEDULING nicht mehr so einfach auf die NP-Vollständigkeit von MIN JOB SCHEDULING AUF NICHTIDENTISCHEN MASCHINEN schließen. Das ändert sich natürlich, wenn wir nur Instanzen betrachten, in denen die Anzahl der Maschinen kleiner ist als die Anzahl der Jobs (siehe auch Seite 11). In diesem Fall ist der Term (2.3) polynomiell in (2.2) und wir erhalten:

Lemma 2.41. MIN JOB SCHEDULING AUF NICHTIDENTISCHEN MASCHINEN *ist NP-vollständig.*

Lokales Ersetzen

Polynomielle Transformationen für diese Gruppe sind etwas schwieriger zu finden als die im letzten Unterabschnitt vorgestellten, allerdings immer noch relativ einfach. Die Idee, die diesem Prinzip zugrunde liegt, ist einfach erklärt: Sei dazu Π_1 ein Problem, von dem bereits bekannt ist, dass es NP-vollständig ist, und Π_2 das Problem, von dem wir erst noch die NP-Vollständigkeit zeigen wollen. Wir suchen also eine polynomielle Transformation f von Π_1 auf Π_2. Man betrachtet nun die elementaren Bausteine, aus denen die jeweiligen Instanzen des Problems Π_1 zusammengesetzt sind (bei dem Problem SAT zum Beispiel sind dies die Variablen und Klauseln) und ersetzt diese durch Bausteine, aus denen die Instanzen aus Π_2 zusammengesetzt sind, und zwar für jede Art von elementarem Baustein gleich, ohne irgendwelche Nebenbedingungen zu beachten.

Die im Beweis von Satz 2.30 kennen gelernte Reduktion von SAT auf 3SAT ist ein typisches Beispiel. Hier hatten wir für jede Klausel einer Instanz von SAT neue 3-Klauseln konstruiert (und zwar unabhängig von den restlichen Klauseln) und diese dann zu einer Instanz von 3SAT zusammengesetzt.

Auch die Reduktion von 3SAT auf $\{0, 1\}$ LINEAR PROGRAMMING im Beweis von Satz 2.36 folgt dieser Idee. Hier haben wir jede Variable durch zwei Ungleichungen und jede Klausel durch eine Ungleichung so ersetzt, dass eine Lösung des so konstruierten Ungleichungssystems genau dann existiert, wenn die Formel eine erfüllende Belegung besitzt.

Ein drittes Beispiel ist die Reduktion, mit der wir gleich zeigen, dass das folgende Problem NP-vollständig ist:

Problem 2.42 (SEQUENCING WITHIN INTERVALS).
Eingabe: n Jobs $J_1, \ldots, J_n$ mit „Deadlines" $d_1, \ldots, d_n \in \mathbb{N}$, „Release Times"
$r_1, \ldots, r_n$ und Laufzeiten $p_1, \ldots, p_n$.
Ausgabe: Gibt es einen zulässigen Schedule, d. h. eine Funktion $\sigma : \{1, \ldots, n\} \to$
$\mathbb{N}$ so, dass für alle $i \in \{1, \ldots, n\}$ gilt:

(i) $\sigma(i) \geq r_i$ (Job J_i kann nicht vor der Zeit r_i starten),

(ii) $\sigma(i) + p_i \leq d_i$ (Job J_i ist vor der Zeit d_i abgearbeitet), und

(iii) für alle $j \in \{1, \ldots, n\}\setminus\{i\}$ gilt $\sigma(j) + p_j \leq \sigma(i)$ oder $\sigma(j) \geq$
$\sigma(i) + p_i$ (zwei Jobs können nicht gleichzeitig bearbeitet werden).

Satz 2.43 (Garey und Johnson [72], [70]). SEQUENCING WITHIN INTERVALS *ist* NP-*vollständig.*

Man kann den obigen Satz natürlich auch beweisen, indem man zeigt, dass SEQUENCING WITHIN INTERVALS ein Spezialfall des Problems LINEAR PROGRAMMING ist. Das Ziel des folgenden Beweises ist allerdings, das Prinzip des lokalen Ersetzens zu demonstrieren.

Beweis. Offensichtlich ist SEQUENCING WITHIN INTERVALS $\in$ NP, zu einem gegebenen Schedule kann ja in polynomieller Zeit getestet werden, ob alle Nebenbedingungen erfüllt werden, das Schedule also zulässig ist. Wir zeigen den Rest der Behauptung, indem wir das Problem PARTITION auf SEQUENCING WITHIN INTERVALS reduzieren. Da PARTITION nach Übungsaufgabe 2.49 NP-vollständig ist, folgt dies dann auch für SEQUENCING WITHIN INTERVALS.

Sei also $S = \{a_1, \ldots, a_n\}$ eine Instanz von PARTITION und $B := \sum_{i=1}^{n} a_i$. Die kleinsten Einheiten von S sind die Elemente a_i aus S. Wir konstruieren also für jedes $a_i \in S$ einen Job J_i mit

$$r_i := 0, \ d_i := B + 1 \ \text{und} \ p_i := a_i$$

und benötigen weiter einen zusätzlichen Job J_{n+1}, der erzwingt, dass ein zulässiger Schedule auch eine Partition liefert. Setze also

$$r_{n+1} := \lceil B/2 \rceil, \ d_{n+1} := \lceil (B+1)/2 \rceil \text{ und } p_{n+1} := 1.$$

Wie man sofort sieht, ist die obige Transformation polynomiell. Wir müssen also nur noch zeigen, dass es genau dann eine Partition für S gibt, wenn die oben konstruierte Instanz von SEQUENCING WITHIN INTERVALS einen zulässigen Schedule besitzt, und unterscheiden die folgenden beiden Fälle:

Fall 1: B ist ungerade. In diesem Fall kann es keine Partition $S_S \dot\cup S_2 = S$ für S mit

$$\sum_{i \in S_1} a_i = \sum_{i \in S_2} a_i$$

geben (andernfalls wäre $B = \sum_{i=1}^n a_i = \sum_{i \in S_1} a_i + \sum_{i \in S_2} a_i = 2 \cdot \sum_{i \in S_2} a_i$ und damit B gerade). Da weiter für B ungerade $r_{n+1} = d_{n+1}$ gilt, gibt es keine Möglichkeit, den Job J_{n+1} zulässig zu verteilen, also insgesamt auch keinen zulässigen Schedule.

Fall 2: B ist gerade. In diesem Fall ist $r_{n+1} := B/2$ und $d_{n+1} := r_{n+1}+1$. Jeder zulässige Schedule σ muss also $\sigma(n+1) = B/2$ erfüllen. Dies partitioniert die übrigen Jobs in solche, die vor $B/2$, und jene, die nach $B/2$ gestartet werden, wobei jeweils die Zeit $B/2$ zur Verfügung steht, um alle Jobs abzuarbeiten, siehe Abbildung 2.3. Wir haben das Problem also darauf reduziert, eine Teilmenge $S_1 \subseteq S$ so zu finden, dass die Jobs J_i, $i \in S_1$, vor der Zeit $B/2$ und die Jobs aus $S_2 := S \setminus S_1$ nach der Zeit $B/2 + 1$ gestartet werden (natürlich dürfen weiterhin nicht zwei Jobs zur gleichen Zeit bearbeitet werden). Da nun die Summe aller Zeiten für die Jobs $J_1, \ldots, J_n$ genau B ergibt, existiert ein zulässiger Schedule genau dann, wenn es eine Partition $S_1 \dot\cup S_2 = S$ für S mit

$$\sum_{i \in S_1} a_i = \sum_{i \in S_2} a_i$$

gibt. □

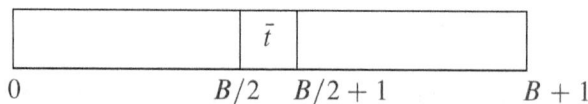

Abbildung 2.3. Die Verteilung des Jobs J_{n+1}.

Komponentendesign

Dies ist von allen drei Konstruktionsarten die schwierigste Methode, polynomielle Reduktionen zu finden. Wir wollen die Hauptidee am Beispiel der in Satz 2.31 kennen gelernten Reduktion von 3SAT auf MAX CLIQUE erläutern. Dort haben wir für jede Klausel (also eine Art der elementaren Bausteine der Instanzen von 3SAT) eine unabhängige Menge (also eine Komponente des Graphen) mit drei Knoten erzeugt. Diese unabhängigen Mengen bzw. Komponenten wurden dann unter Berücksichtigung der Vorzeichen der Variablen in den entsprechenden Klauseln mittels Kanten so geschickt verbunden, dass eine Clique maximaler Größe zu einer erfüllenden Belegung der Variablen geführt hat. Hier werden also nicht mehr wie beim Prinzip lokales Ersetzen aus elementaren Bausteinen elementare Baustein konstruiert, die völlig unabhängig vom konkreten Aussehen der Instanz des ursprünglichen Problems zusammengesetzt werden, sondern vielmehr die Struktur dieser Instanzen beim Zusammensetzen berücksichtigt.

Der Beweis von Satz 2.34 ist ein weiteres Beispiel für diese Art der Reduktion. Viel deutlicher lassen sich die Ideen aber anhand des Beweises von Satz 2.45 noch einmal verdeutlichen.

Wir betrachten das Problem, Kanten eines Graphen so zu färben, dass zwei Kanten mit einem gemeinsamen Endknoten jeweils verschiedene Farben haben. Mit diesem Problem werden wir uns in Abschnitt 3.2 noch einmal intensiv beschäftigen.

Genauer behandeln wir das folgende Entscheidungsproblem.

Problem 2.44 (EDGE 3-COLORING).
Eingabe: Ein Graph G.
Frage: Sind die Kanten von G 3-färbbar?

Satz 2.45. *Das Problem* EDGE 3-COLORING *ist* NP-*vollständig.*

Beweis (Skizze). Der Beweis stammt von Holyer [94].

Offensichtlich ist das Problem aus NP, von einer gegebenen Färbung der Kanten kann ja in polynomieller Zeit getestet werden, ob diese höchstens drei Farben benutzt und zulässig ist.

Wir reduzieren das Problem 3SAT auf EDGE 3-COLORING. Allerdings geben wir nur die Hauptideen an und führen den Rest des Beweises in den Übungen.

Wichtig bei der Konstruktion eines Graphen G aus einer booleschen Formel

$$\alpha = C_1 \wedge C_2 \wedge \cdots \wedge C_m$$

über den booleschen Variablen $X = \{x_1, \ldots, x_n\}$ ist der in Abbildung 2.4 dargestellte Teilgraph, den wir im Folgenden auch „invertierende Komponente" nennen werden (den Grund für diese Bezeichnung lernen wir gleich kennen).

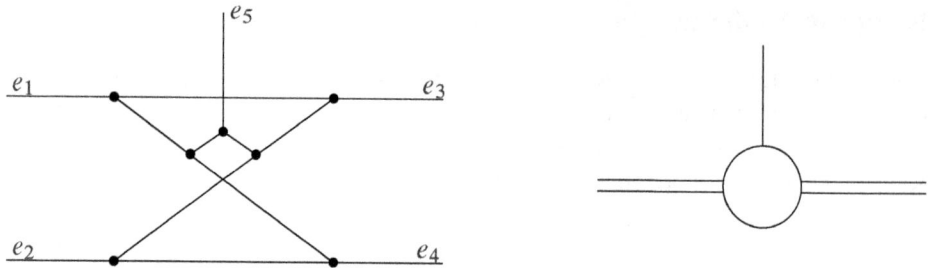

Abbildung 2.4. In der Reduktion von 3SATauf EDGE 3-COLORING benutzte invertierende Komponente, rechts die im Folgenden benutzte symbolische Darstellung.

Es gilt nun, wie wir in Übungsaufgabe 2.57 zeigen:

Lemma 2.46. *Für jede 3-Färbung c der Kanten des Graphen aus Abbildung 2.4 gilt
entweder $c(e_1) = c(e_2)$ und $\{c(e_3), c(e_4), c(e_5)\} = \{1, 2, 3\}$ oder $c(e_3) = c(e_4)$
und $\{c(e_1), c(e_2), c(e_5)\} = \{1, 2, 3\}$.*

Wir nennen im Folgenden für eine 3-Färbung der Kanten ein ausgehendes Kantenpaar `wahr`, wenn beiden Kanten durch die Färbung die gleiche Farbe zugewiesen
wurde, und `falsch`, wenn die Kanten des Paares unterschiedliche Farben haben (damit wird auch die Bedeutung der Bezeichnung „invertierende Komponente" deutlich:
Diese ändert die Belegung der Kantenpaare).

Sei nun $x \in X$ eine Variable, die t-mal in der Formel α vorkommt. Wir fügen
nun $2t$ Kopien der in Abbildung 2.4 definierten Komponente wie in Abbildung 2.5
zusammen.

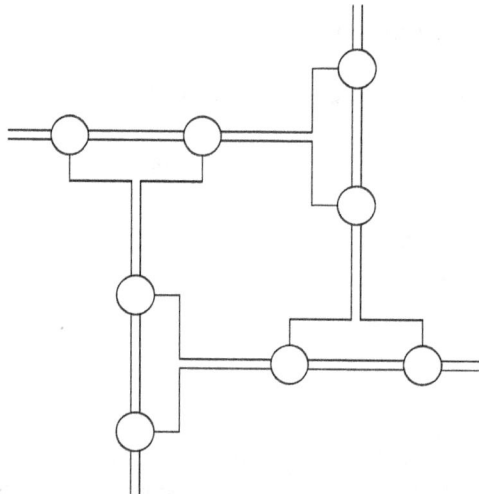

Abbildung 2.5. Zusammensetzen der invertierenden Komponente für eine
Variable, die genau viermal in der Formel α vorkommt.

Wir werden in Übungsaufgabe 2.57 die folgende Bemerkung beweisen:

Bemerkung 2.47. Jede 3-Färbung solch einer zu einer Variablen assoziierten Komponente belegt die ausgehenden Kantenpaare entweder alle mit `wahr` oder alle mit `falsch`.

Um nun unsere Konstruktion abschließen zu können, benötigen wir noch für jede Klausel C_i der Formel α eine sogenannte Satisfaction-Testing-Komponente, wie in Abbildung 2.6 dargestellt.

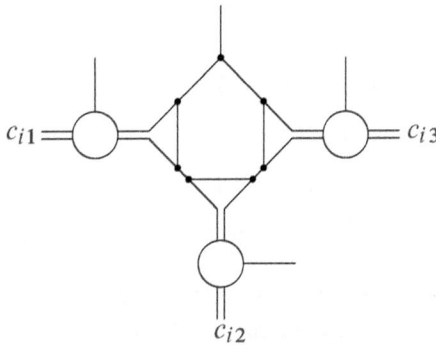

Abbildung 2.6. Die Satisfaction-Testing-Komponente für die Klausel $C_i = (c_{i1} \vee c_{i2} \vee c_{i3})$.

Dieser Graph ist, wie man leicht sieht, genau dann 3-kantenfärbbar, wenn nicht alle eingehenden Paare von Kanten mit `falsch` belegt wurden, d. h., eine partielle Färbung der Kanten kann genau dann zu einer 3-Färbung erweitert werden, wenn die eingehenden Paare diese Nebenbedingung erfüllen.

Die Konstruktion des Graphen mittels der oben definierten Komponenten ist nun wie folgt: Für jede Variable x und jede Klausel C_i identifizieren wir das entsprechende ausgehende Kantenpaar in der Komponente von x mit dem entsprechenden Kantenpaar in der Komponente von C_i, wenn x nichtnegiert in C_i vorkommt. Sollte x negiert in C_i vorkommen, so schalten wir noch eine invertierende Komponente dazwischen.

Wie wir in Übungsaufgabe 2.57 zeigen, ist nun der Graph G genau dann 3-färbbar, wenn die Formel α erfüllbar ist.   □

2.6 Übungsaufgaben

Übung 2.48. *(i)* Sei $f : \mathcal{I}_1 \longrightarrow \mathcal{I}_2$ eine polynomielle Reduktion eines Entscheidungsproblems $\Pi_1 = (\mathcal{I}_1, Y_{\mathcal{I}_1})$ auf $\Pi_2 = (\mathcal{I}_2, Y_{\mathcal{I}_2})$. Zeigen Sie, dass sich f dann auch zu einer polynomiellen Reduktion von der zu Π_1 assoziierten Sprache $L(\Pi_1)$ auf die zu Π_2 assoziierte Sprache $L(\Pi_2)$ fortsetzen lässt.

(ii) Zeigen Sie, dass sich ein Entscheidungsproblem Π_1 genau dann polynomiell auf ein Entscheidungsproblem Π_2 reduzieren lässt, wenn dies für die zu den Entscheidungsproblemen assoziierten Sprachen gilt.

Übung 2.49. Gegeben sei das folgende Entscheidungsproblem:

Problem 2.50 (PARTITION).
Eingabe: Eine Menge $S = \{a_1, \ldots, a_n\}$ natürlicher Zahlen.
Frage: Gibt es eine Partition $S = S_1 \mathbin{\dot{\cup}} S_2$ so, dass

$$\sum_{i \in S_1} a_i = \sum_{i \in S_2} a_i?$$

Zeigen Sie, dass dieses Problem NP-vollständig ist.

Übung 2.51. Zeigen Sie, dass das Problem

Problem 2.52 (MAX INDEPENDENT SET).
Eingabe: Ein Graph $G = (V, E)$.
Ausgabe: Eine unabhängige Menge maximaler Kardinalität.

NP-schwer ist. Dabei ist eine Menge U von Knoten in einem Graphen *unabhängig*, wenn je zwei Knoten aus U nicht durch eine Kante verbunden sind.

Übung 2.53. Zeigen Sie: Wenn es einen polynomiellen Algorithmus für die Entscheidungsvariante des Problems MAX CLIQUE gibt, dann auch für die Optimierungsvariante.

Übung 2.54. Das Problem 3SAT* ist wie folgt definiert:

Problem 2.55 (3SAT*).
Eingabe: Ein boolescher Ausdruck α in konjunktiver Normalform, wobei jede Variable höchstens drei Literale enthält und jede Variable genau zweimal negiert und zweimal unnegiert vorkommt.
Frage: Gibt es eine erfüllende Belegung für α?

Zeigen Sie, dass 3SAT* NP-vollständig ist.

Übung 2.56. Finden Sie eine Formulierung für das Problem MAX INDEPENDENT SET als $\{0, 1\}$-lineares Programm, d. h., finden Sie eine polynomielle Reduktion f von MAX INDEPENDENT SET auf $\{0, 1\}$ LINEAR PROGRAMMING so, dass für alle Instanzen I von MAX INDEPENDENT SET gilt: Aus einer optimalen Lösung von $f(I)$ lässt sich in polynomieller Zeit eine optimale Lösung von I konstruieren.

Die folgende Übungsaufgabe vervollständigt den Beweis von Satz 2.45.

Übung 2.57. Vervollständigen Sie den Beweis von Satz 2.45, indem Sie Lemma 2.46, Bemerkung 2.47 und die Aussage beweisen, dass der aus einer Formel konstruierte Graph genau dann 3-färbbar ist, wenn die Formel erfüllbar ist.

Kapitel 3

Approximative Algorithmen mit additiver Güte

Wie bereits in der Einleitung beschrieben, wollen wir uns im Rahmen dieses Buches hauptsächlich mit approximativen Algorithmen beschäftigen, die eine multiplikative Güte garantieren. Daneben gibt es aber auch den Begriff der additiven Güte.

Definition 3.1. Sei Π ein Optimierungsproblem und A ein Approximationsalgorithmus für Π. Wir sagen, A hat eine *additive Approximationsgüte* von $\delta : \mathcal{I} \longrightarrow \mathbb{R}$, wenn für alle Instanzen I von Π gilt

$$|\mathsf{A}(I) - \mathrm{OPT}(I)| \leq \delta(I).$$

Wie schon bei Algorithmen mit beweisbarer multiplikativer Güte ist δ häufig eine konstante Funktion.

Die in diesem Kapitel behandelten Färbungsprobleme von Graphen spielen eine große Rolle in der kombinatorischen Optimierung und sind eng verbunden mit dem berühmten Vier-Farben-Satz für planare Graphen, den wir kurz in Abschnitt 3.3 behandeln. Insgesamt werden wir drei Algorithmen untersuchen: einen einfachen Greedy-Algorithmus für das Problem der Knotenfärbung allgemeiner Graphen, einen Algorithmus für das Färben von Kanten eines Graphen, der auf dem berühmten Satz von Vizing beruht, und schließlich in Abschnitt 3.3 einen Algorithmus, der jeden planaren Graphen mit höchstens fünf Farben färbt. Für eine weiterführende Lektüre sei auf das hervorragende Buch von Jensen und Toft [112] verwiesen, in dem anhand von über 200 offenen Problemen zu diesem Thema sozusagen nebenbei ein sehr ausführlicher Überblick über alte und neue Erkenntnisse gegeben wird.

Darüber hinaus lernen wir im letzten Abschnitt dieses Kapitels erste Nichtapproximierbarkeitsresultate für das Rucksackproblem und für das Problem MAX CLIQUE kennen. Die dort benutzten Techniken lassen sich, wie wir sehen werden, leicht auch auf andere Probleme übertragen.

3.1 MIN NODE COLORING

Wir beginnen mit dem Problem der Minimalfärbung von Knoten eines Graphen.

Definition 3.2. Sei $G = (V, E)$ ein Graph.

(i) Eine *Knotenfärbung* ist eine Abbildung $c : V \rightarrow \{1, \dots, n\}$ so, dass für je zwei verschiedene Knoten $v, w \in V$ mit $\{v, w\} \in E$ $c(v) \neq c(w)$ gilt, d. h., zwei Knoten, die durch eine Kante verbunden sind, haben unterschiedliche Farben.

(ii) Die Zahl

$$\chi(G) := \min\{n \in \mathbb{N}; \text{ es existiert eine Knotenfärbung } c : V \to \{1, \dots, n\}\}$$

heißt auch *chromatische Zahl* χ *von* G.

Das in diesem Abschnitt behandelte Problem kann damit wie folgt formuliert werden:

Problem 3.3 (MIN NODE COLORING).
Eingabe: Ein Graph $G = (V, E)$.
Ausgabe: Eine minimale Knotenfärbung von G.

Abbildung 3.1 zeigt einen Graphen G mit einer 3-Färbung. Offensichtlich benötigt eine Färbung für einen Graphen G mindestens so viele Farben wie die Kardinalität einer größten Clique in G. Da der Graph aus Abbildung 3.1 ein Dreieck enthält, gilt hier $\chi(G) \geq 3$, die angegebene Färbung ist also somit schon optimal.

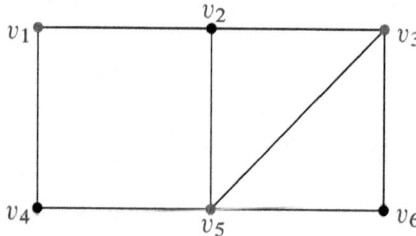

Abbildung 3.1. Ein Graph mit $\chi(G) = 3$: $c(v_1) = v(v_5) = 1$, $c(v_2) = c(v_4) = c(v_6) = 2$ und $c(v_3) = 3$.

Dieses Problem ist, wie der nächste Satz zeigt, NP-schwer, sogar die folgende Einschränkung der Entscheidungsvariante ist NP-vollständig.

Problem 3.4 (NODE 3-COLORING).
Eingabe: Ein Graph $G = (V, E)$.
Frage: Existiert eine 3-Färbung von G?

Satz 3.5 (Karp [128]). *Das Problem* NODE 3-COLORING *ist* NP-*vollständig.*

Beweis. Wir zeigen 3SAT $\leq$ NODE 3-COLORING. Sei also

$$\alpha = (a_{11} \vee a_{12} \vee a_{13}) \wedge \cdots \wedge (a_{k1} \vee a_{k2} \vee a_{k3})$$

eine Formel in 3-konjunktiver Normalform über $X = \{x_1, \dots, x_n\}$. Gesucht ist nun ein Graph $G_\alpha = (V, E)$, der genau dann 3-färbbar ist, wenn α eine erfüllende Belegung besitzt.

Wir bauen G_α aus $k + 1$ Teilgraphen $G_0, \dots, G_k$ zusammen, die wie folgt gegeben sind (siehe Abbildung 3.2):

Sei $G_0 = (V_0, E_0)$ mit

$$V_0 := \{u, x_1, \ldots, x_n, \neg x_1 \ldots, \neg x_n\},$$

$$E_0 := \{\{u, x_1\}, \ldots, \{u, x_n\}, \{u, \neg x_1\}, \ldots, \{u, \neg x_n\}, \{x_1, \neg x_1\}, \ldots, \{x_n, \neg x_n\}\},$$

und für alle $1 \le i \le k$ sei $G_i := (V_i, E_i)$ mit

$$V_i := \{v, a_i, b_i, c_i, y_i, z_i\},$$

$$E_i := \{\{v, y_i\}, \{v, z_i\}, \{a_i, y_i\}, \{a_i, z_i\}, \{b_i, y_i\}, \{c_i, z_i\}, \{b_i, c_i\}\}.$$

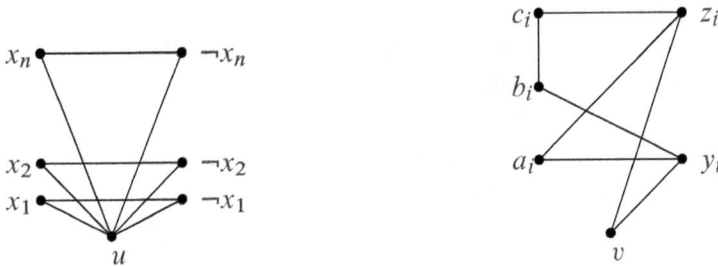

Abbildung 3.2. Die Graphen G_0 und G_i.

Damit ist dann $G_\alpha = (V, E)$ definiert via

$$V := V_0 \cup V_1 \cup \cdots \cup V_k,$$

$$E := E_0 \cup E_1 \cup \cdots \cup E_k \cup \{\{u, v\}\} \cup \bigcup_{i=1}^{k} \{\{a_{i1}, a_i\}, \{a_{i2}, b_i\}, \{a_{i3}, c_i\}\}.$$

Wir vereinigen also die obigen Teilgraphen, fügen die Kante $\{u, v\}$ und für jede Klausel $(a_{i1} \vee a_{i2} \vee a_{i3})$ die Kanten $\{a_{i1}, a_i\}$, $\{a_{i2}, b_i\}$, und $\{a_{i3}, c_i\}$ hinzu. Es bleibt zu zeigen, dass α genau dann eine erfüllende Belegung besitzt, wenn G_α 3-färbbar ist.

„$\Longrightarrow$" Sei also nun

$$\mu : X \longrightarrow \{\texttt{wahr}, \texttt{falsch}\}$$

eine erfüllende Belegung für α.

Wir definieren zunächst eine lokale Färbung c auf den Knoten

$$x_1, \ldots, x_n, \neg x_1, \ldots, \neg x_n, u, v$$

wie folgt:

$$c(u) = 2, \ c(v) = 0, \ c(x_i) = \mu(x_i) \quad \text{und} \quad c(\neg x_i) = 1 - \mu(x_i)$$

für alle $i \le n$, wobei wir wahr mit 1 und falsch mit 0 identifizieren.

Diese muss nun geschickt auf den restlichen Knoten $\{a_i, b_i, c_i, y_i, z_i; i \le n\}$ von V fortgesetzt werden. Wir benötigen dafür die folgende Aussage: Sind $a, b, c \in \{0, 1\}$ mit $1 \in \{a, b, c\}$, dann gibt es eine 3-Färbung c von G_i mit

(i) $c(v) = 0$ und

(ii) $c(a_i) \neq a, c(b_i) \neq b$ und $c(c_i) \neq c$.

Dies ist relativ einfach durch geeignete Fallunterscheidungen zu beweisen.

Da die Belegung μ erfüllend ist, existiert für alle $i \leq n$ zumindest ein $j \leq 3$ mit $\mu(a_{ij}) = $ wahr. Nach der obigen Aussage lässt sich damit für alle $i \leq n$ eine 3-Färbung von G_i so finden, dass

(i) $c(v) = 0$ und

(ii) $c(a_i) \neq a_{i1}, c(b_i) \neq a_{i2}$ und $c(c_i) \neq a_{i3}$.

Dies definiert uns dann eine 3-Färbung auf ganz G.

„$\Longleftarrow$" Sei nun $c : V \longrightarrow \{1, 2, 3\}$ eine 3-Färbung von G. Da die Knoten v und u verbunden sind, gilt $c(v) \neq c(u)$. Wir können also o.B.d.A. annehmen, dass $c(u) = 2$ und $c(v) = 0$.

Da für alle $i \leq n$ die Knoten u, x_i und $\neg x_i$ ein Dreieck in G_0 bilden, folgt unmittelbar $c(x_i) + c(\neg x_i) = 1$. Damit ist dann die Einschränkung $\mu := c_{|X}$ von c auf X eine zulässige Belegung der Variablen (wieder mit der Identifizierung wahr $= 1$ und falsch $= 0$).

Weiter erhalten wir, dass für jedes $i \leq n$ zumindest einer der Knoten a_i, b_i oder c_i mit der Farbe 0 gefärbt ist (dies folgt sofort aus der Struktur der Graphen G_i). Also gibt es für alle $i \leq n$ zumindest ein $j \leq 3$ so, dass $\mu(a_{ij}) = c(a_{ij}) = 1$. Das heißt aber gerade, dass die Belegung μ auch erfüllend ist.   □

Wir lernen nun einen Algorithmus für das Problem MIN NODE COLORING kennen, der eine additive Güte von $\Delta(G) - 1$ garantiert.

Dieser Algorithmus ist ein typisches Beispiel für einen sogenannten *Greedy-Algorithmus* (greedy (engl.) = gierig). Diese verfolgen das Ziel, immer denjenigen Folgezustand auszuwählen, der zum Zeitpunkt der Wahl das bestmögliche Ergebnis verspricht. Für den unten aufgeführten Algorithmus ist dies, in jeder Iteration dem Knoten die kleinste mögliche Farbe zuzuordnen.

Auch bei dem Algorithmus LIST SCHEDULE, den wir in Kapitel 1 für das Problem MIN JOB SCHEDULING kennen gelernt haben, handelte es sich um eine Greedy-Strategie. Der Algorithmus LIST SCHEDULE ordnet zu jedem Zeitpunkt den nächsten Job auf die gerade freiwerdende Maschine.

Man erinnere sich, dass wir für einen Graphen $G = (V, E)$ und einen Knoten $v \in V$ mit $\Gamma(v) = \{u \in V \setminus \{v\}; \{v, u\} \in E\}$ die Menge der Nachbarn von v bezeichnen.

Algorithmus ACOL$(G = (V = \{v_1, \ldots, v_n\}, E))$

```
1    for i = 1 to n do
2        c(v_i) := ∞
3    od
4    for i = 1 to n do
```

5    $c(v_i) := \min(\mathbb{N}\backslash c(\Gamma(v_i)))$

6   od

7   return c

Zunächst markiert der Algorithmus GREEDYCOL alle Knoten als ungefärbt. Die Knoten werden dann in der Reihenfolge $v_1, \ldots, v_n$ eingefärbt, wobei Knoten v_i die kleinste Farbe zugewiesen bekommt, mit der keiner seiner Nachbarn schon gefärbt wurde.

Man überlegt sich leicht, dass der Algorithmus ACOL für den Graphen aus Abbildung 3.1 eine 3-Färbung findet.

Satz 3.6. *Sei $G = (V, E)$ ein Graph. Der Algorithmus ACOL berechnet in Zeit $\mathcal{O}(|V| + |E|)$ eine Färbung der Knoten von G mit höchstens $\Delta(G) + 1$ Farben.*

Beweis. Die Laufzeit ist offensichtlich.

Sei c die vom Algorithmus GREEDYCOL berechnete Färbung. Für jeden Knoten $v_i, i \leq n$ gilt dann $c(v_i) = \min(\mathbb{N}\backslash c(\Gamma(v_i)))$, d. h., da $|\Gamma(v_i)| \leq \Delta(G)$:

$$c(v_i) \leq \Delta(G) + 1. \qquad \square$$

Jeder Graph G, der mindestens eine Kante hat, benötigt für eine zulässige Knotenfärbung zumindest zwei Farben. Es gilt also $\text{OPT}(G) \geq 2$ und damit

Satz 3.7. *Der Algorithmus GREEDYCOL hat eine additive Güte von $\Delta(G) - 1$.*

Interessanterweise gibt es immer eine Permutation der Knotenmenge so, dass der Algorithmus GREEDYCOL eine optimale Färbung konstruiert, wir werden dies in Übungsaufgabe 3.29 behandeln. Wir werden weiter in Abschnitt 5.3 einen zweiten Algorithmus für das Problem MIN NODE COLORING behandeln, der eine multiplikative Güte garantiert.

Minimalfärbungen haben übrigens eine schöne Eigenschaft, wie der folgende Satz zeigt.

Satz 3.8. *Sei $G = (V, E)$ ein Graph mit $\chi(G) = n$ und*

$$c : V \longrightarrow \{1, \ldots, n\}$$

eine Minimalfärbung von G. Dann gibt es zu jeder Farbklasse $c^{-1}(i)$, $i \leq n$, einen Knoten $v_i \in c^{-1}(i)$ so, dass für alle $j \leq n$ mit $j \neq i$ der Knoten v_i zu einem Knoten aus $c^{-1}(j)$ durch eine Kante verbunden ist.

Beweis. Der Beweis ist sehr einfach. Angenommen, es gibt ein $i \leq n$ so, dass für alle Knoten $v \in c^{-1}(i)$ ein $i_v \leq n$ existiert, für das der Knoten v mit keinem der Knoten aus $c^{-1}(i_v)$ verbunden ist. Dann können wir für alle $v \in c^{-1}(i)$ den Knoten v mit der Farbe i_v färben und erhalten so eine Färbung, die eine Farbe weniger als die Minimalfärbung benötigt, ein Widerspruch. $\qquad \square$

3.2 MIN EDGE COLORING

Als zweites Beispiel betrachten wir Kantenfärbungen von Graphen.

Definition 3.9. Sei $G = (V, E)$ ein Graph.

(i) Eine *Kantenfärbung* ist eine Abbildung $c : E \to \{1, \dots, n\}$ so, dass für je zwei verschiedene Kanten $e, f \in E$ mit $e \cap f \neq \varnothing$ gilt $c(e) \neq c(f)$, d. h., zwei Kanten mit einen gemeinsamen Knoten haben unterschiedliche Farben.

(ii) Die Zahl

$$\chi'(G) := \min\{n \in \mathbb{N}; \text{ es existiert eine Kantenfärbung } c : E \to \{1, \dots, n\}\}$$

heißt auch *chromatischer Index χ' von G*.

Damit lässt sich das in diesem Abschnitt zu betrachtende Problem wie folgt formulieren.

Problem 3.10 (MIN EDGE COLORING).
Eingabe: Ein Graph $G = (V, E)$.
Ausgabe: Eine minimale Kantenfärbung von G.

Wir wollen also in diesem Abschnitt, im Gegensatz zum vorherigen, nicht die Knoten, sondern die Kanten eines Graphen färben, siehe Abbildung 3.3.

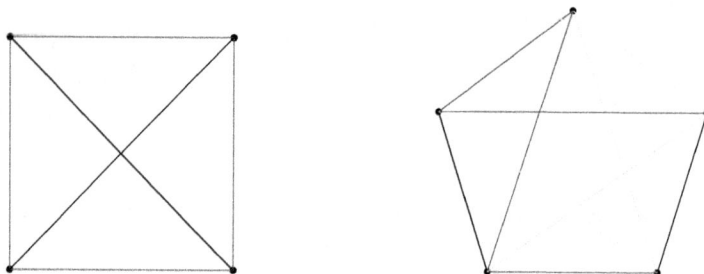

Abbildung 3.3. Links der vollständige Graph auf vier Knoten, rechts der auf fünf Knoten.

Die beiden in der Abbildung 3.3 dargestellten Graphen sind jeweils mit einer optimalen Kantenfärbung gefärbt. Man sieht, dass der vollständige Graph K_4 auf vier Knoten nur drei Farben, also eine Farbe weniger als seine Knotenanzahl benötigt, wohingegen K_5 fünf Farben zum Färben der Kanten verbraucht. Dass dies kein Zufall ist, zeigen wir in den Übungen, genauer gilt für alle $n \in \mathbb{N}$:

$$\chi'(K_n) \geq n - 1 \text{ und } \chi'(K_n) = n \iff n \text{ ist ungerade.}$$

Das Problem MIN EDGE COLORING ist, wie wir in Satz 2.45 gesehen haben, NP-schwer.

Ziel dieses Abschnittes ist es also, einen Approximationsalgorithmus für dieses Problem zu finden und zu analysieren. Dazu beweisen wir zunächst den folgenden Satz und werden sehen, dass der Beweis dieses Satzes konstruktiv ist und einen Algorithmus liefert, der eine additive Güte von 1 garantiert.

Satz 3.11 (Vizing [191]). *Jeder Graph $G = (V, E)$ benötigt mindestens Δ und höchstens $\Delta + 1$ Farben, um die Kanten in G zu färben.*

Beweis. Dass $\chi'(G) \geq \Delta$ gilt, ist trivial. Wir zeigen also im Folgenden nur $\chi'(G) \leq \Delta(G) + 1$.

Ist c eine $(\Delta(G) + 1)$-Färbung von G, so existiert für jeden Knoten $v \in V$ eine Farbe $\alpha \leq \Delta(G) + 1$ so, dass keine Kante durch v mit der Farbe α gefärbt wurde (der Knotengrad von v ist ja echt kleiner als $\Delta(G) + 1$). Wir sagen dann, dass die Farbe α an v fehlt. Der wesentliche Schritt zum Beweis des Satzes ist das folgende Lemma:

Lemma 3.12. *Seien die Kanten von G mit $\Delta(G) + 1$ Farben gefärbt, $u, v \in V$ mit $\{u, v\} \notin E$ und $\delta(v), \delta(u) < \Delta(G)$. Dann kann die Färbung so umgefärbt werden, dass an u und v dieselbe Farbe fehlt.*

Wir werden diese Aussage gleich beweisen, zunächst aber wollen wir sehen, wie sich mit Hilfe dieses Lemmas der Satz sehr schnell via Induktion über die Anzahl der Kanten beweisen lässt.

Induktionsanfang: Für einen Graphen mit nur einer Kante folgt die Behauptung sofort.

Induktionsschritt: Sei $n \in \mathbb{N}$ und gelte die Behauptung für alle Graphen $G = (V, E)$ mit $|E| = n$. Sei nun $G = (V, E)$ ein Graph mit $|E| = n + 1$ und $e \in E$ eine Kante von G. Nach Induktionsvoraussetzung existiert dann eine Kantenfärbung von $G - e$ mit $\Delta(G - e) + 1$ Farben. Wir unterscheiden zwei Fälle.

Fall 1: Gilt $\Delta(G) > \Delta(G - e)$, so können wir e mit der Farbe $\Delta(G) + 1$ färben und erhalten so eine $(\Delta(G) + 1)$-Färbung von G.

Fall 2: Gilt $\Delta(G) = \Delta(G - e)$, so sind mit $\{u, v\} = e$ die Voraussetzungen von Lemma 3.12 erfüllt. Wir finden also eine Färbung von $G - e$ so, dass an u und v dieselbe Farbe α fehlt. Färben wir nun e mit α, so folgt auch in diesem Fall die Behauptung. $\qquad \square$

Wir kommen nun zum Beweis von Lemma 3.12 und zeigen, dass das Umfärben unter den Voraussetzungen in polynomieller Zeit zu erreichen ist.

Beweis von Lemma 3.12. Seien also u, v wie oben und c eine $(\Delta(G) + 1)$-Färbung der Kanten von G. An u fehle die Farbe β und an v die Farbe α_1. Wir werden nun zeigen, wie c so umgefärbt werden kann, dass auch an v die Farbe α_1 fehlt.

Der folgende Algorithmus konstruiert zunächst eine Knotenfolge

$$v_1, \dots, v_h \in \Gamma(u)$$

von Nachbarn von u und eine Farbenfolge $\alpha_1, \ldots, \alpha_{h+1}$ so, dass $c(\{u, v_i\}) = \alpha_i$ und an v_i die Farbe α_{i+1} fehlt, siehe Abbildung 3.4.

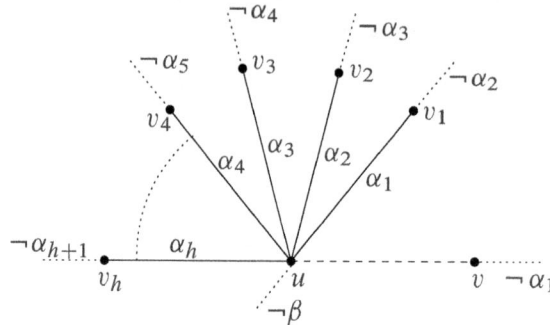

Abbildung 3.4. Die vom Algorithmus konstruierte Knoten- und Farbenfolge.

Algorithmus VIZINGPART1$(G = (V, E), u \in V, c, \alpha_1)$

```
1   i := 1
2   while ∃w ∈ Γ(u) : c({u, w}) = α_i ∧ w ∉ {v_1, . . . , v_{i−1}} do
3       v_i := w
4       α_{i+1} := min({1, . . . , Δ(G) + 1}\{c({w, x}); x ∈ Γ(w)})
5       i + +
6   od
7   return v_1, . . . , v_i; α_1, . . . , α_{i+1}
```

Sei nun $h \in \mathbb{N}$ die Anzahl der Schleifendurchläufe. Da der Algorithmus nur Nachbarn von u betrachtet, folgt $h \leq \Delta(G)$. Es gibt zwei Möglichkeiten, warum der Algorithmus nach h Durchläufen stoppt.

(i) Keine Kante durch u ist mit der Farbe α_{h+1} gefärbt, oder

(ii) es gibt eine Kante $\{u, v_j\}$, $j < h$, mit $\alpha_{h+1} = \alpha_j$.

Wir unterscheiden im Folgenden die beiden Fälle:

Fall 1: Gibt es keine Kante durch u, die mit der Farbe α_{h+1} gefärbt ist, so können wir c durch Verschiebung einfach umfärben. Für jedes $i \leq h$ erhalte die Kante $\{u, v_i\}$ die Farbe α_{i+1}. Dadurch ist insbesondere die Kante $\{u, v_1\}$ nicht mehr mit α_1 gefärbt, u wird somit zu einem Knoten, an dem die Farbe α_1 fehlt, und genau dies war zu zeigen, siehe Abbildung 3.5.

Fall 2: Dieser Fall ist etwas komplizierter. Sei nun $j < h$ so, dass $\alpha_{h+1} = \alpha_j$. Wir färben zunächst wie im obigen Fall die Kanten $\{u, v_{j-1}\}, \ldots, \{u, v_1\}$ um, d. h., jede Kante $\{u, v_i\}$ mit $i \leq j - 1$ erhält Farbe α_{i+1}, und die Kante $\{u, v_j\}$ (die ja jetzt dieselbe Farbe wie $\{u, v_{j-1}\}$ hat) wird entfärbt. Die so erhaltene Färbung nennen wir

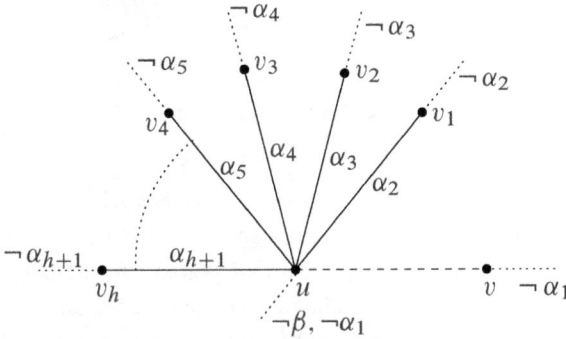

Abbildung 3.5. Umfärbung der Kanten durch u im Fall 1.

wieder c. Dadurch wird wieder u zu einem Knoten, an dem die Farbe α_1 fehlt, wir müssen also nur noch zeigen, wie wir eine gültige Farbe für $\{u, v_j\}$ finden. Zunächst einmal zeigt Abbildung 3.6, in welcher Situation wir uns an dieser Stelle befinden.

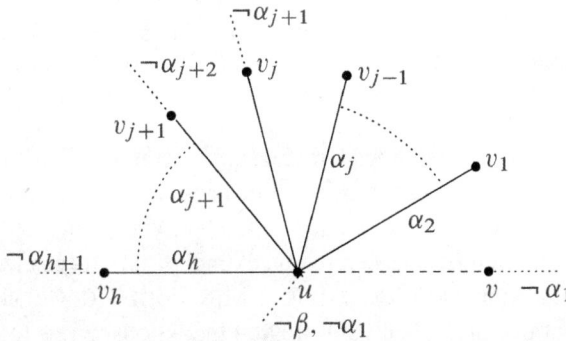

Abbildung 3.6. Umfärbung der Kanten durch u im Fall 2.

Wir betrachten den Teilgraphen $G' = (V', E')$ von G, der nur die Kanten von G enthält, die mit den Farben β und α_{h+1} gefärbt sind, also

$$E' := c^{-1}(\beta) \cup c^{-1}(\alpha_{h+1}) \quad \text{und} \quad V' := \bigcup E'.$$

Da c eine Färbung von G ist, gilt $\Delta(G') \leq 2$, die Zusammenhangskomponenten von G' sind also Kreise oder Kantenzüge. Wir interessieren uns allerdings nur für die Kantenzüge und werden die folgende Beobachtung ausnutzen: Ist eine Zusammenhangskomponente von G' gegeben, die einen Kantenzug bildet, so sind diese Kanten abwechselnd mit den Farben β und α_{h+1} gefärbt (sogenannte Kempesche Ketten), siehe Abbildung 3.7. Vertauschen wir nun die Farben in dem Kantenzug, so bildet dies auch eine neue gültige Färbung für G.

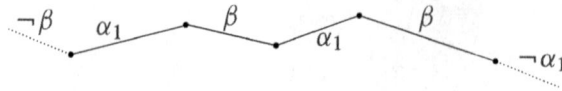

Abbildung 3.7. Ein Kantenzug im Graphen G'.

Da an allen der drei Punkte u, v_j und v_h mindestens eine der beide Farben α_{h+1} und β fehlt, haben diese einen Knotengrad von höchstens 1 im Graphen G'. Alle drei Knoten liegen also in Zusammenhangskomponenten, die Kantenzüge bilden, und sind insbesondere Endpunkte von Kantenzügen. Dies heißt aber auch, dass sie nicht alle gemeinsam in einer Zusammenhangskomponente liegen können. Wir unterscheiden wieder zwei Fälle.

Fall 2.1: Die Knoten u und v_j liegen in verschiedenen Zusammenhangskomponenten. In diesem Fall können wir den Kantenzug zu v_j wie oben besprochen umfärben, so dass auch an v_j die Farbe β fehlt. Wir können damit die Kante $\{u, v_j\}$ mit der Farbe β färben und erhalten so unsere gewünschte Färbung.

Fall 2.1: Die Knoten u und v_h liegen in verschiedenen Zusammenhangskomponenten. Dann können wir wieder eine Farbverschiebung der Kanten $\{u, v_{h-1}\}, \ldots,$ $\{u, v_j\}$ durchführen und die Kante $\{u, v_h\}$ entfärben, d. h., Kante $\{u, v_{h-1}\}$ erhält Farbe α_{h+1} u. s. w. Damit ist dieser Fall also äquivalent zum Fall 2.1.   □

Da insbesondere die vollständigen Graphen auf einer ungeraden Anzahl n von Knoten, wie wir schon zu Beginn dieses Abschnittes gesehen haben, einen chromatischen Index von n haben, kann die Aussage des Satzes von Vizing nicht verbessert werden.

Der obige Beweis liefert, wie bereits angekündigt, den folgenden polynomiellen Approximationsalgorithmus für das Problem MIN EDGE COLORING, der eine additive Güte von 1 hat und dem oben vorgestellten Induktionsbeweis folgt.

Algorithmus VIZING$(G = (V, E))$

```
1   if E = ∅ then
2     return 0
3   else
4     Wähle eine beliebige Kante {u, v} ∈ E.
5     G' := (V, E\{u, v})
6     VIZING(G')
7     if Δ(G') < Δ(G) then
8       Färbe die Kante {u, v} mit der kleinstmöglichen an u und v fehlen-
        den Farbe aus {1, . . . , Δ(G) + 1}.
9     else
10      Färbe E gemäß Lemma 3.12 so um, dass an u und v dieselbe Farbe
        α fehlt.
11      Färbe {u, v} mit α.
```

```
12      fi
13      Gib die so erhaltene Färbung aus.
14   fi
```

Den Algorithmus kann man auch rekursionsfrei formulieren. Dabei beginnt man mit dem kantenfreien Graphen auf V, fügt dann Schritt für Schritt die Kanten ein und färbt diese gemäß der obigen if-Abfrage.

Satz 3.13. *Der Approximationsalgorithmus* A *hat die Güte*

$$\mathsf{A}(G) - \mathrm{OPT}(G) \le 1.$$

Beweis. Nach dem Satz von Vizing hat jeder Graph G einen chromatischen Index von $\Delta(G)$ oder $\Delta(G) + 1$. Wie wir bereits gesehen haben, liefert der Algorithmus eine Kantenfärbung mit höchstens $\Delta(G) + 1$ Farben, woraus die Behauptung folgt. $\square$

In Übungsaufgabe 3.32 zeigen wir, dass die Güte tatsächlich angenommen wird, d. h., es gibt Graphen G so, dass $\chi'(G) = \Delta(G)$, aber der Algorithmus eine $(\Delta(G) + 1)$-Färbung liefert.

3.3   MIN NODE COLORING in planaren Graphen

Wir kommen noch einmal auf das Problem des Findens einer kleinen Färbung der Knotenmenge zurück. Allerdings wollen wir dieses Problem in diesem Abschnitt nur für planare Graphen betrachten. Dabei heißt ein Graph $G = (V, E)$ *planar*, wenn man G kreuzungsfrei in die Ebene einbetten kann, genauer, wenn man die Knoten von G so in $\mathbb{R}^2$ abbilden kann, dass die Kanten zwischen den Knoten so geführt werden können, dass sie sich nicht schneiden.

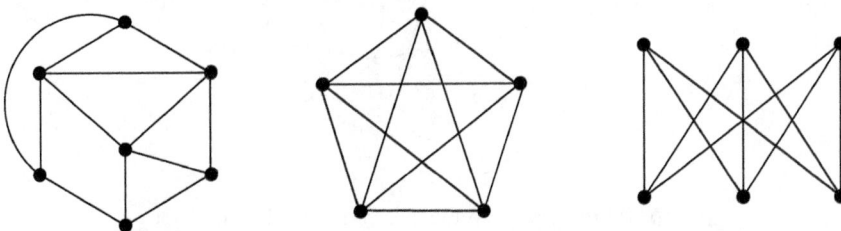

Abbildung 3.8. Ein planarer und zwei nichtplanare Graphen.

Die Abbildung 3.8 zeigt links einen planaren Graphen. Für die Graphen K_5 (Mitte) und $K_{3,3}$ (rechts) gibt es keine kreuzungsfreie Einbettung in die Ebene. Diese sind also nicht planar, wie wir in den Folgerungen 3.18 und 3.20 sehen werden.

Wie bereits in der Einleitung zu diesem Kapitel beschrieben, ist das Problem des Findens einer Minimalfärbung von Graphen eng verknüpft mit dem Vier-Farben-Satz.

Die Frage ist hier: Wie viele Farben benötigt man, um die Länder einer Landkarte so zu färben, dass zwei benachbarte Länder nicht dieselbe Farbe haben? Soviel man weiß, wurde diese Frage zum ersten Mal von Francis Guthrie 1852 an seinen Bruder Frederick gestellt, der zu dieser Zeit Mathematik in Cambridge studierte. Berühmt geworden ist dieses Problem dann dank eines Vortrages von Cayley 1878.

Bereits zu diesem Zeitpunkt wurde vermutet, dass sich jede Landkarte, und damit jeder planare Graph, mit vier Farben färben lässt. Diese Vermutung wurde zunächst von Kempe 1878, also in demselben Jahr, in dem Cayley seinen Vortrag darüber hielt, „bewiesen", bevor 12 Jahre später Heawood einen Fehler entdeckte. Dies führte dann zu einem Beweis, dass jeder planare Graph zumindest 5-färbbar ist.

Die Frage lässt sich wie folgt als Problem MIN NODE COLORING in planaren Graphen beschreiben: Man füge in jedes Land einen Knoten ein und verbinde zwei Knoten durch eine Kante, wenn die entsprechenden Länder eine gemeinsame Grenze haben (Länder, die sich nur in einem Punkt berühren, werden nicht als benachbart betrachtet). Die unbegrenzte Fläche außerhalb erhält ebenfalls einen Knoten und dieser wird mit jedem Länderknoten verbunden, der eine Grenze zu der Außenfläche hat (die Außenfläche soll ja auch eine andere Farbe als die sie berührenden Länder erhalten). Der so erhaltene Graph ist dann offensichtlich planar. Abbildung 3.9 zeigt ein Beispiel mit sechs Ländern.

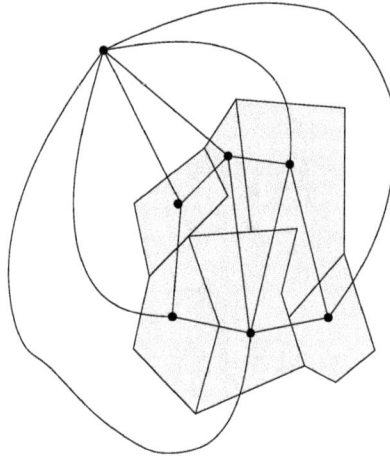

Abbildung 3.9. Ein Beispiel mit sechs Ländern.

Der nach dem obigen Beispiel konstruierte Graph hat also die in Abbildung 3.10 dargestellte Form.

Bei dem hier behandelten Problem handelt es sich ja um ein Teilproblem von MIN NODE COLORING, da wir nur spezielle Eingaben, nämlich genau die planaren Graphen, zulassen. Zunächst ist also nicht klar, dass auch dieses Problem NP-schwer ist. Der folgende Satz zeigt aber, dass sogar eine starke Einschränkung der Entschei-

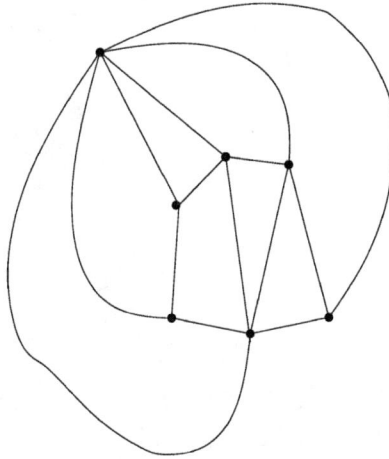

Abbildung 3.10. Der aus Beispiel 3.9 konstruierte Graph.

dungsvariante NP-vollständig ist.

Bevor wir allerdings den Satz beweisen, wollen wir noch auf ein weiteres Problem eingehen. Wir nehmen seit Kapitel 2 an, dass alle Eingaben zu dem jeweils betrachteten Optimierungs- bzw Entscheidungsproblem als String über dem Alphabet $\{0, 1\}$ so vorliegen, dass in polynomieller Zeit entschieden werden kann, ob es sich bei einem beliebigen String $w \in \{0, 1\}^*$ auch tatsächlich um eine Eingabe des Problems handelt. Für allgemeine Graphen ist dies relativ trivial, wir haben in Kapitel 1 eine Kodierung dieser Eingaben über die Adjazenzmatrix angegeben. Hier wollen wir aber nur planare Graphen zulassen. Die Frage ist also, ob es einen polynomiellen Algorithmus gibt, der das folgende Entscheidungsproblem löst:

Problem 3.14 (PLANAR GRAPH).
Eingabe: Ein Graph G.
Frage: Ist G planar?

Nach [96] ist dieses Problem tatsächlich aus P, es gibt sogar einen Algorithmus, der lineare Laufzeit hat.

Wir kommen nun zu dem versprochenen Satz, der zeigt, dass das Problem NODE 3-COLORING sogar dann NP-vollständig ist, wenn man als Eingaben nur planare Graphen zulässt. Diese Aussage wurde zuerst von Stockmeyer in [187] bewiesen. Weitere Beweise finden sich in [73] und [72].

Satz 3.15. NODE 3-COLORING *in planaren Graphen ist* NP-*vollständig.*

Beweis. Wir geben eine polynomielle Reduktion f an, die aus jedem Graphen $G = (V, E)$ einen planaren Graphen $f(G)$ so konstruiert, dass G genau dann 3-färbbar ist, wenn dies für $f(G)$ gilt.

Für die Konstruktion benötigen wir den Graphen H aus Abbildung 3.11. Wir werden im Folgenden die dort angegebenen Knoten x, x', y, y' auch als äußere Knoten von H bezeichnen.

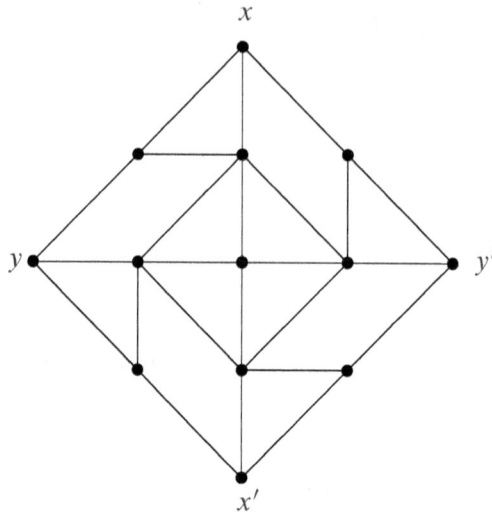

Abbildung 3.11. Der Graph H für den Beweis der NP-Vollständigkeit von NODE 3-COLORING in planaren Graphen.

In Übungsaufgabe 3.34 werden wir zeigen, dass der obige Graph die beiden im Folgenden benötigten Eigenschaften besitzt (wobei der Beweis dafür sehr einfach ist):

H1: Für jede 3-Färbung c von H gilt $c(x) = c(x')$ und $c(y) = c(y')$.

H2: Es existieren 3-Färbungen c_1 und c_2 von H, für die gilt:

$$c_1(x) = c_1(x') \;=\; c_1(y) = c_1(y') \qquad \text{und}$$
$$c_2(x) = c_2(x') \;\neq\; c_2(y) = c_2(y').$$

Der Graph $f(G)$ wird nun aus G wie folgt konstruiert:

(i) Im ersten Schritt wird G so in die Ebene eingebettet, dass

    a. sich je zwei Kanten, die sich in einem Endknoten treffen, nicht zusätzlich in den zugehörigen Liniensegmenten schneiden,

    b. sich je zwei Kanten, die keinen gemeinsamen Endknoten haben, wenn überhaupt, in den zugehörigen Liniensegmenten schneiden, und

    c. durch jeden Punkt der Ebene, der keinen Knoten repräsentiert, höchstens zwei zu Kanten zugehörige Liniensegmente gehen,

siehe Abbildung 3.12.

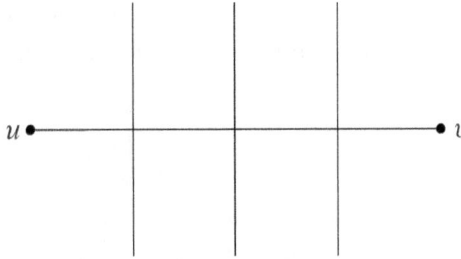

Abbildung 3.12. Teil 1 der Konstruktion des planaren Graphen $f(G)$ aus G.

(ii) Für jede Kante $\{u, v\} \in E$, deren Liniensegment von anderen Liniensegmenten in Nichtendknoten geschnitten wird, fügen wir zusätzliche Knoten wie folgt ein:

    a. Einen Knoten zwischen jeden Endknoten und dem am nächsten zu diesem Knoten liegenden Schnittpunkt, und

    b. einen Knoten zwischen je zwei Schnittpunkten,

siehe Abbildung 3.13.

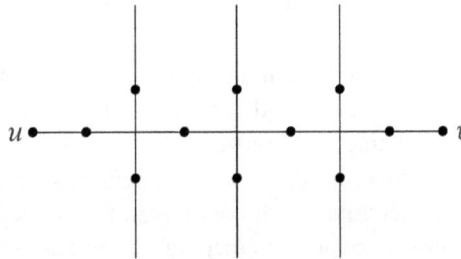

Abbildung 3.13. Teil 2 der Konstruktion des planaren Graphen $f(G)$ aus G.

(iii) Wir ersetzen nun jeden echten Schnittpunkt zweier Liniensegmente durch den Graphen H aus Abbildung 3.11, siehe Abbildung 3.14.

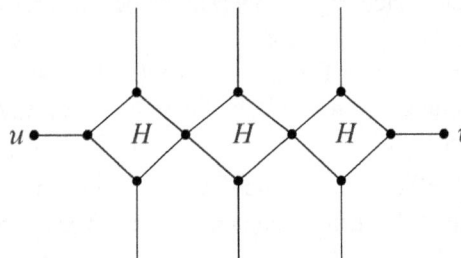

Abbildung 3.14. Teil 3 der Konstruktion des planaren Graphen $f(G)$ aus G.

(iv) Wähle nun für jede Kante $e = \{u, v\} \in E$ genau einen Endknoten $u(e)$ aus und identifiziere diesen mit dem auf dem Liniensegment zu diesem Knoten am nächsten liegenden neuen Knoten, siehe Abbildung 3.15.

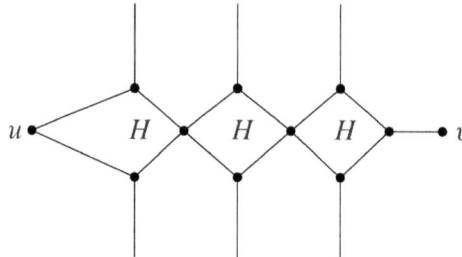

Abbildung 3.15. Teil 4 der Konstruktion des planaren Graphen $f(G)$ aus G.

Offensichtlich ist $f(G)$ planar. Wir müssen nun nur noch zeigen, dass G genau dann 3-färbbar ist, wenn dies für $f(G)$ gilt.

„$\Longrightarrow$" Sei also c eine 3-Färbung der Knoten V von G. Sei weiter $e = \{u, v\} \in E$, deren Liniensegment von anderen geschnitten wird, und $u = u(e)$. Wir erweitern jetzt c auf $f(G)$ wie folgt: Färbe alle neuen Knoten des $\{u, v\}$-Liniensegments mit der Farbe $c(u)$.

Nachdem auf diese Weise alle neuen äußeren Knoten jeder Kopie von H gefärbt wurden, beobachtet man zunächst, dass diese partielle Färbung weiterhin nur drei Farben benötigt (wir haben ja keine neue Farbe benötigt) und immer noch zwei Knoten, die durch eine Kante verbunden sind, so sie denn gefärbt sind, unterschiedliche Farben besitzen. Wir müssen jetzt nur noch die inneren Knoten jeder Kopie von H mit drei Farben so färben, dass dies auch zu einer zulässigen Färbung auf H führt.

Es gibt nun genau zwei Fälle, wie die oben konstruierte partielle Färbung die äußeren Kanten einer Kopie von H gefärbt hat:

Fall 1: Es gilt $c'(x) = c'(x') = c'(y) = c'(y')$.

Fall 2: Es gilt $c'(x) = c'(x') \neq c'(y) = c'(y')$.

In beiden Fällen lässt sich nach Eigenschaft H2 c' aber zu einer zulässigen 3-Färbung auf ganz H fortsetzen.

„$\Longleftarrow$" Ist umgekehrt c' eine 3-Färbung der Knoten V' von $f(G)$, dann betrachten wir nun die Einschränkung c von c' auf V. Sei $e = \{u, v\} \in E$ eine Kante von G. Wir unterscheiden zwei Fälle

Fall 1: Das zu e zugehörige Liniensegment wird von keinem anderen Liniensegment geschnitten. Dann enthält das Liniensegment zu e auch keine neuen Knoten und es folgt direkt $c(u) \neq c(v)$.

Fall 2: Das zu e zugehörige Liniensegment wird von anderen Liniensegmenten geschnitten. Sei o.B.d.A. $u = u(e)$. Nach der Eigenschaft H1 des Graphen H haben dann alle neuen Knoten auf dem Liniensegment von e ebenfalls die Farbe $c(u)$, insbesondere ist diese also verschieden zu $c(v)$, also $c(u) \neq c(v)$.   □

Das Entscheidungsproblem, ob ein planarer Graph 3-färbbar ist, ist also NP-vollständig. Im Gegensatz dazu kann in polynomieller Zeit entschieden werden, ob ein Graph 2-färbbar ist, d. h., ob der Graph bipartit ist und in diesem Fall in polynomieller Zeit eine 2-Färbung konstruiert werden, siehe Übungsaufgabe 3.30.

Erst 1976 konnten Appel und Haken die Vier-Farben-Vermutung tatsächlich nachweisen, siehe [9]. Dieser Beweis ist sogar konstruktiv, d. h., es gibt einen polynomiellen Algorithmus in Zeit $\mathcal{O}(|V|)$, der jeden planaren Graphen $G = (V, E)$ mit vier Farben färbt. Damit erhalten wir einen Approximationsalgorithmus mit additiver Güte 1 wie folgt: Man testet zunächst, ob der Graph 2-färbbar ist, und färbt gegebenenfalls den Graphen mit zwei Farben. Im anderen Fall wenden wir den Algorithmus von Appel und Haken an, um den Graphen mit vier Farben zu färben.

Allerdings ist ein wesentlicher Teil des Algorithmus von Appel und Haken eine Fallunterscheidung, die aus 1476 Fällen besteht (der Originalbeweis benutzte sogar 1936 Fälle). Eine Verbesserung von Robertson, Sanders, Seymour und Thomas aus dem Jahr 1996 konnte den Beweis auf 633 Fälle reduzieren ([175]).

Wir werden deshalb den bereits oben erwähnten Beweis von Heawood vorstellen, der in polynomieller Zeit eine 5-Färbung konstruiert. Bevor wir aber den Algorithmus formulieren können, benötigen wir noch einige Sätze und Lemmata. Wir starten mit der sogenannten eulerschen Polyederformel, die einen Zusammenhang zwischen der Anzahl der Knoten, Kanten und Facetten liefert.

Dabei ist eine *Facette* eine von Kanten begrenzte Region, in der keine Knoten liegen, siehe Abbildung 3.16. Dieser Graph hat insgesamt zehn Facetten, neun beschränkte und eine unbeschränkte, d. h., die Fläche außerhalb des Graphen zählt auch zu der Menge der Facetten.

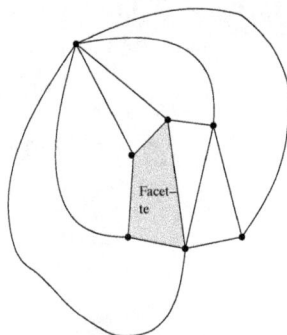

Abbildung 3.16. Eine Facette ist schraffiert

Alle folgenden Aussagen werden voraussetzen, dass der planare Graph zusammenhängend ist. Für die Färbbarkeit ist das keine Einschränkung. Offensichtlich sind zwei

Knoten aus verschiedenen Zusammenhangskomponenten des Graphen nicht durch eine Kante verbunden, so dass man Färbungen für jede Zusammenhangskomponente
unabhängig von den Übrigen betrachten kann.

Satz 3.16 (Eulersche Polyederformel). *Sei G ein planarer und zusammenhängender
Graph mit n Knoten, e Kanten und f Facetten. Dann gilt*

$$n + f - e = 2.$$

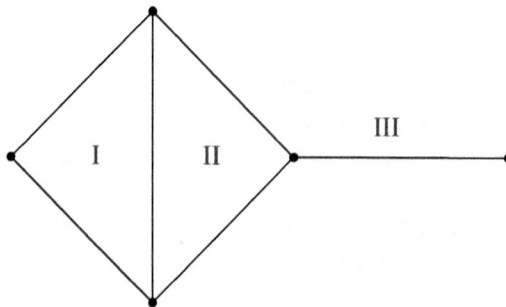

Abbildung 3.17. Beispiel: $n = 5, e = 6, f = 3$.

Beweis. Wir beweisen den Satz per Induktion über die Anzahl der Facetten f.
   Ist $f = 1$, so ist G, da zusammenhängend, ein Baum, d. h. $e = n - 1$, und es folgt

$$n + f - e = 2.$$

Sei nun $f \geq 2$ und gelte die Behauptung für alle planaren und zusammenhängen-
den Graphen G mit $f - 1$ Facetten. Da $f \geq 2$, ist G kein Baum. Es gibt also einen
Kreis $\{v_1, v_2\}, \{v_2, v_3\}, \ldots, \{v_n, v_1\} \in E$ in G. Löschen wir eine Kante $\{v_i, v_{i+1}\}$
aus diesem Kreis, so erhalten wir einen Graphen mit $f - 1$ Facetten. Nach Induktionsvoraussetzung gilt dann

$$n + (f - 1) - (e - 1) = 2,$$

und damit auch

$$n + f - e = 2,$$

woraus die Behauptung folgt.   □

Lemma 3.17. *Sei G ein planarer und zusammenhängender Graph mit n $\geq$ 3 Knoten
und e Kanten. Dann gilt:*

   (i) $e \leq 3n - 6$ *und*

   (ii) $\sum_{v \in V} (6 - \delta(v)) \geq 12$.

Beweis. *(i)* Sei $\mathcal{F}$ die Menge der Facetten. Für jede Facette $g \in \mathcal{F}$ bezeichnen wir mit $d(g)$ die Anzahl der Kanten, die an g grenzen. Da G mindestens drei Knoten hat und zusammenhängend ist, gilt $d(g) \geq 3$ für jede Facette g. Da jede Kante von G genau zwei Facetten begrenzt, haben wir weiter

$$2e = \sum_{g \in \mathcal{F}} d(g).$$

Es folgt somit

$$2e = \sum_{g \in \mathcal{F}} d(g) \geq 3f,$$

wobei f die Anzahl der Facetten sei. Einsetzen in die eulersche Polyederformel liefert dann die Behauptung.

(ii) Dies ist eine unmittelbare Konsequenz aus der obigen Aussage. Man beachte, dass

$$\sum_{v \in V} \delta(v) = 2e.$$

(Dies folgt ähnlich wie oben, jede Kante trägt für genau zwei Knoten zum Knotengrad bei.) Dann gilt:

$$\begin{aligned}
\sum_{v \in V} (6 - \delta(v)) &= 6n - 2e \\
&\geq 6n - 2(n - 6) \\
&= 12.
\end{aligned}$$

$\square$

Ein zufälliger Graph mit n Knoten hat mit großer Wahrscheinlichkeit $\mathcal{O}(\binom{n}{2}/2)$ Kanten. Nach dem obigen Lemma ist die Anzahl der Kanten eines planaren Graphen linear in der Anzahl der Knoten. Damit können wir nun zeigen, dass der Graph in der Mitte der Abbildung 3.8 nicht planar ist.

Korollar 3.18. *Jeder Graph, der K_5 als Teilgraph enthält, ist nicht planar.*

Beweis. Der Graph K_5 hat fünf Knoten und zehn Kanten. Da $10 > 3 \cdot 5 - 6 = 9$ gilt, folgt die Behauptung aus Lemma 3.17 *(i)*. $\square$

Es bleibt zu zeigen, dass der Graph $K_{3,3}$ aus Abbildung 3.8 nicht planar ist. Hierzu zeigen wir erst einmal allgemein (ähnlich zu Lemma 3.17 *(i)*):

Lemma 3.19. *Sei $G = (V, E)$ ein dreiecksfreier zusammenhängender und planarer Graph mit $n \geq 3$ Knoten und e Kanten. Dann gilt*

$$e2 \cdot n - 4.$$

Beweis. Der Beweis verläuft ähnlich wie der für Lemma 3.17 *(i)*. Es gilt auch hier

$$2e = \sum_{g \in \mathcal{F}} d(g)$$

für alle Gebiete $g \in \mathcal{F}$. Allerdings erhalten wir nun, da der Graph dreiecksfrei ist, $d(g) \geq 4$ für alle Gebiete $g \in \mathcal{F}$, und damit

$$2e \geq 4f := |\mathcal{F}|.$$

Einsetzen in die eulersche Polyederformel liefert dann die gewünschte Aussage. □

Damit erhalten wir sofort:

Korollar 3.20. *Der Graph $K_{3,3}$ ist nicht planar.*

Beweis. Zunächst ist der Graph $K_{3,3}$ dreiecksfrei und zusammenhängend. Die Anzahl der Kanten ist $e = 9$ und die Anzahl der Knoten $n = 6$. Wäre $K_{3,3}$ planar, so müsste also

$$9 = e \leq 2 \cdot n - 4 = 8$$

gelten, ein Widerspruch. □

Wir kommen nun langsam zur Formulierung unseres Färbungsalgorithmus für planare Graphen. Zunächst folgt aus Lemma 3.17 *(ii)* unmittelbar:

Lemma 3.21. *Jeder planare zusammenhängende Graph $G = (V, E)$ hat Minimalknotengrad $\delta(G) \leq 5$.*

Beweis. Angenommen, alle Knoten haben einen Knotengrad von mindestens 6. Dann folgt aus Lemma 3.17 *(ii)*

$$0 \geq \sum_{v \in V} (6 - \delta(v)) \geq 12,$$

ein Widerspruch. □

Wir sind nun in der Lage, den Fünf-Farben-Satz zu beweisen. Insgesamt werden wir zwei verschiedene Beweise kennen lernen, von dem wir einen dann zur Konstruktion eines Approximationsalgorithmus für das Färbungsproblem planarer Graphen nutzen.

Satz 3.22. *Jeder planare Graph $G = (V, E)$ ist 5-färbbar.*

Beweis. Sei $G = (V, E)$ ein planarer Graph. Wir werden die Aussage per Induktion über die Anzahl der Knoten beweisen.

Induktionsanfang: Für $|V| \leq 5$ ist die Aussage trivial.

Induktionsschritt: Sei also $|V| > 5$. Es gibt nun zwei Möglichkeiten, im Induktionsschritt die Induktionsvoraussetzung anzuwenden.

Alternative 1: Nach Lemma 3.21 wissen wir, dass es einen Knoten $v \in V$ mit Knotengrad höchstens 5 gibt. Nach Induktionsvoraussetzung ist $G - v$ 5-färbbar. Sei also

$$c : V \setminus \{v\} \longrightarrow \{1, \ldots, 5\}$$

eine Färbung für $G - v$. Ist nun $\delta(v) < 5$, so lässt sich die 5-Färbung von $G - v$ trivial auf v fortsetzen, wir nehmen also im Folgenden an, dass $\delta(v) = 5$ gilt. Weiter wollen wir voraussetzen, dass die fünf Nachbarn von v jeweils mit verschiedenen Farben gefärbt sind, da sich andernfalls die Färbung c wieder trivial auf v fortsetzen lässt.

Die fünf Knoten aus $\Gamma(v)$ seien mit $x_1, \ldots, x_5$ bezeichnet, im Uhrzeigersinn beginnend bei x_1 angeordnet und x_i sei o.B.d.A. mit Farbe i gefärbt, siehe Abbildung 3.18.

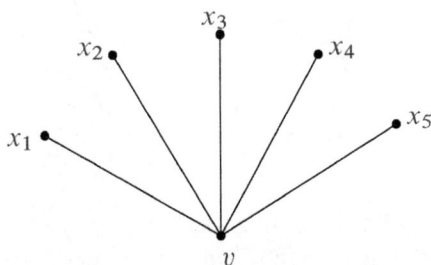

Abbildung 3.18. Anordnung der Nachbarn von v.

Für alle $1 \leq i < j \leq 5$ ist dann der auf der Knotenmenge $c^{-1}(i) \cup c^{-1}(j)$ induzierte Teilgraph G_{ij} von $G - v$ bipartit und hat mit $\Gamma(v)$ nur die Knoten x_i und x_j gemeinsam. Sind nun x_i und x_j durch einen Pfad in G_{ij} verbunden, so schließt sich der Pfad über den Knoten v zu einer geschlossenen Kurve C in $\mathbb{R}^2$, siehe Abbildung 3.19.

Nach dem Jordanschen Kurvensatz teilt diese Kurve $\mathbb{R}^2$ in genau zwei (topologische) Zusammenhangskomponenten, d. h., $\mathbb{R}^2 \setminus C$ besteht aus genau zwei topologischen Zusammenhangskomponenten C_1 und C_2. Offensichtlich liegt dann x_k für $i < k < j$ in einer anderen Zusammenhangskomponente als x_l für $l < i$ bzw. $l > j$. Dies heißt aber, dass es dann keinen Pfad von x_k nach x_l im Graphen G_{kl} gibt. (Angenommen, es gibt solch einen Pfad, dann würde dieser die Kurve C schneiden. Wegen der Planarität des Graphen G ist dies nur in den Knoten aus G_{ij}, die auf C liegen, möglich. Da wir aber wissen, dass alle Knoten $x_1, \ldots, x_5$ in verschiedenen Farbklassen liegen, ist kein Knoten von G_{ij} ein Knoten von G_{kl}.)

Damit gibt es also zumindest ein Paar $1 \leq i < j \leq 5$ so, dass kein Pfad zwischen x_i und x_j in G_{ij} existiert. Also ist der Graph G_{ij} nicht zusammenhängend. Ist S eine Zusammenhangskomponente, die x_i enthält, so gilt $x_j \notin S$. Wir vertauschen nun die Farben der Knoten aus S, d. h., Knoten mit Farbe i erhalten Farbe j und

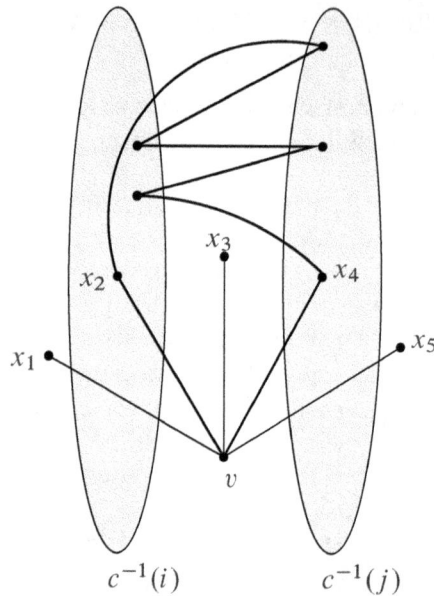

Abbildung 3.19. Die geschlossene Kurve ist fett gezeichnet.

umgekehrt. Durch diese Konstruktion ist die Färbung noch korrekt, allerdings fehlt nun an x_i die Farbe i. Damit können wir aber v mit der Farbe i färben und erhalten so die Behauptung.

Alternative 2: Sei wieder, wie oben, v ein Knoten in G mit Grad fünf und die Knoten $x_1, \ldots, x_5$ die Nachbarn von v. Da G keinen K_5 enthält, gibt es zwei Nachbarn x_i und x_j von v, die nicht durch eine Kante verbunden sind. Wir betrachten nun den Graphen G', der aus $G - v$ durch Identifizierung der Knoten x_i und x_j entsteht, d. h. $G' = (V', E')$ mit

$$V' := V \setminus \{v, x_i\},$$

$$E' := (E \setminus \{e; v \in e \text{ oder } x_i \in e\}) \cup \{\{t, x_j\}; t \in \Gamma(x_i)\}.$$

Dieser Graph ist wieder planar, wie wir gleich zeigen werden. Aus der Induktionsvoraussetzung folgt damit, dass eine 5-Färbung für G' existiert. Diese Färbung induziert dann eine Färbung auf $G - v$, in der die Knoten x_i und x_j gleich gefärbt sind. Diese benötigt also höchstens vier Farben für die Nachbarn von v, so dass wir v mit der noch fehlenden färben können, womit wieder die Behauptung folgt.

Warum ist nun G' planar? Die Frage ist also, wie wir die Kantenzüge, die im Graphen G in x_i enden, geschickt in x_j enden lassen können, ohne dass es zu Überschneidungen mit anderen Kantenzügen kommt. Dazu nutzen wir den Platz, den uns die Kanten $\{x_i, v\}$ und $\{v, x_j\}$ liefern. Da G planar ist, gibt es ein Gebiet G um diese beiden Kantenzüge so, dass nur die Kantenzüge G schneiden, die durch x_i, x_j oder v

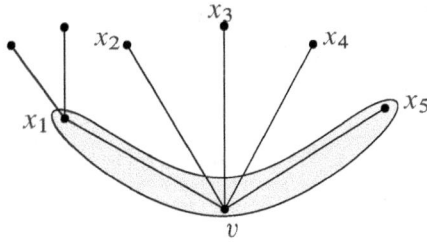

Abbildung 3.20. Das schraffierte Gebiet wird nur von den Kanten durch x_i, x_j und v geschnitten.

gehen, siehe Abbildung 3.20.

Nach dem Löschen des Knotens v (und aller Kanten durch v), erhalten wir dann genug Platz, um die Kantenzüge, die in x_i enden, bis zum Knoten x_j fortzusetzen, siehe Abbildung 3.21.

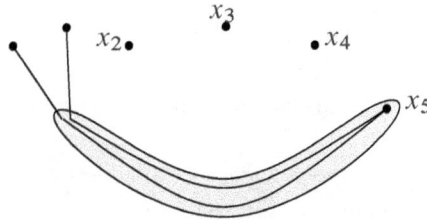

Abbildung 3.21. Kreuzungsfreie Einbettung der neuen Kanten.

Damit ist also G' tatsächlich planar und die Behauptung gezeigt.   □

Aus diesem letzten Beweis können wir dann unseren Approximationsalgorithmus wie folgt gewinnen:

Algorithmus PLANARCOL($G = (V = \{v_1, \ldots, v_n\}, E)$)

```
 1   if |V| ≤ 5 then
 2      for i = 1 to |V| do
 3         c(v_i) = i
 4      od
 5      return c
 6   else
 7      if ∃v ∈ V : δ(v) ≤ 4 then
 8         G' = G − v
 9         c = PLANARCOL(G')
10         c(v) := max({1, . . . , 5}\{c(w); w ∈ Γ(v)})
11         return c
12      else
```

13   Wähle $v \in V$ mit $\delta(v) = 5$ und $x_i, x_j \in \Gamma(v)$ mit $\{x_i, x_j\} \notin E$.

14        $G' = (V \setminus \{v, x_i\}, (E \setminus \{e; v \in e \text{ oder } x_i \in e\}) \cup \{\{t, x_j\}; t \in \Gamma(x_i)\})$

15        $c = \text{PLANARCOL}(G')$

16        $c(x_i) := c(x_j)$

17        $c(v) := \max(\{1, \ldots, 5\} \setminus \{c(w); w \in \Gamma(v)\})$

18   return c

19   fi

20   fi

Der Algorithmus ist offensichtlich polynomiell und nutzt im Wesentlichen (Schritte 13–17) die Ergebnisse aus dem Beweis von Satz 3.22 (Alternative 2). Damit wird also eine 5-Färbung berechnet.

Durch geeignete Implementierung mit doppelt verketteten Adjazenzlisten und Warteschlangen für Knoten vom Grad 4 oder Grad 5 mit der obigen Nebenbedingung erhält man sogar einen Algorithmus mit linearer Laufzeit. Wir behandeln dies in Übungsaufgabe 3.35.

Um noch ein besseres Resultat für die additive Güte zu erhalten, nutzen wir zusätzlich aus, dass in polynomieller Zeit getestet werden kann, ob ein Graph 2-färbbar ist und eine 2-Färbung gegebenenfalls ebenfalls in polynomieller Zeit konstruiert werden kann, siehe Übung 3.30.

Wir betrachten also den folgenden leicht modifizierten Approximationsalgorithmus für das Färbungsproblem in planaren Graphen:

Algorithmus PLANARCOL(G)

1   if G 2-färbbar (d. h. bipartit) then

2   Berechne 2-Färbung von G.

3   else

4   Berechne 5-Färbung von G.

5   fi

Aus den obigen Beobachtungen folgt unmittelbar, dass der Algorithmus eine additive Güte von 2 hat.

Satz 3.23. *Für einen planaren Graphen G gilt*

$$|\text{PLANARCOL}(G) - \text{OPT}(G)| \leq 2.$$

3.4 Nichtapproximierbarkeit: MAX KNAPSACK und MAX CLIQUE

Wir werden in diesem Abschnitt an den beiden Optimierungsproblemen MAX KNAPSACK und MAX CLIQUE zwei Standardtechniken kennen lernen, mit denen man zeigen kann, dass es für gewisse Probleme keine polynomiellen Approximationsalgorithmen mit konstanter additiver Güte gibt. Wir starten mit dem Problem MAX KNAPSACK und erläutern im Anschluss die in dem Beweis für das Nichtapproximierbarkeitsresultat benutzte Technik.

Bei dem Problem MAX KNAPSACK geht es darum, n Gegenstände $1, \dots, n$ mit Gewichten $g_1, \dots, g_n$ und Gewinnen (Profiten) $p_1, \dots, p_n$ in einen Rucksack mit beschränkter Kapazität B so zu packen, dass der Gewinn maximiert wird. Die Formulierung des Problems in der von uns eingeführten Sprache lautet damit:

Problem 3.24 (MAX KNAPSACK).
Eingabe: n Gegenstände mit Gewichten $g_1, \dots, g_n \in \mathbb{N}$ und Gewinnen $p_1, \dots,$
  $p_n \in \mathbb{N}$, die Kapazität $B \in \mathbb{N}$ des Rucksacks.
Ausgabe: Eine Auswahl der Gegenstände $I \subseteq \{1, \dots, n\}$ mit $\sum_{i \in I} g_i \leq B$ so,
  dass der Gewinn $\sum_{i \in I} p_i$ maximal ist.

Wir haben die Entscheidungsvariante dieses Problems schon im letzten Abschnitt behandelt, siehe Problem 2.32, und in Satz 2.34 gezeigt, dass ein Teilproblem von MAX KNAPSACK, und damit das Problem MAX KNAPSACK selbst, NP-vollständig ist. Wir zeigen nun ein noch stärkeres Resultat, siehe auch [72], Theorem 6.8.

Satz 3.25. *Es gibt keinen approximativen Algorithmus* A *für das Problem* MAX KNAPSACK *mit* $|A(I) - \mathrm{OPT}(I)| \leq k$ *für eine Konstante* k*, außer* P $=$ NP.

Beweis. Angenommen, es existiert ein Algorithmus A mit additiver Gütegarantie k. Sei I eine Eingabe von MAX KNAPSACK, $A(I)$ der Gewinn der von A konstruierten Lösung und $\mathrm{OPT}(I)$ der Gewinn einer optimalen Lösung. Wir konstruieren eine neue Eingabe $\bar{I}$ mit den Gewichten $\bar{g}_i = g_i$ und Gewinnen $\bar{p}_i = (k + 1)p_i$ für alle Gegenstände $i \leq n$. Dann ist offensichtlich jede zulässige Lösung für I auch eine zulässige Lösung von $\bar{I}$, und umgekehrt. Weiter ist der Wert einer Lösung, also der Gewinn einer Lösung für $\bar{I}$, das $(k + 1)$-fache des Wertes der zugeordneten Lösung für I. Jede von A für $\bar{I}$ konstruierte Lösung ist also auch eine Lösung für I, wobei sich nur die Gewinne um einen Faktor von $(k + 1)$ unterscheiden.

Da die Konstruktion von $\bar{I}$ aus I in polynomieller Zeit zu bewerkstelligen ist, hat der folgende Algorithmus polynomielle Laufzeit:

Algorithmus $A_{k+1}(I = (g_1, \dots, g_n, p_1, \dots, p_n, B))$

1 $\bar{I} = (g_1, \dots, g_n, (k + 1)p_1, \dots, (k + 1)p_n, B)$
2 return $A(\bar{I})/(k + 1)$

Wenden wir den Algorithmus A auf die Instanz $\bar{I}$ an, so erhalten wir aus unserer Voraussetzung, dass A eine additive Güte von k hat, d. h., es gilt

$$A(\bar{I}) \geq \mathrm{OPT}(\bar{I}) - k.$$

Da $A_{k+1}(I) = A(\bar{I})/(k+1)$ erhalten wir damit

$$(k+1)A_{k+1}(I) \geq (k+1)\operatorname{OPT}(I) - k,$$

und es folgt

$$|A_{k+1}(I) - \operatorname{OPT}(I)| \leq \frac{k}{k+1}.$$

Da die Gewinne p_i, $i \leq n$, natürliche Zahlen sind, ist auch der von A_{k+1} berechnete Gewinn $A_{k+1}(I)$ eine natürliche Zahl und es folgt $A_{k+1}(I) = \operatorname{OPT}(I)$. A_{k+1} löst damit das NP-schwere Problem MAX KNAPSACK in polynomieller Zeit, ein Widerspruch. □

Betrachten wir die im letzten Beweis benutzte Technik zur Konstruktion einer neuen Eingabe noch einmal genauer. Wir haben einige Werte der Eingabe I mit einer Konstanten c so multipliziert, dass Lösungen von I auch Lösungen von $\bar{I}$ bleiben und sich die Werte der Lösungen um eben diese Konstante c unterscheiden. Gleiches gilt im obigen Beispiel für die Werte der optimalen Lösungen. Der Trick besteht dann darin, die Konstante c so zu wählen, dass die additive Güte des Algorithmus echt kleiner als 1 ist und damit, da ja alle Werte natürliche Zahlen sind, gerade 0 ergibt. Dies zeigt dann, dass das Problem in Wahrheit schon in polynomieller Zeit optimal lösbar ist.

Diese Technik lässt sich also ganz einfach auf Probleme ausdehnen, bei denen die obigen Voraussetzungen erfüllt sind. Man betrachte zum Beispiel das in Kapitel 1 behandelte Problem MIN JOB SCHEDULING.

Was ist aber, wenn bei Problemen keine natürlichen Zahlen auftauchen? Wir wollen zum Abschluss dieses Kapitel eine weitere Technik am Beispiel des Problems MAX CLIQUE besprechen.

Problem 3.26 (MAX CLIQUE).
Eingabe: Ein Graph $G = (V, E)$.
Ausgabe: Eine maximale Clique in G.

Wir haben bereits in Kapitel 1 gezeigt, dass dieses Problem NP-schwer ist, und beweisen nun, dass sich MAX CLIQUE nicht additiv approximieren lässt, vergleiche auch [72], Seite 140, weitere ähnliche Resultate finden sich in [163] und [138].

Satz 3.27. *Es gibt keinen approximativen Algorithmus* A *für* MAX CLIQUE *mit* $|A(I) - \operatorname{OPT}(I)| \leq k$ *für eine Konstante k, außer* P = NP.

Beweis. Sei $G = (V, E)$ ein Graph und $m \in \mathbb{N}$. Seien weiter

$$G_1 = (V_1, E_1), \ldots, G_m = (V_m, E_m)$$

isomorphe Kopien von G, insbesondere wollen wir voraussetzen, dass die Knoten-mengen $V_1, \ldots, V_m$ paarweise disjunkt sind. Dann heißt der Graph $m \cdot G = (V^m, E^m)$ mit

$$V^m := \bigcup_{i=1}^{m} V_i \quad \text{und}$$

$$E^m := \bigcup_{i=1}^{m} E_i \cup \{\{v, w\}; v \in V_i \text{ und } w \in V_j \text{ für } 1 \leq i \neq j \leq m\}$$

m-te Summe von G, siehe Abbildung 3.22.

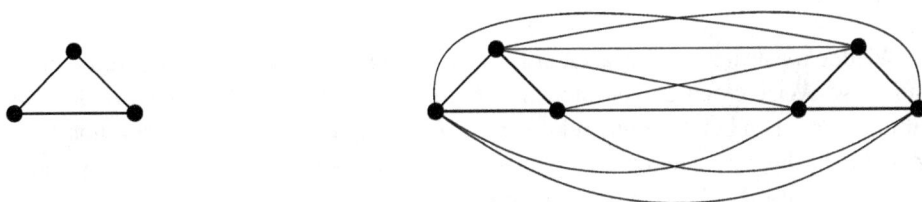

Abbildung 3.22. $G = K_3$ (links) und $2 \cdot G$ (rechts).

Ist nun C eine beliebige Clique im Graphen $m \cdot G$ mit $n = |C|$ Knoten, dann ist für jedes $i \leq m$ die Menge

$$C_i := C \cap V_i$$

eine Clique im Graphen G_i. Mit $t := \max\{|C_1|, \ldots, |C_m|\}$ ist damit C_t eine Clique der Größe mindestens n/m.

Wie man sich leicht überlegt, folgt aus der obige Aussage sofort, dass eine größte Clique in G genau dann n Knoten hat, wenn eine größte Clique in $m \cdot G$ genau $m \cdot n$ Knoten hat, d. h. $m \cdot \text{OPT}(G) = \text{OPT}(m \cdot G)$ für alle $m \in \mathbb{N}$.

Angenommen nun, es existiert ein $k \in \mathbb{N}$ und ein approximativer Algorithmus A so, dass

$$|A(G) - \text{OPT}(G)| \leq k$$

für alle Graphen G. Wir zeigen, ähnlich wie im letzten Beweis, dass dann das Cli-quenproblem optimal gelöst werden kann.

Da die Konstruktion von $(k + 1) \cdot G$ aus G in polynomieller Zeit bewerkstelligt werden kann, hat der folgende Algorithmus polynomielle Laufzeit:

Algorithmus $A_{k+1}(G)$

1 Konstruiere $(k + 1) \cdot G$.
2 Konstruiere eine Clique C von $(k + 1) \cdot G$ mit dem Algorithmus A.
3 $C_1 := C \cap V_1, \ldots, C_{k+1} := C \cap V_{k+1}$
4 $t := \max\{|C_1|, \ldots, |C_{k+1}|\}$
5 return t

Wir haben zunächst

$$A((k + 1) \cdot G) \geq \mathrm{OPT}((k + 1) \cdot G) - k$$

und damit

$$(k + 1)\mathsf{A}_{k+1}(G) \geq (k + 1)\,\mathrm{OPT}(G) - k.$$

Einfaches Umformen ergibt also

$$|\mathsf{A}_{k+1}(G) - \mathrm{OPT}(G)| \leq \frac{k}{k + 1}.$$

Da wieder alle Werte natürliche Zahlen sind, folgt $\mathsf{A}_{k+1}(G) = \mathrm{OPT}(G)$, ein Widerspruch. $\qquad\qquad\qquad\qquad\qquad\qquad\qquad\qquad\qquad\qquad\qquad\qquad\qquad\quad\;\Box$

Wieder konstruieren wir aus einer Eingabe neue Instanzen des Problems und finden auf diese Weise einen polynomiellen Algorithmus, der Optimallösungen findet. Natürlich muss man bei der Konstruktion darauf achten, dass sich diese in polynomieller Zeit durchführen lässt und die Werte der zulässigen Lösungen geeignet gegeneinander abgeschätzt werden können. Im obigen Beispiel haben wir das erreicht, indem wir jeden Knoten aus verschiedenen Kopien G_i des Graphen G durch eine Kante verbunden haben. Dadurch wurde aus jeder Clique C in G durch die m-fache disjunkte Vereinigung von C eine Clique in $m \cdot G$ definiert. Umgekehrt ließ sich aus einer Clique in $m \cdot G$ auch eine Clique in G konstruieren.

Wie schon das Verfahren für das Problem MAX KNAPSACK lässt sich die obige Idee auch für zum Problem MAX CLIQUE ähnliche Probleme anwenden. Man überlege sich dies am Beispiel von MAX INDEPENDENT SET, siehe Übungsaufgabe 3.37.

3.5   Übungsaufgaben

Übung 3.28. Zeigen Sie, dass für jeden Graphen $G = (V, E)$ die chromatische Zahl nach oben durch

$$\chi(G) \leq \left\lceil \sqrt{2 \cdot |E| + 1/4} \right\rceil$$

beschränkt ist.

Übung 3.29. Zeigen Sie, dass es für jeden Graphen G eine Benennung der Knoten mit $v_1, \ldots, v_n$ so gibt, dass der Algorithmus ACOL eine optimale Lösung berechnet (nur das Finden dieser Reihenfolge bleibt natürlich schwer).

Übung 3.30. Zeigen Sie, dass das Entscheidungsproblem, ob die Knoten eines Graphen 2-färbbar sind, in polynomieller Zeit entschieden werden kann.

Übung 3.31. Sei K_n der vollständige Graph auf n Knoten. Zeigen Sie, dass für den chromatischen Index die folgende Aussage gilt:

$$\chi'(K_n) \geq n - 1 \text{ und } \chi'(K_n) = n \iff n \text{ ist ungerade.}$$

Übung 3.32. Finden Sie einen Graphen G, für den der Algorithmus MIN EDGE CO-LORING eine Färbung der Kanten findet, die eine Farbe mehr als eine optimale Lösung benötigt.

Übung 3.33. Beweisen Sie, dass für jeden bipartiten Graphen

$$\chi'(G) = \Delta(G)$$

gilt.

Übung 3.34. Zeigen Sie, dass der Graph aus Abbildung 3.11 die folgenden beiden Eigenschaften besitzt:

(i) Für jede 3-Färbung c von H gilt $c(x) = c(x')$ und $c(y) = c(y')$.

(ii) Es existieren 3-Färbungen c_1 und c_2 von H, für die gilt

$$c_1(x) = c_1(x') \;=\; c_1(y) = c_1(y') \qquad \text{und}$$

$$c_2(x) = c_2(x') \;\neq\; c_2(y) = c_2(y').$$

Übung 3.35. Zeigen Sie, dass man den Algorithmus PLANARCOL für das Problem MIN NODE COLORING für planare Graphen so implementieren kann, dass er eine lineare Laufzeit hat.

Übung 3.36. Zeigen Sie, dass es unter der Voraussetzung $P \neq NP$ keinen polynomiellen Approximationsalgorithmus mit konstanter additiver Güte für das Problem MIN JOB SCHEDULING geben kann.

Übung 3.37. Das Problem MAX INDEPENDENT SET ist wie folgt definiert:

Problem 3.38 (MAX INDEPENDENT SET).
Eingabe: Ein Graph $G = (V, E)$.
Ausgabe: Eine unabhängige Menge maximaler Kardinalität.

Zeigen Sie, dass es unter der Voraussetzung $P \neq NP$ keinen polynomiellen Approximationsalgorithmus mit konstanter additiver Güte für das Problem MAX INDEPENDENT SET geben kann.

Übung 3.39. Bei dem Problem MAX 2 BIN PACKING geht es darum, n Gegenstände mit Gewichten $g_1, \ldots, g_n \in \mathbb{N}$ so in zwei Kisten zu packen, dass eine obere Gewichtsschranke $C \in \mathbb{N}$ für jede Kiste eingehalten wird und die Menge der gepackten Gegenstände maximal ist.

Problem 3.40 (MAX 2 BIN PACKING).
Eingabe: n natürliche Zahlen $g_1, \ldots, g_n$ und eine Kapazität $C \in \mathbb{N}$.
Ausgabe: Zwei disjunkte Teilmengen $S_1, S_2 \subseteq \{1, \ldots, n\}$ so, dass

$$\sum_{s \in S_1} g_s, \sum_{s \in S_2} g_s \leq C$$

und $|S_1| + |S_2|$ maximal ist.

Konstruieren Sie einen polynomiellen Algorithmus mit additiver Güte 1 für dieses Problem.

Hinweis: Greedy-Algorithmus.

Übung 3.41. Betrachten Sie folgenden Algorithmus für das Problem MAX KNAP-SACK:

Algorithmus ALGMAX KNAPSACK$(p_1, \ldots, p_n, w_1, \ldots, w_n, K \in \mathbb{N})$

  1   Sortiere die Gegenstände so nach ihren Gewinnen, dass

$$p_1 \geq p_2 \geq \cdots \geq p_n.$$

  2   $k := 0$
  3   $P := \varnothing$
  4   for $i = 1$ to n do
  5   if $k + w_i < K$ then
  6       $P := P \cup \{i\}$
  7   fi
  8   od
  9   return P

Der Algorithmus packt also, ohne sich die Gewichte überhaupt anzusehen, die wertvollsten Gegenstände in den Rucksack.

Welche additive Güte hat der Algorithmus?

Kapitel 4

Algorithmen mit multiplikativer Güte I: Zwei Beispiele

Wir starten unsere Betrachtungen approximativer Algorithmen, die eine multiplikative Güte garantieren, mit zwei relativ einfachen klassischen Optimierungsproblemen: einem Minimierungsproblem, MIN SET COVER, und einem Maximierungsproblem, MAX COVERAGE. Im Gegensatz zu den in der Einführungen kennen gelernten Approximationsalgorithmen für die Probleme MIN JOB SCHEDULING und MAXCUT ist die Analyse der in diesem Kapitel vorgestellten Algorithmen etwas aufwändiger, aber immer noch nicht besonders schwierig. Wie man leicht sehen wird, sind die Algorithmen, die wir gleich kennen lernen, ebenfalls Greedy-Algorithmen, wie wir sie schon in den vorangegangenen Kapiteln behandelt haben.

4.1 MIN SET COVER

Bei dem Problem MIN SET COVER geht es darum, bei gegebener Grundmenge $S = \{1, \ldots, n\}$ und Teilmengen $S_1, \ldots, S_m$ von S, die S ganz überdecken, möglichst wenig Teilmengen zu finden, die schon für eine Überdeckung von S ausreichen, siehe Abbildung 4.1.

Problem 4.1 (MIN SET COVER).
Eingabe: Eine Menge $S = \{1, \ldots, n\}$, $F = \{S_1, \ldots, S_m\}$ mit $S_i \subseteq S$ und $\bigcup_{S_i \in F} S_i = S$.
Ausgabe: Eine Teilmenge $F' \subseteq F$ mit $\bigcup_{S_i \in F'} S_i = S$ so, dass $|F'|$ minimal ist.

In Übungsaufgabe 4.6 wird gezeigt, dass dieses Problem NP-schwer ist, es ist also sinnvoll, einen Approximationsalgorithmus zu suchen, da ein optimaler Algorithmus mit polynomieller Laufzeit für dieses Problem unter der Voraussetzung $P \neq NP$ nicht existiert.

Der folgende Algorithmus arbeitet, wie oben bereits angekündigt, mit einer typischen Greedy-Strategie und wählt in jeder Iteration diejenige Menge S_i aus, die die meisten noch nicht überdeckten Punkte umfasst. Die Idee zu diesem Algorithmus stammt von Johnson [113].

Algorithmus SC(S, F)

  1   $U = S$

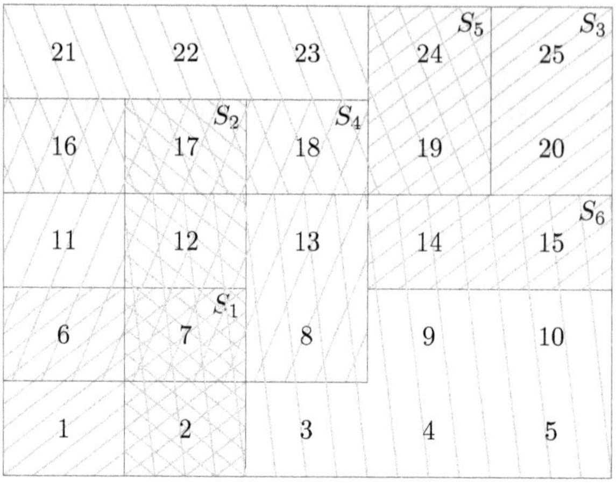

Abbildung 4.1. Eine Beispielinstanz von MIN SET COVER: $S = \{1, \ldots, 25\}$, die Mengen sind in der oberen rechten Ecke angegeben und durch Schraffur gekennzeichnet.

```
2   C = ∅
3   while U ≠ ∅ do
4      Wähle Sᵢ ∈ F mit |Sᵢ ∩ U| maximal.
5      C = C ∪ {Sᵢ}
6      U = U \ {Sᵢ}
7   od
8   return C
```

Offensichtlich ist die Laufzeit des Algorithmus polynomiell beschränkt.

Satz 4.2 (Johnson [113]). *Der Algorithmus hat eine multiplikative Güte von*

$$H(\max\{|S_i|; S_i \in F\}) \leq H(n),$$

wobei $H(d) = \sum_{i=1}^{d} \frac{1}{i}$ *die* d-*te harmonische Zahl ist.*

Man beachte, dass $H(d) \leq \mathcal{O}(\ln d) = \mathcal{O}(\log d)$ gilt.

Beweis. Sei $C = \{S_{t_1}, \ldots, S_{t_r}\}$ die Überdeckung, die der Algorithmus liefert, und C^* eine minimale Überdeckung. Weiter sei S_{t_i} die Menge, die in der i-ten Iteration ausgewählt wird.

Für jedes $x \in S$ definieren wir

$$\text{Preis}(x) = \frac{1}{|S_{t_i} \setminus (S_{t_1} \cup \cdots \cup S_{t_{i-1}})|},$$

falls x in der i-ten Iteration zum ersten Mal durch S_{t_i} überdeckt wird. Da

$$\sum_{x \in S_{t_i} \setminus (S_{t_1} \cup \cdots \cup S_{t_{i-1}})} \text{Preis}(x) = 1,$$

gilt

$$|C| = \sum_{x \in S} \text{Preis}(x).$$

Da auch C^* eine Überdeckung von S ist, gilt

$$|C| = \sum_{x \in S} \text{Preis}(x) \leq \sum_{S_i \in C^*} \sum_{x \in S_i} \text{Preis}(x). \tag{4.1}$$

Mit der Ungleichung

$$\sum_{x \in S_i} \text{Preis}(x) \leq H(|S_i|) \quad \text{für alle} \quad S_i \in F, \tag{4.2}$$

die wir gleich noch zeigen werden, folgt, indem wir (4.2) in (4.1) einsetzen, dass

$$\begin{aligned}
|C| &\leq \sum_{S_i \in C^*} \sum_{x \in S_i} \text{Preis}(x) \\
&\leq \sum_{S_i \in C^*} H(|S_i|) \\
&\leq |C^*| H(\max\{|S_i|; S_i \in F\}).
\end{aligned}$$

Wir zeigen nun (4.2). Für jede Menge $X \in F$ sei

$$u_i(X) = |X \setminus (S_{t_1} \cup S_{t_2} \cup \cdots \cup S_{t_i})|$$

die Anzahl der Elemente in X, die nicht durch $S_{t_1}, \ldots, S_{t_i}$ überdeckt sind. Offensichtlich gilt dann

$$\begin{aligned}
u_0(X) &= |X|, \\
u_{i-1}(X) &\geq u_i(X) \quad \text{und} \\
u_r(X) &= 0.
\end{aligned}$$

Sei k die kleinste Zahl mit $u_k(X) = 0$ (und somit $u_{k-1}(X) \neq 0$). In der i-ten Iteration werden genau $u_{i-1}(X) - u_i(X)$ Elemente aus X überdeckt, somit folgt

$$\sum_{x \in X} \text{Preis}(x) = \sum_{i=1}^{k} (u_{i-1}(X) - u_i(X)) \frac{1}{|S_{t_i} - (S_{t_1} \cup \cdots \cup S_{t_{i-1}})|}.$$

Daneben gilt für $i \in \{1, \ldots, k\}$:

$$|S_{t_i} - (S_{t_1} \cup \cdots \cup S_{t_{i-1}})| \geq |X - (S_{t_1} \cup \cdots \cup S_{t_{i-1}})| = u_{i-1}(X),$$

da ansonsten X statt S_{t_i} in der i-ten Iteration gewählt worden wäre. Insgesamt erhalten wir

$$\sum_{x \in X} \text{Preis}(x) \leq \sum_{i=1}^{k} \overbrace{\underbrace{(u_{i-1}(X) - \overbrace{u_i(X)}^{=:a})}_{>0}}^{=:b} \frac{1}{u_{i-1}(X)}.$$

Da für alle $a, b \in \mathbb{N}$ mit $a < b$

$$H(b) - H(a) = \sum_{i=a+1}^{b} \frac{1}{i} \geq \sum_{i=a+1}^{b} \frac{1}{b} = (b-a)\frac{1}{b}$$

gilt, folgt somit

$$\begin{aligned}
\sum_{x \in X} \text{Preis}(x) &\leq \sum_{i=1}^{k} (H(u_{i-1}(X)) - H(u_i(X))) \\
&= H(u_0(X)) - H(u_k(X)) \\
&= H(|X|). \qquad \square
\end{aligned}$$

Wir werden später, in Abschnitt 11.2, noch einmal auf dieses Problem zurückkommen und einen auf Linearer Programmierung beruhenden Approximationsalgorithmus kennen lernen. Auch die Analyse des obigen Beweises geht auf diese Theorie zurück, siehe Abschnitt 12.6.

Ein überraschendes Ergebnis ist, dass der in diesem Abschnitt behandelte Greedy-Algorithmus schon den besten Approximationsfaktor liefert. Genauer zeigte Feige in [58], dass es unter der (allgemein angenommenen) Voraussetzung

$$\text{NP} \nsubseteq \text{DTIME}(n^{\mathcal{O}(\log \log n)})$$

für alle $\varepsilon \in (0, 1)$ keinen Approximationsalgorithmus mit Güte $(1 - \varepsilon) \cdot H(n)$ gibt. Siehe auch Abschnitt 20.3, in dem wir ein etwas schwächeres Nichtapproximierbarkeitsresultat zeigen.

Chvatal hat in [41] die gewichtete Version des Problems MIN SET COVER untersucht.

4.2   MAX COVERAGE

Das Problem, das wir in diesem Abschnitt behandeln, kann man zum Beispiel bei der Standortplanung einsetzen. Angenommen, ein Supermarktkonzern möchte k neue Läden eröffnen und kann aus $m > k$ Standorten auswählen. Nach einer genauen Analyse kennt man die Menge S_i der Familien, die im Einzugsgebiet jedes Standorts $i \leq m$ wohnen, sowie deren Einkommen $w(x)$ für alle $x \in S := \bigcup_{i=1}^{m} S_i$. Ziel ist es dann, aus allen k-elementigen Teilmengen von $\{S_i, \ldots, S_m\}$ diejenige auszuwählen, die die Summe der Familieneinkommen maximiert. Dies lässt sich wie folgt formulieren:

Problem 4.3 (MAX COVERAGE).
Eingabe: Eine Menge S, eine Gewichtsfunktion $w : S \to \mathbb{N}$, eine Menge $F = \{S_1, \ldots, S_m\}$ mit $S_i \subseteq S$ und eine natürliche Zahl $k \in \mathbb{N}$.
Ausgabe: Eine Teilmenge $C \subset F$ mit $|C| = k$ so, dass

$$w(S') := \sum_{s \in S'} w(s)$$

maximal ist, wobei $S' := \bigcup_{S_i \in C} S_i$.

In Übungsaufgabe 4.7 wird gezeigt, dass MAX COVERAGE NP-vollständig ist. Wir werden weiter in Übungsaufgabe 4.12 eine Verallgemeinerung behandeln.

Der folgende Algorithmus arbeitet ähnlich wie der im vorherigen Abschnitt kennen gelernte Algorithmus für das Problem MIN SET COVER. Auch hier wird in jedem Iterationsschritt die gerade erfolgreichste Menge ausgewählt. Es handelt sich also um eine typische Greedy-Strategie. Der Algorithmus und seine Analyse gehen zurück auf Hochbaum und Pathria [91], siehe auch [90].

Algorithmus AMC(S, w, F, k)

```
1   U = S
2   C = ∅
3   for l = 1 to k do
4      Wähle S_l ∈ F mit w(S_l ∩ U) maximal.
5      U = U\S_l
6      C = C ∪ {S_l}
7   od
8   return C
```

Satz 4.4. *Der Algorithmus* AMC *hat eine multiplikative Güte von*

$$\frac{1}{1 - \left(1 - \frac{1}{k}\right)^k},$$

unabhängig von k, also eine Güte von

$$\frac{1}{1 - \frac{1}{e}}.$$

Beweis. Sei $C \subseteq F$ die Menge, die vom Algorithmus AMC konstruiert wurde, und S_l die Menge, die in der l-ten Iteration ausgewählt wurde, also $C = \{S_1, \ldots, S_k\}$. Weiter sei $C^* = \{Y_1, \ldots, Y_k\}$ eine optimale Lösung.

Wir zeigen zunächst für alle $i \le k + 1$

$$w(C_i) - w(C_{i-1}) \ge \frac{w(C^*) - w(C_{i-1})}{k}, \tag{4.3}$$

wobei $C_i := \{S_1, \ldots, S_i\}$ und $w(C_i) := w\left(\bigcup_{l=1}^{i-1} S_l\right)$ für alle $i \le k$.

Es gilt

$$w(C^*) - w(C_{i-1}) = w\left(\bigcup_{l=1}^{k} Y_k\right) - w\left(\bigcup_{l=1}^{i-1} S_l\right)$$

$$\le w\left(\bigcup_{l=1}^{k} Y_k \backslash \bigcup_{l=1}^{i-1} S_l\right),$$

mit

$$U := S\backslash \bigcup_{l=1}^{i-1} S_l,$$

also

$$w(C^*) - w(C_{i-1}) \le w\left(\bigcup_{l=1}^{k} Y_l \cap U\right) \le \sum_{l=1}^{k} w(Y_l \cap U). \tag{4.4}$$

Angenommen, für alle $l \le k$ gilt $w(Y_l \cap U) < \frac{w(C^*) - w(C_{i-1})}{k}$. Dann erhalten wir

$$\sum_{l=1}^{k} w(Y_l \cap U) < k \cdot \frac{w(C^*) - w(C_{i-1})}{k} = w(C^*) - w(C_{i-1}),$$

ein Widerspruch zu (4.4). Also gibt es mindestens ein $l' \le k$ so, dass

$$w(Y_{l'} \cap U) \ge \frac{w(C^*) - w(C_{i-1})}{k}.$$

Der Algorithmus wählt in der i-ten Iteration die Menge S_i und nicht $Y_{l'}$, d. h. $w(S_i \cap U) \ge w(Y_{l'} \cap U)$. Also gilt

$$w(S_i \cap U) \ge w(Y_{\bar{l}} \cap U) \ge \frac{w(C^*) - w(C_{i-1})}{k}.$$

Weiter ist

$$w(C_i) - w(C_{i-1}) = w(S_i \cap U),$$

und es folgt (4.3).

Wir zeigen nun per Induktion nach i:

$$w(C_i) \geq \left(1 - \left(1 - \frac{1}{k}\right)^i\right) w(C^*).$$

Induktionsanfang: Für $i = 1$ müssen wir

$$w(C_1) \geq \frac{1}{k} w(C^*)$$

zeigen. Dies folgt sofort aus (4.3).

Induktionsschritt: Es gelte also die Behauptung für alle $t \leq i$. Wir zeigen nun, dass sie dann auch für $i + 1$ gilt. Wir haben

$$w\left(\bigcup_{l=1}^{i+1} S_l\right) = w\left(\bigcup_{l=1}^{i} S_l\right) + \left(w\left(\bigcup_{l=1}^{i+1} S_l\right) - w\left(\bigcup_{l=1}^{i} S_l\right)\right)$$

$$\stackrel{(4.3)}{\geq} w\left(\bigcup_{l=1}^{i} S_l\right) + \frac{w(C^*) - w\left(\bigcup_{l=1}^{i} S_l\right)}{k}$$

$$= \left(1 - \frac{1}{k}\right) w\left(\bigcup_{l=1}^{i} S_l\right) + \frac{1}{k} w(C^*)$$

$$\stackrel{IV}{\geq} \left(1 - \frac{1}{k}\right)\left(1 - \left(1 - \frac{1}{k}\right)^i\right) w(C^*) + \frac{1}{k} w(C^*)$$

$$= \left(1 - \left(1 - \frac{1}{k}\right)^{i+1}\right) w(C^*).$$

Damit ist die Zwischenbehauptung gezeigt. Für $i = k$ erhalten wir also

$$w\left(\bigcup_{l=1}^{k} S_l\right) \geq \left(1 - \left(1 - \frac{1}{k}\right)^k\right) w(C^*).$$

Weiter gilt

$$\lim_{k \to \infty} 1 - \left(1 - \frac{1}{k}\right)^k = 1 - \frac{1}{e},$$

und die Folge $1 - \left(1 - \frac{1}{k}\right)^k$ ist monoton fallend (betrachte dazu die Funktion $f(x) = 1 - \left(1 - \frac{1}{x}\right)^x$ und die Ableitung $f'(x)$ für $x > 1$). Hieraus folgt

$$1 - \left(1 - \frac{1}{k}\right)^k \geq 1 - \frac{1}{e}$$

für alle $k \geq 1$ und damit die Behauptung.   □

Wir haben in der Einleitung zu diesem Abschnitt das Problem MAX COVERA-GE damit motiviert, das ein Supermarktkonzern dieses für Standortplanung einsetzen kann. Dabei stellt sich natürlich die Frage, wie aufwändig es ist, die Durchschnittsein-kommen für jeden Haushalt im Einzugsgebiet zu ermitteln. Meist erhält man nur eine untere Schranke für die Einkommen, wodurch es schwierig wird, die Menge S_l in Zeile 4 des Algorithmus AMC zu bestimmen. Oftmals ist die Auswahl der Menge S_l also nicht optimal lösbar. Der folgende Satz zeigt aber, das wir selbst in solch einem Fall etwas über die Güte von AMC aussagen können.

Satz 4.5. *Sei $\beta > 0$. Falls wir eine Menge auswählen können mit*

$$w\left(\tilde{S}_l \cap U\right) \geq \frac{1}{\beta} w(S_l \cap U),$$

so erhalten wir einen Algorithmus mit

$$w\left(\bigcup_{i=1}^{k} \tilde{S}_l\right) \geq \left(1 - \left(1 - \frac{1}{k\beta}\right)^k\right) w(C^*) \geq \left(1 - \frac{1}{e^{1/\beta}}\right) w(C^*).$$

Beweis. Wir zeigen zunächst

$$w\left(\bigcup_{l=1}^{i} \tilde{S}_l\right) - w\left(\bigcup_{l=1}^{i-1} \tilde{S}_l\right) \geq \frac{w(C^*) - w\left(\bigcup_{l=1}^{i-1} \tilde{S}_l\right)}{k\beta}. \tag{4.5}$$

Wie im Beweis des obigen Satzes zeigt man

$$w\left(\tilde{S}_i \cap U\right) \geq \frac{1}{\beta} w(Y_{\bar{i}} \cap U) \geq \frac{w(C^*) - w\left(\bigcup_{l=1}^{i-1} \tilde{S}_l\right)}{k\beta}.$$

Da

$$w(\tilde{S}_i \cap U) = w\left(\bigcup_{l=1}^{i} \tilde{S}_l\right) - w\left(\bigcup_{l=1}^{i-1} \tilde{S}_l\right)$$

gilt, folgt die Zwischenbehauptung.

Damit zeigen wir per Induktion nach i:

$$w\left(\bigcup_{l=1}^{i} \tilde{S}_l\right) \geq \left(1 - \left(1 - \frac{1}{k\beta}\right)^i\right) w(C^*).$$

Induktionsanfang: Die Formel

$$w(\tilde{S}_1) \geq \frac{1}{k\beta} w(C^*)$$

folgt wieder sofort aus (4.5).

Induktionsschritt: Es gilt

$$
\begin{aligned}
w\left(\bigcup_{l=1}^{i+1} \tilde{S}_l\right) &\overset{(4.5)}{\geq} w\left(\bigcup_{l=1}^{i} \tilde{S}_l\right) + \frac{w(C^*) - w\left(\bigcup_{l=1}^{i} \tilde{S}_l\right)}{k\beta} \\
&= \left(1 - \frac{1}{k\beta}\right) w\left(\bigcup_{l=1}^{i} \tilde{S}_l\right) + \frac{1}{k\beta} w(C^*) \\
&\overset{IV}{\geq} \left(1 - \frac{1}{k\beta}\right)\left(1 - \left(1 - \frac{1}{k\beta}\right)^i\right) w(C^*) + \frac{1}{k\beta} w(C^*) \\
&= \left(1 - \left(1 - \frac{1}{k\beta}\right)^{i+1}\right) w(C^*).
\end{aligned}
$$

Für $i = k$ erhalten wir dann die erste Ungleichung. Daneben gilt

$$\lim_{k \to \infty} 1 - \left(1 - \frac{1}{k\beta}\right)^k = 1 - \frac{1}{e^{1/\beta}}.$$

Da die Folge $1 - \left(1 - \frac{1}{k\beta}\right)^k$ monoton fallend ist, folgt die Behauptung. □

4.3 Übungsaufgaben

Übung 4.6. Zeigen Sie, dass das Problem MIN SET COVER NP-schwer ist.

Übung 4.7. Zeigen Sie, dass das Problem MAX COVERAGE NP-schwer ist.

Übung 4.8. Geben Sie eine Eingabe $(S = \{1, \ldots, n\}, F)$ des Problems MIN SET COVER an, für die der Algorithmus SC eine Lösung mit Wert mindestens $\Theta(\log_2(n)) \cdot$ OPT(S, F) berechnet.

Übung 4.9. Finden Sie eine Formulierung des Problems MIN SET COVER als ganzzahliges lineares Programm.

Übung 4.10. Wir betrachten die folgende gewichtete Version des Problems MIN SET COVER:

Problem 4.11 (MIN WEIGHTED SET COVER).

Eingabe: Eine Menge $S = \{1, \dots, n\}$, $F = \{S_1, \dots, S_m\}$ mit $S_i \subseteq S$ und $\bigcup_{S_i \in F} = S$ und eine Gewichtsfunktion

$$w : F \longrightarrow \mathbb{N}$$

auf F.

Ausgabe: Eine Teilmenge $F' \subseteq F$ mit $\bigcup_{S_i \in F'} = S$ und minimalem Gesamtgewicht, d. h.,

$$\sum_{S_i \in F'} w(S_i)$$

ist minimal.

Modifizieren Sie den Algorithmus SC für dieses Problem und analysieren Sie die Approximationsgüte.

Hinweis: Wählen Sie in der i-ten Iteration eine Menge S_i mit maximalem Wert $|S_i \cap U|/w(S_i)$. ·

Übung 4.12. Wir betrachten folgende Verallgemeinerung von MAX COVERAGE:

Problem 4.13 (MAX BUDGETED COVERAGE).

Eingabe: Eine Menge S, eine Gewichtsfunktion $w : S \to \mathbb{N}$, eine Menge $F = \{S_1, \dots, S_m\}$ mit $S_i \subseteq S$, eine Budgetfunktion $c : F \longrightarrow \mathbb{N}$ und eine natürliche Zahl $k \in \mathbb{N}$.

Ausgabe: Eine Teilmenge $C \subset F$ mit $|c(C)| \leq k$ so, dass

$$w(S') := \sum_{s \in S'} w(s)$$

maximal ist, wobei $S' := \bigcup_{S_i \in C} S_i$.

Finden und analysieren sie einen Greedy-Algorithmus für dieses Problem.

Kapitel 5
Algorithmen mit multiplikativer Güte II: Graphenprobleme

Graphen spielen eine wichtige Rolle in der kombinatorischen Optimierung, insbesondere Färbungsprobleme in Graphen. Anhand dieses recht einfach zu beschreibenden Problems lassen sich eine Reihe von Techniken für das Design approximativer Algorithmen erläutern.

Wir werden sehen, dass das Problem MAX INDEPENDENT SET eng mit dem Färbungsproblem verknüpft ist, jede Farbklasse einer Knotenfärbung bildet ja eine unabhängige Menge. Damit liegt es nahe, einen Algorithmus für MAX INDEPENDENT SET zu benutzen, um Algorithmen zur Konstruktion von Färbungen zu konstruieren. Umgekehrt ist es möglich bei Kenntnis der chromatischen Zahl eines Graphen, die Analyse von Algorithmen für das Problem MAX INDEPENDENT SET zu verbessern.

Das Problem MIN VERTEX COVER, das wir im ersten Abschnitt dieses Kapitel behandeln, ist eng mit dem Problem MAX INDEPENDENT SET und darüber hinaus mit dem bereits kennen gelernten Problem MAX CLIQUE verknüpft. Genauer sind diese drei Probleme „äquivalent": Haben wir einen optimalen Algorithmus für eines der drei Probleme, so erhalten wir durch ganz einfache Transformationen auch einen optimalen Algorithmen für die anderen beiden, siehe die Lemmata 5.3 und 5.6. Die Probleme MIN VERTEX COVER, MAX INDEPENDENT SET und MAX CLIQUE sind damit nur verschiedene Formulierungen ein und desselben Problems.

5.1 MIN VERTEX COVER

Sei $G = (V, E)$ ein Graph. Ein *Vertex Cover* $C \subseteq V$ ist eine Teilmenge der Knotenmenge so, dass für alle Kanten $e \in E$ mindestens ein Knoten $v \in C$ mit $v \in e$ existiert. Bei dem Problem MIN VERTEX COVER geht es darum, eine solche Knotenmenge mit kleinster Kardinalität zu finden.

Problem 5.1 (MIN VERTEX COVER).
Eingabe: Ein Graph $G = (V, E)$.
Ausgabe: Ein Vertex Cover C mit minimaler Knotenanzahl.

Dieses Problem ist, wie wir gleich zeigen werden, NP-schwer. Es wird damit unter der Voraussetzung P $\neq$ NP keinen polynomiellen Algorithmus geben, der optimale Lösungen findet.

Satz 5.2. MIN VERTEX COVER *ist NP-schwer.*

Beweis. Wir wissen bereits, dass das Problem MAX CLIQUE NP-schwer ist. Die Probleme MAX CLIQUE und MIN VERTEX COVER hängen wie folgt zusammen:

Lemma 5.3. *Sei $G = (V, E)$ ein Graph und*

$$G^c := (V, E^c := \{\{v, w\}; \{v, w\} \notin E\})$$

der sogenannte Komplementgraph *von G. Weiter sei $V' \subseteq V$. Dann sind äquivalent:*

(i) *V' ist ein Vertex Cover in G.*

(ii) *$V \backslash V'$ ist eine Clique in G^c.*

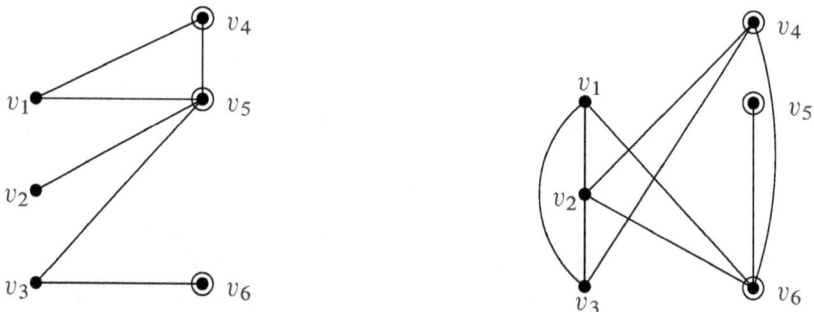

Abbildung 5.1. Links der Ursprungsgraph, rechts sein Komplement. Die Knoten v_4, v_5, v_6 bilden ein Vertexcover in G, die Knoten v_1, v_2, v_3 eine Clique in G^c.

Damit können wir aus einem minimalen Vertex Covers in G sofort eine maximale Clique in G^c konstruieren. Mit der NP-Schwere des Problems MAX CLIQUE folgt dann auch die Behauptung. □

Der Algorithmus, den wir in diesem Abschnitt behandeln wollen, stammt von Gavril (siehe [74]). Die Idee dazu ist sehr einfach. Wir wählen ohne irgendwelche Nebenbedingungen eine Kante aus, nehmen die Knoten der Kante ins Vertex Cover auf und löschen anschließend alle Kanten, die zu diesen inzident sind. Dieses Verfahren wird so lange wiederholt, bis alle Kanten überdeckt sind.

Algorithmus VC(G)

```
1   C = ∅
2   E' = E
3   while E' ≠ ∅ do
4      Wähle {u, v} ∈ E'.
5      C = C ∪ {u, v}
6      E' = E' \ {e ∈ E'; e ∩ {u, v} ≠ ∅}
7   od
8   return C
```

Für die Arbeitsweise des Algorithmus siehe auch Abbildung 5.2.

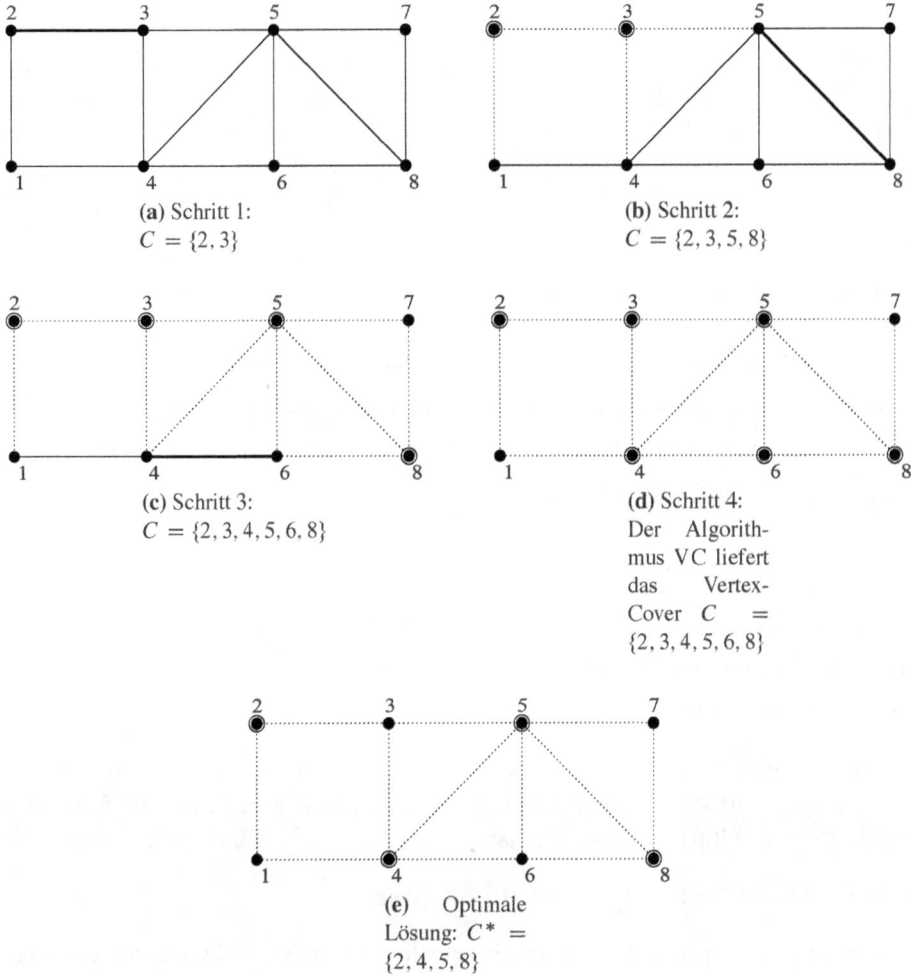

(a) Schritt 1:
$C = \{2, 3\}$

(b) Schritt 2:
$C = \{2, 3, 5, 8\}$

(c) Schritt 3:
$C = \{2, 3, 4, 5, 6, 8\}$

(d) Schritt 4:
Der Algorithmus VC liefert das Vertex-Cover $C = \{2, 3, 4, 5, 6, 8\}$

(e) Optimale Lösung: $C^* = \{2, 4, 5, 8\}$

Abbildung 5.2. Eine Beispielinstanz von MIN VERTEX COVER.

Satz 5.4. *Der Algorithmus* VC *hat eine multiplikative Güte von* 2.

Beweis. Sei C die von VC erzeugte Knotenmenge. Offensichtlich ist dann C ein Vertex Cover. Sei weiter C^* ein optimales Vertex Cover und A die Menge der vom Algorithmus ausgewählten Kanten. Dann bildet A ein *Matching* (d. h., je zwei Kanten aus A haben keinen gemeinsamen Knoten). Also gilt $|C| = 2|A|$. Da auch C^* ein Vertex Cover ist, gibt es für jede Kante $e \in A$ einen Knoten $v_e \in C^*$ mit $v_e \in e$. Weiter gilt $v_e \neq v_f$ für alle $e \neq f \in A$ (A ist ein Matching), also $|A| \leq |C^*|$. Insgesamt erhalten wir

$$|C| \leq 2|A| \leq 2|C^*|.$$
$\square$

5.2 MAX INDEPENDENT SET

Wir kennen bereits das Problem CLIQUE, bei dem es darum geht, eine möglichst große Menge von Knoten in einem Graphen so zu finden, dass je zwei Knoten aus dieser Menge durch eine Kante verbunden sind. Eine *unabhängige Menge*, oder auch *independent set*, ist eine Menge von Knoten in einem Graphen so, dass je zwei Knoten aus dieser Menge nicht durch eine Kante verbunden sind, also das entsprechende duale Problem.

Problem 5.5 (MAX INDEPENDENT SET).
Eingabe: Ein Graph $G = (V, E)$.
Ausgabe: Eine unabhängige Menge maximaler Kardinalität.

Wie schon beim Problem MIN VERTEX COVER ist auch MAX INDEPENDENT SET zum Problem MAX CLIQUE äquivalent. Es gilt nämlich, wie man leicht zeigt:

Lemma 5.6. *Sei* $G = (V, E)$ *ein Graph und*

$$G^c := (V, E^c := \{\{v, w\}; \{v, w\} \notin E\})$$

sein Komplement. Sei weiter $V' \subseteq V$. *Dann sind äquivalent:*

(i) V' *ist eine unabhängige Menge in* G.

(ii) V' *ist eine Clique in* G^c.

Die Probleme MIN VERTEX COVER, MAX CLIQUE und MAX INDEPENDENT SET sind also nur verschiedene Formulierungen desselben Problems. Es folgt somit sofort, da MAX CLIQUE NP-schwer ist:

Satz 5.7. MAX INDEPENDENT SET *ist* NP-*schwer.*

Wir untersuchen nun den folgenden naheliegenden Algorithmus, der der Regel folgt, immer Knoten mit möglichst kleinem Grad in die unabhängige Menge mit aufzunehmen.

Algorithmus AIS$(G = (V, E))$

```
1   U := ∅
2   t := 0
3   V^(0) := V
4   while V^(t) ≠ ∅ do
5       G^(t) := der durch V^(t) induzierte Graph
6       v_t := ein Knoten mit minimalem Grad in G^(t)
7       V^(t+1) := V^(t) \ ({v_t} ∪ Γ_{G^(t)}(v_t))
8       U := U ∪ {v_t}
9       t := t + 1
```

10   od
11   return U

Offensichtlich liefert der obige Algorithmus eine unabhängige Menge und hat eine Laufzeit von $\mathcal{O}(|V| + |E|)$. Die folgende Analyse des Algorithmus stammt von Halldórsson und Radharkrishnan [85].

Satz 5.8. *Sei $G = (V, E)$ ein Graph und $U = \text{AIS}(G)$ die vom Algorithmus* AIS *berechnete unabhängige Menge. Sei weiter U_{OPT} eine maximale unabhängige Menge in G. Dann gilt*

$$|U_{\text{OPT}}| \leq |U| \cdot (|E|/|V| + 1).$$

Der Algorithmus hat also eine Güte von $1/(|E|/|V| + 1)$.

Für Graphen mit kleiner Kantenzahl ist diese Güte schon ziemlich gut. Es ist aber auch leicht einzusehen, dass eine große unabhängige Menge um so leichter zu finden ist, je weniger Kanten im Graphen vorhanden sind. Allerdings kann ein Graph auf n Knoten bis zu $\frac{n(n-1)}{2}$ Kanten haben. Für Graphen mit hoher Kantenzahl hat man also mit Hilfe der Güte kaum eine verwertbare Aussage. Am Ende dieses Abschnitts werden wir erläutern, warum diese im allgemeinen Fall auch nicht zu erwarten ist.

Wir werden allerdings nach diesem Beweis einen zweiten Satz kennen lernen, der unter Ausnutzung weiterer Voraussetzungen an den Graphen eine bessere Güte garantiert.

Beweis. Sei $\gamma_t := |\{v_t\} \cup \Gamma_{G^t}(v_t)|$ die Anzahl der in Runde t gelöschten Knoten und $\kappa_t := |U_{\text{OPT}} \cap (\{v_t\} \cup \Gamma_{G^t}(v_t))|$ die Anzahl der in Runde t gelöschten Knoten aus der maximalen unabhängigen Menge U_{OPT}. Weiter bezeichnen wir mit $U = \text{AIS}(G)$ die vom Algorithmus gefundene unabhängige Menge und mit t_0 die Anzahl der Runden, die der Algorithmus bei Eingabe von G durchläuft, d. h. $t_0 = |U|$. Offensichtlich gilt dann

$$\sum_{t=1}^{t_0} \gamma_t = |V| \quad \text{und} \quad \sum_{t=1}^{t_0} \kappa_t = |U_{\text{OPT}}|. \tag{5.1}$$

Wir überlegen uns nun, wie viele Kanten in Schritt t mindestens aus dem Graphen $G^{(t)}$ gelöscht werden. Nach Definition des Graphen $G^{(t+1)}$ werden alle Kanten aus $G^{(t)}$ gelöscht, die einen Endpunkt in der Menge $\{v_t\} \cup \Gamma_{G^t}(v_t)$ haben. Da v_t den kleinsten Grad in $G^{(t)}$ hat, müssen alle Nachbarn von v_t mindestens den Grad von v_t, also mindestens den Grad $\gamma_t - 1$ haben.

Die Menge der gelöschten Kanten wird minimal, wenn alle Knoten in $\{v_t\} \cup \Gamma_{G^t}(v_t)$ paarweise durch eine Kante verbunden sind, dies sind aber genau $\frac{1}{2}\gamma_t(\gamma_t - 1)$ Kanten. Beachten wir nun, dass in der Menge $\{v_t\} \cup \Gamma_{G^t}(v_t)$ auch κ_t Knoten liegen, die unabhängig sind, d. h. nicht durch eine Kante verbunden sind, so müssen wir diese $\frac{1}{2}\kappa_t(\kappa_t - 1)$ wieder von $\frac{1}{2}\gamma_t(\gamma_t - 1)$ abziehen. Allerdings hat dann jedes Element aus $U_{\text{OPT}} \cap \left(\{v_t\} \cup \Gamma_{G^t}(v_t) \right)$ nicht den notwendigen Knotengrad. Diese restlichen $\kappa_t - 1$ Kanten für jeden Knoten aus $\{v_t\} \cup \Gamma_{G^t}(v_t)$ enden also außerhalb der Menge $\{v_t\} \cup \Gamma_{G^t}(v_t)$. Insgesamt erhalten wir also, dass mindestens $\frac{1}{2}\gamma_t(\gamma_t-1) + \frac{1}{2}\kappa_t(\kappa_t-1)$ Kanten in Schritt t gelöscht werden.

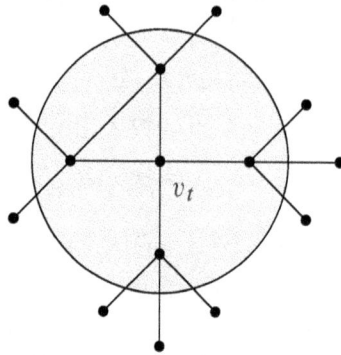

Abbildung 5.3. Ein Beispiel mit $\gamma_t - 1 = 4$ und $\kappa_t - 1 = 2$.

Mit diesem Ergebnis können wir die Anzahl der Kanten in G wie folgt abschätzen: Es gilt

$$\sum_{t=1}^{t_0} \frac{1}{2} \cdot \gamma_t \cdot (\gamma_t - 1) + \frac{1}{2} \cdot \kappa_t \cdot (\kappa_t - 1) \leq |E|,$$

und damit, unter Ausnutzung der Formeln in (5.1),

$$\sum_{t=1}^{t_0} \gamma_t^2 + \kappa_t^2 \leq 2 \cdot |E| + |V| + |U_{\text{OPT}}|.$$

Wir nutzen nun die Cauchy–Schwarzsche Ungleichung

$$\langle x, y \rangle^2 \leq \langle x, x \rangle \cdot \langle y, y \rangle$$

wie folgt aus: Setze $x_t = \gamma_t$ und $y_t = \frac{|V|}{t_0}$ für alle $t \leq t_0$. Dann folgt

$$
\begin{aligned}
|V|^2 \cdot \left(\frac{|V|}{t_0} \right)^2 &= \left(|V| \cdot \frac{|V|}{t_0} \right)^2 \\
&= \left(\sum_{t=1}^{t_0} x_t \cdot y_t \right)^2 \\
&= \langle x, y \rangle^2 \\
&\leq \sum_{t=1}^{t_0} x_t^2 \cdot \sum_{t=1}^{t_0} y_t^2 \\
&= \sum_{t=1}^{t_0} x_t^2 \cdot t_0 \cdot \left(\frac{|V|}{t_0} \right)^2,
\end{aligned}
$$

und wir erhalten

$$\frac{1}{t_0}|V|^2 \leq \sum_{t=1}^{t_0} x_t^2 = \sum_{t=1}^{t_0} \gamma_t^2.$$

Eine analoge Rechnung mit $x_t = \kappa_t$ und $y_t = \frac{|U_{\mathrm{OPT}}|}{t_0}$ zeigt

$$\frac{1}{t_0}|U_{\mathrm{OPT}}|^2 \leq \sum_{t=1}^{t_0} \kappa_t^2.$$

Insgesamt erhalten wir also

$$\frac{|V|^2 + |U_{\mathrm{OPT}}|^2}{t_0} \leq \sum_{t=1}^{t_0} \gamma_t^2 + \kappa_t^2 \leq 2 \cdot |E| + |V| + |U_{\mathrm{OPT}}|.$$

Einsetzen von $t_0 = |U|$ ergibt unter Ausnutzung von $|U_{\mathrm{OPT}}| \leq |V|$

$$
\begin{aligned}
|U_{\mathrm{OPT}}|/|U| \quad &\leq \quad \frac{2 \cdot |E| + |V| + |U_{\mathrm{OPT}}|}{|V|^2/|U_{\mathrm{OPT}}| + |U_{\mathrm{OPT}}|} \\[2mm]
&= \quad \frac{2 \cdot |E|/|V| + 1 + |U_{\mathrm{OPT}}|/|V|}{\underbrace{|V|/|U_{\mathrm{OPT}}| + |U_{\mathrm{OPT}}|/|V|}_{\geq 2}} \\[2mm]
&\leq \quad \frac{2 \cdot |E|/|V| + 1 + |U_{\mathrm{OPT}}|/|V|}{2} \\[2mm]
\overset{|U_{\mathrm{OPT}}| \leq |V|}{\leq} \quad & \quad \frac{2 \cdot |E|/|V| + 1 + |V|/|V|}{2} \\[2mm]
&\leq \quad |E|/|V| + 1,
\end{aligned}
$$

also die Behauptung.   □

Man beachte, dass eine Knotenfärbung $c : V \longrightarrow \{1, \ldots, n\}$ eines Graphen $G = (V, E)$ eine Partition der Knotenmenge V in unabhängige Mengen liefert. Zwei Knoten nämlich, die mit derselben Farbe gefärbt wurden, haben keine gemeinsame Kante, d. h. für alle $i \leq n$ ist $c^{-1}(i)$ also eine unabhängige Menge in G.

Damit liegt es nahe, unter Kenntnis der chromatischen Zahl eines Graphen den obigen Algorithmus noch genauer analysieren zu können. Zunächst stellt das nächste Lemma eine Beziehung zwischen der chromatischen Zahl und dem Minimalgrad eines Graphen her.

Lemma 5.9. *Sei $G = (V, E)$ ein k-färbbarer Graph. Dann gilt*

$$\delta(G) \leq (1 - 1/k) \cdot |V|.$$

Beweis. Wir bezeichnen mit $U_i \subseteq V$, $i \leq k$, die Menge der Knoten, die mit der Farbe i gefärbt wurden. Da V die disjunkte Vereinigung der Mengen U_i ist, gilt

$$\sum_{i=1}^{k} |U_i| = |V|.$$

Also gibt es ein $i \leq k$ mit $|U_i| \geq |V|/k$.

Sei nun u ein Knoten aus U_i. Da u keine Kanten mit anderen Knoten aus U_i gemeinsam hat, kann u nur zu Knoten aus $V \backslash U_i$ durch eine Kante verbunden sein. Wegen

$$|V \backslash U_i| = |V| - |U_i| \leq |V| - |V|/k$$

folgt die Behauptung.   □

Damit sind wir nun in der Lage, die Analyse des obigen Algorithmus wesentlich zu verbessern.

Satz 5.10. *Für jeden k-färbbaren Graphen $G = (V, E)$ gilt*

$$|AIS(G)| \geq \log_k(|V|/3).$$

Beweis. Wir übernehmen die Notationen aus dem Algorithmus. Sei weiter $v_0 = |V|$ und $v_t = |V^{(t)}|$. Mit t_0 bezeichnen wir die Anzahl der Runden, die der Algorithmus durchläuft. Es gilt somit $|U| = t_0$. Weiter können wir annehmen, dass $k \geq 2$, da aus $k = 1$ gerade $E = \varnothing$ folgt.

Mit dem obigen Lemma erhalten wir $\delta(u_t) \leq v_t - v_t/k = (1 - 1/k)v_t$. Diese Knoten werden zusammen mit u_t in der nächsten Runde gelöscht, so dass für alle $t \geq 0$

$$v_{t+1} \geq v_t - \left\lfloor \left(1 - \frac{1}{k}\right) \cdot v_t \right\rfloor - 1 \geq \frac{v_t}{k} - 1$$

gilt. Nutzen wir diese Abschätzung iterativ aus, so erhalten wir

$$v_t \geq \frac{v_0}{k^t} - \frac{k}{k-1} \cdot \left(1 - \frac{1}{k^t}\right).$$

Da $k \geq 2$, gilt $\frac{k}{k-1} \cdot \left(1 - \frac{1}{k^t}\right) \leq 2$ und damit

$$v_t \geq \frac{v_0}{k^t} - 2.$$

Der Algorithmus läuft, solange $V^{(t)} \neq \varnothing$, d. h. solange $v_t \geq 1$. Dies ist aber nur dann der Fall, wenn $t \geq \log_k(v_0/3)$. Für k-färbbare Graphen durchläuft der Algorithmus somit höchstens $\log_k(v_0/3)$ Runden. Da in jeder Runde genau ein Knoten zu der unabhängigen Menge hinzugefügt wird, folgt die Behauptung.   □

Dass wir in diesem Abschnitt keinen Approximationsalgorithmus für das Problem MAX INDEPENDENT SET mit konstanter Güte angegeben haben, ist kein Zufall. Findet man einen solchen Algorithmus, so kann man sofort eine ganze Schar von Approximationsalgorithmen angeben, die das Problem beliebig gut approximieren. Genauer heißt dies, dass man für jede vorgegebene Approximationsschranke $1 - \varepsilon$, $\varepsilon > 0$, einen Approximationsalgorithmus A_ε mit Güte $1 - \varepsilon$ findet, siehe Satz 5.13. Solch eine Menge von Approximationsalgorithmen bezeichnen wir als Approximationsschema. In Kapitel 8 werden wir solche Schemata noch einmal ausführlich behandeln.

Wichtig für die Konstruktion im Beweis von Satz 5.13 ist die folgende Definition, an die wir noch einmal erinnern wollen. Dabei sei für einen Graphen $G = (V, E)$ $\hat{E} := E \cup \{\{u, u\}; u \in V\}$.

Definition 5.11 (Produkt zweier Graphen). Seien $G_1 = (V_1, E_1)$ und $G_2 = (V_2, E_2)$ Graphen. Dann bezeichnen wir mit $G_1 \times G_2 = (V, E)$, wobei

$$V \quad := \quad V_1 \times V_2 \quad \text{und}$$
$$E \quad := \quad \{\{(u, v), (u', v')\}; \{u, u'\} \in \hat{E}_1 \text{ und } \{v, v'\} \in \hat{E}_2\},$$

das *Produkt* von G_1 und G_2. Für $G \times G$ schreiben wir auch kurz G^2 und nennen G^2 das *Quadrat von G*.

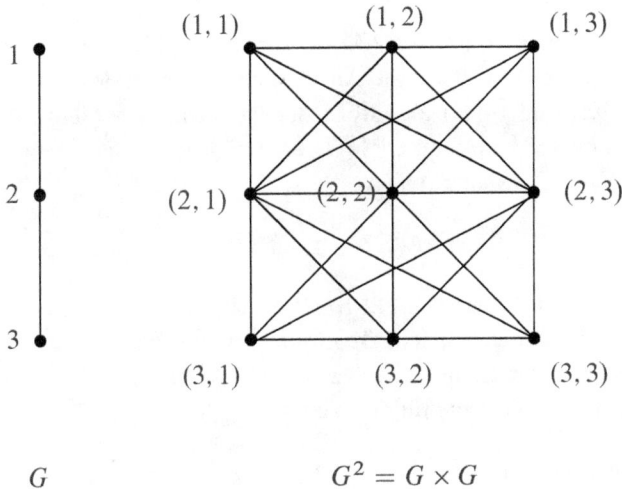

Abbildung 5.4. Ein einfacher Graph G und sein Quadrat.

Beispiel 5.12. Abbildung 5.4 zeigt einen einfachen Graphen und sein Quadrat. Man erkennt sicherlich, dass das Quadrat größerer Graphen schnell unübersichtlich wird.

Man beachte, dass die in Abschnitt 3.4 kennen gelernte Definition der m-ten Summe $m \cdot G$ eines Graphen G gerade das Produkt von G mit dem vollständigen Graphen auf m Knoten ist, d. h., es gilt

$$m \cdot G = K_m \times G.$$

Das folgende Lemma zeigt zunächst, wie sich die Größen einer unabhängigen Menge in einem Graphen und seinem Quadrat verhalten.

Lemma 5.13. *Sei G ein Graph. Dann sind äquivalent:*

(i) *G hat eine unabhängige Menge der Größe mindestens k, und*

(ii) *G^2 hat eine unabhängige Menge der Größe mindestens k^2.*

Beweis. (i) $\Longrightarrow$ (ii): Sei U eine unabhängige Menge von G mit $|U| \geq k$. Sei weiter $\bar{U} := \{(u, v); u, v \in U\}$. Dann ist $\bar{U}$ offensichtlich eine unabhängige Menge von G^2. Weiter gilt $|\bar{U}| \geq k^2$, also folgt die Behauptung.

(i) $\Longleftarrow$ (ii): Sei nun U^2 eine unabhängige Menge von G^2 mit k^2 Knoten. Dann sind $\{u; (u, v) \in U^2$ für irgendein $v\}$ und $\{v; (u, v) \in U^2$ für irgendein $u\}$ unabhängige Mengen in G, und mindestens eine der beiden hat mindestens k Knoten. $\square$

Wir sind nun in der Lage, das versprochene Resultat zu beweisen.

Satz 5.14. *Falls es einen approximativen Algorithmus mit konstanter Güte $r < 1$ für* MAX INDEPENDENT SET *gibt, so gibt es auch ein Approximationsschema.*

Beweis. Es sei A ein approximativer Algorithmus mit Güte $r < 1$ und einer polynomiellen Laufzeit $\mathcal{O}(n^k)$, wobei n die Anzahl der Knoten in dem jeweiligen Graphen sei. Wir bezeichnen mit A(G) die Größe der unabhängigen Menge, die vom Algorithmus konstruiert wird, und mit OPT(G) die Größe einer maximalen unabhängigen Menge im Graphen G. Dann gilt also

$$A(G) \geq r \cdot \text{OPT}(G)$$

für jede Instanz G von MAX INDEPENDENT SET.

Der Trick besteht nun darin, den Algorithmus A zunächst auf G^2 anzuwenden und dann wie im Beweis von Lemma 5.13 (zweiter Teil) aus der von A konstruierten unabhängigen Menge für G^2 eine für G zu bauen.

Algorithmus $A^2(G = (V, E))$

```
1    Konstruiere G².
2    U² = A(G²)
3    U₁ := {u; (u, v) ∈ U² für irgendein v}
4    U₂ := {v; (u, v) ∈ U² für irgendein u}
5    if |U₁| ≥ |U₂| then
6       return U₁
7    else
```

```
8    return U₂
9  fi
```

Der Algorithmus A hat bei Eingabe von G^2 eine Laufzeit von $\mathcal{O}(n^{2k})$, insgesamt erhalten wir also eine Laufzeit von $\mathcal{O}(n^{2k})$ für A^2. Da weiter A eine Güte von r garantiert, folgt aus Lemma 5.13, dass A^2 eine unabhängige Menge in G der Größe mindestens

$$\sqrt{r} \cdot \text{OPT}(G)$$

konstruiert. Die Approximationsgüte von A^2 ist also $\sqrt{r}$.

Wenn wir das Quadrat nun zweimal bilden, also $(G^2)^2$ betrachten, so erhalten wir einen approximativen Algorithmus mit Güte $\sqrt[4]{r}$ und Laufzeit $\mathcal{O}(n^{4k})$. Da

$$\lim_{N \to \infty} \sqrt[N]{r} \longrightarrow 1,$$

finden wir für alle $\varepsilon > 0$ ein $N \in \mathbb{N}$ so, dass $\sqrt[N]{r} > 1 - \varepsilon$. Der Algorithmus A_ε wählt nun N so, dass $\sqrt[N]{r} \geq 1 - \varepsilon$ und $N = 2^l$, wir bilden also das l-fache Quadrat. Dann läuft A_ε in polynomieller Zeit, da $N = N(\varepsilon)$ konstant ist, und es gilt

$$A_\varepsilon(G) \geq \sqrt[N]{r} \cdot \text{OPT}(G) \geq (1 - \varepsilon) \cdot \text{OPT}(G)$$

für jede Instanz G von MAX INDEPENDENT SET.   □

Man überlege sich, dass alle Aussagen über die Approximationsgüte von MAX INDEPENDENT SET dank Lemma 5.6 auch für das Problem MAX CLIQUE gelten. Wir erhalten also insbesondere mit Satz 5.14 sofort als Konsequenz:

Satz 5.15. *Falls es einen approximativen Algorithmus mit konstanter Güte $r < 1$ für* MAX CLIQUE *gibt, so gibt es auch ein Approximationsschema.*

In Kapitel 20 werden wir zusätzlich beweisen, dass es ein $\varepsilon > 0$ so gibt, dass, jedenfalls unter der Voraussetzung P $\neq$ NP, kein polynomieller Approximationsalgorithmus mit Güte echt größer $1-\varepsilon$ existiert (es also kein Approximationsschema gibt). Zusammen mit dem oben gezeigten Satz erhält man damit sofort, dass es für das Problem MAX INDEPENDENT SET keinen Approximationsalgorithmus mit konstanter Güte geben kann.

Allerdings ist das Problem MAX INDEPENDENT SET sogar noch schwerer zu approximieren. Es kann gezeigt werden, dass für kein $\varepsilon > 0$ ein Approximationsalgorithmus existiert, der eine Güte besser als $1/n^{1-\varepsilon}$ garantiert (jedenfalls unter der Voraussetzung coRP $\neq$ NP), wobei n die Anzahl der Knoten ist, siehe [87]. Der Beweis dieser Aussage ist etwas kompliziert, wir werden deshalb nicht in der Lage sein, diesen hier zu präsentieren. Allerdings können wir zumindest in Kapitel 20 zeigen, dass ein $\varepsilon > 0$ so existiert, dass das Problem MAX INDEPENDENT SET nicht mit einer Güte besser als $1/n^{1-\varepsilon}$ approximiert werden kann, ein zwar schwächeres, aber trotzdem sehr starkes Ergebnis.

5.3   MIN NODE COLORING

Wir kommen noch einmal auf das Problem des Findens einer minimalen Knotenfärbung für allgemeine Graphen zurück, das wir bereits in Abschnitt 3.1 besprochen haben.

Problem 5.16 (MIN NODE COLORING).
Eingabe: Ein Graph $G = (V, E)$.
Ausgabe: Eine minimale Knotenfärbung von G.

     Das Problem MAX INDEPENDENT SET haben wir im letzten Abschnitt kennen gelernt und wir werden den Algorithmus AIS für die Formulierung eines Algorithmus für das Problem MIN NODE COLORING wie folgt benutzen: Zunächst berechnet AIS eine unabhängige Menge im Graphen. Die Knoten dieser Menge werden dann mit einer Farbe gefärbt und anschließend im Graphen gelöscht. In dem so entstandenen neuen Graphen wird dann wieder mittels AIS eine unabhängige Menge berechnet und mit einer weiteren Farbe gefärbt. Dies geschieht so lange, bis alle Knoten aus dem Graphen gelöscht und somit gefärbt wurden. Der Algorithmus wurde von Johnson in [114] zum ersten Mal publiziert.

Algorithmus ACOL$(G = (V, E))$

```
 1   t := 1
 2   V^(1) := V
 3   while V^(t) ≠ ∅ do
 4      G^(t) := der durch V^(t) induzierte Graph
 5      U_t := AIS(G^(t))
 6      for v ∈ U_t do
 7         c(v) := t
 8      od
 9      V^(t) := V^(t) − U_t
10      t := t + 1
11   od
12   return c
```

     Im schlimmsten Fall, zum Beispiel wenn die Eingabe ein vollständiger Graph auf n Knoten ist, wird die while-Schleife n-mal durchlaufen. Der Algorithmus ist also polynomiell.

Satz 5.17. *Sei $G = (V, E)$ ein k-färbbarer Graph und $n = |V|$. Dann konstruiert der obige Algorithmus eine Färbung mit höchstens $\frac{3n}{\log_k (n/16)}$ Farben, er hat also eine relative Güte von $\mathcal{O}(n/\log n)$.*

Beweis. Setze $n_t := V^{(t)}$. Aus Satz 5.10 folgt $|U^{(t)}| \geq \log_k(n_t/3)$. Damit erhalten wir

$$n_t \leq n_{t-1} - \log_k(n_t/3) \tag{5.2}$$

für alle $t > 1$. Sei nun t_0 die Anzahl der vom Algorithmus durchlaufenen Runden, also die Anzahl der Farben, mit dem der Graph gefärbt wurde. Der Algorithmus bricht ab, wenn alle Knoten gefärbt wurden, wenn also $n_{t_0} < 1$.

Wir überlegen uns nun mit Hilfe der Formel (5.2), wann dies spätestens der Fall ist. Für alle $r \geq \frac{n}{\log_k n/16}$ gilt (unter Ausnutzung von $\frac{n}{\log_k n} \geq \frac{3}{4} \cdot n^{1/2}$)

$$\log_k(n_t/3) \geq \log_k\left(\frac{n}{3 \cdot \log_k n}\right) \geq \log_k(n/16)^{1/2} = \frac{1}{2} \cdot \log_k(n/16).$$

Es werden also, solange $n_t \geq \frac{n}{\log_k n/16}$ gilt, mindestens $\frac{1}{2} \cdot \log_k(n/16)$ Knoten in jeder Runde gefärbt. Nach spätestens $t = \frac{2n}{\log_k(n/16)}$ Runden ist die Anzahl der Knoten in $V^{(t)}$ kleiner als $\frac{n}{\log_k n/16}$. Gehen wir jetzt davon aus, dass der Algorithmus im schlimmsten Fall für jeden dieser Knoten eine eigene Farbe zuordnet, so kommen wir auf eine Anzahl von

$$\frac{2n}{\log_k(n/16)} + \frac{n}{\log_k n/16} = \frac{3n}{\log_k(n/16)}$$

Farben und es folgt die Behauptung. $\qquad\qquad\qquad\qquad\qquad\qquad\qquad\qquad\square$

Der obige Ansatz wurde von einigen Autoren genutzt (und verbessert), um bessere Approximationsalgorithmen zu erhalten, so zum Beispiel von Widgerson in [193], der eine Güte von $\mathcal{O}(n(\log\log n/\log n)^2)$ garantiert, von Berger und Rompel [28] mit einer Güte von $\mathcal{O}(n(\log\log n/\log n)^3)$. Der bisher beste Algorithmus stammt von Halldórsson und hat eine Güte von $\mathcal{O}(n(\log\log n)^2/(\log n)^3)$, vergleiche [84].

Auch für dieses Problem werden wir in Kapitel 20 ein starkes Nichtapproximierbarkeitsresultat beweisen. Genauer werden wir dort sehen, dass es ein $\delta > 0$ so gibt, dass sich MIN NODE COLORING nicht bis auf einen Faktor von n^δ approximieren lässt, wobei n die Anzahl der Knoten ist.

5.4 Übungsaufgaben

Übung 5.18. Untersuchen Sie, ob die Probleme MAX INDEPENDENT SET und MAX CLIQUE auch schon für Graphen mit Maximalgrad höchstens 4 NP-vollständig oder polynomial lösbar sind.

Übung 5.19. Zeigen Sie, dass das Problem NODE 3-COLORING in Graphen mit Maximalgrad 4 NP-vollständig ist.

Übung 5.20. Geben Sie einen Graphen $G = (V, E)$ an, für den der Algorithmus VC eine Lösung C mit $|C| = 2 \cdot |C^*|$ findet. Dabei bezeichne C^* ein optimales Vertex Cover.

Übung 5.21. Betrachten Sie die folgende Heuristik für das Problem MIN VERTEX COVER:

Algorithmus HVC($G = (V, E)$)

```
1   V' = V
2   E' = E
3   C = ∅
4   while E' ≠ ∅ do
5      Wähle einen Knoten v ∈ V' mit maximalem Grad.
6      V' = V'\{v}
7      C = C ∩ {v}
8      E' = E'\{e ∈ E'; v ∈ e}
9   od
```

Geben Sie eine Konstante $c \geq 1.6$ und einen Graphen $G = (V, E)$ an, für den die obige Heuristik einen Vertex Cover C mit $|C| \geq 1.6 \cdot |C^*|$ findet, wobei C^* ein optimales Vertex Cover sei.

Übung 5.22. Zeigen Sie, dass die Heuristik HVC aus Übungsaufgabe 5.21 höchstens eine Approximationsgüte von $\mathcal{O}(\log |V|)$ haben kann.

Übung 5.23. Geben Sie für alle $n \in \mathbb{N}$ einen Graphen $G = (V, E)$ mit $|V| = n$ an, für den die Heuristik HVC Überdeckungen C mit $|C| \geq \Omega(\log |V|)/ \operatorname{OPT}(G)$ liefert.

Übung 5.24. Finden Sie einen polynomiellen Approximationsalgorithmus für das folgende Problem:

Problem 5.25 (MAX k CENTER).

Eingabe: Ein vollständiger Graph $G = (V, E)$ mit Kantengewichten $w(e) \in \mathbb{N}$ für alle $e \in E$ so, dass die Dreiecksungleichung erfüllt ist, und eine Zahl $k \in \mathbb{N}$.

Ausgabe: Eine Teilmenge $S \subseteq V$ mit $|S| = k$ so, dass

$$\max\{\operatorname{connect}(v, S); v \in V\}$$

minimal ist, wobei $\operatorname{connect}(v, S) := \{w(\{v, s\}); s \in S\}$.

Kapitel 6

Algorithmen mit multiplikativer Güte III: Prozessoptimierung

Die Optimierung von Produktionsprozessen spielt in der Industrie eine große Rolle. Zu den damit verbundenen Problemen zählt das schon in der Einleitung kennen gelernte MIN JOB SCHEDULING, bei dem es darum geht, eine Anzahl von Jobs so zu verteilen, dass der Makespan, also die Zeit, bis der letzte Job beendet ist, minimiert wird. Wir werden im ersten Abschnitt dieses Kapitels einen Algorithmus mit Güte $\frac{4}{3}$ für dieses Problem behandeln. Natürlich gibt es auch andere Varianten dieses Problems. So kann zum Beispiel darauf verzichtet werden, dass die Maschinen identisch sind, d. h. jeder Job auf jeder Maschine dieselben Ausführungszeiten besitzt. Eine weitere Verallgemeinerung ist, dass die Jobs, wie ja häufig bei Parallelisierungen von Computerprogrammen, in einer bestimmten Reihenfolge abgearbeitet werden müssen und die Prozessoren bzw. Maschinen Kommunikationszeiten benötigen (um zum Beispiel Ergebnisse auszutauschen). Diese Probleme werden wir in Kapitel 14 genauer untersuchen. Unter anderem geben wir dort auch eine Einführung in weitere Versionen des Problems MIN JOB SCHEDULING.

Auch das Problem des Handlungsreisenden, oder MIN TRAVELING SALESMAN, ist ein klassisches Problem, das Prozesse optimiert. Hier geht es darum, zu vorgegebenen Städten mit entsprechenden Entfernungen eine möglichst kurze Rundreise zu finden, die alle Städte besucht. Wir werden dieses Problem natürlich in Graphen mit einer Gewichts- bzw. Entfernungsfunktion auf der Menge der Kanten formulieren. Erfüllt diese Gewichtsfunktion die Dreiecksungleichung, so können wir für diese Klasse von Graphen einen Approximationsalgorithmus mit Güte 2 und durch leichte Modifikation auch einen mit Güte 3/2 konstruieren.

Das allgemeine MIN TRAVELING SALESMAN ist allerdings, wie wir im letzten Abschnitt dieses Kapitels sehen werden, überhaupt nicht zu approximieren. Genauer gibt es unter der Voraussetzung P $\neq$ NP für jedes $c \in \mathbb{N}$ keinen Approximationsalgorithmus mit Güte c (wie wir in Übungsaufgabe 6.31 sehen, gilt dies anstelle einer Konstanten c für jede in polynomieller Zeit berechenbare Funktion). Dies wird unser erstes Nichtapproximierbarkeitsresultat für die multiplikative Güte eines Optimierungsproblems sein, das wir kennen lernen werden. Für die additive Güte haben wir solche Resultate ja schon in Abschnitt 3.4 behandelt.

6.1 MIN JOB SCHEDULING

Dieses Problem haben wir schon im einleitenden Kapitel behandelt und einen Approximationsalgorithmus angegeben, der eine Güte von 2 hat. Wir werden nun zeigen, dass durch eine einfache Modifikation dieses Algorithmus die Güte auf $\frac{4}{3}$ verbessert werden kann.

Zunächst zur Erinnerung das Problem:

Problem 6.1 (MIN JOB SCHEDULING).

Eingabe: $m \in \mathbb{N}$ Maschinen $M_1, \ldots, M_m$, $n \in \mathbb{N}$ Jobs $J_1, \ldots, J_n$ und Ausführungszeiten $p_1, \ldots, p_n$ für jeden Job.

Ausgabe: Ein Schedule mit minimalem Makespan.

Erinnern wir uns an den in Abschnitt 1.1 kennen gelernten Algorithmus für dieses Problem. Die Jobs werden einfach der nächsten frei werdenden Maschine zugeordnet, wobei die Reihenfolge der Jobs eher zufällig durch die Eingabe festgelegt wird. Es liegt nahe, die Jobs zunächst nach der Laufzeit zu sortieren, beginnend mit dem Job, der die meiste Zeit benötigt. Genau dies tut der folgende Algorithmus.

Algorithmus LPT(m, n, J_i, p_i) (Longest Processing Time First)

1   Sortiere die Jobs $J_1, \ldots, J_n$ nach absteigenden Laufzeiten (d. h. $p_1 \geq p_2 \geq \cdots \geq p_n$).

2   Berechne einen Schedule mit dem Algorithmus LIST SCHEDULE.

Der Algorithmus geht zurück auf Graham, siehe [80].

Satz 6.2. *Der Algorithmus* LPT *hat eine Approximationsgüte von* $\frac{4}{3}$.

Beweis. Sei $J = (m, p_1, \ldots, p_n)$ eine Instanz des Problems, $C(J)$ der vom Algorithmus erzeugte Makespan, OPT(J) der optimale Makespan zur Eingabe J und s_k der Zeitpunkt, zu dem der Job J_k in dem vom Algorithmus erzeugten Schedule startet. Weiter sei J_l der Job, der als letzter fertig wird (d. h. $C(J) = s_l + p_l$). Wir unterscheiden die beiden folgenden Fälle.

Fall 1: Es gelte $p_l \leq \frac{\text{OPT}(J)}{3}$. Da $s_l \leq$ OPT(J) (bis zum Zeitpunkt s_l sind ja alle Maschinen durchgehend belegt), erhalten wir

$$C = s_l + p_l \leq \text{OPT}(J) + \frac{1}{3}\,\text{OPT}(J) = \frac{4}{3}\,\text{OPT}(J).$$

Fall 2: Es gelte also jetzt $p_l > \frac{\text{OPT}(J)}{3}$. Man betrachtet nun eine neue Instanz

$$J' = (m, p_1, \ldots, p_l)$$

des Problems, die durch Löschen der letzten $p_{l+1}, \ldots, p_n$ Jobs aus J entsteht. Da J_l der Job ist, der als Letzter terminiert, gilt $C(J) = C(J')$. Weiter haben wir

$\mathrm{OPT}(J') \leq \mathrm{OPT}(J)$. Können wir also zeigen, dass $C(J') \leq \frac{4}{3}\mathrm{OPT}(J')$, so folgt unmittelbar

$$C(J) = C(J') \leq \frac{4}{3}\mathrm{OPT}(J') \leq \frac{4}{3}\mathrm{OPT}(J),$$

und damit die Behauptung.

Wir betrachten also im Folgenden die Instanz J'. Da die Laufzeiten sortiert sind, hat jeder Job eine Laufzeit von mehr als $\frac{\mathrm{OPT}(J')}{3}$. Also können in jedem optimalen Schedule höchstens zwei Jobs pro Maschine laufen. Insbesondere gibt es dann höchstens $2m$ Jobs. Sei $h \geq 0$ so, dass $l = 2m - h$. Dann gibt es also h Jobs, die allein auf einer Maschine laufen, und die restlichen Jobs laufen jeweils in Paaren. Ein optimales Schedule hat damit die in Abbildung 6.1 skizzierte Form (wir nehmen o.B.d.A. an, dass die h Jobs, die allein laufen, auf den ersten h Maschinen verteilt sind), wobei π eine Permutation auf der Menge $\{1, \ldots, l\}$ sei.

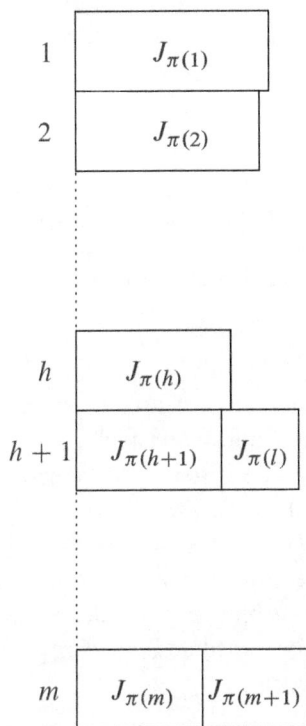

Abbildung 6.1. Form eines optimalen Schedules in Fall 2.

Der Algorithmus LPT verteilt zunächst die ersten m Jobs auf die m Maschinen. Da diese in umgekehrter Reihenfolge fertig werden, ergeben sich die Paare

$$(J_m, J_{m+1}), \ldots, (J_{h+1}, J_l)$$

auf den Maschinen $h + 1, h + 2, \ldots, m$, siehe Abbildung 6.2.

$$\begin{array}{c|c}
1 & J_1^{\;*} \\
\hline
2 & J_2 \\
\\
\\
h & J_h \\
\hline
h+1 & J_{h+1} \quad J_l \\
\\
\\
m & J_m \quad J_{m+1}
\end{array}$$

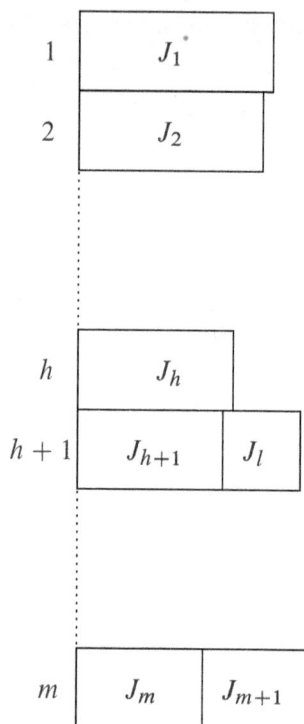

Abbildung 6.2. Schedule, der vom Algorithmus LPT im Fall 2 konstruiert wird.

Wir werden nun durch geeignete Vertauschungen den optimalen Schedule in den vom Algorithmus erzeugten Schedule umwandeln, ohne den Makespan zu verschlechtern. Betrachten wir zunächst die ersten h Maschinen. Angenommen, es existiert $i \in \{1, \ldots, h\}$ so, dass $\pi(i) > h$. Dann existiert $j \in \{h+1, \ldots, l\}$ so, dass $\pi(j) \leq h$. Da $p_{\pi(i)} \leq p_{\pi(j)}$, können wir die Jobs $J_{\pi(i)}$ und $J_{\pi(j)}$ vertauschen, ohne einen schlechteren Makespan zu erhalten. Verfahren wir weiter in dieser Art, so erhalten wir das Schedule aus Abbildung 6.3, dessen Makespan nicht schlechter ist als der Makespan des optimalen Schedules, wobei π eine Permutation auf der Menge $\{h+1, h+2, \ldots, l\}$ sei.

Durch ähnlich geschickte Vertauschung der Jobs zeigt man den Rest der Behauptung. Wir nennen im Folgenden die Jobs $J_{h+1}, \ldots, J_m$ groß und $J_{m+1}, \ldots, J_n$ klein. Zunächst einmal ist offensichtlich, dass, wenn in einem optimalen Schedule zwei große Jobs auf einer Maschine laufen, der optimale Makespan mindestens so groß ist wie der Makespan des Schedules, den unser Algorithmus konstruiert. Wir können also o.B.d.A. annehmen, dass die großen Jobs $J_{h+1}, \ldots, J_m$ jeweils auf den Maschinen $M_{h+1}, \ldots, M_m$ laufen. Damit ist dann aber klar, dass der vom Algorithmus konstruierte Schedule schon optimal ist.

Im Fall 2 liefert der Algorithmus also sogar eine optimale Lösung, womit der Satz bewiesen ist.

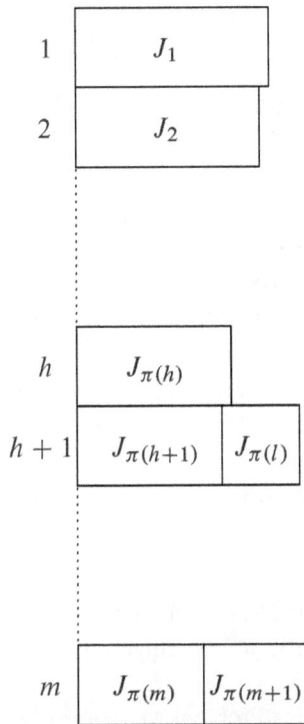

Abbildung 6.3. Schedule des Algorithmus nach der Transformation.

$\square$

6.2 MIN TRAVELING SALESMAN

Wir betrachten in diesem Abschnitt das Problem des Handlungsreisenden (*Traveling Salesman Problem*). Zur Formulierung benötigen wir noch einige Notationen.

Eine *Rundreise* in einem Graphen $G = (\{v_1, \dots, v_n\}, E)$ ist ein Kreis, der jeden Knoten genau einmal besucht. Genauer ist eine Rundreise also eine Permutation $\pi : \{1, \dots, n\} \to \{1, \dots, n\}$ so, dass gilt:

$$\{v_{\pi(i)}, v_{\pi(i+1)}\} \in E \quad \text{für alle } i \in \{1, \dots, n-1\}, \text{ und } \{v_{\pi(n)}, v_{\pi(1)}\} \in E.$$

Das Problem des Handlungsreisenden ist dann, eine Rundreise in einem (ungerichteten) kantengewichteten vollständigen Graphen $G = (V, E)$ mit minimaler Gesamtlänge zu finden.

Problem 6.3 (MIN TRAVELING SALESMAN).

Eingabe: Ein vollständiger Graph $G = (\{v_1, \ldots, v_n\}, E)$ mit einer Gewichtsfunktion $w : E \longrightarrow \mathbb{N}$ auf den Kanten.

Ausgabe: Eine Permutation $\pi : \{1, \ldots, n\} \to \{1, \ldots, n\}$ so, dass der Wert

$$w(\pi) = \sum_{i=1}^{n-1} w(\{v_{\pi(i)}, v_{\pi(i+1)}\}) + w(\{v_{\pi(n)}, v_{\pi(1)}\})$$

minimal ist.

Dieses Problem ist, wie wir im letzten Abschnitt zu diesem Kapitel noch sehen werden, NP-schwer. Wir sind sogar in der Lage, diese Aussage zu verschärfen. Genauer gilt nämlich, dass es für das Problem MIN TRAVELING SALESMAN keinen Approximationsalgorithmus mit konstanter (multiplikativer) Güte gibt.

Wir betrachten hier zunächst einmal nur einen Spezialfall von MIN TRAVELING SALESMAN, der durch folgende Aufgabenstellung motiviert ist: Wir denken uns n Punkte eingebettet in der Ebene $\mathbb{R}^2$. Das Gewicht einer Kante, die zwei Punkte u und v verbindet, sei der euklidische Abstand von u und v in der Ebene, also

$$w(u, v) := \|u - v\|_2.$$

Damit gilt dann die sogenannte Dreiecksungleichung, d. h., für drei Punkte t, u, v gilt $w(t, u) + w(u, v) \leq w(t, v)$ (zur Erleichterung schreiben wir im Folgenden auch $w(u, v)$ anstelle von $w(\{u, v\})$).

Wir wollen also zunächst das Problem MIN TRAVELING SALESMAN nur für folgende Eingaben untersuchen: Sei $G = (\{v_1, \ldots, v_n\}, E)$ der vollständige Graph auf n Punkten mit Kantengewichten $w(v_i, v_j) \in \mathbb{N}$ für alle $i, j \in \{1, \ldots, n\}$. Weiter gelte die *Dreiecksungleichung*, d. h., für alle $i, j, k \in \{1, \ldots, n\}$ haben wir $w(v_i, v_k) \leq w(v_i, v_j) + w(v_j, v_k)$.

Diese Einschränkung von MIN TRAVELING SALESMAN heißt auch metrisches MIN TRAVELING SALESMAN (MIN ΔTSP).

Problem 6.4 (MIN ΔTSP).

Eingabe: Anzahl von Punkten $n \in \mathbb{N}$ und Abstände $w(i, j) = w(j, i)$ für alle
$i, j \in \{1, \ldots, n\}, i \neq j$, so, dass die Dreiecksungleichung gilt.

Ausgabe: Eine Permutation $\pi : \{1, \ldots, n\} \to \{1, \ldots, n\}$ so, dass

$$w(\pi) = \sum_{i=1}^{n-1} w(v_{\pi(i)}, v_{\pi(i+1)}) + w(v_{\pi(n)}, v_{\pi(1)})$$

minimal ist.

Wir erinnern noch einmal an einige Begriffe, die wir für den nun folgenden Algorithmus benötigen.

Sei $G = (V, E = \{e_1, \dots, e_m\}, \text{inz})$ ein Multigraph. Ein *Eulerkreis* ist ein Kreis in G, der jede Kante von G genau einmal enthält, genauer also eine Permutation $\pi : \{1, \dots, m\} \longrightarrow \{1, \dots, m\}$ so, dass gilt

$$\text{inz}(e_{\pi(i)}) \cap \text{inz}(e_{\pi(i+1)}) \neq \varnothing \text{ für alle } 1 \leq i \leq m \text{ und } \text{inz}(e_{\pi(m)}) \cap \text{inz}(e_{\pi(1)}) \neq \varnothing.$$

G heißt *eulersch*, wenn es einen Eulerkreis in G gibt.

Problem 6.5 (EULERKREIS).
Eingabe: Ein Multigraph G.
Frage: Ist G eulersch?

Dieses Entscheidungsproblem ist, wie der folgende Satz zeigt, in polynomieller Zeit lösbar.

Satz 6.6 (Euler). *Es sei G ein zusammenhängender Multigraph. Dann sind die folgenden Aussagen äquivalent:*

 (i) G ist eulersch.

 (ii) Jeder Knoten in G hat geraden Grad.

 (iii) Die Kantenmenge von G kann in Kreise zerlegt werden.

Beweis. (i) $\Longrightarrow$ (ii): Sei C ein Eulerkreis von G. Dann trägt jedes Vorkommen von v auf C 2 zum Grad von v bei. Jede Kante kommt genau einmal in C vor. Es folgt die Behauptung.

(ii) $\Longrightarrow$ (iii): Sei $|V| = n$. Da G zusammenhängend ist, hat G mindestens $n - 1$ Kanten. Da G keine Knoten vom Grad 1 hat, hat G mindestens n Kanten. Also enthält G einen Kreis K. Entfernen von K ergibt einen Graphen H, in dem jeder Knoten geraden Grad hat. Durch Induktion zerlege man die Kantenmenge von H in Kreise und somit auch die Kantenmenge von G.

(iii) $\Longrightarrow$ (i): Dies zeigt man durch Zusammensetzen der Kreise: Sei K ein Kreis in einer Zerlegung von E in Kreise. Ist K ein Eulerkreis, so sind wir fertig. Andernfalls gibt es einen Kreis K', der mit K einen Knoten v gemeinsam hat. O.B.d.A. wähle v als Anfangs- und Endknoten beider Kreise. Dann ist $C \parallel C'$ (C gefolgt von C') ein Kreis. Durch Iteration erhalten wir einen Eulerkreis. $\square$

Satz 6.6 löst übrigens auch das sogenannte *Königsberger Brückenproblem*. Die Frage ist hier, ob es eine Rundreise durch Königsberg so gibt, dass alle sieben Brücken über den Pregel genau einmal besucht werden und man zum Schluss wieder an den Ausgangspunkt zurückkehrt. Man formuliert dieses Problem in einem Graphen wie in Abbildung 6.4 dargestellt.[1] Wie man sieht, hat hier jeder Knoten einen ungeraden Grad, es gibt also keinen Eulerkreis.

---

[1]Abdruck der historischen Stadtansicht von Königsberg mit freundlicher Genehmigung von Geo-GREIF-Geographische Sammlung, ein Projekt der Universität Greifswald.

Abbildung 6.4. Die sieben Brücken über den Pregel.

Wir kommen zu unseren Betrachtungen zurück. Dank Satz 6.6 müssen wir nur testen, ob ein gegebener Graph zusammenhängend ist und jeder Knoten geraden Grad hat, um einzusehen, dass G eulersch ist. Da dies offensichtlich in polynomieller Zeit geschehen kann, folgt unmittelbar:

Korollar 6.7. EULERKREIS $\in$ P.

Aber nicht nur das Entscheidungsproblem ist aus P, wir können sogar in polynomieller Zeit einen Eulerkreis konstruieren, wenn dieser existiert.

Algorithmus EULERKREIS$(G = (V = \{1, \ldots, n\}, E))$

```
1   if  G unzusammenhängend oder deg(v) ungerade für ein v ∈ V then
2     return falsch
3   else
4     K := ∅
5     G' := G
6     while K ≠ E do
7       u := min V(G')
8       v := u
9       repeat
10        w := min Γ(v)
```

```
11         Füge Kante {v, w} zum Kreis K hinzu.
12         G' := G − {v, w}
13         v := w
14      until v = u
15    od
16    return K
17 fi
```

Satz 6.8. *Der Algorithmus ist korrekt und hat Laufzeit* $\mathcal{O}(|V| + |E|)$.

Den Beweis des Satzes werden wir in Übungsaufgabe 6.28 führen.

Beispiel 6.9. Wir wollen die Arbeitsweise des obigen Algorithmus am Beispiel des Graphen aus Abbildung 6.5 erläutern.

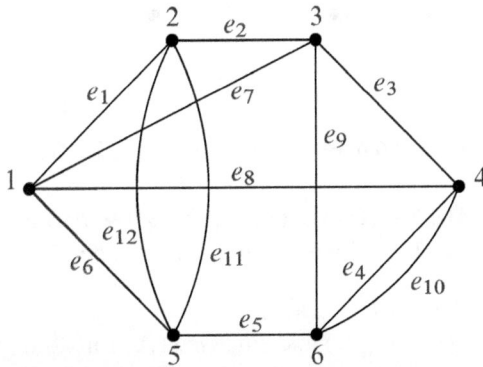

Abbildung 6.5. Beispiel für die Arbeitsweise des Algorithmus EULER-KREIS.

(i) Zunächst konstruiert der Algorithmus, beginnend bei Knoten 1, den folgenden Kreis:

$$1 \xrightarrow{e_1} 2 \xrightarrow{e_2} 3 \xrightarrow{e_7} 1 \xrightarrow{e_8} 4 \xrightarrow{e_3} 3 \xrightarrow{e_9} 6 \xrightarrow{e_4} 4 \xrightarrow{e_{10}} 6 \xrightarrow{e_5} 5 \xrightarrow{e_6} 1$$

(ii) Nachdem nun alle Kanten durch den Knoten 1 bereits durchlaufen sind, beginnt der Algorithmus bei Knoten 2, die restlichen Kanten zu durchlaufen.

$$2 \xrightarrow{e_{11}} 5 \xrightarrow{e_{12}} 2$$

(iii) Insgesamt erhalten wir damit den folgenden Eulerkreis:

$$2 \xrightarrow{e_2} 3 \xrightarrow{e_7} 1 \xrightarrow{e_8} 4 \xrightarrow{e_3} 3 \xrightarrow{e_9} 6 \xrightarrow{e_4} 4 \xrightarrow{e_{10}} 6 \xrightarrow{e_5} 5 \xrightarrow{e_6} 1 \xrightarrow{e_1} 2 \xrightarrow{e_{11}} 5 \xrightarrow{e_{12}} 2$$

Wir kommen nun zur letzten Definition, bevor wir unseren Algorithmus formulieren können.

Definition 6.10. Sei $G = (V, E)$ ein Graph.

(i) Ein *erzeugender (spannender) Baum* von G ist ein Teilgraph $T = (V, E')$ von G, der zusätzlich ein Baum ist.

(ii) Bei gegebener Gewichtsfunktion w auf den Kanten von G heißt

$$w(T) = \sum_{(i,j) \in E'} w(i, j)$$

das *Gewicht* von T.

(iii) Ein erzeugender Baum T von G heißt *minimal erzeugender Baum* (MST), wenn $w(T) \leq w(T')$ für alle erzeugenden Bäume T' von G gilt.

Siehe Abbildung 6.6 für ein Beispiel.

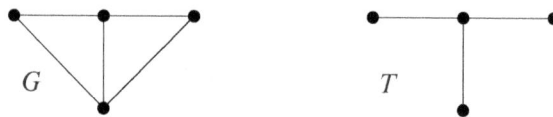

Abbildung 6.6. Beispiel eines erzeugenden Baumes.

Bei dem Problem MIN SPANNING TREE geht es also darum, zu einem gegebenen Graphen mit Kantengewichten einen minimal erzeugenden Baum zu finden.

Problem 6.11 (MIN SPANNING TREE).
Eingabe: Ein Graph $G = (V, E)$ und eine Gewichtsfunktion $w : E \longrightarrow \mathbb{N}$.
Ausgabe: Ein minimal erzeugender Baum von G.

Dieses Problem kann in polynomieller Zeit mit Hilfe des Algorithmus von Kruskal gelöst werden, siehe auch Abbildung 6.7 für ein Beispiel.

Algorithmus KRUSKAL($G = (V, E = \{e_1, \ldots, e_m\}), w : E \longrightarrow \mathbb{N}$)

```
 1   for v ∈ V do
 2      S_v := {v}
 3   od
 4   T := ∅
 5   Sortiere E = {e_1, ..., e_m} nach steigendem Gewicht.
 6   for i = 1 to m do
 7      Seien u, v ∈ V so, dass e_i = {u, v}.
 8      if u und v liegen in verschiedenen Mengen S_u und S_v then
 9         Ersetze S_v und S_u durch S_v ∪ S_u.
10         T := T ∪ {e_i}
11      fi
12   od
```

13   return T

Als Beispiel für die Arbeitsweise des Algorithmus KRUSKAL betrachten wir den Graphen aus Abbildung 6.7.

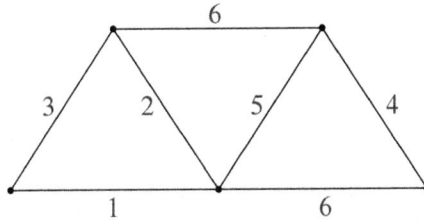

Abbildung 6.7. Die Zahlen symbolisieren die jeweiligen Kantengewichte.

Der Algorithmus KRUSKAL konstruiert in vier Schritten einen minimal spannenden Baum zum Graphen aus Abbildung 6.7, siehe Abbildung 6.8.

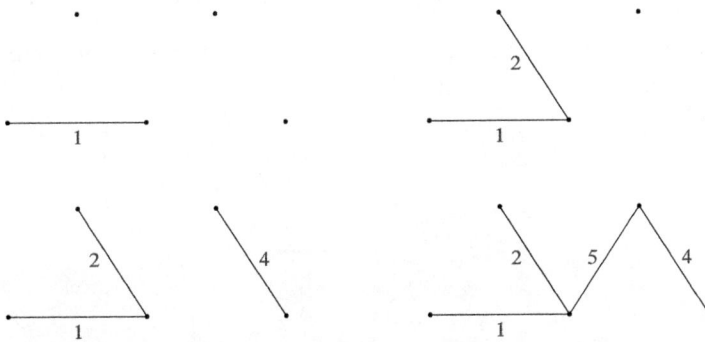

Abbildung 6.8. Beispiel für die Arbeitsweise des Algorithmus KRUSKAL.

Den folgenden Satz beweisen wir in den Übungen.

Satz 6.12. *Der obige Algorithmus findet für jeden kantengewichteten Graphen* $G = (V, E)$ *einen minimal spannenden Baum in* $\mathcal{O}(|E| \cdot \log(|V|))$ *Schritten.*

Wir kommen nun zur Angabe des ersten Algorithmus für das Problem des Handlungsreisenden. Beide der in diesem Abschnitt vorgestellten Algorithmen wurden von Christofides in [39] veröffentlicht, ebenso geht die Analyse auf diesen Artikel zurück.

Wir bezeichnen im Folgenden für ein Tupel von Knoten $(v_1, v_2, \dots)$ in einem Graphen mit $(v_1, v_2, \dots) - v$ das Tupel, das aus $(v_1, v_2, \dots)$ durch Löschen des Knotens v entsteht.

Algorithmus MIN ΔTSP-1$(K_n = (V, E), w : E \longrightarrow \mathbb{N})$

1   $T := \text{KRUSKAL}(K_n, w)$

2   Konstruiere einen Multigraphen K aus T durch Verdoppeln aller Kanten
in T.

3   $(v_1, v_2, \dots) := \text{EULERKREIS}(K)$

4   for $k = 1$ to n do

5      $\bar{v}_k := v_k$

6      $(v_1, v_2, \dots) := (v_1, v_2, \dots) - \bar{v}_k$

7   od

8   return $R = \bar{v}_1, \bar{v}_2, \dots, \bar{v}_n$

In der for-Schleife wird also eine Rundreise R durch Abkürzungen (short cuts) konstruiert, d. h., wir beginnen beim ersten Knoten des Eulerkreises und gehen dann entlang des Kreises. Wenn ein Knoten wiederholt besucht wird, so springen wir direkt zum nächsten unbesuchten, siehe auch das folgende Beispiel.

Beispiel 6.13. Wir betrachten als Beispiel für die Arbeitsweise des obigen Algorithmus den vollständigen Graphen auf acht Punkten mit Kantengewichten 1.

(i) Im ersten Schritt bestimmt der Algorithmus MIN ΔTSP-1 einen minimal spannenden Baum, siehe Abbildung 6.9.

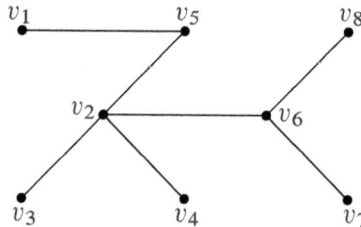

Abbildung 6.9. Schritt 1 des Algorithmus MIN ΔTSP-1: Ein minimal spannender Baum wird erzeugt.

(ii) Im zweiten Schritt werden die Kanten verdoppelt, um zu garantieren, dass der so erhaltene Graph eulersch ist, siehe Abbildung 6.10.

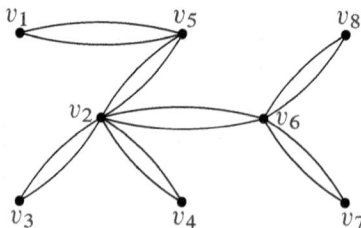

Abbildung 6.10. Schritt 2 des Algorithmus MIN ΔTSP-1, die Kanten werden verdoppelt.

(iii) Im dritten Schritt wird der Eulerkreis

$$v_1, v_5, v_2, v_3, v_2, v_4, v_2, v_6, v_7, v_6, v_8, v_6, v_2, v_5, v_1$$

erzeugt.

(iv) Schließlich sehen wir die durch short-cuts konstruierte Rundreise in Abbildung 6.11.

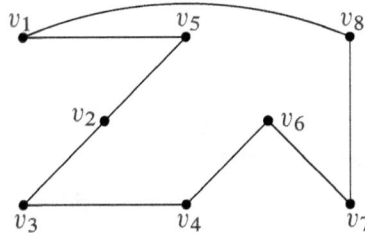

Abbildung 6.11. Die gefundene Rundreise $v_1, v_5, v_2, v_3, v_4, v_6, v_7, v_8, v_1$.

Satz 6.14. *Der Algorithmus* MIN ΔTSP-1 *hat die multiplikative Güte* 2.

Beweis. Das Verdoppeln der Kanten im Algorithmus sorgt dafür, dass der so konstruierte Graph tatsächlich eulersch ist, ein Eulerkreis also mittels des Algorithmus EULERKREIS in polynomieller Zeit gefunden wird. In der for-Schleife wird also tatsächlich eine Rundreise definiert.

Sei nun T der vom Algorithmus konstruierte Baum, K der aus T durch Verdoppelung der Kanten entstandene Multigraph und R die gefundene Rundreise zur Eingabe I. Dann gilt $w(T) \leq \text{OPT}(I)$, da eine Rundreise durch Weglassen einer Kante einen erzeugenden Baum ergibt. Weiter gilt offensichtlich $w(K) = 2w(T)$ und da wegen der Dreiecksungleichung $w(R) \leq w(K)$, erhalten wir insgesamt

$$w(R) \leq w(K) \leq 2w(T) \leq 2\,\text{OPT}(I). \qquad \square$$

Schaut man sich die Analyse des obigen Algorithmus genauer an, so sieht man, dass das Verdoppeln der Kanten für die Güte 2 verantwortlich ist. Dieses sollte aber nur sicherstellen, dass tatsächlich ein Eulerkreis existiert (durch Verdoppeln der Kanten hat dann jeder Knoten geraden Grad). Nun gibt es aber sicherlich in T schon Knoten, die geraden Grad haben, d. h., wir müssen nur noch die Knoten mit ungeradem Grad betrachten. Wichtig dafür ist das folgende Lemma.

Lemma 6.15. *Sei G ein Graph. Dann ist die Anzahl der Knoten ungeraden Grades gerade.*

Beweis. Es gilt

$$\sum_{v \in V} \deg(v) = 2|E|.$$

Also ist die Summe der Knotengrade gerade. Da die Summe der geraden Knoten-
gerade offensichtlich gerade ist, gilt dies damit auch für die Summe der ungeraden
Knotengrade. Also folgt die Behauptung.   □

Da es nun geradzahlig viele Knoten ungeraden Grades in T gibt, können wir durch
geschicktes Hinzufügen von Kanten erreichen, dass jeder Knoten geraden Grad hat, es
somit in diesem erweiterten Graphen einen Eulerkreis gibt. Ziel dabei ist es natürlich,
so eine Menge von Kanten zu finden, dass die Summe der Gewichte möglichst klein
ist.

Definition 6.16. Sei $G = (V, E)$ ein Graph und $M \subseteq E$.

 (i) M heißt *perfektes Matching*, falls V von M überdeckt wird, es also für jeden
    Knoten $v \in V$ eine Kante $e \in M$ so gibt, dass $v \in e$.

(ii) Ein perfektes Matching M heißt minimal, wenn $\sum_{e \in M} w(e)$ minimal ist.

Abbildung 6.12 zeigt ein Beispiel.

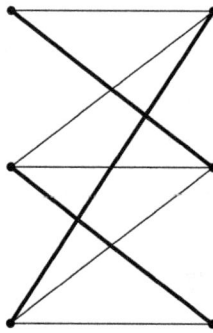

Abbildung 6.12. Beispiel für ein perfektes Matching (fettgezeichnet).

Perfekte Matchings existieren natürlich nicht immer, eine notwendige Bedingung
ist zum Beispiel, dass die Knotenanzahl gerade ist. Allerdings ist diese Eigenschaft
nicht hinreichend. Solch eine liefert uns der Satz von Tutte, siehe zum Beispiel [49],
Theorem 2.2.1.

Satz 6.17 (Tutte 1947). *Ein Graph $G = (V, E)$ hat genau dann ein perfektes Matching, wenn für jede Teilmenge $S \subseteq V$ gilt*

$$q(G - S) \leq |S|,$$

*wobei $q(G - S)$ die Anzahl der Zusammenhangskomponenten von $G - S$ sei, die eine
ungerade Mächtigkeit haben.*

In unserem speziellen Fall, d. h. in gewichteten vollständigen Graphen mit einer geraden Anzahl von Knoten, existieren also immer perfekte Matchings (dies lässt sich

natürlich auch sofort ohne den Satz von Tutte einsehen). Weiter lassen sich perfekte Matchings mit minimalem Gewicht in Graphen, die ein perfektes Matching garantieren, in Zeit $\mathcal{O}(|V|^3)$ berechnen, siehe [139].

Wir können nun einen zweiten Algorithmus angeben, der eine sehr viel bessere Güte als der erste garantiert.

Algorithmus MIN ΔTSP-2(K_n, w) (Christofides 1976)

1   $T = (V(T), E(T)) := \text{KRUSKAL}(K_n, w)$
2   $X := \{v \in V(T); \deg(v) \text{ ungerade}\}$
3   $H := (X, \{\{u, v\}; u, v \in X \text{ und } u \neq v\})$
4   Bestimme ein perfektes Matching K mit minimalem Gewicht in H bezüglich der Distanzen $w(i, j), i, j \in X$.
5   $G := (V(T), E(T) \cup K)$
6   $C := \text{EULERKREIS}(G)$
7   Bestimme eine Rundreise R mittels C wie im Algorithmus MIN ΔTSP-1.

Wie schon beim Algorithmus MIN ΔTSP-1 garantieren wir hier, dass in dem neuen Graphen jeder Knoten geraden Grad hat, ein Eulerkreis also konstruiert werden kann. Der Rest des Algorithmus läuft dann genauso wie MIN ΔTSP-1, siehe auch das folgende Beispiel.

Beispiel 6.18. Wie schon für den Algorithmus MIN ΔTSP-1 betrachten wir als Beispiel für die Arbeitsweise den vollständigen Graphen auf acht Punkten mit Kantengewichten 1.

(i) Im ersten Schritt bestimmt der Algorithmus MIN ΔTSP-2 einen minimal spannenden Baum, siehe Abbildung 6.13.

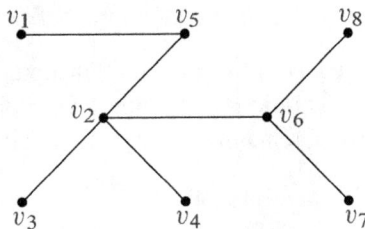

Abbildung 6.13. Schritt 1 des Algorithmus MIN ΔTSP-2.

(ii) Im zweiten Schritt wird ein minimales perfektes Matching hinzugefügt, um zu garantieren, dass der so erhaltene Graph eulersch ist, siehe Abbildung 6.14.

(iii) In Schritt 6 wird der Eulerkreis

$$v_1, v_5, v_2, v_6, v_8, v_7, v_6, v_4, v_2, , v_3, v_1$$

konstruiert.

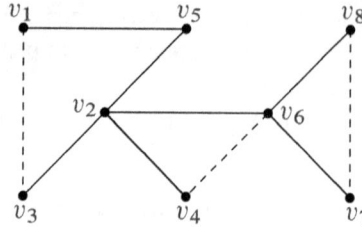

Abbildung 6.14. Schritt 2 des Algorithmus MIN ΔTSP-2: Ein minimales perfektes Matching wird hinzugefügt.

(iv) Schließlich sehen wir die durch short-cuts konstruierte Rundreise in Abbildung 6.15.

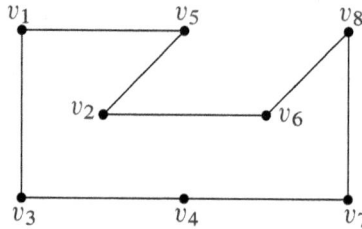

Abbildung 6.15. Die gefundene Rundreise $v_1, v_5, v_2, v_6, v_8, v_7, v_4, v_3, v_1$.

Satz 6.19. *Der Algorithmus* MIN ΔTSP-2 *hat die multiplikative Güte* $3/2$.

Beweis. Sei K das vom Algorithmus konstruierte Matching, T der Baum, C der konstruierte Eulerkreis und R die gefundene Rundreise zur Eingabe I. Wie schon im Beweis von Satz 6.12 gilt $w(T) \leq \mathrm{OPT}(I)$.

Damit erhalten wir

$$w(R) \leq w(C) = w(T) + w(K) \leq \mathrm{OPT}(I) + w(K).$$

Wir zeigen nun $w(K) \leq \frac{1}{2}\mathrm{OPT}(I)$, woraus die Behauptung folgt. Sei dazu das Tupel $(i_1, \ldots, i_{2m})$ mit $|X| = 2m$ die Reihenfolge, in der die Knoten von X in einer optimalen Rundreise δ von I durchlaufen werden. Betrachte die Matchings

$$M_1 = \{\{v_{i_1}, v_{i_2}\}, \{v_{i_3}, v_{i_4}\}, \ldots, \{v_{i_{2m-1}}, v_{i_{2m}}\}\}$$
$$M_2 = \{\{v_{i_2}, v_{i_3}\}, \{v_{i_4}, v_{i_5}\}, \ldots, \{v_{i_{2m}}, v_{i_1}\}\}.$$

Wegen der Dreiecksungleichung gilt nun

$$\mathrm{OPT}(I) = w(\delta)$$
$$\geq w(v_{i_1}, v_{i_2}) + w(v_{i_2}, v_{i_3}) + \cdots + w(v_{i_{2m-1}}, v_{i_{2m}}) + w(v_{i_{2m}}, v_{i_1})$$
$$= w(M_1) + w(M_2)$$
$$\geq 2w(K). \qquad \square$$

Zum Abschluss dieses Abschnittes wollen wir noch zeigen, dass die Analyse des Algorithmus bestmöglich war, d. h., es existieren Instanzen, die die bewiesene Güte auch annehmen.

Beispiel 6.20. Es gibt eine Instanz I von MIN ΔTSP mit OPT$(I) = n$, für die der Algorithmus MIN ΔTSP-2 eine Rundreise der Länge $(n-1) + \lfloor \frac{n}{2} \rfloor$ liefert, siehe Abbildung 6.16.

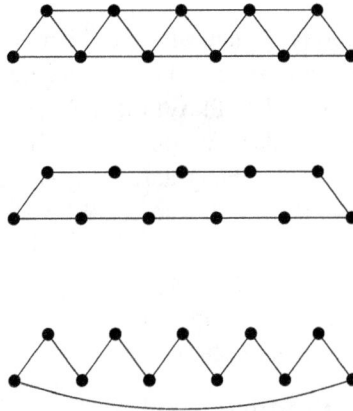

Abbildung 6.16. Beispiel für den worst-case-Fall: Oben der Graph G (mit Kantengewichten 1); in der Mitte das Optimum; unten die Lösung des Algorithmus.

Wir haben zwar in der Einleitung das Problem MIN ΔTSP damit motiviert, dass in der Realität die Entfernungen zwischen Städten durch die euklidische Norm berechnet werden, bei dem Design unserer Algorithmen aber nur ausgenutzt, dass dann die Dreiecksungleichung gilt. Schränkt man die Menge der Instanzen noch mehr ein und betrachtet tatsächlich Punkte im $\mathbb{R}^2$ und definiert das Gewicht einer Kante als euklidischen Abstand zwischen den Punkten, so kann man dieses Problem, auch euklidisches MIN TRAVELING SALESMAN genannt, beliebig gut approximieren. d. h., für alle $\varepsilon > 0$ finden wir einen polynomiellen Approximationsalgorithmus für dieses Problem mit Güte $1 + \varepsilon$, siehe Abschnitt 8.4. Solch eine Menge von Algorithmen werden wir in Kapitel 8 als Approximationsschemata bezeichnen. Allerdings gibt es, wie in [68] gezeigt, kein vollständiges Approximationsschema (siehe Kapitel 9 für die Definition) für das euklidische MIN TRAVELING SALESMAN.

Für das oben behandelte, etwas allgemeinere Problem MIN ΔTSP gibt es dagegen schon kein Approximationsschema. Das bedeutet insbesondere, dass ein $c > 1$ so existiert, dass es keinen polynomiellen Approximationsalgorithmus für MIN ΔTSP mit Güte c gibt (jedenfalls unter der Voraussetzung P $\neq$ NP). Wir wollen diese Aussage aber an dieser Stelle nicht beweisen und verweisen auf die Arbeit von Arora, Lund, Motwani, Sudan und Szegedy, siehe [13].

Noch schwieriger, jedenfalls im approximativen Sinne, verhält sich das zu Beginn dieses Abschnitts vorgestellte allgemeine Problem des Handlungsreisenden. Wie wir im nächsten Abschnitt sehen werden, gibt es für dieses Problem kein Approximationsalgorithmus mit konstanter multiplikativer Güte.

6.3   Nichtapproximierbarkeit: MIN TRAVELING SALESMAN

Unser erstes Nichtapproximierbarkeitsresultat für die multiplikative Güte eines Optimierungsproblems lernen wir nun kennen. Genauer werden wir zeigen: Gibt es einen Approximationsalgorithmus für MIN TRAVELING SALESMAN mit konstanter (multiplikativer) Güte c, so kann man das NP-vollständige Problem HAMILTON CIRCUIT in polynomieller Zeit entscheiden (Übungsaufgabe 6.31 verschärft diese Aussage sogar noch). Daraus folgt dann P $=$ NP, also ein Widerspruch zu unserer Annahme P $\neq$ NP.

Das Problem HAMILTON CIRCUIT ist eng verknüpft mit dem Problem des Handlungsreisenden. Hier wird gefragt, ob ein beliebiger Graph hamiltonsch ist, d. h., ob eine Rundreise in diesem Graphen existiert.

Problem 6.21 (HAMILTON CIRCUIT).
Eingabe: Ein Graph $G = (V, E)$.
Frage: Ist G hamiltonsch?

Dieses Entscheidungsproblem ist, wie wir in Satz 6.23 zeigen werden, NP-vollständig. Der Beweis des nächsten Satzes zeigt aber, dass es einen polynomiellen Algorithmus für HAMILTON CIRCUIT gibt, wenn sich das allgemeine MIN TRAVELING SALESMAN Problem approximieren lässt.

Satz 6.22 (Sahni und Gonzales [178]). *Sei $c > 1$. Unter der Voraussetzung* P $\neq$ NP *gibt es für* MIN TRAVELING SALESMAN *keinen polynomiellen Algorithmus mit Güte c.*

Beweis. Angenommen, es existiert ein polynomieller Approximationsalgorithmus A für MIN TRAVELING SALESMAN mit Güte $c > 1$. Wir zeigen, dass es dann einen polynomiellen Algorithmus gibt, der das Problem HAMILTON CIRCUIT in polynomieller Zeit löst. Da dieses Problem aber NP-vollständig ist, folgt P $=$ NP, ein Widerspruch.

Der folgende Algorithmus erwartet die Eingabe eines Graphen $G = (\{1, \dots, n\}, E)$ und löst das Hamiltonproblem.

Algorithmus HC($G = (\{1, \dots, n\}, E)$)

    1 for $i = 1$ to $n - 1$ do

```
2    for j = 2 to n do
3      if {i, j} ∈ E then
4        w({i, j}) = 1
5      else
6        w({i, j}) = cn
7      fi
8    od
9    od
10   Berechne mit A eine Rundreise R für den oben definierten Graphen.
11   if w(R) ≤ cn then
12     return wahr                    (Es existiert ein Hamiltonkreis)
13   else
14     return falsch                  (Es existiert kein Hamiltonkreis)
15   fi
```

Was genau tut der Algorithmus? Zunächst wird aus dem Graphen G der vollständige Graph auf n Knoten konstruiert, wobei die Kanten, die vorher nicht enthalten waren, eine Länge von cn zugewiesen bekommen, alle anderen Kanten eine Länge von 1.

Ist der Ursprungsgraph G hamiltonsch, so hat eine optimale MIN TRAVELING SALESMAN-Tour eine Länge von n. Unser Approximationsalgorithmus mit Güte c für das MIN TRAVELING SALESMAN Problem findet dann eine Rundreise der Länge höchstens cn. Der obige Algorithmus entscheidet dann korrekt, dass G hamiltonsch ist.

Entscheidet sich umgekehrt der obige Algorithmus HC dafür, dass G hamiltonsch ist, so findet A eine MIN TRAVELING SALESMAN Tour der Länge höchstens cn. Diese Tour enthält dann keine Kante mit Gewicht cn und damit nur Kanten mit Gewicht 1. Dies sind aber nur Kanten aus dem Ursprungsgraphen G, in G selbst gibt es also schon eine Rundreise. Damit ist G also tatsächlich hamiltonsch.   □

Mit einer ganz analogen Methode kann man sogar zeigen, dass es für jede in polynomieller Zeit berechenbare Funktion α keinen Approximationsalgorithmus A mit Güte $\delta_A = \alpha$ für das Problem MIN TRAVELING SALESMAN gibt, siehe Übungsaufgabe 6.31.

Wir werden in den Kapiteln 18 bis 20 noch weitere Nichtapproximierbarkeitsresultate kennen lernen und dann im einzelnen auf die hier benutzte Technik eingehen.

Es bleibt nur noch zu zeigen, dass das Problem HAMILTON CIRCUIT tatsächlich NP-vollständig ist.

Satz 6.23 (Karp [128]). *Das Problem* HAMILTON CIRCUIT *ist NP-vollständig.*

Beweis. Da von einer gegebenen Permutation $\pi : \{1, \dots, n\} \longrightarrow \{1, \dots, n\}$ für die Knoten eines Graphen $G = (\{1, \dots, n\}, E)$ in polynomieller Zeit entschieden werden kann, ob π eine Rundreise definiert, folgt HAMILTON CIRCUIT $\in$ NP.

Wir zeigen den Rest der Behauptung, indem wir MIN VERTEX COVER auf HAMIL-
TON CIRCUIT reduzieren. Der Beweis hierfür folgt dem in Kapitel 2.5 unter Kom-
ponentendesign erläuterten Prinzip, Komponenten zu erzeugen und diese geschickt
zusammenzusetzen.

Sei also $G = (V, E)$ ein Graph und $K \in \mathbb{N}$ eine natürliche Zahl. Wir konstruieren aus der Instanz (G, K) für VERTEX COVER nun eine Instanz von HAMILTON
CIRCUIT, also einen Graphen $G' = (V', E')$ wie folgt:

G' hat K Knoten $a_1, \ldots, a_K$, die genutzt werden, um K Knoten aus G für das
Vertex Cover auszuwählen. Weiter enthält G' für jede Kante $e = \{u, v\} \in E$ eine
Komponente, den sogenannten „Überdeckungstester", der garantieren soll, dass min-
destens ein Endpunkt von e im Vertex Cover liegt. Genauer ist

$$
\begin{aligned}
V'_e \;:=\; & \{(u, e, i); 1 \le i \le 6\} \cup \{(v, e, i); 1 \le i \le 6\}, \\
E'_e \;:=\; & \{\{(u, e, i), (u, e, i+1)\}; 1 \le i \le 5\} \cup \\
& \{\{(v, e, i), (v, e, i+1)\}; 1 \le i \le 5\} \cup \\
& \{\{(u, e, i+2), (v, e, i)\}; i \in \{1, 4\}\} \cup \\
& \{\{(v, e, i+2), (u, e, i)\}; i \in \{1, 4\}\},
\end{aligned}
$$

siehe Abbildung 6.17.

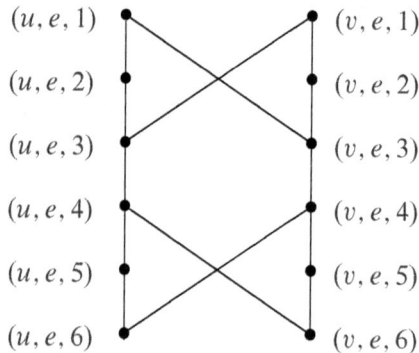

Abbildung 6.17. Überdeckungstester für eine Kante $e = \{u, v\}$.

Wir werden G' so konstruieren, dass die einzigen Knoten solch einer Komponente,
die zu weiteren Knoten verbunden sind, die Knoten $(u, e, 1)$, $(u, e, 6)$, $(v, e, 1)$ und
$(v, e, 6)$ sein werden. Daraus folgt, wie man leicht sieht, dass ein Hamiltonkreis in G'
jede so definierte Komponente in genau einem der unter Abbildung 6.18 dargestellten
Fälle durchlaufen muss.

Wir setzen nun die einzelnen Komponenten wie folgt zusammen: Für jeden Knoten
$v \in V$ seien $e_v^1, e_v^2, \ldots, e_v^{\deg(v)}$ die Kanten aus E, die durch v gehen. Alle Kompo-

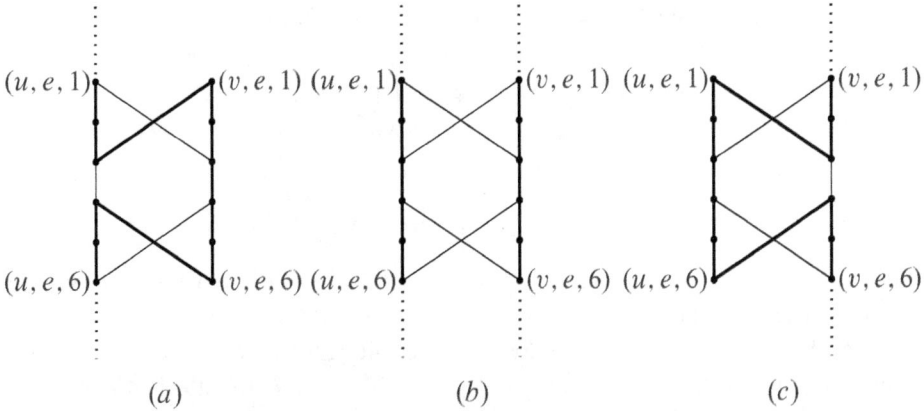

Abbildung 6.18. Die drei Möglichkeiten, wie ein Hamiltonkreis die Komponenten durchlaufen kann (fett gezeichnet).

nenten, die aus diesen Kanten wie oben konstruiert wurden, werden nun mittels der Kanten

$$E'_v := \{\{(v, e^i_v, 6), (v, e^{i+1}_v, 1)\}; 1 \le i < \deg(v)\}$$

miteinander verbunden, siehe Abbildung 6.19.

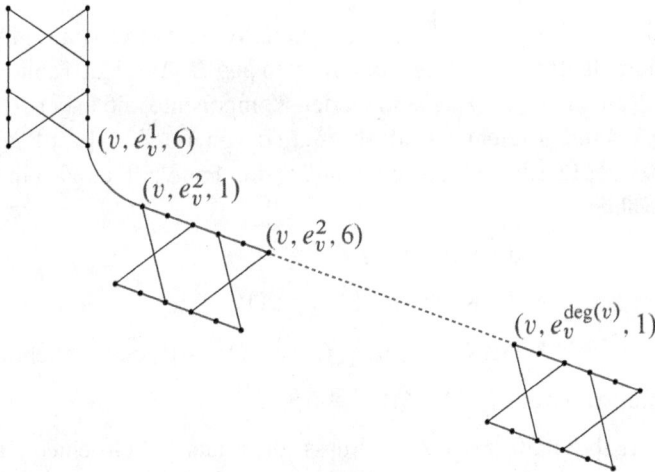

Abbildung 6.19. Zusammensetzen aller Komponenten zu Kanten, die alle einen gemeinsamen Endknoten habe.

Schließlich verbinden wir noch den ersten und letzten Knoten der Pfade aus Abbildung 6.19 mit allen der Knoten $a_1, \ldots, a_K$, d. h., wir fügen noch die Kanten

$$E'' := \{\{a_i, (v, e^1_v, 1)\}; 1 \le i \le K\} \cup \{\{a_i, (v, e^{\deg(v)}_v, 6)\}; 1 \le i \le K\}$$

zu G' hinzu. Insgesamt ist $G' = (V', E')$ also von der Form

$$V' := \{a_1, \ldots, a_K\} \cup \left(\bigcup_{e \in E} V'_e \right),$$

$$E' := E'' \cup \left(\bigcup_{e \in E} E'_e \right) \cup \left(\bigcup_{v \in V} E'_v \right).$$

Wir zeigen nun, dass G' genau dann hamiltonsch ist, wenn G ein Vertex Cover der Größe höchstens K hat.

„$\Longrightarrow$" Sei also G' hamiltonsch. Seien weiter die Knoten von $V' = \{v'_1, \ldots, v'_n\}$ so durchnummeriert, dass $\{v'_n, v'_1\} \in E$ und $\{v'_i, v'_{i+1}\} \in E$ für alle $1 \leq i < n$, das n-Tupel $(v_1, \ldots, v_n)$ also einen Hamiltonkreis in G' bildet.

Wir betrachten nun die K Teilpfade $C_1, \ldots, C_K$, die jeweils einen Anfangs- und Endknoten in $\{a_1, \ldots, a_K\}$ haben und zwischendurch keinen dieser Knoten mehr besucht (da die Knoten aus $\{a_1, \ldots, a_K\}$ untereinander nicht verbunden sind, kann der Kreis C tatsächlich so zerlegt werden).

Für jeden Teilpfad C_i gibt es nun dank der Konstruktion von G' genau einen Knoten $v_i \in V$ so, dass C_i genau die Komponenten durchläuft, die zu Kanten mit Endknoten v_i assoziiert sind, siehe die drei Fälle in Abbildung 6.17. Die Knoten $\{v_1, \ldots, v_K\}$ bilden nun, da ja der Kreis C alle konstruierten Komponenten durchlaufen muss, ein Vertex Cover.

„$\Longleftarrow$" Sei umgekehrt $V^* = \{v_1, \ldots, v_K\}$ ein Vertex Cover von G. Der Hamiltonkreis in G' durchläuft nun die folgenden Kanten aus E': Für jede Kante $e = \{u, v\} \in E$ wähle die Kanten aus der zu e assoziierten Komponente, die in der Abbildung 6.17 (a), (b) bzw. (c) fett gezeichnet sind, abhängig davon, ob $V^* \cap \{u, v\}$ aus den Knoten $\{u\}$, $\{u, v\}$ bzw. $\{v\}$ besteht (genau einer dieser drei Fälle gilt, da V^* ein Vertex Cover ist). Weiter wählen wir

(i) für alle $1 \leq i \leq K$ die Kanten aus E'_{v_i},

(ii) für alle $1 \leq i \leq K$ die Kante $\{a_i, (v_i, e^1_{v_i}, 1)\}$,

(iii) für alle $1 \leq i < K$ die Kante $\{a_{i+1}, (v_i, e^{\deg(v_i)}_{v_i}, 6)\}$, und schließlich

(iv) die Kante $\{a_1, (v_K, e^{\deg(v_K)}_{v_K}, 6)\}$.

In Übungsaufgabe 6.30 zeigen wir, dass dies tatsächlich einen Hamiltonkreis bildet. $\qquad\square$

6.4 Übungsaufgaben

Übung 6.24. Entwerfen Sie einen exakten Algorithmus für das Problem MIN TRAVELING SALESMAN, der eine Laufzeit von $\mathcal{O}(n^2 2^n)$ hat, wobei n die Anzahl der Knoten ist.

Übung 6.25. Zeigen Sie, dass auch das Problem MIN ΔTSP NP-schwer ist.

Übung 6.26. Zeigen Sie, dass das Entscheidungsproblem, ob ein kürzester Weg ohne Wiederholungen von Knoten der Länge höchstens L in einem beliebigen bewerteten gerichteten Graphen $G = (V, A)$ von einem Knoten $s \in V$ zu einem Knoten $t \in V$ existiert, NP-vollständig ist.

Übung 6.27. Gegeben seien n Jobs $J_1, \ldots, J_n$ mit $p_i = i$ für alle $i \in \{1, \ldots, n\}$ und $m \leq n$ Maschinen. Welchen Makespan liefert der Algorithmus LPT?

Übung 6.28. Beweisen Sie Satz 6.8.

Übung 6.29. Beweisen Sie Satz 6.12.

Übung 6.30. Vervollständigen Sie den Beweis von Satz 6.23.

Übung 6.31. Sei α eine beliebige in polynomieller Zeit berechenbare Funktion. Zeigen Sie, dass es unter der Annahme P $\neq$ NP für das allgemeine Problem MIN TRAVELING SALESMAN keinen polynomiellen Approximationsalgorithmus mit Güte α gibt.

Kapitel 7

Algorithmen mit multiplikativer Güte IV: Packungsprobleme

Eine weitere wichtige Klasse von Optimierungsproblemen, die in der kombinatorischen Optimierung eine große Rolle spielen, sind sogenannte Packungsprobleme, von denen wir in diesem Abschnitt zwei verschiedene Versionen kennen lernen werden. Das erste Problem, MIN BIN PACKING, ist dem Rucksackproblem sehr ähnlich. Hier geht es darum, eine Menge von Gegenständen mit fester Breite und Tiefe 1 und einer Höhe höchstens 1 in Quader der Seitenlänge 1 so zu packen, dass möglichst wenig Quader benötigt werden. Wir lernen erste, relativ einfach zu formulierende Approximationsalgorithmen für dieses Problem kennen. In Kapitel 13.2 werden wir uns noch einmal intensiver mit dem Problem MIN BIN PACKING beschäftigen und zwei sogenannte asymptotische Approximationsschemata behandeln.

Das im zweiten Abschnitt dieses Kapitels beschriebene Problem MIN STRIP PACKING kann als Verallgemeinerung des ersten Problems angesehen werden. Wir verzichten hier auf die feste Breite der Gegenstände und versuchen nun, diese geschickt in einen großen Container zu packen.

7.1 MIN BIN PACKING

Seien $s_1, \ldots, s_n \in (0, 1)$. Ein *Bin B* ist eine Teilmenge $B \subseteq \{s_1, \ldots, s_n\}$ so, dass $\sum_{s_i \in B} s_i \leq 1$. Weiter ist ein *Bin Packing* eine Partition der Menge $\{s_1, \ldots, s_n\}$ in Bins. Bei dem Problem MIN BIN PACKING geht es darum, eine Partition (auch *Packung* genannt) in möglichst wenige Bins zu finden.

Problem 7.1 (MIN BIN PACKING).
Eingabe: Zahlen $s_1, \ldots, s_n \in (0, 1)$.
Ausgabe: Eine Partition $B_1, \ldots, B_k$ von $\{s_1, \ldots, s_n\}$ von Bins so, dass k minimal ist.

Dieses Problem ist wieder, wie der nächste Satz zeigt, NP-schwer.

Satz 7.2. MIN BIN PACKING *ist* NP-*schwer.*

Beweis. Offensichtlich ist MIN BIN PACKING in NP.

Wir zeigen den Rest der Behauptung durch eine polynomielle Reduktion

$$f : \Sigma^* \longrightarrow \Sigma^*$$

des Problems PARTITION auf MIN BIN PACKING. PARTITION haben wir bereits in Übung 2.49 behandelt und gezeigt, dass dieses Problem NP-vollständig ist. Zunächst aber zur Erinnerung die Formulierung des Problems PARTITION:

Problem 7.3 (PARTITION).
Eingabe: Eine Menge $S = \{a_1, \ldots, a_n\}$ natürlicher Zahlen.
Frage: Gibt es eine Partition $S = S_1 \dot\cup S_2$ so, dass

$$\sum_{a_i \in S_1} a_i = \sum_{a_i \in S_2} a_i?$$

Sei also $S = \{a_1, \ldots, a_n\}$ eine Eingabe von PARTITION und $T := \sum_{a_i \in S} a_i$. Ist T ungerade (d. h., es gibt keine Partition), so sei $f(S) = (1, 1, 1)$. Für gerades T definieren wir

$$f(S) = \left(\frac{2 \cdot a_1}{T}, \ldots, \frac{2 \cdot a_n}{T} \right).$$

Da $\sum_{a_i \in S} \frac{2 \cdot a_i}{T} = 2$, gilt offensichtlich: Es gibt genau dann eine Partition für S, wenn es eine optimale Packung der Items aus $f(S)$ in genau zwei Bins gibt. Ein optimaler polynomieller Algorithmus für MIN BIN PACKING würde also auch das Problem PARTITION in polynomieller Zeit lösen, ein Widerspruch. □

Wir betrachten in diesem Abschnitt vier verschiedene Approximationsalgorithmen für MIN BIN PACKING. Gegeben sei eine Eingabe $L = (s_1, \ldots, s_n)$.

Algorithmus FF(L) (First Fit)

```
1   for j = 1 to n do
2       Packe s_j in das Bin B_i mit kleinstem Index, in das s_j noch hineinpasst.
3   od
```

Algorithmus BF(L) (Best Fit)

```
1   for j = 1 to n do
2       Packe s_j in das Bin B_i mit kleinster ungenutzter Kapazität, in das s_j
        noch hineinpasst.
3   od
```

Algorithmus FFD(L) (First Fit Decreasing)

```
1   Sortiere die Liste L so, dass s_1 ≥ ⋯ ≥ s_n.
2   Wende FF an.
```

und schließlich

Algorithmus BFD(L) (Best Fit Decreasing)

1 Sortiere die Liste L so, dass $s_1 \geq \cdots \geq s_n$.
2 Wende BF an.

Sei L^* die minimal mögliche Anzahl von Bins und FF(L), BF(L), FFD(L) und BFD(L) die Anzahl der Bins bei Verwendung der jeweiligen Algorithmen.

Beispiel 7.4. Sei n ein Vielfaches von 18 und $0 < \delta < \frac{1}{84}$. Definiere $L = (s_1, \ldots, s_n)$ durch

$$
s_i = \begin{cases}
\frac{1}{6} - 2\delta, & \text{falls } 1 \leq i \leq \frac{n}{3}, \\
\frac{1}{3} + \delta, & \text{falls } \frac{n}{3} < i \leq \frac{2n}{3}, \\
\frac{1}{2} + \delta, & \text{falls } \frac{2n}{3} < i \leq n.
\end{cases}
$$

Dann gilt offensichtlich

$$
L^* = \frac{n}{3}.
$$

Abbildung 7.1 zeigt eine optimale Lösung zu dieser Instanz und die Ergebnisse der Algorithmen FF und BF.

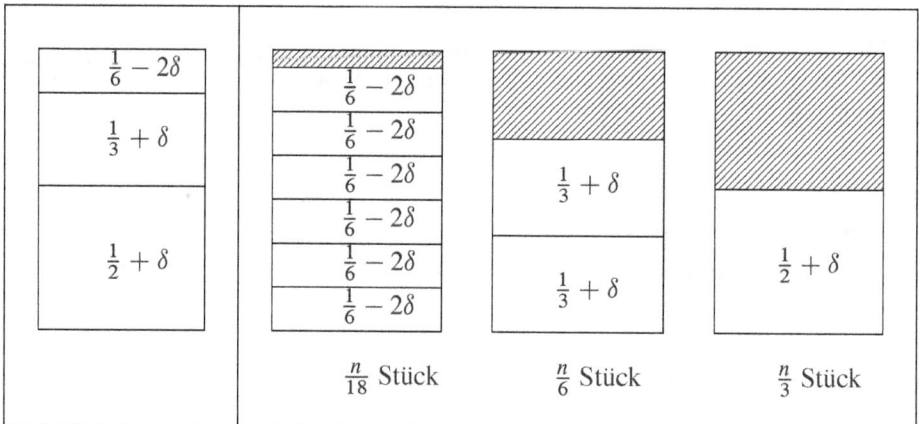

Abbildung 7.1. Links die Bins des optimalen Bin-Packing, rechts das Erzeugnis von FF und BF.

Die Algorithmen FF und BF erzeugen also insgesamt

$$
\text{FF}(L), \text{BF}(L) = \frac{n}{18} + \frac{3n}{18} + \frac{6n}{18} = \frac{10n}{18} = \frac{5n}{9}
$$

Bins. Insbesondere haben damit die oben vorgestellten Algorithmen FF und BF eine Approximationsgüte von mindestens $\frac{5}{3}$. Wir zeigen im Folgenden:

Satz 7.5 (Johnson, Demers, Ullman, Garey und Graham [116]). *Für jede Liste L gilt*

$$\mathrm{FF}(L), \mathrm{BF}(L) \leq \frac{17}{10}L^* + 2.$$

Beweis. Bevor wir den obigen Satz beweisen, benötigen wir noch einige Definitionen und Lemmata. Sei also im Folgenden $L = (s_1, \ldots, s_n)$ eine Liste mit $s_1, \ldots, s_n \in (0, 1)$, $B_1, \ldots, B_k$, $k = \mathrm{FF}(L)$ bzw. $k = \mathrm{BF}(L)$ die vom Algorithmus FF bzw. BF erzeugten Bins und $B_1^*, \ldots, B_{L^*}^*$ eine optimale Packung.

Weiter definieren wir eine Funktion $w : [0, 1] \to [0, 1]$ durch

$$w(\alpha) = \begin{cases} \frac{6}{5}\alpha, & \text{für } 0 \leq \alpha \leq \frac{1}{6}, \\ \frac{9}{5}\alpha - \frac{1}{10}, & \text{für } \frac{1}{6} < \alpha \leq \frac{1}{3}, \\ \frac{6}{5}\alpha + \frac{1}{10}, & \text{für } \frac{1}{3} < \alpha \leq \frac{1}{2}, \\ 1, & \text{für } \frac{1}{2} < \alpha \leq 1, \end{cases}$$

siehe Abbildung 7.2.

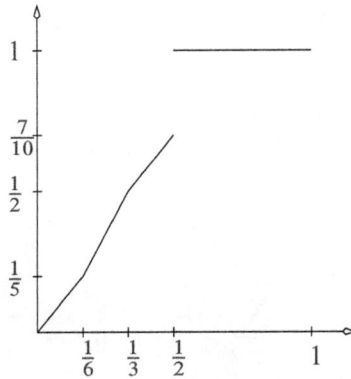

Abbildung 7.2. Graphische Darstellung der Funktion w.

Seien

$$M = \{i \in \{1, \ldots, k\}; \sum_{j \in B_i} w(s_j) \geq 1\} \text{ und}$$

$$N = \{i \in \{1, \ldots, k\}; \beta_i := 1 - \sum_{j \in B_i} w(s_i) > 0\}.$$

Dann gilt

$$\mathrm{FF}(L), \ \mathrm{BF}(L) = |M| + |N| \tag{7.1}$$

$$\leq \sum_{i \in M} \sum_{j \in B_i} w(s_j) + \sum_{i \in N} \Big(\sum_{j \in B_i} w(s_j) + \beta_i \Big) \tag{7.2}$$

$$= \sum_{j=1}^{n} w(s_j) + \sum_{i \in N} \beta_i. \tag{7.3}$$

Mit Hilfe des nächsten Lemmas können wir den ersten Summanden des letzten Terms abschätzen.

Lemma 7.6. *Sei* $B = \{b_1, \ldots, b_k\}$ *ein Bin, d. h.* $\sum_{i=1}^{k} b_i \leq 1$. *Dann gilt*

$$\sum_{i=1}^{k} w(b_i) \leq \frac{17}{10}.$$

Beweis. Zunächst überlegt man sich leicht, dass für alle $b_i \leq \frac{1}{2}$ die Abschätzung $w(b_i) \leq \frac{3}{2} b_i$ gilt.

Weiter tritt genau einer der beiden folgenden Fälle ein:

Fall 1: Es gilt $b_i \leq \frac{1}{2}$ für alle $i \in \{1, \ldots, k\}$. Dann erhalten wir sofort aus

$$\sum_{i=1}^{k} w(b_i) \leq \sum_{i=1}^{k} \frac{3}{2} b_i = \frac{3}{2} \sum_{i=1}^{k} b_i \leq \frac{3}{2} = \frac{15}{10} \leq \frac{17}{10}$$

die Behauptung.

Fall 2: Es existiert ein $j \in \{1, \ldots, k\}$ mit $b_j > \frac{1}{2}$.

Dieser Fall ist relativ aufwändig. Zur besseren Organisation gehen wir davon aus, dass unsere Gegenstände o.B.d.A. abfallend nach ihrer Größe sortiert sind (d. h. $b_1 \geq \cdots \geq b_n$). Da $b_j > \frac{1}{2}$ für ein $j \in \{1, \ldots, k\}$, gilt $w(b_1) = 1 = \frac{10}{10}$. Wir müssen also noch zeigen, dass

$$\sum_{i=2}^{k} w(b_i) \leq \frac{7}{10}$$

gilt. Zunächst ist jedoch klar, dass außer b_1 kein weiterer Gegenstand existiert, der größer als $\frac{1}{2}$ ist, da andernfalls der Bin B überpackt wäre. Insbesondere gilt also $b_j = b_1$.

Wir zeigen nun, dass wir die Summe

$$\sum_{i=2}^{k} w(b_i)$$

geeignet umschreiben und abschätzen können. Dazu benutzen wir die folgenden beiden Ideen:

(a) Haben wir einen Gegenstand $b_i \in (\frac{1}{3}, \frac{1}{2}]$, so können wir diesen durch zwei Gegenstände mit den Größen $\frac{1}{3}$ und $b_i' := b_i - \frac{1}{3} \leq \frac{1}{6}$ ersetzen. Der Wert unserer Summe bleibt dabei gleich, weil $w(b_i) = w(\frac{1}{3}) + w(b_i')$ gilt. Somit können wir o.B.d.A. annehmen, dass keine Gegenstände aus $(\frac{1}{3}, \frac{1}{2}]$ in unserer Summe vorkommen.

(b) Haben wir zwei Gegenstände b_i und b_i' aus dem Intervall $(0, \frac{1}{6}]$, so können wir diese durch den Gegenstand $b_i + b_i'$ ersetzen. Es tritt dann genau einer der beiden folgenden Fälle ein:

Fall 1: $b_i + b_i' \in (0, \frac{1}{6}]$. Dann gilt $w(b_i) + w(b_i') = w(b_i + b_i')$.

Fall 2: $b_i + b_i' \in (\frac{1}{6}, \frac{1}{3}]$. Dann ist mindestens einer der beiden Gegenstände größer als $\frac{1}{12}$, etwa b_i. Wir erhalten dann $\frac{6}{5}b_i \leq \frac{9}{5}b_i - \frac{1}{10}$ und insgesamt $w(b_i) + w(b_i') \leq w(b_i + b_i')$.

Durch das beschriebene Zerteilen und Verschmelzen der Gegenstände kann also unsere Summe nicht kleiner werden. Somit können wir davon ausgehen, dass höchstens ein Gegenstand aus $(0, \frac{1}{6}]$ vorkommt. Wir bemerken weiter, dass höchstens zwei Gegenstände aus $(\frac{1}{6}, \frac{1}{3}]$ vorkommen können, da andernfalls der Bin B ja überpackt wäre – den Gegenstand b_1 haben wir schließlich auch noch! Also ist nun die Anzahl der möglichen Situationen stark eingeschränkt. Diese Verbleibenden klären wir nun mit einer fünffachen Fallunterscheidung auf.

Fall 1: Es kommt kein Gegenstand aus $(0, \frac{1}{6}]$ oder $(\frac{1}{6}, \frac{1}{3}]$ vor. Dann folgt die Behauptung direkt.

Fall 2: Es kommt genau ein Gegenstand aus $(0, \frac{1}{6}]$ oder $(\frac{1}{6}, \frac{1}{3}]$ vor, nämlich b_2. Dann gilt $b_2 \leq \frac{1}{3}$ und wir erhalten

$$w(b_2) \leq w(\frac{1}{3}) = \frac{5}{10} \leq \frac{7}{10}$$

und somit die Behauptung.

Fall 3: Es kommen genau zwei Gegenstände aus $(\frac{1}{6}, \frac{1}{3}]$ vor, nämlich b_2 und b_3, und es kommt kein Gegenstand aus $(0, \frac{1}{6}]$ vor. Wir erhalten

$$w(b_2) + w(b_3) = \frac{9}{5}(b_2 + b_3) - \frac{1}{5} \leq \frac{9}{5}\frac{1}{2} - \frac{1}{5} = \frac{7}{10}$$

und somit die Behauptung.

Fall 4: Es kommt genau ein Gegenstand aus $(0, \frac{1}{6}]$ vor, nämlich b_2, und es kommt genau ein Gegenstand aus $(\frac{1}{6}, \frac{1}{3}]$ vor, nämlich b_3. Wir erhalten

$$w(b_2) + w(b_3) = \frac{6}{5}b_2 + \frac{9}{5} \cdot b_3 - \frac{1}{10} \leq \frac{6}{5}\frac{1}{6} + \frac{9}{5}\frac{1}{3} - \frac{1}{10} = \frac{7}{10}$$

und somit die Behauptung.

Fall 5: Es kommt genau ein Gegenstand aus $(0, \frac{1}{6}]$ vor, nämlich b_2, und es kommen genau zwei Gegenstände aus $(\frac{1}{6}, \frac{1}{3}]$ vor, nämlich b_3 und b_4. Wir erhalten

$$
\begin{aligned}
\sum_{i=2}^{4} w(b_i) &= \frac{6}{5}b_2 + \frac{9}{5}(b_3 + b_4) - \frac{1}{5} \\
&\leq \frac{9}{5}(b_2 + b_3 + b_4) - \frac{1}{5} \\
&\leq \frac{9}{5}\frac{1}{2} - \frac{1}{5} \\
&= \frac{7}{10}
\end{aligned}
$$

und somit die Behauptung.

Insgesamt haben wir also das Lemma bewiesen. $\qquad\square$

Damit gilt

$$
\sum_{j=1}^{n} w(s_j) = \sum_{i=1}^{L^*} \underbrace{\sum_{j \in B_i^*} w(s_j)}_{\leq 17/10} \leq \frac{17}{10}L^*,
$$

und es folgt aus (7.2)

$$
\mathrm{FF}(L),\ \mathrm{BF}(L) \leq \frac{17}{10}L^* + \sum_{i \in N} \beta_i.
$$

Wir müssen also nur noch $\sum_{i \in N} \beta_i \leq 2$ zeigen. Leider ist der Beweis dafür ziemlich technisch.

Definition 7.7. Der *Wert* $c(B_i) = \max\{1 - \sum_{j \in B_k} s_j; k < i\}$ eines Bins ist das kleinste α, so dass mindestens ein Bin mit kleinerem Index die Höhe $1 - \alpha$ besitzt. $c(B_1)$ habe den Wert 0.

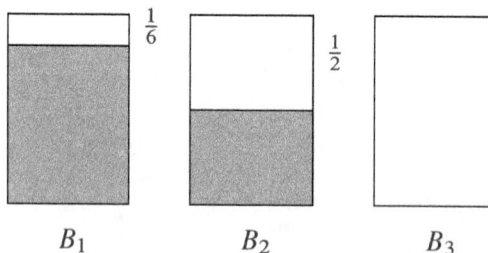

Abbildung 7.3. Beispiel: $c(B_3) = \max(\frac{5}{6}, \frac{1}{2}) = \frac{5}{6}$.

Lemma 7.8. *Es sei* $c(B_i) = \alpha$ *und sei* b *in* B_i *gepackt worden, bevor die Höhe von* B_i *größer als* $\frac{1}{2}$ *war. Dann gilt* $b > \alpha$.

Beweis. Wir zeigen die Behauptung zunächst für den Algorithmus FF. Seien dazu $B_1', \dots, B_k'$ die Bins, die der Algorithmus FF erzeugt, bevor $b \in L$ in B_i gepackt wurde. Offensichtlich gilt $h(B_j') > 1 - b$ für alle $1 \le j < i$. Am Ende des Algorithmus erhalten wir also

$$h(B_j) \ge h(B_j') > 1 - b$$

für alle $1 \le j < i$ und damit

$$\alpha = \max_{1 \le j < i} (1 - h(B_j')) < 1 - (1 - b) = b.$$

Also ist der erste Teil des Lemmas bewiesen.

Seien nun $B_1', \dots, B_k'$ die Bins, die der Algorithmus BF erzeugt, bevor $b \in L$ in B_i gepackt wurde.

Angenommen, es existiert $j \in \{1, \dots, i-1\}$ so, dass $h(B_j') + b \le 1$. Da b in das i-te Bin gepackt wird, gilt $h(B_j') < h(B_i')$. (Insbesondere ist B_i' nicht leer, denn sonst würde BF ein neues Bin für b aufmachen, obwohl b noch in B_j' passt.) Nach Voraussetzung haben wir $h(B_i') \le \frac{1}{2}$, also auch $h(B_j') \le \frac{1}{2}$. Damit passen aber alle Einträge von B_i' noch in B_j', ein Widerspruch. Also existiert kein Bin B_j', $j \in \{1, \dots, i-1\}$, so, dass b in B_j' passt, und die Behauptung folgt wie für FF. $\square$

Mit Hilfe des obigen Lemmas zeigt man:

Lemma 7.9. *Es sei* B *ein Bin mit Wert* $c(B) = \alpha < \frac{1}{2}$ *und in* B *liegen Zahlen* $b_1 \ge \dots \ge b_k$. *Wenn* $\sum_{i=1}^{k} b_i \ge 1 - \alpha$, *dann gilt* $\sum_{i=1}^{k} w(b_i) \ge 1$.

Beweis. Übung. $\square$

Lemma 7.10. *Es sei* B *ein Bin mit Wert* $c(B) = \alpha < \frac{1}{2}$ *und gefüllt mit* $b_1 \ge \dots \ge b_k$, $k > 2$, *so, dass* $\sum_{i=1}^{k} w(b_i) = 1 - \beta$ *mit* $\beta > 0$. *Dann gilt* $\sum_{i=1}^{k} b_i \le 1 - \alpha - \frac{5}{9}\beta$.

Beweis. Offensichtlich gilt $b_1 \le \frac{1}{2}$, denn andernfalls wäre $w(b_1) = 1$ und damit $\sum_{i=1}^{k} w(b_i) \ge 1$, ein Widerspruch.

Sei nun γ so, dass $\sum_{i=1}^{k} b_i = 1 - \alpha - \gamma$. Aus Lemma 7.9 folgt $\gamma > 0$. Wähle δ_1, δ_2 so, dass $\delta_1 + \delta_2 = b_1 + b_2 + \gamma$, $\delta_1 \ge b_1$, $\delta_2 \ge b_2$ und $\delta_1, \delta_2 \le \frac{1}{2}$. Dann gilt

$$\delta_1 + \delta_2 + \sum_{i=3}^{k} b_i = \sum_{i=1}^{k} b_i + \gamma = 1 - \alpha,$$

also folgt aus Lemma 7.9

$$w(\delta_1) + w(\delta_2) + \sum_{i=3}^{k} w(b_i) \ge 1.$$

Da die Steigung von w im Intervall $[0, \frac{1}{2}]$ nie größer als $\frac{9}{5}$ ist, erhalten wir für alle $a, b \in [0, \frac{1}{2}]$ mit $a + b \leq 1/2$

$$w(a + b) \leq w(a) + \frac{9}{5}\, b,$$

und damit

$$w(\delta_1) + w(\delta_2) \leq w(b_1 + (\delta_1 - b_1)) + w(b_2 + (\delta_2 - b_2))$$

$$\leq w(b_1) + w(b_2) + \frac{9}{5}\, (\delta_1 + \delta_2 - (b_1 + b_2))$$

$$\leq w(b_1) + w(b_2) + \frac{9}{5}\, \gamma.$$

Es folgt

$$\sum_{i=1}^{k} w(b_i) + \frac{9}{5}\, \gamma = w(b_1) + w(b_2) + \frac{9}{5}\, \gamma + \sum_{i=3}^{k} w(b_i)$$

$$\geq w(\delta_1) + w(\delta_2) + \sum_{i=3}^{k} w(b_i)$$

$$\geq 1,$$

also, da $\sum_{i=1}^{k} w(b_i) = 1 - \beta$,

$$1 - \beta + \frac{9}{5}\, \gamma = \sum_{i=1}^{k} w(b_i) + \frac{9}{5} \leq 1.$$

Insgesamt erhalten wir $\frac{9}{5}\, \gamma \geq \beta$ und damit $\gamma \geq \frac{5}{9}\, \beta$.   □

Wir sind nun in der Lage, unseren Beweis für Satz 7.5 zu beenden.

Sei $\gamma_i = c(B_i)$ für alle $i \in N$. Da B_i für alle $i \in N$ kein Element größer $\frac{1}{2}$ besitzt (ansonsten wäre $\sum_{j \in B_i} w(s_j) \geq 1$), müssen also zum Zeitpunkt, zu dem das erste Element in B_i gepackt wurde, alle vorherigen Bins eine Höhe größer als $\frac{1}{2}$ gehabt haben, d. h. $\gamma_i < \frac{1}{2}$ für alle $i \in N$.

Sei nun $I := \max N$. Dann haben alle Bins B_i mit $i \in N$ und $i < I$ mindestens zwei Elemente (ansonsten wäre $h(B_i) \leq \frac{1}{2}$ und damit $\gamma_I \geq \frac{1}{2}$). Also folgt aus dem obigen Lemma

$$\gamma_i + \frac{5}{9}\, \beta_i \leq 1 - h(B_i) \quad \text{für alle } i < I, i \in N.$$

Sei $i_1 < i_2 < \cdots < i_{|N|}$ eine Indexfolge mit $\{i_1, \ldots, i_{|N|}\} = N$. Da $\gamma_{i_j} = \max_{i < i_j}(1 - h(B_i)) \geq 1 - h(B_{i_{j-1}})$, folgt

$$\gamma_{i_j} \geq \gamma_{i_{j-1}} + \frac{5}{9}\,\beta_{i_{j-1}} \quad \text{für alle} \quad j \in \{2, \ldots, |N|\}.$$

Insgesamt erhalten wir

$$\sum_{j=1}^{|N|-1} \beta_{i_j} \leq \frac{9}{5} \sum_{j=1}^{|N|-1} (\gamma_{i_{j+1}} - \gamma_{i_j})$$
$$= \frac{9}{5}(\gamma_{i_{|N|}} - \gamma_{i_1})$$
$$< \frac{9}{5}\frac{1}{2}$$
$$< 1,$$

und, da $\beta_{|N|} \leq 1$, folgt die Behauptung. □

Garey, Graham, Johnson und Yao konnten in [69] die Güte auf $\lceil 17/10 \rceil$ verbessern. Weiter gibt es Instanzen L des Problems MIN BIN PACKING so, dass der Algorithmus FF mindestens $\frac{17}{10} \cdot \mathrm{OPT}(L) - 2$ Bins benötigt, siehe [116], eine wesentlich bessere Analyse lässt sich also nicht erreichen.

Darüber hinaus zeigen wir folgendes Nichtapproximierbarkeitresultat:

Satz 7.11. *Unter der Voraussetzung* P $\neq$ NP *gibt es für* MIN BIN PACKING *keinen polynomiellen Approximationsalgorithmus mit einer Güte kleiner* $3/2$.

Beweis. Die Idee dieses Beweises ist ähnlich zu dem von Satz 7.2, wir zeigen wieder: Gibt es einen polynomiellen Algorithmus für MIN BIN PACKING mit Güte besser als $3/2$, dann ist auch das Problem PARTITION in polynomieller Zeit lösbar.

Wir nehmen also an, dass es einen polynomiellen Approximationsalgorithmus A für MIN BIN PACKING mit gewünschter multiplikativer Güte gibt. Sei jetzt $S = \{a_1, \ldots, a_n\}$ eine Instanz von PARTITION und $T := \sum_{i=1}^{n} a_i$. Ist T ungerade, so wissen wir bereits, dass keine gewünschte Partition existiert. Im anderen Fall sei

$$L = \left(\frac{2 \cdot a_1}{T}, \ldots, \frac{2 \cdot a_n}{T}\right)$$

eine Instanz von MIN BIN PACKING und m die Anzahl der von A konstruierten Bins bei Eingabe von L. Wir unterscheiden zwei Fälle.

Fall 1: Ist $m \geq 3$, so gilt wegen

$$m/\mathrm{OPT}(L) < 3/2$$

$\mathrm{OPT}(L) > 2$. Die Items $\frac{2 \cdot a_1}{T}, \dots, \frac{2 \cdot a_n}{T}$ können also nicht in zwei Bins der Größe 1 gepackt werden. Insbesondere ist die Eingabe $S = \{a_1, \dots, a_n\}$ von PARTITION also eine NEIN-Instanz.

Fall 2: Ist $m \leq 2$, so folgt wegen $\sum_{i=1}^{n} \frac{2 \cdot a_i}{T} = 2$ sofort $m = 2$. Insbesondere sind dann beide vom Algorithmus gepackten Bins voll gepackt und wir erhalten so eine Partition der Menge S. Diese Instanz ist somit eine JA-Instanz. $\qquad\square$

Die Algorithmen FF und BF sind also schon ziemlich gut. Allerdings zeigen wir nun, dass der Algorithmus FFD diese Grenze genau annimmt. Einen besseren Approximationsalgorithmus (bezüglich der Güte) gibt es dann unter der Voraussetzung $P \neq NP$ für das Problem MIN BIN PACKING nicht.

Der folgende Satz stammt von Simchi–Levi, siehe [183]. In derselben Arbeit wurde auch gezeigt, dass der Algorithmus FF eine Güte von 1.75 garantiert.

Satz 7.12. *Der Algorithmus* FFD *hat die Approximationsgüte* $3/2$.

Beweis. Sei $L = (s_1, \dots, s_n)$ eine Instanz von MIN BIN PACKING, $m = \mathrm{OPT}(L)$ die Anzahl der Bins einer optimalen Packung und r die Anzahl der vom Algorithmus FFD erzeugten Bins. Ist $r = m$, so ist nichts zu zeigen, wir nehmen also im Folgenden $r > m$ an. Der Algorithmus FFD sortiert im ersten Schritt die Items nach ihrer Größe. Wir können also weiter annehmen, dass die Eingabe L bereits sortiert ist, d. h.

$$s_1 \geq \dots \geq s_n.$$

Wir zeigen zunächst die folgende Aussage:
Sei s_k das erste Item, das in das $(m + 1)$-te Bin B_{m+1} gepackt wurde. Dann gilt $s_k \leq 1/3$.

Angenommen, die Aussage ist falsch, es gilt also $s_k > 1/3$ und damit auch $s_i > 1/3$ für alle $i \leq k$. Insbesondere gibt es damit ein $h \leq m$ so, dass jedes Bin B_j mit $j \leq h$ genau ein Item und jedes Bin B_i mit $h < i \leq m$ genau zwei Items enthält, siehe Abbildung 7.4.

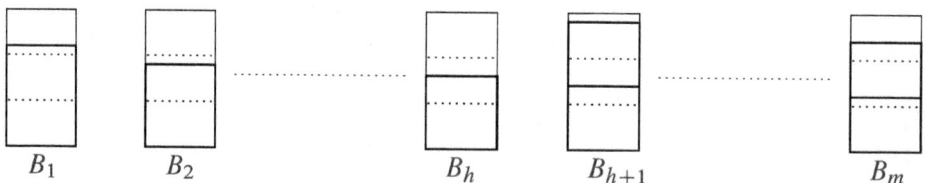

Abbildung 7.4. Alle Bins sind mit einem oder zwei Gegenständen gepackt.

Es folgt damit

$$k - h - 1 = 2 \cdot (m - h). \tag{7.4}$$

Weiter gilt offensichtlich $s_j + s_q > 1$ für alle $j \leq h$ und $j < q \leq k$, denn andernfalls wäre s_q in B_j gepackt worden.

Seien nun $B_1', \ldots, B_m'$ die Bins einer optimalen Packung. Enthält ein Bin B_j' das Item s_j für $j \leq h$, so ist kein weiteres Item s_q mit $1 < q \leq k$ in B_j' gepackt (da $s_j + s_q > 1$). Also sind die h Items $s_1, \ldots, s_h$ in verschiedenen Bins B_j', $j \leq m$, enthalten und diese Bins enthalten keine weiteren Items $s_{h+1}, \ldots, s_k$. Die restlichen Bins enthalten höchstens zwei Items aus $s_{h+1}, \ldots, s_k$, da $s_i \geq 1/3$ für alle $i \leq k$, d. h., die Items $s_{h+1}, \ldots, s_k$ benötigen nach (7.4) mindestens

$$\lceil (k - h)/2 \rceil = m - h + 1$$

weitere Bins. Insgesamt werden somit

$$h + (m - h + 1) = m + 1 > m$$

Bins benötigt, ein Widerspruch zur Optimalität von $B_1', \ldots, B_m'$. Damit gilt also $s_i \leq 1/3$ für alle $i \geq k$.

Sei nun s_t ein Item in Bin B_r. Da $s_t \leq 1/3$, sind also die Bins $B_1, \ldots, B_{r-1}$ zu mindestens $2/3$ gefüllt, andernfalls wäre s_i in eines dieser Bins gepackt worden. Dasselbe Argument zeigt auch $h(B_{r-1}) + s_t > 1$. Insgesamt erhalten wir

$$\sum_{i=1}^{n} s_i \geq \sum_{i=1}^{r-1} h(B_i) + s_t = \sum_{i=1}^{r-2} h(B_i) + (h(B_{r-1} + s_t) > 2/3 \cdot (r - 1) + 1.$$

Da $m = \mathrm{OPT}(L) \geq \sum_{i=1}^{n} s_i$, folgt

$$\mathrm{OPT}(L) \geq 2/3 \cdot (r - 1) + 1 \geq 2/3 \cdot r,$$

und damit $r \leq 3/2 \cdot \mathrm{OPT}(L)$. $\square$

Berghammer und Reuter haben in [29] sogar einen linearen Approximationalgorithmus für MIN BIN PACKING mit Güte $3/2$ angegeben.

7.2 MIN STRIP PACKING

Das im letzten Abschnitt behandelte Problem MIN BIN PACKING lässt sich auch wie folgt interpretieren: Anstelle der Werte $s_1, \ldots, s_n \in (0, 1)$ betrachten wir Rechtecke $r_1, \ldots, r_n$ der Breite 1 und Höhe $h(r_i) = s_i$ für alle $i \leq n$. Ein Bin B ist dann ein Quadrat mit Seitenlänge 1 und ein Bin Packing also eine Packung dieser Rechtecke in Quadrate bzw. Bins so, dass sich je zwei Rechtecke nicht überlappen. Dies zeigen auch schon die Bilder im letzten Abschnitt.

Eine naheliegende Verallgemeinerung dieses Problems ist das Aufgeben der festen Breite von 1 für die Rechtecke. Dieses Problem, genannt MIN STRIP PACKING, behandeln wir in diesem Abschnitt.

Problem 7.13 (MIN STRIP PACKING).

Eingabe: Eine Folge $L = (r_1, \ldots, r_n)$ von Rechtecken mit Breite $w(r_i)$ und Höhe $h(r_i)$; ein Streifen mit fester Breite und unbeschränkter Höhe.

Ausgabe: Eine Packung dieser Rechtecke in den Streifen so, dass sich keine zwei Rechtecke überlappen und die Höhe des gepackten Streifens minimal ist.

Wir werden in diesem Abschnitt drei Algorithmen für dieses Problem kennen lernen, von denen wir zwei genauer untersuchen wollen.

Im Folgenden nehmen wir an, dass die Rechtecke orientiert sind, d. h., Drehungen der Rechtecke sind nicht erlaubt. Weiter können wir o.B.d.A. annehmen, dass die Breite des Streifens 1 und die Breite der Rechtecke durch 1 beschränkt ist (sonst könnten wir die Rechtecke ja gar nicht in den Streifen packen).

Beispiel 7.14. Sei $L = (r_1, \ldots, r_6)$ eine Folge von Rechtecken mit den in Tabelle 7.1 dargestellten Höhen und Breiten. In Abbildung 7.5 sehen wir eine optimale Lösung zu dieser Instanz.

i	1	2	3	4	5	6
$w(r_i)$	$\dfrac{7}{20}$	$\dfrac{3}{20}$	$\dfrac{2}{5}$	$\dfrac{1}{4}$	$\dfrac{1}{4}$	$\dfrac{1}{5}$
$h(r_i)$	$\dfrac{9}{20}$	$\dfrac{1}{4}$	$\dfrac{1}{5}$	$\dfrac{1}{5}$	$\dfrac{1}{10}$	$\dfrac{1}{10}$

Tabelle 7.1. Beispieleingabe für das Problem MIN STRIP PACKING. Die optimale Lösung sehen wir in Abbildung 7.5.

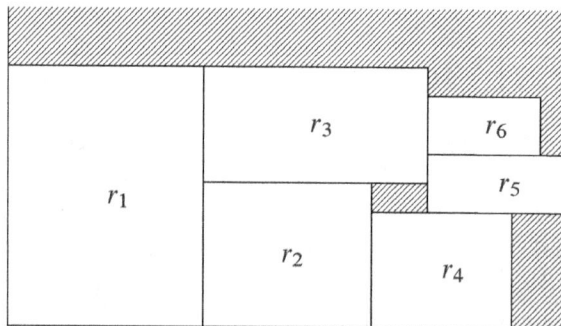

Abbildung 7.5. Graphische Darstellung einer optimale Lösung zur Instanz aus Beispiel 7.14. Hier gilt $\mathrm{OPT}(L) = \frac{9}{20} = h(r_1)$.

Wir behandeln zunächst zwei Approximationsalgorithmen für dieses Problem, die eine Güte von ungefähr 2 (für den ersten) und ungefähr 1.7 (für den zweiten) haben.

Algorithmus NEXT FIT DECREASING HEIGHT(NFDH)(L)

1   Die Rechtecke werden auf eine Stufe jeweils (links-justiert) gepackt, solange genügend Platz bezüglich der Breite vorhanden ist.

2   Ist nicht genügend Platz vorhanden, so definieren wir eine neue Stufe und packen die nächsten Rechtecke darauf.

In Abbildung 7.6 zeigen wir, was dieser Algorithmus für die Eingabe aus Beispiel 7.14 berechnet.

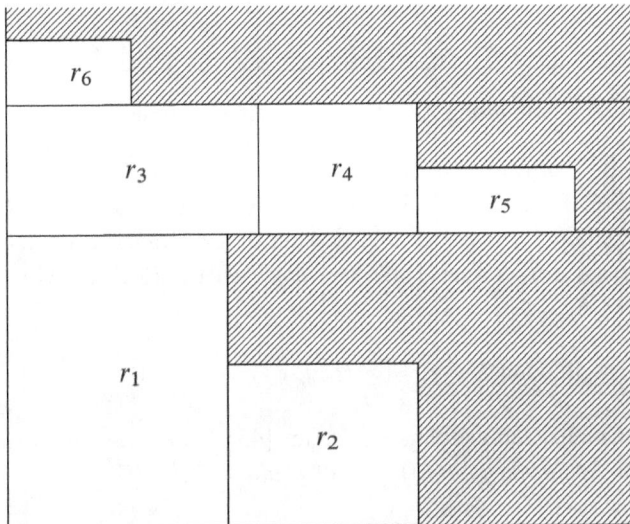

Abbildung 7.6. Graphische Darstellung der Lösung, die der Algorithmus NFDH für die Instanz aus Beispiel 7.14 liefert. Hier gilt NFDH(L) $= \frac{3}{4}$.

Bei dem oben vorgestellten Algorithmus handelt es sich um einen sogenannten *stufenorientierten Algorithmus*, d. h., wir erzeugen eine Folge von Stufen im Streifen so, dass (siehe Abbildung 7.7)

- alle Rechtecke auf eine der Stufen gesetzt werden,

- die erste Stufe S_1 die Grundseite des Streifens ist, und

- jede nachfolgende Stufe S_n durch eine horizontale Linie durch die Oberseite des höchsten Rechtecks der vorherigen Stufe S_{n-1} definiert wird.

Weiter wollen wir im Folgenden voraussetzen, dass die Rechtecke in den Listen nach absteigenden Höhen sortiert sind, d. h. $h(r_1) \geq \cdots \geq h(r_n)$ für alle Listen $L = (r_1, \ldots, r_n)$.

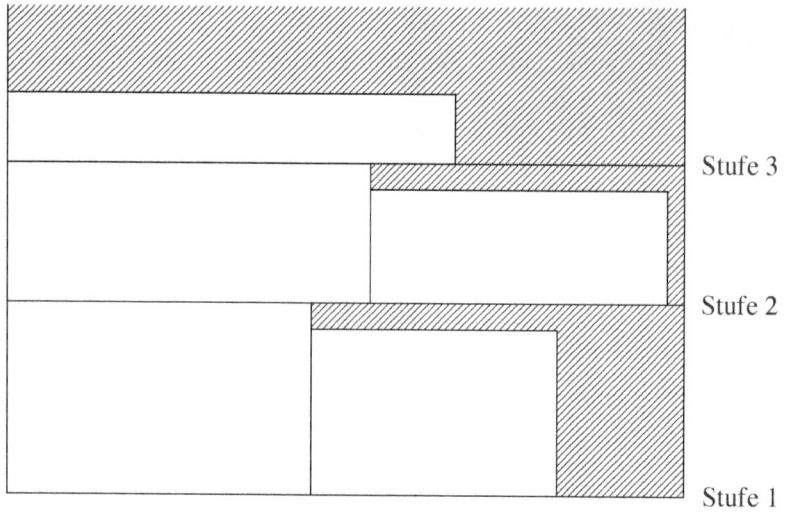

Abbildung 7.7. Stufenorientierter Algorithmus.

Definition 7.15. Die Fläche zwischen zwei Stufen S_i und S_{i+1} wird *Block* genannt und mit B_i bezeichnet. Eine Packung, erzeugt durch NFDH, entspricht einer Folge von Blöcken $B_1, \ldots, B_t$. Es sei A_i die *Gesamtfläche* der Rechtecke in B_i und H_i die *Höhe* des Blocks B_i.

Offensichtlich gilt dann $H_1 \geq \cdots \geq H_t$.

Satz 7.16 (Coffman, Garey, Johnson, Tarjan [43]). *Für jede Eingabeinstanz* $L = (r_1, \ldots, r_n)$ *von Rechtecken mit* $h(r_i) \leq 1$ *für alle* $i \leq n$ *gilt*

$$\text{NFDH}(L) \leq 2 \cdot \text{OPT}(L) + 1.$$

Beweis. Sei x_i die Breite des ersten Rechtecks in B_i und y_i die Gesamtbreite der Rechtecke in B_i. Weiter sei t die Anzahl der erzeugten Stufen. Für alle $i < t$ passt dann das erste Rechteck aus B_{i+1} nicht in B_i. Damit erhalten wir

$$y_i + x_{i+1} > 1 \tag{7.5}$$

für alle $1 \leq i < t$.

Da jedes Rechteck in B_i eine Höhe von mindestens H_{i+1} und das erste Rechteck in B_{i+1} die Höhe H_{i+1} hat, gilt

$$A_i + A_{i+1} \geq H_{i+1}(y_i + x_{i+1}) \tag{7.6}$$

für alle $1 \leq i < t$, siehe Abbildung 7.8.

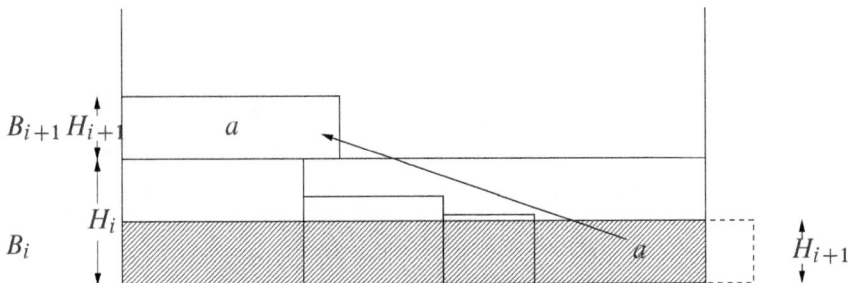

Abbildung 7.8. Beispiel für Formel (7.6.)

Aus (7.5) und (7.6) folgt

$$A_i + A_{i+1} > H_{i+1}$$

für alle $1 \leq i < t$.

Sei nun A die Gesamtfläche aller Rechtecke. Dann gilt

$$
\begin{aligned}
\text{NFDH}(L) &= \sum_{i=1}^{t} H_i = H_1 + \sum_{i=2}^{t} H_i = H_1 + \sum_{i=1}^{t-1} H_{i+1} \\
&< H_1 + \sum_{i=1}^{t-1}(A_i + A_{i+1}) = H_1 + \sum_{i=1}^{t-1} A_i + \sum_{i=2}^{t} A_i \\
&\leq \underbrace{H_1}_{\leq 1} + 2 \cdot A \leq 2 \cdot \text{OPT}(L) + 1,
\end{aligned}
$$

wobei die letzte Ungleichung aus der Tatsache folgt, dass $A \leq \text{OPT}(L)$ gilt. Insgesamt erhalten wir damit die Behauptung. □

Der nächste Satz zeigt, dass wir die Analyse nicht verbessern können, d. h., es gibt Eingaben, die die Schranke ungefähr annehmen. Siehe auch Übungsaufgabe 7.23, in der Eingaben konstruiert werden, für die der Algorithmus NFDH eine Güte nahe an 3 liefert (dies ist natürlich nur dann möglich, wenn $\text{OPT}(L) \approx 1$ gilt).

Satz 7.17. *Es existieren Eingaben* $L_n = (r_1, \ldots, r_n)$ *mit*

$$\lim_{n \to \infty} \frac{\text{NFDH}(L_n)}{\text{OPT}(L_n)} = 2.$$

Beweis. Es sei $n = 4k$ und $L_n = (r_1, \ldots, r_n)$ mit $h(r_i) = 1$, $1 \leq i \leq n$ und $w(r_{2i-1}) = \frac{1}{2}$, $w(r_{2i}) = \varepsilon > 0$ für $1 \leq i \leq \frac{n}{2}$.

Für $\varepsilon \leq \frac{2}{n}$ gilt dann $\text{NFDH}(L_n) = \frac{n}{2}$ und $\text{OPT}(L_n) = \frac{n}{4} + 1$. siehe Abbildung 7.9. □

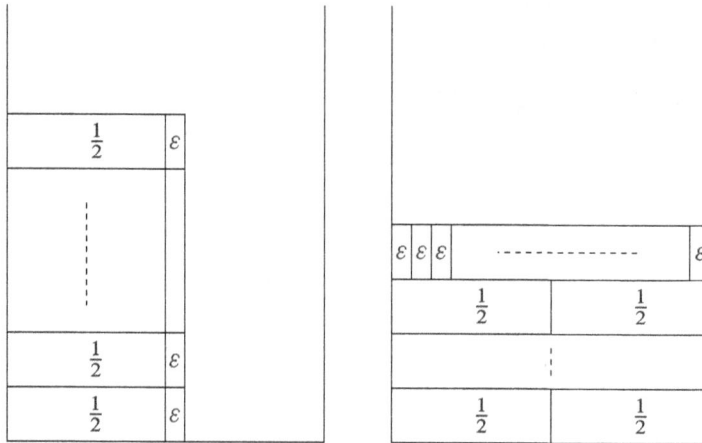

Abbildung 7.9. Links: NFDH$(L) = \frac{n}{2}$, rechts: OPT$(L) = \frac{n}{4} + 1$.

Der Algorithmus NFDH untersucht gar nicht, ob ein Rechteck noch in eine untere Stufe passt, sondern betrachtet vorhergehende Stufen nicht mehr. Zum Beispiel würde das Rechteck r_4 aus Beispiel 7.14 noch in die erste Stufe passen.

Wir wollen deshalb einen zweiten Algorithmus kennen lernen, der dieses Problem behebt.

Algorithmus FIRST FIT DECREASING HEIGHT(FFDH)(L)

1   Die Rechtecke werden auf die unterste Stufe gepackt, wo das Rechteck noch hineinpasst.
2   Wenn ein Rechteck auf keine Stufe passt, so definieren wir eine neue Stufe.

Auch dieser Algorithmus ist stufenorientiert. Wieder angewandt auf Beispiel 7.14, erhalten wir einen besseren Wert, siehe Abbildung 7.10. Der nächste Satz zeigt, dass dies kein Zufall ist, sondern der Algorithmus FIRST FIT DECREASING HEIGHT tatsächlich eine bessere Güte als der Algorithmus NEXT FIT DECREASING HEIGHT hat.

Satz 7.18 (Coffman, Garey, Johnson, Tarjan [43]). *Für jede Folge L von Rechtecken gilt*

$$\text{FFDH}(L) \leq 1.7\,\text{OPT}(L) + 1.$$

Allerdings wollen wir diesen Satz hier nicht beweisen, sondern behandeln im Folgenden einen von Sleator 1980 gefundenen Algorithmus (siehe [184]), der eine multiplikative Güte von 2.5 garantiert.

Sei also $L = (r_1, \ldots, r_n)$ eine Folge von Rechtecken mit $h(r_i), w(r_i) \leq 1$ für alle $i \leq n$.

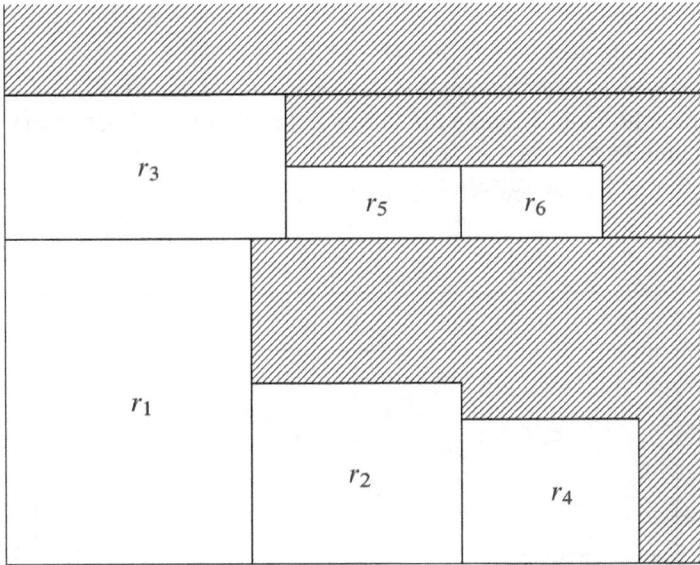

Abbildung 7.10. Graphische Darstellung der Lösung, die der Algorithmus FFDH für die Instanz aus Beispiel 7.14 liefert. Hier gilt $\mathrm{FFDH}(L) = \frac{13}{20}$.

Algorithmus SL(L)

1 $L_{1/2} = \{r_i ; w(r_i) \geq 1/2\}$.

2 Lege alle Rechtecke r_i mit aus $L_{1/2}$ nacheinander in den Streifen.

3 Setze $h_0 = \sum_{r_i \in L_{1/2}} h(r_i)$ (= erzielte Höhe im Streifen).

4 Setze $A_0 = \sum_{r_i \in L_{1/2}} h(r_i)w(r_i)$ (= Gesamtfläche der gepackten Rechtecke).

5 Sortiere die übrigen Rechtecke nach absteigender Höhe.

6 Setze $h_1 = \max\{h(r_i) \mid w(r_i) \leq 1/2\}$ (= Höhe des höchsten Rechtecks mit $w(r_i) \leq 1/2$).

7 Platziere die Rechtecke von links nach rechts auf die horizontale Linie bei Höhe h_0 wie bei NFDH, bis das erste Rechteck nicht mehr hineinpasst. Zeichne nun eine vertikale Linie, die den Streifen in zwei gleiche Teile zerlegt (mit Breite $1/2$).

8 Setze $d_1 =$ Höhe des größten Rechtecks in der rechten Hälfte.

9 Setze $A_1 =$ Fläche des Durchschnitts der linken Hälfte und der gesamten Rechtecke in Schritt 7.

10 Setze $A_2 =$ Fläche der Rechtecke der rechten Hälfte und der noch nicht gepackten Rechtecke.

11 Zeichne zwei horizontale Linien der Längen $1/2$ (eine oberhalb der linken und eine oberhalb der rechten Hälfte, so niedrig wie möglich). Diese Linien nennen wir rechte bzw. linke Grundlinie.

12   Wähle diejenige Hälfte mit niedrigerer Grundlinie. In die gewählte Hälfte
     packe nun die nächsten Rechtecke von links nach rechts, bis das erste
     Rechteck nicht mehr hineinpasst (also wie bei NFDH). Dann zeichne
     eine neue horizontale Linie der Länge $1/2$ oberhalb der Rechtecke in der
     gewählten Hälfte.

13   Wiederhole den letzten Schritt, bis alle Rechtecke gepackt sind.

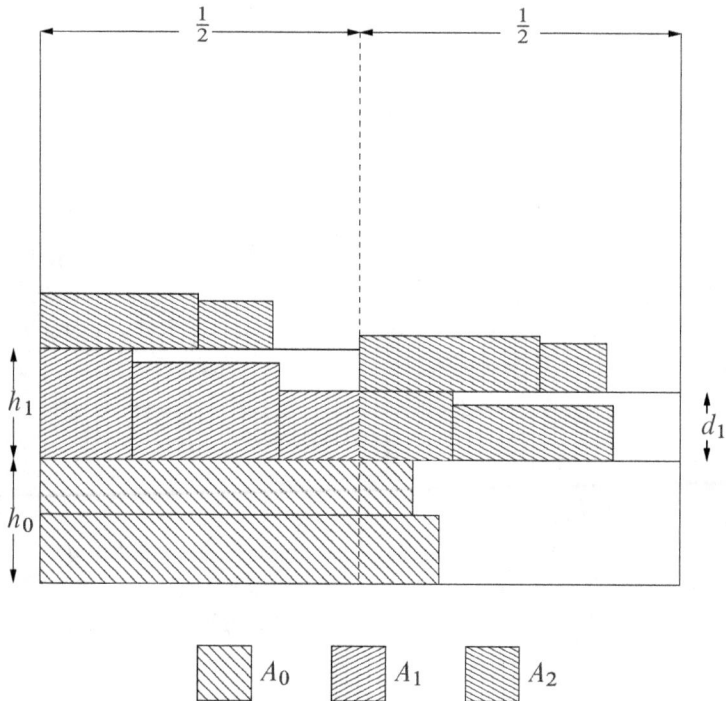

Abbildung 7.11. Beispiel für die Arbeitsweise des Algorithmus von Sleator.

Satz 7.19 (Sleator [184]). *Es sei* $\mathrm{SL}(L)$ *die Höhe der Packung, die der Algorithmus von Sleator erzeugt,* $\mathrm{OPT}(L)$ *die Höhe in einer optimalen Packung und* $h_{\max} =
\max\limits_{1 \leq i \leq n} h(r_i) \leq 1$. *Dann gilt:*

$$\mathrm{SL}(L) \ \leq \ 2 \cdot \mathrm{OPT}(L) + \frac{1}{2} h_{\max}.$$

Beweis. Sei S die Summe aller Höhen der rechten und linken Stufen mit Rechtecken
in A_2 und e die Differenz in der Höhe zwischen der linken und rechten Hälfte. Dann
gilt:

$$2h_0 + h_1 + S + e \ = \ 2\mathrm{SL}(L).$$

Da weiter die Hälfte der Fläche bis Höhe h_0 gefüllt ist, gilt

$$\frac{1}{2}h_0 \; < \; A_0.$$

Wir werden unten die Ungleichung

$$S \; \leq \; 4A_2 + d_1 \tag{7.7}$$

zeigen. Damit folgt dann

$$2\text{SL}(L) \; = \; 2h_0 + h_1 + S + e \; < \; 4A_0 + h_1 + 4A_2 + d_1 + e.$$

Da alle Rechtecke r mit $w(r) \leq \frac{1}{2}$ in absteigender Höhe gepackt sind, haben alle Rechtecke in A_1 eine Höhe größer gleich d_1. Es gilt somit

$$\frac{1}{2}d_1 \; < \; A_1,$$

also auch

$$d_1 \; < \; 4A_1 - d_1.$$

Insgesamt erhalten wir

$$2\text{SL}(L) \; < \; 4(A_0 + A_1 + A_2) + h_1 + e - d_1.$$

Fall 1: Die Höhe der rechten Spalte hat niemals die Höhe der linken überschritten. Dann gilt $\text{SL}(L) = h_0 + h_1$. Da $h_0 \leq \text{OPT}(L)$ und $h_1 \leq h_{\max} \leq \text{OPT}(L)$, folgt damit

$$\text{SL}(L) \leq 2 \cdot \text{OPT}(L).$$

Fall 2: Die Höhe der rechten Spalte hat irgendwann die Höhe der linken überschritten. Da e durch die Höhe der höchsten Spalte in A_2 beschränkt ist, folgt $e \leq d_1$ und $h_1 \leq h_{\max}$, und damit

$$
\begin{aligned}
2\text{SL}(L) \; &\leq \; 4(A_0 + A_1 + A_2) + h_1 + \underbrace{e - d_1}_{\leq 0} \\
&\leq \; 4 \cdot \text{OPT}(L) + h_{\max},
\end{aligned}
$$

also die Behauptung.

Es bleibt die Ungleichung (7.7) zu zeigen. Sei P_i die i-te gepackte Stufe in A_2, d_i die Höhe dieser Stufe und R_i das $(d_i \times \frac{1}{2})$-Rechteck, in das die Rechtecke aus P_i gepackt sind. Wir partitionieren R_i in drei Teile a_i, b_i, c_i wie in Abbildung 7.12 dargestellt. Für $i = n$ sei $b_i = 0$ (da $d_{n+1} = 0$ ist). Es ist $A_2 = \bigcup_{i=1}^n a_i$. Sei $B = \bigcup_{i=1}^{n-1} b_i$ und $C = \bigcup_{i=1}^n c_i$. A_2, B und C sind disjunkt und überdecken ein $(S \times \frac{1}{2})$-Rechteck. Es gilt somit

$$\frac{1}{2}S = A_2 + B + C.$$

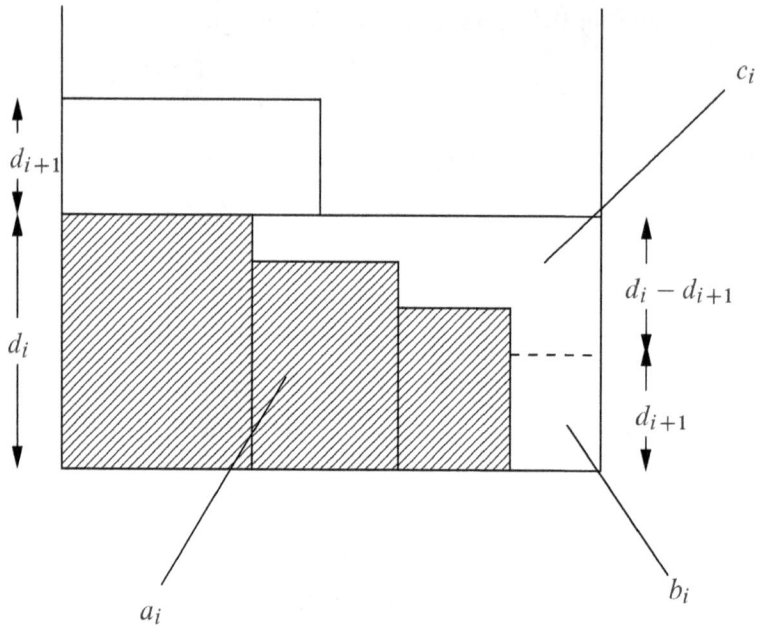

Abbildung 7.12. Partitionierung von R_i.

Wir haben weiter $b_i \leq a_{i+1}$, da das erste Stück aus a_{i+1} breiter ist als und gleich hoch ist wie b_i. Es folgt also

$$B = \bigcup_{i=1}^{n-1} b_i \leq \bigcup_{i=2}^{n} a_i \leq A_2.$$

Wir betrachten nun C. Die Höhe von c_i ist $d_i - d_{i+1}$ für $i \in \{1, \ldots, n-1\}$ und die Höhe von c_n ist d_n. Es folgt

$$\sum_{i=1}^{n} \text{Höhe von } c_i = d_n + \sum_{i=1}^{n-1}(d_i - d_{i+1}) = d_1.$$

Da die Breite von c_i jeweils $\leq \frac{1}{2}$ ist, folgt hieraus

$$C \leq \frac{1}{2}d_1,$$

und weiter

$$\frac{1}{2}S = A_2 + B + C \leq 2A_2 + C \leq 2A_2 + \frac{1}{2}d_1.$$

Hieraus folgt die Behauptung. $\qquad\qquad\qquad\qquad\qquad\qquad\qquad\qquad\square$

In Übungsaufgabe 7.24 zeigen wir, dass die bewiesene Approximationsgüte für den Algorithmus von Sleator nicht verbessert werden kann, d. h., dass es Eingaben gibt, die diese Güte annehmen.

7.3 Übungsaufgaben

Übung 7.20. Was erzeugen die Algorithmen FFD und BFD bei Eingabe der in Beispiel 7.4 angegebenen Instanz?

Übung 7.21. Beweisen Sie Lemma 7.9.

Übung 7.22. Geben Sie eine Eingabe L an, für die der Algorithmus FFD eine Lösung mit Wert

$$\text{FFD}(L) = \frac{11}{9} \cdot \text{OPT}(L)$$

berechnet.

Übung 7.23. Zeigen Sie, dass für jedes $\varepsilon > 0$ eine Eingabe L_ε so existiert, dass

$$\text{NFDH}(L_\varepsilon) = 3 - \varepsilon \quad \text{und} \quad \text{OPT}(L_\varepsilon) = 1.$$

Übung 7.24. Zeigen Sie, dass es eine Folge von Eingaben $(S_k)_k$ mit $4k + 1$ Rechtecken so gibt, dass

$$\lim_{k \to \infty} \frac{\text{SL}(S_k)}{\text{OPT}(S_k)} = \frac{5}{2}.$$

Übung 7.25. Überlegen Sie sich, wie man die im letzten Abschnitt kennen gelernten stufenorientierten Approximationsalgorithmen für das Problem MIN STRIP PACKING auch für das Problem MIN BIN PACKING nutzen kann.

Kapitel 8

Approximationsschemata

Wir wissen bereits, dass sich NP-schwere Probleme nicht in polynomieller Zeit lösen lassen (jedenfalls unter der Voraussetzung P $\neq$ NP). Wie wir in Satz 6.22 gesehen haben, gibt es sogar Probleme, für die sich zu jeder vorgegebenen Güte kein Approximationsalgorithmus angeben lässt. Wir wollen uns aber in diesem Kapitel mit den etwas „leichteren" NP-schweren Problemen beschäftigen. Genauer behandeln wir nun Probleme, die sich beliebig gut approximieren lassen. Formal heißt dies:

Definition 8.1. Ein *Approximationsschema* für ein Optimierungsproblem Π ist eine Familie $(A_\varepsilon)_{\varepsilon > 0}$ von polynomiellen Approximationsalgorithmen für Π so, dass für alle $\varepsilon > 0$ der Algorithmus A_ε eine Approximationsgüte von

$$1 - \varepsilon \text{ bei Maximierungsproblemen}$$

bzw.

$$1 + \varepsilon \text{ bei Minimierungsproblemen}$$

hat (englisch: *Polynomial Time Approximation Scheme (PTAS)*).

Probleme, für die es ein Approximationsschema gibt, lassen sich also beliebig gut approximieren. Das Problem ist nur, dass sich die Laufzeiten der Algorithmen meistens erhöhen, je näher man dem Optimum kommen möchte. Beispielsweise könnte es durchaus ein Approximationsschema $(A_\varepsilon)_{\varepsilon > 0}$ für ein Problem so geben, dass für alle $\varepsilon > 0$ der Algorithmus A_ε eine Laufzeit von $\mathcal{O}(|I|^{\varepsilon^{-1}})$ für jede Eingabe I des Problems hat. Dies ist natürlich weiterhin polynomiell in der Eingabelänge $|I|$, da ε und damit auch $\frac{1}{\varepsilon}$ eine Konstante sind, aber für sehr kleine ε bei weitem nicht mehr effizient. Wir werden deshalb in Kapitel 9 spezielle Approximationsschemata, sogenannte vollständige Approximationsschemata, behandeln, für die die Laufzeiten auch in $1/\varepsilon$ polynomiell beschränkt sind.

Zunächst aber wollen wir einige Approximationsschemata, drei einfache und ein schwieriges, für uns schon bekannte Probleme konstruieren und analysieren. Die Idee für die ersten beiden Schemata ist einfach erklärt. Man löst zunächst eine in Abhängigkeit von ε gewählte Teilinstanz optimal und wendet auf den Rest einen Approximationsalgorithmus an.

Weitere interessante Approximationsschemata finden sich in [108] (für das Problem MIN JOB SHOP SCHEDULING) und [102] (für MAX BISECTION in planaren Graphen und Kreisgraphen).

8.1   MIN JOB SCHEDULING mit konstanter Maschinenanzahl

Wir betrachten wieder das übliche Problem, allerdings setzen wir voraus, dass die Anzahl der Maschinen konstant, d. h. nicht Teil der Eingabe ist. In Abschnitt 8.3 lernen wir dann auch ein Approximationsschema für den nichtkonstanten Fall kennen.

Sei also im Folgenden $m \in \mathbb{N}$ die Anzahl der Maschinen.

Problem 8.2 (MIN m-MACHINE JOB SCHEDULING).
Eingabe: $n \geq m$ Jobs $J_1, \ldots, J_n$ mit Laufzeiten $p_1 \geq \cdots \geq p_n$.
Ausgabe: Ein Schedule auf m Maschinen mit minimalen Makespan.

Das Problem MIN 1-MASCHINE JOB SCHEDULING ist offensichtlich trivial. Dagegen haben wir auf Seite 43 schon gesehen, dass uns im Fall $m = 2$ ein NP-schweres Problem vorliegt.

Die Idee für die Konstruktion eines Approximationsschemas für dieses Problem ist sehr einfach. Wir erzeugen zunächst ein optimales Schedule für die ersten k Jobs und fügen die übrigen Jobs mit dem Algorithmus LPT (siehe Satz 1.3) hinzu. Dabei wählen wir später k so in Abhängigkeit von ε, dass der Algorithmus A_k eine Approximationsgüte von $1 + \varepsilon$ hat.

Algorithmus $A_k(J_1, \ldots, J_n; p_1, \ldots, p_n)$

1   Finde einen optimalen Schedule für die ersten k Jobs $J_1, \ldots, J_k$.
2   Wende den Algorithmus LPT auf die restlichen Jobs $J_{k+1}, \ldots, J_n$ an.

Zunächst überlegen wir uns, was für eine Laufzeit der Algorithmus A_k, $k \in \mathbb{N}$, hat.

Satz 8.3. *Die Laufzeit von A_k ist $\mathcal{O}(m^k + n \log n)$ und damit polynomiell in der Eingabelänge.*

Beweis. Um einen optimalen Schedule für die ersten k Jobs zu finden, benötigen wir im schlimmsten Fall $\mathcal{O}(m^k)$ Schritte (wir probieren alle Möglichkeiten aus). Weiter benötigt der Algorithmus LPT höchstens $n \log n$ Schritte.   □

Satz 8.4. *Der Algorithmus A_k hat eine Approximationsgüte von $1 + \frac{m-1}{k}$.*

Beweis. Sei J_j der Job, der als letzter fertig wird, C der erzeugte Makespan und OPT der Makespan eines optimalen Schedules. Wir unterscheiden die folgenden beiden Fälle:

Fall 1: $l \leq k$, d. h., J_l ist unter den optimal verteilten Jobs. Dann gilt $C = $ OPT.

Fall 2: Im Beweis von Satz 1.3 haben wir

$$\text{OPT} \geq \frac{1}{m} \sum_{i=1}^{n} p_i \text{ und } C \leq \frac{1}{m} \sum_{i=1}^{n} p_i + \left(1 - \frac{1}{m}\right) p_l$$

gezeigt. Es folgt also

$$C \leq \text{OPT} + \frac{m-1}{m} p_l.$$

Andererseits gilt

$$\text{OPT} \geq \frac{1}{m} \sum_{i=1}^{n} p_i \geq \frac{1}{m} \sum_{i=1}^{k} p_l = \frac{k}{m} p_l$$

und damit $p_l \leq \frac{m}{k} \text{OPT}$. Insgesamt erhalten wir

$$C \leq \text{OPT} + \frac{m-1}{m} p_l = \text{OPT} + \frac{m-1}{m} \frac{m}{k} \text{OPT} = \left(1 + \frac{m-1}{k}\right) \text{OPT}. \qquad \square$$

Wir definieren nun das Approximationsschema. Für jedes $\varepsilon > 0$ sei

$$k_\varepsilon := \left\lceil \frac{m-1}{\varepsilon} \right\rceil$$

und $A_\varepsilon := A_{k_\varepsilon}$. Dann hat der Approximationsalgorithmus A_ε eine Güte von

$$1 + \frac{m-1}{k_\varepsilon} = 1 + \frac{m-1}{\lceil (m-1)\varepsilon^{-1} \rceil} \leq 1 + \frac{m-1}{(m-1)\varepsilon^{-1}} = 1 + \varepsilon.$$

Also ist $(A_\varepsilon)_{\varepsilon > 0}$ ein Approximationsschema für das Problem MIN JOB SCHEDULING mit konstanter Anzahl von Maschinen.

Wir formulieren dieses Ergebnis im folgenden Satz.

Satz 8.5. *Für jede konstante Anzahl von Maschinen m existiert ein polynomielles Approximationsschema für* MIN m-MACHINE JOB SCHEDULING.

Offensichtlich ist dies kein praktischer Algorithmus, da die Laufzeit exponentiell in ε^{-1} und m ist. Zum Beispiel für $m = 10$ und $\varepsilon = 0.1$ wäre $k \geq 90$, Schritt 1 benötigt somit $\mathcal{O}(10^{90})$ Schritte.

Weitere Algorithmen für das hier behandelte Problem mit konstanter Maschinenanzahl finden sich bei Graham [80] und Sahni [177].

8.2 MAX KNAPSACK

Das Rucksackproblem haben wir schon im zweiten Kapitel behandelt und gezeigt, dass es NP-schwer ist. Wir stellen das Problem noch einmal kurz vor.

Problem 8.6 (MAX KNAPSACK).
Eingabe: Zahlen $s_1, \ldots, s_n, p_1, \ldots, p_n \in \mathbb{N}$ und $B \in \mathbb{N}$.
Ausgabe: Eine Teilmenge $I \subseteq \{1, \ldots, n\}$ so, dass $\sum_{i \in I} s_i \leq B$ und $\sum_{i \in I} p_i$
             maximal ist.

Im Folgenden wollen wir ein Approximationsschema für dieses Problem angeben, das auf einer ähnlichen Idee beruht wie schon das Approximationsschema für das Problem MIN JOB SCHEDULING. Die Idee dazu stammt von Sahni, siehe [176]. Dabei wählen wir zu einem festen $k \in \mathbb{N}$ eine Teilmenge $I \subseteq \{1, \ldots, n\}$ der Größe k aus, deren Inhalt dann schon in den Rucksack gelegt wird, und packen die restlichen Gegenstände mit Hilfe eines Approximationsalgorithmus. Damit erhalten wir also einen ganzen Satz von Packungen (für jede k-elementige Teilmenge eine) und entscheiden uns zum Schluss für die mit dem höchsten Profit.

Zunächst aber die Angabe eines Approximationsalgorithmus für das Rucksackproblem:

Algorithmus GA$(s_1, \ldots, s_n; p_1, \ldots, p_n; B)$

1   Sortiere die Elemente so, dass

$$\frac{p_1}{s_1} \geq \cdots \geq \frac{p_n}{s_n}.$$

2    $I' := \emptyset$
3   for $i = 1$ to n do
4   if $\sum_{j \in I'} s_j + s_i \leq B$ then
5        $I' := I' \cup \{i\}$
6   fi
7   od

Der Algorithmus GA hat zwar, wie man sofort sieht, eine Laufzeit von $\mathcal{O}(n \log n)$ (das Sortieren von n Zahlen benötigt $\mathcal{O}(n \log n)$ Schritte, die for-Schleife $\mathcal{O}(n)$ Schritte), ist also polynomiell, die Approximationsgüte ist allerdings beliebig schlecht, wie das nächste Beispiel zeigt.

Beispiel 8.7. Sei $B \in \mathbb{N}$ eine natürliche Zahl, $s_1 = 1$, $s_2 = B$, $p_1 = 1$ und $p_2 = B$. Dann liefert der Algorithmus die Packung $I' = \{1\}$ und damit den Profit 1, optimal ist aber die Packung 2 mit Profit B.

Wir benötigen daher eine modifizierte Version des obigen Algorithmus.

Algorithmus MGA$(s_1, \ldots, s_n; p_1, \ldots, p_n; B)$

1   Berechne Lösung I'_1 nach Algorithmus GA.
2   Berechne Lösung $I'_2 = \{j\}$ mit $p_j = \max_{i \in \{1, \ldots, n\}} p_i$.
3   Wähle Lösung $I' \in \{I'_1, I'_2\}$ mit maximalem Gewinn.

Satz 8.8. *Der Algorithmus* MGA *hat eine Approximationsgüte von* $\frac{1}{2}$.

Beweis. Übungsaufgabe.   □

Wir geben nun unser Approximationsschema an. Für alle $k \in \mathbb{N}$ sei

Algorithmus $A_k(s_1, \ldots, s_n; p_1, \ldots, p_n; B)$

1   Wähle eine Teilmenge S mit höchstens k Elementen, die am Anfang im Rucksack liegen.
2   Wende GA auf die übrigen Elemente an.
3   Bestimme aus den so erhaltenen Teilmengen eine Menge mit maximalem Profit.

Satz 8.9. *Für alle $k \in \mathbb{N}$ hat A_k eine Güte von $1 - \frac{1}{k}$ und läuft in $\mathcal{O}(n^{k+1})$ Schritten.*

Beweis. Der Algorithmus GA hat eine Laufzeit von $\mathcal{O}(n \log n)$. Wir müssen uns also nur noch überlegen, wie viele Teilmengen von $\{1, \ldots, n\}$ der Größe höchstens k existieren. Offensichtlich ist die Anzahl der Teilmengen der Größe $i \leq n$ einer Menge mit n Elementen gerade $\binom{n}{i} \leq (n - i + 1) \cdot (n - i + 2) \cdot \ldots \cdot n \leq n^i$. Wir erhalten also für unsere gesuchte Anzahl

$$\sum_{i=1}^{k} \binom{n}{i} = \sum_{i=1}^{k} \frac{n!}{(n - i)! \, i!} \leq \mathcal{O}(n^k).$$

Die Laufzeit von A_k ist also beschränkt durch $\mathcal{O}(n^k \cdot n \log n) = \mathcal{O}(n^{k+1})$.

Mit $X \subseteq \{1, \ldots, n\}$ bezeichnen wir eine optimale Lösung des Rucksackproblems. Ist $|X| \leq k$, so findet A_k die optimale Lösung.

Sei also im Folgenden $x = |X| > k$. Sei weiter $Y = \{v_1, \ldots, v_k\} \subseteq X$ die Menge der Elemente mit größtem Gewinn in X und $Z = X \setminus Y = \{v_{k+1}, \ldots, v_x\}$. O.B.d.A. gelte

$$\frac{p_{v_{k+1}}}{s_{v_{k+1}}} \geq \cdots \geq \frac{p_{v_x}}{s_{v_x}}. \tag{8.1}$$

Der Algorithmus A_k wählt irgendwann Y als k-elementige Menge aus und fügt dann mit Hilfe des Algorithmus GA weitere Elemente hinzu. Sei $G \subseteq \{1, \ldots, n\}$ die Menge der vom Algorithmus GA gewählten Elemente (ohne die Elemente aus Y) und m der kleinste Index eines Elements aus Z, das durch GA nicht in den Rucksack gelegt wird. Dann sind also $v_{k+1}, \ldots, v_{m-1}$ im Rucksack. Das Element v_m wurde nicht gepackt, weil die restliche Kapazität des Rucksacks $E := B - \left(\sum_{i \in Y} s_i + \sum_{i \in G} s_i \right) < s_{v_m}$ war.

Es gilt somit

$$\Delta := \sum_{i \in G} s_i - \sum_{i \in X \cap G} s_i = \sum_{i \in G} s_i - \sum_{i=k+1}^{m-1} s_{v_i} = \sum_{i \in G} s_i + \sum_{i \in Y} s_i - \sum_{i=1}^{m-1} s_{v_i}$$

$$= B - E - \sum_{i=1}^{m-1} s_{v_i}.$$

Die Elemente in $G \setminus X$ haben alle eine *Gewinndichte* von mindestens p_{v_m}/s_{v_m}, da sie vor v_m durch GA gewählt worden sind. Da auch die Elemente von $G \cap X$ eine Gewinndichte von mindestens $\frac{p_{v_m}}{s_{v_m}}$ haben, folgt

$$\text{profit}(G) := \sum_{i \in G} p_i$$

$$= \sum_{i \in G \cap X} p_i + \sum_{i \in G} s_i \cdot \frac{p_i}{s_i} - \sum_{i \in G \cap X} s_i \cdot \frac{p_i}{s_i}$$

$$\geq \sum_{i \in G \cap X} p_i + \left(\sum_{i \in G} s_i - \sum_{i \in G \cap X} s_i \right) \frac{p_{v_m}}{s_{v_m}}$$

$$= \sum_{i=k+1}^{m-1} p_{v_i} + \Delta \frac{p_{v_m}}{s_{v_m}},$$

und damit

$$\sum_{i=k+1}^{m-1} p_{v_i} \leq \text{profit}(G) - \Delta \frac{p_{v_m}}{s_{v_m}}. \tag{8.2}$$

Für alle $m \leq i \leq x$ gilt $\frac{p_{v_i}}{s_{v_i}} \leq \frac{p_{v_m}}{s_{v_m}}$. Wir erhalten also

$$\sum_{i=m}^{x} p_{v_i} = \sum_{i=m}^{x} \frac{p_{v_i}}{s_{v_i}} s_{v_i} \leq \frac{p_{v_m}}{s_{v_m}} \sum_{i=m}^{x} s_{v_i}.$$

Da

$$B \geq \sum_{i=1}^{x} s_{v_i} = \sum_{i=1}^{m-1} s_{v_i} + \sum_{i=m}^{x} s_{v_i},$$

folgt

$$\sum_{i=m}^{x} p_{v_i} \leq \frac{p_{v_m}}{s_{v_m}} \sum_{i=m}^{x} s_{v_i} \leq \frac{p_{v_m}}{s_{v_m}} \left(B - \sum_{i=1}^{m-1} s_{v_i} \right). \tag{8.3}$$

Insgesamt erhalten wir mit (8.2) und (8.3)

$$\text{profit}(X) = \sum_{i=1}^{k} p_{v_i} + \sum_{i=k+1}^{m-1} p_{v_i} + \sum_{i=m}^{x} p_{v_i}$$

$$\leq \text{profit}(Y) + \left(\text{profit}(G) - \Delta \frac{p_{v_m}}{s_{v_m}} \right) + \left(B - \sum_{i=1}^{m-1} s_{v_i} \right) \frac{p_{v_m}}{s_{v_m}}$$

$$\leq \text{profit}(Y \cup G) + E \frac{p_{v_m}}{s_{v_m}}$$

$$< \text{profit}(Y \cup G) + p_{v_m},$$

wobei bei der letzten Ungleichung $E < s_{v_m}$ ausgenutzt wird.

Da die Lösung, die A_k für Y generiert, die Menge $Y \cup G$ enthält, folgt aus der letzten Ungleichung

$$OPT(I) < A_k(I) + p_{v_m}.$$

Es gibt mindestens k Elemente in X, die höhere Gewinne als p_{v_m} haben (die Elemente aus Y). Also folgt

$$p_{v_m} \leq \frac{\text{profit}(X)}{k} = \frac{OPT(I)}{k}.$$

Insgesamt erhalten wir

$$OPT(I) < A_k(I) + p_{v_m} \leq A_k(I) + \frac{OPT(I)}{k},$$

und damit

$$A_k(I) \geq OPT(I) - \frac{OPT(I)}{k} = \left(1 - \frac{1}{k}\right) OPT(I). \qquad \square$$

Um ein PTAS zu bekommen, setze man A_ε als den Algorithmus A_k mit $k = \lceil \frac{1}{\varepsilon} \rceil$. Dann gilt

$$1 - \frac{1}{k} = 1 - \frac{1}{\lceil \varepsilon^{-1} \rceil} \geq 1 - \frac{1}{\varepsilon^{-1}} = 1 - \varepsilon,$$

also hat der Algorithmus A_ε eine Güte von $1 - \varepsilon$. Wir haben also:

Satz 8.10. *Es existiert ein Approximationsschema* $(A_\varepsilon)_{\varepsilon > 0}$ *für das Problem* MAX KNAPSACK, *wobei* A_ε *in Zeit* $n^{\mathcal{O}(\varepsilon^{-1})}$ *läuft.*

Wir werden in Abschnitt 9.1 ein weiteres Approximationsschema behandeln, das auf einer gänzlich anderen Idee basiert. Weiter wurde in [111] die zweidimensionale Version dieses Problems behandelt, dass wie folgt definiert ist:

Problem 8.11 (2D-MAX KNAPSACK).
Eingabe: n Rechtecke mit Breiten $l_i \leq 1$, Höhen $h_i \leq 1$ und Gewichten w_i für alle $i \leq n$.
Ausgabe: Eine überschneidungsfreie Packung der Rechtecke in ein Quadrat mit Seitenlänge 1 so, dass die Summe der gepackten Rechtecke maximiert wird.

Der zur Zeit beste Algorithmus für dieses Problem hat eine Güte von $1/2 - \varepsilon$, siehe [111]. Für die auf Quadrate eingeschränkte Version dieses Problems existiert sogar ein polynomielles Approximationsschema, siehe [105].

8.3 MIN JOB SCHEDULING

Wir kommen nun, wie versprochen, zur Konstruktion eines Approximationsschemas für das Problem MIN JOB SCHEDULING, wobei wir diesmal nicht wie in Abschnitt 8.1 voraussetzen, dass die Anzahl der Maschinen konstant ist. Die Ergebnisse dieses Abschnittes gehen auf Hochbaum und Shmoys, siehe [92], zurück.

Problem 8.12 (MIN JOB SCHEDULING).

Eingabe: m Maschinen $M_1, \ldots, M_m$ und n Jobs $J_1, \ldots, J_n$ mit Laufzeiten $p_1, \ldots, p_n \in \mathbb{N}$.

Ausgabe: Ein Schedule mit minimalen Makespan.

Gesucht ist also für alle $\varepsilon > 0$ ein Approximationsalgorithmus A_ε, der eine Güte von $(1 + \varepsilon)$ garantiert. Um diesen zu finden, geben wir zunächst für alle $T \in \mathbb{N}$ einen Algorithmus $\mathsf{A}_{T,\varepsilon}$ an, der zu jeder Eingabe $J = (m, p_1, \ldots, p_n)$ des Problems MIN JOB SCHEDULING ein Scheduling mit Makespan höchstens $(1 + \varepsilon) \cdot T$ findet, wenn $T \geq \mathrm{OPT}(J)$, wobei $\mathrm{OPT}(J)$ den Makespan eines optimalen Schedules für J bezeichne. Ist umgekehrt $T < \mathrm{OPT}(J)$, so wird der Algorithmus $\mathsf{A}_{T,\varepsilon}$ im Allgemeinen keinen Schedule finden, sondern error ausgeben.

Wie konstruiert man nun daraus den gesuchten Algorithmus A_ε? Wenn wir den optimalen Makespan T der Instanz J kennen würden, so könnten wir einfach $\mathsf{A}_\varepsilon := \mathsf{A}_{T,\varepsilon}$ setzen. Allerdings ist das Finden dieses Makespans ebenfalls schwer, es gibt aber eine andere Lösung: Offensichtlich ist $\sum_{i=1}^{n} p_i$ eine obere Schranke für den optimalen Makespan. Damit können wir mittels binärer Suche in polynomieller Zeit das Finden eines optimalen Makespans simulieren. Genauer hat A_ε die folgende Gestalt:

Algorithmus $\mathsf{A}_\varepsilon(J = (m, p_1, \ldots, p_n))$

```
1    O = ∑ⁿᵢ₌₁ pᵢ
2    U = 0
3    T = ⌈O/2⌉
4    k = ⌈log (∑ⁿᵢ₌₁ pᵢ)⌉
5    for i = 1 to k do
6      if A_{T,ε}(J) = error then
7        U = T
8        T = ⌈(O − U)/2⌉
9      else
10       O = T
11       T = ⌈(O − U)/2⌉
12     fi
13   od
14   return A_{T,ε}(J)
```

Der Algorithmus A_ε ruft also $\lceil \log \left(\sum_{i=1}^n p_i \right) \rceil$-mal einen Algorithmus der Form $A_{T,\varepsilon}$ auf und hat damit polynomielle Laufzeit, wenn dies für die Algorithmen $A_{T,\varepsilon}$ gilt.

Wir müssen uns jetzt nur noch um $A_{T,\varepsilon}$ kümmern. Dazu unterteilen wir die Jobs einer Eingabe $J = (m, p_1, \ldots, p_2)$ in große und kleine Jobs. Seien also

$$J_1 := \{i \leq n; p_i > \varepsilon \cdot T\} \qquad \text{und}$$
$$J_2 := \{i \leq n; p_i \leq \varepsilon \cdot T\}.$$

Die Jobs aus J_1 werden nun geeignet skaliert, d. h., wir setzen für alle $i \in J_1$

$$p_i' = \left\lceil \frac{p_i}{\varepsilon^2 T} \right\rceil.$$

Sollte es für die Jobs aus J_1 einen Schedule mit Makespan höchstens T geben, so hat der Schedule für die Jobs mit Laufzeiten $\frac{p_i}{\varepsilon^2 T}$, $i \in J_1$, einen Makespan von höchstens $\frac{T}{\varepsilon^2 T} = \frac{1}{\varepsilon^2}$. Durch das Runden nach oben kann sich der Makespan höchstens um einen Faktor von $(1 + \varepsilon)$ erhöhen. (Man beachte hierbei, dass wir nur große Jobs betrachten, der relative Rundungsfehler $(p_i' - \frac{p_i}{\varepsilon^2 T})/\frac{p_i}{\varepsilon^2 T}$ wegen $p_i > \varepsilon T$ also höchstens ε ist.) Da wir weiter annehmen, dass alle betrachteten Zahlen natürlich sind, kann dieser Makespan also höchstens den Wert

$$T' := \left\lfloor (1 + \varepsilon) \frac{1}{\varepsilon^2} \right\rfloor$$

annehmen.

Wie können wir aber solch einen Schedule in polynomieller Zeit finden? Zunächst erkennt man, dass die skalierten Jobs, da die Laufzeiten dieser durch

$$\left\lceil \frac{p_i}{\varepsilon^2 T} \right\rceil \leq \left\lceil \frac{1}{\varepsilon^2} \right\rceil$$

beschränkt sind, zusammen mit der Anzahl m der Maschinen und dem Wert

$$b = \left\lfloor (1 + \varepsilon) \frac{1}{\varepsilon^2} \right\rfloor$$

eine Eingabe der folgenden Variante des Problems MIN BIN PACKING bilden:

Problem 8.13 (MIN BIN PACKING MIT EINGESCHRÄNKTEN GEWICHTEN).

Eingabe: Eine Menge von n Objekten mit Gewichten $w_1, \ldots, w_n \leq k$, sowie zwei natürliche Zahlen m und b.

Ausgabe: Eine Verteilung der Objekte auf m Bins, die jeweils eine Kapazität von b haben, wenn eine solche Verteilung existiert, `error`, wenn keine solche Verteilung existiert.

Dieses Problem ist tatsächlich (für konstantes b) in polynomieller Zeit optimal zu lösen, wie das nächste Lemma zeigt.

Lemma 8.14. *Es gibt einen optimalen Algorithmus mit Laufzeit $\mathcal{O}((bn)^k)$ für das Problem* MIN BIN PACKING MIT EINGESCHRÄNKTEN GEWICHTEN.

Beweis. Für den Beweis konstruieren wir einen Algorithmus, der auf der Idee der dynamischen Programmierung beruht, d. h., wir unterteilen eine Eingabe in Teilprobleme, die einfach zu lösen sind, und setzen diese Lösungen zu einer Gesamtlösung der Eingabe zusammen (Divide-and-Conquer).

Sei dazu für alle $n_1, \ldots, n_k \in \{0, \ldots, n\}$

$$f(n_1, \ldots, n_k)$$

die minimale Anzahl von Kisten mit Kapazität b, die benötigt wird, um eine Menge $\{p_1^1, \ldots, p_1^{n_1}, \ldots, p_k^1, \ldots, p_k^{n_k}\}$ von Objekten mit Gewichten $w(p_i^j) = i$ packen zu können.

Wir müssen also, um das Problem zu lösen, für jedes k-Tupel $(n_1, \ldots, n_k) \in \{0, \ldots, n\}^k$ den Wert $f(n_1, \ldots, n_k)$ berechnen und erhalten so eine Tabelle der Größe $(n+1)^k$. Aus den Tabelleneinträgen kann dann leicht ermittelt werden, ob eine Lösung existiert, d. h. weniger als m Kisten reichen, wobei die Verteilung der Objekte leicht aus der Tabelle rekonstruiert werden kann.

Wir beobachten weiter, dass mit

$$Q := \{(q_1, \ldots, q_k) \in \{0, \ldots, n\}^k; f(q_1, \ldots, q_k) = 1\}$$

gilt:

$$f(n_1, \ldots, n_k) = 1 + \min_{q \in Q} f(n_1 - q_1, \ldots, n_k - q_k).$$

Da die Kisten eine Kapazität von b haben, ist jede Komponente q_i eines k-Tupels $(q_1, \ldots, q_k) \in Q$ beschränkt durch b, d. h. $q_i \in \{0, \ldots, b\}$. Wir erhalten also $|Q| \le (b+1)^k$. Damit kann also jeder Tabelleneintrag in $\mathcal{O}(b^k)$ Schritten berechnet werden. Da insgesamt $(n+1)^k$ Tabelleneinträge erzeugt werden, folgt die behauptete Laufzeit. $\qquad\square$

Nachdem wir nun gesehen haben, wie die großen Jobs verteilt werden, müssen wir nur noch die kleinen Jobs hinzufügen. Dies geschieht einfach mit dem in Abschnitt 1.1 vorgestellten Algorithmus LIST SCHEDULE, d. h., sobald eine Maschine frei wird, wird irgendeiner der noch nicht verteilten Jobs auf diese platziert.

Unser gesuchter Algorithmus ist also von der folgenden Form:

Algorithmus $A_{T,\varepsilon}(J = (m, p_1, \ldots, p_n))$

1   $J_1 = \{i \le n; p_i > \varepsilon \cdot T\}$

2 $J_2 = \{i \leq n; p_i \leq \varepsilon \cdot T\}$

3 for $i \in J_1$ do

4      $p_i' = \left\lceil \frac{p_i}{\varepsilon^2 T} \right\rceil$

5 od

6 $T' = \left\lfloor (1 + \varepsilon) \frac{1}{\varepsilon^2} \right\rfloor$

7 Konstruiere einen Schedule für m und $(p_i')_{i \in J_1}$ mit Makespan höchstens T' mit Hilfe des Algorithmus aus Lemma 8.14, wenn solch ein Schedule existiert, ansonsten gib `error` aus und stoppe.

8 Verteile die Jobs aus J_2 mittels des Algorithmus LIST SCHEDULE.

9 Gib den so gefundenen Schedule aus.

Satz 8.15. *(i) Der Algorithmus $\mathsf{A}_{T,\varepsilon}$ hat eine Laufzeit von $\mathcal{O}\left(n^{\lceil 1/\varepsilon^2 \rceil}\right)$.*

(ii) Sei $J = (m, p_1, \ldots, p_n)$ eine Eingabe von MIN JOB SCHEDULING und T der Makespan eines optimalen Schedules von J. Dann konstruiert $\mathsf{A}_{T,\varepsilon}$ einen Schedule, für dessen Makespan $\mathsf{A}_{T,\varepsilon}(J)$ gilt:

$$\mathsf{A}_{T,\varepsilon}(J) \leq (1 + \varepsilon) \cdot T.$$

Beweis. (i) Der dominierende Teil ist das Lösen der Instanz des Problems MIN BIN PACKING MIT EINGESCHRÄNKTEN GEWICHTEN. In Lemma 8.14 haben wir gesehen, dass die Laufzeit durch $\mathcal{O}((bn)^k)$ beschränkt ist. Dabei ist n die Anzahl der Objekte (hier die Anzahl der großen Jobs), b die Kapazität der Bins bzw. Kisten (hier der angenommene Makespan der skalierten Jobs $T' = \left\lfloor (1 + \varepsilon) \frac{1}{\varepsilon^2} \right\rfloor$) und schließlich k eine obere Schranke für die Gewichte der Objekte (hier eine obere Schranke für die Laufzeiten der skalierten Jobs, also $\lceil 1/\varepsilon^2 \rceil$). Damit ergibt sich dann die behauptete Laufzeit.

(ii) Dank der Herleitung auf Seite 158 wissen wir bereits, dass der Algorithmus nicht `error` ausgibt, sondern tatsächlich einen Schedule konstruiert.

Wir betrachten zunächst nur die großen Jobs. Sei also $j \leq m$ und seien $j_1, \ldots, j_t$ diejenigen Jobs aus J_1, die vom Algorithmus auf die j-te Maschine verteilt wurden. Dann gilt $\sum_{i=1}^{t} p_{j_i}' \leq T' := \left\lfloor (1 + \varepsilon) \frac{1}{\varepsilon^2} \right\rfloor$. Wir erhalten damit

$$
\begin{aligned}
\sum_{i=1}^{t} p_{j_i} &\leq \varepsilon^2 T \cdot \sum_{i=1}^{t} p_{j_i}' \\
&\leq \varepsilon^2 T \cdot T' \\
&= \varepsilon^2 T \cdot \left\lfloor (1 + \varepsilon) \frac{1}{\varepsilon^2} \right\rfloor \\
&\leq (1 + \varepsilon) T,
\end{aligned}
$$

für die großen Jobs gilt die Behauptung also.

Nach dem Verteilen der kleinen Jobs können zwei Fälle auftreten.

Fall 1: Der Makespan wird nicht erhöht. Dann folgt die Behauptung sofort.

Fall 2: Der Makespan wird erhöht. In diesem Fall wissen wir, dass der Lastunterschied zwischen der Maschine, die am längsten läuft, und der, die die kürzeste Laufzeit hat, höchstens so groß ist wie Laufzeit des größten Jobs in J_2, also höchstens $\varepsilon \cdot T$ beträgt. Bezeichnen wir mit T_{min} die kürzeste Laufzeit aller Maschinen und mit T_{max} die längste Laufzeit, so gilt also $T_{max} - T_{min} \leq \varepsilon \cdot T$. Da weiter $T_{min} \leq T$, folgt damit die Behauptung.   □

Insgesamt haben wir also gezeigt:

Satz 8.16. *Für das Problem* MIN JOB SCHEDULING *gibt es ein polynomielles Approximationsschema* $(A_\varepsilon)_{\varepsilon > 0}$ *mit Laufzeit* $\mathcal{O}\left(n^{\lceil 1/\varepsilon^2 \rceil}\right)$.

Es gibt noch eine Verbesserung des obigen Approximationsschemas über den Algorithmus von Lenstra aus [141] zur Lösung ganzzahliger linearer Programme mit einer konstanten Anzahl von Variablen, siehe [90]. Dieses Approximationsschema hat eine Laufzeit von $n + C(1/\varepsilon)$, wobei $C(1/\varepsilon)$ eine Konstante anhängig von ε ist.

8.4   MIN TRAVELING SALESMAN

Nach dem wir bis hierher drei relativ einfach zu beschreibende Approximationsschemata kennen gelernt und analysiert haben, werden wir uns in diesem Abschnitt einem Approximationsschema widmen, dessen Konstruktion auf einer neuen Idee basiert.

Das Problem MIN TRAVELING SALESMAN haben wir schon in Abschnitt 6.2 behandelt. Zur Erinnerung noch einmal die Formulierung:

Problem 8.17 (MIN TRAVELING SALESMAN).
Eingabe: Ein gerichteter, gewichteter vollständiger Graph

$$G = (\{v_1, \dots, v_n\}, E).$$

Ausgabe: Eine Permutation $\pi : \{1, \dots, n\} \to \{1, \dots, n\}$ so, dass der Wert

$$w(\pi) = \sum_{i=1}^{n-1} w((v_{\pi(i)}, v_{\pi(i+1)})) + w((v_{\pi(n)}, v_{\pi(1)}))$$

minimal ist.

Insgesamt haben wir in Abschnitt 6.2 drei Varianten dieses Problems, zum Teil nur kurz, behandelt: das allgemeine MIN TRAVELING SALESMAN wie oben formuliert, das MIN ΔTSP, bei dem die Kantengewichte die Dreiecksungleichung erfüllen, und

schließlich eine weitere Einschränkung, das euklidische MIN TRAVELING SALES-
MAN, bei dem die Knoten des Graphen tatsächlich Punkte der euklidischen Ebene $\mathbb{R}^2$
sind und die Kantengewichte als euklidischer Abstand zwischen den Punkten gegeben
sind.

Approximativ gesehen verhalten sich die drei Probleme sehr unterschiedlich. Wie
wir gesehen haben, existiert für das allgemeine MIN TRAVELING SALESMAN kein
Approximationsalgorithmus mit konstanter multiplikativer Güte. Für MIN ΔTSP haben wir in Abschnitt 6.2 zwei Approximationsalgorithmen konstruiert und analysiert,
wobei der bessere eine Approximationsgüte von $\frac{3}{2}$ garantiert. Allerdings gibt es für
MIN ΔTSP kein polynomielles Approximationsschema, siehe [13].

Dies ändert sich, wenn man die Instanzenmenge weiter einschränkt und das euklidische MIN TRAVELING SALESMAN betrachtet. Im Jahre 1996 stellten Arora und
Mitchell unabhängig voneinander jeweils polynomielle Approximationsschemata für
dieses Problem vor, wovon wir in diesem Abschnitt das erste Schema genauer behandeln wollen. Dieses lässt sich zusätzlich auch auf andere geometrische Probleme
anwenden, wie zum Beispiel auf das euklidische MIN TRAVELING SALESMAN für
(feste) Dimension $d \geq 3$, den MIN STEINER TREE u. s. w., siehe die Originalarbeit [11].

Der Einfachheit halber wollen wir allerdings hier nicht das von Arora konstruierte
PTAS vorstellen, sondern betrachten eine leicht modifizierte Version. Die Ideen dazu
stammen aus [147]. Dieses PTAS hat zwar eine längere Laufzeit, ist aber nicht ganz
so kompliziert wie das originale. Wir werden aber am Ende dieses Abschnittes noch
einmal kurz auf das Ergebnis von Arora zurückkommen.

Bevor wir zur Formulierung des Algorithmus kommen, benötigen wir einige De-
finitionen. Sei also in den folgenden Unterabschnitten stets $I = \{x_1, \ldots, x_n\} \subseteq \mathbb{Q}^2$
eine Instanz des euklidischen MIN TRAVELING SALESMAN. Sei weiter $\varepsilon > 0$. Ziel
ist dann, einen Approximationsalgorithmus mit Güte $(1 + \varepsilon)$ zu finden, der eine polynomielle Laufzeit in n (und nicht unbedingt in $1/\varepsilon$) hat.

Normierung der Eingabe

Sei $L = L(I)$ die Länge des kleinsten Quadrates, das alle Punkte aus I umspannt.
Wir nehmen o.B.d.A. an, dass die linke untere Ecke im Koordinatenursprung liegt
(solch eine Instanz kann man aus I einfach durch geeignete Verschiebung konstruieren, ohne dass sich der Zielwert ändert). Alle Punkte aus I liegen also im Quadrat
$[0, L]^2$, d. h.

$$I \subseteq [0, L]^2.$$

Dieses Quadrat wird auch als *Bounding Box* zu I bezeichnet, siehe Abbildung 8.1.

Offensichtlich gilt

$$2 \cdot L \leq \mathrm{OPT}(I).$$

$(0, L)$ $\qquad\qquad\qquad\qquad\qquad$ (L, L)

$(0, 0)$ $\qquad\qquad\qquad\qquad\qquad$ $(L, 0)$

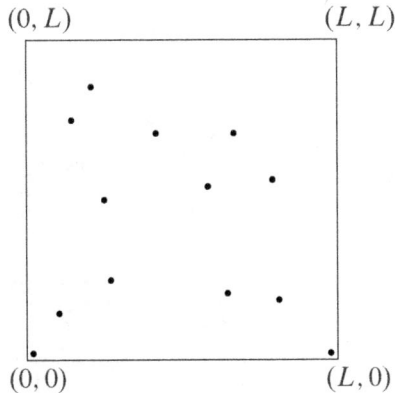

Abbildung 8.1. Beispiel einer Bounding Box zu einer Instanz I.

Wir überziehen nun das Quadrat mit Gitterlinien im Abstand von $L \cdot \varepsilon/4n$ und verschieben jeden Punkt aus I auf dem ihm am nächsten liegenden Gitterpunkt. Dabei können natürlich mehrere Punkte zu einem Punkt zusammenfallen. Weiter erhöht diese Konstruktion die Länge einer optimalen Tour nur minimal, genauer, um einen Summanden von höchstens

$$2n \cdot L \cdot \varepsilon/4n = L \cdot \varepsilon/2 \leq \varepsilon \cdot \text{OPT}(I)/2.$$

Multiplizieren wir nun alle Koordinaten der Punkte aus I mit $16 \cdot n/(L \cdot \varepsilon)$, so erhalten wir ganzzahlige Vielfache von 4. Damit ist der kleinste Abstand zwischen zwei Punkten mindestens 4 und der größte Abstand zwischen zwei Punkten $4n$. Also hat das Quadrat, das alle Punkte der skalierten Instanz umfasst, eine Seitenlänge von $4n$. Weiter können wir o.B.d.A. annehmen, dass n eine Zweierpotenz ist (dies kann man durch identische Kopien bereits vorhandener Punkte erreichen). Damit ist dann auch $L = 4n$ eine Zweierpotenz. Weiter sei $k = 2 + \log_2 n$ (d. h. dann $L = 2^k$).

Partitionierung des Quadrates

Eine *Dissection* ist eine rekursive Partitionierung von $[0, L]^2$ in kleinere Quadrate. Zunächst wird die Bounding Box in vier gleich große Quadrate (also Quadrate mit Seitenlänge $L/2$) aufgeteilt. Diese vier Quadrate heißen dann auch *Kinder* von $[0, L]^2$. Dieselbe Konstruktion wird dann für jedes so entstandene Teilquadrat so lange wiederholt, bis alle Quadrate eine Größe von 1 haben. Eine Dissection zu einer Bounding Box ist also eine Menge von Quadraten.

Das Quadrat $[0, L]^2$ heißt auch *Wurzel* der Dissection. Weiter kann man jedem Teilquadrat der Dissection ein *Level* wie folgt zuordnen: Die Wurzel hat Level 0, alle Teilquadrate mit Seitenlänge $L/2$ haben Level 1 usw., d. h., Teilquadrate der Länge $L/2^i$ haben Level i. Teilquadrate, die nicht mehr unterteilt sind, heißen auch *kleinste*

(0, L)   (L, L)

(0, 0)   (L, 0)

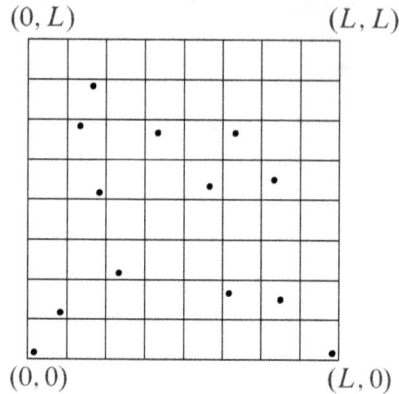

Abbildung 8.2. Beispiel einer Dissection zu einer Instanz I.

Quadrate. Damit gibt es also in jedem kleinsten Quadrat der Dissection höchstens einen Punkt $x_i \in I$.

Wie bereits in der Einleitung zu diesem Abschnitt erläutert, behandeln wir hier nur eine modifizierte Version des von Arora gefundenen PTAS, das eine längere Laufzeit als das originale PTAS hat.

Für die genauere Analyse benötigt man sogenannte Quadtrees, die ähnlich wie Dissections definiert sind. Hier unterteilen wir nicht alle Teilquadrate so lange, bis jedes Teilquadrat höchstens einen Punkt enthält, sondern nur noch diejenigen Quadrate, die mehrere Punkte enthalten. In Quadtrees gibt es also kleinste Teilquadrate verschiedener Größe und jedes Teilquadrat kleinster Größe enthält genau einen Punkt aus I, siehe Abbildung 8.3.

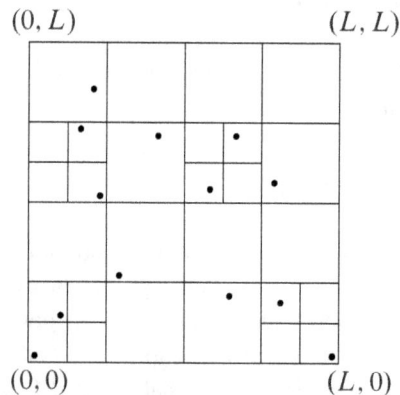

(0, L)   (L, L)

(0, 0)   (L, 0)

Abbildung 8.3. Beispiel eines Quadtrees zu einer Instanz I.

Interpretiert man jedes so entstandene Quadrat als Knoten eines Graphen (und verbindet zwei Knoten v, w mit einer Kante, wenn das zu v assoziierte Quadrat ein Kindquadrat von dem zu w assoziierten Quadrat ist), so lässt sich ein Quadtree in einem Baum kodieren, daher der Name (tree=Baum (engl.)).

Portale

Bei der Konstruktion einer Rundreise, die alle Knoten aus I besucht, werden wir zunächst darauf verzichten, dass diese jeweils den direkten Weg zwischen zwei Knoten nimmt. Stattdessen erlauben wir auch Liniensegmente als Wege zwischen zwei Knoten x_i und x_j, siehe Abbildung 8.4. Solche Rundreisen nennen wir im Folgenden auch *Salesmanpfad.*

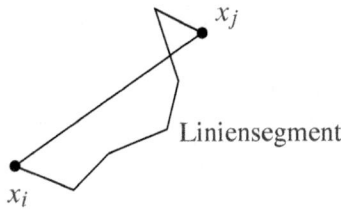

Abbildung 8.4. Ein Liniensegment zwischen x_i und x_j.

Finden wir einen Salesmanpfad, dessen Länge nur um einen Faktor von $(1 + \varepsilon)$ von der Länge einer optimalen Rundreise abweicht, so können wir offensichtlich daraus eine Rundreise konstruieren, dessen Länge ebenfalls um höchstens diesen Faktor von einer optimalen Rundreise abweicht. Da in $\mathbb{R}^2$ die Dreiecksungleichung gilt, erreichen wir dies durch Begradigung der Pfade.

Wir schränken noch mehr ein und verlangen von den Salesmanpfaden, dass sie die Ränder der Quadrate der Dissection nur an bestimmten Stellen, den sogenannten *Portalen*, kreuzen dürfen. Es ist klar, dass es nicht zu viele Portale geben darf, um die rekursive Berechnung der Tour in polynomieller Zeit zu garantieren. Andererseits müssen aber genug Portale vorhanden sein, um die Umwege möglichst kurz zu halten, da sonst unser Approximationsfaktor zu schlecht würde. Mit abnehmendem ε werden wir also die Anzahl der Portale erhöhen und erhalten so bessere Approximationen (allerdings auch längere Laufzeiten).

Ein Quadrat der Dissection hat auf jeder der vier Ecken ein und auf jeder der vier Kanten $m = \mathcal{O}(\log n/\varepsilon)$ Punkte, unsere Portale, wobei zwei aufeinanderfolgende Portale denselben Abstand haben. Genauer ist m eine Zweierpotenz aus dem Intervall $[\log n/\varepsilon, 2 \cdot \log n/\varepsilon]$. Da ein Quadrat vom Level i Seitenlänge $L/2^i$ hat, haben also zwei aufeinanderfolgende Portale den Abstand $L/(2^i \cdot m)$, siehe Abbildung 8.5.

Offensichtlich ist dank der Konstruktion ein Portal eines Quadrates Q vom Level i auch ein Portal jedes Quadrates vom Level $k \geq i$, das mit Q eine gemeinsame Kante hat.

Definition 8.18 (Portaltour). Eine *Portaltour* besucht alle n Knoten und darf Quadrate nur in Portalen schneiden. Portale können zwar mehrfach besucht werden, allerdings dürfen sich Portaltouren nicht kreuzen.

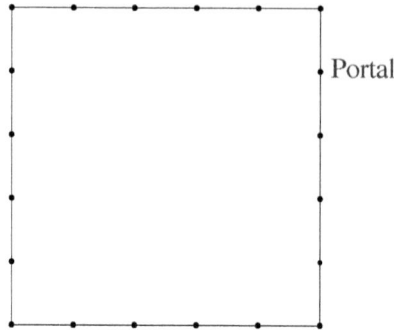

Abbildung 8.5. Beispiel eines Quadrats mit zwanzig Portalen.

Den Unterschied zwischen Kreuzen und Berühren sehen wir in Abbildung 8.6.

Abbildung 8.6. Die beiden linken Kurven berühren sich, die rechten Kurven schneiden bzw. kreuzen sich im Punkt p.

Dynamische Programmierung

Wir werden in diesem Abschnitt sehen, dass wir eine optimale Portaltour in polynomieller Zeit finden können. Der Algorithmus, den wir gleich vorstellen werden, ist ein typischer Divide-and-Conquer-Algorithmus, d. h., das Problem wird rekursiv so lange in kleinere Teilprobleme zerlegt, bis nur noch triviale Probleme übrig bleiben. Diese Teilprobleme werden dann so gut wie möglich zu Lösungen der nächst höheren Ebene zusammengesetzt.

In unserem konkreten Fall bedeutet dies: Wir lösen das Problem zuerst in den Quadraten mit höchstem Level und setzen dann vier dieser Lösungen zu einer Lösung des entsprechenden Elternquadrates zusammen, usw.

Das nächste Lemma zeigt, dass wir für den Algorithmus nur Portaltouren betrachten müssen, die jedes Portal höchstens zweimal besucht.

Lemma 8.19. *Zu jeder Portaltour gibt es eine Portaltour, die jedes Portal höchstens zweimal besucht und deren Kosten nicht höher sind.*

Beweis. Da im euklidischen MIN TRAVELING SALESMAN Problem insbesondere die Dreiecksungleichung gilt, verursachen *short cuts*, also Abkürzungen weiterer Besuche eines Portals, keine höheren Kosten, siehe Abbildung 8.7.

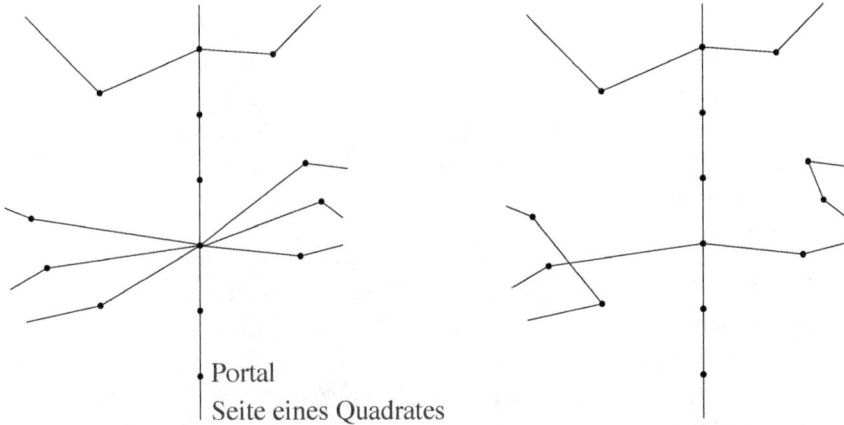

Abbildung 8.7. Short cuts an Portalen. Dabei können Selbstüberkreuzungen entstehen.

Sollten dabei Kreuzungen der Tour mit sich selbst entstehen, so verursacht auch, ebenfalls wegen der Dreiecksungleichung, das Entkreuzen keine höheren Kosten, siehe Abbildung 8.8.

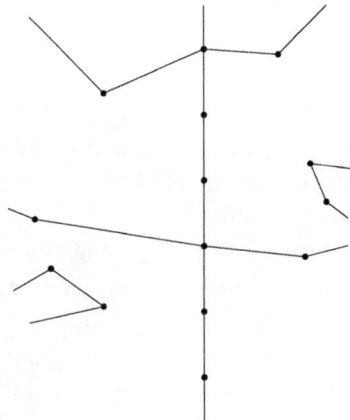

Abbildung 8.8. Entkreuzung der Selbstüberschneidung.

Diese Konstruktion führen wir so lange durch, bis an jedem Portal höchstens zwei Besuche verbleiben.

Wir müssen also nur noch zeigen, dass mit dem obigen Verfahren keine Tour entsteht, die einen Knoten mehrfach besucht. Ein Teilweg solch einer Tour mit gleichem Anfangs- und Endpunkt nennen wir dann auch *Subtour*.

Angenommen, es gibt eine Portaltour, die ein Portal p mindestens dreimal besucht, so dass jede Abkürzung an diesem Portal zu einer Subtour führt. Seien $v_1, \ldots, v_k$, $k \geq 3$, die Nachbarn von p, also die mit p unmittelbar verbundenen Knoten. Dann

führt jede Einführung einer Kante $\{v_i, v_j\}$ mit $i, j \leq k$ zu einer Subtour, d. h., v_i
und v_j sind bereits durch einen Weg miteinander verbunden. O.b.d.A. sei $i < j$
und der Weg zwischen v_i und v_j laufe über die Knoten $v_{i+1}, \ldots, v_{j-1}$. Die Knoten
$v_{i+1}, \ldots, v_{j-1}$ haben damit Knotengrad mindestens 3 (eine Kante zum Vorgänger
des Weges, eine Kante zum Nachfolger und eine Kante zu p), ein Widerspruch dazu,
dass in einer Tour jeder Knoten Knotengrad 2 hat.   □

Wir sind nun in der Lage, unseren Algorithmus zu formulieren, d. h., wir werden
nun unsere Portaltour konstruieren. Wir werden sehen, dass sich das Problem in jedem
Teilquadrat unabhängig von seinem Äußeren lösen lässt, wenn man weiß, in welcher
Reihenfolge die Portale von der Portaltour durchlaufen werden. Diese Kenntnis ist die
sogenannte Schnittstelleninformation. Das dynamische Programm legt eine Tabelle
an, die für jedes Quadrat die Kosten eines optimalen Weges im Inneren des Quadrates zu jeder Schnittstelleninformation enthält. Ein wesentlicher Punkt in der Analyse
des Algorithmus ist dann einzusehen, dass wir nur polynomiell viele Einträge in der
Tabelle benötigen.

Satz 8.20. *Eine optimale Portaltour kann in polynomieller Zeit $n^{\mathcal{O}(1/\varepsilon)}$ konstruiert
werden.*

Beweis. Dank des obigen Lemmas können wir uns auf Portaltouren beschränken, die
jedes Portal höchstens zweimal besuchen.

Der Algorithmus nutzt folgende Beobachtung: Sei π eine optimale Portaltour.
Dann besucht π höchstens $8 \cdot (m+1)$-mal die $4 \cdot (m+1)$ Portale eines jeden Quadrates
Q. Die Tour π innerhalb von Q besteht damit aus höchstens $4(m+1)$ knotendisjunk-
ten Pfaden, die Q genau einmal betreten und verlassen, sich nicht kreuzen und jeden
Knoten in Q besuchen, siehe Abbildung 8.9.

Da π kostenminimal ist, ist auch die Einschränkung auf Q kostenminimal. Genauer, seien $a_1, \ldots, a_{2t}$ mit $2t \leq 8 \cdot (m+1)$ die Portale von Q, die von π benutzt
werden (ein Portal kann natürlich mehrmals, aber höchstens zweimal von π besucht
werden). Weiter gelte für alle $i < t$, dass Portal a_i vor Portal a_{i+1} von π durchlaufen
wird. Dann ist die Einschränkung von π auf Q kostenminimal unter allen Mengen
von knotendisjunkten Pfaden $\{P_1, \ldots, P_l\}$, $l \leq 4 \cdot (m+1)$, für die gilt:

- jedes Unterquadrat von Q und Q selbst werden nur in den Portalen geschnitten,

- jedes Portal wird höchstens zweimal geschnitten, und

- jeder Knoten innerhalb von Q liegt auf genau einem Pfad P_i, $i \leq l$.

Damit ist offensichtlich, wie der Algorithmus eine kostenminimale Portaltour findet. Es werden zunächst kostenminimale Mengen von Pfaden für die Quadrate mit
höchstem Level konstruiert, die die obigen Eigenschaften erfüllen, und zwar für jede mögliche Reihenfolge, in der die Portale durchlaufen werden können. Genauer,
in jedem Quadrat Q vom höchsten Level in der Dissection liegt höchstens ein Knoten. Ist eine Reihenfolge (und damit auch eine Menge von zu besuchenden Portalen)

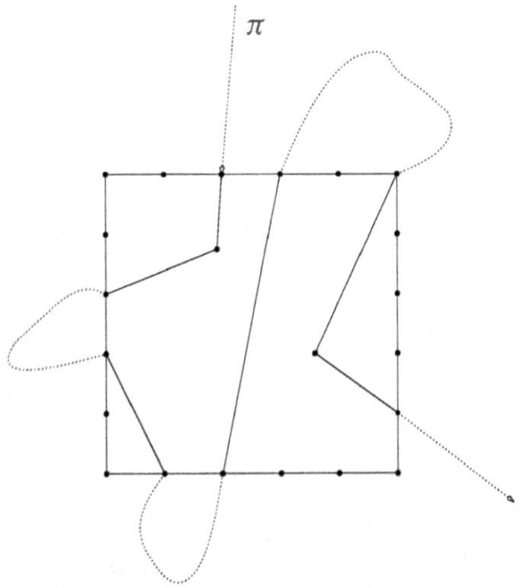

Abbildung 8.9. Einschränkung einer Portaltour auf ein Quadrat.

$(a_1, \ldots, a_{2t})$ der Portale vorgegeben, so berechnen wir die minimalen Kosten einer Menge von Pfaden $\{P_1, \ldots, P_t\}$, wobei Pfad P_i die Portale a_{2i-1} und a_{2i} verbindet, wie folgt: Der Knoten innerhalb von Q wird probeweise auf jeden Pfad platziert, siehe Abbildung 8.10. Für jede solche Wahl werden die entstandenen Kosten verglichen und die minimalen Kosten dann in einer Tabelle gespeichert.

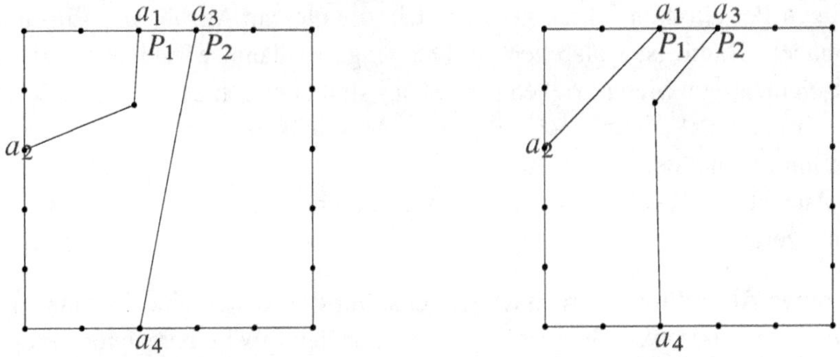

Abbildung 8.10. Links wird der Knoten in den Pfad P_1 platziert, rechts in den Pfad P_2.

Sind dann alle Quadrate vom Level $i+1$ betrachtet worden, so ergeben sich für jede feste Reihenfolge, in der die Portale eines Quadrates Q vom Level i durchlaufen werden, die minimalen Kosten als Summe der minimalen Kosten der vier Kindquadrate. Genauer, seien $Q_1, \ldots, Q_4$ die vier Kindquadrate von Q. Für jede Reihenfolge, in der die $4m + 1$ Portal der inneren Kanten von $Q_1, \ldots, Q_4$ durchlaufen werden, ergeben sich die minimalen Kosten als Summe der minimalen Kosten für die Kindquadrate, die wir ja bereits eine Rekursionsebene höher in die Tabelle geschrieben haben. Wieder wird verglichen und die kleinsten Kosten werden in die Tabelle geschrieben.

Der so beschriebene Algorithmus findet dann ganz offensichtlich die Kosten einer optimalen Portaltour. Die Portaltour selbst kann dann aus den Tabelleneinträgen rekonstruiert werden. Wir müssen also nur noch zeigen, dass der Algorithmus eine Laufzeit von $n^{\mathcal{O}(1/\varepsilon)}$ hat.

Zunächst einmal gibt es L^2 Quadrate vom Level $k := \log_2 L$, $\frac{1}{4}L^2$ Quadrate vom Level $k - 1$ usw., zusammen also

$$L^2 + \frac{1}{4}L^2 + \frac{1}{16}L^2 + \cdots + 1 = \mathcal{O}(n^4)$$

Quadrate in der Dissection.

Sei nun Q ein Quadrat der Dissection. Dann hat Q genau $4(m + 1)$ Portale. Jede Möglichkeit, welche Portale von Q wie häufig durchlaufen werden, kodieren wir in einem $t := 4(m + 1)$-Tupel über der Menge $\{0, 1, 2\}$. Damit bedeutet $(x_1, \ldots, x_t)$, dass das i-te Portal x_i-mal durchlaufen wird. Insgesamt gibt es also für jedes Quadrat höchstens $3^{4(m+1)} = n^{\mathcal{O}(1/\varepsilon)}$ Möglichkeiten zu beschreiben, welche Portale wie häufig benutzt werden. Fehlt noch die Reihenfolge. Zu einem gegebenen Tupel $(x_1, \ldots, x_t)$ von besuchten Portalen ist

$$s := \sum_{i=1}^{t} x_i$$

die Anzahl der Besuche. Unter diesen Tupeln betrachten wir nur diejenigen, die auch zu gültigen Portaltouren führen können, d. h. die gleiche Anzahl von Ein- und Austritten haben. Damit ist s also gerade. Die Frage ist dann, wie viele Paare man aus einer n-elementigen Menge ziehen kann. Dies sind aber gerade $s \cdot (s - 1) = n^{\mathcal{O}(1/\varepsilon)}$, womit wir dann $n^{\mathcal{O}(1/\varepsilon)} \cdot n^{\mathcal{O}(1/\varepsilon)} = n^{\mathcal{O}(1/\varepsilon)}$ Möglichkeiten für alle zu betrachtenden Portalschnitte erhalten.

Die Anzahl der Tabelleneinträge ist somit beschränkt durch $n^{\mathcal{O}(1/\varepsilon)}$, was die Behauptung zeigt.   □

Der obige Algorithmus berechnet zunächst nur die Kosten einer optimalen Portaltour. Die Konstruktion solch einer Tour muss aus der Tabelle berechnet werden. Dies ist Bestandteil von Übungsaufgabe 8.27.

Im Originalbeweis von Arora hat dieser, im Gegensatz zu uns, für den obigen Beweis nicht Dissections, sondern Quadtrees benutzt. Dadurch verringern sich die Tabelleneinträge, wodurch die Laufzeit erheblich kleiner wird. Wir werden am Ende dieses Abschnittes noch einmal darauf zurückkommen.

Verschobene Partitionierung

Wir sind zwar nun in der Lage, optimale Portaltouren in polynomieller Zeit zu berechnen, allerdings sind diese auch mit zunehmender Genauigkeit, d. h. abnehmendem ε, keine Approximationen mit einem Faktor von $(1 + \varepsilon)$, wie das folgende Beispiel zeigt: Wir betrachten eine Instanz wie in Abbildung 8.11.

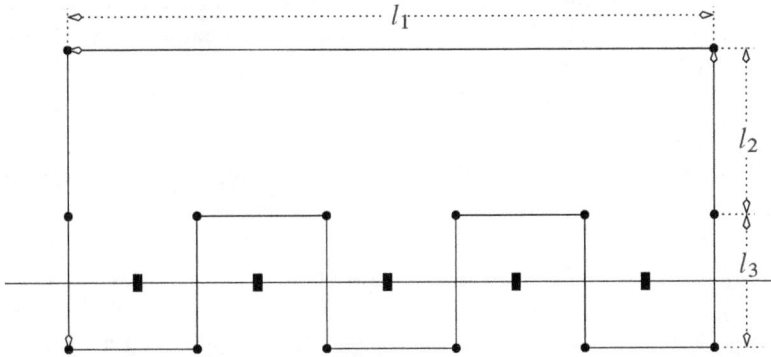

• Knoten der Instanz I ▮ Portal auf einer Seite eines Quadrates

Abbildung 8.11. Beispiel für eine Instanz. Die optimale Rundreise ist bereits eingezeichnet.

Offensichtlich hat eine optimale Rundreise zu dieser Instanz eine Länge von $2 \cdot l_1 + 2 \cdot l_2 + 6 \cdot l_3$. Abbildung 8.12 zeigt eine optimale Portalreise.

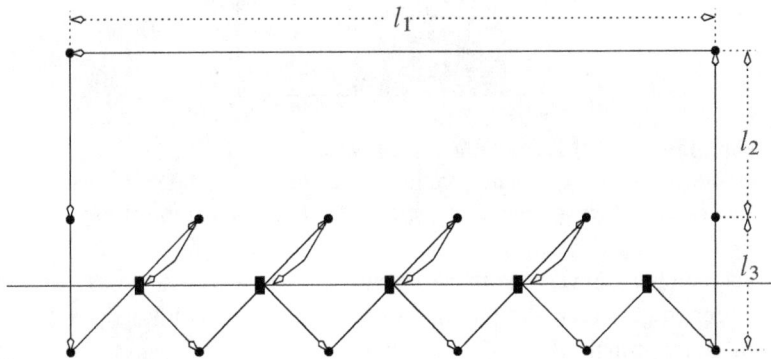

• Knoten der Instanz I ▮ Portal auf einer Seite eines Quadrates

Abbildung 8.12. Eine optimale Portaltour für die obige Instanz.

Dies vergrößert die Länge der Tour erheblich. Der Grund dafür ist offensichtlich, die Portale liegen so schlecht wie möglich zu den Knoten der Eingabe. Gehört zusätzlich die Linie, auf der die Portale liegen, zu einem Quadrat mit kleinem Level, so sind die Abstände zwischen zwei aufeinanderfolgenden Portalen so groß, dass die Länge der Portaltour eine schlechte Abschätzung für die Länge einer optimalen Tour ist. Abhilfe würde also eine Verschiebung der Quadrate der Dissection schaffen. Damit können wir erreichen, dass die in den Abbildungen 8.11 und 8.12 gezeichnete Linie eine Linie eines Quadrates mit sehr hohem Level ist. Dadurch verringern sich die Abstände zwischen den Portalen und die optimale Portaltour wäre kürzer. Genau dies ist das Ziel dieses Unterabschnittes.

Für zwei natürliche Zahlen $a, b \in [0, L)$ ist der (a, b)-*shift* einer Dissection wie folgt definiert: Alle Punkte eines Quadrates der Dissection werden bezüglich (a, b) Modulo L geshiftet, d. h., für eine Dissection $\mathcal{D} = \{Q_1, \ldots, Q_m\}$, Q_i Quadrate der Dissection, betrachten wir nun $\mathcal{D}_{(a,b)} := \{Q'_1, \ldots, Q'_m\}$ mit

$$Q'_i := \{((x, y) + (a, b)) \bmod (L, L); (x, y) \in Q_i\}.$$

Q'_i ist dann im Allgemeinen kein Quadrat mehr, siehe Abbildung 8.3.

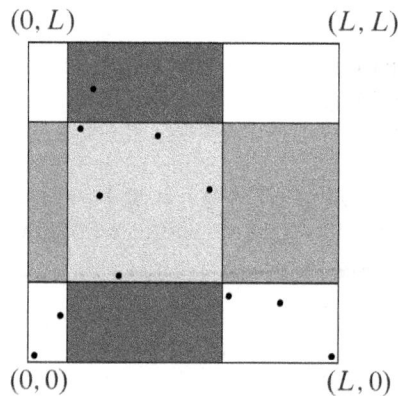

Abbildung 8.13. Beispiel einer $(1, 2)$-geshifteten Dissection, wobei hier nur die geshifteten Quadrate vom Level 1 dargestellt sind. Jedes geshiftete Quadrat ist mit einer unterschiedlichen Schattierung identifiziert.

Diese Verschiebungen verringern höchstens die Tabelleneinträge unseres im letzten Abschnitt kennen gelernten Programms, wir können also auch für die verschobenen Dissections eine optimale Portaltour in polynomieller Zeit finden.

Ziel ist es, zu zeigen, dass für eine zufällige Wahl von natürlichen Zahlen $a, b \in [0, L)$ die Wahrscheinlichkeit dafür, dass eine optimale Portaltour in der (a, b)-geshifteten Dissection der Länge höchsten $(1 + 4 \cdot \varepsilon) \cdot \mathrm{OPT}(I)$ existiert, mindestens $1/2$ beträgt. Da wir solche optimalen Portaltouren aber in polynomieller Zeit konstruieren können, erhalten wir also für jedes $\varepsilon > 0$ einen polynomiellen Algorithmus, der mit großer Wahrscheinlichkeit eine gute Approximation findet. Durchläuft man dann alle möglichen Shifts, so erhält man einen Approximationsalgorithmus, der garantiert eine gute Approximation findet, wir werden darauf am Ende dieses Kapitels noch einmal zurückkommen.

Das folgende Lemma wird im Beweis von Satz 8.22 benötigt.

Lemma 8.21. *Sei π eine optimale Tour zur normierten Instanz I und $G(\pi)$ die Anzahl der Schnitte von π mit dem Einheitsgitter, d. h.*

$$G(\pi) := |\{(a, b) \in [0, L]^2 \cap \mathbb{N}^2; \pi \text{ durchläuft } (a, b)\}|.$$

Dann gilt

$$G(\pi) \le 2 \cdot \mathrm{OPT}(I).$$

Beweis. Sei l die Länge einer Kante e von π und x und y die Längen der Projektionen der Kante auf die x- und y-Achse. Dann gilt $l^2 = x^2 + y^2$. Damit hat e also höchstes $x + 1 + y + 1$ Schnittpunkte mit dem Einheitsgitter. Da

$$x + y + 2 \le \sqrt{2(x^2 + y^2)} + 2 = \sqrt{2s^2} + 2 \le 2s$$

(man beachte, dass dank der Normierung der Eingabe $s \ge 4$ gilt), folgt die Behauptung. $\qquad\square$

Wir kommen nun zur Formulierung unseres Hauptsatzes. Der Beweis benötigt einige Grundlagen aus der Wahrscheinlichkeitstheorie, die wir allerdings erst in Abschnitt 10.2 kennen lernen werden.

Satz 8.22. *Seien $(a, b) \in \mathbb{N}$ bezüglich der Gleichverteilung zufällig aus $[0, L)$ gewählt. Dann ist die erwartete Länge einer optimalen Portaltour höchstens $2\varepsilon\,\mathrm{OPT}(I)$ länger als die Länge einer optimalen Tour.*

Beweis. Es sei π eine optimale Tour. Wir konstruieren nun daraus eine optimale Portaltour wie folgt: Jede Kante (u, v) von π, die eine Linie l in einem Nichtportalpunkt x kreuzt, muss durch zwei Liniensegmente (u, p) und (p, v) ersetzt werden. Dabei ist p ein Portal auf l, dass am nächsten zu x liegt. Offensichtlich erhöht dies die Kosten einer Tour um höchstens den Abstand zwischen zwei aufeinanderfolgenden Portalen.

Die Verschiebungen a und b sind laut Voraussetzung gleichverteilt gewählt. Also ist die Wahrscheinlichkeit dafür, dass l eine Linie zu einem Quadrat vom Level i ist, gerade $2^i/L$ (Anzahl der Linien vom Level i ($= 4 \cdot 2^i$) durch Anzahl aller Linien ($= 4 \cdot L$)).

Sei nun X die Zufallsvariable, die einer Nichtportalkreuzung die zusätzlich entstandenen Kosten für die Auflösung der Kreuzung wie oben konstruiert zuordnet.

Da der Abstand zweier aufeinanderfolgender Portale auf einer Linie vom Level i gerade $L/(2^i \cdot m)$ ist, folgt damit für die erwartete Kostenerhöhung bei Auflösen einer Nichtportalkreuzung

$$\mathrm{Exp}\,[X] \le \sum_{i=1}^{\log_2 n} \frac{2^i}{L} \cdot \frac{L}{2^i m} = \frac{\log_2 n}{m} = \varepsilon,$$

da $m \in [\log_2 n/\varepsilon, 2 \cdot \log_2 n/\varepsilon]$. Wir haben nach dem obigen Lemma höchstens $2\varepsilon \cdot \mathrm{OPT}(I)$ Kreuzungen mit den Linien der Dissection, woraus die Behauptung folgt. $\qquad\square$

Als unmittelbare Konsequenz erhalten wir.

Korollar 8.23. *Seien a und b wie oben gewählt. Dann gibt es mit Wahrscheinlichkeit mindestens* $1/2$ *in der* (a, b)*-geshifteten Dissection eine Portaltour der Länge höchstens* $(1 + 4\varepsilon) \cdot \text{OPT}(I)$.

Beweis. Dies folgt sofort aus der Markov-Ungleichung. Sei X die Zufallsvariable, die jedem (a, b)-shift die Kostenerhöhung einer wie im Beweis des letzten Satzes konstruierten optimalen Portaltour in der (a, b)-geshifteten Dissection zuordnet. Dann gilt

$$\Pr[X \geq 2 \cdot \text{Exp}[X]] \leq \frac{1}{2}. \tag{8.4}$$

Aus $\text{Exp}[X] \leq 2\varepsilon \cdot \text{OPT}(I)$ folgt dann die Behauptung.   □

Derandomisierung

Formel (8.4) besagt insbesondere, dass es ein Paar (a, b) so gibt, dass die Länge der im (a, b)-shift konstruierten Portaltour höchstens um den Faktor $(1 + 4\varepsilon)$ von der Länge einer optimalen Tour abweicht. Denn wenn die Wahrscheinlichkeit dafür positiv, also ungleich null ist, existiert insbesondere solch eine Portaltour.

Berechnen wir jetzt für jedes Paar (a, b) eine optimale Portaltour im (a, b)-shift und geben die Portaltour mit der kürzesten Länge aus, so erhalten wir unseren gewünschten Approximationsfaktor. Die Laufzeit erhöht sich damit um $L^2 = \mathcal{O}(n^2)$. Wir formulieren dieses Ergebnis im folgenden Satz.

Satz 8.24. *Für jedes* $\varepsilon > 0$ *existiert ein* $\mathcal{O}(n^2) \cdot n^{\mathcal{O}(1/\varepsilon)}$*-zeitbeschränkter Algorithmus* A_ε*, der das euklidische* MIN TRAVELING SALESMAN *Problem mit multiplikativer Güte* $(1 + 4\varepsilon)$ *löst.*

Wir kommen noch einmal auf das von Arora konstruierte PTAS zurück. Dieses Approximationsschema hat für jedes $\varepsilon > 0$ eine Laufzeit von $\mathcal{O}(n^2) \cdot \mathcal{O}(n(\log_2 n)^{\mathcal{O}(1/\varepsilon)})$, was bedeutend besser, aber immer noch nicht besonders effektiv ist. Der Grund für die bessere Laufzeit ist schnell erklärt. Arora nutzte in seiner Analyse nicht wie wir die Dissection, sondern die am Anfang dieses Abschnittes definierten Quadtrees. Diese Quadtrees haben bedeutend weniger zu betrachtende Quadrate, so dass sich die Laufzeit unseres im Beweis von Satz 8.20 vorgestellten Algorithmus für die Berechnung einer optimalen Portaltour verringert. Insbesondere wird, wie bereits erläutert, die anzulegende Tabelle weit weniger Einträge haben.

8.5   Übungsaufgaben

Übung 8.25. Beweisen Sie Satz 8.8.

Übung 8.26. Entwickeln Sie ein PTAS für ein Optimierungsproblem, das auf der gleichen Idee basiert wie das PTAS für MIN m-MACHINE JOB SCHEDULING.

Übung 8.27. Formulieren Sie den in Abschnitt 8.4 behandelten Algorithmus für das euklidische MIN TRAVELING SALESMAN Problem so, dass nicht nur die Kosten einer optimalen Portaltour bestimmt werden, sondern diese auch angegeben wird.

Übung 8.28. Zeigen Sie, dass sich das in Abschnitt 8.4 vorgestellte Approximationsschema so modifizieren lässt, dass man für jedes $\varepsilon > 0$ einen Approximationsalgorithmus A_ε mit Laufzeit $\mathcal{O}(n^2) \cdot \mathcal{O}(n(\log_2 n)^{\mathcal{O}(1/\varepsilon)})$ und Approximationsgüte $(1 + 4 \cdot \varepsilon)$ erhält.
Hinweis: Nutzen Sie anstelle von Dissections Quadtrees.

In den folgenden drei Aufgaben wird es darum gehen, ein polynomielles Approximationsschema für das Problem MAX INDEPENDENT SET auf sogenannten *Kreisgraphen* zu konstruieren, vergleiche auch Erlebach, Jansen und Seidel [188].

Kreisgraphen sind wie folgt definiert: Sei $\mathcal{D} = \{D_1, \ldots, D_n\}$ eine Menge von Kreisscheiben in der Ebene $\mathbb{R}^2$, wobei jede Kreisscheibe einen Durchmesser von 1 und das Zentrum $c_i = (x_i, y_i)$ habe. Mit anderen Worten gilt also

$$D_i = \{(x, y) \in \mathbb{R}^2; \|(x_i, y_i), (x, y)\| \leq 1\},$$

für jede Kreisscheibe D_i.

Der daraus konstruierte Graph $G_\mathcal{D} = (V, E)$ mit

$$
\begin{aligned}
V &:= \{1, \ldots, n\}, \\
E &:= \{\{i, j\}; D_i \cap D_j \neq \varnothing\}
\end{aligned}
$$

heißt auch Kreisgraph zu $\mathcal{D}$.

Wir sagen weiter, dass eine Vertikale $\{a\} \times \mathbb{R}$ (bzw. Horizontale $\mathbb{R} \times \{b\}$) eine Kreisscheibe D_i trifft, wenn

$$a - \frac{1}{2} < x_i \leq a + \frac{1}{2} \quad (\text{bzw. } b - \tfrac{1}{2} < y_i \leq b + \tfrac{1}{2}),$$

wenn also eine Vertikale D_i schneidet oder links berührt (bzw. wenn eine Horizontale D_i schneidet oder oben berührt).

Wir definieren für alle $k \in \mathbb{N}$ und $r, s < k$

$$
\mathcal{D}_k(r, s) := \left\{ D \in \mathcal{D}; D \begin{array}{l} \text{trifft keine Horizontale } \mathbb{R} \times \{b\} \text{ mit } b \bmod k = s \\ \text{und keine Vertikale } \{a\} \times \mathbb{R} \text{ mit } a \bmod k = r \end{array} \right\}.
$$

Übung 8.29. Zeigen Sie: Für jedes $k \in \mathbb{N}$ existiert ein Paar $r, s < k$ mit

$$\mathrm{OPT}(\mathcal{D}_k(r, s)) \geq (1 - 1/k)^2 \, \mathrm{OPT}(\mathcal{D}).$$

Übung 8.30. Seien k, r, s wie oben. Für je zwei aufeinanderfolgende Vertikalen $\{a_1\} \times \mathbb{R}$ und $\{a_2\} \times \mathbb{R}$ mit $a_1 \bmod k = a_2 \bmod k = r$ und je zwei aufeinanderfolgende Horizontalen $\mathbb{R} \times \{b_1\}$ und $\mathbb{R} \times \{b_2\}$ mit $b_1 \bmod k = b_2 \bmod k = s$ sei

$$Q_{a_1 a_2 b_1 b_2} := \{(x, y) \in \mathbb{R}^2; a_1 < x \le a_2, b_1 < y \le b_2\}.$$

$Q_{a_1 a_2 b_1 b_2}$ heißt auch kurz (r, s)-Quadrat.

Zeigen Sie, dass eine Konstante C (in Abhängigkeit von k) so existiert, dass für jede Menge $\mathcal{D}' \subseteq \mathcal{D}$ disjunkter Kreisscheiben die Anzahl der Elemente aus $\mathcal{D}'$, die einen (r, s)-Quader schneiden, höchstens C ist.

Übung 8.31. Konstruieren Sie mit Hilfe der beiden vorangegangenen Aufgaben ein polynomielles Approximationsschema für das Problem MAX INDEPENDENT SET eingeschränkt auf Kreisgraphen.

Übung 8.32. Konstruieren Sie ein polynomielles Approximationsschema für das Problem MIN VERTEX COVER auf Kreisgraphen.

Kapitel 9

Vollständige Approximationsschemata

Wie wir bereits am Anfang des letzten Kapitels angedeutet haben, werden wir uns hier mit Approximationsschemata beschäftigen, die eine bei weitem bessere Laufzeit liefern. Zunächst wollen wir den Begriff „bessere Laufzeit" präzisieren.

Definition 9.1. Ein *vollständiges Approximationsschema (englisch: Fully Polynomial Time Approximation Schema (FPTAS, FPAS))* für ein Problem Π ist ein Approximationsschema $(A_\varepsilon)_{\varepsilon>0}$ so, dass die Laufzeit polynomiell beschränkt in $\frac{1}{\varepsilon}$ und der Eingabelänge ist. Genauer, es gibt ein Polynom $p : \mathbb{R} \times \mathbb{R} \to \mathbb{R}$ so, dass für alle $\varepsilon > 0$ und alle $n \in \mathbb{N}$ die Laufzeit von A_ε bei Eingabe einer Instanz von Π der Länge höchstens n durch $p(\frac{1}{\varepsilon}, n)$ beschränkt ist.

Wir werden im ersten Abschnitt dieses Kapitels noch einmal das Rucksackproblem behandeln. Die Idee bei der Konstruktion eines vollständigen Approximationsschemas für dieses Problem sieht wie folgt aus: Wir betrachten zunächst einen exakten (aber nichtpolynomiellen) Algorithmus für MAX KNAPSACK. Dieser Algorithmus löst dann eine (in Abhängigkeit von $\varepsilon > 0$) skalierte Eingabe des Problems.

Interessanterweise lässt sich dieses Konzept auf viele weitere Probleme anwenden (und auch theoretisch untermauern). Allerdings muss der benutzte exakte Algorithmus bestimmte Voraussetzungen, insbesondere an die Laufzeit, erfüllen. Wir werden deshalb im zweiten Abschnitt den Begriff der pseudopolynomiellen Laufzeit kennen lernen und sehen, dass die Existenz eines pseudopolynomiellen Algorithmus zumindest notwendig dafür ist, dass ein vollständiges polynomielles Approximationsschema existiert.

9.1 MAX KNAPSACK

Die in diesem Abschnitt behandelten Ideen zur Konstruktion eines vollständigen Approximationsschemas gehen zurück auf Ibarra und Kim, siehe [97].

Wie schon oben angekündigt, benötigen wir einen exakten Algorithmus zur Konstruktion eines vollständigen Approximationsschemas für das Problem MAX KNAPSACK.

Bevor wir allerdings den Algorithmus formulieren, benötigen wir noch einige Notationen und Lemmata.

Sei eine Instanz des Rucksackproblems gegeben, d. h. Gewichte $s_1, \dots, s_n \in \mathbb{N}$, Gewinne $p_1, \dots, p_n \in \mathbb{N}$ und die Kapazität des Rucksacks $B \in \mathbb{N}$. Für alle $j \in$

$\{0, 1, \ldots, n\}$ und $i \in \mathbb{Z}$ sei

$$F_j(i) := \min\left\{\sum_{k \in I} s_k ; I \subseteq \{1, \ldots, j\} \text{ mit } \sum_{k \in I} p_k \geq i\right\}$$

das minimale Gewicht einer Teilmenge der ersten j Gegenstände mit Gesamtgewinn mindestens i (wir setzen $\min \varnothing := \infty$). $F_n(i)$ gibt also an, wie schwer der Rucksack mindestens sein muss, damit der Gewinn den Wert i erreicht.

Zunächst gilt das folgende, einfach zu beweisende Lemma.

Lemma 9.2. *Sei* OPT *der Wert einer optimalen Lösung des Rucksackproblems bezüglich der obigen Instanz. Dann gilt*

$$\text{OPT} = \max\{i ; F_n(i) \leq B\}.$$

Die Idee bei der Formulierung des exakten Algorithmus für das Problem ist dynamische Programmierung, d. h., zum Berechnen des Optimums werten wir so lange Funktionswerte von F aus, bis wir das kleinste i mit $F_n(i) > b$ gefunden haben. Der Wert $i - 1$ ist dann das gesuchte Optimum. Mit Hilfe des folgenden Lemmas kann diese Auswertung so geschehen, dass man zur Berechnung nur auf bereits berechnete Funktionswerte zurückgreifen muss.

Lemma 9.3. *Es gilt*

 (i) $F_j(i) = 0$ *für alle* $i \leq 0$ *und* $j \in \{0, \ldots, n\}$,

 (ii) $F_0(i) = \infty$ *für alle* $i > 0$,

 (iii) $F_j(i) = \min(F_{j-1}(i), s_j + F_{j-1}(i - p_j))$ *für alle* $i > 0$, $j \in \{1, \ldots, n\}$.

Die dritte Gleichung ist auch als Bellmannsche Optimalitätsgleichung bekannt.

Beweis. (i) Wenn der Wert des Rucksackinhalts nicht positiv sein muss, dann ist die Menge mit minimalem Gewicht, die das tut, die leere Menge und diese hat Gewicht 0.

(ii) Wenn der Wert des Inhalts positiv sein soll, die Auswahl der Gegenstände aber aus der leeren Menge kommt, so gibt es keine Lösung, d. h. $F_0(i) = \infty$.

(iii) Um eine gewichtsminimale Teilmenge der ersten j Gegenstände mit Wert mindestens i zu finden, gehen wir wie folgt vor: Wir suchen zunächst eine gewichtsminimale Menge S_1 der ersten $j - 1$ Gegenstände und dann eine gewichtsminimale Menge S_2 der ersten j Gegenstände, die den j-ten Gegenstand enthält. Dann wählt man das mit dem kleinsten Gewicht. S_1 hat Gewicht $F_{j-1}(i)$ und S_2 ein Gewicht von $s_j + F_{j-1}(i - p_j)$. Daraus folgt sofort die Formel. $\square$

Wir sind nun in der Lage, unseren Algorithmus zu formulieren. Dabei können wir dank des obigen Lemmas annehmen, dass die Werte $F_j(i)$ für alle $i \leq 0$ und $j \in \{0, \ldots, n\}$, sowie $F_0(i)$ für alle $i > 0$ bereits bekannt sind, siehe auch Abbildung 9.1.

Algorithmus EXACTKNAPSACK$(s_1, \ldots, s_n, p_1, \ldots, p_n, B)$

```
1   i := 0
2   repeat
3     i := i + 1
4     for j = 1 to n do
5       F_j(i) = min(F_{j-1}(i), s_j + F_{j-1}(i - p_j))
6     od
7   until F_n(i) > B
8   return i - 1
```

Satz 9.4. *Der Algorithmus* EXACTKNAPSACK *berechnet zu jeder Instanz*

$$I = (s_1, \ldots, s_n, p_1, \ldots, p_n, B) \in \mathbb{N}^{2n+1}$$

des Problems MAX KNAPSACK *eine optimale Packung in* $\mathcal{O}(n \cdot \mathrm{OPT}(I))$ *Schritten.*

Beweis. Zur Laufzeit: In der `for`-Schleife werden $\mathcal{O}(n)$ Schritte benötigt. Die `repeat`-Schleife wird $\mathrm{OPT}(I) + 1$-mal durchlaufen. Insgesamt ergibt sich die behauptete Laufzeit.

Zur Korrektheit: Wir haben bereits weiter oben gesehen, dass

$$\mathrm{OPT}(I) = \max\{k; F_n(k) \leq B\}.$$

Weiter gilt wegen

$$\left\{ J \subseteq \{1, \ldots, n\}; \sum_{k \in J} p_k \geq i + 1 \right\} \subseteq \left\{ J \subseteq \{1, \ldots, n\}; \sum_{k \in J} p_k \geq i \right\}$$

auch $F_n(i + 1) \geq F_n(i)$ für alle $i \in \mathbb{N}$, weshalb nach der Abbruchbedingung `until` $F_n(i) > B$ kein Wert $F_n(j)$ für $j \geq i$ wieder kleiner als B werden kann. Es gilt dann also $\mathrm{OPT}(I) = i - 1$. $\qquad\square$

Offensichtlich hat dieser Algorithmus keine polynomielle Laufzeit, obwohl das auf den ersten Blick so scheinen mag. Für Instanzen der Form $s_1 = 1$, $p_1 = C$ und $B = 1$ ist das Optimum C, die Eingabelänge aber

$$\ln 1 + 1 + \ln C + 1 + \ln 1 + 1 = 3 + \ln C.$$

Also ist die Laufzeit $\mathcal{O}(C)$ exponentiell in der Eingabelänge $3 + \ln C$.

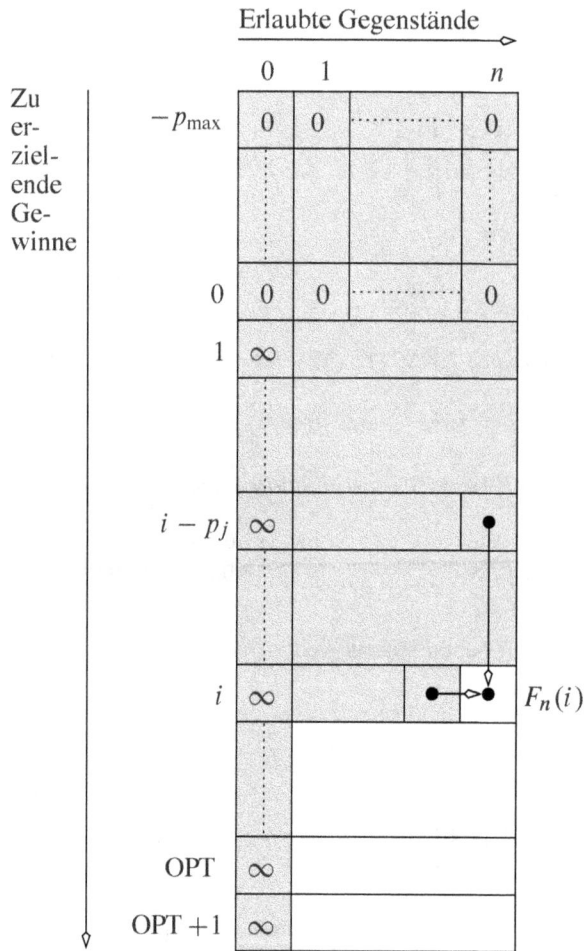

Abbildung 9.1. Arbeitsweise des Algorithmus EXACTKNAPSACK. Dabei ist $p_{max} := \max\{p_1, \ldots, p_n\}$ der maximale Gewinn eines Gegenstandes der Eingabe. Die Werte in der Tabelle werden von oben nach unten und von links nach rechts berechnet. Bereits berechnete Werte sind schraffiert.

Zunächst überlegen wir uns, wie man den obigen Algorithmus so modifizieren kann, dass er nicht nur den Wert einer optimalen Lösung erzeugt, sondern auch die Packung: Zusammen mit jedem Wert $F_j(i)$, $i, j > 0$ speichern wir die Information, ob

$$F_j(i) = F_{j-1}(i) \quad \text{oder} \quad F_j(i) = s_j + F_{j-1}(i - p_j)$$

gilt. Eine der beiden Gleichungen stimmt nach Lemma 9.3 (iii) auf jeden Fall (falls beide Gleichungen zutreffen, entscheiden wir uns für eine beliebige).

Gilt die erste Gleichung, so existiert eine gewichtsminimale Teilmenge der Menge $\{1, \ldots, j\}$ mit Wert mindestens i, die j nicht enthält, im zweiten Fall gibt es eine, die j enthält. Um eine Teilmenge $S_j(i) \subseteq \{1, \ldots, j\}$ zu erhalten, die den Wert $F_j(i)$ realisiert, können wir also die Formel

$$S_j(i) = \begin{cases} S_{j-1}(i), & \text{falls } F_j(i) = F_{j-1}(i), \\ S_{j-1}(i - p_j) \cup \{j\}, & \text{falls } F_j(i) = s_j + F_{j-1}(i - p_j) \end{cases}$$

verwenden, wobei offensichtlich $S_j(i) = \emptyset$ für alle $i \leq 0$ und $j \in \{1, \ldots, n\}$. Dies verwenden wir zur Berechnung einer optimalen Menge $S = S_n(\text{OPT})$.

Die Idee des folgenden Algorithmus ist es, zum ursprünglichen Problem ein skaliertes Problem zu konstruieren, dessen Optimum polynomiell in der Eingabelänge des ursprünglichen Problems ist, und dann den Algorithmus EXACTKNAPSACK zu benutzen. Genauer, der Algorithmus EXACTKNAPSACK hat eine Laufzeit von $\mathcal{O}(n\,\text{OPT})$, und damit, da $\text{OPT} \leq n p_{\max}$ mit $p_{\max} := \max\{p_1, \ldots, p_n\}$, eine Laufzeit von höchstens $\mathcal{O}(n^2 p_{\max})$. Betrachten wir jetzt eine (in Abhängigkeit von $\varepsilon > 0$) skalierte Instanz mit Gewinnen

$$p_i(\varepsilon) = \left\lfloor \frac{p_i n}{p_{\max} \varepsilon} \right\rfloor, \tag{9.1}$$

gleichbleibenden Gewichten s_i und gleicher Kapazität B, so hat der oben definierte Algorithmus bezüglich dieser Instanz eine Laufzeit von höchstens $\mathcal{O}(n^3 \varepsilon^{-1})$, was polynomiell in der Eingabelänge der ursprünglichen Instanz und ε^{-1} ist.

Sei also $\varepsilon > 0$.

Algorithmus $A_\varepsilon(s_1, \ldots, s_n, p_1, \ldots, p_n, B)$

1    $k := \max(1, \lfloor \varepsilon \frac{p_{\max}}{n} \rfloor)$
2   for $j = 1$ to n do
3       $p_j(k) = \lfloor \frac{p_j}{k} \rfloor$
4   od
5   Berechne $\text{OPT}(k)$ und $S(k)$, die optimale Lösung und optimale Teilmenge des Rucksackproblems mit Gewinnen $p_j(k)$, Gewichten s_j und Kapazität B mit Hilfe von EXACTKNAPSACK und gib $\sum_{j \in S(k)} p_j$ aus.

Offensichtlich ist die von dem obigen Algorithmus erzeugte Lösung wieder zulässig, da sich die Gewichte und die Kapazität nicht geändert haben.

Es gilt nun

Satz 9.5. *Für alle $\varepsilon > 0$ hat der Algorithmus A_ε eine Laufzeit von $\mathcal{O}(n^3 \frac{1}{\varepsilon})$.*

Beweis. Der dominierende Term in der Laufzeit ist der Aufruf von EXACTKNAP-
SACK für das skalierte Problem. Die weiteren Anweisungen verursachen nur Kosten
$\mathcal{O}(n)$.

Sei nun $\mathrm{OPT}(k)$ der Gewinn einer optimalen Packung für das bezüglich k skalierte
Problem. Dann gilt

$$\mathrm{OPT}(k) \leq n \max_{i \in \{1,\dots,n\}} p_i(k) = n \left\lfloor \frac{p_{max}}{k} \right\rfloor .$$

Da EXACTKNAPSACK bei Aufruf der skalierten Instanz eine Laufzeit von $\mathcal{O}(n \cdot$
$\mathrm{OPT}(k))$ hat (siehe Satz 9.5), ist somit die Laufzeit von A_ε durch $\mathcal{O}(n^2 \frac{p_{max}}{k})=\mathcal{O}(n^3 \frac{1}{\varepsilon})$
beschränkt.

Wir unterscheiden die folgenden beiden Fälle:

Fall 1: Es gelte $k = 1$. Dann folgt $\frac{\varepsilon p_{max}}{n} \leq 1$, also

$$\frac{p_{max}}{k} = p_{max} \leq \frac{n}{\varepsilon} .$$

Fall 2: Es gelte nun $k = \lfloor \varepsilon \frac{p_{max}}{n} \rfloor$. Dann erhalten wir

$$\frac{p_{max}\varepsilon}{n} \leq k + 1, \quad \text{also} \quad p_{max} \leq \frac{n}{\varepsilon}(k + 1),$$

und es folgt

$$\frac{p_{max}}{k} \leq \frac{n}{\varepsilon} \frac{k + 1}{k} \leq \frac{2n}{\varepsilon} . \qquad \qquad \square$$

Wir sehen schon an dem obigen Satz, dass das hier vorgestellte Approximationsschema eine bei weitem bessere Laufzeit als die im letzten Kapitel beschriebenen hat.
Weiter gilt:

Satz 9.6. *Für alle $\varepsilon > 0$ hat A_ε eine Approximationsgüte von $1 - \varepsilon$.*

Beweis. Sei $\varepsilon > 0$ und k wie im Algorithmus definiert. Sei weiter S eine optimale Packung des ursprünglichen Problems, $S(k)$ die vom Algorithmus A_ε gefundene

Packung und OPT bzw. OPT$^*(k)$ der Wert von S bzw. $S(k)$. Dann gilt

$$\begin{aligned}
\text{OPT}^*(k) &= \sum_{j \in S(k)} p_j \\
&= k \sum_{j \in S(k)} \frac{p_j}{k} \\
&\geq k \sum_{j \in S(k)} \left\lfloor \frac{p_j}{k} \right\rfloor \\
&\geq k \sum_{j \in S} \left\lfloor \frac{p_j}{k} \right\rfloor,
\end{aligned}$$

wobei man sich für die letzte Ungleichung überlegen muss, dass die Packung $S(k)$ optimal für das skalierte Problem ist (insbesondere also besser als S). Weiter gilt

$$\begin{aligned}
\text{OPT}^*(k) &\geq k \sum_{j \in S} \left\lfloor \frac{p_j}{k} \right\rfloor \\
&\geq k \sum_{j \in S} \left(\frac{p_j}{k} - 1 \right) \\
&= \sum_{j \in S} (p_j - k) \\
&= \text{OPT} - k|S| \\
&= \text{OPT} \left(1 - \frac{k|S|}{\text{OPT}} \right) \\
&\geq \text{OPT} \left(1 - \frac{kn}{p_{\max}} \right),
\end{aligned}$$

denn $|S| \leq n$ und $\text{OPT} \geq p_{\max}$.

Also bleibt zu zeigen, dass $\frac{kn}{p_{\max}} \leq \varepsilon$. Dazu unterscheiden wir wieder die beiden folgenden Fälle:

Fall 1: Es gelte $k = 1$. Also wurde das ursprüngliche Problem gar nicht skaliert und es gilt sogar $\text{OPT} = \text{OPT}^*(k)$.

Fall 2: Es gelte also nun $k = \lfloor \varepsilon \frac{p_{\max}}{n} \rfloor$. Dann folgt sofort die Behauptung. □

Schnellere vollständige Approximationsschemata wurden beispielsweise von Lawler in [140] und Magazine und Oguz in [151] entwickelt. Für weitere Algorithmen und eine Einführung in das Problem MAX KNAPSACK siehe auch [129].

9.2   Pseudopolynomielle Algorithmen und streng NP-schwere Probleme

Wir haben im vorherigen Abschnitt am Beispiel des Rucksackproblems gesehen, wie man aus einem exakten Algorithmus ein vollständiges Approximationsschema gewinnt. Dieses Verfahren lässt sich natürlich nicht auf alle Optimierungsprobleme anwenden, es gibt durchaus Probleme, für die es kein vollständiges Approximationsschema gibt. Allerdings kann man diese Probleme daran erkennen, dass sie keinen exakten Algorithmus mit einer Laufzeit ähnlich wie die von EXACTKNAPSACK haben. Um diese Aussage zu präzisieren, gehen wir wie folgt vor: Ähnlich wie bei der Untersuchung von NP-schweren Optimierungsproblemen wollen wir in diesem Abschnitt eine Unterklasse dieser Klasse angeben (die sogenannten strengen NP-schweren Probleme), für die es kein vollständiges Approximationsschema gibt, es sei denn P = NP. Der Begriff streng NP-schwer wurde zuerst von Garey und Johnson in [71] eingeführt.

Wir beginnen mit einigen Definitionen.

Definition 9.7. Sei Π ein Optimierungsproblem. Dann ist Max(I) der Wert der größten Zahl in der Instanz I von Π.

Ist zum Beispiel $I = (s_1, \ldots, s_n, p_1, \ldots, p_n, B) \in \mathbb{N}^{2n+1}$ eine Instanz des Rucksackproblems, so ist

$$\text{Max}(I) = \max\{s_1, \ldots, s_n, p_1, \ldots, p_n, B\},$$

wohingegen für die Länge der Instanz gilt

$$|I| = \sum_{i=1}^{n}(\log_2(s_i) + 1) + \sum_{i=1}^{n}(\log_2(p_i) + 1) + \log_2(B) + 1.$$

Definition 9.8. Ein *pseudopolynomieller Algorithmus* A für ein Problem Π ist ein Algorithmus, dessen Laufzeit durch ein Polynom in den beiden Variablen $|I|$ und Max(I) für jede Instanz I von Π beschränkt ist.

In Sinne der obigen Definition ist also insbesondere jeder polynomielle Algorithmus auch pseudopolynomiell. Weiter haben wir bereits einen echten, d. h. nichtpolynomiellen pseudopolynomiellen Algorithmus kennen gelernt, den Algorithmus EXACTKNAPSACK, denn dessen Laufzeit beträgt $\mathcal{O}(n^2 p_{\max})$, wobei $p_{\max} := \max_{i \in \{1,\ldots,n\}} p_i$ für eine Instanz $I = (s_1, \ldots, s_n, p_1, \ldots, p_n, B)$. Offensichtlich gilt $p_{\max} \leq \text{Max}(I)$. Also ist der Algorithmus pseudopolynomiell.

Wir kommen nun zur Definition des Begriffs streng NP-schwer.

Definition 9.9.   (i) Sei Π ein Problem und p ein Polynom. Dann bezeichnen wir mit Π_p das Unterproblem von Π, welches nur aus Instanzen I mit Max$(I) \leq p(|I|)$ besteht.

(ii) Sei Π ein Entscheidungsproblem. Dann heißt Π *streng* NP-*vollständig* (oder NP-*vollständig im strengen Sinne*), wenn $\Pi \in$ NP und es ein Polynom p so gibt, dass Π_p NP-vollständig ist.

(iii) Ein Optimierungsproblem heißt *streng* NP-*schwer* (oder NP-*schwer im strengen Sinne*), wenn das zugehörige Entscheidungsproblem streng NP-vollständig ist.

Ähnlich wie Satz 2.24 aus Kapitel 2 zeigt man nun:

Satz 9.10. *Ist Π ein streng NP-schweres Optimierungsproblem, so gibt es keinen pseudopolynomiellen Algorithmus für Π, außer P $=$ NP.*

Beweis. Sei Π' das zugehörige Entscheidungsproblem. Dann gibt es also ein Polynom p so, dass Π'_p NP-vollständig ist. Ein pseudopolynomieller Algorithmus A für Π läuft in Zeit $q(|I|, \mathrm{Max}(I))$ für jede Instanz I von Π, wobei q ein geeignetes Polynom ist. Für jede Instanz I von Π'_p gilt dann $\mathrm{Max}(I) \leq p(|I|)$, also benötigt A $q(|I|, \mathrm{Max}(I)) \leq q(|I|, p(|I|)$ Schritte für Eingaben von Π'_p (wir nehmen o.B.d.A. an, dass q monoton wachsend auf $\mathbb{N}$ ist), hat also insgesamt eine polynomielle Laufzeit in $|I|$. $\qquad\square$

Wir kommen nun zu unserem angekündigten Satz, der den Zusammenhang zwischen strengen NP-schweren Problemen und Problemen, für die es ein vollständiges Approximationsschema gibt, herstellt.

Satz 9.11 (Garey und Johnson [71]). *Sei Π ein Optimierungsproblem so, dass für alle Instanzen I von Π gilt: $\mathrm{OPT}(I)$ ist polynomiell beschränkt in $|I|$ und $\mathrm{Max}(I)$. Existiert ein vollständiges Approximationsschema für Π, dann gibt es auch einen pseudopolynomiellen Algorithmus für Π.*

Beweis. Wir führen den Beweis nur für Maximierungsprobleme, für Minimierungsprobleme folgt der Satz analog. Wir setzen weiter voraus, dass alle Zahlen in den Eingaben natürliche Zahlen sind.

Sei also $(\mathsf{A}_\varepsilon)_{\varepsilon>0}$ ein vollständiges Approximationsschema für Π. Sei weiter p ein Polynom so, dass $\mathrm{OPT}(I) < p(|I|, \mathrm{Max}(I))$ für alle Instanzen I von Π. Wir nehmen o.B.d.A. an, dass alle Zahlen aus $\mathbb{N}$ sind, und betrachten den folgenden Algorithmus:

Algorithmus A(I)

1   Bestimme $\varepsilon = (p(|I|, \mathrm{Max}(I)))^{-1}$.
2   Wende den Algorithmus A_ε auf I an.

Da $(\mathsf{A}_\varepsilon)_{\varepsilon>0}$ ein vollständiges Approximationsschema ist, existiert ein Polynom q so, dass für alle $\varepsilon > 0$ die Laufzeit von A_ε durch $q(|I|, \varepsilon^{-1})$ beschränkt ist. Also ist für alle Instanzen I von Π die Laufzeit von A beschränkt durch $q(|I|, p(|I|, \mathrm{Max}(I))$, und damit pseudopolynomiell.

Weiter gilt für alle Instanzen I und $\varepsilon = (p(|I|, \mathrm{Max}(I)))^{-1}$

$$\mathsf{A}(I) \geq (1 - \varepsilon)\, \mathrm{OPT}(I),$$

und damit

$$\mathrm{OPT}(I) - \mathsf{A}(I) \leq \varepsilon\, \mathrm{OPT}(I) < \varepsilon\, p(|I|, \mathrm{Max}(I)) \leq \frac{p(|I|, \mathrm{Max}(I))}{p(|I|, \mathrm{Max}(I))} = 1.$$

Da wir vorausgesetzt haben, dass alle Zahlen in der Instanz I natürliche Zahlen sind, sind auch $\mathrm{OPT}(I)$ und $\mathsf{A}(I)$ natürliche Zahlen. Weiter gilt, da Π ein Maximierungsproblem ist, offensichtlich $\mathrm{OPT}(I) \geq \mathsf{A}(I)$, und damit $\mathrm{OPT}(I) = \mathsf{A}(I)$. □

9.3   Übungsaufgaben

Übung 9.12. Wie kann man den Algorithmus EXACTKNAPSACK so anpassen, dass er in Zeit $\mathcal{O}(n\,\mathrm{OPT})$ auch die Menge der Gegenstände bestimmt, die den optimalen Wert definieren?

Übung 9.13. Modifizieren Sie den Algorithmus EXACTKNAPSACK so, dass dieser auch den Wert einer optimalen Lösung berechnet, wenn die Werte p_j rationale Zahlen sind.

Übung 9.14. Entwickeln Sie für das Problem

Problem 9.15 (SUBSET SUM).
Eingabe: Zahlen $p_1, \ldots, p_n, q \in \mathbb{N}$.
Frage: Gibt es eine Teilmenge $I \subseteq \{1, \ldots, n\}$ mit

$$\sum_{i \in I} p_i = q?$$

einen pseudopolynomiellen Algorithmus, der in Zeit $\mathcal{O}(n \cdot q)$ das Entscheidungsproblem löst.

Konstruieren Sie daraus weiter einen Algorithmus, der die gewünschte Menge I ausgibt, falls diese existiert.

Kapitel 10
Randomisierte Algorithmen

Randomisierte Algorithmen sind Algorithmen, die einen Zufallsgenerator verwenden. Es stellt sich heraus, dass solche Algorithmen oft sehr einfach sind und gute Ergebnisse liefern. Wir werden in diesem Kapitel zwei randomisierte Algorithmen kennen lernen und eine allgemeine Technik anwenden, um aus randomisierten Algorithmen den Zufallsgenerator wieder herauszubekommen. Dieses Konzept, auch Derandomisierung oder Methode der bedingten Wahrscheinlichkeit genannt, lässt sich leider nicht auf alle randomisierten Algorithmen anwenden, stellt aber dennoch ein wichtiges Hilfsmittel für die Konstruktion von Approximationsalgorithmen dar.

Wir werden dieses Konzept zunächst am Beispiel des Problems MAXSAT einführen, bevor wir randomisierte Algorithmen definieren. Eine formale Definition über Turingmaschinen, den sogenannten probabilistischen Turingmaschinen, verschieben wir auf Kapitel A, in dem wir ausführlich die im Rahmen unserer Betrachtungen benutzten Maschinenmodelle einführen.

Interessanterweise lässt sich mit diesen Definitionen eine alternative Definition der Klasse NP angeben. Insbesondere wird sich zeigen, dass man nichtdeterministische Algorithmen bzw. Turingmaschinen schon als randomisierte Algorithmen bzw. probabilistische Turingmaschinen ansehen kann.

Vertiefen wollen wir die Methoden dann im letzten Abschnitt am Beispiel des Problems MAXCUT.

10.1 MAXSAT

Wir wollen zunächst einen einfachen randomisierten Algorithmus kennen lernen und danach alle für dieses Kapitel benötigten Begriffe definieren.

Das Erfüllbarkeitsproblem SAT haben wir bereits in Abschnitt 2.4 behandelt, in diesem Abschnitt betrachten wir eine spezielle Form dieses Problems.

Problem 10.1 (MAX$\geq k$SAT).

Eingabe: Eine boolesche Formel $\phi = C_1 \wedge \cdots \wedge C_m$ über den booleschen Variablen $x_1, \ldots, x_n$ so, dass jede Klausel

$$C_i = (l_{i,1} \vee \cdots \vee l_{i,k_i}); i \in \{1, \ldots, m\}$$

eine Disjunktion von mindestens k Literalen $l_{i,j}$ ist, d. h. $k_i \geq k$.

Ausgabe: Eine Belegung $\mu : \{x_1, \ldots, x_n\} \to \{\mathtt{wahr}, \mathtt{falsch}\}$ so, dass die Anzahl der erfüllenden Klauseln maximiert wird.

Wir nehmen in diesem Abschnitt weiter an, dass keine Klausel zwei Literale enthält, die von der gleichen Variable kommen. (Taucht eine Variable mit gleichem Vorzeichen in einer Klausel auf, so können wir eine dieser Variablen einfach löschen, ohne die Anzahl der erfüllten Klauseln zu verändern. Ist andererseits eine Variable mit verschiedenen Vorzeichen in einer Klausel vorhanden, so ist diese unter jeder Belegung wahr, dieser Fall ist damit ebenfalls uninteressant.)

Ziel dieses Abschnittes ist es, anhand des folgenden Algorithmus randomisierte Algorithmen einzuführen. Die Ideen zu diesem Algorithmus finden sich implizit in Johnson [113].

Algorithmus RANDOMSAT$(C_1 \wedge \cdots \wedge C_m)$

```
1   for i := 1 to n do
2       Wähle ein Zufallsbit z ∈ {0, 1}.
3       if z = 0 then
4           μ(x_i) := falsch
5       else
6           μ(x_i) := wahr
7       fi
8   od
9   return φ
```

Dieser Algorithmus sieht sich die Klauseln gar nicht an, sondern wirft für jede Variable x_i eine Münze.

Bevor wir den Algorithmus analysieren, benötigen wir einige wahrscheinlichkeitstheoretische Grundlagen.

10.2 Wahrscheinlichkeitstheorie

Wir behandeln in diesem Abschnitt nur einige grundlegende Techniken, die wir für dieses Kapitel benötigen, insbesondere betrachten wir nur endliche Wahrscheinlichkeitsräume.

Sei W eine endliche Menge. Die Abbildung

$$\mathrm{Pr} : \mathfrak{P}(W) \to [0, 1]; \quad A \mapsto \frac{|A|}{|W|}$$

ist ein *Wahrscheinlichkeitsmaß* auf W im Sinne der Definition 10.2. Jede Teilmenge $A \in \mathfrak{P}(W)$ von W heißt *Ereignis*, besteht A nur aus einem Element, so nennen wir A auch *Elementarereignis*.

Die Abbildung Pr hat dann folgende Eigenschaften:

(i) $\mathrm{Pr}\,[\varnothing] = 0$ und $\mathrm{Pr}\,[W] = 1$,

(ii) $\Pr[A \cup B] = \Pr[A] + \Pr[B] - \Pr[A \cap B]$ für alle $A, B \subseteq W$.

Definition 10.2. Sei W eine endliche Menge. Eine Abbildung

$$\Pr : \mathfrak{P}(W) \to [0, 1]$$

heißt *Wahrscheinlichkeitsmaß* auf W, wenn

(i) $\Pr[\varnothing] = 0$ und $\Pr[W] = 1$,

(ii) $\Pr[A \cup B] = \Pr[A] + \Pr[B] - \Pr[A \cap B]$ für alle $A, B \subseteq W$.

Wir werden im nächsten Abschnitt noch weitere Wahrscheinlichkeitsmaße kennen lernen, hier soll uns zunächst einmal die oben definierte Abbildung genügen, die die sogenannte *Gleichverteilung* auf W definiert (alle Elementarereignisse sind gleichwahrscheinlich).

Wir betrachten als Beispiel das im obigen Algorithmus benutzte Experiment des Münzwurfs. Hier ist $W = \{\text{Kopf}, \text{Zahl}\} = \{0, 1\}$ und $\Pr[0] = \Pr[1] = \frac{1}{2}$.

Im oben vorgestellten Algorithmus wiederholen wir dieses Experiment n-mal, der Wahrscheinlichkeitsraum ist dann $W^n = \{0, 1\}^n$ und die Wahrscheinlichkeit, dass ein bestimmtes Elementarereignis eintritt, somit $\frac{1}{|W^n|} = \frac{1}{2^n}$. Interessiert man sich nun für die Frage, wie groß die Wahrscheinlichkeit dafür ist, dass beim n-maligen Werfen einer Münze genau k-mal, $k \in \{0, \ldots, n\}$, die Eins gefallen ist, so muss man die Mächtigkeit der Menge $\{(x_1, \ldots, x_n) \in \{0, 1\}^n; \|(x_1, \ldots, x_n)\|_1 = k\}$ bestimmen, wobei

$$\|(x_1, \ldots, x_n)\|_1 := \sum_{i=1}^{n} x_i.$$

Die Frage ist also, wie viele Möglichkeiten man hat, auf n Plätzen k Einsen zu verteilen, oder, anders ausgedrückt, wie viele k-elementige Teilmengen einer n-elementigen Menge es gibt. Dies sind aber gerade $\binom{n}{k}$, und wir erhalten

$$\Pr\left[\{(x_1, \ldots, x_n) \in \{0, 1\}^n; \|(x_1, \ldots, x_n)\|_1 = k\}\right] = \binom{n}{k}\frac{1}{2^n}.$$

Der Begriff der Zufallsvariable spielt in den folgenden Betrachtungen eine große Rolle.

Definition 10.3. Eine *(reelle) Zufallsvariable* ist eine Abbildung $X : W \to \mathbb{R}$.

Ist $X : W \to \mathbb{R}$ eine Zufallsvariable, so definiert die Abbildung

$$\Pr_X : \mathfrak{P}(X(W)) \to [0, 1]; \quad A \mapsto \Pr[X = A] := \Pr\left[X^{-1}(A)\right]$$

ein Wahrscheinlichkeitsmaß auf dem Bild von X. Das Wahrscheinlichkeitsmaß $\Pr$ auf W wird also mit Hilfe der Zufallsvariable X auf das Bild von X übertragen. Der

Beweis, dass $\Pr_X$ tatsächlich ein Wahrscheinlichkeitsmaß ist, ist sehr einfach und als Übungsaufgabe formuliert.

Der *Erwartungswert* einer Zufallsvariable X ist

$$\operatorname{Exp}[X] := \sum_{i \in X(W)} i \Pr[X = i] = \sum_{w \in W} X(w) \cdot \Pr[w],$$

wobei $\Pr[X = i] := \Pr[X^{-1}(i)]$. (Man beachte, dass der Wahrscheinlichkeitsraum W, und damit auch $X(W)$, endliche Mengen sind, wir können also in diesem Spezialfall die Summe anstelle des Integrals benutzen.)

Wir betrachten als Motivation für den Erwartungswert wieder den n-maligen Münzwurf. Angenommen, wir bekommen für jede gefallene Eins einen Euro. Dann interessieren wir uns dafür, wie viel Geld wir durchschnittlich gewinnen können. Definiere

$$X : W = \{0, 1\}^n \to \mathbb{R}; (x_1, \ldots, x_n) \mapsto \|x_1, \ldots, x_n\|_1.$$

Dann ist der Erwartungswert

$$\operatorname{Exp}[X] = \sum_{i=0}^{n} i \Pr[X = i]$$

$$= \sum_{i=1}^{n} i \Pr[\{(x_1, \ldots, x_n); \|(x_1, \ldots, x_n)\|_1 = i\}] = \sum_{i=1}^{n} \binom{n}{i} \frac{i}{2^n}$$

der durchschnittlichen Gewinn, den wir beim obigen Spiel erhalten. Wir werden gleich noch sehen, dass $\operatorname{Exp}[X] = \frac{n}{2}$.

Meist ist es relativ kompliziert, den Erwartungswert einer Zufallsvariable X auszurechnen. Der Trick besteht darin, X als Summe einfacher Zufallsvariablen darzustellen und dann die Erwartungswerte der einfachen Zufallsvariablen auszurechnen. Genauer, seien $X_i : W \to \mathbb{R}$ Zufallsvariablen für alle $i \in \{1, \ldots, n\}$. Dann heißt

$$X := \sum_{i=1}^{n} X_i : W \to \mathbb{R}; \ x \mapsto \sum_{i=1}^{n} X_i(x)$$

die *Summe der Zufallsvariablen* $X_1, \ldots, X_n$.

Weiter gilt die sogenannte *Linearität des Erwartungswertes*.

Satz 10.4 (Linearität des Erwartungswertes). *Seien $X_1, \ldots, X_n$ und X wie oben. Dann gilt*

$$\operatorname{Exp}[X] = \sum_{i=1}^{n} \operatorname{Exp}[X_i].$$

Beweis. Es gilt

$$\sum_{j=1}^{n} \text{Exp}\,[X_j] = \sum_{j=1}^{n} \sum_{w \in W} X_i(w) \cdot \text{Pr}\,[w]$$

$$= \sum_{w \in W} \text{Pr}\,[w] \cdot \sum_{j=1}^{n} X_i(w)$$

$$= \sum_{w \in W} \text{Pr}\,[w] \cdot X(w)$$

$$= \text{Exp}\,[X]. \qquad \square$$

Wir kehren zu unserem obigen Beispiel zurück. Für alle $i \in \{1, \dots, n\}$ sei

$$X_i : W = \{0,1\}^n \to \{0,1\}; \quad (x_1, \dots, x_n) \mapsto \begin{cases} 1, & \text{falls } x_i = 1, \\ 0, & \text{sonst}, \end{cases}$$

d. h., X_i gibt an, ob im i-ten Wurf eine Eins gefallen ist. Dann gilt offensichtlich für

$$X : W = \{0,1\}^n \to \mathbb{R}; \quad (x_1, \dots, x_n) \mapsto \|(x_1, \dots, x_n)\|_1,$$

dass

$$X = \sum_{i=1}^{n} X_i.$$

Für den Erwartungswert von X erhält man, da offensichtlich $\text{Exp}\,[X_i] = 1/2$ für alle $i \le n$ gilt,

$$\text{Exp}\,[X] = \text{Exp}\left[\sum_{i=1}^{n} X_i\right] = \sum_{i=1}^{n} \text{Exp}\,[X_i] = \sum_{i=1}^{n} \frac{1}{2} = \frac{n}{2},$$

also eine wesentlich einfachere Rechnung als oben.

10.3 MAXSAT (Fortsetzung)

Wir haben nun alles zur Hand, um unseren Approximationsalgorithmus zu analysieren.

Satz 10.5 (Johnson [113]). *Die erwartete Anzahl erfüllter Klauseln unter der Belegung, die von* RANDOMSAT *berechnet wird, beträgt mindestens*

$$\left(1 - \frac{1}{2^k}\right) m.$$

Der Satz sagt nicht aus, dass immer mindestens $(1 - \frac{1}{2^k})m$ Klauseln erfüllt werden, der Mittelwert hat aber mindestens diese Größe. (Wir werden später noch auf diese Begriffe eingehen.)

Beweis. Sei also eine Formel $C_1 \wedge \cdots \wedge C_m$ über $X = \{x_1, \ldots, x_n\}$ mit

$$C_i = (l_{i,1} \vee \cdots \vee l_{i,k_i})$$

und $k_i \geq k$ gegeben. Der Algorithmus RANDOMSAT wählt zunächst n Zufallsbits $z_1, \ldots, z_n \in \{0,1\}$ und bestimmt anhand der Werte der z_is die Belegung $\mu_{z_1,\ldots,z_n}$ für die Variablen aus X.

Für alle $i \in \{1, \ldots, m\}$ sei die 0/1-Zufallsvariable wie folgt definiert:

$$X_i : \{0,1\}^n \to \{0,1\}; \quad (z_1, \ldots, z_n) \mapsto \begin{cases} 1, & \text{falls } \mu_{z_1,\ldots,z_n}(C_i) = \text{wahr}, \\ 0, & \text{sonst.} \end{cases}$$

Das heißt, wir setzen die Zufallsvariable X_i auf eins, wenn, in Abhängigkeit vom Ausgang der Zufallsentscheidungen, die Klausel C_i erfüllt ist. Offensichtlich gibt dann die Zufallsvariable

$$X := \sum_{i=1}^{m} X_i$$

die Gesamtanzahl der erfüllten Klauseln an. Um den Satz zu beweisen, müssen wir jetzt nur noch den Erwartungswert von X ausrechnen.

Wegen der Linearität des Erwartungswertes gilt jetzt

$$\text{Exp}[X] = \sum_{i=1}^{m} \text{Exp}[X_i] = \sum_{i=1}^{m} \sum_{j=0}^{1} j \Pr[X_i = j] = \sum_{i=1}^{m} \Pr[X_i = 1].$$

Da $\Pr[X_i = 0] = \frac{1}{2^{k_i}}$, folgt

$$\Pr[X_i = 1] = 1 - \Pr[X_i = 0] = 1 - \frac{1}{2^{k_i}} \geq 1 - \frac{1}{2^k}, \tag{10.1}$$

denn $k_i \geq k$. Insgesamt erhalten wir also

$$\text{Exp}[X] \geq \sum_{i=1}^{m} 1 - \frac{1}{2^k} = (1 - \frac{1}{2^k})m. \qquad \square$$

Wir werden in den Abschnitten 11.1 und 16.3 weitere Algorithmen für dieses Problem kennen lernen, die eine bessere Güte garantieren.

10.4　Randomisierte Algorithmen

Nachdem wir eine Vorstellung davon erhalten haben, was ein randomisierter Algorithmus ist, wollen wir in diesem Abschnitt eine formale Definition geben und diese anhand des in Abschnitt 10.1 vorgestellten Algorithmus für das Problem MAXSAT erläutern. Obwohl wir uns zunächst nur für Optimierungsprobleme interessieren, können wir auch für Wortprobleme bzw. Sprachen und allgemeiner auch für Entscheidungsprobleme randomisierte Algorithmen definieren. Mit Hilfe dieser Definition sind wir dann auch in der Lage, eine alternative Beschreibung für die in Kapitel 2 eingeführte Komplexitätsklasse NP anzugeben.

Definition 10.6 (Randomisierter Algorithmus). Sei Π ein Wort-, Entscheidungs- oder Optimierungsproblem mit Instanzenmenge $\mathcal{I}$. Weiter sei

$$s : \mathcal{I} \longrightarrow \mathbb{N}$$

eine Funktion und für alle $n \in \mathfrak{Bild}(s)$ ein Wahrscheinlichkeitsmaß $\Pr_n$ auf $W_n = \{0, 1\}^n$ gegeben. Ein Algorithmus A heißt dann *randomisierter Algorithmus* für Π, wenn A Eingaben der Form (I, w) mit $I \in \mathcal{I}$ und $w \in W_{s(I)}$ akzeptiert und das Ergebnis $A(I, w)$ eine zulässige Lösung für I ist.

Bei randomisierten Algorithmen unterscheidet man zwischen deterministischen Eingaben (hier die Instanzen des Optimierungsproblems) und nichtdeterministischen oder auch randomisierten Eingaben (hier die Ausgänge des Zufallsexperiments).

Wir wollen die obige Definition anhand des Algorithmus RANDOMSAT noch einmal erläutern.

Dieser im letzten Abschnitt eingeführte Algorithmus belegt jede boolesche Variable $x_1, \ldots, x_n$ einer Formel $C_1 \wedge \cdots \wedge C_m$ zufällig mit wahr bzw. falsch. In diesem Fall bildet die in der obigen Definition benutzte Funktion s jede Formel auf die Anzahl der in der Formel benutzten booleschen Variablen ab.

Der Algorithmus lässt sich damit auch wie folgt beschreiben:

Algorithmus RANDOMSAT($C_1 \wedge \cdots \wedge C_m, z \in \{0, 1\}^n$)

```
1  for i := 1 to n do
2    if z_i = 0 then
3      μ(x_i) := falsch
4    else
5      μ(x_i) := wahr
6    fi
7  od
8  return φ
```

Man kann randomisierte Algorithmen aber auch wie folgt auffassen: Der Algorithmus A berechnet für jede Eingabe I des Optimierungsproblems $\Pi = (\mathcal{I}, F, w)$ nicht wie bisher einen Wert, sondern eine Zufallsvariable

$$A(I, \cdot) : W_{s(I)} \longrightarrow F(I); \quad w \mapsto A(I, w).$$

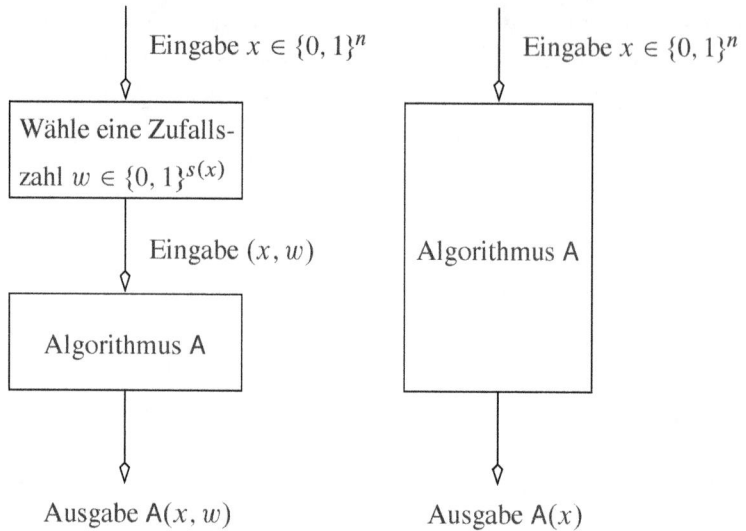

Abbildung 10.1. Schematische Vorgehensweise eines randomisierten Algorithmus (links) verglichen mit einem deterministischen Algorithmus (rechts).

Über diese Zufallsvariable können dann wahrscheinlichkeitstheoretische Aussagen gemacht werden, wie zum Beispiel darüber, wie groß die erwartete Güte ist, d. h., was $\mathrm{Exp}\,[\mathsf{A}(I,\cdot)]$ (bei Optimierungsproblemen) ist, oder wie groß die Wahrscheinlichkeit dafür ist, dass der Algorithmus die richtige Antwort liefert (bei Entscheidungsproblemen). Wir werden am Ende dieses Abschnittes noch einmal genauer darauf eingehen.

Wir bezeichnen mit $W(\mathsf{A}, I)$ den Wahrscheinlichkeitsraum, den der Algorithmus A zu einer gegebenen Instanz I des Problems benutzt, und mit

$$X(\mathsf{A}, I) : W(\mathsf{A}, I) \to \mathbb{R}; \ w \mapsto \mathsf{A}(I, w)$$

die Zufallsvariable, die zu einem gegebenen Elementarereignis $w \in W(\mathsf{A}, I)$ den Wert der vom Algorithmus A bezüglich w erzeugten Lösung angibt.

Im oben betrachteten Beispiel RANDOMSAT gilt also für eine Instanz $I = C_1 \wedge \cdots \wedge C_m$ des Problems MAX$\geq k$SAT über den booleschen Variablen $x_1, \ldots, x_n$:

$$W(\text{RANDOMSAT}, I) = \{0, 1\}^n$$

(hier bildet also die Funktion s aus Definition 10.6 jede Instanz I auf die Anzahl der in I benutzten Variablen ab) und

$$X(\text{RANDOMSAT}, I)(w_1, \ldots, w_n)$$

$$= \text{Anzahl der erfüllten Klauseln bezüglich } (w_1, \ldots, w_n).$$

Definition 10.7 (Polynomieller Randomisierter Algorithmus). Ein randomisierter Algorithmus A für ein Optimierungsproblem $\Pi = (\mathcal{I}, F, w)$ heißt polynomiell, wenn es ein Polynom p so gibt, dass die Laufzeit von A für jede deterministische Eingabe $I \in \mathcal{I}$ durch $p(|I|)$ beschränkt ist.

Man beachte, dass die Laufzeit immer polynomiell sein muss, unabhängig von den Ausgängen der Zufallsexperimente. Dies bedeutet unter anderem, dass der Algorithmus für jede Eingabe $I \in \mathcal{I}$ auch nur Elemente aus dem Wahrscheinlichkeitsraum $W = \{0, 1\}^{s(I)}$ einlesen kann, die eine polynomiale Länge haben, die Funktion s ist somit ebenfalls durch ein Polynom beschränkt.

Wir kommen nun zur Definition der erwarteten Approximationsgüte.

Definition 10.8. Sei Π ein Optimierungsproblem und $\mathcal{I}$ die Menge der Instanzen von Π. Die *erwartete Approximationsgüte* eines randomisierten Algorithmus A bei Eingabe einer Instanz I von Π ist definiert als

$$\delta_A(I) := \frac{\text{Exp}\,[X(A, I)]}{\text{OPT}(I)}.$$

Sei $\delta : \mathcal{I} \to \mathbb{R}_+$ eine Funktion. A hat *erwartete Güte δ*, falls für alle Instanzen $I \in \mathcal{I}$ gilt:

$$\delta_A(I) \leq \delta(I) \quad \text{(bei Minimierungsproblemen)}$$

bzw.

$$\delta_A(I) \geq \delta(I) \quad \text{(bei Maximierungsproblemen)}.$$

Offensichtlich kann man auch die bisher betrachteten deterministischen Algorithmen als randomisierte Algorithmen wie folgt auffassen: Wir fügen an irgendeiner Stelle ein Zufallsexperiment ein (sagen wir das Werfen einer Münze) und lassen unseren Algorithmus weiterlaufen wie bisher, d. h., die weiteren Schritte des Algorithmus hängen gar nicht davon ab, ob Kopf oder Zahl gefallen ist. In diesem Fall hängt also auch die Zufallsvariable $X(A, I)$ nicht von dem Ausgang des Experimentes ab, d. h., $X(A, I)$ ist eine konstante Funktion, die den Wert $A(I)$ der vom Algorithmus gefundenen Lösung angibt. Damit gilt dann

$$
\begin{aligned}
\text{Exp}\,[X(A, I)] &= \sum_{i \in X(A,I)(W(A,I))} i \cdot \text{Pr}\,[X(A, I) = i] \\
&= A(I) \cdot \text{Pr}\,[X(A, I) = A(I)] \\
&= A(I),
\end{aligned}
$$

also stimmt in diesem Fall die oben definierte Güte mit der uns bereits bekannten Güte überein.

Eine zweite Beobachtung ist, dass die für randomisierte Algorithmen definierte Güte eine durchschnittliche Güte ist (durchschnittlich vom Ausgang des Zufallsexperimentes). Bei MAX$\geq k$SAT kann der betrachtete Algorithmus durchaus eine Belegung liefern, die keine Klausel erfüllt, allerdings mit geringer Wahrscheinlichkeit. Die Güte sagt also nichts darüber aus, ob alle so gefundenen Lösungen nahe am Optimum sind (im Gegensatz zu unserer bisher betrachteten Güte).

Zum Abschluss dieses Abschnittes wollen wir noch, wie eingangs versprochen, eine alternative Definition der in Kapitel 2 eingeführten Komplexitätsklasse NP einführen, die zeigt, dass wir bereits randomisierte Algorithmen kennen gelernt haben, ohne diese allerdings so zu nennen. Wir erinnern uns, dass NP mit Hilfe sogenannter nichtdeterministischer Turingmaschinen beschrieben wurde. Determinismus (von lateinisch: *determinare* abgrenzen, bestimmen) bedeutet, dass alle Ereignisse nach einer festen Gesetzmäßigkeit ablaufen. Das Wort nichtdeterministisch lässt sich also als unbestimmt bzw. zufällig übersetzen.

Unter anderem hatten wir die folgende Definition der Klasse NP angegeben: Eine Sprache $L \subseteq \Sigma^*$ ist aus NP, wenn es einen polynomiellen Algorithmus A und ein Polynom p so gibt, dass gilt:

- Für alle $x \in L$ existiert $y \in \Sigma^*$ mit $|y| \leq p(|x|)$ so, dass $\mathsf{A}(x, y) = \mathtt{wahr}$,

- Für alle $x \notin L$ ist $\mathsf{A}(x, y) = \mathtt{falsch}$ für alle $y \in \Sigma^*$ mit $|y| \leq p(|x|)$.

A ist somit ein polynomieller randomisierter Algorithmus für L im Sinne von Definition 10.6 (wir können y ja als nichtdeterministische Eingabe interpretieren). Wir haben also folgende Charakterisierung der Klasse NP.

Satz 10.9. *Sei $L \subseteq \Sigma^*$ eine Sprache über einem beliebigen Alphabet Σ. Dann gilt $L \in$ NP genau dann, wenn es einen randomisierten polynomiellen Algorithmus A für L gibt, der nichtdeterministische Eingaben aus $\{0, 1\}^{s(x)}$ für jedes Wort $x \in \Sigma^*$ akzeptiert, so dass für alle $n \in \mathbb{N}$ und $x \in \Sigma^*$ gilt:*

$$aus\ x \in L\ folgt\ \Pr[\mathsf{A}(x, Y) = \mathtt{wahr}] > 0,$$

$$aus\ x \notin L\ folgt\ \Pr[\mathsf{A}(x, Y) = \mathtt{wahr}] = 0.$$

für jede gleichverteilte Zufallsvariable Y in $\{0, 1\}^{s(x)}$.

10.5   Derandomisierung: Die Methode der bedingten Wahrscheinlichkeit

Bevor wir gleich noch einen zweiten randomisierten Algorithmus vorstellen werden, wollen wir zunächst am Beispiel des Problems $\mathrm{MAX}{\geq}k\,\mathrm{SAT}$ eine allgemeine, oft anwendbare Technik kennen lernen, um aus einem randomisierten Algorithmus einen deterministischen Algorithmus zu konstruieren.

Grundsätzlich ist es natürlich immer möglich, einen randomisierten Algorithmus deterministisch zu machen, indem man alle möglichen Belegungen der Zufallsbits simuliert. Benutzt der Algorithmus c Zufallsbits, so führt dies zu einer erhöhten Laufzeit um einen Faktor von 2^c. Der im letzten Abschnitt behandelte Algorithmus RANDOMSAT benötigt n Zufallsbits, wobei n die Anzahl der Variablen einer Klausel ist. Eine Derandomisierung wie oben beschrieben würde also eine Laufzeit von $2^n \cdot \mathcal{O}(n)$ nach sich ziehen und wäre damit nicht mehr polynomiell. Es gibt aber, wie wir gleich sehen werden, eine bessere Methode. Zum weiteren Lesen seien Motwani und Rag-havan [159], Raghavan [172] und Spencer [6] empfohlen.

Zunächst aber noch einige Definitionen: Seien A, B zwei Ereignisse über einem Wahrscheinlichkeitsraum W. Dann ist die *bedingte Wahrscheinlichkeit* $\Pr[A \mid B]$ (d. h. die Wahrscheinlichkeit, dass A eintritt, unter der Voraussetzung, dass B eintritt) definiert durch

$$\Pr[A \mid B] = \frac{\Pr[A \cap B]}{\Pr[B]},$$

falls $\Pr[B] \neq 0$.

Beispielsweise gilt beim zweimaligem Münzwurf für die Ereignisse

$$A = \{(1,1),(0,1)\} \quad \text{(beim zweiten Wurf fällt eine Eins) und}$$

$$B = \{(1,1),(1,0)\} \quad \text{(beim ersten Wurf fällt eine Eins)}$$

$\Pr[A] = \Pr[B] = \frac{1}{2}$ und $\Pr[A \mid B] = \frac{1}{2}$.

Ähnlich ist der *bedingte Erwartungswert* definiert. Sei $X : W \to \mathbb{R}$ eine Zufalls-variable. Der bedingte Erwartungswert bezüglich eines Ereignisses $B \subseteq W$ ist dann

$$\mathrm{Exp}[X \mid B] = \sum_{i \in X(W)} i \Pr[X = i \mid B].$$

Wir kommen nun zur Formulierung unseres deterministischen Algorithmus. Sei dazu X wie im Beweis von Satz 10.5, d. h. für eine Formel $C_1 \wedge \cdots \wedge C_m$ über den Variablen $x_1, \ldots, x_n$ sei $X : \{0,1\}^n \to \mathbb{N}$ mit

$$X(y_1, \ldots, y_n) = |\{i \in \{1, \ldots, m\}; C_i = \text{wahr unter } \forall j \in \{1, \ldots, n\} : x_j = y_j\}|.$$

Also gibt X die Gesamtanzahl der erfüllten Klauseln an.

Algorithmus DETSAT($C_1 \wedge \cdots \wedge C_m$)

```
 1   for i = 1 to n do
 2      Berechne E_0 = E(X|x_j = b_j, j = 1,...,i-1, x_i = 0).
 3      Berechne E_1 = E(X|x_j = b_j, j = 1,...,i-1, x_i = 1).
 4      if E_0 ≥ E_1 then
 5         μ(x_i) = falsch
 6      else
 7         μ(x_i) = wahr
 8      fi
 9   od
10   return μ
```

Auf den ersten Blick ist nicht klar, dass der obige Algorithmus tatsächlich polyno-mielle Laufzeit hat. Die Frage ist, wie man den bedingten Erwartungswert in polyno-mieller Zeit ausrechnen kann. Wir werden dies später behandeln, zunächst überlegen wir uns aber, wie viele Klauseln bei einer von DETSAT gefundenen Belegung mindestens erfüllt sind.

Satz 10.10. *Der Algorithmus* DETSAT *liefert eine Belegung, die mindestens*

$$\mathrm{Exp}\,[X] \geq (1 - \frac{1}{2^k})m$$

Klauseln erfüllt, wobei m die Anzahl der Klauseln ist, hat also eine Güte von $(1 - \frac{1}{2^k})$.

Bevor wir den Satz beweisen können, benötigen wir noch den sogenannten *Partitionssatz.*

Satz 10.11. *Sei X eine Zufallsvariable, B ein Ereignis und* $B_1, \ldots, B_n$ *eine Partition von B. Dann gilt*

$$\mathrm{Exp}\,[X \mid B] = \sum_{i=1}^{n} \mathrm{Exp}\,[X \mid B_i]\,\mathrm{Pr}\,[B_i \mid B].$$

Beweis. Der Beweis ist sehr einfach. Man muss nur ausnutzen, dass für disjunkte Ereignisse $A_1, \ldots, A_n$ gilt $\mathrm{Pr}\left[\bigcup_{i=1}^{n} A_i\right] = \sum_{i=1}^{n} \mathrm{Pr}\,[A_i]$.
Wir erhalten also

$$\mathrm{Exp}\,[X \mid B] = \sum_{j \in X(W)} j\,\mathrm{Pr}\,[X = j \mid B] = \sum_{j \in X(W)} j\,\frac{\mathrm{Pr}\left[X^{-1}(j) \cap B\right]}{\mathrm{Pr}\,[B]}$$

$$= \sum_{j \in X(W)} j\,\frac{\mathrm{Pr}\left[X^{-1}(j) \cap (\bigcup_{i=1}^{n} B_i)\right]}{\mathrm{Pr}\,[B]}$$

$$= \sum_{j \in X(W)} j\,\frac{\mathrm{Pr}\left[\bigcup_{i=1}^{n}(X^{-1}(j) \cap B_i)\right]}{\mathrm{Pr}\,[B]}$$

$$= \sum_{j \in X(W)} j\,\sum_{i=1}^{n}\frac{\mathrm{Pr}\left[X^{-1}(j) \cap B_i\right]}{\mathrm{Pr}\,[B]}$$

$$= \sum_{j \in X(W)} j\,\sum_{i=1}^{n}\mathrm{Pr}\left[X^{-1}(j) \mid B_i\right]\frac{\mathrm{Pr}\,[B_i]}{\mathrm{Pr}\,[B]}$$

$$= \sum_{j \in X(W)} j\,\sum_{i=1}^{n}\mathrm{Pr}\left[X^{-1}(j) \mid B_i\right]\mathrm{Pr}\,[B_i \mid B]$$

$$= \sum_{j \in X(W)} \sum_{i=1}^{n} j\,\mathrm{Pr}\left[X^{-1}(j) \mid B_i\right]\mathrm{Pr}\,[B_i \mid B]$$

$$= \sum_{i=1}^{n}\mathrm{Exp}\,[X \mid B_i]\,\mathrm{Pr}\,[B_i \mid B]. \qquad \square$$

Beweis (von Satz 10.10). Sei also $b_1, \ldots, b_n$ die Belegung, die der obige Algorithmus liefert, j_0 die Anzahl der erfüllten Klauseln für die Belegung und

$$E^i = \mathrm{Exp}\left[X \mid x_j = b_j; j \in \{1, \ldots, i\}\right]$$

für alle $i \in \{1, \ldots, n\}$. Dann gilt $E^0 = \mathrm{Exp}\left[X\right]$ und

$$
\begin{aligned}
E^n &= \mathrm{Exp}\left[X \mid x_j = b_j; j \in \{1, \ldots, n\}\right] \\
&= \mathrm{Exp}\left[X \mid \{b_1, \ldots, b_n\}\right] \\
&= \sum_{j \in X(W)} j \, \mathrm{Pr}\left[X^{-1}(j) \mid \{b_1, \ldots, b_n\}\right] \\
&= \sum_{j \in X(W)} j \, \frac{\mathrm{Pr}\left[X^{-1}(j) \cap \{b_1, \ldots, b_n\}\right]}{\mathrm{Pr}\left[\{b_1, \ldots, b_n\}\right]} \\
&= j_0,
\end{aligned}
$$

da $X^{-1}(j) \cap \{b_1, \ldots, b_n\} = \varnothing$ für alle $j \neq j_0$.

Wir müssen also nur noch $E^{i-1} \leq E^i$ für alle $i \in \{1, \ldots, n\}$ zeigen, woraus die Behauptung folgt. Es gilt

$$
\begin{aligned}
E^{i-1} &= \mathrm{Exp}\left[X \mid x_j = b_j; j \in \{1, \ldots, i-1\}\right] \\
&= \frac{1}{2} \mathrm{Exp}\left[X \mid x_j = b_j; j \in \{1, \ldots, i-1\}, x_i = 0\right] \\
&\quad + \frac{1}{2} \mathrm{Exp}\left[X \mid x_j = b_j; j \in \{1, \ldots, i-1\}, x_i = 1\right] \\
&\leq \max\big(\mathrm{Exp}\left[X \mid x_j = b_j; j \in \{1, \ldots, i-1\}, x_i = 0\right], \\
&\qquad\qquad \mathrm{Exp}\left[X \mid x_j = b_j; j \in \{1, \ldots, i-1\}, x_i = 1\right]\big) \\
&= \mathrm{Exp}\left[X \mid x_j = b_j; j \in \{1, \ldots, i\}\right] \\
&= E^i. \qquad\qquad\qquad\qquad\qquad\qquad\qquad\qquad\qquad\qquad\qquad \square
\end{aligned}
$$

Warum ist nun der Algorithmus DETSAT polynomiell? Die Frage ist also, wie man die bedingten Erwartungswerte ausrechnen kann. Dazu überlegt man sich zunächst, dass auch der bedingte Erwartungswert linear ist. Also gilt für alle Ereignisse B

$$\mathrm{Exp}\left[X \mid B\right] = \sum_{i=1}^{l} \mathrm{Exp}\left[X_l \mid B\right],$$

wobei, wie schon im Beweis von Satz 10.5, $X_l : \{0, 1\}^n \to \{0, 1\}$ angibt, ob die l-te Klausel erfüllt ist.

Was ist die Wahrscheinlichkeit dafür, dass die Klausel C_l erfüllt ist, unter der Voraussetzung

$$B = \{(x_1, \ldots, x_n) \in \{0, 1\}^n; x_j = b_j \text{ für alle } j \in \{1, \ldots, i\}\}?$$

Dazu müssen wir C_l anschauen. Enthält C_l ein bereits mit 1 belegtes Literal, so folgt $\text{Exp}[X_l \mid B] = 1$. Ist dies nicht der Fall, so schauen wir uns die noch freien, also nicht belegten Literale an. Sind dies $c \in \mathbb{N}$ Stück, so folgt wie im Beweis von Satz 10.5

$$\text{Exp}[X_l \mid B] = 1 - \frac{1}{c}.$$

Offensichtlich können wir für alle Klauseln in polynomieller Zeit testen, ob sie ein mit 1 belegtes Literal enthalten, und die Anzahl der noch freien Literale zählen. Wir erhalten also

Satz 10.12. *Der Algorithmus* DETSAT *hat eine polynomielle Laufzeit.*

10.6   MAXCUT

Wir betrachten in diesem Abschnitt die oben vorgestellten Verfahren noch einmal am Beispiel des Problems MAXCUT, das wir zum ersten Mal in Abschnitt 1.1 behandelt haben.

Problem 10.13 (MAXCUT).
Eingabe: Ein Graph G.
Ausgabe: Ein maximaler Schnitt.

Wie schon beim randomisierten Algorithmus für das Problem MAX$\geq k$SAT schaut sich der folgende Algorithmus die Struktur der Eingabe nicht an, sondern entscheidet zufällig, welcher Knoten im Schnitt liegt.

Algorithmus RANDOMCUT($G = (V = \{v_1, \ldots, v_n\}, G)$)

```
1   n := |V|
2   S := ∅
3   for i = 1 to n do
4       Wähle ein Zufallsbit z ∈ {0, 1}.
5       if z = 1 then
6           S := S ∪ {v_i}
7       fi
8   od
9   return S
```

Satz 10.14. *Der Algorithmus* RANDOMCUT *hat eine erwartete Güte von* $\frac{1}{2}$.

Beweis. Sei $G = (V, E)$ ein Graph mit $V = \{v_1, \ldots, v_n\}$ und $E = \{e_1, \ldots, e_m\}$ und $OPT(G)$ die Größe eines optimalen Schnittes. Für alle $x = (x_1, \ldots, x_n) \in \{0, 1\}^n$

sei $S_x := \{v_i \in V; x_i = 1\}$ und

$$X : \{0,1\}^n \to \mathbb{N}; \quad x \mapsto |\{e \in E; e \text{ ist Schnittkante bezüglich } S_x\}|.$$

Dann gibt X also die Anzahl der Schnittkanten der vom Algorithmus erzeugten Lösung (in Abhängigkeit des Ausgangs des Zufallsexperimentes) an. Wir müssen also den Erwartungswert von X ermitteln. Dazu definieren wir, wie schon im letzten Abschnitt, Zufallsvariablen

$$X_i : \{0,1\}^n \to \mathbb{N}; \quad x \mapsto \begin{cases} 1, & \text{falls } e_i \text{ eine Schnittkante bezüglich } S_x \text{ ist,} \\ 0, & \text{sonst} \end{cases}$$

für alle $i \in \{1, \ldots, m\}$. Dann gilt offensichtlich

$$X(x) = \sum_{i=1}^{m} X_i(x)$$

für alle $x \in \{0,1\}^n$ und damit nach Satz 10.4

$$\text{Exp}[X] = \sum_{i=1}^{m} \text{Exp}[X_i].$$

Weiter erhalten wir

$$\text{Exp}[X_i] = \sum_{j=0}^{1} j \Pr[X_i = j] = \Pr[X_i = 1]$$

für alle $i \in \{1, \ldots, m\}$. Sei $e_i = \{v_{i_1}, v_{i_2}\}$. Was ist nun die Wahrscheinlichkeit, dass e_i eine Schnittkante bezüglich S_x ist? Es gilt

$$X_i^{-1}(1) = \{(x_1, \ldots, x_n) \in \{0,1\}^n; (x_{i_1} = 0 \text{ und } x_{i_2} = 1)$$
$$\text{oder } (x_{i_1} = 1 \text{ und } x_{i_2} = 0)\}$$

und damit $|X_i^{-1}(1)| = 2\,2^{n-2}$. Da $|\{0,1\}^n| = 2^n$, erhalten wir insgesamt

$$\Pr[X_i = 1] = \frac{2\,2^{n-2}}{2^n} = \frac{1}{2},$$

also $\text{Exp}[X] = \frac{1}{2}m \geq \frac{1}{2}\text{OPT}(G)$. Da $m \geq \text{OPT}(G)$ gilt, folgt hieraus die Behauptung. $\qquad\square$

Wie schon für das Problem $\text{Max}{\geq}k\text{Sat}$ wollen wir den obigen Algorithmus derandomisieren, um einen deterministischen Algorithmus zu erhalten, der eine Güte von $\frac{1}{2}$ garantiert. Dabei ist die Idee sehr ähnlich.

Sei zunächst $X : \{0, 1\}^n \to \mathbb{N}$ wie im obigen Beweis und definiere für alle $i \in \{1, \ldots, n\}$ und $T \subseteq V$ die Menge

$$B(i, T) := \{x \in \{0, 1\}^n; S_x \cap \{v_1, \ldots, v_i\} = T\}.$$

Wir kommen nun zur Formulierung des deterministischen Algorithmus.

Algorithmus DETCUT(G)

```
1   T := ∅
2   for i = 1 to n do
3       Berechne E₀ = E(X|B(i, T)).
4       Berechne E₁ = E(X|B(i, T ∪ {vᵢ})).
5       if E₁ ≥ E₀ then
6           T := T ∪ {vᵢ}
7       fi
8   od
9   return T
```

Satz 10.15. *Der Algorithmus* DETCUT *hat eine Approximationsgüte von* $\frac{1}{2}$.

Beweis. Es sei T_i die Menge, die der Algorithmus nach der i-ten Iteration gefunden hat, und $T = T_n$. Dann gilt offensichtlich $T_0 = \emptyset$ und damit $B(0, T_0) = \{0, 1\}^n$. Wir erhalten also

$$\mathrm{Exp}\,[X \mid B(0, T_0)] = \sum_{i \in X(\{0,1\}^n)} i \Pr\left[X = i \mid \{0, 1\}^n\right]$$

$$= \sum_{i \in X(\{0,1\}^n)} i \frac{\Pr\,[X = i]}{\Pr\,[\{0, 1\}^n]}$$

$$= \sum_{i \in X(\{0,1\}^n)} i \Pr\,[X = i]$$

$$= \mathrm{Exp}\,[X].$$

Weiter ist $B(n, T_n) = (x_1, \ldots, x_n)$ mit $x_i = 1$ genau dann, wenn $v_i \in T$. Sei nun i_0 die Größe des Schnittes bezüglich T. Damit gilt

$$\mathrm{Exp}\,[X \mid B(n, T_n)] = \sum_{i \in X(\{0,1\}^n)} i \Pr\,[X = i \mid \{(x_1, \ldots, x_n)\}]$$

$$= \sum_{i \in X(\{0,1\}^n)} i \frac{\Pr\left[X^{-1}(i) \cap (x_1, \ldots, x_n)\right]}{\Pr\,[\{(x_1, \ldots, x_n)\}]}$$

$$= i_0 \frac{\Pr\,[\{(x_1, \ldots, x_n)\}]}{\Pr\,[\{(x_1, \ldots, x_n)\}]}$$

$$= i_0.$$

Wir müssen also nur noch

$$\text{Exp}\,[X \mid B(i, T_i)] \geq \text{Exp}\,[X \mid B(i - 1, T_{i-1})]$$

für alle $i \in \{1, \dots, n\}$ zeigen, dann folgt die Behauptung aus Satz 10.14.

Für den Beweis benutzen wir wieder den Partitionssatz (Satz 10.11). Sei also $i \in \{1, \dots, n\}$ und E_0 und E_1 die bedingten Erwartungswerte, die in der i-ten Iteration berechnet werden. Dann gilt

$$\begin{aligned}
\text{Exp}\,[X \mid B(i - 1, T_{i-1})] &= \frac{1}{2}\,\text{Exp}\,[X \mid B(i, T_{i-1})] + \frac{1}{2}\,\text{Exp}\,[X \mid B(i, T_{i-1} \cup \{v_i\})] \\
&= \frac{1}{2}E_0 + \frac{1}{2}E_1 \\
&\leq \max(E_0, E_1) \\
&= \text{Exp}\,[X \mid B(i, T_i)]\,. \qquad \square
\end{aligned}$$

Die Frage ist nun wieder, ob der Algorithmus auch polynomielle Laufzeit hat, d. h., ob die im Algorithmus benutzten bedingten Erwartungswerte in polynomieller Zeit berechnet werden können. Dies formulieren wir als Übungsaufgabe und erhalten damit

Satz 10.16. *Der Algorithmus* DETCUT *ist polynomiell.*

Wir kommen in Abschnitt 16.1 noch einmal auf das Problem MAXCUT zurück und werden dort einen randomisierten Algorithmus für dieses Problem kennen lernen, der auf einer völlig neuen Idee basiert und eine deutlich bessere Güte garantiert.

10.7 Übungsaufgaben

Übung 10.17. Geben Sie einen polynomiellen Algorithmus an, der die bedingten Wahrscheinlichkeiten im Algorithmus DETCUT berechnet, und beweisen Sie damit, dass der Algorithmus DETCUT polynomielle Laufzeit hat.

Übung 10.18. Sei W eine endliche Menge und $X : W \longrightarrow \mathbb{R}$ eine Zufallsvariable. Zeigen Sie, dass dann die Abbildung

$$\text{Pr}_X : \mathfrak{P}((X(W))) \longrightarrow [0, 1]; \quad A \mapsto \text{Pr}\,[X = A]$$

ein Wahrscheinlichkeitsmaß auf $X(W)$ definiert.

Übung 10.19. Wir betrachten das folgende Zufallsexperiment: Gegeben seien n verschiedene Karten. Nach einmaligem Mischen der Karten befinden sich $k \in \{0, \dots, n\}$ Karten wieder an derselben Stelle. Sei X die Anzahl der Karten, die nach Mischen an derselben Stelle liegen. Bestimmen sie den Erwartungswert von X.

Hinweis: Der Wahrscheinlichkeitsraum W besteht aus allen möglichen Permutationen der Menge $\{1, \ldots, n\}$ und

$$X : W \to \mathbb{N}; \quad \pi \mapsto |\{x = \pi(x); x \in \{1, \ldots, n\}\}|.$$

Stellen Sie X als Summe einfacher Zufallsvariablen dar und nutzen Sie dann die Linearität des Erwartungswertes aus. (Versuchen Sie auch einmal, den Erwartungswert von X direkt auszurechnen.)

Übung 10.20. Wir haben in diesem Kapitel den Algorithmus DETCUT vorgestellt. Konstruieren Sie einen Algorithmus, der auf der gleichen Idee basiert, aber ohne die Berechnung bedingter Erwartungswerte auskommt.

Kapitel 11

Lineare Programmierung: Deterministisches und randomisiertes Runden

Wir werden in diesem Kapitel eine häufig sehr erfolgreiche Technik für Approximationsalgorithmen kennen lernen. Die Idee dabei ist, ein Problem in ein ganzzahliges lineares Programm (englisch: Integer Linear Programm (ILP)) zu transformieren. Wie wir bereits wissen, ist auch das Lösen von ganzzahligen linearen Programmen schwer (siehe Satz 2.36). Wir werden also zunächst für das Finden einer Lösung auf die Ganzzahligkeit verzichten (d. h., wir relaxieren das Programm). Dieses Problem ist dann, wie wir noch sehen werden, tatsächlich in polynomieller Zeit optimal lösbar.

Die so erhaltene Lösung versuchen wir dann so geschickt zu runden, dass wieder eine zulässige Lösung entsteht, die nahe am Optimum liegt. Häufig wird dies mit dem sogenannten randomisierten Runden realisiert, um randomisierte Approximationsalgorithmen zu erhalten, siehe auch den Artikel von Raghavan und Thompson [173], in dem diese Technik eingeführt wurde.

11.1 MaxSat

Wir haben im letzten Kapitel bereits das Problem $\text{MAX}{\geq}k\text{SAT}$ behandelt und einen randomisierten Algorithmus angegeben, der eine Güte von $1 - 2^{-k}$ garantiert. Das Problem MaxSat ist einfach das bereits bekannte Problem $\text{MAX}{\geq}k\text{SAT}$ für $k = 1$.

Problem 11.1 (MaxSat).
Eingabe: Eine boolesche Formel $C_1 \wedge \cdots \wedge C_m$ über den booleschen Variablen $x_1, \ldots, x_n$.
Ausgabe: Eine Belegung $\mu : \{x_1, \ldots, x_n\} \to \{\texttt{wahr}, \texttt{falsch}\}$ so, dass die Anzahl der erfüllenden Klauseln maximiert wird.

Wir haben also für das Problem schon einen randomisierten Algorithmus mit Güte $\frac{1}{2}$ und werden in diesem Abschnitt einen randomisierten Algorithmus mit Güte $\frac{3}{4}$ kennen lernen.

Zunächst aber einige Definitionen: Sei

$$\phi = C_1 \wedge \cdots \wedge C_m$$

eine boolesche Formel in konjunktiver Normalform über den booleschen Variablen

$x_1, \ldots, x_n$ mit Klauseln $C_1, \ldots, C_m$. Für jede Klausel C_i sei

$$V_i^+ := \text{die Menge der unnegierten Variablen in } C_i,$$

$$V_i^- := \text{die Menge der negierten Variablen in } C_i.$$

Dann können wir eine Belegung der Variablen $x_1, \ldots, x_n$, die die Anzahl der Klauseln maximiert, wie folgt finden. Wir betrachten das folgende $\{0,1\}$ LINEAR PROGRAMMING (für die Definition siehe Abschnitt 2.4):

$$\max \sum_{j=1}^{m} z_j$$

$$\text{s.t.} \sum_{x \in V_j^+} x + \sum_{x \in V_j^-} (1-x) \geq z_j, \quad j \in \{1, \ldots, m\} \qquad \text{(ILP(MaxSat))}$$

$$z_j \in \{0,1\}, \quad j \in \{1, \ldots, m\}$$

$$x_i \in \{0,1\}, \quad i \in \{1, \ldots, n\}.$$

Aus einer Lösung $(x_1, \ldots, x_n)$ des obigen linearen Programms erhalten wir eine Belegung der Variablen wie folgt: Wir setzen $\mu(x_i) = \texttt{wahr}$, wenn $x_i = 1$, und $\mu(x_i) = \texttt{falsch}$, wenn $x_i = 0$.

Offensichtlich ist das obige Problem damit äquivalent zum Problem MaxSat. Einerseits besteht die Forderung, dass die Variablen $x_1, \ldots, x_n$ nur Werte 0 oder 1 annehmen dürfen, d. h., eine Lösung des linearen Programms definiert eine Belegung der Variablen. Andererseits werden nur die z_js mit 1 belegt, wenn in der zu z_j assoziierten Klausel C_j mindestens ein Literal erfüllt ist (dank der Nebenbedingung $\sum_{x \in V_j^+} x + \sum_{x \in V_j^-} (1-x) \geq z_j$). Die lineare Zielfunktion des linearen Programms zählt also die Anzahl der erfüllten Klauseln.

Wie wir aber bereits beschrieben haben, bringt die obige Umformulierung noch nichts, da auch dieses Problem NP-schwer ist. Wir betrachten aber nun die sogenannte *LP-Relaxierung*:

$$\max \sum_{j=1}^{m} z_j$$

$$\text{s.t.} \sum_{x \in V_j^+} x + \sum_{x \in V_j^-} (1-x) \geq z_j, \quad j \in \{1, \ldots, m\} \qquad \text{(LP(MaxSat))}$$

$$z_j \in [0,1], \quad j \in \{1, \ldots, m\}$$

$$x_i \in [0,1], \quad i \in \{1, \ldots, n\}.$$

Die Lösungen der LP-Relaxierung heißen auch *fraktionale Lösungen*.

Auf den ersten Blick scheint dies dasselbe Problem zu sein. Wir verlangen hier aber nicht mehr die Ganzzahligkeit der Variablen, sondern nur, dass die Werte zwischen 0 und 1 liegen (und erhalten so eine Lösung, die zunächst keine Belegung der booleschen Variablen definiert).

Der Grund dafür ist der folgende Satz.

Satz 11.2 (Khachiyan 1979). *Es gibt einen optimalen Algorithmus, der jedes lineare Programm*

$$\max c^t \cdot x$$

$$s.t. \ A \cdot x \le b \tag{LP}$$

$$x \in \mathbb{Q}^n$$

polynomiell in $\langle LP \rangle$) *löst, wobei* $\langle LP \rangle = \langle A \rangle + \langle b \rangle + \langle c \rangle$ *die Eingabelänge des linearen Programms ist.*

Bis zu diesem Satz von Khachiyan wusste niemand, ob lineare Programme in polynomieller Zeit lösbar sind. Allerdings ist die von Khachiyan benutzte sogenannte Ellipsoidmethode, obwohl polynomiell, so doch nicht praktisch einsetzbar und kann insbesondere mit der von Danzig entwickelten Simplexmethode nicht mithalten. Der Simplexalgorithmus dagegen ist zwar für die meisten Eingaben sehr effizient, es gibt aber Instanzen, für die dieses Verfahren eine nichtpolynomielle Laufzeit hat. Mit dem Artikel von Karmarkar [124] Mitte der 1980er Jahre begann die Entwicklung Innerer-Punkte-Methoden zum Lösen linearer Programme, die dann als polynomielle Verfahren auch praktikabel wurden und mit dem Simplexalgorithmus konkurrieren können. Für weiterführende Literatur zu diesem Thema sei auf die Übersichtsarbeit von Wright and Potra [195] verwiesen.

Damit hat der folgende randomisierte Algorithmus für das Problem MAXSAT also polynomielle Laufzeit:

Algorithmus RANDOMIZED ROUNDING MAXSAT$(C_1 \wedge \cdots \wedge C_m)$

1 Finde eine optimale Lösung $(y_1, \ldots, y_n), (z_1, \ldots, z_n)$ des relaxierten
   Problems LP(MAXSAT).
2 for $i = 1$ to n do
3   Wähle $a_i \in \{0, 1\}$ so, dass

$$a_i = \begin{cases} 1, & \text{mit Wahrscheinlichkeit } y_i, \\ 0, & \text{mit Wahrscheinlichkeit } 1 - y_i. \end{cases}$$

4   if $a_i = 1$ then
5         $\mu(x_i) = $ wahr
6   else
7         $\mu(x_i) = $ falsch
8   fi
9 od
10 return $x_1, \ldots, x_n$

Der Algorithmus interpretiert die Lösung $(y_1, \ldots, y_n)$ des relaxierten Problems also als Wahrscheinlichmaß und rundet die Variablen auf 1 bzw. 0 gemäß ihrer Wahrscheinlichkeiten. Diese Technik wird auch als *randomisiertes Runden* bezeichnet.

Satz 11.3. *Der obige randomisierte Algorithmus hat eine erwartete Güte von* $1 - e^{-1}$.

Beweis. Sei $\phi = C_1 \wedge \cdots \wedge C_m$ eine boolesche Formel über den Variablen $\{x_1, \ldots, x_n\}$ und $X : \{0,1\}^n \to \mathbb{N}$ die Zufallsvariable, die die Anzahl der erfüllten Klauseln zählt. Weiter definieren wir für alle $i \in \{1, \ldots, m\}$ die Zufallsvariable

$$X_i : \{0,1\}^n \to \{0,1\}; \quad (a_1, \ldots, a_n) \mapsto \begin{cases} 1, & \text{falls } (a_1, \ldots, a_n) \ C_i \text{ erfüllt,} \\ 0, & \text{sonst.} \end{cases}$$

Offensichtlich gilt dann $X = \sum_{i=1}^m X_i$. Aus der Linearität des Erwartungswertes folgt

$$\mathrm{Exp}\,[X] = \sum_{i=1}^m \mathrm{Exp}\,[X_i].$$

Weiter erhalten wir für alle $i \in \{1, \ldots, m\}$

$$\mathrm{Exp}\,[X_i] = \sum_{j=0}^1 j \, \mathrm{Pr}\,[X_i = j] = \mathrm{Pr}\,[X_i = 1].$$

Um $\mathrm{Pr}\,[X_i = 1]$ zu berechnen, nutzen wir aus, dass

$$\mathrm{Pr}\,[X_i = 1] = 1 - \mathrm{Pr}\,[X_i = 0].$$

Es gilt nun

$$\mathrm{Pr}\,[X_i = 0] = \prod_{i : x_i \in V_j^+} (1 - y_i) \prod_{i : x_i \in V_j^-} y_i.$$

Nach Übungsaufgabe 11.21 gilt für alle $t_1, \ldots, t_k \in \mathbb{R}_{\geq 0}$ und $t \in \mathbb{R}_{\geq 0}$ mit $\sum_{i=1}^k t_i \geq t$

$$\prod_{i=1}^k (1 - t_i) \leq \left(1 - \frac{t}{k}\right)^k. \tag{11.1}$$

Da $(y_1, \ldots, y_n), (z_1, \ldots, z_n)$ eine Lösung des relaxierten Problems ist, folgt insbesondere

$$\sum_{i : x_i \in V_j^+} y_i + \sum_{i : x_i \in V_j^-} (1 - y_i) \geq z_j$$

für alle $j \in \{1, \ldots, m\}$ und damit aus (11.1)

$$\mathrm{Pr}\,[X_j = 0] \leq \left(1 - \frac{z_j}{k_j}\right)^{k_j},$$

wobei k_j wieder die Anzahl der Literale in C_j sei. Wir erhalten also

$$\Pr\left[X_j = 1\right] \geq 1 - (1 - \frac{z_j}{k_j})^{k_j}.$$

Nach Übungsaufgabe 11.17 gilt für alle $k \in \mathbb{N}$ und $t \in [0, 1]$

$$1 - \left(1 - \frac{t}{k}\right)^k \geq \left(1 - \left(1 - \frac{1}{k}\right)^k\right) t.$$

Wenden wir diese Aussage an, so ergibt sich

$$\Pr\left[X_j = 1\right] \geq 1 - \Pr\left[X_j = 0\right] = 1 - \left(1 - \frac{z_j}{k_j}\right)^{k_j} \geq \left(1 - \left(1 - \frac{1}{k_j}\right)^{k_j}\right) z_j,$$

und damit

$$\text{Exp}\left[X\right] \geq \sum_{j=1}^{m} \left(1 - \left(1 - \frac{1}{k_j}\right)^{k_j}\right) z_j. \tag{11.2}$$

Da weiter der optimale Wert des relaxierten Problems mindestens so groß ist wie das Optimum von MaxSat, d. h. $\sum_{j=1}^{m} z_j \geq \text{OPT}(\phi)$, und $1 - (1 - \frac{1}{k_j})^{k_j} \geq (1 - e^{-1})$, folgt insgesamt

$$\text{Exp}\left[X\right] \geq \sum_{j=1}^{m} (1 - e^{-1}) z_j = (1 - e^{-1}) \sum_{j=1}^{m} z_j \geq (1 - e^{-1}) \text{OPT}(\phi),$$

und damit die Behauptung. □

Wir kommen nun zu dem am Anfang versprochenen randomisierten Approximationsalgorithmus mit Güte $\frac{3}{4}$. Die Idee dazu stammt von Goemans und Williamson [76].

Satz 11.4. *Wendet man die Algorithmen* Randomized Rounding MaxSat *und* RandomSat *auf eine Formel ϕ an und nimmt dann diejenige Lösung, die mehr Klauseln erfüllt, so erhalten wir einen randomisierten Algorithmus mit erwarteter Güte $\frac{3}{4}$.*

Beweis. Sei also n_1 bzw. n_2 die erwartete Anzahl von Klauseln, die von der durch RandomSat bzw. Randomized Rounding MaxSat gefundenen Belegung erfüllt werden.

Im Beweis von Satz 11.3 (Formel (11.2)) haben wir gesehen, dass

$$n_2 \geq \sum_{j=1}^{m} \left(1 - \left(1 - \frac{1}{k_j}\right)^{k_j}\right) z_j.$$

Weiter gilt nach Gleichung (10.1) im Beweis von Satz 10.5

$$n_1 = \sum_{j=1}^{m} (1 - 2^{-k_j})$$

und, da $z_j \leq 1$ für alle $j \in \{1, \ldots, m\}$, somit

$$n_1 \geq \sum_{j=1}^{m} (1 - 2^{-k_j}) z_j.$$

Damit erhalten wir

$$\max(n_1, n_2) \geq \frac{n_1 + n_2}{2} \geq \frac{1}{2} \sum_{j=1}^{m} \left[(1 - 2^{-k_j}) + (1 - (1 - k_j^{-1})^{k_j}) \right] z_j.$$

Da nach Übungsaufgabe 11.23 für alle $k \in \mathbb{N}$

$$(1 - 2^{-k}) + 1 - (1 - k^{-1})^k \geq \frac{3}{2}$$

und, wie wir schon im letzten Beweis ausgenutzt haben, $\sum_{j=1}^{m} z_j \geq \mathrm{OPT}(\phi)$, folgt

$$\max(n_1, n_2) \geq \frac{3}{4} \sum_{j=1}^{m} z_j \geq \frac{3}{4} \mathrm{OPT}(\phi). \qquad \square$$

Unabhängig von Goemans und Williamson veröffentlichte Yannakakis in demselben Jahr in [196] ebenfalls einen Approximationsalgorithmus für MAXSAT, der eine Güte von 3/4 garantiert.

Wir werden in Kapitel 16 noch weitere randomisierte Algorithmen für dieses Problem kennen lernen.

11.2 MIN HITTING SET

Wir haben in Abschnitt 11.1 die Technik des randomisierten Rundens am Beispiel des Problems MAXSAT kennen gelernt. Dabei stellte sich heraus (ohne das wir das erwähnen mussten), dass jede so gefundene Lösung bereits eine zulässige Lösung war. Wir wollen nun am Beispiel des Problems MIN HITTING SET zeigen, dass dies nicht immer der Fall sein muss. Dies motiviert uns zur Betrachtung sogenannter probabilistischer Algorithmen, d. h. Algorithmen, die nur mit einer bestimmten Wahrscheinlichkeit zulässige Lösungen erzeugen. Für die genaue Definition siehe Abschnitt 11.3

Zunächst aber zur Formulierung des Problems:

Problem 11.5 (MIN HITTING SET).

Eingabe: Eine Menge $S = \{1, \ldots, n\}$ und eine Menge $F = \{S_1, \ldots, S_m\}$ von Teilmengen von S.

Ausgabe: Eine minimale Teilmenge $H \subseteq S$ so, dass $H \cap S_i \neq \emptyset$ für alle $i \in \{1, \ldots, m\}$.

Man erkennt sofort, dass das obige Problem eine verallgemeinerte Version des Problems MIN VERTEX COVER ist. Dies sieht man wie folgt: Bezeichnen wir die Elemente von S als Knoten und die Elemente von F als *Hyperkanten*, so bildet (S, F) einen sogenannten *Hypergraphen*. Bei dem Problem MIN HITTING SET geht es dann darum, eine minimale Knotenmenge H so zu finden, dass jede Hyperkante einen Knoten aus H besitzt. Im Spezialfall, dass (S, F) ein Graph ist, jedes Element aus F also genau zwei Knoten enthält, ist dies aber genau das Problem MIN VERTEX COVER. Insbesondere folgt daraus, dass das Problem MIN HITTING SET NP-schwer ist.

Wie in Übungsaufgabe 11.18 gezeigt, ist dieses Problem weiter äquivalent zum Problem MIN SET COVER, dass wir in Abschnitt 4.1 besprochen haben und auf das wir in Abschnitt 11.5 noch einmal zurückkommen. Die Ideen zu dem in diesem Abschnitt betrachteten Approximationsalgorithmus stammen aus dem Artikel [185] von Srinivasan, in dem ein LP-basierter Algorithmus für MIN SET COVER untersucht wurde.

Die ILP-Formulierung des Problems MIN HITTING SET ist, wie man sich leicht überzeugt,

$$\min \sum_{i=1}^{n} x_i$$

$$\text{s.t.} \sum_{i \in S_j} x_i \geq 1, \quad j \in \{1, \ldots, m\} \qquad \text{(ILP(MIN HITTING SET))}$$

$$x_i \in \{0, 1\}, \quad i \in \{1, \ldots, n\}.$$

Also sieht die LP-Relaxierung des Problems wie folgt aus:

$$\min \sum_{i=1}^{n} x_i$$

$$\text{s.t.} \sum_{i \in S_j} x_i \geq 1, \quad j \in \{1, \ldots, m\} \qquad \text{(LP(MIN HITTING SET))}$$

$$x_i \in [0, 1], \quad i \in \{1, \ldots, n\}.$$

Betrachten wir nun den folgenden Algorithmus, der auf der gleichen Idee basiert wie schon der Algorithmus RANDOMIZED ROUNDING MAXSAT, so sehen wir, dass nicht jede vom Algorithmus gefundene Lösung auch zulässig ist, d. h., es können Mengen H gefunden werden, für die die Bedingung

$$H \cap S_j \neq \emptyset$$

für ein $j \in \{1, \ldots, m\}$ nicht erfüllt ist.

Algorithmus RR MIN HITTING SET$(S = \{1, \ldots, n\}; F = \{S_1, \ldots, S_m\})$

1   Finde eine optimale Lösung $(x_1, \ldots, x_n)$ des relaxierten Problems
     LP(dualsetcover).
2    $H := \emptyset$
3   for $j = 1$ to n do
4   Wähle $z \in \{0, 1\}$ zufällig so, dass

$$z = \begin{cases} 1, & \text{mit Wahrscheinlichkeit } x_i, \\ 0, & \text{mit Wahrscheinlichkeit } 1 - x_i. \end{cases}$$

5   if $z = 1$ then
6            $H = H \cup \{i\}$
7   fi
8   od
9   return H

Wenn also der Algorithmus nicht immer eine zulässige Lösung berechnet, so stellt man sich automatisch die Frage, wie groß denn die Wahrscheinlichkeit dafür ist, dass eine berechnete Lösung zulässig ist. Im Übrigen ergibt es natürlich nur Sinn, solche Algorithmen zu betrachten, bei denen die Wahrscheinlichkeit dafür sehr hoch ist (solche Algorithmen nennen wir dann probabilistisch).

Bevor wir den obigen Algorithmus bezüglich dieser Fragestellung untersuchen werden, wollen wir im folgenden Abschnitt zunächst einmal probabilistische Algorithmen definieren und einige Eigenschaften diskutieren. Die Analyse des Problems MIN HITTING SET setzen wir dann in Abschnitt 11.4 fort.

11.3   Probabilistische Approximationsalgorithmen

Wir beginnen mit der Definition.

Definition 11.6. Ein *probabilistischer Algorithmus* für ein Optimierungsproblem $\Pi = (\mathcal{I}, F, w)$ ist ein randomisierter Algorithmus A, der für jede Eingabe I von Π mit Wahrscheinlichkeit mindestens $\frac{1}{2}$ eine zulässige Lösung von I ausgibt, d. h., für alle $I \in \mathcal{I}$ gilt

$$\Pr_{w \in W(A,I)} [A(I, w) \in F(I)] \geq \frac{1}{2}.$$

Bei der obigen Definition ergibt sich folgendes Problem: Zunächst ist die Wahrscheinlichkeit $\frac{1}{2}$ natürlich vollkommen willkürlich gewählt und entspricht auch nicht unserer Erwartung von hoher Wahrscheinlichkeit. Allerdings zeigt der nächste Satz, wie wir mit diesem Problem umgehen können.

Satz 11.7. *Sei* $p : \mathbb{R} \to \mathbb{R}$ *ein Polynom und* A *ein polynomieller Algorithmus für ein Optimierungsproblem* Π, *der für jede Instanz* I *von* Π *mit Wahrscheinlichkeit mindestens* $\frac{1}{p(|I|)}$ *eine zulässige Lösung berechnet. Dann gibt es für alle* $\varepsilon > 0$ *einen polynomiellen Algorithmus* A_ε, *der mit Wahrscheinlichkeit mindestens* $1 - \varepsilon$ *eine zulässige Lösung berechnet.*

Wir können also die Wahrscheinlichkeit dafür, das eine zulässige Lösung berechnet wird, beliebig nahe an eins „approximieren".

Beweis. Der folgende Algorithmus zeigt die Behauptung:

Algorithmus $A_\varepsilon(I)$

```
1   for i = 1 to ⌈p(|I|) ln(ε⁻¹)⌉ do
2       Wähle w ∈ W(A, I) zufällig.
3       Berechne die Lösung S = A(I, w).
4       if S zulässig then
5           return S
6       fi
7   od
```

Die Idee also ist, den Algorithmus so oft zu wiederholen, bis die Erfolgswahrscheinlichkeit, eine zulässige Lösung zu erhalten, mindestens $1 - \varepsilon$ ist (allerdings sollte man den Algorithmus nur so oft wiederholen, dass die Laufzeit polynomiell bleibt).

Da die Wahrscheinlichkeit, dass A für eine Instanz I keine zulässige Lösung berechnet, höchstens $(1 - \frac{1}{p(|I|)})$ ist, ist die Wahrscheinlichkeit, dass A_ε in keiner der $k = \lceil p(|I|) \ln(\varepsilon^{-1}) \rceil$ Schleifendurchläufe eine zulässige Lösung berechnet, höchstens $(1 - \frac{1}{p(|I|)})^k$. Mit der Ungleichung $1 - x \le e^{-x}$ für alle $x \in \mathbb{R}$ erhalten wir

$$\left(1 - \frac{1}{p(|I|)}\right)^k \le e^{\frac{-k}{p(|I|)}}$$
$$= e^{-\lceil p(|I|) \ln(\varepsilon^{-1}) \rceil / p(|I|)}$$
$$\le e^{-(p(|I|) \ln(\varepsilon^{-1})) / p(|I|)}$$
$$= e^{-\ln(\varepsilon^{-1})}$$
$$= \varepsilon,$$

und damit die Behauptung. □

Ein weiteres schönes Ergebnis ist, dass ein randomisierter Algorithmus mit erwarteter Güte δ in einen probabilistischen Algorithmus mit ähnlicher (aber deterministischer) Güte umgewandelt werden kann.

Satz 11.8. *Sei* A *ein polynomieller randomisierter Approximationsalgorithmus für ein Minimierungsproblem mit erwarteter Güte* δ. *Dann gibt es für alle* $\varepsilon > 0$ *und* $p < 1$ *einen polynomiellen Approximationsalgorithmus* $A_{\varepsilon,p}$, *der für jede Instanz* I *mit Wahrscheinlichkeit mindestens* p *eine Lösung mit Wert höchstens* $(1 + \varepsilon)\delta \operatorname{OPT}(I)$ *liefert.*

Eine ähnliche Aussage gilt auch für Maximierungsprobleme, siehe Übungsaufgabe 11.29.

Beweis. Sei X die Zufallsvariable, die zu fester Instanz I den Wert $w(A(I))$ der von A berechneten Lösung angibt. Dann folgt aus der Markov-Ungleichung, siehe Satz 11.9,

$$\Pr\left[X \geq (1 + \varepsilon)\operatorname{Exp}[X]\right] \leq \frac{1}{1 + \varepsilon}. \tag{11.3}$$

Sei nun $k = k(\varepsilon, p)$ so, dass

$$\left(\frac{1}{1 + \varepsilon}\right)^k \leq 1 - p.$$

Wir können nun den Algorithmus $A_{\varepsilon,p}$ definieren:

Algorithmus $A_{\varepsilon,p}(I)$

```
1   for i = 1 to k do
2       Wähle y_i ∈ W(A, I) zufällig.
3       w_i = w(A(I, y_i))
4   od
5   Berechne i* mit w_{i*} = min_{i∈{1,...,k}} w_i.
6   return A(I, y_{i*})
```

Nach (11.3) gilt dann $\Pr\left[w_i \geq (1 + \varepsilon)\operatorname{Exp}[X]\right] \leq \frac{1}{1+\varepsilon}$ für alle $i \in \{1, \ldots, k\}$. Weiter gilt

$$w \geq (1 + \varepsilon)\operatorname{Exp}[X] \iff w_i \geq (1 + \varepsilon)\operatorname{Exp}[X] \quad \text{für alle } i \in \{1, \ldots, k\}.$$

Insgesamt erhalten wir also

$$\Pr\left[w \geq (1 + \varepsilon)\operatorname{Exp}[X]\right] = \Pr\left[w_i \geq (1 + \varepsilon)\operatorname{Exp}[X] \quad \text{für alle } i \in \{1, \ldots, k\}\right]$$

$$= \prod_{i=1}^{k} \Pr\left[w_i \geq (1 + \varepsilon)\operatorname{Exp}[X]\right]$$

$$= \left(\frac{1}{1 + \varepsilon}\right)^k$$

$$\leq 1 - p,$$

und damit $\Pr\left[w \leq (1 + \varepsilon)\operatorname{Exp}[X]\right] \geq p$. $\qquad\square$

Wir benötigen noch die im Beweis des letzten Satzes benutzte *Markov-Unglei-chung*. Der Beweis hierfür ist allerdings sehr einfach. Wir werden weiter in Übungs-aufgabe 11.31 eine verallgemeinerte Version, die sogenannte *allgemeine Markov-Ungleichung*, kennen lernen.

Satz 11.9. *Sei $\Omega = (W, \Pr)$ ein diskreter Wahrscheinlichkeitsraum und $X : W \longrightarrow \mathbb{R}_{\geq 0}$ eine positive reellwertige Zufallsvariable. Dann gilt für jeden positiven Wert $a \in \mathbb{R}_{\geq 0}$*

$$\Pr[X \geq a] \leq \frac{\operatorname{Exp}[X]}{a}.$$

Beweis. Es gilt

$$
\begin{aligned}
\operatorname{Exp}[X] \;&=\; \sum_{i \in X(W)} i \Pr[X = i] \\
&\geq\; \sum_{i \in X(W), i \geq a} i \Pr[X = i] \\
&\geq\; \sum_{i \in X(W), i \geq a} a \Pr[X = i] \\
&\geq\; a \sum_{i \in X(W), i \geq a} \Pr[X = i] \\
&\geq\; a \Pr[X \geq a],
\end{aligned}
$$

woraus die Behauptung folgt. ☐

11.4 MIN HITTING SET (Fortsetzung)

Nach diesem kurzen theoretischen Ausflug kommen wir nun zur Analyse des Algo-rithmus RR MIN HITTING SET, allerdings muss der Algorithmus noch ein wenig modifiziert werden, um die Erfolgswahrscheinlichkeit mindestens $\frac{1}{2}$ zu erhalten.

Algorithmus RR MIN HITTING SET'$(S = \{1, \ldots, n\}; F = \{S_1, \ldots, S_m\})$

```
1   H := ∅
2   Finde eine optimale Lösung (x₁, ..., xₙ) des relaxierten Problems.
3   for i = 1 to ⌈log(2m)⌉ do
4     for j = 1 to n do
5       Wähle z ∈ {0, 1} zufällig so, dass
```

$$
z = \begin{cases} 1, & \text{mit Wahrscheinlichkeit } x_i, \\ 0, & \text{mit Wahrscheinlichkeit } 1 - x_i. \end{cases}
$$

```
6        if z = 1 then
7            H = H ∪ {i}
8        fi
9    od
10   od
11   return H
```

Satz 11.10. *Für jede Instanz* I *von* MIN HITTING SET, *die eine Eingabe der Form* $S = \{1, \ldots, n\}$, $F = \{S_1, \ldots, S_m\}$ *kodiert, sei* $X : \{0, 1\}^n \to \mathbb{R}$ *die Zufallsvariable, die die Mächtigkeit der von* RR MIN HITTING SET' *berechneten Menge angibt und* $\mathrm{OPT}(I)$ *der Wert der optimalen Lösung. Dann gilt:*

(i) Der Algorithmus RR MIN HITTING SET' *ist probabilistisch.*

(ii) $\mathrm{Exp}[X] \leq \lceil \log(2m) \rceil \, \mathrm{OPT}(I)$.

Beweis. (i) Sei $k_j := |S_j|$ für alle $j \in \{1, \ldots, m\}$ und H_i die Menge der Elemente aus S, die der Algorithmus in der i-ten Iteration der äußeren Schleife zu H hinzufügt (dabei zählen wir auch die Elemente mit, die der Algorithmus in einer früheren Iteration bereits in H gepackt hat, die er aber noch einmal hinzuzufügen versucht). Dann gilt

$$\Pr\left[S_j \cap H_i = \varnothing\right] = \prod_{l \in S_j} (1 - x_l).$$

Da $\sum_{l \in S_j} x_l \geq 1$, folgt aus Übungsaufgabe 11.17

$$\Pr\left[S_j \cap H_i = \varnothing\right] \leq (1 - \frac{1}{k_j})^{k_j} \leq \frac{1}{e}$$

für alle $j \in \{1, \ldots, m\}$, und damit

$$\Pr\left[S_j \cap H = \varnothing\right] = \Pr\left[S_j \cap H_i = \varnothing \text{ für alle } i \in \{1, \ldots, \lceil \log(2m) \rceil\}\right]$$

$$= (\frac{1}{e})^{\lceil \ln(2m) \rceil}$$

$$\leq \frac{1}{2m}.$$

Insgesamt erhalten wir

$$\Pr\left[\exists j \in \{1, \ldots, m\} : S_j \cap H = \varnothing\right] \leq \frac{m}{2m} = \frac{1}{2}.$$

Also ist die Wahrscheinlichkeit, dass der Algorithmus eine unzulässige Lösung erzeugt, höchstens $\frac{1}{2}$ und damit (i) gezeigt.

(ii) Offensichtlich gilt $\text{OPT}(I) \geq \sum_{j=1}^{n} x_j$, denn jede Lösung von RR MIN HITTING SET' ist ja auch eine Lösung des relaxierten Problems. Seien weiter die Mengen $H_i, i \in \{1, \ldots, \lceil \log(2m) \rceil\}$, definiert wie in Teil (i). Dann gilt

$$\text{Exp}\left[|H_i|\right] = \sum_{k=1}^{n} x_j \leq \text{OPT}(I),$$

und es folgt

$$\text{Exp}\left[X\right] - \text{Exp}\left[|H|\right] \leq \sum_{i=1}^{\lceil \ln(2m) \rceil} \text{Exp}\left[|H_i|\right] \leq \lceil \ln(2m) \rceil \, \text{OPT}(I). \qquad \square$$

11.5 MIN SET COVER

Die zweite Idee, die einem in den Sinn kommt, aus einer Lösung $(x_1, \ldots, x_n)$ des relaxierten linearen Programms eine ganzzahlige Lösung zu gewinnen, ist, die fraktionale Lösung deterministisch zu runden. Genauer geben wir uns eine Schranke $\alpha \in (0, 1)$ vor und runden jeden Wert $x_i \geq \alpha$ auf 1 und jeden Wert $x_i < \alpha$ auf 0. Wir erhalten so einen Approximationsalgorithmus mit Güte $1/\alpha$ (für ein Minimierungsproblem) bzw. einen mit Güte α (für ein Maximierungsproblem), wenn die so gewonnenen Lösungen immer noch zulässig sind (siehe den Beweis von Satz 11.12). Die Untersuchungen in diesem Abschnitt gehen auf Hochbaum zurück, siehe [89].

Der Trick besteht dann darin, die Schranke α so zu wählen, dass alle durch das Runden gewonnenen Lösungen tatsächlich zulässige Lösungen des ganzzahligen linearen Programms sind. Wir wollen dies am Beispiel des Problems MIN SET COVER erläutern, das wir bereits in Abschnitt 4.1 behandelt haben. Zunächst zur Erinnerung die Formulierung des Problems:

Problem 11.11 (MIN SET COVER).
Eingabe: Eine Menge $S = \{1, \ldots, n\}$, $F = \{S_1, \ldots, S_m\}$ mit $S_i \subseteq S$ und $\bigcup_{S_i \in F} S_i = S$.
Ausgabe: Eine Teilmenge $F' \subseteq F$ mit $\bigcup_{S_i \in F'} S_i = S$ so, dass $|F'|$ minimal ist.

Die Formulierung von MIN SET COVER in ein ganzzahliges lineares Programm lautet somit:

$$\min \sum_{i=1}^{m} x_i$$

$$\text{s.t.} \sum_{i:s_j \in S_i} x_i \geq 1, \qquad \text{für alle } s_j \in S \qquad\qquad \text{(ILP(MIN SET COVER))}$$

$$x_i \in \{0, 1\}, \qquad \text{für alle } i \leq m.$$

Das relaxierte Problem ist damit wie üblich

$$\min \sum_{i=1}^{m} x_i$$

$$\text{s.t.} \sum_{i:s_j \in S_i} x_i \geq 1, \qquad \text{für alle } s_j \in S \qquad \text{(LP(MIN SET COVER))}$$

$$x_i \in [0,1], \qquad \text{für alle } i \leq m.$$

Sei nun (S, F) eine Instanz des Problems MIN SET COVER. Offensichtlich bildet dann $\mathcal{H} := (S, F)$ einen Hypergraphen. Wir bezeichnen mit

$$\Delta_S := \max_{s \in S} |\{S_i \in F; s \in S_i\}|$$

den Maximalgrad von $\mathcal{H}$. Der Wert $1/\Delta_S$ wird dann genau unserer gesuchten Schranke für das deterministische Runden entsprechen.

Algorithmus LPSC(S, F)

```
1   Finde eine optimale Lösung x₁,...,xₘ des relaxierten Programms
    LP(MIN SET COVER).
2   C = ∅
3   for i = 1 to m do
4     if xᵢ > 1/Δ_S then
5       C = C ∪ {Sᵢ}
6     fi
7   od
8   return C
```

Satz 11.12. *Der Algorithmus* LPSC *hat eine Approximationsgüte von* Δ_S.

Beweis. Wir müssen zunächst einsehen, dass der obige Algorithmus tatsächlich immer eine zulässige Lösung ausgibt, d. h., dass jedes Element aus S überdeckt wird.

Sei dazu $s \in S$ und $x = (x_1, \ldots, x_m)$ eine optimale Lösung des relaxierten Programms. Da s in höchstens Δ_S Mengen $S_1, \ldots, S_m$ enthalten ist und die Ungleichung

$$\sum_{i:s \in S_i} x_i \geq 1$$

von x erfüllt wird, gibt es mindestens ein $j \leq m$ so, dass $x_j \geq 1/\Delta_S$. Also wird mindestens eine Menge, in der s enthalten ist, in die Überdeckung $\mathcal{C}$ aufgenommen, woraus die Behauptung folgt.

Der zweite Teil des Satzes ist nun schnell gezeigt. Sei

$$\text{OPT(LP(SET COVER))} \quad \text{bzw.} \quad \text{OPT(ILP(SET COVER))}$$

der Wert einer optimalen Lösung des relaxierten Problems bzw. der Wert einer optimalen Lösung des ganzzahligen linearen Programms. Dann gilt, da x eine optimale Lösung ist,

$$\sum_{i=1}^{m} x_i = \text{OPT}(\text{LP}(\text{SET COVER})).$$

Weiter ist

$$\text{OPT}(\text{LP}(\text{SET COVER})) \leq \text{OPT}(\text{ILP}(\text{SET COVER}))$$

und

$$|\mathcal{C}| = \sum_{i : S_i \in \mathcal{C}} 1 \leq \sum_{i=1}^{m} \Delta_S x_i = \Delta_S \sum_{i=1}^{m} x_i,$$

woraus die Behauptung folgt.   □

Wir werden übrigens in Abschnitt 12.5 einen Approximationsalgorithmus für dieses Problem behandeln, der dieselbe Güte garantiert, allerdings ohne das Lösen eines linearen Programms auskommt (obwohl die Konstruktion auf diesen Ideen beruht).

11.6 MAX k-MATCHING in Hypergraphen

Hypergraphen können, wie wir bereits in Abschnitt 11.2 gesehen haben, als Verallgemeinerungen von Graphen angesehen werden, man verzichtet einfach auf die Forderung, dass jede Kante genau zwei Knoten enthält. Ein *Hypergraph* $\mathcal{H} = (V, E)$ ist also ein Tupel mit einer endlichen Menge V und einer Menge E von Teilmengen von V. Die Elemente von E werden auch häufig *Hyperkanten* genannt, wir bleiben aber bei dem Begriff Kanten. Wir wollen im Folgenden weiter annehmen, dass jede Kante mindestens zwei Knoten enthält und durch jeden Knoten mindestens zwei Kanten gehen.

Matchings in Graphen haben wir bereits in Abschnitt 6.2 eingeführt, allerdings, wie die folgende Definition zeigt, nur den Begriff des 1-Matchings.

Definition 11.13. Sei $\mathcal{H} = (V, E)$ ein Hypergraph.

 (i) Ein k-*Matching*, $k \geq 1$, ist eine Teilmenge $M \subseteq E$ so, dass durch jeden Knoten v höchstens k Kanten aus M gehen.

(ii) 1-Matchings heißen auch kurz Matching.

Ein k-Matching M heißt maximal, wenn die Anzahl der Kanten $|M|$ maximal ist. Damit können wir das in diesem Abschnitt zu behandelnde Problem wie folgt formulieren:

Problem 11.14 (MAX k-MATCHING).
Eingabe: Ein Hypergraph $\mathcal{H} = (V, E)$.
Ausgabe: Ein maximales k-Matching.

Da das Problem schon für $k = 3$ NP-vollständig ist, siehe Übung 11.26, konstruieren wir einen probabilistischen Approximationsalgorithmus, der wieder auf Linearer Programmierung beruht.

Der erste randomisierte Algorithmus für dieses Problem stammt von Raghavan und Thompson, siehe [173]. Wir stellen an dieser Stelle den Algorithmus von Srivastav und Stangier aus [186] vor. In derselben Arbeit wurde auch der gewichtete Fall untersucht, wir wollen uns aber hier auf den ungewichteten Fall beschränken.

Sei nun $\mathcal{H} = (V, E)$ ein Hypergraph mit $V = \{v_1, \ldots, v_n\}$ und $E = \{e_1, \ldots, e_m\}$ und $A = (a_{ij})_{i \leq n, j \leq m}$ mit

$$a_{ij} = 1 \iff v_i \in e_j$$

die Inzidenzmatrix von $\mathcal{H}$. Die LP-Formulierung des Problems MAX k-MATCHING lautet somit

$$\max \sum_{j=1}^{m} x_j$$

$$\text{s.t.} \sum_{j=1}^{m} a_{ij} x_j \leq k, \quad \text{für alle } i \in \{1, \ldots, n\} \qquad \text{(ILP(MAX k-MATCHING))}$$

$$x_j \in \{0, 1\}, \quad \text{für alle } j \in \{1, \ldots, m\}.$$

Wie üblich relaxieren wir das obige Programm zu einem linearen Programm

$$\max \sum_{j=1}^{m} y_j$$

$$\text{s.t.} \sum_{j=1}^{m} a_{ij} y_j \leq k, \quad \text{für alle } i \in \{1, \ldots, n\} \qquad \text{(LP(MAX k-MATCHING))}$$

$$y_j \in [0, 1], \quad \text{für alle } j \in \{1, \ldots, m\},$$

und erhalten so in polynomieller Zeit eine optimale Lösung $(y_1, \ldots, y_m) \in [0, 1]^m$ von LP(MAX k-MATCHING).

Runden wir diese Lösung zu einer Lösung $(x_1, \ldots, x_m) \in \{0, 1\}^m$, so ist zunächst wieder nicht klar, ob diese überhaupt zulässig ist, d. h., ob die Werte $(x_1, \ldots, x_m)$ die Ungleichungen

$$\sum_{j=1}^{m} a_{ij} x_j \leq k \quad \text{für alle } i \in \{1, \ldots, n\}$$

erfüllen.

Es gibt zwei Möglichkeiten, die Wahrscheinlichkeit dafür zu erhöhen, dass wir nach dem Rundungsschritt eine zulässige Lösung erhalten.

(i) Man kann die Menge der zulässigen Lösungen von LP(MAX k-MATCHING) verkleinern, d. h., man betrachtet anstelle von LP(MAX k-MATCHING) das Programm

$$\max \sum_{j=1}^{m} y_j$$

$$\text{s.t.} \sum_{j=1}^{m} a_{ij} y_j \leq (1 - \varepsilon) \cdot k, \quad \text{für alle } i \in \{1, \dots, n\} \qquad \text{(LP(MAX } k\text{-MATCHING)}_\varepsilon\text{)}$$

$$y_j \in [0, 1], \quad \text{für alle } j \in \{1, \dots, m\},$$

für ein $\varepsilon > 0$.

(ii) Man kann die Wahrscheinlichkeit y_i, auf 1 zu runden, verkleinern, d. h., man setzt
nicht wie herkömmlich den Wert x_i mit Wahrscheinlichkeit y_i auf 1, sondern setzt

$$x_i = \begin{cases} 1, & \text{mit Wahrscheinlichkeit } (1 - \varepsilon) \cdot y_i, \\ 0, & \text{mit Wahrscheinlichkeit } 1 - (1 - \varepsilon) \cdot y_i \end{cases}$$

für ein $\varepsilon > 0$.

Wir wollen im Folgenden die zweite Möglichkeit betrachten. Ein ähnliches Verfahren haben wir schon in Abschnitt 11.5 durchgeführt. Man erinnere sich, dass dort die
Grenze für das, allerdings deterministische, Runden in Abhängigkeit von der Eingabe
gewählt wurde.

Unser Algorithmus für das Problem MAX k-MATCHING lautet also:

Algorithmus RANDOMIZED ROUNDING MAX k-MATCHING$_\varepsilon$($\mathcal{H} = (V, E)$)

```
1   n := |V|; m := |E|
2   Finde eine optimale Lösung (y₁, . . . , yₘ) des relaxierten Problems
    LP(MAX k-MATCHING).
3   for i = 1 to m do
4       Wähle z ∈ {0, 1} so, dass
```

$$z = \begin{cases} 1, & \text{mit Wahrscheinlichkeit } (1 - \varepsilon) \cdot y_i, \\ 0, & \text{mit Wahrscheinlichkeit } 1 - (1 - \varepsilon) \cdot y_i. \end{cases}$$

```
5       if z = 1 then
6           xᵢ = 1
7       else
8           xᵢ = 0
9       fi
10  od
11  return x₁, . . . , xₘ
```

Dieser Algorithmus findet dann schon mit relativ hoher Wahrscheinlichkeit eine
gute Approximation.

Satz 11.15 (Srivastav und Stangier [186]). *Sei $\mathcal{H} = (V, E)$ ein Hypergraph mit $|V| = n$, A die Inzidenzmatrix von $\mathcal{H}$, x die Lösung des obigen Algorithmus und OPT($\mathcal{H}$) die optimale Anzahl von Kanten eines k-Matchings in $\mathcal{H}$. Ist $k \geq \frac{6(2-\varepsilon)}{\varepsilon^2} \cdot \ln(4n)$, dann gilt mit Wahrscheinlichkeit mindestens $\frac{1}{2}$*

$$A \cdot x \leq k \quad und \quad \sum_{j=1}^{m} x_j \geq (1 - \varepsilon) \cdot \text{OPT}(\mathcal{H}).$$

Bevor wir den Satz beweisen können, benötigen wir noch eine Folgerung aus der bekannten Chernoff-Ungleichung. Der Beweis dieses Lemmas sei der Leserin und dem Leser als Übungsaufgabe überlassen, siehe auch [8] und [154].

Lemma 11.16 (Angluin–Valiant-Ungleichung). *Seien $X_1, \ldots, X_n$ 0/1-wertige Zufallsvariablen, $w_1, \ldots, w_n \in [0, 1]$ und $X := \sum_{i=1}^{n} w_i \cdot X_i$. Dann gilt für alle $\beta \in (0, 1]$*

(i) $\Pr[X \geq (1 + \beta) \cdot \text{Exp}[X]] \leq e^{-\frac{\beta^2 \cdot \text{Exp}[X]}{3}}$, *und*

(ii) $\Pr[X \leq (1 - \beta) \cdot \text{Exp}[X]] \leq e^{-\frac{\beta^2 \cdot \text{Exp}[X]}{2}}$.

Beweis (von Satz 11.15). (a) Wir berechnen zunächst die Wahrscheinlichkeit dafür, dass x keine zulässige Lösung ist. Da y eine zulässige Lösung von LP(MAX k-MATCHING) ist, folgt insbesondere

$$\sum_{j=1}^{m} a_{ij} \cdot y_j \leq k$$

für alle $i \leq n$. Damit, und mit der Linearität des Erwartungswertes, erhalten wir

$$
\begin{aligned}
\text{Exp}[(A \cdot x)_i] &= \text{Exp}\left[\sum_{j=1}^{m} a_{ij} \cdot x_j\right] \\
&= \sum_{j=1}^{m} a_{ij} \cdot \text{Exp}[x_j] \\
&= \sum_{j=1}^{m} a_{ij} \cdot (1 - \varepsilon) \cdot y_j \\
&= (1 - \varepsilon) \cdot \sum_{j=1}^{m} a_{ij} \cdot y_j \\
&\leq (1 - \varepsilon) \cdot k
\end{aligned}
$$

für alle $i \leq n$.

Mit $\beta := \frac{\varepsilon}{1-\varepsilon}$ gilt weiter

$$
\begin{aligned}
\Pr\left[(A \cdot x)_i > k\right] &= \Pr\left[(A \cdot x)_i > (1+\beta)(1-\varepsilon)k\right] \\
&= \Pr\left[(A \cdot x)_i > (1+\beta) \cdot \text{Exp}\left[(A \cdot x)_i\right]\right] \\
&\leq e^{-\frac{\beta^2 \cdot \text{Exp}[(A \cdot x)_i]}{3}},
\end{aligned}
$$

wobei die letzte Ungleichung aus Lemma 11.16 folgt.

Sei $\alpha := e^{-\frac{\beta^2 \cdot \text{Exp}[(A \cdot x)_i]}{3}}$. Da

$$
\begin{aligned}
\frac{\beta^2 \cdot \text{Exp}\left[(A \cdot x)_i\right]}{3} &= \frac{\varepsilon^2}{3(1-\varepsilon)^2} \cdot (1-\varepsilon)^2 \cdot k \\
&= \frac{\varepsilon^2 k}{3(1-\varepsilon)},
\end{aligned}
$$

folgt

$$
\alpha \leq \frac{1}{4n} \iff e^{-\frac{\varepsilon^2 k}{3(1-\varepsilon)}} \leq \frac{1}{4n}
$$

$$
\iff -\frac{\varepsilon^2 k}{3(1-\varepsilon)} \leq -\ln(4n)
$$

$$
\iff k \geq \frac{(1-\varepsilon)\ln(4n)}{\varepsilon^2}.
$$

Nach Voraussetzung ist aber $k \geq \frac{(1-\varepsilon)\ln(4n)}{\varepsilon^2}$, so dass $\alpha \leq \frac{1}{4n}$. Damit haben wir

$$
\Pr\left[(A \cdot x)_i > k\right] \leq \frac{1}{4n}.
$$

Also gilt für die Wahrscheinlichkeit, dass x keine zulässige Lösung ist, d. h., dass ein $i \leq n$ mit $(A \cdot x)_i > k$ existiert,

$$
\Pr\left[(A \cdot x)_1 > k \vee \cdots \vee (A \cdot x)_n > k\right] \leq \sum_{i=1}^{n} \Pr\left[(A \cdot x)_i > k\right] \leq \frac{1}{4}. \tag{11.4}
$$

(b) Für die erwartete Güte des Algorithmus erhalten wir

$$
\begin{aligned}
\text{Exp}\left[\sum_{j=1}^{m} x_j\right] &= \sum_{j=1}^{m} \text{Exp}\left[x_j\right] \\
&= \sum_{j=1}^{m} (1-\varepsilon) \cdot y_j \\
&= (1-\varepsilon) \cdot \sum_{j=1}^{m} y_j \\
&= \text{OPT}(\mathcal{H}).
\end{aligned}
$$

Damit gilt

$$
\begin{aligned}
\Pr\left[\sum_{j=1}^{m} x_j < (1 - 2\varepsilon)\,\mathrm{OPT}(\mathcal{H}))\right] &= \Pr\left[\sum_{j=1}^{m} x_j < (1 - \beta)(1 - \varepsilon)\,\mathrm{OPT}(\mathcal{H})\right] \\
&\leq \Pr\left[\sum_{j=1}^{m} x_j < (1 - \beta)\,\mathrm{Exp}\left[\sum_{j=1}^{m} x_j\right]\right] \\
&\leq e^{-\frac{\beta^2 \,\mathrm{Exp}\left[\sum_{j=1}^{m} x_j\right]}{2}} \\
&= e^{-\frac{\varepsilon^2\,\mathrm{OPT}(\mathcal{H})}{2(1-\varepsilon)}} \\
&\leq \frac{1}{4},
\end{aligned}
$$

wieder mit Lemma 11.16 und einer ähnlichen Rechnung wie oben, also

$$
\Pr\left[\sum_{j=1}^{m} x_j < (1 - 2\varepsilon)\,\mathrm{OPT}(\mathcal{H}))\right] \leq \frac{1}{4}. \tag{11.5}
$$

Insgesamt erhalten wir aus (11.4) und (11.5)

$$
\begin{aligned}
\Pr\left[A \cdot x \leq k \ \text{ und } \ \sum_{j=1}^{m} x_j \geq (1 - \varepsilon) \cdot \mathrm{OPT}(\mathcal{H})\right] \\
= 1 - \Pr\left[A \cdot x > k \ \text{ oder } \ \sum_{j=1}^{m} x_j < (1 - \varepsilon) \cdot \mathrm{OPT}(\mathcal{H})\right] \\
\geq 1 - \left(\Pr\left[A \cdot x > k\right] + \Pr\left[\sum_{j=1}^{m} x_j < (1 - \varepsilon) \cdot \mathrm{OPT}(\mathcal{H})\right]\right) \\
\geq 1 - \left(\frac{1}{4} + \frac{1}{4}\right) = \frac{1}{2}.
\end{aligned}
$$
□

11.7   Übungsaufgaben

Übung 11.17. Zeigen Sie, dass für alle $k \in \mathbb{N}$ und $x \in [0, 1]$ gilt:

$$
1 - \left(1 - \frac{x}{k}\right)^k \geq \left(1 - \left(1 - \frac{1}{k}\right)^k\right) x.
$$

Übung 11.18. Das Problem MIN HITTING SET ist wie folgt definiert:

Problem 11.19 (MIN HITTING SET).

Eingabe: Eine Menge $S = \{1, \ldots, n\}$ und eine Menge $F = \{S_1, \ldots, S_m\}$ von Teilmengen von S.

Ausgabe: Eine minimale Teilmenge $H \subseteq S$ so, dass $H \cap S_i \neq \emptyset$ für alle $i \in \{1, \ldots, m\}$.

Zeigen Sie, dass MIN HITTING SET auf MIN SET COVER so reduziert werden kann, dass die Größen der jeweiligen optimalen Mengen gleich sind.

Übung 11.20. Betrachten Sie folgenden Algorithmus für das Problem MIN HITTING SET:

Algorithmus $A(S = \{1, \ldots, n\}, F = \{S_1, \ldots, S_m\})$

1   Setze $f := \max\{|S_1|, \ldots, |S_m|\}$.

2   Bestimme eine optimale Lösung $p_1, \ldots, p_n$ für das relaxierte Problem.

3   `return` $H = \{i \in \{1, \ldots, n\}; p_i \geq \frac{1}{f}\}$

Zeigen Sie, dass der Algorithmus eine Güte von f hat.

Übung 11.21. Zeigen Sie, dass für alle $t_1, \ldots, t_n \in \mathbb{R}_{\geq 0}$ und $t \in \mathbb{R}_{\geq 0}$ mit $\sum_{i=1}^{n} t_i \geq t$ gilt:

$$\prod_{i=1}^{n}(1 - t_i) \leq \left(1 - \frac{t}{n}\right)^n.$$

Übung 11.22. Finden Sie eine Eingabe zum Problem MIN HITTING SET so, dass der Algorithmus RRMIN HITTING SET aus Abschnitt 11.2 eine Lösung konstruiert, die nicht zulässig ist.

Übung 11.23. Zeigen Sie, dass für alle $k \in \mathbb{N}$ gilt:

$$(1 - 2^{-k}) + 1 - \left(1 - \frac{1}{k}\right)^k \geq \frac{3}{2}.$$

Übung 11.24. Formulieren Sie das folgende Problem als ganzzahliges lineares Programm:

Problem 11.25 (MIN TREE MULTICUT).

Eingabe: Ein Baum $T = (V, E)$ und $s_1, \ldots, s_k, t_1, \ldots, t_k \in V$.

Ausgabe: Eine minimale Teilmenge $F \subseteq E$ so, dass in $T' = (V, E \setminus F)$ für keines der Paare (s_i, t_i), $i \in \{1, \ldots, k\}$, der Knoten s_i in derselben Zusammenhangskomponente liegt wie t_i.

Übung 11.26. Zeigen Sie, dass das Problem MAX k-MATCHING schon für $k = 3$ NP-schwer ist.

Übung 11.27. Beweisen Sie Lemma 11.16.

Übung 11.28. (a) Zeigen Sie, dass das folgende ganzzahlige lineare Programm äquivalent zum Problem MIN VERTEX COVER ist:

$$
\min \sum_{i=1}^{n} x_i
$$

$$
\text{s.t. } x_i + x_j \geq 1, \quad \text{für alle } \{i, j\} \in E \tag{11.6}
$$

$$
x_i \in \{0, 1\}, \quad \text{für alle } i \in V.
$$

(b) Zeigen Sie weiter, dass die Technik des randomisierten Rundens einen Approximationsalgorithmus mit Güte 2 für dieses Problem liefert.

Übung 11.29. Formulieren und beweisen Sie eine zu Satz 11.8 ähnliche Aussage auch für Maximierungsprobleme.

Übung 11.30. Sei $G = (V, E)$ ein Graph und $\mathcal{U}(G)$ die Menge der unabhängigen Mengen von G. Wir betrachten das folgende lineare Programm, dass auch als FRACTIONAL CHROMATIC NUMBER bekannt ist:

$$
\min \sum_{U \in \mathcal{U}(G)} x_U
$$

$$
\text{s.t. } \sum_{U : v \in U} x_U \geq 1, \quad \text{für alle } v \in V \tag{11.7}
$$

$$
x_U \geq 0, \quad \text{für alle } U \in \mathcal{U}(G).
$$

Mit $\chi_f(G)$ bezeichnen wir dann die *Fractional Chromatic Number*, d. h. den Wert einer optimalen Lösung des obigen Programms.

Zeigen Sie $\chi_f(G) \leq \chi(G) \leq \chi_f(G) \cdot 2(1 + \ln |V|)$.

Übung 11.31. Zeigen Sie, dass für jede reellwertige Zufallsvariable, jede positive reellwertige Funktion $h : \mathbb{R} \longrightarrow \mathbb{R}_{\geq 0}$ und jeden reellwertigen positiven Wert $a \in \mathbb{R}_{\geq 0}$ die sogenannte *allgemeine Markov-Ungleichung* gilt, d. h.

$$
\Pr[h(X) \geq a] \leq \frac{\operatorname{Exp}[h(X)]}{a}.
$$

Kapitel 12

Lineare Programmierung und Dualität

Nachdem wir im letzten Kapitel das Konzept der Linearen Programmierung zur Konstruktion von Approximationsalgorithmen genutzt haben, bietet es sich an dieser Stelle an, einmal etwas tiefer in die Theorie einzusteigen.

Wir werden zunächst die Begriffe Polyeder und Polytop einführen, die Systeme von Ungleichungen beschreiben. Ziel bei der Linearen Programmierung ist die Maximierung oder Minimierung einer gegebenen linearen Zielfunktion

$$Q(x) := c^{\mathrm{t}}x = \langle c, x \rangle = \sum_{i=1}^{n} c_i \cdot x_i$$

über einem Polyeder. Dies führt automatisch zu der Frage, ob es gewisse Bereiche des Polyeders gibt, in denen ein Optimum angenommen wird, wo man also effizient nach solchen Optimallösungen suchen kann. Die Beantwortung dieser Frage ist ein wichtiges Ziel dieses Kapitels.

Weiter definieren wir das zu einem linearen Programm gehörige duale Programm. Damit lässt sich, wie wir schließlich in den letzten beiden Abschnitten dieses Kapitels sehen werden, eine Idee für das Design und die Analyse von Approximationsalgorithmen entwickeln, die zwar auf der Linearen Programmierung beruht, allerdings ohne das Lösen solcher Programme auskommt.

Die hier betrachtete Theorie wird nur so weit eingeführt, wie sie zum Verständnis der Approximationsalgorithmen benötigt wird. Wir legen also im Folgenden keinen Wert auf Vollständigkeit. Für eine weiterführende Lektüre sei auf [124] und [47] verwiesen.

12.1 Ecken, Kanten und Facetten

Wir werden zunächst die wichtigsten Begriffe, die wir im Folgenden benötigen, einführen.

Eine Menge $K \subseteq \mathbb{R}^n$ heißt *konvex*, wenn für alle $x, y \in K$ und $\lambda \in [0, 1]$ gilt

$$\lambda x + (1 - \lambda)y \in K,$$

wenn also die Strecke

$$L := \{\lambda x + (1 - \lambda)y; \lambda \in [0, 1]\}$$

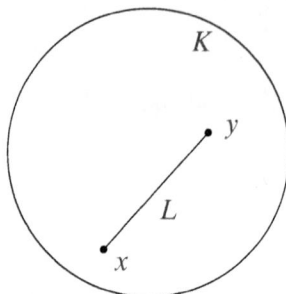

Abbildung 12.1. Graphische Darstellung der Strecke zwischen zwei Punkten x und y.

ganz in K enthalten ist, siehe Abbildung 12.1.

Für eine Menge $K \subseteq \mathbb{R}^n$ bezeichnen wir mit

$$\text{co}(K) := \bigcap_{K \subseteq T \subseteq \mathbb{R}^n \text{ konvex}} T$$

die *konvexe Hülle* von K, d. h. die kleinste konvexe Menge, die K enthält.

Definition 12.1. Sei $K \subseteq \mathbb{R}^n$ eine konvexe Menge. Ein Element $x \in K$ heißt *Extremalpunkt* von K, wenn für alle $y, z \in K$ und $\lambda \in (0,1)$ aus der Darstellung $x = \lambda y + (1 - \lambda)z$ folgt $x = y = z$. Mit $\text{ex}(K)$ bezeichnen wir dann die Menge der Extremalpunkte von K.

In Abbildung 12.1 bestehen die Extremalpunkte genau aus dem Rand von K.

Ein *linearer Teilraum* S des $\mathbb{R}^n$ ist eine Teilmenge von $\mathbb{R}^n$, die bezüglich der Vektoraddition und Multiplikation mit Skalaren abgeschlossen ist. Ein *affiner Teilraum* A des $\mathbb{R}^n$ ist ein linearer Teilraum verschoben um einen Vektor, d. h.

$$A = u + S := \{u + x; x \in S\}$$

für einen Teilraum $S \subseteq \mathbb{R}^n$ und einen Vektor $u \in \mathbb{R}^n$. Die *Dimension* eines linearen Teilraums S, kurz $\dim S$, ist gleich der maximalen Anzahl von linear unabhängigen Vektoren in S. Die Dimension von $A = u + S$ ist die von S.

Äquivalent können wir einen affinen bzw. linearen Teilraum A bzw. S des $\mathbb{R}^n$ wie folgt darstellen:

$$\begin{aligned}
S &= \{x \in \mathbb{R}^n; a_i^t x = 0, 1 \le i \le m\}, \\
A &= \{x \in \mathbb{R}^n; a_i^t x = b_i, 1 \le i \le m\},
\end{aligned}$$

d. h., für jeden linearen Teilraum $S \in \mathbb{R}^n$ existieren $m \in \mathbb{N}$ und $a_1, \ldots, a_m \in \mathbb{R}^n$ so, dass $S = \{x \in \mathbb{R}^n; a_i^t x = 0, 1 \le i \le m\}$. Ein affiner Teilraum des $\mathbb{R}^n$ der Dimension $n - 1$ wird als *Hyperebene* bezeichnet. Alternativ ist dies eine Menge von Punkten

$H = \{x \in \mathbb{R}^n; a^{\mathrm{t}}x = b\}$ für ein $a \in \mathbb{R}^n \setminus \{0\}$ und $b \in \mathbb{R}$. Eine Hyperebene definiert zwei (abgeschlossene) *Halbräume* $H^+ = \{x; a^{\mathrm{t}}x \geq b\}$ und $H^- = \{x; a^{\mathrm{t}}x \leq b\}$, siehe Abbildung 12.2.

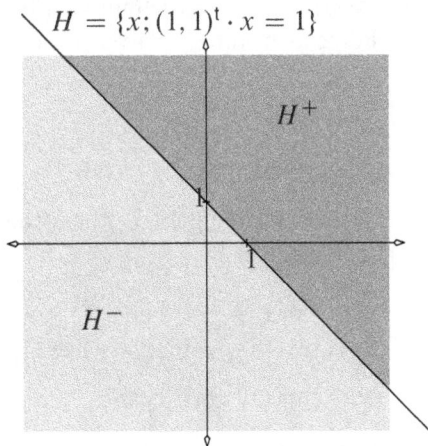

Abbildung 12.2. Zwei Halbräume definiert durch die Hyperebene $H = \{x; (1, 1)^{\mathrm{t}} \cdot x = 1\}$.

Definition 12.2. (i) Ein *Polyeder* im $\mathbb{R}^n$ ist der Durchschnitt endlich vieler Halbräume in $\mathbb{R}^n$.

(ii) Ein beschränkter[1] Polyeder heißt auch *Polytop*.

Offensichtlich sind Halbräume konvex und damit auch Polyeder und Polytope als Schnitte konvexer Mengen.

Die Dimension eines Polyeders bzw. Polytops P ist die Dimension des kleinsten affinen Teilraums, der P enthält. Man beachte, dass sich diese Definition nicht auf beliebige Teilmengen X von $\mathbb{R}^n$ erweitern lässt. So hätte zum Beispiel ein Kreisbogen in $\mathbb{R}^2$ die Dimension 2, da kein eindimensionaler affiner Teilraum diesen enthält, was der intuitiven Anschauung des Dimensionsbegriffes widersprechen würde. Es gibt aber durchaus den Begriff der topologischen Dimension, der in unserem speziellen Fall mit der obigen Definition übereinstimmt, siehe zum Beispiel [179], Chapter 54.

Sei nun P ein Polyeder der Dimension $d \leq n$ im $\mathbb{R}^n$ und H eine Hyperebene. Dann heißt $F = P \cap H$ eine *Seitenfläche* von P, wenn H mindestens einen Punkt mit P gemeinsam hat und P in einem der beiden zugehörigen Halbräume H^+ oder H^- liegt. Es gibt drei wichtige Fälle von Seitenflächen:

(i) eine *Facette*, d. h. eine Seitenfläche der Dimension $n - 1$,

---

[1]Dabei heißt eine Teilmenge $M \subseteq \mathbb{R}^n$ beschränkt, wenn es ein $c \in \mathbb{R}$ so gibt, dass $\sup\{\|x\|; x \in M\} \leq c$.

(ii) eine *Ecke*, d. h. eine Seitenfläche der Dimension 0,

(iii) eine *Kante*, d. h. eine Seitenfläche der Dimension 1.

Den Begriff der Ecke haben wir schon für konvexe Mengen kennen gelernt. Übungsaufgabe 12.29 zeigt aber, dass beide Definitionen für Polyeder übereinstimmen. Wir werden also im Folgenden mit $ex(P)$ auch die Menge der Ecken eines Polyeders bezeichnen.

Beispiel 12.3. (i) Das Polytop

$$P = \{(x_1, x_2, x_3); 0 \le x_1, x_3 \le 1, 0 \le x_2 \le 2\}$$

bildet einen Würfel im $\mathbb{R}^3$, siehe Abbildung 12.3. P hat somit sechs Facetten, acht Ecken und zwölf Kanten. Die Seitenflächen

$$
\begin{aligned}
F_1 &= P \cap \{(x_1, x_2, x_3); x_3 = 1\}, \\
F_2 &= P \cap \{(x_1, x_2, x_3); x_1 - x_3 = 1\}, \\
F_3 &= P \cap \{(x_1, x_2, x_3); x_1 + x_2 + x_3 = 3\}
\end{aligned}
$$

sind in Abbildung 12.3 eingezeichnet.

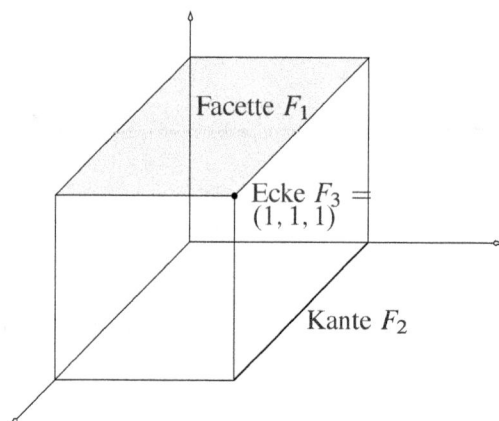

Abbildung 12.3. Beispiel für die Seitenflächen des Polyeders aus Beispiel 12.3 *(i)*.

(ii) Als zweites Beispiel betrachten wir das Polytop, das durch die folgenden fünf Ungleichungen gegeben ist, siehe Abbildung 12.4:

$$
\begin{aligned}
x_1 + x_2 + x_3 &\le 4, \\
x_1 &\le 2, \\
x_3 &\le 3, \\
3x_2 + x_3 &\le 6, \\
x_1, x_2, x_3 &\ge 0.
\end{aligned}
$$

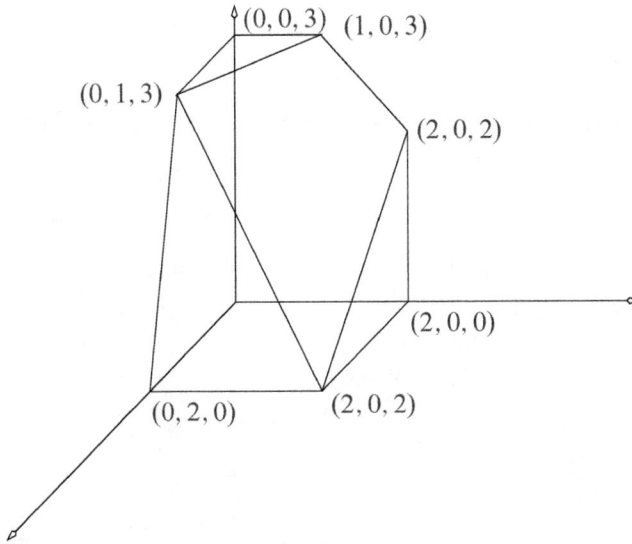

Abbildung 12.4. Beispiel für die Seitenflächen des Polyeders aus Beispiel 12.3 *(ii)*.

Interessant ist auch der folgende Satz, der eine alternative Beschreibung für Polytope liefert. Für einen Beweis siehe zum Beispiel [155].

Satz 12.4. *(i) Jedes Polytop ist die konvexe Hülle seiner Ecken.*

(ii) Ist V eine endliche Menge von Punkten, so ist die konvexe Hülle von V ein Polytop P. Die Menge der Ecken von P ist dann eine Teilmenge von V.

12.2 Lineare Programmierung

Wir stellen nun den Zusammenhang zwischen den theoretischen Betrachtungen des letzten Abschnittes und linearen Programmen her.

Sei also $A \in \mathbb{R}^{m \times n}$ eine Matrix mit Zeilenvektoren $a_1, \ldots, a_m \in \mathbb{R}^n$ und $b \in \mathbb{R}^m$. Die Menge der Lösungen der Ungleichung

$$A \cdot x \leq b \tag{12.1}$$

entspricht genau dem Schnitt der Halbräume

$$H_i := \{x \in \mathbb{R}^n; a_i^t x \leq b_i\},$$

d. h., $x \in \mathbb{R}^n$ ist genau dann eine Lösung von $A \cdot x \leq b$, wenn $x \in \bigcap_{i=1}^n H_i$.

Damit ist der Lösungsraum des Ungleichungssystems (12.1) also ein Polyeder

$$P = \{x \in \mathbb{R}^n; A \cdot x \leq b\}.$$

Sei weiter (I, I^C) eine Partition der Zeilenindizes $\{1, \ldots, m\}$ und (J, J^C) eine Partition der Spaltenindizes $\{1, \ldots, n\}$.

Definition 12.5 (Lineares Programm (LP)). Die drei Versionen eines linearen Programms lauten (wobei $I, J \subseteq \{1, \ldots, n\}$):

$$\text{Maximierungsproblem} \quad \text{Minimierungsproblem}$$

(i) Allgemeinform

$$
\begin{array}{ll}
\max c^t x & \min c^t x \\
a_i^t x = b_i, \ i \in I & a_i^t x = b_i, \ i \in I \\
a_i^t x \leq b_i, \ i \in I^C & a_i^t x \leq b_i, \ i \in I^C \\
x_j \geq 0, \ j \in J & x_j \geq 0, \ j \in J \\
x_j \in \mathbb{R}, \ j \in J^C & x_j \in \mathbb{R}, \ j \in J^C \\
x \in \mathbb{R}^n & x \in \mathbb{R}^n
\end{array}
$$

(ii) Standardform

$$
\begin{array}{ll}
\max c^t x & \min c^t x \\
Ax \leq b & Ax \geq b \\
x \geq 0 & x \geq 0
\end{array}
$$

(iii) Kanonische Form

$$
\begin{array}{ll}
\max c^t x & \min c^t x \\
Ax = b & Ax = b \\
x \geq 0 & x \geq 0
\end{array}
$$

Der Vektor c (oder genauer die Abbildung $Q : \mathbb{R} \longrightarrow \mathbb{R}; \ x \mapsto c^t x$) heißt auch Zielfunktion des linearen Programms und die Variablen x_j, $j \in J^C$, in der Allgemeinform heißen *unbeschränkte Variablen*.

Eine wichtige Beobachtung, die wir im nächsten Satz zusammenfassen, ist, dass die verschiedenen Formen der Linearen Programmierung äquivalent sind, d. h., die Formen können so ineinander überführt werden, dass sich weder die Lösungen ändern, noch die Eingabelängen sich wesentlich erhöhen.

Satz 12.6. *Allgemeine, Standard- und kanonische Form der linearen Programmierung sind äquivalent.*

Beweis. Wir werden die Aussage nur für Minimierungsprobleme beweisen, Maximierungsprobleme behandelt man analog.

Standardform und kanonische Form sind spezielle Instanzen der allgemeinen Form, so dass wir nur zeigen müssen, wie sich die allgemeine Form in eine Standard- bzw. kanonische Form überführen lässt.

(*a*) Wir zeigen im ersten Schritt, wie sich ein LP in allgemeiner Form in ein LP in Standardform überführen lässt.

(i) Für jede unbeschränkte Variable x_j, $j \in J^C$, führen wir zwei Variablen x_j^+, x_j^- ≥ 0 ein und ersetzen x_j durch $x_j^+ - x_j^- = 0$.

(ii) Jede Gleichheitsbedingung $a_i^t x = b_i$ wird durch zwei Ungleichungen $a_i^t \geq b_i$ und $(-a_i^t)x \geq -b_i$ ersetzt.

Wie man sofort sieht, stimmen die Lösungen beider linearen Programme überein, d. h., eine Lösung der allgemeinen Form lässt sich sofort in eine Lösung der Standardform so überführen, dass die Zielfunktionswerte gleich sind. Ebenfalls offensichtlich ist, dass sich die Länge der neuen Instanz nicht wesentlich vergrößert hat, wir benötigen lediglich für jede unbeschränkte Variable eine zusätzliche Variable und für jede Gleichung zwei Ungleichungen.

(b) Es bleibt zu zeigen, wie sich ein LP in allgemeiner Form in ein LP in kanonischer Form überführen lässt.

(i) Unbeschränkte Variablen in der allgemeinen Form werden wie in (a) durch nichtnegative Variablen ersetzt.

(ii) Ungleichungen in der allgemeinen Form werden mit Hilfe sogenannter Schlupfvariablen in Gleichungen überführt: Eine Ungleichung $a_i^t x \geq b_i$ wird durch

$$a_i^t x - s_i = b_i, \ s_i \geq 0$$

ersetzt. □

Dank des obigen Satzes können wir uns also bei der Betrachtung auf eine Version der Linearen Programmierung beschränkten und wählen meist die Standardform.

Wie bereits in Kapitel 11 erwähnt, lassen sich lineare Programme in polynomieller Zeit optimal lösen. Dies war lange Zeit ein ungelöstes Problem, bis 1979 der russische Mathematiker L. G. Khachiyan den ersten polynomiellen Algorithmus zum Lösen linearer Programme vorstellte. Der Algorithmus basiert auf dem sogenannten *Ellipsoidalgorithmus*, der in polynomieller Zeit zu einem gegebenen Polytop

$$P = \{x; A \cdot x \leq b\}$$

entweder ein Element $x \in P$ ausgibt oder entscheidet, dass P leer ist. Zunächst ist nicht ersichtlich, wie man mit Hilfe dieses Algorithmus eine optimale Lösung finden kann, wir werden dies in Übungsaufgabe 12.30 behandeln.

Die Laufzeit des Ellipsoidalgorithmus für eine Matrix $A \in \mathbb{Q}^{m \times n}$ und einen Vektor $b \in \mathbb{Q}^n$ ist $\mathcal{O}(mn^2 \cdot \langle A \rangle \cdot \langle b \rangle)$ und damit nicht besonders effizient, siehe auch Grötschel, Lovász und Schrijver [83]. Es gibt aber mittlerweile bessere Algorithmen, zum Beispiel sogenannte *Interior-Point-Methoden*, die bei weitem schneller laufen, siehe zum Beispiel [4] und [162].

12.3 Geometrie linearer Programme

Wie wir eingangs erwähnt haben, stellt man sich beim Lösen linearer Programme die Frage, wo man im Polyeder nach optimalen Lösungen suchen kann. Wir werden sehen, dass gewisse ausgezeichnete optimale Lösungen, so diese überhaupt existieren, in den Ecken des Lösungspolyeders zu finden sind.

Sei also ein lineares Programm

$$\max c^t x$$

$$\text{s.t. } Ax \leq b \tag{12.2}$$

$$x \geq 0$$

mit einer Matrix $A \in \mathbb{R}^{m \times n}$, $m \leq n$, und einem Vektor $b \in \mathbb{R}^m$ gegeben.

Voraussetzung 12.7. Üblicherweise verlangt man, dass die Matrix A vollen Rang hat, also $\text{rank}(A) = m$ (ansonsten kann man redundante Ungleichungen einfach löschen). Außerdem wollen wir im Folgenden voraussetzen, dass die Menge der zulässigen Lösungen, also das *Lösungspolyeder*

$$P = \{x; Ax \leq b, x \geq 0\},$$

nicht leer und die Menge $\{c^t x; x \in P\}$ nach oben beschränkt ist.

Unter diesen Voraussetzungen existiert dann offensichtlich eine optimale Lösung des Programms (12.2).

Der nächste Satz zeigt, dass es immer eine Ecke des Lösungspolyeders gibt, die schon eine Optimallösung bildet.

Satz 12.8. *Sei ein lineares Programm wie oben (d. h. wie unter Voraussetzung 12.7) gegeben, P das Lösungspolyeder und $\mathbb{L} \subseteq \mathbb{R}^n$ die Menge der Optimallösungen. Dann gilt* $\text{ex}(P) \cap \mathbb{L} \neq \emptyset$.

Beweisskizze. Sei $\bar{x} \in \mathbb{L}$ eine Optimallösung und $\bar{t} = c^t \cdot \bar{x}$ die optimalen Kosten. Sei weiter

$$H := \{x \in \mathbb{R}^n; c^t \cdot x = \bar{t}\}.$$

Dann gilt für alle zulässigen Lösungen $x \in \mathbb{R}^n$ des linearen Programms $c^t \cdot x \leq t$, also liegt P in $H^- = \{x; c^t \cdot x \leq t\}$. Damit ist also $P \cap H$ eine Seitenfläche von P, in der wegen Voraussetzung 12.7 auch immer eine Ecke liegt.   □

Betrachten wir als Beispiel das folgende lineare Programm:

$$\max (2, 2) \cdot (x_1, x_2)^t$$

$$\text{s.t. } \begin{pmatrix} 1 & 0 \\ 0 & 1 \end{pmatrix} \cdot \begin{pmatrix} x_1 \\ x_2 \end{pmatrix} \leq \begin{pmatrix} 2 \\ 1 \end{pmatrix} \tag{12.3}$$

$$x_1, x_2 \geq 0.$$

Offensichtlich ist der Vektor $(2, 1)$ eine (sogar eindeutige) Optimallösung von (12.3). Die Frage ist nun, wie sich diese Lösung geometrisch finden lässt.

Dazu betrachten wir eine Hyperebene $H \subseteq \mathbb{R}^2$ durch den Ursprung $(0,0)$, die orthogonal zu $c = (2,2)$ ist, d. h., für jeden Vektor $(x_1, x_2) \in H$ gilt $(c_1, c_2) \cdot (x_1, x_2)^{\mathrm{t}} = 0$.

Da H nun orthogonal zu c liegt, gilt

$$H = \{x \in \mathbb{R}^2; c^{\mathrm{t}} \cdot x = 0\}.$$

Wir verschieben nun H so lange, bis das Lösungspolyeder P ganz in einer Halbebene der verschobenen Hyperebene liegt, d. h., wir betrachten die Hyperebenen

$$H_t = \{x \in \mathbb{R}^2; c^{\mathrm{t}} \cdot x = t\},$$

siehe Abbildung 12.5. Ist dann $\bar{t}$ gefunden, so dass $P \subseteq H_{\bar{t}}^{-}$ und $P \cap H_{\bar{t}} \neq \varnothing$, so gibt es in $P \cap H_{\bar{t}} \neq \varnothing$ eine Ecke $\bar{x}$ von P, die eine optimale Lösung bildet. Insbesondere gilt dann auch $c^{\mathrm{t}} \cdot \bar{x} = \bar{t}$.

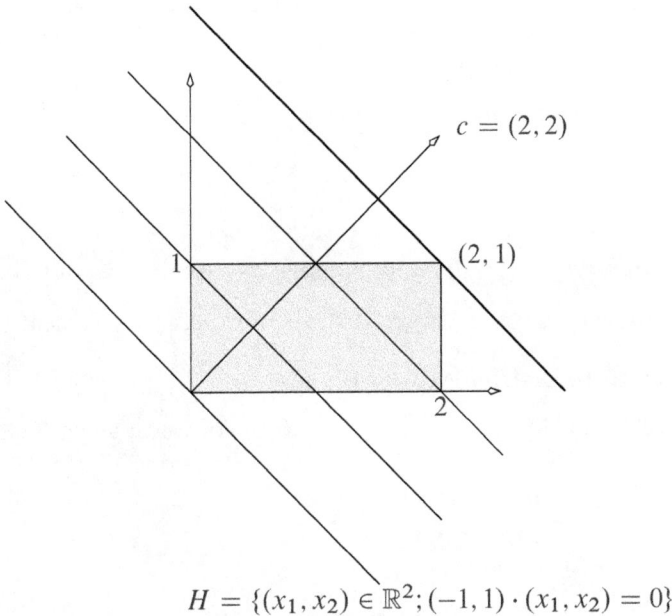

$$H = \{(x_1, x_2) \in \mathbb{R}^2; (-1,1) \cdot (x_1, x_2) = 0\}$$

Abbildung 12.5. Beispiel zur geometrischen Interpretation einer Optimallösung. Die gesuchte Hyperebene ist fett gezeichnet.

Nachdem wir nun gesehen haben, dass es, jedenfalls unter der Voraussetzung 12.7, immer zumindest eine Ecke des Lösungspolyeders gibt, die schon eine Optimallösung ist, wollen wir uns nun die Struktur dieser Lösungen genauer ansehen.

Nach Definition ist eine Ecke des Lösungspolyeders

$$P = \{x \in \mathbb{R}^n; A \cdot x \leq b \text{ und } x \geq 0\}$$

ein Teilraum der Dimension 0 und damit der Schnitt von mindestens n der $m + n$ Hyperebenen

$$
\begin{aligned}
H_1 &= \{x; a_1^t \cdot x = b_1\}, \\
H_2 &= \{x; a_2^t \cdot x = b_2\}, \\
&\ \ \vdots \\
H_m &= \{x; a_m^t \cdot x = b_m\}, \\
H^1 &= \{x; x_1 = 0\}, \\
&\ \ \vdots \\
H^n &= \{x; x_n = 0\},
\end{aligned}
$$

deren zugehörige Halbräume P beschreiben.

Man erhält damit sofort, dass mindestens $n - m$ Komponenten einer Ecke null sein müssen. Dies sind dann sogenannte Basislösungen im Sinne der folgenden Definition.

Definition 12.9. (i) Eine *Basis* von A ist eine linear unabhängige Auswahl B $=$ $\{A_{j_1}, \ldots, A_{j_m}\}$ von Spaltenvektoren A_{j_i} von A. Alternativ entspricht B einer regulären $(m \times m)$-Matrix $B = \left[A_{j_i}\right]$.

(ii) Die *Basislösung* zu B ist der Vektor $x \in \mathbb{R}^n$ mit

$$
x_{j_k} = \begin{cases} t_k & A_{j_k} \in \text{B} \\ 0 & \text{sonst,} \end{cases}
$$

wobei $t = (t_1, \ldots, t_m)^t = B^{-1}b$ ist.

Basislösungen x von A können also wie folgt gefunden werden:

Algorithmus BASISLÖSUNG(A, b)

```
1   Wähle eine Menge B = {A_{j_1}, ..., A_{j_m}} von linear unabhängigen Spalten
    von A.
2   t = (t_1, ..., t_m)^t = B^{-1}b
3   x = (x_1, ..., x_n) = (0, ..., 0)
4   for i = 1 to m do
5     x_{j_i} = t_i
6   od
7   return x
```

Man beachte, dass eine Basislösung nicht unbedingt zulässig sein muss. Zwar erfüllt jede dieser Lösungen x die Ungleichheitsbedingungen

$$
A \cdot x \le b
$$

(sogar mit Gleichheit), es kann aber durchaus sein, dass nicht alle Komponenten von x die Nichtnegativitätsbedingung $x_i \ge 0$ erfüllen.

Wir kennen aber schon, dank der obigen Ausführungen, Basislösungen, die sogar optimale Lösungen sind, nämlich gewisse Ecken des Lösungspolyeders. Insgesamt erhalten wir also

Satz 12.10. *Unter der Voraussetzung 12.7 gibt es für jedes lineare Programm mindestens eine optimale zulässige Basislösung.*

Ist eine zulässige Basislösung zu einem linearen Programm gegeben, so wird diese im Allgemeinen keine Optimallösung sein. Das nächste Lemma zeigt aber, dass es für jede zulässige Basislösung zumindest einen Kostenvektor c so gibt, dass diese bezüglich c optimal ist.

Lemma 12.11. *Sei $\bar{x}$ eine zulässige Basislösung (mit zugeordneter Basis B) von $Ax = b$, $x \geq 0$. Dann existiert ein Kostenvektor c so, dass $\bar{x}$ eine eindeutige optimale Lösung des linearen Programms $\min c^{t}x$, $Ax = b$, $x \geq 0$ ist.*

Beweis. Wir behandeln diese Aussage in den Übungen. Der Beweis ist allerdings sehr einfach. Man definiere die Kosten c_j abhängig von der Basis B. $\qquad\qquad\square$

12.4 Der Dualitätssatz

Wir lernen in diesem Abschnitt eine der wichtigsten Aussagen der Linearen Programmierung kennen, den sogenannten Dualitätssatz, der zu den klassischen Sätzen der Mathematik gehört.

Der Einfachheit halber betrachten wir im Folgenden lineare Programme in Standardform, die in diesem Zusammenhang auch als *primale Programme* bezeichnet werden:

$$\max c^{t}x$$
$$\text{s.t. } Ax \leq b \qquad\qquad (12.4)$$
$$x \geq 0$$

Definition 12.12. Gegeben sei ein lineares Programm in Standardform. Das *duale Programm* dazu ist wie folgt definiert:

primal	dual
$\max c^{t}x$	$\min \pi^{t}b$
$Ax \leq b$	$A^{t}\pi \geq c$
$x \geq 0$, $x \in \mathbb{R}^{n}$	$\pi \geq 0$, $\pi \in \mathbb{R}^{m}$

Manchmal korrespondiert das duale Programm zu einem klassischen Optimierungsproblem. Wir betrachten als Beispiel das folgende Problem:

Problem 12.13 (MAX MATCHING).
Eingabe: Ein Graph $G = (V, E)$.
Ausgabe: Ein maximales Matching von G.

Bezeichnen wir mit

$$A = (a_{ij})_{\substack{i \in \{1,\dots,n\} \\ j \in \{1,\dots,n\}}}$$

die Inzidenzmatrix eines Graphen $G = (V, E)$ mit $|V| = n$ und $|E| = m$, so ist dieses Problem offensichtlich äquivalent zu folgendem ganzzahligen linearen Programm:

$$\max \sum_{i=1}^{m} x_i$$

$$\text{s.t. } Ax \leq 1 \qquad\qquad\qquad \text{(ILP(MAX MATCHING))}$$

$$x \in \{0, 1\}^m.$$

Das (relaxierte) duale Programm hat damit die folgende Form:

$$\min \sum_{j=1}^{n} \pi_j$$

$$\text{s.t. } A^{\mathrm{t}}\pi \geq 1 \qquad\qquad\qquad \text{(DualLP(MAX MATCHING))}$$

$$\pi \in [0, 1]^n.$$

Ersetzt man nun die Nebenbedingung $\pi \in [0, 1]^n$ zu $\pi \in \{0, 1\}^n$, so erhält man ein ganzzahliges lineares Programm. Hier geht es dann darum, eine minimale Knotenmenge C des Graphen so zu finden, dass jede Kante einen gemeinsamen Knoten mit C hat. Dies ist aber genau das in 5.1 behandelte Problem MIN VERTEX COVER.

Problem 12.14 (MIN VERTEX COVER).
Eingabe: Ein Graph $G = (V, E)$.
Ausgabe: Ein Vertex Cover C mit minimaler Knotenzahl.

Wir bezeichnen mit $\tau(G)$ bzw. $\nu(G)$ die Größe eines minimalen Vertex Covers bzw. eines maximalen Matchings in G. Weiter seien $\tau^*(G)$ bzw. $\nu^*(G)$ die entsprechenden Größen der fraktionalen Probleme.

Der folgende Satz zeigt, dass die Kosten einer dualen Lösung immer eine obere Schranke für die Kosten einer primalen Lösung ist.

Satz 12.15 (Schwacher Dualitätssatz). *Sei x eine zulässige Lösung des primalen Programms und π eine zulässige Lösung des dualen Programms. Dann gilt*

$$c^{\mathrm{t}}x \leq b^{\mathrm{t}}\pi.$$

Beweis. Es gilt

$$b^{\mathrm{t}}\pi \geq (Ax)\pi = (\pi A)x = (A^{\mathrm{t}}\pi)x \geq c^{\mathrm{t}}x. \qquad\qquad \square$$

Damit lassen sich sofort die Größe eines Vertex Covers und die eines Matchings in einem Graphen G gegeneinander abschätzen.

Korollar 12.16. *Für jeden Graphen G gilt*

$$\nu(G) \leq \tau(G).$$

Beweis. Jedes Matching ist eine zulässige Lösung des relaxierten Programms von ILP(MAX MATCHING) und jedes Vertex Cover eine zulässige Lösung des linearen Programms DualLP(MAX MATCHING), so dass die Behauptung sofort aus dem schwachen Dualitätssatz folgt. □

Eine weitere Konsequenz aus dem schwachen Dualitätssatz ist der folgende Satz, der uns ein erstes Kriterium dafür liefert, wann eine zulässige Lösung des primalen bzw. dualen Programms schon eine Optimallösung ist.

Satz 12.17. *Sei x eine zulässige Lösung des primalen Programms und π eine zulässige Lösung des dualen Programms so, dass*

$$c^t x = b^t \pi.$$

Dann sind x und π schon optimale Lösungen.

Beweis. Sei x^* eine optimale Lösung des primalen Programms und π^* eine optimale Lösung des dualen Programms. Dann gilt

$$c^t x^* \geq c^t x = b^t \pi \geq b^t \pi^* \geq c^t x^*,$$

wobei die letzte Ungleichung aus dem schwachen Dualitätssatz folgt. Damit erhalten wir überall Gleichheit, woraus die Behauptung folgt. □

Ein wichtiger Bestandteil der Dualitätstheorie ist die folgende Symmetrieeigenschaft:

Satz 12.18. *Das Duale des dualen Programms entspricht dem primalen Programm.*

Beweis. Wir schreiben das duale Programm wie folgt um:

$$\max \pi^t(-b)$$
$$\text{s.t. } (-A^t)\pi \leq -c \tag{12.5}$$
$$\pi \geq 0.$$

Das duale des obigen Programms lautet dann

$$\min (-c)^t x$$
$$\text{s.t. } (-A)x \geq -b \tag{12.6}$$
$$x \geq 0$$

und entspricht damit genau dem primalen Programm

$$\max c^t x$$
$$\text{s.t. } Ax \leq b \tag{12.7}$$
$$x \geq 0.$$

□

Wir kommen nun zu unserem angekündigten Dualitätssatz. Bevor wir den Satz beweisen können, benötigen wir noch ein Lemma, das auch als *Farkas-Lemma* bekannt ist, siehe [57].

Satz 12.19 (Lemma von Farkas). *Sei $A \in \mathbb{R}^{m \times n}$ und $b \in \mathbb{R}^m$. Genau eine der folgenden beiden Möglichkeiten trifft zu:*

(i) Das Programm $Ax \leq b$, $x \geq b$, $x \in \mathbb{R}^n$ ist lösbar.

(ii) Das Programm $A^t\pi \geq 0$, $\pi \geq 0$, $b^t\pi < 0$, $\pi \in \mathbb{R}^m$ ist lösbar.

Beweis. Den vollständigen Beweis führen wir in den Übungen, wir zeigen im Folgenden nur einen Spezialfall des obigen Satzes. Zunächst zur Formulierung der Aussage, die wir gleich beweisen wollen:

Genau eine der beiden Möglichkeiten trifft zu:

(i) Das Programm $Ax = b$, $x \in \mathbb{R}^n$ ist lösbar.

(ii) Das Programm $A^t\pi = 0$, $b^t\pi = -1$, $\pi \in \mathbb{R}^m$ ist lösbar.

Sind beide Programme lösbar, dann gilt

$$0 = x^t(A^t\pi) = (Ax)^t\pi = b^t\pi = -1,$$

ein Widerspruch.

Wir zeigen nun, dass (ii) gilt, wenn (i) nicht zutrifft. Sei dazu $A' = (A|b)$ die erweiterte Matrix und $c = (0, \ldots, 0, -1) \in \mathbb{R}^{n+1}$. Weiter sei $U = \langle a_1, \ldots, a_m \rangle$ der von den Zeilenvektoren $a_1, \ldots, a_m$ von A aufgespannte Unterraum und $U' = \langle a^1, \ldots, a^n \rangle$ der von den Spaltenvektoren von A aufgespannte Unterraum. Da das Programm

$$Ax = b$$

nicht lösbar ist, folgt $b \notin U'$, also

$$\text{rank}(A') = \text{rank}(A) + 1.$$

Umgekehrt ist $c \in U$ äquivalent zur Lösbarkeit des Programms (ii).

Um nun zu zeigen, dass $c \in U$, sei $A'' = \begin{pmatrix} A' \\ c \end{pmatrix}$. Der Spaltenvektor von A'' ist gleich dem Spaltenvektor von A', also gilt $\text{rank}(A'') = \text{rank}(A')$ und somit $c \in U$. $\square$

Die gerade bewiesene Aussage hat übrigens eine unmittelbar einleuchtende geometrische Interpretation. Liegt b nicht in U, so gibt es einen Vektor π, der auf U senkrecht steht und mit b einen stumpfen Winkel bildet.

Wir haben nun alles in der Hand, um den Dualitätssatz zu beweisen.

Satz 12.20 (Starker Dualitätssatz). *Es sei* (P) *das primale und* (D) *das duale Programm.*

primal (P)	dual (D)
$\max c^\mathrm{t} x$	$\min \pi^\mathrm{t} b$
$Ax \leq b$	$A^\mathrm{t} \pi \geq c$
$x \geq 0,\ x \in \mathbb{R}^n$	$\pi \geq 0,\ \pi \in \mathbb{R}^m$

Sei weiter $\mathrm{OPT}(P)$ *bzw.* $\mathrm{OPT}(D)$ *die Kosten einer optimalen Lösung des primalen bzw. des dualen Programms (wenn diese existieren).*

 (i) *Haben* (P) *und* (D) *zulässige Lösungen, so haben sie auch optimale Lösungen und es gilt*

$$\mathrm{OPT}(P) = \mathrm{OPT}(D).$$

(ii) *Ist eines der beiden Programme nicht lösbar, so besitzen weder* (P) *noch* (D) *optimale Lösungen mit endlichem Wert.*

Beweis. (i) Seien (P) und (D) zulässig lösbar. Nach dem schwachen Dualitätssatz müssen wir nur zeigen, dass es zulässige Lösungen x und π von (P) und (D) so gibt, dass $c^\mathrm{t} x \geq b^\mathrm{t} y$. Dann folgt sofort (schwacher Dualitätssatz)

$$c^\mathrm{t} x = b^\mathrm{t} y$$

und nach Satz 12.17 die Behauptung.

Dies ist äquivalent dazu, dass das System

$$\begin{pmatrix} A & 0 \\ 0 & -A^\mathrm{t} \\ -c^\mathrm{t} & b^\mathrm{t} \end{pmatrix} \begin{pmatrix} x \\ \pi \end{pmatrix} \leq \begin{pmatrix} b \\ -c \\ 0 \end{pmatrix}, \quad \begin{pmatrix} x \\ \pi \end{pmatrix} \geq 0 \qquad (12.8)$$

eine Lösung besitzt.

Angenommen, (12.8) ist nicht lösbar. Dann gibt es nach dem Farkas-Lemma Vektoren $z \in \mathbb{R}^m$, $w \in \mathbb{R}^n$ sowie $\alpha \in \mathbb{R}$ mit $\gamma \geq 0$, $w \geq 0$, $\alpha \geq 0$ so, dass

$$A^\mathrm{t} \gamma \geq \alpha c, \quad Aw \leq \alpha b, \quad b^\mathrm{t} \gamma < c^\mathrm{t} w. \qquad (12.9)$$

Seien x_0 und π_0 zulässige Lösungen von (P) und (D), die nach Voraussetzung existieren. Aus (12.9) folgt

$$0 \leq x_0^\mathrm{t} A^\mathrm{t} \gamma = (Ax_0)^\mathrm{t} \gamma \leq b^\mathrm{t} \gamma < c^\mathrm{t} w \leq (A^\mathrm{t} \pi_0)^\mathrm{t} w = \pi_0^\mathrm{t} Aw \leq \pi_0^\mathrm{t} \alpha b,$$

und es folgt $\alpha \neq 0$ (denn andernfalls würde aus der obigen Ungleichung $0 < 0$ folgen, ein Widerspruch).

Sei nun $x = \alpha^{-1} w$ und $\pi = \alpha^{-1} \gamma$. Dann gilt

$$Ax \leq b, \quad A^\mathrm{t} \pi \geq c, \quad x \geq 0, \quad \pi \geq 0,$$

d. h., x bzw. π sind zulässig für (P) bzw. (D). Aus dem schwachen Dualitätssatz folgt

$$c^{\mathsf{t}} w = \alpha(c^{\mathsf{t}} x) \le \alpha(b^{\mathsf{t}} \pi) = b^{\mathsf{t}} \gamma$$

im Widerspruch zu (12.9). Also ist (12.8) lösbar, woraus die Behauptung folgt.

(ii) Besitzt (P) keine zulässige Lösung, dann gibt es also keine primale Lösung mit endlichem Wert. Mit dem Farkas-Lemma existiert eine Lösung $w \in \mathbb{R}^m$ des Programms

$$A^{\mathsf{t}} w \ge 0, \quad w \ge 0, \quad b^{\mathsf{t}} w < 0.$$

Falls (D) eine zulässige Lösung π_0 besitzt, so ist auch $\pi_0 + \lambda w$ zulässig für (D) für jedes $\lambda \ge 0$. Für die Zielfunktion gilt dann

$$b^{\mathsf{t}}(\pi_0 + \lambda w) = b^{\mathsf{t}} \pi_0 + \lambda(b^{\mathsf{t}} w),$$

also $\lim_{\lambda \to \infty} b^{\mathsf{t}}(\pi_0 + \lambda w) = -\infty$, da $b^{\mathsf{t}} w < 0$. Daher besitzt (D) keine optimale Lösung mit endlichem Wert.

Analog zeigt man, dass (P) nicht optimal lösbar ist, falls (D) keine zulässige Lösung besitzt. □

Den Dualitätssatz kann man auch als Min-Max-Theorem auffassen, man spricht dann auch von starker Dualität. Beispiele für solche starken Dualitäten sind $\nu(G) = \tau(G)$ für bipartite Graphen (für allgemeine Graphen haben wir ja schon $\nu(G) \le \tau(G)$ gezeigt) oder die Mengerischen Sätze.

Für lineare Programme können die folgenden drei Fälle vorkommen:

 (i) Es gibt ein endliches Optimum.

 (ii) Es gibt eine Lösung mit unbeschränkten Kosten.

(iii) Es gibt keine zulässige Lösung.

Für ein primales und dem zugehörigen dualen Problem gibt es damit 9 Kombinationen, von denen aber, wie der nächste Satz zeigt, nicht alle auftreten (die nicht möglichen sind in Tabelle 12.1 mit einem X gekennzeichnet):

primal / dual	endliches Optimum	unbeschränkt	unzulässig
endliches Optimum	(1)	X	X
unbeschränkt	X	X	(3)
unzulässig	X	(3)	(2)

Tabelle 12.1. Auftretende Kombinationen für primale und duale LP-Probleme.

Satz 12.21. *Gegeben sei ein primal-duales Paar von LP-Problemen. Dann tritt genau einer der Fälle (1), (2) oder (3) in Tabelle 12.1 ein.*

Beweis. Die Fälle endliches Optimum/endliches Optimum, endliches Optimum/unbeschränkt, endliches Optimum/unzulässig und unzulässig/unzulässig folgen sofort aus dem Dualitätssatz.

Wegen des schwachen Dualitätssatzes kann nur entweder das primale oder das duale Problem unbeschränkte Kosten haben, womit der Fall unbeschränkt/unbeschränkt gezeigt ist.

Für Fall (3) betrachte

$$
\begin{array}{cc}
\max x_1 + x_2 & \min \pi_1 \\[1ex]
x_1 - x_2 \leq 1 & \pi_1 + \pi_2 \geq 1 \\[1ex]
x_1 - x_2 \leq 0 & -\pi_1 - \pi_2 \geq 0 \\[1ex]
x_1, x_2 \geq 0 & \pi_1, \pi_2 \geq 0.
\end{array}
$$

Das primale Programm hat offensichtlich unbeschränkte Kosten, während das duale Programm keine zulässige Lösung besitzt.   □

Ein sehr starkes Kriterium, um von zulässigen Lösungen die Optimalität nachzuweisen, ist der folgende Satz. Die Gleichungen dieses Satzes werden wir außerdem in den nächsten beiden Kapiteln für das Design bzw. die Analyse von Approximationsalgorithmen verwenden können.

Satz 12.22 (Satz vom komplementären Schlupf). *Ein Paar x, π ist ein zulässiges optimales Paar von Lösungen für ein primal-duales Paar von LP-Problemen genau dann, wenn*

$$
\pi_i(a_i^{\mathrm{t}} x - b_i) = 0 \qquad \forall 1 \leq i \leq m,
$$
$$
(c_j - \pi^{\mathrm{t}} A_j) x_j = 0 \qquad \forall 1 \leq j \leq n.
$$

Beweis. Sei

$$
u_i := \pi_i(a_i^{\mathrm{t}} x - b_i) \qquad \forall 1 \leq i \leq m,
$$
$$
v_j := (c_j - \pi^{\mathrm{t}} A_j) x_j \qquad \forall 1 \leq j \leq n.
$$

Zunächst erkennen wir wegen der Dualitätsrelationen aus Definition 12.12, dass $u_i \leq 0$ für alle i und $v_j \leq 0$ für alle j ist. Sei weiter

$$
u = \sum_{i=1}^{m} u_i \leq 0 \quad \text{und} \quad v = \sum_{j=1}^{n} v_j \leq 0.
$$

Dann gilt $u = 0$ und $v = 0$ genau dann, wenn alle $n + m$ Bedingungen erfüllt sind. Weiter ist

$$
u + v = c^{\mathrm{t}} x - \pi^{\mathrm{t}} b,
$$

da sich die gemischten Terme mit π und x gegenseitig wegheben. Also sind die $m+n$ Bedingungen genau dann erfüllt, wenn $u + v = 0$ bzw. $c^t x = \pi^t b$ ist. Mit Satz 12.17 und dem Dualitätssatz folgt aber hieraus die Behauptung. $\square$

Beispiel 12.23. Wir betrachten folgendes LP-Problem:

$$
\begin{aligned}
\min\ x_1 +\ & x_2 + x_3 + x_4 + x_5 \\
3x_1 + 2x_2 + x_3\ & & = 1 \\
5x_1 +\ x_2 + x_3 + x_4\ & & = 3 \\
2x_1 + 5x_2 + x_3\ & + x_5 & = 4 \\
x_1,\ \ x_2,\ x_3,\ x_4,\ x_5\ & \geq 0.
\end{aligned}
$$

Das duale Problem hierzu ist:

$$
\begin{aligned}
\max\ \pi_1 + 3\pi_2 + 4\pi_3 \\
3\pi_1 + 5\pi_2 + 2\pi_3 &\leq 1 \\
2\pi_1 +\ \pi_2 + 5\pi_3 &\leq 1 \quad (=) \\
\pi_1 +\ \pi_2 +\ \pi_3 &\leq 1 \\
\pi_2 &\leq 1 \quad (=) \\
\pi_3 &\leq 1 \quad (=) \\
\pi_1,\ \ \pi_2,\ \ \pi_3 &\leq 0.
\end{aligned}
$$

Eine optimale Lösung zum primalen Problem ist $\bar{x} = (0, \frac{1}{2}, 0, \frac{5}{2}, 3)$. Mit Hilfe der Komplementaritätsbedingungen wollen wir eine Lösung des dualen Problems herleiten. Die ersten m Bedingungen sind automatisch erfüllt, und da $x_1 = x_3 = 0$ gilt, muss $c_j - \pi^t A_j = 0$ für $j \in \{2, 4, 5\}$ gelten. Also erhalten wir $\pi_2 = 1$, $\pi_3 = 1$ und $\pi_1 = -\frac{5}{2}$. Eine optimale Lösung zum dualen Problem ist also $\bar{\pi} = (-\frac{5}{2}, 1, 1)$.

12.5   Die Methode Dual Fitting und das Problem MIN SET COVER: Algorithmendesign

Zunächst scheinen die Ergebnisse des letzten Abschnittes nur von theoretischer Natur zu sein und keinen zusätzlichen Nutzen beim Lösen linearer Programme zu bringen. Wir können zwar jetzt die Kosten einer optimalen Lösung des primalen Programms durch Lösen des dualen Programms bestimmen, allerdings ist dies keine große Hilfe. Wir werden aber in diesem Abschnitt am Beispiel des Problems MIN SET COVER eine Methode, genannt Dual Fitting oder auch Primal-Duale Methode, kennen lernen, mit der man für Optimierungsprobleme auf Basis der Linearen Programmierung

Approximationsalgorithmen konstruieren kann, ohne ein lineares Programm lösen zu müssen. Da das Lösen eines linearen Programms viel Rechenzeit benötigt, erhalten wir auf diese Weise Approximationsalgorithmen mit ähnlicher Güte, aber bei weitem geringerer Laufzeit.

Erläutern wollen wir diese Methode anhand des Problems MIN SET COVER, das wir schon in den Abschnitten 4.1 und 11.5 behandelt haben. Die Idee dazu stammt von Bar-Yehuda und Even, siehe [21]. Für weitere Beispiele und Betrachtungen zu der hier behandelten Methode verweisen wir auf Goemans und Williamson [77], auf Williamson [194] und auf Hochbaum [90].

Problem 12.24 (MIN SET COVER).
Eingabe: Eine Menge $S = \{1, \ldots, n\}$, $F = \{S_1, \ldots, S_m\}$ mit $S_i \subseteq S$ und
 $\bigcup_{S_i \in F} S_i = S$.
Ausgabe: Eine Teilmenge $F' \subseteq F$ mit $\bigcup_{S_i \in F'} S_i = S$ so, dass $|F'|$ minimal ist.

Wir erinnern uns, dass wir in Abschnitt 4.1 einen Greedy-Algorithmus für dieses Problem mit multiplikativer Güte $H(\max\{|S_i|; S_i \in F\})$ kennen gelernt haben, siehe Satz 4.2. Weiter haben wir in Abschnitt 11.5 einen Algorithmus konstruiert, der eine multiplikative Güte von Δ_S garantiert, wobei $\Delta_S := \max_{s \in S} |\{S_i \in F; s \in S_i\}|$ der Grad des Hypergraphen (S, F) ist. Allerdings mussten wir dazu zunächst ein lineares Programm lösen.

Wir werden in diesem Abschnitt einen Approximationsalgorithmus kennen lernen, der ebenfalls eine Güte von Δ_S hat, aber kein lineares Programm löst, obwohl wir die Theorie dazu ausnutzen.

Wie schon in Abschnitt 11.5 gesehen, ist die ILP-Formulierung des Problems MIN SET COVER durch

$$\min \sum_{i=1}^{m} x_i$$

$$\text{s.t.} \sum_{i:s_j \in S_i} x_i \geq 1, \qquad \text{für alle } s_j \in S \qquad \text{(ILP(MIN SET COVER))}$$

$$x_i \in \{0, 1\}, \qquad \text{für alle } i \leq m$$

gegeben. Das duale Programm lautet somit

$$\max \sum_{j=1}^{n} \pi_j$$

$$\text{s.t.} \sum_{j:s_j \in S_i} \pi_j \leq 1, \qquad \text{für alle } S_i \in F \qquad \text{(DualLP)}$$

$$\pi_j \in [0, 1], \qquad \text{für alle } j \leq n.$$

Die Idee der Methode Dual Fitting besteht darin, eine Lösung $\pi = (\pi_1, \ldots, \pi_n)$ von DualLP so zu finden, dass π einige Nebenbedingungen des dualen Programms scharf macht, d. h., dass für einige Werte $i \leq m$ die Ungleichung

$$\sum_{j:s_j \in S_i} \pi_j \leq 1$$

zu einer Gleichung wird. Da nach dem Satz vom komplementären Schlupf für ein optimales Paar $\hat{x}, \hat{\pi}$ von Lösungen für die primal-dualen LPs insbesondere die Beziehung

$$\hat{x}_i \cdot (\sum_{j:s_j \in S_i} \hat{\pi}_j - 1) = 0 \text{ für alle } j \leq n$$

gilt, setzen wir diejenigen x_i, die zu den entsprechenden scharfen dualen Ungleichungen gehören, auf 1 und die anderen auf 0. Sollte das so definierte x eine zulässige Lösung sein, so ist zumindest eine Bedingung des Satzes vom komplementären Schlupf erfüllt, und wir können hoffen, dass x eine gute Approximation ist.

Das Finden der zulässigen Lösung π des dualen Programms ist dabei Aufgabe des Algorithmusdesigns und beeinflusst natürlich die Approximationsqualität erheblich.

Wir werden im Folgenden zwei Algorithmen für das Problem MIN SET COVER kennen lernen, die der Idee des Dual Fitting folgen. Der Erste löst zunächst noch mit langer Laufzeit das duale Programm und definiert aus einer optimalen Lösung für dieses eine zulässige Lösung für MIN SET COVER.

Algorithmus DUALSC1(S, F)

```
1  Bestimme eine Lösung π = (π₁, ..., πₙ) des dualen Programms.
2  for i = 1 to m do
3    if die i-te Nebenbedingung des dualen Programms ist scharf then
4      xᵢ = 1
5    else
6      xᵢ = 0
7    fi
8  od
9  return x
```

Satz 12.25. *Der Algorithmus* DUALSC1 *hat eine Approximationsgüte von* Δ_S.

Beweis. Zunächst müssen wir einsehen, dass der Algorithmus tatsächlich eine zulässige Lösung ausgibt.

Angenommen, es gibt ein Element $s_j \in S$, das nicht überdeckt wird. Dann gilt für alle $S_i \in F$ mit $s_j \in S_i$, dass x_i auf 0 gesetzt wird. Wegen der if-Abfrage sind damit alle i-ten Nebenbedingungen des dualen Programms, in denen π_j auftaucht, nicht scharf. Also können wir π_j vergrößern, ein Widerspruch zur Maximalität der Lösung π.

Seien nun OPT die Kosten einer optimalen Lösung zum Problem MIN SET COVER. Der Algorithmus setzt genau dann die Werte x_i auf 1, wenn die i-te Nebenbedingung des dualen Programms scharf ist, d. h. wenn $\sum_{j:s_j \in S_i} \pi_j = 1$. Wir erhalten also

$$\sum_{i=1}^{m} x_i = \sum_{i:x_i=1} 1 = \sum_{i:x_i=1} \sum_{j:s_j \in S_i} \pi_j.$$

Wegen des schwachen Dualitätssatzes gilt $\sum_{j=1}^{n} \pi_j \leq \text{OPT}$. Da weiter jedes π_j in höchstens Δ_S Nebenbedingungen vorkommt, erhalten wir

$$\sum_{i=1}^{m} x_i = \sum_{i:x_i=1} \sum_{j:s_j \in S_i} \pi_j$$

$$\leq \Delta_S \sum_{j=1}^{n} \pi_j$$

$$\leq \Delta_S \, \text{OPT}. \qquad \square$$

Der folgende Algorithmus konstruiert parallel zur Auswahl der Mengen S_i für die Überdeckung eine Lösung π des dualen Programms und speichert den Schlupf für jede Nebenbedingung. Es wird dann in jedem Schleifendurchlauf zu einem noch nicht überdeckten Element $s_j \in S$ diejenige Menge S_i mit $s_j \in S_i$ in die Überdeckung mit aufgenommen, für die der Schlupf der entsprechenden Nebenbedingung des dualen Programms minimal ist. Nach jeder neuen Auswahl wird die Lösung π und der Schlupf aktualisiert.

Insbesondere kommt dieser Algorithmus ohne das Lösen eines linearen Programms aus und hat somit eine bei weitem bessere Laufzeit als der vorangegangene.

Algorithmus DUALSC2(S, F)

```
 1   for  j = 1 to n do
 2      π_j = 0
 3   od
 4   for  i = 1 to m do
 5      x_i = 0
 6      dualer_schlupf[i] = 1
 7   od
 8   while  es existiert ein nichtüberdecktes Element s_j ∈ S do
 9      Bestimme S_i mit s_j ∈ S_i und minimalem dualer_schlupf[i].
10      x_i = 1
```

```
11      π_j = dualer_schlupf[i]
12      for alle k mit s_j ∈ S_k do
13         dualer_schlupf[k] = dualer_schlupf[k] − π_j
14      od
15   od
16   return x
```

Satz 12.26. *Der Algorithmus* DUALSC2 *hat eine relative Güte von* Δ_S *und eine Laufzeit von* $\mathcal{O}(nm)$.

Beweis. Die while-Schleife wird höchstens n-mal wiederholt. In jedem Schleifendurchlauf dauert die Suche nach einer Teilmenge S_i mit minimalem dualen Schlupf $\mathcal{O}(m)$ Schritte. Damit ist die Laufzeit gezeigt.

Der Algorithmus startet mit der zulässigen Lösung $\pi = (0, \ldots, 0)$ des dualen Programms. Da jeder Wert π_j höchstens einmal verändert wird, ist π am Ende des Algorithmus immer noch eine zulässige Lösung des dualen Programms. Die Güte zeigt man dann wie im Beweis des letzten Satzes.   □

12.6   Die Methode Dual Fitting und das Problem MIN SET COVER: Algorithmenanalyse

Eine zweite Anwendung der Methode Dual Fitting ist die Analyse von Approximationsalgorithmen. Die Idee hier ist die folgende: Mit Hilfe einer zulässigen Lösung des dualen Programms erhält man eine Approximationsgüte für den zu untersuchenden Approximationsalgorithmus. Genauer, ist Π ein Minimierungsproblem und

$$\min c^t x$$
$$\text{s.t. } A \cdot x \geq b \qquad\qquad (\text{ILP})$$
$$x \in \{0, 1\}^n$$

die Beschreibung von Π als ganzzahliges lineares Programm, so suchen wir eine zulässige Lösung x von ILP und eine Lösung $\bar{\pi}$ des (nichtganzzahligen) dualen Programms DualLP so, dass $c^t x \leq \pi^t b$. Im Allgemeinen ist dann $\bar{\pi}$ keine zulässige Lösung des dualen Programms, wie sonst sollten die Kosten von $\bar{\pi}$ über denen von x liegen (dies würde ja dem schwachen Dualitätssatz widersprechen). Der Trick besteht jetzt darin, eine geeigneten Konstante α so zu finden, dass der Vektor $\pi := \frac{\bar{\pi}}{\alpha}$ zu einer zulässigen Lösung des dualen Programms wird. Aus dem schwachen Dualitätssatz folgt dann

$$c^t x \leq \bar{\pi}^t b = \alpha(\pi^t b) \leq \alpha \, \text{OPT}(\text{DualLP}) \leq \alpha \, \text{OPT}(\text{ILP}).$$

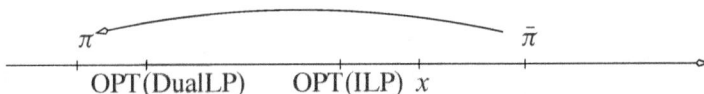

Abbildung 12.6. Graphische Darstellung der Idee Dual Fitting.

Damit hätte dann der Algorithmus, der x konstruiert, eine Approximationsgüte von α.

Wir wollen die oben beschriebene Methode am Beispiel des in Abschnitt 4.1 kennen gelernten Greedy-Algorithmus erläutern. Die Analyse dieses Algorithmus mit Hilfe dieser Methode geht zurück auf Lovász [146] und Chvatal [41].

Zur Erinnerung noch einmal der dort behandelte Approximationsalgorithmus:

Algorithmus SC(S, F)

```
1   U = S
2   C = ∅
3   while U ≠ ∅ do
4       Wähle Sᵢ ∈ F mit |Sᵢ ∩ U| maximal.
5       C = C ∪ {Sᵢ}
6       U = U \ {Sᵢ}
7   od
8   return C
```

In Satz 4.2 haben wir gezeigt, dass der obige Approximationsalgorithmus eine multiplikative Güte von

$$H_n := H(\max\{|S_i|; S_i \in F\})$$

garantiert (wir erinnern uns, dass wir mit $H(d) := \sum_{i=1}^{d} i^{-1}$ die d-te harmonische Zahl bezeichnet haben). Wir wollen nun sehen, wie man dies mit der Methode Dual Fitting herleiten kann.

Im Beweis von Satz 4.2 haben wir für jedes $s \in S$ den Preis von s wie folgt definiert:

$$\text{Preis}(s) = \frac{1}{|S_{t_i} \setminus (S_{t_1} \cup \ldots \cup S_{t_{i-1}})|},$$

falls s in der i-ten Iteration zum ersten Mal durch S_{t_i} überdeckt wird, wobei $C = \{S_{t_1}, \ldots, S_{t_r}\}$ die Überdeckung ist, die der Algorithmus liefert.

Mit Hilfe dieser Preisfunktion können wir eine zulässige Lösung des dualen Programms

$$\max \sum_{j=1}^{n} \pi_j$$

$$\text{s.t.} \sum_{j:s_j \in S_i} \pi_j \leq 1, \qquad \text{für alle } S_i \in F \qquad \text{(DualLP)}$$

$$\pi_j \in [0,1], \qquad \text{für alle } j \leq n$$

wie folgt definieren:

Satz 12.27. *Der Vektor* $\pi = (\pi_1, \ldots, \pi_n)$ *mit*

$$\pi_i := \frac{\text{Preis}(s_i)}{H_n}$$

für alle $i \leq n$ *ist eine zulässige Lösung von* DualLP.

Beweis. Wir müssen also zeigen, dass

$$\sum_{j:s_j \in S_i} \pi_j \leq 1$$

für alle $S_i \in F$ gilt.

Sei $i \leq m$. Weiter sei $k = |S_i|$ und $S_i = \{s_1, \ldots, s_k\}$, wobei die Elemente von S_i in der Reihenfolge durchnummeriert seien, in der sie vom Algorithmus SC überdeckt wurden.

In der Iteration, in der $s_t \in S_i$ das erste Mal überdeckt wird, hat die Menge S_i mindestens noch $k - t + 1$ unüberdeckte Elemente, d. h. $\text{Preis}(s_t) \leq \frac{1}{k-t+1}$. Wir erhalten damit, da $H(k) \leq H_n$,

$$\sum_{j:s_j \in S_i} \pi_j = \sum_{j=1}^{k} \pi_j$$

$$= \sum_{j=1}^{k} \frac{\text{Preis}(s_j)}{H_n}$$

$$\leq \sum_{j=1}^{k} \frac{1}{k-j+1} \cdot \frac{1}{H_n}$$

$$\leq \frac{1}{H_n} \sum_{j=1}^{k} \frac{1}{k-j+1}$$

$$= \frac{1}{H_n} H(k)$$

$$\leq 1. \qquad \qquad \square$$

Ist nun $S_{t_1}, \ldots, S_{t_k}$ die Überdeckung, die der Algorithmus konstruiert, so ist $x = (x_1, \ldots, x_m)$ mit

$$x_{t_1} = x_{t_2} = \cdots = x_{t_k} = 1 \quad \text{und} \quad x_i = 0 \quad \text{für alle} \ i \in \{1, \ldots, m\} \setminus \{t_1, \ldots, t_k\}$$

die zugehörige Lösung des ganzzahligen linearen Programms.

Offensichtlich gilt dann für den Vektor

$$\bar{\pi} = (\text{Preis}(s_1), \ldots, \text{Preis}(s_n))$$

die Beziehung

$$\sum_{i=1}^{m} x_i = \sum_{j=1}^{n} \bar{\pi}_j.$$

Wir können jetzt also wie oben argumentieren und erhalten

Satz 12.28. *Der Algorithmus* SC *hat eine Approximationsgüte von* H_n.

Beweis. Mit Hilfe des obigen Satzes erhalten wir

$$\sum_{i=1}^{m} x_i = \sum_{j=1}^{n} \bar{\pi}_j = H_n \sum_{j=1}^{n} \pi_j \leq H_n \, \text{OPT(ILP)}. \qquad \square$$

12.7 Übungsaufgaben

Übung 12.29. Sei P ein Polyeder und $x \in P$. Zeigen Sie, dass x genau dann eine Ecke im Sinne von Definition 12.1 ist, wenn dies auch für die auf Seite 230 eingeführte Definition gilt.

Übung 12.30. Zeigen Sie, dass das Problem, eine optimale Lösung eines linearen Programms in polynomieller Zeit zu finden, darauf reduziert werden kann, in polynomieller Zeit zu entscheiden, ob die Menge der zulässigen Lösungen ungleich $\varnothing$ ist.

Übung 12.31. (i) Gibt es ein lineares Programm in Standardform, das mindestens zwei, aber nur endlich viele optimale Lösungen besitzt?

(ii) Geben Sie ein Maximierungsproblem in Standardform an, das eine zulässige, aber keine optimale Lösung besitzt.

Übung 12.32. Sei

$$
\begin{aligned}
&\min \ \alpha \\
&\text{s.t.} \ A^t y = 0 \\
&\quad\ \ b^t y - \alpha = -1 \\
&\quad\quad\ \ y \geq 0 \\
&\quad\quad\ \ y \in \mathbb{R}^m \\
&\quad\quad\ \ \alpha \geq 0
\end{aligned}
\qquad \text{(LP)}
$$

gegeben. Zeigen Sie, dass (S) genau dann eine optimale Lösung mit Kosten echt größer null besitzt, wenn $Ax \leq b$ lösbar ist.

Kapitel 13
Asymptotische polynomielle Approximationsschemata

Wir haben während der Lektüre des Buches bereits einige Nichtapproximierbarkeitresultate kennen gelernt. Für das Problem MIN BIN PACKING zum Beispiel, mit dem wir uns noch einmal in diesem Kapitel intensiv beschäftigen, wissen wir bereits, dass es unter der Voraussetzung P $\neq$ NP keinen polynomiellen Approximationsalgorithmus mit multiplikativer Güte besser als 3/2 gibt, siehe Satz 7.11. Dies heißt insbesondere, dass für das Problem MIN BIN PACKING kein polynomielles Approximationsschema existiert.

Da wir uns bisher nur für die worst-case Güte interessiert haben, heißt dies aber nicht, dass ein Algorithmus generell für alle Eingaben schlechte Approximationen findet. Es könnte zum Beispiel sein, dass der Algorithmus für Eingaben, deren optimale Lösungen nur kleine Werte liefern (bei MIN BIN PACKING also Eingaben, deren optimale Lösung wenige Bins benötigen), schlechte Approximationen findet, bei Eingaben, deren Lösung allerdings große Werte erzielen, gute Ergebnisse liefert.

Wir stellen uns das einmal am Beispiel MIN BIN PACKING vor. Haben wir einen Algorithmus, der für Instanzen I, deren optimale Lösungen OPT(I) höchstens zehn Bins benötigen, Packungen findet, die $3/2 \cdot$ OPT(I) Bins benutzen, so benötigen wir relativ wenige Bins mehr. Ist der Algorithmus aber für Instanzen, deren optimale Lösungen 1000 und mehr Bins benötigen, genauso schlecht, so benötigen wir gleich 500 Bins über dem Wert einer optimalen Lösung.

Bei der Konstruktion von Approximationsalgorithmen interessiert man sich also häufig nur für das asymptotische Verhalten der Algorithmen, d. h. für das Verhalten bei der Berechnung von Instanzen, für die die Werte der optimalen Lösungen groß sind.

Definition 13.1. Die *asymptotische (multiplikative) Güte* $\delta_{\mathsf{A}}^{\infty}$ eines approximativen Algorithmus A für ein Optimierungsproblem $\Pi = (\mathcal{I}, F, w)$ ist

$$\delta_{\mathsf{A}}^{\infty} = \inf\{r; \text{es ex. } N_0 \text{ so, dass } \delta_{\mathsf{A}}(I) \leq r \text{ für alle } I \in \mathcal{I} \text{ mit OPT}(I) \geq N_0\},$$

falls Π ein Minimierungsproblem ist, und

$$\delta_{\mathsf{A}}^{\infty} = \sup\{r; \text{es ex. } N_0 \text{ so, dass } \delta_{\mathsf{A}}(I) \geq r \text{ für alle } I \in \mathcal{I} \text{ mit OPT}(I) \geq N_0\},$$

falls Π ein Maximierungsproblem ist.

Wir wollen im ersten Abschnitt mit Hilfe des Problems MIN EDGE COLORING die oben angegebene Definition noch einmal motivieren. Wie wir bereits in Abschnitt 3.2 gesehen haben, gibt es für dieses Problem einen Approximationsalgorithmus mit einer additiven Güte von 1. Auf der anderen Seite lässt sich aber unter der Voraussetzung $P \neq NP$ kein Approximationsalgorithmus für dieses Problem mit multiplikativer Güte besser als 4/3 finden, siehe Satz 13.4. Wir werden zeigen, dass sich dieses Problem beliebig gut asymptotisch approximieren lässt, d. h., es gibt ein asymptotisches Approximationsschema im Sinne der folgenden Definition.

Definition 13.2. (i) Ein *asymptotisches polynomielles Approximationsschema* (englisch: Asymptotic Polynomial Time Approximation Scheme (APTAS)) ist eine Familie von polynomiellen Algorithmen $(A_\varepsilon)_{\varepsilon > 0}$ so, dass für alle $\varepsilon > 0$ der Algorithmus A_ε eine asymptotische Approximationsgüte von

$$1 - \varepsilon \text{ bei Maximierungsproblemen}$$

und

$$1 + \varepsilon \text{ bei Minimierungsproblemen}$$

garantiert.

(ii) Ein *asymptotisches vollständiges polynomielles Approximationsschema* (englisch: Asymptotic Fully Polynomial Time Approximation Scheme (AFPTAS)) $(A_\varepsilon)_{\varepsilon > 0}$ ist ein APTAS so, dass die Laufzeit von A_ε in $1/\varepsilon$ und der Eingabelänge polynomiell beschränkt ist.

Wir wollen die Analyse solcher Algorithmen am Beispiel des Problems MIN BIN PACKING vertiefen. Dabei konstruieren wir in Abschnitt 13.2 zunächst ein asymptotisches polynomielles Approximationsschema für dieses Problem, in Abschnitt 13.3 lernen wir sogar ein vollständiges asymptotisches Approximationsschema für MIN BIN PACKING kennen. Approximationsschemata haben wir bereits den Kapiteln 8 und 9 kennen gelernt, allerdings nur für den nicht asymptotischen Fall.

13.1   MIN EDGE COLORING

Wie in der Einleitung angekündigt, starten wir mit dem Problem des Färbens von Kanten eines beliebigen Graphen, das wir schon in Abschnitt 3.2 behandelt haben.

Problem 13.3 (MIN EDGE COLORING).
Eingabe: Ein Graph $G = (V, E)$.
Ausgabe: Eine minimale Kantenfärbung von G.

Satz 13.4. *Für das Problem* MIN EDGE COLORING *gibt es unter der Voraussetzung* $P \neq NP$ *keinen polynomiellen Approximationsalgorithmus mit Güte echt kleiner* 4/3.

Beweis. Das Entscheidungsproblem

Problem 13.5 (EDGE 3-COLORING).
Eingabe: Ein Graph $G = (V, E)$.
Frage: Gibt es eine Kantenfärbung von G mit höchstens drei Farben?

ist NP-vollständig, siehe Satz 2.45.

Angenommen, es existiert ein polynomieller Algorithmus A mit Güte echt kleiner als $4/3$ für MIN EDGE COLORING. Dann ist der folgende Algorithmus ein polynomieller Algorithmus für das Entscheidungsproblem EDGE 3-COLORING:

Algorithmus B$(G = (V, E))$

```
1   Wende A auf G an und setze c := A(G).
2   if c < 4 then
3      return G ist 3-kantenfärbbar
4   else
5      return G ist nicht 3-kantenfärbbar
6   fi
```

Mit unserer Annahme ist die Güte von A echt kleiner als $4/3$, es gilt also

$$A(G) < \frac{4}{3}\chi'(G). \qquad (13.1)$$

Wir müssen nun zeigen, dass der Algorithmus B genau dann den Wert

„G ist 3-kantenfärbbar"

zurückgibt, wenn G tatsächlich 3-kantenfärbbar ist.

„$\Longrightarrow$" Sei also B$(G) = $ „G ist 3-kantenfärbbar". Dann gilt $A(G) < 4$, also findet A insbesondere eine Färbung der Kanten mit höchstens drei Farben, also ist G 3-kantenfärbbar.

„$\Longleftarrow$" Es gelte nun B$(G) = $ „G ist nicht 3-kantenfärbbar". Dann haben wir $A(G) \geq 4$, mit Formel (13.1) also

$$4 \leq A(G) < \frac{4}{3}\chi'(G),$$

und damit $3 < \chi'(G)$, d. h., G ist nicht 3-kantenfärbbar.

Der Algorithmus B entscheidet sich also immer für die richtige Antwort, woraus die Behauptung folgt. $\qquad \square$

Insbesondere zeigt der obige Satz, dass es für das Problem MIN EDGE COLORING kein polynomielles Approximationsschema geben kann. Darüber hinaus lässt sich das Problem aber sehr gut additiv approximieren. Genauer haben wir in Satz 3.13 bewiesen, dass es einen Algorithmus A gibt, der für jeden Graphen G eine Kantenfärbung konstruiert, die höchstens $\mathrm{OPT}(G) + 1$ Farben benötigt, wobei $\mathrm{OPT}(G)$ die Anzahl der Farben einer optimalen Färbung sei. Es folgt somit

$$\mathsf{A}(G)/\mathrm{OPT}(G) \leq 1 + 1/\mathrm{OPT}(I)$$

und damit

$$\delta_{\mathsf{A}}^{\infty} = 1,$$

der Algorithmus A hat also eine sehr gute asymptotische (multiplikative) Güte. Dies zeigt, dass die in Satz 13.4 angegebene Schranke für die multiplikative Güte für Graphen mit hoher Färbungszahl sehr schlecht ist. Dies ist darin begründet, dass Kantenfärbungen für Graphen mit kleiner Färbungszahl schlecht zu approximieren sind. Das ist auch nicht weiter verwunderlich. Erinnert man sich, dass die Kantenfärbungszahl eines Graphen G immer $\Delta(G)$ oder $\Delta(G) + 1$ ist, wobei $\Delta(G)$ den Maximalgrad von G bezeichne, so ist die multiplikative Abweichung zwischen $\Delta(G)$ und $\Delta(G) + 1$ für kleine Werte von $\Delta(G)$ natürlich viel größer.

Etwas umständlich formuliert haben wir also gezeigt, dass es für das Problem MIN EDGE COLORING ein vollständiges asymptotisches polynomielles Approximationsschema gibt, wobei offensichtlich $\mathsf{A}_\varepsilon = \mathsf{A}$ für alle $\varepsilon > 0$.

Satz 13.6. *Für* MIN EDGE COLORING *gibt es ein asymptotisches vollständiges polynomielles Approximationsschema.*

Die oben geführte Argumentation lässt sich natürlich sofort auf alle Probleme anwenden, für die es einen Approximationsalgorithmus mit konstanter additiver Güte gibt.

Satz 13.7. *Sei* Π *ein Optimierungsproblem so, dass es einen polynomiellen Approximationsalgorithmus für* Π *mit konstanter additiver Güte gibt. Dann lässt sich* Π *beliebig gut asymptotisch (multiplikativ) approximieren.*

Beweis. Wir zeigen die Behauptung nur für Minimierungsprobleme, für Maximierungsprobleme argumentiert man analog. Sei also A ein Approximationsalgorithmus für Π und $c > 0$ so, dass

$$\mathsf{A}(I) \leq \mathrm{OPT}(I) + c$$

für alle Instanzen I von Π. Dann gilt

$$\mathsf{A}(I)/\mathrm{OPT}(I) \leq 1 + c/\mathrm{OPT}(I)$$

und damit $\delta_{\mathsf{A}}^{\infty} = 1$.   □

13.2 Ein asymptotisches polynomielles Approximationsschema für MIN BIN PACKING

In diesem Abschnitt konstruieren wir das von Fernandez de la Vega und Lueker in [190] publizierte asymptotische Approximationsschema mit Güte

$$(1 + \varepsilon) \operatorname{OPT}(I) + 1$$

und linearer Laufzeit. Dazu betrachten wir zunächst das folgende eingeschränkte Problem:

Problem 13.8 (RESTRICTED BIN PACKING(δ, m)).
Eingabe: Zahlen $s_1, \ldots, s_n \in (\delta, 1)$ so, dass höchstens m Zahlen verschieden sind (d. h. $|\{s_1, \ldots, s_n\}| \leq m$).
Ausgabe: Eine Partition $\{B_1, \ldots, B_k\}$ von $\{1, \ldots, n\}$ von Bins so, dass k minimal ist.

Dieses lösen wir mittels linearer Optimierung.

Bei der Konstruktion von Approximationsalgorithmen für den allgemeinen Fall werden wir dann, wie wir das ja schon aus den Kapiteln 8 und 9 kennen, in Abhängigkeit von der zu erhaltenden Güte die Eingaben geschickt so verändern, dass wir Instanzen für die eingeschränkte Version des Problems erhalten, um diese dann mittels des Algorithmus für RESTRICTED BIN PACKING lösen zu können.

Lösung von RBP via linearer Optimierung

Wie schon in den Abschnitten von Kapitel 11 formulieren wir dieses eingeschränkte Problem in ein äquivalentes ganzzahliges lineares Programm um. Dazu benötigen wir aber zunächst einige Notationen.

Für eine Instanz $I = (s_1, \ldots, s_n)$ von RESTRICTED BIN PACKING(δ, m) sei $V_I := \{s_1, \ldots, s_n\}$ die Menge der Werte, die die Items aus I annehmen können. Insbesondere gilt also $|V_I| = m$ und wir schreiben $V_I = \{v_1, \ldots, v_m\}$ mit $v_1 > \cdots > v_m$. Weiter bezeichnen wir mit n_i die Anzahl der Items aus I der Größe v_i (also $n_1 + \cdots + n_m = n$), so dass wir eine Eingabe I in der Form $I = (n_1 : v_1, \ldots, n_m : v_m)$ schreiben können, wobei $n_i : v_i$ bedeutet, dass die Eingabe I genau n_i Items der Größe v_i enthalte.

Ist nun B ein Bin, in dem einige Items aus I gepackt wurden, so können wir B als m-Vektor $(T_1, \ldots, T_m)$ auffassen, wobei T_i die Anzahl der Items aus I der Größe v_i angibt, die in B gepackt wurden.

Definition 13.9. Ein *Bin-Typ* ist ein m-Vektor $(T_1, \ldots, T_m) \in \mathbb{N}^m$ mit $\sum_{i=1}^{m} T_i v_i \leq 1$.

Wir interessieren uns nun für die Anzahl $q(\delta, m)$ der möglichen Bintypen zu einer Menge $V = \{v_1, \ldots, v_m\}$ von erlaubten Werten für Items einer Instanz aus RESTRICTED BIN PACKING(δ, m).

Lemma 13.10. *Sei* $k = \lceil \frac{1}{\delta} \rceil$. *Dann gilt* $q(\delta, m) \leq \binom{m+k}{k}$.

Beweis. Jeder Typ-Vektor $T = (T_1, \ldots, T_m)$ hat die Eigenschaften $T_i \geq 0$ und $\sum_{i=1}^{m} T_i v_i \leq 1$. Es folgt somit

$$\sum_{i=1}^{m} T_i = \sum_{i=1}^{m} T_i v_i \cdot \frac{1}{v_i} \leq \sum_{i=1}^{m} T_i v_i \cdot \frac{1}{\delta} \leq 1 \cdot \frac{1}{\delta} \leq k.$$

Es reicht also zu zeigen, dass für alle $m, k \in \mathbb{N}$ die Mächtigkeit der Menge

$$M_{m,k} := \left\{ (x_1, \ldots, x_m) \in \mathbb{N}_0^m ; \sum_{j=1}^{m} x_j \leq k \right\}$$

durch $\binom{m+k}{k}$ von oben beschränkt ist. Dies beweisen wir per Induktion über m.

Induktionsanfang: Für $m = 1$ gilt

$$|M_{1,k}| = |\{x \in \mathbb{N}_0; x \leq k\}| = k + 1 = \binom{1+k}{k}$$

für alle $k \in \mathbb{N}$, es folgt also die Behauptung.

Induktionsschritt: Sei $m \in \mathbb{N}$ und es gelte

$$|M_{m,k}| = \binom{m+k}{k}$$

für alle $k \in \mathbb{N}$. Es folgt nun für alle $k \in \mathbb{N}$

$$|M_{m+1,k}| = \left| \left\{ (x_1, x_2, \ldots, x_{m+1}) \in \mathbb{N}_0^{m+1} ; \sum_{j=1}^{m+1} x_j \leq k \right\} \right|$$

$$= \left| \bigcup_{t=0}^{k} \left\{ (t, x_2, \ldots, x_{m+1}) \in \mathbb{N}_0^{m+1} ; t + \sum_{j=2}^{m+1} x_j \leq k \right\} \right|$$

$$= \sum_{t=0}^{k} \left| \left\{ (t, x_2, \ldots, x_{m+1}) \in \mathbb{N}_0^{m+1} ; t + \sum_{j=2}^{m+1} x_j \leq k \right\} \right|$$

$$= \sum_{t=0}^{k} \left| \left\{ (x_2, \ldots, x_{m+1}) \in \mathbb{N}_0^m; \sum_{j=2}^{m+1} x_j \leq k - t \right\} \right|$$

$$\stackrel{\text{IV}}{=} \sum_{t=0}^{k} \binom{m + (k-t)}{k-t}$$

$$= \sum_{t=0}^{k} \binom{m+t}{t}.$$

Da man per einfacher Induktion über k zeigt, dass

$$\sum_{t=0}^{k} \binom{m+t}{t} = \binom{m+1+k}{k},$$

siehe Übungsaufgabe 13.22, folgt die Behauptung.   □

Betrachten wir eine zulässige Lösung $\mathcal{B} = (B_1, \ldots, B_r)$ von r Bins einer Eingabe von RESTRICTED BIN PACKING(δ, m), so entspricht jedes Bin einem Bintypen $(T_1, \ldots, T_m)$. Davon gibt es, wie wir oben gezeigt haben, höchstens $q(\delta, m)$ Stück. Wir wollen die Bintypen daher mit

$$T^1 = (T_1^1, \ldots, T_m^1), \ \ldots, \ T^{q(\delta,m)} = (T_1^{q(\delta,m)}, \ldots, T_m^{q(\delta,m)})$$

bezeichnen und können die zulässige Lösung $\mathcal{B}$ damit als $q(\delta, m)$-Vektor $(x_1, \ldots, x_{q(\delta,m)})$ beschreiben, wobei $x_i \in \mathbb{N}$ die Anzahl der in $\mathcal{B}$ enthaltenen Bins vom Typ T^i sei. Diese Beobachtung fassen wir im folgenden Lemma zusammen.

Lemma 13.11. *Jede zulässige Lösung einer Eingabe von* RESTRICTED BIN PACK-ING(δ, m) *lässt sich als Vektor* $x = (x_1, \ldots, x_{q(\delta,m)})$ *beschreiben. Weiter gibt die Summe* $\sum_{i=1}^{q(\delta,m)} x_i$ *offensichtlich die Anzahl der benutzten Bins der Lösung an.*

Allerdings beschreibt nicht jeder Vektor der Länge $q(\delta, m)$, der wie oben gebildet wurde, auch eine zulässige Lösung. Offensichtlich muss zusätzlich

$$\sum_{t=1}^{q} T_i^t x_t = n_i$$

für alle $i \leq m$ gelten.

Wir haben nun alles zur Hand, um das Problem RESTRICTED BIN PACKING(δ, m) als ganzzahliges lineares Programm zu formulieren. Für jede Eingabe I des Problems betrachten wir

$$\min \sum_{i=1}^{q(\delta,m)} x_i$$

$$\text{s.t.} \sum_{t=1}^{q(\delta,m)} T_i^t x_t = n_i, \quad i = 1, \dots, m \qquad\qquad (\text{ILP(RBP}(\delta, m)))$$

$$x_i \in \mathbb{N}_0, \quad i = 1, \dots, q(\delta, m).$$

Satz 13.12. *Die optimalen Lösungen von* RESTRICTED BIN PACKING(δ, m) *sind genau die optimalen Lösungen von* ILP(RBP(δ, m)).

Ganzzahlige lineare Programme haben wir schon in vorhergehenden Kapiteln ausgenutzt und wissen bereits, dass das Lösen dieser Probleme NP-schwer ist. Wir konnten trotzdem eine ungefähre Lösung angeben, indem wir das Problem relaxiert haben und so randomisierte Algorithmen erhalten. Allerdings gehen wir in diesem Abschnitt einen anderen Weg. Schauen wir uns das zu lösende Problem noch einmal genauer an, so sehen wir, dass für alle Eingaben von RESTRICTED BIN PACKING(δ, m) die Zahl $q(\delta, m)$ und damit die Anzahl der Variablen konstant ist. Wir müssen also hier nicht das allgemeine Problem lösen, sondern nur spezielle Eingaben.

Unter diesen Voraussetzungen hat Lenstra in [141] einen Algorithmus konstruiert, der das ganzzahlige lineare Programm in polynomieller Zeit optimal löst. Die Analyse dieses Algorithmus verlangt allerdings ein detaillierteres Wissen der linearen Programmierung als das, welches wir hier bereitstellen, so dass die Behandlung dieses Algorithmus hier zu weit führen würde. Wir zitieren dieses Ergebnis daher nur und verweisen auf die Originalarbeit.

Wir erhalten damit:

Satz 13.13. *Eine Eingabe* $I = (s_1, \dots, s_n)$ *des Optimierungsproblems* RESTRICTED BIN PACKING(δ, m) *kann in Zeit* $\mathcal{O}(n + f(\delta, m))$ *gelöst werden, wobei* $f(\delta, m)$ *eine von* δ *und* m *abhängige, aber von* n *unabhängige Konstante ist.*

Nachdem wir nun wissen, dass wir das in diesem Abschnitt behandelte Problem in polynomieller Zeit lösen können, werden wir in den beiden folgenden Unterabschnitten ein Verfahren angeben, wie aus allgemeinen Eingaben des Problems MIN BIN PACKING Eingaben von RESTRICTED BIN PACKING(δ, m) konstruiert werden können, ohne dass die optimalen Lösungen (natürlich in Abhängigkeit von δ und m) allzu stark voneinander abweichen.

Elimination von kleinen Zahlen

Wir wollen zuerst die kleinen Items einer Instanz von MIN BIN PACKING löschen. Der nächste Satz zeigt, wie dann, nachdem die großen Items bereits gepackt wurden, kleine Items dazugepackt werden können. Hierfür benutzen wir den in Abschnitt 7.1 eingeführten Algorithmus FF.

Lemma 13.14. *Sei* $I = (s_1, \ldots, s_n)$ *eine Eingabe von* MIN BIN PACKING *und* $\delta \leq$ $1/2$. *Sei weiter bereits eine Packung der Items größer* δ *in* β *Bins* $B_1, \ldots, B_\beta$ *gegeben. Der folgende Algorithmus FF angewendet auf die Items* $(s_{i_1}, \ldots, s_{i_m})$ *aus* I, *die eine Größe kleiner gleich* δ *haben, konstruiert dann eine Packung für alle Items aus* I *in* $\max\{\beta, (1 + 2\delta) \cdot \text{OPT}(I) + 1\}$ *Bins:*

Algorithmus FF $\big((s_{i_1}, \ldots, s_{i_m}), (B_1, \ldots, B_\beta)\big)$

```
1   for j = 1 to m do
2       Packe Item s_{i_j} in das Bin B_k mit dem kleinsten Index, in das s_{i_j}
        hineinpasst.
3   od
```

Beweis. Liefert der obige Algorithmus eine Packung mit β Bins, so ist nichts mehr zu zeigen. Wir nehmen deshalb an, dass die Anzahl β' der von FF konstruierten Bins größer als β ist. Damit haben also alle Bins $B_1, \ldots, B_{\beta'-1}$ höchstens δ leeren Platz, denn sonst wäre ja kein neues Bin von FF benötigt worden.

Mit $\text{SIZE}(I) = \sum_{i=1}^{\beta'} h(B_i)$, wobei $h(B_i)$ gerade die Füllhöhe von B_i bezeichne, gilt

$$\text{SIZE}(I) \geq (1 - \delta)(\beta' - 1),$$

und damit

$$\beta' \leq \frac{1}{1 - \delta} \cdot \text{SIZE}(I) + 1.$$

Aus $\delta \leq 1/2$ folgt sofort $1/(1 - \delta) \leq 1 + 2 \cdot \delta$, und da offensichtlich $\text{SIZE}(I) \leq \text{OPT}(I)$, erhalten wir

$$\beta' \leq \frac{1}{1 - \delta}\, \text{OPT}(I) + 1 \leq (1 + 2\delta)\, \text{OPT}(I) + 1. \qquad \Box$$

Intervall-Partitionierung

Die kleinen Items können wir also schon ohne große Abweichung zwischen den optimalen Lösungen löschen. Der nächste Schritt ist damit, verschiedene Items ähnlicher Größe zu Items mit einer Größe zusammenzufassen, um eine Eingabe von RESTRICTED BIN PACKING(δ, m) zu erhalten.

Wir betrachten also im Folgenden nur Eingaben $I = (s_1, \ldots, s_n)$, deren Items eine Größe von mindestens δ haben, und wollen diese in eine Eingabe von RESTRICTED BIN PACKING(δ, m) mit $m = \lfloor \frac{n}{k} \rfloor$ konvertieren, wobei wir k, wie auch δ, in Abhängigkeit von ε geschickt so wählen, dass $(A_\varepsilon)_{\varepsilon>0}$ ein asymptotisches vollständiges

Approximationsschema bildet. Wir nehmen weiter an, dass die Items in I nach ihrer Größe geordnet sind, also

$$s_1 \geq s_2 \geq \cdots \geq s_n.$$

Zunächst ist offensichtlich I eine Instanz von RESTRICTED BIN PACKING(δ, n).

Definition 13.15. Sei I eine Instanz von RESTRICTED BIN PACKING(δ, n), $k \geq 1$ und $m = \lfloor \frac{n}{k} \rfloor$. Seien weiter für alle $i \leq m$

$$
\begin{aligned}
G_i &= (s_{(i-1)k+1}, s_{(i-1)k+2}, \ldots, s_{ik}) \quad \text{und} \\
G_{m+1} &= (s_{mk+1}, s_{mk+2}, \ldots, s_n)
\end{aligned}
$$

eine Partition von I in $m + 1$ Listen.

Wir ersetzen jetzt jedes Item aus der Gruppe G_i durch das größte in G_i enthaltene Item. Seien also für alle $i \leq m$

$$
\begin{aligned}
H_i &= (s_{(i-1)k+1}, s_{(i-1)k+1}, \ldots, s_{(i-1)k+1}) \quad \text{und} \\
H_{m+1} &= (s_{mk+1}, s_{mk+1}, \ldots, s_{mk+1}).
\end{aligned}
$$

Mit

$$
\begin{aligned}
I_{\mathrm{LO}} &= H_2 H_3 \cdots H_{m+1} \quad \text{und} \\
I_{\mathrm{HI}} &= H_1 \cdots H_{m+1}
\end{aligned}
$$

gilt dann:

Lemma 13.16. *Für jede Eingabe I von* RESTRICTED BIN PACKING(δ, n) *gilt*

(i) $\mathrm{OPT}(I_{\mathrm{LO}}) \leq \mathrm{OPT}(I) \leq \mathrm{OPT}(I_{\mathrm{HI}}) \leq \mathrm{OPT}(I_{\mathrm{LO}}) + k$,

(ii) $\mathrm{SIZE}(I_{\mathrm{LO}}) \leq \mathrm{SIZE}(I) \leq \mathrm{SIZE}(I_{\mathrm{HI}}) \leq \mathrm{SIZE}(I_{\mathrm{LO}}) + k$.

Beweis. Es gilt

$$I_{\mathrm{LO}} = H_2 H_3 \cdots H_{m+1} \leq G_1 G_2 \cdots G_{m-1} X,$$

d. h., jedes i-te Element aus der Liste $H_2 H_3 \cdots H_{m+1}$ ist kleiner gleich als das i-te Element aus der Liste $G_1 G_2 \cdots G_{m-1} X$, wobei X irgendeine Folge von $|H_{m+1}|$ Elementen aus G_m ist. Die rechte Seite dieser Ungleichung ist eine Teilliste von I, woraus

$$\mathrm{OPT}(I_{\mathrm{LO}}) \leq \mathrm{OPT}(I) \quad \text{und} \quad \mathrm{SIZE}(I_{\mathrm{LO}}) \leq \mathrm{SIZE}(I)$$

folgt.

Weiter ist $I_{\mathrm{HI}} = H_1 I_{\mathrm{LO}}$. Aus jeder Packung von I_{LO} können wir, indem wir jedes Element aus H_1 in ein separates Bin packen, eine Packung von I_{HI} erzeugen, die höchstens k weitere Bins benötigt. Es folgt somit

$$\mathrm{OPT}(I_{\mathrm{HI}}) \leq \mathrm{OPT}(I_{\mathrm{LO}}) + k \quad \text{und} \quad \mathrm{SIZE}(I_{\mathrm{HI}}) \leq \mathrm{SIZE}(I_{\mathrm{LO}}) + k.$$

Aus $I \leq I_{\mathrm{HI}}$ folgen schließlich die beiden Ungleichungen

$$\mathrm{OPT}(I) \leq \mathrm{OPT}(I_{\mathrm{HI}}) \quad \text{und} \quad \mathrm{SIZE}(I) \leq \mathrm{SIZE}(I_{\mathrm{HI}}). \qquad \square$$

Das Approximationsschema

Wir sind nun endlich in der Lage, unseren Algorithmus zu formulieren.

Algorithmus $A_\varepsilon(I = (s_1, \ldots, s_n))$

1 Sortiere die Items aus I der Größe nach, also

$$s_1 \geq s_2 \geq \cdots \geq s_n.$$

2 $\delta := \frac{\varepsilon}{2}$

3 $n' := \max\{i \leq n; s_i > \delta\}$

4 $J := (s_1, \ldots, s_{n'})$

5 $J' := (s_{n'+1}, \ldots, s_n)$

6 $k := \left\lceil \frac{\varepsilon^2}{2} n' \right\rceil$

7 $m := \left\lfloor \frac{n'}{k} \right\rfloor$

8 for $i = 1$ to m do

9 $\quad H_i := \underbrace{(s_{(i-1)k+1}, s_{(i-1)k+1}, \ldots, s_{(i-1)k+1})}_{k\text{-mal}}$

10 od

11 $H_{m+1} := \underbrace{(s_{mk+1}, s_{mk+1}, \ldots, s_{mk+1})}_{(n'-m\cdot k)\text{-mal}}$

12 $J_{\text{LO}} = H_2 H_3 \cdots H_{m+1}$

13 $J_{\text{HI}} = H_1 \cdots H_{m+1}$

14 Packe J_{LO} mittels Lenstras Algorithmus angewandt auf ILP(J_{LO}).

15 Packe H_1 in höchstens k Bins (es gilt ja $|H_1| \leq k$).

16 Erhalte eine Packung für J, indem jedes Item aus J_{HI} durch das zugeordnete kleinere Item aus J ersetzt wird.

17 Packe die Items aus J' mittels FF in die bisher verwendeten Bins und öffne neue Bins, falls kein Platz mehr vorhanden ist.

Satz 13.17. *Für jedes $\varepsilon > 0$ findet der Algorithmus A_ε eine Packung von I mit höchstens $(1 + \varepsilon)\, \mathrm{OPT}(I) + 1$ Bins in $O(n \log n)$ Zeit.*

Beweis. Wir beweisen zunächst die Güte. Die Items aus J haben eine Größe von mindestens $\varepsilon/2$. Es gilt also $\mathrm{SIZE}(J) \geq \varepsilon n'/2$, und damit

$$k \leq \frac{\varepsilon^2 n'}{2} + 1 \leq \varepsilon \cdot \mathrm{SIZE}(J) + 1 \leq \varepsilon \cdot \mathrm{OPT}(J) + 1.$$

Die Items aus J werden also in Schritt 16 des Algorithmus in

$$\mathrm{OPT}(J_{LO}) + k \leq \mathrm{OPT}(J) + \varepsilon \cdot \mathrm{OPT}(J) + 1$$
$$\leq (1 + \varepsilon)\, \mathrm{OPT}(J) + 1$$

Bins gepackt.

Nach Lemma 13.14 packt somit A_ε die Items aus I in

$$\max\{(1 + \varepsilon)\,\mathrm{OPT}(J) + 1, (1 + \varepsilon)\,\mathrm{OPT}(I) + 1\} \;\leq\; (1 + \varepsilon)\,\mathrm{OPT}(I) + 1$$

Bins, womit die Güte bewiesen ist.

Wir kommen nun zur Laufzeit des Algorithmus. Im ersten Schritt sortiert A_ε die Items der Eingabe I. Dies benötigt $\mathcal{O}(n \log n)$ Schritte für eine Eingabe mit n Items. Die übrigen Schritte sind, bis auf Schritt 14, linear (man beachte dabei, dass $m = \lfloor n'/k \rfloor$ eine Konstante ist, also nicht von der Eingabelänge abhängt). Schritt 14 benötigt nach Satz 13.13 $\mathcal{O}(n + C)$ Zeit, wobei C eine von n unabhängige Konstante ist. $\qquad\square$

Zunächst einmal ist nicht sofort klar, dass das obige Approximationsschema nicht vollständig, d. h. nicht polynomiell in $1/\varepsilon$ ist. Allerdings ist die Anzahl der Variablen in der Formulierung des Problems als ganzzahliges lineares Programm exponentiell in $1/\varepsilon$. Daraus folgt insbesondere, dass nicht einmal das Aufstellen des ganzzahligen linearen Programms in polynomieller Zeit in $1/\varepsilon$ zu bewerkstelligen ist.

13.3 Ein vollständiges asymptotisches Approximationsschema für MIN BIN PACKING

Wir werden in diesem Abschnitt ein vollständiges Approximationsschema für MIN BIN PACKING kennen lernen, das von Karmarkar und Karp in [127] entwickelt wurde und auf der gleichen Idee basiert wie das im letzten Abschnitt konstruierte Approximationsschema. Allerdings werden wir nicht wie bei dem Approximationsschema von Fernandez de la Vega und Lueker das ganzzahlige lineare Programm

$$\min \sum_{i=1}^{q(\delta,m)} x_i$$

$$\text{s.t.} \sum_{t=1}^{q(\delta,m)} T_i^t x_t = n_i, \quad i = 1,\dots,m \qquad\qquad (\mathrm{ILP}(\mathrm{RBP}(\delta,m)))$$

$$x_i \in \mathbb{N}, \quad i = 1,\dots,q(\delta,m)$$

lösen, sondern betrachten stattdessen, wie schon in Kapitel 11, die LP-Relaxierung

$$\min \sum_{i=1}^{q(\delta,m)} x_i$$

$$\text{s.t.} \sum_{t=1}^{q(\delta,m)} T_i^t x_t = n_i, \quad i = 1,\dots,m \qquad\qquad (\mathrm{LP}(\mathrm{RBP}(\delta,m)))$$

$$x_i \geq 0, \quad i = 1,\dots,q(\delta,m).$$

Man fragt sich jetzt natürlich, warum dieses Vorgehen erfolgreich ist, da ja auch die Relaxierung, wie schon das zugehörige ganzzahlige lineare Programm, eine in $1/\varepsilon = 1/(2\delta)$ exponentielle Anzahl von Variablen hat. Allerdings konnten Karmarkar und Karp in [127], Theorem 1, zeigen:

Satz 13.18. *Für alle* $h \in \mathbb{N}$, $h \geq 1$, *gibt es einen polynomiellen Algorithmus* A_h, *der für jede Instanz* I *von* RESTRICTED BIN PACKING(δ, m) *in Zeit*

$$\mathcal{O}(m^8 \log m \log^2(mn/(\delta h)) + m^4 n \log m / h \cdot (mn/(\delta h)))$$

eine zulässige Basislösung $(\bar{x}_1, \ldots, \bar{x}_{q(\delta,m)})$ *von* LP(RBP(δ, m)) *so findet, dass*

$$\sum_{i=1}^{q(\delta,m)} \bar{x}_i \leq \mathrm{LIN}(I) + h,$$

wobei LIN(I) *den Wert einer optimalen Lösung von* LP(RBP(δ, m)) *bezüglich* I *bezeichne.*

Wir werden diesen Satz hier nicht beweisen, aber ihn für die Analyse des in diesem Abschnitt behandelten Approximationsschemas benutzen.

Lemma 13.20 zeigt, wie wir in linearer Zeit aus einer Basislösung des linearen Programms eine Lösung für das ganzzahlige lineare Programm konstruieren können, ohne dass die Werte der Zielfunktionen zu weit auseinander liegen.

Sei dazu A die zum obigen linearen Programm gehörige $m \times q(\delta, m)$ Matrix, d. h.

$$A = \begin{pmatrix} T_1^1 & T_2^1 & \cdots & T_{q(\delta,m)}^1 \\ T_1^2 & T_2^2 & \cdots & T_{q(\delta,m)}^2 \\ \vdots & \vdots & & \vdots \\ T_1^m & T_2^m & \cdots & T_{q(\delta,m)}^m \end{pmatrix},$$

und $n = (n_1, \ldots, n_m)$. Dann können wir LP(RBP(δ, m)) wie folgt formulieren:

$$\min \sum_{i=1}^{q(\delta,m)} x_i$$

$$\text{s.t. } A \cdot x = n \qquad \text{(LP(RBP}(\delta, m)\text{))}$$

$$x_i \geq 0, \quad i = 1, \ldots, q(\delta, m).$$

Wir setzen im Folgenden voraus, dass $\mathrm{rang}(A) = m$ (der Fall $\mathrm{rang}(A) < m$ geht analog), und können damit o.B.d.A. annehmen, dass die m Zeilen von A linear unabhängig sind.

Lemma 13.19. *Sei I eine Instanz von* RESTRICTED BIN PACKING(δ, m) *und wie in Satz 13.18 bezeichne* LIN(I) *den Wert einer optimalen Lösung von* LP(RBP(δ, m)) *bezüglich I. Dann gilt:*

(i) SIZE(I) $\leq$ LIN(I),

(ii) LIN(I) $\leq$ OPT(I),

(iii) OPT(I) $\leq 2 \cdot$ SIZE(I) $+ 1$.

Beweis. *(i)* Sei $I = (n_1 : v_1, n_2 : v_2, \ldots, n_m : v_m)$ eine Instanz von RESTRIC-TED BIN PACKING(δ, m) und x eine optimale Lösung von LP(RBP(δ, m)). Dann gilt mit $v = (v_1, \ldots, v_m)$ nach Definition 13.9 für jeden der $q(\delta, m)$ Bin-Typen $T^1, \ldots, T^{q(\delta,m)}$ (die die Spalten der Matrix A bilden)

$$\sum_{i=1}^{m} T_i^j \cdot v_i \leq 1.$$

Mit $n = (n_1, \ldots, n_m)$ folgt also

$$\text{SIZE}(I) = v^t \cdot n = v^t \cdot (A \cdot x) = (v^t \cdot A) \cdot x \leq (1, \ldots, 1) \cdot x = \text{LIN}(I).$$

(ii) Da jede zulässige Lösung des ganzzahligen Programms auch eine zulässige Lösung des relaxierten Programms bildet, folgt auch hier die Behauptung.

(iii) Der Algorithmus First Fit aus Abschnitt 7.1, den wir auch in Lemma 13.14 benutzt haben, liefert eine Packung in Bins so, dass höchstens ein Bin höchstens bis zur Hälfte gefüllt ist. Diese Packung benötigt dann höchstens $2 \cdot$SIZE(I) $+ 1$ Bins. $\square$

Damit können wir zeigen:

Lemma 13.20. *Sei I eine Eingabe von* RESTRICTED BIN PACKING(δ, m) *und y eine Basislösung von* LP(RBP(δ, m)). *Dann lässt sich in linearer Zeit eine Packung von I in höchstens*

$$\sum_{i=1}^{q(\delta,m)} y_i + \frac{m+1}{2}$$

Bins finden.

Beweis. Sei $I = (s_1, \ldots, s_n)$ eine Eingabe von RESTRICTED BIN PACKING(δ, m), d. h. insbesondere, dass es nur m verschiedene Größen in I gibt. Wir erinnern uns, dass wir jede Eingabe von RESTRICTED BIN PACKING(δ, m) in der Form $I = (n_1 : v_1, \ldots, n_m : v_m)$ schreiben, wobei $n_i : v_i$ bedeutet, dass es in I genau n_i Items der Größe v_i gibt.

Sei nun $y \in \mathbb{Q}^{q(\delta,m)}$ eine Basislösung des linearen Programms. Dann sind höchstens m Komponenten von y ungleich null, siehe Definition 12.9. Seien weiter $w, z \in \mathbb{Q}^{q(\delta,m)}$ mit

$$w_i = \lfloor y_i \rfloor \quad \text{und} \quad z_i = y_i - w_i.$$

Der Vektor w ist somit der ganzzahlige Anteil der Lösung und z der Rest.

Der ganzzahlige Anteil w gibt uns dann eine Menge von $\sum_{i=1}^{q(\delta,m)} w_i$ Bins vor, in denen einige Items aus I gepackt sind. Wir bezeichnen mit J die Menge von Items aus I, die nicht in diesen Bins enthalten sind. Diese werden nun mittels des Algorithmus First Fit gepackt. Wie wir im Beweis von Lemma 13.19 *(iii)* gesehen haben, erzeugt dieser Algorithmus eine Packung in höchstens $2 \cdot \text{SIZE}(J) + 1$ Bins. Auf der anderen Seite benötigt First Fit höchstens m Bins, da ja höchstens m Komponenten von y ungleich null sind. Damit erhalten wir also eine Packung für J in höchstens

$$
\begin{aligned}
\min(m, 2 \cdot \text{SIZE}(J) + 1) &= \text{SIZE}(J) + \min(m - \text{SIZE}(J), \text{SIZE}(J) + 1) \\
&\leq \text{SIZE}(J) + \frac{m+1}{2}
\end{aligned}
$$

Bins.

Weiter ist nach Lemma 13.19 *(i)* $\text{SIZE}(J) \leq \text{LIN}(J) = \sum_{i=1}^{q(\delta,m)} z_i$. Insgesamt erhalten wir also eine Packung in höchstens

$$
\begin{aligned}
\sum_{i=1}^{q(\delta,m)} w_i + \text{SIZE}(J) + \frac{m+1}{2} &\leq \sum_{i=1}^{q(\delta,m)} w_i + \sum_{i=1}^{q(\delta,m)} z_i + \frac{m+1}{2} \\
&= \sum_{i=1}^{q(\delta,m)} y_i + \frac{m+1}{2}
\end{aligned}
$$

Bins. □

Wir sind nun in der Lage, unser vollständiges Approximationsschema für das Problem MIN BIN PACKING zu formulieren. Wie man sofort erkennt, unterscheidet er sich nur in Zeile 14 von dem im letzten Abschnitt vorgestellen Algorithmus.

Algorithmus $A_\varepsilon(I = (s_1, \ldots, s_n))$

1   Sortiere die Items aus I nach ihrer Größe, also

$$s_1 \geq s_2 \geq \cdots \geq s_n.$$

2   $\delta := \frac{\varepsilon}{2}$

3   $n' := \max\{i \leq n; s_i > \delta\}$

4   $J := (s_1, \ldots, s_{n'})$

5   $J' := (s_{n'+1}, \ldots, s_n)$

6   $k := \left\lceil \frac{e^2}{2} n' \right\rceil$

7   $m := \left\lfloor \frac{n'}{k} \right\rfloor$

8   for $i = 1$ to m do

9　　$H_i := \underbrace{(s_{(i-1)k+1}, s_{(i-1)k+1}, \ldots, s_{(i-1)k+1})}_{k\text{-mal}}$

10　od

11　$H_{m+1} := \underbrace{(s_{mk+1}, s_{mk+1}, \ldots, s_{mk+1})}_{(n'-m\cdot k)\text{-mal}}$

12　$J_{\mathrm{LO}} = H_2 H_3 \cdots H_{m+1}$

13　$J_{\mathrm{HI}} = H_1 \cdots H_{m+1}$

14　Löse das relaxierte Programm LP(J_{LO}) mittels des in Satz 13.18 vorgestellten Algorithmus (mit $h = 1$) und packe J_{LO} mit dem Algorithmus aus Lemma 13.20.

15　Packe H_1 in k Bins ($|H_1| \leq k$).

16　Erhalte eine Packung für J, indem jedes Item aus J_{HI} durch das zugeordnete kleinere Item aus J ersetzt wird.

17　Packe die Items aus J' mittels FF in die bisher verwendeten Bins und öffne neue Bins, falls kein Platz mehr vorhanden ist.

Satz 13.21. *Das Approximationsschema* $(\mathsf{A}_\varepsilon)_{\varepsilon>0}$ *ist ein vollständiges asymptotisches Approximationsschema für* MIN BIN PACKING *mit*

$$\mathsf{A}_\varepsilon(I) \leq (1+\varepsilon)\,\mathrm{OPT}(I) + \frac{1}{\varepsilon^2} + 3$$

für alle Eingaben I.

Beweis. Dass das Approximationsschema vollständig ist, haben wir bereits gezeigt, so dass wir nur noch die Güte nachweisen müssen.

Sei also im Folgenden $\varepsilon > 0$. Die Anzahl der Bins, die der Algorithmus A_ε für J_{LO} in Schritt 14 konstruiert hat, ist nach Satz 13.18 und Lemma 13.20 beschränkt durch

$$\mathrm{LIN}(J_{LO}) + 1 + \frac{m+1}{2}.$$

Da weiter nach Lemma 13.19 *(ii)* $\mathrm{LIN}(J_{LO}) \leq \mathrm{OPT}(J)$, folgt

$$\mathrm{LIN}(J_{LO}) + 1 + \frac{m+1}{2} \leq \mathrm{OPT}(J) + \frac{m-1}{2} + 2 \leq \mathrm{OPT}(J) + \frac{1}{\varepsilon^2} + 2.$$

Wie im Beweis zu Satz 13.17 gilt

$$k \leq \frac{n'\varepsilon^2}{2} + 1 \leq \varepsilon \cdot \mathrm{SIZE}(J) + 1 \leq \varepsilon \cdot \mathrm{OPT}(J) + 1$$

und

$$\mathrm{OPT}(J) \geq \mathrm{SIZE}(J) \geq \varepsilon\frac{n'}{2}.$$

Somit beträgt die gesamte Anzahl der Bins, die A_ε zum Packen von J benötigt, gerade

$$\text{OPT}(J) + \frac{1}{\varepsilon^2} + 2 + k \ \le \ (1 + \varepsilon)\,\text{OPT}(J) + \frac{1}{\varepsilon^2} + 3.$$

Das Hinzufügen der kleinen Zahlen in Schritt 17 liefert nach Lemma 13.14

$$A_\varepsilon(I) \ \le \ \max\{(1 + \varepsilon) \cdot \text{OPT}(J) + \frac{1}{\varepsilon^2} + 3, \ (1 + \varepsilon) \cdot \text{OPT}(I) + 1\}$$

$$\le \ (1 + \varepsilon) \cdot \text{OPT}(I) + \frac{1}{\varepsilon^2} + 3. \qquad\qquad \square$$

13.4 Übungsaufgaben

Übung 13.22. Zeigen Sie, dass $\sum_{t=0}^{k} \binom{m+t}{t} = \binom{m+1+k}{k}$ für alle $m, k \in \mathbb{N}$.

Ziel der folgenden Übungsaufgaben ist es, ein asymptotisches vollständiges Approximationsschema für eine Verallgemeinerung des Problems MIN BIN PACKING zu konstruieren, siehe auch Jansen [98].

Problem 13.23 (MIN BIN PACKING MIT KONFLIKTEN).
Eingabe: Eine Menge $V = \{1, \ldots, n\}$, Zahlen $s_1, \ldots, s_n \in (0, 1]$ und ein Graph
$G = (V, E)$.
Ausgabe: Eine Partition von V in Bins $B_1, \ldots, B_l$ so, dass

$$\sum_{i \in B_j} s_i \le 1 \text{ für alle } j \le l \text{ und } \{k, k'\} \notin E \text{ für alle } k, k' \in B_j.$$

Wir nehmen im Folgenden an, dass der Konfliktgraph G *d-induktiv* ist, d. h., die Knoten des Graphen können so angeordnet werden, dass jeder Knoten zu höchstens d Knoten mit kleinerem Index adjazent ist, d. h., es gilt also

$$|\{v_j; j < i \text{ und } \{v_j, v_i\} \in E\}| \le d$$

für alle $v_i \in V$.

Übung 13.24. Sei $I = (G = (V, E), \{s_1, \ldots, s_n\})$ eine Eingabe des Problems BIN PACKING MIT KONFLIKTEN, $\varepsilon > 0$ und $V_\varepsilon := \{i; s_i \ge \varepsilon/2\}$. Wir nennen dann die Elemente aus V_ε „groß". Wir nehmen weiter an, dass die Items aus V_ε mit dem Algorithmus von Karmarkar und Karp bereits in Bins gepackt wurden, wobei nur m verschiedene Bintypen benutzt wurden.

Geben Sie einen Algorithmus an, der aus dieser Lösung eine konfliktfreie Lösung konstruiert, wobei sich die Gesamtanzahl der Bins um höchstens $m \cdot d$ erhöht.

Übung 13.25. Die durch den Algorithmus aus der obigen Übungsaufgabe ermittelte Lösung für die „großen" Items bestehe aus β Bins. Darunter seien $\rho < \beta$ Bins, die bis zu einer Höhe $H(B_j) \leq 1 - \delta$, $\delta := 1/\varepsilon$, gefüllt sind. Weiter sei eine Menge I_δ von Elementen aus V mit $s_i < \delta$ für alle $i \in I_\delta$ so gegeben, dass gilt

$$\forall i \in I_\delta \quad \text{und} \quad 1 \leq j \leq \rho \ \exists x \in B_j : \{x, i\} \in E\}.$$

Die Anzahl der großen Items in den ρ Bins sei mit Large(I, ρ) bezeichnet. Zeigen Sie die folgende Abschätzung:

$$|I_\delta| \cdot \frac{\rho - d}{d} \leq \text{Large}(I, \rho) \leq \rho \left\lfloor \frac{1}{\delta} \right\rfloor.$$

Hinweis: Betrachten Sie eine „d-induktive" Anordnung der Knotenmenge und unterscheiden Sie zwischen großen Elementen mit kleinerem und solchen mit größerem Index als die Elemente aus I_δ.

Übung 13.26. Sei I eine Eingabe des Problems BIN PACKING MIT KONFLIKTEN bezüglich eines d-induktiven Graphen. Seien weiter die großen Elemente konfliktfrei in β Bins gepackt. Man gebe einen polynomiellen Algorithmus an, der die kleinen Elemente so dazu packt, dass höchstens

$$\max(\beta, (1 + 2\delta \cdot \text{OPT}(I))) + (3 \cdot d + 1)$$

Bins benötigt werden.

Übung 13.27. Unter Berücksichtigung der obigen Aufgaben konstruiere man ein asymptotisches vollständiges Approximationsschema für das hier betrachtete Problem, dass mit $\varepsilon := 2 \cdot \delta$ höchstens

$$(1 + \varepsilon) \cdot \text{OPT}(I) + \mathcal{O}(1/\varepsilon^2)$$

Bins benötigt.

Kapitel 14

MIN JOB SCHEDULING

Nachdem wir in den letzten Kapiteln viele Techniken zur Konstruktion approximativer Algorithmen kennen gelernt haben, wollen wir diese an dem schon in der Einführung besprochenen Problem MIN JOB SCHEDULING vertiefen.

Wir betrachten drei Versionen dieses Problems in diesem Kapitel, MIN JOB SCHEDULING auf identischen Maschinen und auf nichtidentischen Maschinen sowie MIN JOB SCHEDULING mit Kommunikationszeiten. Allgemein beschreibt man die verschiedenen Versionen in der sogenannten 3-Feld Klassifikation

$$\alpha|\beta|\gamma,$$

die von R. Graham in [79] eingeführt wurde. Wir wollen eine kurze und damit nicht vollständige Einführung darin geben und verwenden im Folgenden die Schreibweise von P. Brucker, siehe [33].

Das erste Feld α klassifiziert die Maschinenumgebung. Üblicherweise besteht α aus zwei Elementen, d. h. $\alpha = \alpha_1, \alpha_2$. Dabei ist $\alpha_2 \in \mathbb{N}$ eine natürliche Zahl und gibt die Anzahl der Maschinen an. Ist α_2 leer, d. h. $\alpha = \alpha_1$, so ist die Anzahl der Maschinen Teil der Eingabe (so, wie uns das Problem MIN JOB SCHEDULING bisher begegnet ist).

Der Wert α_1 beschreibt die Maschinenart. Für $\alpha_1 = P$ beispielsweise sind die Ausführungszeiten der Jobs unabhängig von der Maschine, d. h. $p_{ij} = p_{ik}$ für alle Maschinen j, k und Jobs i. Ist $\alpha_1 = R$, so ist die Ausführungszeit eines Jobs abhängig von der Maschine, auf der der Job abgearbeitet wird.

Das zweite Feld klassifiziert die Jobeigenschaften. Das Tupel β besteht dabei maximal aus sechs Einträgen $\beta = \beta_1, \beta_2, \ldots, \beta_6$. Der Eintrag in β_1 gibt an, ob eine sogenannte *preemption* erlaubt ist, d. h., ob ein Job abgebrochen und zu einem späteren Zeitpunkt wieder aufgenommen werden kann. In diesem Fall setzt man $\beta_1 = pmtn$. Sind preemptions nicht erlaubt, so erscheint β_1 nicht im Feld.

Eine weitere Bedingung bei der Abarbeitung der Jobs können Reihenfolgebedingungen sein. Diese werden üblicherweise durch einen gerichteten, azyklischen Graphen $G = (V, A)$ beschrieben. Dabei bedeutet $(i, k) \in A$, dass Job k erst dann beginnen kann, wenn Job i bereits abgearbeitet wurde. Sind Reihenfolgebedingungen gegeben, so schreibt man $\beta_2 = prec$, ansonsten bleibt dieser Eintrag leer.

Eventuell müssen Jobs Kommunikationszeiten einhalten, wenn sie auf verschiedenen Maschinen abgearbeitet werden. In diesem Fall schreibt man $\beta_3 = c_{ij}$, genauer kann dann Job j erst nach einer Zeit c_{ij} gestartet werden, nachdem Job i abgearbeitet wurde.

Der Eintrag β_4 gibt Bedingungen an die Bearbeitungszeit an. Ist zum Beispiel $\beta_4 = (p_{ij} \in \{1, 2\})$, so bedeutet dies, dass jeder Job eine Ausführungszeit von 1 oder 2 hat.

Ist für die Jobs ein Fertigstellungstermin einzuhalten, so schreibt man $\beta_5 = d_i$. Der letzte Eintrag gibt an, ob gewisse Mengen von Jobs in sogenannten Batches gruppiert werden müssen, d. h. in eine Menge von Jobs, die auf einer Maschine abgearbeitet werden müssen.

Wir kommen nun zum letzten Feld. Dieses beschreibt die Zielfunktion, d. h., es gibt an, welche Funktion zu optimieren ist. Bisher ist uns nur der Makespan begegnet. In diesem Fall schreibt man $\gamma = C_{max}$. Darüber hinaus kann man aber auch die gesamte Flusszeit, d. h. die Summe $\sum_{i=1}^{n} C_i$ der Laufzeiten aller Maschinen, oder die gewichtete Flusszeit $\sum_{i=1}^{n} w_i \cdot C_i$ für eine Gewichtsfunktion w auf der Menge der Maschinen betrachten. In diesem Fall schreibt man $\sum C_i$ bzw. $\sum w_i \cdot C_i$.

Beispiele für die 3-Feld Klassifikation finden sich in den nun folgenden Abschnitten.

14.1   MIN JOB SCHEDULING auf identischen Maschinen

Zu Beginn dieses Kapitels wollen wir einen Algorithmus für das schon in der Einführung kennen gelernte Problem MIN JOB SCHEDULING behandeln, der auf der Idee der LP-Relaxierung beruht und eine Güte von 2 garantiert.

Wir erinnern zunächst an das Problem.

Problem 14.1 (MIN JOB SCHEDULING).
Eingabe: m Maschinen, n Jobs mit Ausführungszeiten $p_1, \dots, p_n$.
Ausgabe: Ein Schedule mit minimalen Makespan.

Beschrieben in der 3-Felder-Notation behandeln wir also $P \mid \mid C_{max}$.

Ziel wird es sein, mit Hilfe der Formulierung dieses Problems als ganzzahliges lineares Programm einen Algorithmus zu konstruieren, der eine Güte von 2 garantiert. Zwar haben wir schon einen Algorithmus mit Güte $4/3$ für MIN JOB SCHEDULING kennen gelernt (siehe Satz 6.2), die hier benutzte Technik vertieft aber die in Kapitel 11 behandelten Techniken.

Die Formulierung des Problems als ganzzahliges lineares Programm ist offensichtlich

$$\min t$$

$$\text{s.t.} \sum_{j=1}^{m} x_{ij} = 1, \quad i = 1, \dots, n$$

$$\sum_{i=1}^{n} p_i x_{ij} \leq t, \quad j = 1, \dots, m \tag{ILP(JS)}$$

$$x_{ij} \in \{0, 1\}, \quad i = 1, \dots, n; \; j = 1, \dots, m.$$

Dabei bedeutet $x_{ij} = 1$, dass der i-te Job auf Maschine j läuft. Die ersten n Gleichungen garantieren, dass jeder Job auf genau einer Maschine läuft, und die nächsten m Ungleichungen, dass jede Maschine zum Zeitpunkt t fertig ist.

Man beachte, dass eine Lösung des ganzzahligen linearen Programms eine ganze Familie von Schedules liefert, da die Reihenfolge, wie die Jobs auf einer Maschine laufen, egal ist.

Das relaxierte Problem lautet:

$$\min t$$

$$\text{s.t.} \sum_{j=1}^{m} x_{ij} = 1, \quad i = 1, \dots, n$$

$$\sum_{i=1}^{n} p_i x_{ij} \leq t, \quad j = 1, \dots, m \tag{LP(JS)}$$

$$x_{ij} \geq 0, \quad i = 1, \dots, n; \ j = 1, \dots, m.$$

Da aus den ersten n Gleichungen bereits $x_{ij} \leq 1$ folgt, müssen wir hier nur $x_{ij} \geq 0$ anstelle von $x_{ij} \in [0, 1]$ fordern.

Seit Kapitel 12 wissen wir, dass sich das relaxierte Programm in polynomieller Zeit optimal lösen lässt. Mehr noch, wir finden in polynomieller Zeit sogar eine optimale Basislösung. In solch einer Lösung sind dann höchstens $n + m$ Komponenten von null verschieden, siehe Definition 12.9. Wir fassen dieses Ergebnis im folgenden Lemma zusammen.

Lemma 14.2. *Es lässt sich in polynomieller Zeit eine Lösung $(x_{ij})_{ij}$ des relaxierten Problems so finden, dass höchstens $n + m$ der Komponenten von $(x_{ij})_{ij}$ von null verschiedene Werte annehmen.*

Sei nun $(x_{ij})_{ij}$ eine solche Lösung. Wegen der ersten n Gleichungen gibt es für jedes $i = 1, \dots, n$ mindestens ein $j \leq m$ mit $x_{ij} > 0$. Also kann es für höchstens m Werte von $i = 1, \dots, n$ noch ein zweites $j' \neq j$ mit $x_{ij'} > 0$ geben. Damit gilt für mindestens $n - m$ der möglichen Werte von $i = 1, \dots, n$, dass $x_{ij} = 1$ und $x_{ij'} = 0$ für alle $j' \neq j$. Die relaxierte Lösung gibt uns damit für mindestens $n - m$ Jobs schon eine Zuordnung zu den Maschinen vor. Die restlichen m Jobs verteilen wir dann so, dass jede Maschine höchstens einen von ihnen bekommt.

Diese Idee kann in dem folgenden Algorithmus formuliert werden.

Algorithmus LPSCHEDULING$\big((x_{ij})_{ij}\big)$

```
1   k := 1
2   for i = 1 to n do
3       if ∃j ≤ m : x_{ij} = 1 then
4           Ordne Job i Maschine j zu.
```

```
5    else
6        Ordne Job i Maschine k zu.
7        k := k + 1
8    fi
9 od
```

Satz 14.3. *Der Algorithmus* LPSCHEDULE *hat eine Approximationsgüte von 2.*

Beweis. Sei t^* die optimale Lösung des relaxierten Problems. Dann hat der von LP-SCHEDULE erzeugte Schedule einen Makespan von höchstens $t^* + \max_{i=1,\dots,n} p_i$.

Offensichtlich gilt $t^* \leq$ OPT und $\max_{i=1,\dots,n} p_i \leq$ OPT, wobei OPT der Wert einer Optimallösung sei. Daraus folgt die Behauptung. □

14.2   MIN JOB SCHEDULING auf nichtidentischen Maschinen

Bisher haben wir das Problem MIN JOB SCHEDULING nur unter der Einschränkung behandelt, dass alle Maschinen dieselben Ausführungszeiten haben. Wir wollen nun diese Beschränkung aufgeben. Ziel dieses Abschnittes ist es, einen Approximations-algorithmus für das folgende Optimierungsproblem zu konstruieren, der eine Güte von 2 garantiert. Das vorgestellte Verfahren stammt von Lenstra, Shmoys und Tardos, siehe [142].

Problem 14.4 (MIN JOB SCHEDULING AUF NICHTIDENTISCHEN MASCHINEN).
Eingabe: n Jobs, m Maschinen und Ausführungszeiten p_{ij} für Job i auf Maschine j.
Ausgabe: Ein Schedule mit minimalem Makespan.

Beschrieben in der 3-Felder-Notation behandeln wir also

$$R|\,|C_{\max}.$$

Die erste naheliegende Idee ist wieder, das Problem, ganz analog zum letzten Ab-schnitt, als ganzzahliges lineare Programm darzustellen:

$$
\begin{aligned}
\min\ &t\\
\text{s.t.}\ &\sum_{j=1}^{m} x_{ij} = 1, \quad i = 1,\dots,n\\
&\sum_{i=1}^{n} p_{ij} x_{ij} \leq t, \quad j = 1,\dots,m \qquad \text{(ILP(JS))}\\
&x_{ij} \in \{0,1\}, \quad i = 1,\dots,n;\ j = 1,\dots,m.
\end{aligned}
$$

Relaxiert man nun dieses Problem zu

$$\min t$$

$$\text{s.t.} \sum_{j=1}^{m} x_{ij} = 1, \quad i = 1, \dots, n$$

(LP(JS))

$$\sum_{i=1}^{n} p_{ij} x_{ij} \leq t, \quad j = 1, \dots, m$$

$$x_{ij} \geq 0, \quad i = 1, \dots, n; \; j = 1, \dots, m$$

und konstruiert aus einer optimalen Basislösung $(\bar{x}_{ij})_{ij}$ zu LP(JS) eine Lösung $(x_{ij})_{ij}$ für das ganzzahlige Programm, so können wir, wie schon im letzten Abschnitt, zeigen, dass $t^* + \max_{i \leq n, j \leq m} p_{ij}$ eine obere Schranke für den Makespan des so konstruierten Schedules ist, wobei t^* den Makespan eines optimalen Schedules bezeichne.

Allerdings ist das Problem hier, dass ein Job $i \leq n$ auf einer Maschine $j \leq m$ durchaus eine Laufzeit p_{ij} haben kann, die über dem Makespan eines optimalen Schedules liegt. Wir können damit den Approximationsfaktor nicht mehr wie im Beweis von Satz 14.3 bestimmen.

Deshalb gehen wir hier einen anderen Weg, um einen Approximationsalgorithmus mit Güte 2 zu konstruieren. Genauer werden wir, wie schon in Abschnitt 8.3, zunächst davon ausgehen, dass wir den Makespan eines optimalen Schedules schon kennen. Ziel ist es also, für alle $T \in \mathbb{N}$ einen Algorithmus A_T anzugeben, der für jede Eingabe J, die einen Makespan von höchstens T garantiert, einen Schedule mit Makespan höchstens $2 \cdot T$ findet, umgekehrt aber, d. h., wenn J keinen Schedule mit Makespan höchstens T besitzt, den Wert error zurückgeben kann. Aus den Algorithmen A_T wird dann wie auf Seite 157 mittels binärer Suche der gesuchte Algorithmus konstruiert.

Sei nun für alle $T \in \mathbb{N}$

$$S_T := \{(i, j) \in \{1, \dots, n\} \times \{1, \dots, m\}; \, p_{ij} \leq T\}.$$

Damit stellen wir dann das folgende ganzzahlige lineare Programm auf:

$$\sum_{j:(i,j)\in S_T} x_{ij} = 1, \quad i = 1, \dots, n$$

$$\sum_{i:(i,j)\in S_T} p_{ij} x_{ij} \leq T, \quad j = 1, \dots, m$$

(ILP(JS$_T$))

$$x_{ij} \in \{0, 1\}, \quad (i, j) \in S_T.$$

Man beachte, dass das obige Programm nur dann eine zulässige Lösung besitzt, wenn ein Schedule mit Makespan höchstens T für die Eingabe existiert. In diesem

Fall liefert schon jede zulässige Lösung einen Schedule, dessen Makespan durch T beschränkt ist, so dass wir gar kein Minimum berechnen müssen.

Wir relaxieren wieder zu

$$\sum_{j:(i,j)\in S_T} x_{ij} = 1, \quad i = 1,\ldots,n$$

$$\sum_{i:(i,j)\in S_T} p_{ij}x_{ij} \leq T, \quad j = 1,\ldots,m \qquad\qquad \text{(LP(JS}_T))$$

$$x_{ij} \in [0,1], \quad (i,j) \in S_T$$

und betrachten eine nach Lemma 14.2 existierende Basislösung $(x_{ij})_{ij}$ des relaxierten Programms (so das Lösungspolytop nicht leer ist), die höchstens $n + m$ Komponenten ungleich null besitzt.

Um nun die Jobs entsprechend der Lösung des relaxierten Problems geeignet auf die Maschinen zu verteilen, definieren wir zunächst den sogenannten Allokationsgraphen $G = (V\dot\cup U, E)$ wie folgt:

$$\begin{aligned} V &:= \{1,\ldots,n\}, \\ U &:= \{1,\ldots,m\}, \\ E &:= \{\{i,j\}; p_{ij} > 0\}. \end{aligned}$$

Der Graph G ist also bipartit und hat wegen der explizit gewählten Form der Basislösung höchstens $n + m$ Kanten, siehe Abbildung 14.1.

Ein Job i nennen wir im Folgenden ungeteilt, wenn $x_{ij} = 1$ für ein $j \leq m$ (man beachte, dass wegen der ersten Nebenbedingungen dann $x_{ij'} = 0$ für alle $j' \neq j$ gilt). Solch ein Job verteilen wir unmittelbar auf die Maschine j und löschen die entsprechende Kante $\{i, j\}$ und die isolierten Knoten im Allokationsgraphen. Wie schon im letzten Abschnitt gibt es mindestens $n - m$ solcher Jobs.

Wir erhalten auf diese Weise einen Graphen $G' = (V'\dot\cup U', E')$ (den reduzierten Allokationsgraphen), der nur noch geteilte Jobs hat, jeder Jobknoten hat also den Grad mindestens zwei. Ziel ist es nun, mit Hilfe von G jeden dieser Jobs auf genau eine Maschine zu legen, d. h., wir suchen ein einseitig perfektes Matching für G', das jeden Jobknoten überdeckt, genauer also eine Teilmenge M der Kanten von G' so, dass sich je zwei Kanten aus M nicht schneiden und jeder Jobknoten Endknoten einer Kante aus M ist.

Das folgende Lemma zeigt, dass solch ein Matching in polynomieller Zeit konstruiert werden kann.

Lemma 14.5. *Für den reduzierten Allokationsgraphen G' kann ein einseitig perfektes Matching in polynomieller Zeit konstruiert werden.*

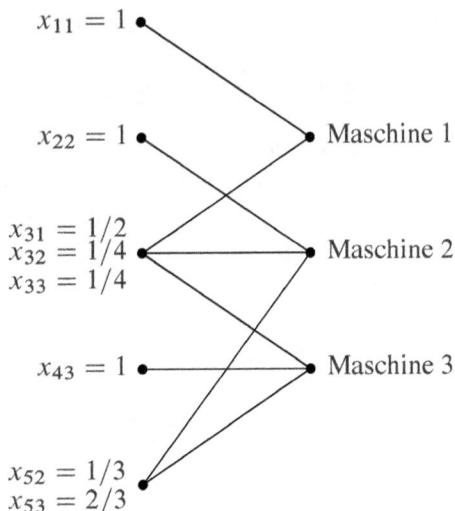

Abbildung 14.1. Ein Beispiel für den Allokationsgraphen bezüglich einer relaxierten Lösung zu einer Eingabe des Problems MIN JOB SCHEDULING mit fünf Jobs und drei Maschinen.

Beweis. Zunächst ist ein Knoten vom Grad 1 in G' (auch Blatt genannt) ein Maschinenknoten, da ja durch jeden geteilten Job mindestens zwei Kanten gehen. Wir können also den folgenden Algorithmus benutzen, um im ersten Schritt ein Teilmatching zu konstruieren.

Algorithmus $\mathsf{A}\big(G' = V' \dot\cup U', E')\big)$

```
1   M = ∅
2   repeat
3       Wähle ein Blatt j ∈ U.
4       Setze i ∈ V so, dass {i, j} ∈ E.
5       M = M ∪ {{i, j}}
6       Lösche alle zu i inzidenten Kanten aus G'.
7       Lösche alle isolierten Knoten.
8   until Es existiert kein Blatt in G'.
9   return M
```

In dem so reduzierten Graphen $G'' = (V'' \dot\cup U'', E'')$ (d. h. $G'' := G' - M$) hat dann jeder Knoten einen Grad von mindestens zwei. Können wir nun zeigen, dass jede Zusammenhangskomponente H von G'' höchstens so viele Kanten wie Knoten besitzt, so sind wir fertig. In diesem Fall besteht dann jede dieser Komponenten aus Kreisen gerader Länge (G'' ist bipartit), wir können also jede zweite Kante zum Matching hinzufügen und erhalten daraus die Behauptung.

Wir müssen also nur noch zeigen, dass für jede Zusammenhangskomponente $H = (H_1 \dot\cup H_2, E(H))$ gilt

$$|E(H)| \leq |H_1| + |H_2|.$$

Das Tupel (H_1, H_2) liefert uns eine Instanz unseres Schedulingproblems, bei dem die Jobs aus H_1 auf die Maschinen aus H_2 verteilt werden sollen (die Laufzeiten p_{ij} bleiben gleich). Aus einer Basislösung $x = (x_{ij})_{ij}$ für die übergeordnete Instanz können wir eine zulässige Lösung konstruieren, indem wir die nicht benötigten Komponenten einfach streichen, d. h., wir setzen

$$x_H := (x_{ij})_{i \in H_1, j \in H_2}.$$

Die Frage ist nun, ob x_H auch eine Basislösung ist. Dann wären nämlich nach Lemma 14.2 höchstens $|H_1| + |H_2|$ Komponenten von x_H ungleich null und damit $E(H) \leq |H_1| + |H_2|$.

Angenommen, x_H ist keine Basislösung. Da Basislösungen genau die Extremalpunkte des Lösungspolyeders sind, existieren also zwei zulässige Lösungen x_1 und x_2 und $\lambda \in (0, 1)$ so, dass

$$x_H = \lambda x_1 + (1 - \lambda)x_2.$$

Ergänzen wir nun x_1 und x_2 um die fehlenden Variablen aus x, so erhalten wir zulässige Lösungen x_1' und x_2' des originalen Problems, für die gilt

$$x = \lambda x_1' + (1 - \lambda)x_2',$$

ein Widerspruch dazu, dass x eine Basislösung ist.   □

Insgesamt können wir damit unseren gesuchten Algorithmus A_T wie folgt formulieren:

Algorithmus $A_T \left(J = (p_{ij})_{i \leq n, j \leq m} \right)$

1   Stelle das relaxierte Programm LP(JS_T) auf.
2   `if` LP(JS_T) ist lösbar. `then`
3   Bestimme eine zulässige Basislösung $(x_{ij})_{ij}$.
4   Erzeuge den Allokationsgraphen G bezüglich $(x_{ij})_{ij}$.
5   Ordne die ungeteilten Jobs den entsprechenden Maschinen zu.
6   Konstruiere ein einseitig perfektes Matching E von G.
7   Verteile die übriggebliebenen Jobs entsprechend E auf die Maschinen.
8   `return` Das so erhaltene Schedule.
9   `else`
10   `return error`
11   `fi`

Satz 14.6. *Sei* $J = (p_{ij})_{i \leq n, j \leq m}$ *eine Eingabe von* MIN JOB SCHEDULING AUF NICHTIDENTISCHEN MASCHINEN *so, dass* $\mathrm{OPT}(J) \leq T$. *Dann gilt für den Makespan* $\mathsf{A}_T(J)$ *des vom Algorithmus* A_T *konstruierten Schedules*

$$\mathsf{A}_T(J) \leq 2 \cdot T.$$

Beweis. Die Zuteilung der ungeteilten Jobs erzeugt auf jeder Maschine eine Last von höchstens T.

Die geteilten Jobs werden mit Hilfe eines Matchings zugeordnet. Aus diesem Grund erhält jede Maschine höchstens einen weiteren Job zum Abarbeiten. Weiter ist $\{i, j\}$ nur dann eine Kante im Allokationsgraphen, wenn $x_{ij} > 0$. Dies kann aber nur sein, wenn $(i, j) \in S_T$, d. h. wenn $p_{ij} \leq T$. Diese Zuordnung erhöht die Last also um höchstens T, woraus die Behauptung folgt. □

Insgesamt erhalten wir also (siehe die Erläuterungen auf Seite 275):

Satz 14.7 (Lenstra, Shmoys und Tardos [142]). *Es gibt einen Approximationsalgorithmus für das Problem* MIN JOB SCHEDULING AUF NICHTIDENTISCHEN MASCHINEN *mit Güte* 2.

Für den Fall mit konstant vielen Maschinen existiert sogar ein vollständiges Approximationsschema, siehe [103]. Der zur Zeit beste Algorithmus für diesen Fall findet sich in [62].

14.3 MIN JOB SCHEDULING mit Kommunikationszeiten

Eine weitere Version des Problems MIN JOB SCHEDULING ist die Betrachtung von Kommunikationszeiten, d. h., werden zwei Jobs i, j auf verschiedenen Maschinen ausgeführt, so benötigen sie eine Kommunikationszeit c_{ij}. Job j kann also erst gestartet werden, nachdem i beendet wurde und die Zeit c_{ij} verstrichen ist. Es fällt keine Kommunikationszeit an, wenn i und j auf derselben Maschine ausgeführt werden. Wir wollen weiter voraussetzen, dass Reihenfolgebedingungen eingehalten werden müssen, die durch einen azyklischen gerichteten Graphen $G = (V, A)$ beschrieben werden.

Problem 14.8 (MIN JOB SCHEDULING MIT KOMMUNIKATIONSZEITEN).
Eingabe: n Jobs, m identische Maschinen, Kommunikationszeiten c_{ij}, $i, j \leq n$, $i \neq j$, Reihenfolgebedingungen, die durch einen azyklischen, gerichteten Graphen $G = (V, A)$ beschrieben sind, und Ausführungszeiten p_i für Job i.
Ausgabe: Ein Schedule mit minimalem Makespan.

Die 3-Felder Klassifikation ist damit

$$P \,|\, prec, \; c_{ij} \,|\, C_{\max}.$$

Beispiel 14.9. Gegeben seien der azyklische, gerichtete Graph $G = (V, A)$ mit Gewichtsfunktion w auf A

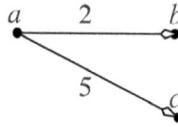

und drei Jobs mit Prozesszeiten $p_1 = p_2 = p_3 = 2$ und zwei Maschinen. Einen möglichen (nicht optimalen) Schedule dieser Instanz zeigt dann das folgende Bild.

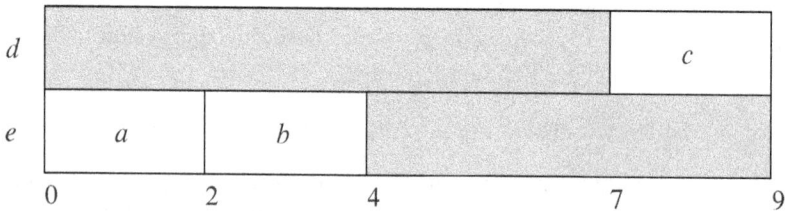

Der Makespan dieses Schedules ist somit 9.

Ziel dieses Abschnittes ist die Konstruktion eines Approximationsalgorithmus für das eingeschränkte Problem

$$P \,|\, prec, \ c_{ij} = 1, \ p_j = 1 | C_{\max}.$$

Dieses Problem ist tatsächlich NP-schwer, mehr noch, Hoogeveen, Lenstra und Veltman konnten in [95] sogar zeigen, dass dies auch für das Problem

$$P \,|\, prec, \ c_{ij} = 1, \ p_j = 1 | C_{\max} \leq 4$$

gilt.

Wir nehmen zunächst an, dass wir bereits einen Approximationsalgorithmus A für das Problem $\bar{P} \,|\, prec, c_{ij} = 1, p_j = 1 | C_{\max}$ haben, wobei hier $\bar{P}$ bedeutet, dass die Anzahl der Prozessoren groß ist, insbesondere also größer als die Anzahl der Jobs. Auch dieses Problem ist, wie die obigen Autoren in derselben Arbeit gezeigt haben, NP-schwer, sogar für $C_{\max} \leq 6$. Mit Hilfe dieses Algorithmus konstruieren wir dann einen Approximationsalgorithmus für das Problem $P \,|\, prec, c_{ij} = 1, p_j = 1 | C_{\max}$.

Algorithmus FS(A, G, m, n)

1 Wende A auf die Instanz von $\bar{P} \,|\, prec, c_{ij} = 1, p_j = 1 | C_{\max}$ an.
2 Transformiere die Lösung in einen Schedule mit höchstens m Prozessoren zu jedem Zeitpunkt.

Diesen zweiten Schritt, d. h. die Antwort auf die Frage, wie man aus einem Schedule auf beliebig vielen Prozessoren einen Schedule auf m Maschinen konstruiert, wollen wir im Folgenden beschreiben.

Der erste Schritt des Algorithmus erzeugt einen Schedule mit Startzeiten t_j^∞ für jeden Job $j \leq n$. Wir ordnen diesem Schedule ein Tupel

$$X = (x_{ij}; (i, j) \in A)$$

von $0/1$-Variablen mit

$$x_{ij} = \begin{cases} 0, & \text{falls } t_j^\infty = t_i^\infty + 1, \\ 1, & \text{sonst} \end{cases}$$

zu. Ist $x_{ij} = 0$, so nennen wir j einen bevorzugten Nachfolger von i. In diesem Fall müssen i und j auf demselben Prozessor ausgeführt werden, andernfalls fielen ja Kommunikationszeiten an, so dass $t_j^\infty > t_i^\infty + 1$. Der bevorzugte Nachfolger von i wird, so er existiert, mit $f(i)$ bezeichnet.

Sei im Folgenden $\Gamma(j)^+ := \{i \leq n; (j, i) \in A\}$ die Menge der direkten Nachfolger, $\Gamma(j)^- := \{i \leq n; (i, j) \in A\}$ die Menge der direkten Vorgänger und $\Gamma(j) = \Gamma(j)^- \cup \Gamma(j)^+$ die Menge der Nachbarn für einen Job $j \leq n$.

Wir nehmen an, dass wir bereits eine Lösung für das Intervall $[0, t)$ gefunden haben. Ziel ist es nun, die Jobs zu bestimmen, die zum Zeitpunkt t ausgeführt werden sollen.

Sei dazu F die Menge der Jobs, die zum Zeitpunkt t ausführbar sind. Wir partitionieren F in zwei Mengen F_1 und F_2 wie folgt:

- Ein Job $j \leq n$ liegt in F_1, wenn er keine Vorgänger hat oder alle seine Vorgänger im Intervall $[0, t-1)$ ausgeführt worden sind (solche Jobs können zum Zeitpunkt t auf einem beliebigen Prozessor gestartet werden).

- Für jeden Job j, der im Intervall $[t-1, t)$ gestartet worden ist, bestimme

$$S(j) := \{i \leq \Gamma(j); \text{ für alle } k \in \Gamma^-(i) \backslash \{j\} \text{ ist } k \text{ in } [0, t-1) \text{ gestartet}\}.$$

(Jobs aus $S(j)$ können zum Zeitpunkt t auf demselben Prozessor wie j gestartet werden.)

Ist der bevorzugte Nachfolger $f(j) \in S(j)$, so füge $f(j)$ zu F_2 hinzu, ansonsten wähle ein beliebiges Element aus $S(j)$.

Zum Zeitpunkt t wählen wir nun eine beliebige Menge F' mit

$$|F'| = \min\{|F_1 \cup F_2|, m\}.$$

Die Jobs aus $F' \cap F_2$ werden dann bevorzugt den entsprechenden Prozessoren zugeordnet.

Damit lässt sich der Algorithmus wie folgt beschreiben:

Algorithmus FS(A, G, m, n)

1   Wende A auf die Instanz $I = (G, m, n)$ an.

```
 2   Sei t_1^∞, ..., t_n^∞ der von A erzeugte Schedule.
 3   for (i, j) ∈ A do
 4      if t_j^∞ = t_i^∞ + 1 then
 5         x_{ij} = 0
 6      else
 7         x_{ij} = 1
 8      fi
 9   od
10   t_1, ..., t_n := 0
11   J := J\{1, ..., n}
12   t := 1
13   while J ≠ ∅ do
14      F_1 := {i ∈ J; Γ^-(i) = ∅} ∪ {i ∈ J; t_j ∈ [0, t-1) für alle j ∈ Γ^-(i)}
15      for j ∈ J do
16         if t_j ∈ [t-1, t) then
17            S(j) := {i ≤ Γ(j); für alle k ∈ Γ^-(i)\{j} gilt t_k k ∈ [0, t-1)}
18            if f(j) ∈ S(j) then
19               F_2 ← f(j)
20            else
21               Füge ein beliebiges Element aus S(j) zu F_2 hinzu.
22            fi
23         fi
24      od
25      Wähle eine Teilmenge F' von F_1 ∪ F_2 so, dass |F'| = m und
         die Jobs aus F_2 bevorzugt in F' aufgenommen werden.
26      t_j := t für alle j ∈ F'.
27      J := J\F'
28      t := t + 1
29   od
```

Wir kommen nun zur Analyse dieses Algorithmus. Sei dazu FS(i) die Länge des vom Algorithmus FS berechneten Schedules und $OPT^m(I)$ die Länge eines optimalen Schedules des Problems $P\,|\,prec,\,c_{ij}\,|\,C_{max}$ bei m Prozessoren. Sei weiter A(I) die Länge des Schedules, die vom Algorithmus A bei unbeschränkter Prozessoranzahl erzeugt wird, und $OPT^∞(I)$ die optimale Schedulelänge bei unbeschränkter Prozessoranzahl.

Mit $I[t, t+1)$ bezeichnen wir die Anzahl der Idle-Prozessoren im Intervall $[t, t+1)$, also diejenigen Prozessoren, die zum Zeitpunkt t keine Jobs abarbeiten. Schließlich sei

$$I[t, t'] := \sum_{\alpha=t}^{t'-1} I[\alpha, \alpha + 1).$$

Für jeden Job $j \in J$ mit $\Gamma^-(j) \neq \emptyset$ sei $p(j)$ der letzte Vorgänger von j, also derjenige direkte Vorgänger von j mit maximalem Startwert $t^{FS}_{p(j)}$. Falls j mehrere letzte Vorgänger hat, wählen wir einen für $p(j)$ mit minimalem Wert $t^{\infty}_{p(j)}$.

Lemma 14.10. *Für jeden Job j mit $t^{FS}_j = t^{FS}_{p(j)} + 1$ gilt*

$$I[t^{FS}_{p(j)}, t^{FS}_j) \leq (m - 1) \cdot (t^{\infty}_j - t^{\infty}_{p(j)}).$$

Beweis. Die Anzahl der Idle-Prozessoren zum Zeitpunkt $t_{p(j)}$ ist offensichtlich durch $m - 1$ von oben beschränkt. Da $p(j)$ ein Vorgänger von j ist, gilt $t^{\infty}_j - t^{\infty}_{p(j)} \geq 1$, und es folgt die Behauptung. $\square$

Lemma 14.11. *Für jeden Job j mit $t^{FS}_j \geq t^{FS}_{p(j)} + 2$ gilt*

$$I[t^{FS}_{p(j)}, t^{FS}_j) \leq (m - 1) \cdot (t^{\infty}_j - t^{\infty}_{p(j)}).$$

Beweis. Wir partitionieren das Intervall $[t^{FS}_{p(j)}, t^{FS}_j)$ in zwei Teilintervalle

$$[t^{FS}_{p(j)}, t^{FS}_j) = [t^{FS}_{p(j)}, t^{FS}_{p(j)} + 2) \cup [t^{FS}_{p(j)} + 2, t^{FS}_j)$$

und zeigen zunächst $I[t^{FS}_{p(j)} + 2, t^{FS}_j) = 0$.

Zu jedem Zeitpunkt $t \in \{t^{FS}_{p(j)} + 2, t^{FS}_j - 1\}$ ist Job j auf jedem Prozessor ausführbar, d. h., unser Algorithmus hätte j zu einem früheren Zeitpunkt als t^{FS}_j auf einen Prozessor verteilt, wenn es einen Idle-Prozessor gäbe. Es gilt also $I[t^{FS}_{p(j)} + 2, t^{FS}_j) = 0$, und damit

$$I[t^{FS}_{p(j)}, t^{FS}_j) = I[t^{FS}_{p(j)}, t^{FS}_{p(j)} + 2).$$

Wir unterscheiden zwei Fälle:

Fall 1: Hat j einen weiteren Vorgänger p' zum Zeitpunkt $t^{FS}_{p(j)}$, so gibt es höchstens $m - 2$ Idle-Prozessoren zum Zeitpunkt $t^{FS}_{p(j)}$. Da wir sowieso nur m Maschinen betrachten, ist die Anzahl der Idle-Prozessoren zum Zeitpunkt $t^{FS}_{p(j)} + 1$ durch m beschränkt. Insgesamt erhalten wir

$$I[t^{FS}_{p(j)}, t^{FS}_{p(j)} + 2) \leq 2 \cdot m - 2.$$

Nach Definition von $p(j)$ gilt $t^{\infty}_{p(j)} \leq t^{\infty}_{p'}$, und damit $t^{\infty}_j - t^{\infty}_{p(j)} \geq 2$, woraus die Behauptung folgt.

Fall 2: Der Job j hat genau einen Vorgänger zum Zeitpunkt $t^{FS}_{p(j)}$. Insbesondere ist j damit ausführbar zum Zeitpunkt $t^{FS}_{p(j)} + 1$. Wir unterscheiden die folgenden beiden Fälle:

Fall 2.1: Es gibt keine Idle-Prozessoren zum Zeitpunkt $t_{p(j)}^{\mathrm{FS}} + 1$. Da ja insbesondere $p(j)$ zum Zeitpunkt $t_{p(j)}^{\mathrm{FS}}$ ausgeführt wird, gilt insgesamt

$$I[t_{p(j)}^{\mathrm{FS}}, t_{p(j)}^{\mathrm{FS}} + 2) \leq m - 1.$$

Weiter haben wir $t_j^{\infty} - t_{p(j)}^{\infty} \geq 1$, und erhalten damit die Behauptung.

Fall 2.2: Es gibt Idle-Prozessoren zum Zeitpunkt $t_{p(j)}^{\mathrm{FS}} + 1$. Insbesondere gibt es also einen Nachfolger von $p(j)$ zum Zeitpunkt $t_{p(j)}^{\mathrm{FS}} + 1$. Damit kann j aber kein bevorzugter Nachfolger von $p(j)$ sein, d. h. $t_j^{\infty} - t_{p(j)}^{\infty} \geq 2$. Weiter gibt es höchstens $m - 1$ Idle-Prozessoren, sowohl zum Zeitpunkt $t_{p(j)}^{\mathrm{FS}}$ als auch zum Zeitpunkt $t_{p(j)}^{\mathrm{FS}} + 1$, und wir erhalten unsere Behauptung.   □

Lemma 14.12. *Für alle Jobs j gilt $I[0, t_j^{\mathrm{FS}}) \leq (m - 1) \cdot t_j^{\infty}$.*

Beweis. Wir zeigen die obige Aussage per Induktion über die maximale Länge $l(j)$ eines Pfades in G zum Knoten j.

Induktionsanfang: Ist $l(j) = 0$, so hat j keine Vorgänger, d. h., j könnte zu jedem Zeitpunkt abgearbeitet werden. Es gilt also $I[0, t_j^{\mathrm{FS}}) = 0$ und somit die Behauptung.

Induktionsschritt: Wir betrachten nun einen Job j mit $l(j) = k + 1$. Es gilt nach Induktionsvoraussetzung und den Lemmata 14.10 und 14.11

$$\begin{aligned} I[0, t_j^{\mathrm{FS}}) &= I[0, t_{p(j)}^{\mathrm{FS}}) + I[t_{p(j)}^{\mathrm{FS}}, t_j^{\mathrm{FS}}) \\ &\leq (m - 1) \cdot t_{p(j)}^{\infty} + (m - 1) \cdot (t_j^{\infty} - t_{p(j)}^{\infty}) \\ &\leq (m - 1) \cdot t_j^{\infty}. \end{aligned}$$ □

Nachdem wir nun genug Lemmata bewiesen haben, kommen wir zur eigentlichen Güte des Algorithmus FS.

Satz 14.13 (Hanen und Munier [86]). *Sei A ein Algorithmus für das Problem $\bar{P} \mid prec, c_{ij} \mid C_{\max}$ mit multiplikativer Güte δ_{A}. Dann hat der Algorithmus FS eine Güte von $1 + \delta_{\mathrm{A}} - \delta_{\mathrm{A}}/m$, wobei m die Anzahl der Prozessoren bezeichne.*

Beweis. Sei I eine Instanz des Problems $P \mid prec, c_{ij} \mid C_{\max}$. Zunächst gilt $m \cdot \mathrm{FS}(I) = n + I[0, \mathrm{FS}(I))$. Sei j ein Job, der zum Zeitpunkt $t_j^{\mathrm{FS}} = \mathrm{FS}(I) - 1$ gestartet wurde. Dann folgt aus Lemma 14.12

$$\begin{aligned} I[0, \mathrm{FS}(I)) &= I[0, t_j^{\mathrm{FS}}) + I[\mathrm{FS}(I) - 1, \mathrm{FS}(I)) \\ &\leq (m - 1) t_j^{\infty} + (m - 1) \\ &\leq (m - 1) \cdot (A(I) - 1) + (m - 1) \\ &\leq (m - 1) \cdot A(I). \end{aligned}$$

also $FS(I) \leq \frac{n}{m} + (1 - \frac{1}{m}) \cdot A(I)$.

Aus den Ungleichungen $\frac{n}{m} \leq OPT^m(I)$, $A(I) \leq \delta_A \cdot OPT^\infty(I)$ und $OPT^\infty(I) \leq OPT^m(I)$ folgt dann die Abschätzung durch simples Einsetzen. □

Es bleibt zu zeigen, wie man einen Approximationsalgorithmus für das Problem mit unbeschränkter Prozessoranzahl konstruiert. Diesem Thema widmen wir uns im letzten Teil dieses Abschnittes.

Wir formulieren dieses Problem zunächst als ganzzahliges lineares Programm und finden dann wieder eine Lösung des relaxierten Problems.

$$\min w^\infty$$

$$\text{s.t.} \quad \sum_{j \in \Gamma^+(i)} x_{ij} \geq |\Gamma^+(i)| - 1, \quad \text{für alle } i \in J \text{ mit } \Gamma^+(i) \neq \emptyset$$

$$\sum_{j \in \Gamma^-(i)} x_{ij} \geq |\Gamma^-(i)| - 1, \quad \text{für alle } i \in J \text{ mit } \Gamma^-(i) \neq \emptyset$$

$$\quad (14.1)$$

$$t_i^\infty + 1 + x_{ij} \leq t_j^\infty, \quad \quad \quad \quad \text{für alle } (i, j) \in A$$

$$t_i^\infty + 1 \leq w^\infty, \quad \quad \quad \quad \quad \quad \text{für alle } i \in J$$

$$t_i^\infty \geq 0, \quad \quad \quad \quad \quad \quad \quad \quad \quad \text{für alle } i \in J$$

$$x_{ij} \in \{0, 1\}, \quad \quad \quad \quad \quad \quad \text{für alle } (i, j) \in A.$$

Man beachte, dass die Ungleichungen

$$t_i^\infty + 1 + x_{ij} \leq t_j^\infty \quad \text{für alle } (i, j) \in A$$

dafür sorgen, dass $x_{ij} = 0$, wenn $t_j^\infty = t_i^\infty + 1$, der Job j also ein bevorzugter Nachfolger von i ist. Umgekehrt kann aber jeder Job höchstens einen bevorzugten Nachfolger und einen bevorzugten Vorgänger haben. Dafür sorgen die folgenden Ungleichungen:

$$\sum_{j \in \Gamma^+(i)} x_{ij} \geq |\Gamma^+(i)| - 1, \quad \text{für alle } i \in J \text{ mit } \Gamma^+(i) \neq \emptyset, \quad (14.2)$$

$$\sum_{j \in \Gamma^-(i)} x_{ij} \geq |\Gamma^-(i)| - 1, \quad \text{für alle } i \in J \text{ mit } \Gamma^-(i) \neq \emptyset. \quad (14.3)$$

Jede Lösung dieses ganzzahligen linearen Programms liefert also einen zulässigen Schedule bei unbeschränkter Anzahl von Prozessoren.

Wir ersetzen nun die Bedingungen $x_{ij} \in \{0, 1\}$ durch $0 \leq x_{ij} \leq 1$ und erhalten somit ein lineares Programm, das wir in polynomieller Zeit lösen können. Sei damit $(\Theta_1, \ldots, \Theta_n)$ die Startzeiten der Jobs $(1, \ldots, n)$, die der Algorithmus liefert, Θ der „Makespan" des gefundenen „Schedules" und $(\alpha_{ij}; (i, j) \in A)$ die Werte der Variablen x_{ij} der Lösung.

Da die optimale Lösung eines Problems aus $P \mid prec, c_{ij} \mid C_{\max}$ auch immer eine zulässige Lösung des relaxierten Programms ist, folgt sofort:

Satz 14.14. *Es gilt* $\Theta \leq \mathrm{OPT}(I)$.

Weiter folgt aus den Ungleichnungen (14.2) und (14.3), dass jeder Job $i \in J$ höchstens einen Nachfolger j (bzw. Vorgänger k) mit $\alpha_{ij} < 1/2$ (bzw. $\alpha_{ki} < 1/2$) hat. Damit lässt sich aus der vom relaxierten Programm gefundenen Lösung wie folgt ein zulässiger Schedule konstruieren.

Algorithmus KONSTRUKTION EINES SCHEDULES $\big(x_{ij}; (i, j) \in A\big)$

```
 1   for (i, j) ∈ E do
 2     if α_ij < 1/2 then
 3       x_ij = 0
 4     else
 5       x_ij = 1
 6     fi
 7   od
 8   t₁^∞ = 0, t₂^∞ = 0, ..., tₙ^∞ = 0
 9   for i = 1 to n do
10     t_i^∞ = { 0,                          falls Γ⁻(i) = ∅
               { max_(j,i)∈A t_i^∞ + 1 + x_ji,   sonst.
11   od
```

Die Länge des Schedules ist somit die Länge des längsten Pfades plus eins im Graphen $G = (V, A)$, wobei jede Kante $(i, j) \in A$ mit $1 + x_{ij}$ gewichtet ist.

Sei nun $A(I)$ die Länge des so konstruierten Schedules und $\mathrm{OPT}(I)$ die Länge eines optimalen Schedules zu einer Eingabe I. Dann gilt:

Satz 14.15 (Munier und König [160]). *Es ist* $A(I) \leq 4/3 \cdot \mathrm{OPT}(I)$, *der Algorithmus hat also eine (multiplikative) Güte von* $4/3$.

Beweis. Wir zeigen zunächst $1 + x_{ij} \leq 4/3 \cdot (1 + \alpha_{ij})$ für alle $(i, j) \in A$. Für $x_{ij} = 0$ ist dies wegen $\alpha_{ij} \geq 0$ klar. Sei also $x_{ij} = 1$. Nach Konstruktion der Variablen x_{ij} gilt dann $\alpha_{ij} \geq 1/2$ und damit folgt ebenfalls die Ungleichung.

Weiter haben wir $A(I) = l(x) + 1$ und $\Theta = l(\alpha) + 1$, wobei wir mit $l(x)$ bzw. $l(\alpha) + 1$ die Länge des längsten Pfades in $G = (V, A)$ mit Gewichten $1 + x_{ij}$ bzw. $1 + \alpha_{ij}$ auf $(i, j) \in A$ bezeichnen. Wegen der oben gezeigten Ungleichung erhalten wir

$$A(I) = l(x) + 1 \leq \frac{4}{3} \cdot l(\alpha) + 1 \leq \frac{4}{3} \cdot (l(\alpha) + 1) = \frac{4}{3} \cdot \Theta \leq \frac{4}{3} \cdot \mathrm{OPT}(I). \qquad \square$$

Als unmittelbare Folgerung erhalten wir also auch eine Güte unseres eigentlichen Algorithmus für das Problem $P \mid prec, c_{ij} \mid C_{\max}$.

Korollar 14.16 (Hanen und Munier [86]). *Der Algorithmus* FS *hat eine Güte von* $(7/3 - 4/(3m))$.

14.4 Übungsaufgaben

Übung 14.17. Wir betrachten eine Instanz des Problems

$$\bar{P} | prec, \ c = 1, \ p_j = 1 | C_{\max},$$

wobei der Graph wie folgt gegeben sei:

$$G = (V = \{1, \ldots, 5\}, \ A = \{(1,2), (1,3), (2,4), (2,5)\}).$$

Benutzen Sie den Algorithmus aus Abschnitt 14.3, um einen Schedule zu erzeugen.

Übung 14.18. Wir betrachten das folgende Entscheidungsproblem:

Problem 14.19 (JOB SCHEDULING PRIORITÄTSGEORDNETER JOBS).
Eingabe: m Maschinen, n Jobs $J_1, \ldots, J_n$ mit denselben Ausführungszeiten $p_1 = \cdots = p_n = 1$, auf denen eine Ordnung $\leq$ gegeben ist, wobei $J_i \leq J_j$ bedeute, dass die Bearbeitung von J_i beendet sein muss, bevor die Bearbeitung von J_j beginnt.
Frage: Gibt es einen Schedule mit einer Länge von höchstens 3?

(i) Wie lautet die 3-Feld-Notation dieses Problems?

(ii) Zeigen Sie, dass das obige Problem NP-vollständig ist.

Wir betrachten in den letzten drei Aufgaben das folgende Optimierungsproblem.

Problem 14.20 (MIN OPENSHOP SCHEDULING).
Eingabe: m Maschinen $M_1, \ldots, M_m$, n Jobs $J_1, \ldots, J_n$ und eine Menge von t Operationen $O_1, \ldots, O_t$. Dabei gehört jede Operation O_k zu genau einem Job J_j und kann nur von genau einer Maschine M_i ausgeführt werden, die dazu die Zeit p_k benötigt. Weiter kann zu jedem Zeitpunkt nur eine Operation O_k eines Jobs J_j ausgeführt werden.
Ausgabe: Ein Schedule mit minimalem Makespan.

Der folgende Algorithmus für dieses Problem verfolgt eine typische Greedy-Strategie. Wann immer für eine nichtbeschäftigte Maschine M_i eine Operation O_k zur Verfügung steht, beginne M_i mit deren Bearbeitung. Dabei bedeutet die Verfügbarkeit der Operation O_k für Maschine M_i, dass O_k von Maschine M_i ausführbar ist und keine weitere Operation des Jobs J_j, dem O_k zugeordnet ist, bearbeitet wird.

Übung 14.21. Beschreiben Sie den oben formulierten Algorithmus in dem in diesem Buch benutzten Pseudocode.

Übung 14.22. Zeigen Sie, dass dieser Algorithmus eine Güte von 2 garantiert.

Übung 14.23. Geben Sie eine Beispielinstanz an, die zeigt, dass die Güte des obigen Algorithmus nicht besser als $2 - 2/(m + 1)$ ist, wobei m die Anzahl der Maschinen sei.

Kapitel 15

Max-Min Resource Sharing

In diesem Kapitel werden wir ein asymptotisches vollständiges Approximationssche-ma für das bereits in Abschnitt 7.2 behandelte Problem MIN STRIP PACKING kennen lernen, das auf Linearer Programmierung basiert. Zur Lösung des aufzustellenden li-nearen Programms benutzen wir den eleganten Algorithmus aus [82], der eine große Klasse von sogenannten *Überdeckungsproblemen* approximativ löst und auf der so-genannten *Lagrange-Zerlegungsmethode* basiert. Diesen Algorithmus stellen wir im ersten Abschnitt dieses Kapitels vor.

15.1   Max-Min Resouce Sharing

Wir betrachten das Optimierungsproblem

$$\max \lambda$$
$$\text{s.t. } f_i(x_1,\dots,x_N) \geq \lambda \quad \text{für alle } i \in \{1,\dots,M\}, \qquad (C)$$
$$(x_1,\dots,x_N) \in B,$$

wobei $N, M \in \mathbb{N}$, $\emptyset \neq B \subseteq \mathbb{R}^N$ eine nichtleere konvexe kompakte Menge und $f_i : B \to \mathbb{R}_{\geq 0}$ für alle $i \in \{1,\dots,M\}$ eine auf B nichtnegative stetige konkave Funktion sind. Im Folgenden schreiben wir auch $f(x) := (f_1(x),\dots,f_M(x))^t$ für alle $x = (x_1,\dots,x_N) \in B$. Schließlich sei

$$\lambda^* := \max\{\lambda;\ f(x) \geq \lambda e, x \in B\},$$

wobei $e := (1,\dots,1)^t \in \mathbb{R}^M$ ein konstanter Einsvektor ist; λ^* ist also das Opti-mum des Problems (C). Genauer wollen wir eine ε-approximative Lösung von (C) berechnen; für jeden Fehler $\varepsilon \in (0,1)$ wollen wir also das Problem

$$\text{berechne } x \in B \text{ derart, dass } f(x) \geq (1-\varepsilon)\lambda^* e \qquad (C_\varepsilon)$$

lösen. Dazu studieren wir das sogenannte *Blockproblem*

$$\text{berechne } \Lambda(p) := \max\{p^t f(x); x \in B\},$$

wobei

$$p \in P := \{p \in \mathbb{R}^M_{\geq 0}; \sum_{i=1}^M p_i = 1\}$$

gilt. Das Blockproblem ist also für jedes $p \in P$ die Maximierung einer konkaven Funktion über B. Wir setzen voraus, dass wir über einen *approximativen Blocklöser* (*ABS*) verfügen, der für alle $p \in P$ und jeden Fehlerparameter $t \in (0, 1)$ die approximative Version des Blockproblems

$$\text{berechne } \hat{x} \in B \text{ derart, dass } p^t f(\hat{x}) \geq (1 - t)\Lambda(P) \qquad (ABS(p, t))$$

löst; von $ABS(p, t)$ berechnete Vektoren nennen wir *Blocklösungen*. Mit Hilfe des von-Neumann-Sattelpunkt-Theorems erhalten wir

$$\lambda^* = \max_{x \in B} \min_{p \in P} p^t f(x) = \min_{p \in P} \max_{x \in B} p^t f(x),$$

woraus $\lambda^* = \min\{\Lambda(p); p \in P\}$ folgt. Basierend auf dieser Gleichung können wir dann auch ein approximatives duales Problem

$$\text{berechne } p \in P \text{ derart, dass } \Lambda(p) \leq (1 + \varepsilon)\lambda^* \qquad (D_\varepsilon)$$

definieren. Insgesamt werden wir einen Algorithmus angeben, der (C_ε) und (D_ε) löst. Dabei setzen wir die Existenz des oben angesprochenen Algorithmus *ABS* voraus, denn dieser wird von unserem Algorithmus IMPROVE als Subroutine benötigt. Der Algorithmus und seine Analyse basieren auf der *logarithmischen Potenzialfunktion*

$$\Phi_t(\theta, f(x)) := \ln \theta + \frac{t}{M} \sum_{m=1}^{M} \ln(f_m(x) - \theta);$$

dabei ist $f(x) = (f_1(x), \ldots, f_M(x))^t$ die Auswertung eines Punktes $x \in B$,

$$\lambda(f(x)) := \min\{f_1(x), \ldots, f_M(x)\}$$

und $\theta \in (0, \lambda(f(x))$. Informell gesagt halten wir also $x \in B$ fest, berechnen die Auswertung $f(x)$ unter unseren Funktionen $f_1, \ldots, f_m$ und interessieren uns dann nur für solche Werte von $\theta \in \mathbb{R}$, für die jeder Summand im obigen Term definiert ist. Für eine feste Auswertung $f(x)$ suchen wir dann ein geeignetes $\theta \in (0, \lambda(f(x)))$, das $\Phi_t(\theta, f(x))$ maximiert. Dieses bezeichnen wir mit $\theta(f(x))$; durch Berechnen der ersten Ableitung von $\Phi_t(\theta, f(x))$ nach θ und geeignetes Umstellen erhalten wir, dass $\theta(f(x))$ die eindeutige Lösung der Gleichung

$$\frac{t}{M} \sum_{m=1}^{M} \frac{\theta}{f_m(x) - \theta} = 1$$

ist, die wir im Folgenden auch *Optimalitätsbedingung* nennen. Genauer ist die linke Seite der obigen Gleichung streng monoton wachsend in θ; wir können also $\theta(f(x))$ algorithmisch beliebig genau mittels binärer Suche bestimmen. Wir schreiben dann

$\phi_t(f(x)) := \Phi(\theta(f(x)), f(x))$ und bezeichnen $\phi_t(f(x))$ als das *reduzierte Potenzial* in $x \in B$. Ein weiteres Detail des Algorithmus IMPROVE ist der *Preisvektor*, der für jede Auswertung $f(x)$ komponentenweise durch

$$p_m(f(x)) := \frac{t}{M} \frac{\theta(f(x))}{(f_m(x) - \theta(f(x)))}$$

für alle $m \in \{1, \ldots, M\}$ definiert ist.

Lemma 15.1. *Für alle $x \in B$ und alle $t \in (0, 1)$ gelten die folgenden drei Aussagen:*

(i) $p(f(x)) \in P$.

(ii) $\lambda(x)/(1 + t) \leq \theta(f(x)) \leq \lambda(x)/(1 + t/M)$.

(iii) $p(f(x))^t f(x) = (1 + t)\theta(f(x))$.

Beweis. Es seien $x \in B$, $t \in (0, 1)$ sowie $p := p(f(x))$. Aufgrund der Definition des Preisvektors p und der Optimalitätsbedingung erhalten wir zunächst

$$\sum_{m=1}^{M} p_m = \sum_{m=1}^{M} \frac{t\theta(f(x))}{M(f_m(x) - \theta(f(x)))} = \frac{t}{M} \sum_{m=1}^{M} \frac{\theta(f(x))}{f_m(x) - \theta(f(x))} = 1.$$

Für alle $m \in \{1, \ldots, M\}$ gilt ferner $f_m(x) > \theta(f(x))$, also $p_m \geq 0$. Insgesamt gilt somit $p \in P$ und wir haben die erste Aussage bewiesen. Für den Beweis der zweiten Aussage nutzen wir die Optimalitätsbedingung aus. Einerseits schätzen wir die Summe nach oben ab, indem wir jeden Summanden durch einen größten vorkommenden Summanden ersetzen. Andererseits schätzen wir die Summe nach unten ab, indem wir alle Summanden außer einem größten entfernen. Dabei ist ein größter Summand hier ein solcher, in dem $\lambda(x)$ vorkommt. Nach Definition von $\lambda(x)$ gilt $f_m(x) \geq \lambda(x)$ für alle $m \in \{1, \ldots, M\}$. Mit Hilfe der Optimalitätsbedingung erhalten wir also

$$\begin{aligned}
1 &= \frac{t}{M} \sum_{m=1}^{M} \frac{\theta(f(x))}{f_m(x) - \theta(f(x))} \\
&\leq \frac{t}{M} \sum_{m=1}^{M} \frac{\theta(f(x))}{\lambda(x) - \theta(f(x))} \\
&= t\frac{\theta(f(x))}{\lambda(x) - \theta(f(x))}.
\end{aligned} \tag{15.1}$$

Weiter gibt es ein $m \in \{1, \ldots, M\}$ derart, dass $f_m(x) = \lambda(x)$. Mit Hilfe der Optimalitätsbedingung erhalten wir dann

$$\frac{t}{M} \frac{\theta(f(x))}{\lambda(x) - \theta(f(x))} \leq \frac{t}{M} \sum_{m=1}^{M} \frac{\theta(f(x))}{f_m(x) - \theta(f(x))} = 1. \tag{15.2}$$

Einerseits können wir Formel (15.1) nach $\theta(f(x))$ auflösen. Da $\lambda(x) - \theta(f(x))$ und $1 + t$ positiv sind, erhalten wir dabei die linke Ungleichung der zweiten Behauptung. Andererseits können wir Formel (15.2) nach $\theta(f(x))$ auflösen. Weil $\lambda(x) - \theta(f(x))$ und $1 + t/M$ positiv sind, erhalten wir dabei die rechte Ungleichung der zweiten Aussage, die wir somit insgesamt bewiesen haben. Weiter erhalten wir mit Hilfe der Definition des Preisvektors p die Rechnung

$$
\begin{aligned}
p^t f(x) &= \frac{t}{M} \sum_{m=1}^{M} \frac{\theta(f(x)) f_m(x)}{f_m(x) - \theta(f(x))} \\[2mm]
&= \frac{t\theta(f(x))}{M} \sum_{m=1}^{M} (1 + \frac{\theta(f(x))}{f_m(x)}) \\[2mm]
&= t\theta(f(x)) + \theta(f(x)) \sum_{m=1}^{M} \frac{t\theta(f(x))}{M(f_m(x) - \theta(f(x)))} \\[2mm]
&= t\theta(f(x)) + \theta(f(x)) \sum_{m=1}^{M} p_m
\end{aligned}
$$

und wegen $p \in P$ schließlich die dritte Aussage. $\square$

Die zweite Aussage von Lemma 15.1 bedeutet, dass für kleine t der Wert $\lambda(x)$ durch $\theta(f(x))$ geeignet approximiert wird. Weiter benötigen wir für den Algorithmus IMPROVE und die Analyse noch den für Punkte $x, \hat{x} \in B$ und Preisvektoren $p(f(x)) \in P$ definierten Parameter

$$
v(x, \hat{x}) := \frac{p^t f(\hat{x}) - p^t f(x))}{p^t f(\hat{x}) + p^t f(x))} \leq 1
$$

und eine Schrittlänge zur Interpolation zwischen zwei Punkten, die durch

$$
\tau := \frac{t\theta(f(x))v(x, \hat{x})}{2M(p^t f(\hat{x} + p^t f(x)))}
$$

definiert ist. Der Algorithmus IMPROVE benötigt ferner noch eine Startlösung $x^0 \in B$, die wir mittels

$$
x^0 := \frac{1}{M} \sum_{m=1}^{M} \hat{x}^{(m)}
$$

erhalten; dabei ist für alle $m \in \{1, \ldots, M\}$ der Vektor $\hat{x}^{(m)}$ eine von $ABS(e_m, 1/2)$ berechnete Blocklösung, wobei e_m für alle $m \in \{1, \ldots, M\}$ komponentenweise durch

$$
e_m(i) := \begin{cases} 1 & : m = i \\ 0 & : m \neq i \end{cases}
$$

definiert ist. Insgesamt können wir nun den Algorithmus IMPROVE angeben.

Algorithmus IMPROVE()

1   Berechne Startlösung $x := x^0$, $s := 0$, $t := \varepsilon/6$.
2   while true do
3   Berechne $\theta(f(x))$ und $p(f(x))$.
4   Berechne $\hat{x} := ABS(p(f(x)), t)$.
5   Berechne $v(x, \hat{x})$.
6   if $v(x, \hat{x}) \leq t$ then
7   break
8   else
9   Berechne Schrittlänge τ, $x' := (1 - \tau)x + \tau\hat{x}$ und $x := x'$.
10   fi
11   od
12   return $(x, p(f(x)))$

Die Schleife hat die Aufgabe, den in sie eingehenden Vektor x mit Hilfe der in Abhängigkeit von x bestimmten Blocklösung $\hat{x}$ durch Interpolation sukzessive zu verbessern, was wir im Folgenden im Detail beweisen. Mit Hilfe der dritten Aussage von Lemma 15.1 zeigen wir, dass die Schrittlänge τ zur Interpolation geeignet ist, also der neu berechnete Punkt x' tatsächlich eine Konvexkombination von x und $\hat{x}$ ist.

Lemma 15.2. *Es gilt $\tau \in (0, 1)$ für alle im Algorithmus berechneten Schrittlängen τ.*

Beweis. Es seien $x \in B$ und $p := p(f(x))$. Mit Hilfe der dritten Aussage von Lemma 15.1 erhalten wir

$$\theta(f(x)) < p^t f(x) \leq p^t f(\hat{x}) + p^t f(x) \tag{15.3}$$

und aufgrund des algorithmischen Ablaufs und der Definition von $v(x, \hat{x})$ gilt

$$0 < t < v(x, \hat{x}) = \frac{p^t f(\hat{x}) - p^t f(x)}{p^t f(\hat{x}) + p^t f(x)} \leq 1. \tag{15.4}$$

Mit den Formeln (15.3) und (15.4) erhalten wir also einerseits

$$\tau = \frac{t\theta(f(x))v(x, \hat{x})}{2M(p^t f(\hat{x}) + p^t f(x))} < \frac{t\theta(f(x))v(x, \hat{x})}{2M\theta(f(x))} \leq \frac{t}{2M} < 1,$$

andererseits gilt mit Formel (15.4) ebenso

$$0 < v(x, \hat{x}) \leq \frac{t\theta(f(x))v(x, \hat{x})}{2M(p^t f(\hat{x}) + p^t f(x))} = \tau.$$

Insgesamt zeigt dies $\tau \in (0, 1)$.   □

Im nächsten Lemma zeigen wir, dass nach Terminierung der Schleife mittels der Stoppregel die berechneten Vektoren $x \in B$ und $p \in P$ jeweils geeignete approximative Lösungen sind. Dazu benötigen wir das folgende Lemma, das wir elementar nachrechnen können.

Lemma 15.3. *Es seien $\varepsilon \in (0, 1)$, $t := \varepsilon/6$, $x \in B$ und $p := p(f(x))$. Ferner sei $\hat{x}$ ein von $ABS(p, t)$ berechneter Vektor. Es gelte $v(x, \hat{x}) \leq t$. Dann sind x und p jeweils Lösungen von (C_ε) und (D_ε).*

Beweis. Weil $\hat{x}$ ein von $ABS(p, t)$ berechneter Vektor ist, gilt

$$\Lambda(p) \leq \frac{1}{1-t} p^t f(\hat{x}).$$

Durch Einsetzen der Definition von $v(x, \hat{x})$ ist die Voraussetzung $v(x, \hat{x}) \leq t$ zu

$$p^t f(\hat{x}) \leq \frac{1+t}{1-t} p^t f(x)$$

äquivalent. Nach Lemma 15.1 gilt $p^t f(x) = (1 + t)\theta(f(x))$. Nach Definition von $\theta(f(x))$ erhalten wir weiter $\theta(f(x)) < \lambda(x)$. Durch Einsetzen erhalten wir

$$
\begin{aligned}
\Lambda(p) \quad &\leq \quad \frac{1}{1-t} p^t f(\hat{x}) \\
&\leq \quad \frac{1+t}{(1-t)^2} p^t f(x) \\
&= \quad \frac{(1+t)^2}{(1-t)^2} \theta(f(x)) \\
&< \quad \frac{(1+t)^2}{(1-t)^2} \lambda(x) \\
&\leq \quad (1+\varepsilon)\lambda(x).
\end{aligned}
$$

Dabei benutzen wir im letzten Schritt die dritte Aussage von Lemma 15.1 und die elementare Ungleichung

$$(1 + \varepsilon/6)^2 / (1 - \varepsilon/6)^2 \leq 1 + \varepsilon,$$

die für alle $\varepsilon \in (0, 1)$ gilt. Insgesamt gilt also $\lambda^* \leq \Lambda(p) \leq (1 + \varepsilon)\lambda(f(x))$, woraus wir

$$\lambda(f(x)) \geq \frac{1}{1+\varepsilon} > (1 - \varepsilon)\lambda^*$$

erhalten. Somit ist x eine Lösung von (C_ε). Andererseits ist $\lambda(f(x)) \leq \lambda^*$, also gilt

$$\Lambda(p) < (1 + \varepsilon)\lambda(x) \leq (1 + \varepsilon)\lambda^*.$$

Somit ist p eine Lösung von (P_ε).   □

Damit haben wir also die „partielle Korrektheit" des Algorithmus IMPROVE bewiesen; terminiert die Schleife, so ist der Vektor $x \in B$ eine Lösung für (C_ε) und $p(f(x)) \in P$ eine Lösung von (D_ε). Zum Beweis der „totalen Korrektheit" müssen wir also noch zeigen, dass die Terminierungsbedingung der Schleife überhaupt erfüllt wird. Das nächste Lemma liefert eine Aussage über die Qualität der Startlösung x^0; der weitere Beweis basiert dann auf der Analyse der reduzierten Potenziale der iterierten Vektoren x. Einerseits werden wir eine untere Schranke für die Differenz der reduzierten Potenziale von x und x' angeben und somit eine Veränderung des reduzierten Potenzials garantieren; andererseits werden wir zeigen, dass die Differenz der reduzierten Potenziale zweier beliebiger Punkte beschränkt ist. Aus diesen beiden Eigenschaften erhalten wir dann die Terminierung.

Lemma 15.4. *Für alle $p \in P$ gilt*

$$\lambda^* \leq \Lambda(p) \leq 2Mp^t f(x^0).$$

Ferner gilt $f_m(x^0) \geq \lambda^*/(2M)$ für alle $m \in \{1, \ldots, M\}$.

Beweis. Die erste Ungleichung folgt aus der schwachen Lagrange-Dualität. Ferner gilt zunächst

$$
\begin{aligned}
\Lambda(p) &= \max\{p^t f(x); x \in B\} \\
&= \max\{\sum_{m=1}^{M} p_m f_m(x); x \in B\} \\
&\leq \sum_{m=1}^{M} p_m \max\{f_m(x); x \in B\}.
\end{aligned}
$$

Weiter gilt

$$\sum_{m=1}^{M} p_m \max\{f_m(x); x \in B\} = \sum_{m=1}^{M} p_m \Lambda(e_m).$$

Für alle $m \in \{1, \ldots, M\}$ ist $\hat{x}^{(m)}$ ein von $ABS(e_m, 1/2)$ berechneter Vektor, also gilt $\Lambda(e_m) \leq 2f_m(\hat{x}^{(m)})$. Setzen wir die obige Rechnung fort, erhalten wir

$$\Lambda(p) \leq 2 \sum_{m=1}^{M} p_m f_m(\hat{x}^{(m)}).$$

Aufgrund der Konkavität und Nichtnegativität von f_m auf B für alle $m \in \{1, \ldots, M\}$

gilt

$$f_m(\hat{x}^{(m)}) \leq \sum_{\ell=1}^{M} f_m(\hat{x}^{(\ell)})$$

$$\leq M f_m(1/M \sum_{\ell=1}^{M} \hat{x}^{(\ell)})$$

$$= M f_m(x^0)$$

für alle $m \in \{1, \dots, M\}$. Fortsetzen der obigen Rechnung liefert insgesamt

$$\Lambda(p) \leq 2M p^t f(x^0)$$

und wir haben die zweite Ungleichung bewiesen. Aufgrund der Konkavität von f_m für alle $m \in \{1, \dots, M\}$ gilt ferner

$$f_m(x^0) = f_m(\sum_{l=1}^{M} \frac{1}{M} \hat{x}^{(l)})$$

$$\geq \frac{1}{M} \sum_{l=1}^{M} f_m(\hat{x}^{(l)})$$

$$\geq \frac{1}{M} f_m(\hat{x}^{(m)})$$

$$\geq \frac{1}{2M} \Lambda(e_m)$$

$$\geq \frac{1}{2M} \lambda^*$$

für alle $m \in \{1, \dots, M\}$, was insgesamt die Behauptung zeigt.   □

Im nächsten Lemma konstruieren wir eine untere Schranke für die Differenz der reduzierten Potenziale zweier im algorithmischen Ablauf aufeinander folgenden Vektoren x und x'. Für den Beweis benötigen wir die folgende Proposition, die wir ebenfalls elementar nachrechnen können.

Proposition 15.5. *Für alle $z \in [-1/2, \infty)$ gilt $\ln(1 + z) \geq z - z^2$.*

Wir erhalten damit:

Lemma 15.6. *Für zwei aufeinanderfolgende konstruierte Vektoren x und $x' \in B$ gilt*

$$\phi_t(f(x')) - \phi_t(f(x)) \geq t v(x, \hat{x})^2 / (4M).$$

Beweis. Es gilt $x' = (1 - \tau)x + \tau\hat{x}$. Zur Vereinfachung der Notation seien $\theta :=$ $\theta(f(x))$ und $p := p(f(x))$. Weil f_m für alle $m \in \{1, \ldots, M\}$ konkav ist, erhalten wir

$$
\begin{aligned}
f_m(x') - \theta &\geq (1 - \tau)f_m(x) + \tau f_m(x) - \theta \\
&= (f_m(x) - \theta)(1 + \frac{\tau M}{t\theta} p_m(f_m(\hat{x}) - f_m(x)))
\end{aligned}
$$

für alle $m \in \{1, \ldots, M\}$. Mit Hilfe der Definitionen von τ und $v(x, \hat{x})$ gilt ebenso

$$
\begin{aligned}
|\frac{\tau M}{t\theta} p_m(f_m(\hat{x}) - f_m(x))| &\leq \frac{\tau M}{t\theta} p_m(f_m(\hat{x}) + f_m(x)) \\
&\leq \frac{\tau M}{t\theta}(p^t f(\hat{x}) + p^t f(x)) \\
&= \frac{v(x, \hat{x})}{2} \\
&\leq \frac{1}{2}
\end{aligned}
$$

für alle $m \in \{1, \ldots, M\}$. Also haben wir

$$
\frac{\tau M}{t\theta} p_m(f_m(\hat{x}) - f_m(x)) \in [-1/2, 1/2] \tag{15.5}
$$

und somit $f_m(x') - \theta \geq 0$ für alle $m \in \{1, \ldots, M\}$. Dadurch erhalten wir

$$
\begin{aligned}
\phi_t(f(x')) &= \Phi(\theta(f(x')), f(x')) \\
&\geq \Phi_t(\theta(f(x)), f(x')) \\
&= \ln\theta + \frac{t}{M}\sum_{m=1}^{M} \ln(f_m(x') - \theta).
\end{aligned}
$$

Weiter gilt also

$$
\begin{aligned}
\phi_t(f(x')) &\geq \phi_t(f(x)) - \phi_t(f(x)) \\
&= \phi_t(f(x)) + \frac{t}{M}\sum_{m=1}^{M}\left(\ln(f_m(x') - \theta) - \ln(f_m(x) - \theta)\right).
\end{aligned}
$$

Da die Abbildung $\ln : \mathbb{R}_{>0} \to \mathbb{R}$ streng monoton wachsend ist, erhalten wir weiter mit Hilfe der eingangs bewiesenen Schranke

$$
\phi_t(f(x')) \geq \phi_t(f(x)) + \frac{t}{M}\sum_{m=1}^{M}\Big(\ln(f_m(x') - \theta) - \ln(f_m(x) - \theta)\Big)
$$

$$
\geq \phi_t(f(x)) + \frac{t}{M}\sum_{m=1}^{M}\Big(\ln\big[(f_m(x) - \theta)\cdot
$$

$$
(1 + \frac{\tau M}{t\theta}\, p_m(f_m(\hat{x}) - f_m(\hat{x})))\big] - \ln(f_m(x) - \theta)\Big)
$$

$$
= \phi_t(f(x)) + \frac{t}{M}\sum_{m=1}^{M}\ln\Big(1 + \frac{\tau M}{t\theta}\, p_m(f_m(\hat{x}) - f_m(\hat{x}))\Big).
$$

Jetzt benutzen wir Formel (15.5) sowie Proposition 15.5 und erhalten

$$
\phi_t(f(x')) - \phi_t(f(x)) \geq \frac{t}{M}\sum_{m=1}^{M}\Big(\frac{\tau M}{t\phi}\, p_m\big[f_m(\hat{x}) - f_m(x)\big]
$$

$$
- \Big(\frac{\tau M}{t\phi}\Big)^2 p_m^2\big[f_m(\hat{x}) - f_m(x)\big]\Big)^2
$$

$$
= \tau\frac{p^t f(\hat{x}) - p^t f(x)}{\theta}
$$

$$
- \frac{\tau^2 M}{t\theta^2}\sum_{m=1}^{M}(p_m(f_m(\hat{x}) - f_m(x)))^2.
$$

Weiter gilt

$$
\sum_{m=1}^{M}(p_m f_m(\hat{x}) - p_m f_m(x))^2 \leq \sum_{m=1}^{M}(p_m f_m(\hat{x}) + p_m f_m(x))^2
$$

$$
\leq (p^t f(\hat{x}) + p^t f(x))^2.
$$

Setzen wir jetzt noch die Definitionen von τ und $\nu(x, \hat{x})$ ein, so erhalten wir schließlich

$$
\phi_t(f(x')) - \phi_t(f(x)) \geq \tau\frac{p^t f(\hat{x}) - p^t f(x)}{\theta} - \frac{\tau^2 M}{t\theta^2}(p^t f(\hat{x}) + p^t f(x))^2
$$

$$
= \frac{t\nu(x, \hat{x})}{2M}\frac{p^t f(\hat{x}) - p^t f(x)}{p^t f(\hat{x}) + p^t f(x)} - \frac{t\nu(x, \hat{x})^2}{4M}
$$

$$
= \frac{t\nu(x, \hat{x})^2}{4M}
$$

und somit die Behauptung.   □

Lemma 15.7. *Für zwei beliebige Vektoren x, $x' \in B$ mit $\lambda(x) > 0$ und $\lambda(x') > 0$ gilt*

$$\phi_t(f(x')) - \phi_t(f(x)) \leq (1+t)\ln\frac{\Lambda(p(f(x)))}{p(f(x))^t f(x)}.$$

Beweis. Es seien x, $x' \in B$ und $p := p(f(x))$. Mit Hilfe der Konkavität von $\ln :$ $\mathbb{R}_{>0} \to \mathbb{R}$ erhalten wir

$$
\begin{aligned}
\phi_t(f(x')) - \phi_t(f(x)) &= \ln\frac{\theta'}{\theta} + \frac{t}{M}\sum_{m=1}^{M}\ln\frac{f_m(x') - \theta'}{f_m(x) - \theta} \\[2mm]
&= \ln\frac{\theta'}{\theta} + \frac{t}{M}\sum_{m=1}^{M}\ln\frac{Mp_m(f_m(x') - \theta')}{t\theta} \\[2mm]
&= \ln\frac{\theta'}{\theta} + t\ln\frac{M}{t\theta} + \frac{t}{M}\sum_{m=1}^{M}\ln(p_m(f(x') - \theta)) \\[2mm]
&\leq \ln\frac{\theta'}{\theta} + t\ln\frac{M}{t\theta} + t\ln(\frac{1}{M}\sum_{m=1}^{M}(p_m(f(x') - \theta))) \\[2mm]
&= \ln\frac{\theta'}{\theta} + t\ln\frac{1}{t\theta} + t\ln(p^t(f(x') - \theta e)).
\end{aligned}
$$

Jetzt benutzen wir $p^t f(x') \leq \Lambda(p)$ sowie $p^t\theta'e = \theta'$ und erhalten schließlich

$$\phi_t(f(x')) - \phi_t(f(x)) \leq \ln\frac{\theta'}{\theta} + t\ln\frac{1}{t\theta} + t\ln(\Lambda(p) - \theta').$$

Um jetzt diese Differenz weiter nach unten abzuschätzen, ermitteln wir

$$\max\{\ln\frac{y}{\theta} + t\ln\frac{1}{t\theta} + t\ln(\Lambda(p) - y); y \in (0, \Lambda(p))\},$$

wobei wir durch geeignetes Bestimmen von Ableitungen erhalten, dass das Maximum in $\Lambda(p)/(1+t)$ angenommen wird. Also gilt

$$
\begin{aligned}
\phi_t(f(x')) - \phi_t(f(x)) &= \ln\frac{\Lambda(p)}{(1+t)\theta} + t\ln\frac{1}{t\theta} + t\ln(\Lambda(p) - \frac{\Lambda(p)}{1+t}) \\[2mm]
&= \ln\frac{\Lambda(p)}{(1+t)\theta} + t\ln\frac{1}{t\theta} + t\ln(\Lambda(p)\frac{t}{1+t}) \\[2mm]
&= \ln\frac{\Lambda(p)}{(1+t)\theta} + t\ln\frac{\Lambda(p)}{(1+t)\theta} \\[2mm]
&= (1+t)\ln\frac{\Lambda(p)}{(1+t)\theta} \\[2mm]
&= (1+t)\ln\frac{\Lambda(p)}{p^t f(x)},
\end{aligned}
$$

wobei die letzte Ungleichung aufgrund der dritten Aussagen von Lemma 15.1 gilt. □

Wir können jetzt die Anzahl der Iterationen abschätzen, die der Algorithmus IM-
PROVE benötigt, falls wir mit unserer geeigneten Startlösung $x^0 \in B$ beginnen. Dabei
benötigen wir die folgende elementare Ungleichung.

Proposition 15.8. *Für alle* $z \in [0, 1/2]$ *gilt* $(1 + z)/(1 - z) \le (1 + 10z)$.

Satz 15.9. *Der Algorithmus* IMPROVE *löst jeweils* (C_ε) *und* (D_ε) *in*

$$\mathcal{O}(M\varepsilon^{-1}(\ln M + \varepsilon^{-1}))$$

Iterationen.

Beweis. Setzen wir einerseits in Lemma 15.7 für x unsere Startlösung x^0 ein, erhalten
wir

$$\phi_t(f(x')) - \phi_t(f(x^0)) \le (1 + t) \ln \frac{\Lambda(p(f(x^0)))}{p(f(x^0))^\mathrm{t} f(x^0)}$$

für alle $x' \in B$, die vom Algorithmus IMPROVE erzeugt werden. Dies bedeutet, dass
während der Iteration das reduzierte Potential $\phi_t(x')$ des jeweils konstruierten Vektors
x' nicht beliebig groß werden kann. Andererseits sagt Lemma 15.6, dass der Algorithmus IMPROVE, solange er nicht terminiert, das reduzierte Potential des aktuellen
Vektors beim Übergang von x zu x' immer um mindestens

$$tv(x, \hat{x})^2/(4M) \ge t^3/(4M)$$

erhöht. Mit diesen beiden Aussagen ist unmittelbar klar, dass der Algorithmus IM-
PROVE überhaupt terminiert, wobei uns Lemma 15.3 dann insgesamt die „totale Korrektheit" liefert. Wir werden jetzt die Anzahl der Iterationen geeignet nach oben abschätzen. Es bezeichne dazu N_0 die Anzahl der Iterationen, die benötigt werden, um
ausgehend von x^0 einen Vektor x zu konstruieren, für den $v(x, \hat{x}) \le 1/2$ gilt. In
allen Iterationen, in denen $v(x, \hat{x}) \ge 1/2$ gilt, wobei $\hat{x}$ die jeweilige Blocklösung
bezeichnet, wird nach Lemma 15.6 das reduzierte Potential um mindestens

$$tv(x, \hat{x})^2/(4M) \ge t/(16M)$$

erhöht. Nach Lemma 15.7 ist der Gesamtzuwachs des reduzierten Potentials dabei
durch

$$\phi_t(f(x^1)) - \phi_t(f(x^0)) \le (1 + t) \ln \frac{\Lambda(p(f(x^0)))}{p(f(x^0))^\mathrm{t} f(x^0)}$$

beschränkt. Es gilt $t = \varepsilon/6$ und nach Lemma 15.4

$$\Lambda(p(f(x^0))) \le 2Mp(f(x^0))^\mathrm{t} f(x^0).$$

Einsetzen liefert

$$N_0 \leq \frac{(1 + \varepsilon/6)16M \ln 2M}{\varepsilon/6} \in \mathcal{O}(\varepsilon^{-1} M \ln M).$$

Es sei jetzt $v_\ell := v(x^\ell, \hat{x}^\ell) \leq 1/2^\ell$ ein Fehler für einen Vektor $x^\ell \in B$ und N_ℓ die Anzahl der Iterationen, um diesen Fehler zu halbieren, also einen Vektor $x^{\ell+1} \in B$ zu erzeugen, für den $v(x^{\ell+1}, \hat{x}^{\ell+1}) \leq v_\ell/2$ gilt. Wir argumentieren ähnlich wie oben und erhalten zunächst

$$\phi_t(f(x^{\ell+1})) - \phi_t(f(x^\ell)) \geq N_\ell \frac{t v_\ell^2}{16M}$$

durch N_ℓ-fache Anwendung von Lemma 15.6. Nach Definition von v_ℓ gilt

$$p(f(x^\ell))^{\mathrm{t}} f(\hat{x}^\ell)(1 - v_\ell) = p(f(x^\ell))^{\mathrm{t}} f(x^\ell)(1 + v_\ell).$$

Weiter ist $\hat{x}^\ell \in B$ ein von $ABS(p(f(x^\ell)), t)$ erzeugter Vektor, es gilt also

$$p(f(x^\ell))^{\mathrm{t}} f(\hat{x}^\ell) \geq (1 - t)\Lambda(p(f(x^\ell))).$$

Zusammensetzen beider Aussagen liefert nun

$$\frac{\lambda(p(f(x^\ell)))}{p(f(x))^{\mathrm{t}} f(\hat{x}^\ell)} \leq \frac{(1 + v_\ell)}{(1 - t)(1 - v_\ell)} \leq \frac{(1 + v_\ell)}{(1 - v_\ell)^2} \leq (1 + 10v_\ell),$$

wobei die letzten beiden Ungleichungen wegen $t \leq v_\ell \leq 1/2$ und Proposition 15.8 gelten. Mit Lemma 15.7 erhalten wir nun also

$$\begin{aligned}
\phi_t(f(x^{\ell+1})) - \phi_t(f(x^\ell)) &\leq (1 + t) \ln \frac{\Lambda(p(f(x^\ell)))}{p(f(x^\ell))^{\mathrm{t}} f(x^\ell)} \\
&\leq (1 + t) \ln(1 + 10v_\ell) \\
&\leq 10(1 + t)v_\ell.
\end{aligned}$$

Kombination beider Schranken liefert $N_\ell t v_\ell^2 / (16M) \leq 10(1 + t)v_\ell$, woraus wir

$$N_\ell \leq \frac{160M(t + 1)}{t v_\ell} \in \mathcal{O}\left(\frac{M}{\varepsilon v_\ell}\right)$$

erhalten. Indem wir N_ℓ für alle $\ell \in \{0, \ldots, \lceil \log(1/\varepsilon) \rceil\}$ aufsummieren, können wir die Anzahl der Iterationen insgesamt abschätzen; genauer ist diese durch

$$\begin{aligned}
N_0 + \sum_{\ell=1}^{\lceil \log(1/\varepsilon) \rceil} N_\ell &= \mathcal{O}(\varepsilon^{-1} M \ln M) + \mathcal{O}(M \varepsilon^{-1} \sum_{\ell=1}^{\lceil \log(1/\varepsilon) \rceil} 2^\ell) \\
&= \mathcal{O}(\varepsilon^{-1} M \ln M) + \mathcal{O}(M \varepsilon^{-2}) \\
&= \mathcal{O}(M \varepsilon^{-1}(\ln M + \varepsilon^{-1}))
\end{aligned}$$

beschränkt. $\square$

Diese Laufzeitschranke lässt sich aber noch verbessern, indem unser Algorithmus in sogenannten *Skalierungsphasen* organisiert wird. Der Ansatz ist dabei, den Parameter ε in verschiedenen Phasen sukzessive bis zur gewünschten Genauigkeit zu verkleinern. In der s-ten Skalierungsphase setzen wir genauer $\varepsilon_s := \varepsilon_{s-1}/2$ und $t_s := \varepsilon_s/6$ und benutzen den in der vorhergehenden Skalierungsphase berechneten Punkt x^{s-1} als Eingabe für die nächste Skalierungsphase. Für Phase $s = 0$ benutzen wir unsere Startlösung x^0 als Eingabe; wir setzen $\varepsilon_0 := (1 - 1/(2M))$. Für die Startlösung gilt dann

$$f_m(x^0) \geq \frac{\lambda^*}{2M} = (1 - 1 + \frac{1}{2M})\lambda^* = (1 - \varepsilon_0)\lambda^*$$

für alle $m \in \{1, \ldots, M\}$. Ferner bezeichnen wir für alle $s \in \mathbb{N}$ mit x^s die Ausgabe der s-ten Skalierungsphase.

Satz 15.10. *Die Skalierungsphasenimplementierung des Algorithmus* IMPROVE *löst jeweils* (C_ε) *und* (D_ε) *in* $\mathcal{O}(M(\ln M + \varepsilon^{-2}))$ *Iterationen.*

Beweis. Um eine Genauigkeit von $\varepsilon_1 \in (1/4, 1)$ für die Lösungen von (C_ε) und (D_ε) zu erreichen, benötigen wir nach Satz 15.9 höchstens $N_0 = \mathcal{O}(M \ln M)$ Iterationen. Für $s \geq 1$ sei N_s die Anzahl der Iterationen in Phase s, um eine Genauigkeit von ε_{s+1} zu erreichen. Nach Lemma 15.6 wird das reduzierte Potenzial in jeder Iteration in Phase s um mindestens $t_s^3/(4M) = \Theta(\varepsilon_s^3/M)$ erhöht. Für $x = x^s$ und $x' = x^{s+1}$ erhalten wir mit Lemma 15.7

$$\phi_{t_s}(f(x^{s+1})) - \phi_{t_s}(f(x^s)) \leq (1 + t_s)\ln\frac{\Lambda(p(f(x^s)))}{p(f(x^s))^{\mathrm{t}}f(x^s)}.$$

Ferner gilt $f(x^s) \geq (1 - 2\varepsilon_s)\lambda^* e$. Weiter erhalten wir mit Hilfe der Ungleichungen

$$\Lambda(p(f(x^s))) \leq (1 + 2\varepsilon_s)$$

und

$$\Lambda(p(f(x^s))) \leq \frac{1 + 2\varepsilon_s}{1 - 2\varepsilon_s}\lambda(f(x^s)) \leq \frac{1 + 2\varepsilon_s}{1 - 2\varepsilon_s}p(f(x^s))^{\mathrm{t}}f(x^s),$$

wobei wir für den letzten Schritt Lemma 15.1 benutzen, schließlich die Abschätzung

$$\frac{\Lambda(p(f(x^s)))}{p(f(x^s))^{\mathrm{t}}f(x^s)} \leq 1 + 8\varepsilon_s.$$

Da $\ln(1 + 8\alpha) \leq 8\alpha$ für alle $\alpha \in (0, \infty)$ gilt, können wir also N_s jeweils durch $\mathcal{O}(M/\varepsilon_s^2)$ beschränken. Wir erhalten

$$\sum_{\ell=1}^{\lceil \log(1/\varepsilon)\rceil} \varepsilon_s^{-2} = \sum_{\ell=1}^{\lceil \log(1/\varepsilon)\rceil} \frac{1}{((1/2)^\ell \varepsilon_0)^2} = \varepsilon_0^{-2}\sum_{\ell=1}^{\lceil \log(1/\varepsilon)\rceil} \frac{1}{(1/4)^\ell} \leq \varepsilon_0^{-2}\sum_{\ell=1}^{\lceil \log(1/\varepsilon)\rceil} 4^\ell = \mathcal{O}(\varepsilon^{-2}).$$

Wir können also ähnlich wie vorher die Anzahl der Iterationen durch

$$N_0 + \sum_{\ell=1}^{\lceil \log(1/\varepsilon) \rceil} N_\ell = \mathcal{O}(M \ln M) + \mathcal{O}(M \varepsilon^{-2}) = \mathcal{O}(M(\ln M + \varepsilon^{-2}))$$

abschätzen.   □

Bis jetzt sind wir nicht darauf eingegangen, dass die Lösung $\theta(f(x))$ der eingangs erwähnten Gleichung in jeder Iteration nicht explizit berechnet werden kann. Man kann aber zeigen, dass eine relative Genauigkeit von $\mathcal{O}(\varepsilon^2/M)$ ausreichend ist, um die angegebene Anzahl von Iterationen zu erhalten. Genauer ist dabei die Anzahl der Auswertungen der Summe

$$\sum_{m=1}^{M} \frac{1}{f_m - \theta}$$

durch $\mathcal{O}(\ln(M\varepsilon^{-1}))$ beschränkt und wir erhalten $\mathcal{O}(M \ln(M\varepsilon^{-1}))$ Operationen für die approximative Bestimmung von $\theta(f(x))$. Mit Hilfe des Newton-Verfahrens kann dieser Overhead noch auf $\mathcal{O}(M \ln \ln(M\varepsilon^{-1}))$ verbessert werden.

Weitere Literatur findet man in [62]. Verallgemeinerungen (gemischte Packungs- und Überdeckungsprobleme) wurden in [101] und [48] untersucht.

15.2 MIN STRIP PACKING

In diesem Abschnitt werden wir mit Hilfe des oben vorgestellten Algorithmus ein vollständiges asymptotisches Approximationsschema für das bereits in Abschnitt 7.2 behandelte Problem MIN STRIP PACKING konstruieren. Die Ideen dazu gehen auf Kenyon und Rémila [130] zurück. Zunächst zur Erinnerung die Formulierung dieses Problems:

Problem 15.11 (MIN STRIP PACKING).
Eingabe: Eine Folge $L = (r_1, \ldots, r_n)$ von Rechtecken mit Breite $w(r_i)$ und Höhe $h(r_i)$; ein Streifen mit fester Breite und unbeschränkter Höhe.
Ausgabe: Eine Packung dieser Rechtecke in den Streifen so, dass sich keine zwei Rechtecke überlappen und die Höhe des gepackten Streifens minimal ist.

Ein Rechteck r_i ist definiert durch seine Breite $w(r_i) = w_i$ und Höhe $h(r_i) = h_i$, wobei $w_i, h_i \in (0, 1]$. Im Folgenden sei L eine Liste von $n \in \mathbb{N}$ Rechtecken. Wie vorher wollen wir für diese eine achsenparallele überschneidungsfreie Anordnung in den Streifen $[0, 1] \times [0, \infty)$ finden, die die Packungshöhe minimiert, wobei Rotationen der Rechtecke verboten sind. Eine solche Lösung heißt auch *Strip-Packing*. Wir setzen voraus, dass $w_1 \geq \cdots \geq w_n$ gilt, was wir algorithmisch durch Sortieren erreichen können. Es bezeichne weiter $h_{\max}$ die maximale Höhe eines in L vorkommenden

Rechtecks. Wir stellen jetzt die Komponenten des vollständigen asymptotischen Approximationsschemas vor und zeigen später, wie der Algorithmus IMPROVE aus dem vorhergehenden Abschnitt eine geeignete Laufzeitschranke liefert. Der grobe Ablauf unseres Approximationsschemas ist folgendermaßen.

Algorithmus $A_\varepsilon(L)$

1. Partitioniere L in eine Liste schmaler Rechtecke $L_{\text{narrow}} := \{r_i ; w_{r_i} \leq \varepsilon'\}$ und eine Liste breiter Rechtecke $L_{\text{wide}} := \{r_i ; w(r_i) > \varepsilon'\}$, wobei $\varepsilon' = \varepsilon/(2 + \varepsilon)$.

2. Runde die Rechtecke in L_{wide} zu einer ähnlichen Instanz L_{sup}, in der nur $\mathcal{O}(1/\varepsilon^2)$ viele verschiedene Breiten vorkommen.

3. Löse approximativ das fraktionale Strip-Packing-Problem, das wir weiter unten vorstellen, für L_{sup} und erzeuge eine zulässige Lösung für L_{sup} und somit für L_{wide}.

4. Packe die Rechtecke in L_{narrow} mit einem Greedy-Algorithmus in den ungenutzten Platz.

Ein fraktionales Strip-Packing für L ist eine Anordnung einer beliebigen Liste L' im Streifen, die aus L gewonnen wird, indem einige Rechtecke $r_i = (w_i, h_i)$ durch eine Folge von Rechtecken

$$(w_i, h_{i1}), \ldots, (w_i, h_{ik})$$

mit $h_{i1}, \ldots, h_{ik} \in (0, 1]$ und $\sum_{\ell=1}^{k} h_{i\ell} = h_i$ ersetzt wird; es wird also erlaubt, die Rechtecke horizontal zu unterteilen. In Schritt 3 des Algorithmus nehmen wir an, dass alle n Rechtecke nur M verschiedene Breiten $w_1 > \cdots > w_M > \varepsilon'$ haben. Ähnlich wie bei den bekannten Approximationsalgorithmen für Bin Packing entspricht einem fraktionalen Strip-Packing eine Menge von *Konfigurationen*; eine Konfiguration ist eine Multimenge $\{\alpha_{1j} : w_1', \ldots, \alpha_{Mj} : w_m'\}$, wobei α_{ij} die Anzahl des Vorkommens der Breite w_i' in der Konfiguration C_j bezeichnet und $\sum_{i=1}^{M} \alpha_{ij} w_i' \leq 1$ gilt. Informell ist also eine Konfiguration eine Multimenge von Breiten, die nebeneinander im Zielbereich angeordnet werden kann. Es sei $q \in \mathbb{N}$ die Anzahl der verschiedenen Konfigurationen.

Jedem fraktionalen Strip-Packing P der Höhe h können wir einen Vektor $(x_1, \ldots, x_q)$ zuordnen. Dabei tasten wir gedanklich den Strip mit einer horizontalen Linie $y = a$ mit $a \in [0, h]$ von unten nach oben ab. Jede Linie entspricht dabei einer der Konfigurationen. Somit kann jedes fraktionale Strip-Packing als eine Folge von Konfigurationen $C_{i_1}, \ldots, C_{i_k}$ mit jeweiligen Höhen $h_{i_1}, \ldots, h_{i_k}$ beschrieben werden derart, dass $i_\ell \in \{1, \ldots, q\}$ für alle $\ell \in \{1, \ldots, k\}$ und $\sum_{\ell=1}^{k} h_{i\ell} = h$ gilt. Für jede Konfiguration C_j sei schließlich $x_j = \sum_{\ell; C_j = C_{i_\ell}} h_{i\ell}$ die Gesamthöhe von C_j in P.

In Abbildung 15.1 haben wir eine Packung P mit Rechtecken vom Typ A mit Breite 3/7 und Höhe 1 und Rechtecke vom Typ B mit Breite 2/7 und Höhe 3/4. Alle

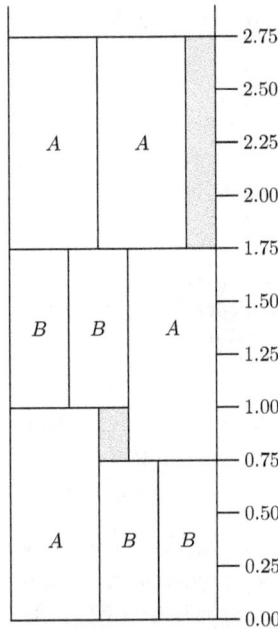

Abbildung 15.1. Eine Packung mit vier Rechtecken des Typs A und B.

möglichen Konfigurationen mit diesen Rechtecktypen sind in Tabelle 15.1 aufgezählt; der der Packung entsprechende Vektor ist

$$(3/2, 5/4, 0, 0, 0, 0, 0).$$

Wir betrachten jetzt das fraktionale Strip-Packing-Problem genauer. Für alle $i \in \{1, \ldots, M\}$ sei dazu β_i die Gesamthöhe aller Rechtecke unserer Instanz der Breite w_i'. Das fraktionale Strip-Packing-Problem kann mittels linearer Programmierung gelöst werden, wobei später der Algorithmus aus dem vorherigen Abschnitt zum Einsatz kommt. Für jede Konfiguration C_j verwenden wir eine Variable $x_j \geq 0$; diese gibt die Gesamthöhe von C_j im fraktionalen Strip-Packing an. Wir können dann also das lineare Programm

$$\min \sum_{j=1}^{q} x_j$$

$$\text{s.t.} \sum_{j=1}^{q} \alpha_{ij} x_j \geq \beta_i \quad \text{für alle } i \in \{1, \ldots, M\} \tag{LP(L)}$$

$$x_j \geq 0 \quad \text{für alle } j \in \{1, \ldots, q\}$$

studieren. Wir bezeichnen mit LIN(L) das Optimum von LP(L) für eine gegebene Liste L von Rechtecken. Später werden wir zeigen, wie wir LP(L) approximativ mit

	Konfiguration	α_{1j} = Anzahl der A	α_{2j} = Anzahl der B
C_1	$3/7, 2/7, 2/7$	1	2
C_2	$3/7, 3/7$	2	0
C_3	$2/7, 2/7, 2/7$	0	3
C_4	$3/7, 2/7$	1	1
C_5	$2/7, 2/7$	0	2
C_6	$3/7$	1	0
C_7	$2/7$	0	1

Tabelle 15.1. Die verschiedenen Konfigurationen mit Rechtecken vom Typ A und B.

dem Algorithmus IMPROVE aus Abschnitt 15.1 lösen können. Zunächst gehen wir aber darauf ein, wie wir eine Lösung von LP(L), also ein fraktionales Strip-Packing, in eine ganzzahlige zulässige Lösung und somit eine Lösung überführen können.

Lemma 15.12. *Es sei* $x = (x_1, \dots, x_q)$ *eine Lösung von* LP(L) *mit Zielfunktionswert* h *und höchstens* M *Komponenten ungleich null. Dann können wir* x *in eine ganzzahlige Lösung bzw. Packung mit Höhe höchstens* $h + M h_{\max} \leq h + M$ *überführen.*

Beweis. O.B.d.A. nehmen wir an, dass $x_1, \dots, x_M > 0$ und $x_{M+1} = \cdots = x_q = 0$ gilt. Wir konstruieren eine ganzzahlige Packung der Höhe $h + M h_{\max} \leq h + M$ wie folgt: Zuerst unterteilen wir den Zielbereich in M Bereiche $Q_1, \dots, Q_M$ mit Höhe jeweils $x_j + h_{\max}$ zwischen den Stufen $\ell_j = \sum_{k=1}^{j-1} x_k + (j-1)h_{\max}$ und $\ell_{j+1} = \sum_{k=1}^{j} x_k + j h_{\max}$, wie in Abbildung 15.2 dargestellt. Der Bereich Q_j entspricht dabei der Konfiguration C_j. Jeder Bereich Q_j wird dann in α_{ij} Spalten der Höhe $x_j + h_{\max}$ und Breite w_i' für alle $i \in \{1, \dots, M\}$ unterteilt. Danach platzieren wir so lange Rechtecke der Breite w_i' mit einem Greedy-Algorithmus in die Spalten der gleichen Breite, bis die Höhe einer Spalte größer als x_j ist oder wir alle Rechtecke der Liste gepackt haben, wie ebenfalls in Abbildung 15.2 skizziert. Es ist dann stets möglich, alle Rechtecke in den zur Verfügung gestellten Platz zu packen, weil $\sum_j \alpha_{ij} x_j$ mindestens die Gesamthöhe β_i aller Rechtecke der Breite w_i' ist. Angenommen, nicht alle Rechtecke passen in die bereitgestellten Spalten. Dann sind alle Spalten der Breite w_i' zu einer Höhe von mehr als x_j gefüllt. Summieren wir nun über alle Spalten der Breite w_i' auf, erhalten wir eine Gesamthöhe größer als $\sum_j \alpha_{ij} x_j$. Da diese Summe aber mindestens β_i ist, erhalten wir einen Widerspruch. $\qquad \square$

Als Nächstes wollen wir eine gute Anordnung der ganzzahligen Packung erhalten. Es seien dazu $c_1 \geq \cdots \geq c_{M'}$ die Gesamtbreiten der breiten Rechtecke in Konfiguration C_j für alle $j \in \{1, \dots, M'\}$. Falls jede Schicht $[0,1] \times [\ell_j, \ell_{j+1}]$ in drei Regionen R_j, R_j', R_j'' mit den Eigenschaften

(i) $R_j = [c_j, 1] \times [\ell_j, \ell_{j+1}]$ ist vollständig frei und wird später benutzt, um dort schmale Rechtecke zu packen,

(ii) $R'_j = [0, c_j] \times [\ell_j, \ell j - 1 - 2]$ ist vollständig mit breiten Rechtecken gefüllt und

(iii) $R''_j = [0, c_j] \times [\ell_{j+1} - 2, \ell_{j+1}]$ ist teilweise mit breiten Rechtecken gefüllt und dieser Platz wird später nicht für schmale Rechtecke benutzt

unterteilt werden kann, dann nennen wir die ganzzahlige Packung *gut*. Die Bedingung *(ii)* ist dabei für die Analyse besonders wichtig.

Lemma 15.13. *Es sei* $x = (x_1, \ldots, x_q)$ *eine Lösung von* LP(L) *mit Zielfunktionswert* h *und höchstens* M *Komponenten ungleich null. Dann können wir* x *in eine gute ganzzahlige Packung mit Höhe höchstens* $h + M h_{\max} \leq h + M$ *und höchstens* $M' = 2M$ *Konfigurationen überführen.*

Beweis. Es sei x eine Lösung von LP(L) mit Zielfunktionswert h. Wir unterteilen den Strip in M Bereiche der Höhen $x_1, \ldots, x_M$. Wie vorher entspricht dabei für alle $j \in \{1, \ldots, M\}$ jeder Bereich Q_j der Konfiguration C_j und wird in α_{ij} Spalten mit jeweiliger Breite w'_i unterteilt. Danach platzieren wir die Rechtecke der Breite w'_i so lange in die Spalten, bis die jeweilige Höhe genau x_j ist. Somit enthält jede

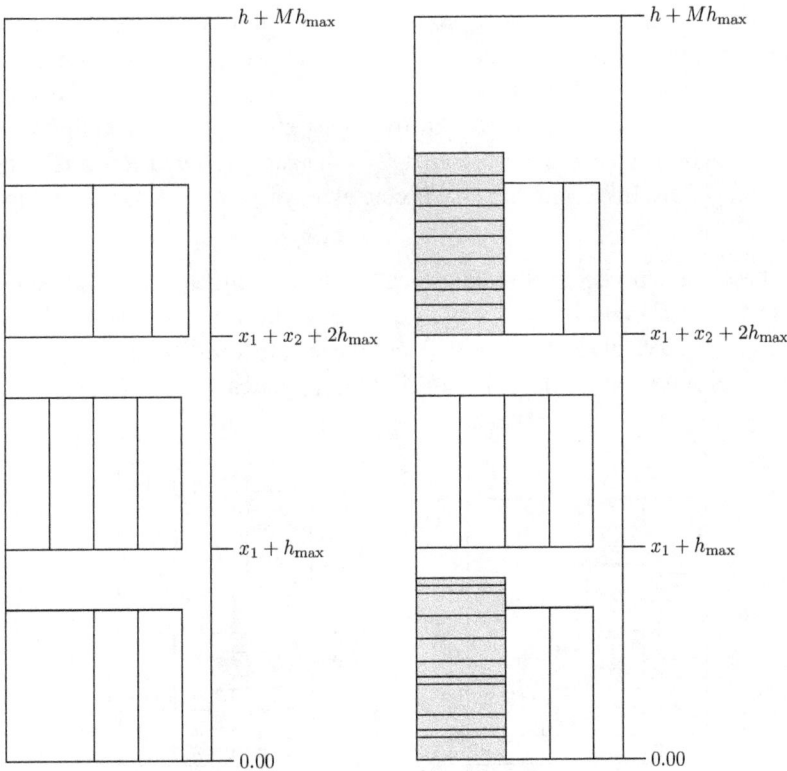

Abbildung 15.2. Einteilung des Platzes für die breiten Rechtecke und Anordnung der breiten Rechtecke im eingeteilten Platz.

Spalte eine Folge von Rechtecken, die vollständig in die Spalte passt, und gegebenenfalls den oberen Teil eines Rechtecks, das in einer vorhergehenden Spalte begonnen
wurde, sowie gegebenenfalls den unteren Teil eines Rechtecks, das nicht mehr in die
betreffende Spalte gepasst hat.

Falls wir verbleibenden Platz in den Spalten der Breite w_i' haben, dann verteilen
wir die Rechtecke auf die Spalten und löschen den verbleibenden Platz. Wir teilen
dabei die Konfiguration C_j in zwei Konfigurationen auf; eine Konfiguration ist C_j,
in der die Spalten vollständig gefüllt sind, und eine Konfiguration, die durch Entfernen der Spalten der Breite w_i' entsteht, wie in Abbildung 15.3 skizziert. Dies passiert
höchstens M-mal, also ist die Anzahl M' der Konfigurationen nach Durchführung
dieser Konstruktion höchstens $2M$. Insgesamt sind dann alle Spalten vollständig gefüllt. Danach reservieren wir weiteren Platz der Höhe h_{max}, also insgesamt der Höhe
$x_j + h_{max}$, für die M' Konfigurationen in den Bereichen $Q_1, \ldots, Q_{M'}$ zwischen allen
Stufen ℓ_j und ℓ_{j+1}.

Jede Spalte C des fraktionalen Strip-Packings der Breite w_i' und Höhe x_j wird dann
einer Spalte $C_{\geq 0}$ der Breite w_i' und der Höhe $x_j + h_{max}$ zugeordnet. In $C_{\geq 0}$ packen
wir dann alle Rechtecke, die aufgrund des vorhergehenden Schritts vollständig in C
passen, und das letzte Rechtecke, dessen unterer Teil in C und dessen oberer Teil in
einer anderen Spalte liegt. Nach der vorhergehenden Konstruktion gibt es höchstens
ein solches Rechteck und die Gesamthöhe der in $C_{\geq 0}$ angeordneten Rechtecke ist
mindestens $x_j - h_{max} \geq x_j - 1$. Somit ist jeder Bereich R_j' vollständig mit breiten
Rechtecken gefüllt. Weiter ist der Bereich R_j vollständig frei und R_j'' ist teilweise mit
Rechtecken gefüllt. Insgesamt haben wir eine gute ganzzahlige Lösung erzeugt. $\square$

Jetzt beschreiben wir die Rundungstechnik für den allgemeinen Fall. Wir haben
$L_{narrow}\{r_i; w_i \leq \varepsilon'\}$ und $L_{wide} = \{r_i; w_i > \varepsilon'\}$. Als nächstes wollen wir die Rechtecke in L_{wide} zu einer Instanz L_{sup} mit einer konstanten Anzahl verschiedener Breiten
runden; dabei soll $\text{LIN}(L_{sup}) \leq (1 + \varepsilon)\text{LIN}(L_{wide})$ gelten.

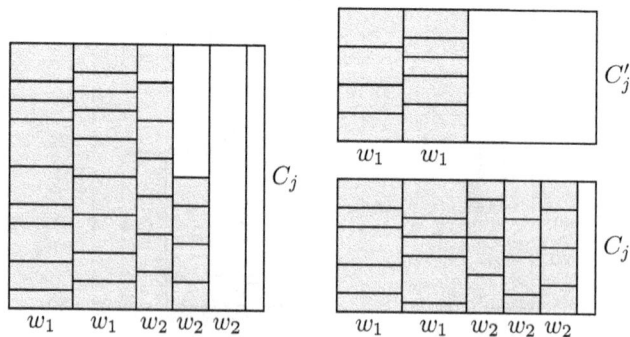

Abbildung 15.3. Aufteilen einer Konfiguration C_j.

Definition 15.14. Seien $L = \{r_1, \ldots, r_n\}$ und $L' = \{r_1', \ldots, r_n'\}$ Folgen von Rechtecken. Wir schreiben $L \leq L'$, falls es eine Bijektion $f : L \to L'$ so gibt, dass $w(r_i) \leq w(f(r_i))$ und $h(r_i) \leq h(f(r_i))$ für alle $i \in \{1, \ldots, n\}$.

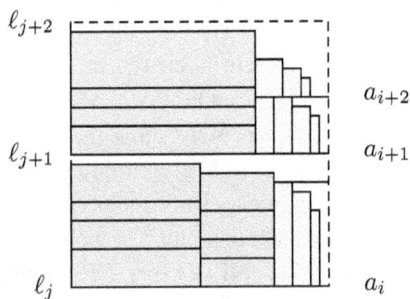

Abbildung 15.4. Hinzufügen der schmalen Rechtecke mittels modifiziertem NFDH.

Die Hauptidee ist nun weiter die Approximation der Liste L_{wide} durch eine Liste $L_{\sup}$ derart, dass $L_{\text{wide}} \leq L_{\sup}$ gilt und in $L_{\sup}$ nur M verschiedene Breiten auftreten. Zur Konstruktion von $L_{\sup}$ erzeugen wir einen Stapel. Wir stapeln dabei alle Rechtecke in L_{wide} in nichtaufsteigender Reihenfolge der Breiten linksbündig übereinander auf einen Stapel der Höhe $H = h(L_{\text{wide}})$, wie in Abbildung 15.5 skizziert. Wir nehmen an, dass $h(L_{\text{wide}})$ größer als eine Konstante $\mathcal{O}(M) = \mathcal{O}(1/\varepsilon^2)$ ist, denn andernfalls können wir die breiten Rechtecke vernachlässigen, indem wir den Algorithmus NFDH aus Abschnitt 7.2 für die schmalen Rechtecke verwenden und danach die breiten Rechtecke mit einer Gesamthöhe von höchstens $\mathcal{O}(1/\varepsilon^2)$ hinzufügen. Wir definieren M Rechtecke auf dem Stapel als *Schwellenrechtecke*; ein Rechteck auf dem Stapel ist genau dann ein Schwellenrechteck, wenn es entweder mit seinem Inneren oder mit seiner Unterkante eine horizontale Linie der Form $i h(L_{\text{wide}})/M$ für $i \in \{0, \ldots, M-1\}$ schneidet. Da der Stapel eine Höhe von mindestens $h(L_{\text{wide}}) > \mathcal{O}(1/\varepsilon^2)$ hat und die Höhe jedes Rechtecks durch 1 beschränkt ist, schneidet jedes Rechteck höchstens eine solche Linie.

Mit Hilfe der Schwellenrechtecke partitionieren wir die breiten Rechtecke in M Gruppen. Die i-te Gruppe besteht aus dem Schwellenrechteck auf der Linie $i h(L_{\text{wide}})/M$ und denjenigen Rechtecken, die vollständig zwischen den Linien $i h(L_{\text{wide}})/M$ und $(i + 1)h(L_{\text{wide}})/M$ liegen. Die Breiten aller Rechtecke in der i-ten Gruppe werden dann zur Breite des Rechtecks mit der größten Breite gerundet, wie in Abbildung 15.5 skizziert. Dadurch definieren wir unsere Instanz $L_{\sup}$, die dann Rechtecke mit nur M verschiedenen Breiten enthält; ferner ist die Breite eines jeden Rechtecks durch ε' nach unten beschränkt. Danach wenden wir einen Algorithmus für fraktionales Strip-Packing auf $L_{\sup}$ an und konstruieren eine gute ganzzahlige Packung für $L_{\sup}$.

Anschließend fügen wir die Rechtecke in L_{narrow} zur so entstandenen Packung hinzu, wie in Abbildung 15.4 dargestellt. Dazu sortieren wir L_{narrow} nach nichtaufsteigenden Höhen. Wir platzieren die schmalen Rechtecke in die M' freien Bereiche $R_1, \ldots, R_{M'}$ mit $R_j = [c_j, 1] \times [\ell_j, \ell_{j+1}]$ mittels NFDH. Zuerst benutzen wir NFDH zum Packen der Rechtecke in R_1. Bei dieser Heuristik werden die Rechtecke auf eine Folge von Stufen gepackt. Die erste Stufe ist die Grundlinie in R_1; jede folgende Stufe ist die horizontale Linie über dem höchsten bzw. am weitesten links gepackten Rechtecke der vorhergehenden Stufe. Die Rechtecke werden linksbündig auf eine Stufe in R_1 gepackt, bis das nächste Rechteck nicht mehr auf die aktuelle Stufe passt. Tritt dieser Fall ein, so wird eine neue Stufe eingerichtet und wir fahren auf dieser mit dem Packen fort. Können wir keine neue Stufe mehr einrichten, weil der Platz in R_1 in vertikaler Richtung nicht mehr dazu ausreicht, so beginnen wir eine neue Stufe auf der Grundlinie von R_2 und fahren mit NFDH fort. Dieses Verfahren iterieren wir, bis wir alle schmalen Rechtecke in die Bereiche $R_1, \ldots, R_{M'}$ gepackt haben oder wir in $R_{M'}$ keine neue Stufe einrichten können. Ist Letzteres der Fall, so beginnen wir eine neue Stufe auf der Höhe $\ell_{M'+1}$ und fahren mit der üblichen Version von NFDH fort. Wir bemerken, dass kein schmales Rechteck in die Region R_j gepackt wird, falls für das aktuelle schmale Rechteck mit Breite w_i die Ungleichung $w_i + c_j > 1$ erfüllt ist. In diesem Fall ist die Gesamtbreite der breiten Rechtecke jedoch größer als $1 - \varepsilon'$.

Der Algorithmus STRIPPACKING kann nun folgendermaßen zusammengefasst werden.

Algorithmus STRIPPACKING(L)

1   $\varepsilon' := \varepsilon/(2 + \varepsilon)$
2   $M := (1/\varepsilon')^2$

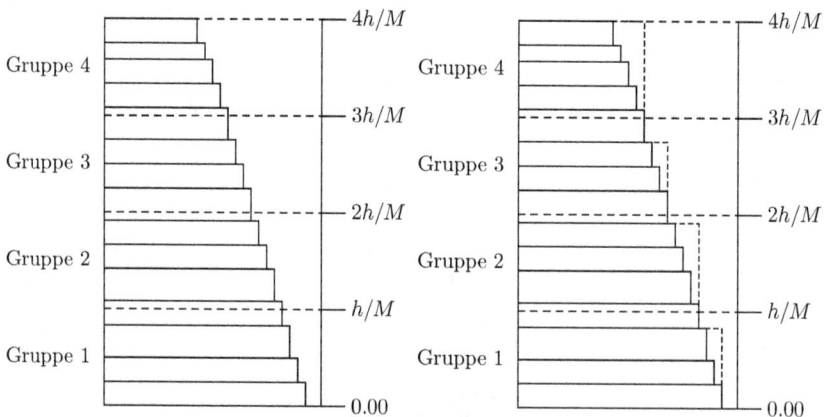

Abbildung 15.5. Stapel für L_{wide} und Partitionierung in Gruppen und anschließende lineare Rundung zur Konstruktion von L_{sup}.

3   Partitioniere L in L_{narrow} und L_{wide}.

4   Konstruiere L_{sup} derart, dass $L_{\text{wide}} \leq L_{\text{sup}}$ gilt und in L_{sup} nur M verschiedene Breiten vorkommen.

5   Löse fraktionales Strip-Packing für L_{sup} mit dem Algorithmus für Max-Min Resource Sharing, was wir später genauer beschreiben.

6   Konstruiere eine gute ganzzahlige Packung für L_{sup}.

7   Benutze modifiziertes NFDH, wie in Abbildung 15.4 skizziert, für die Rechtecke in L_{narrow}, um sie in die Bereiche $R_1, \ldots, R_{M'}$ und gegebenenfalls darüber zu packen.

Es bezeichne h' die Höhe der nach Schritt 4 konstruierten Packung und h_{final} die Gesamthöhe nach Hinzufügen der schmalen Rechtecke. Beachte, dass $M' \leq 2M$ gilt. Die weitere Analyse basiert auf den folgenden beiden Lemmata.

Lemma 15.15. *Es gilt*

$$\text{LIN}(L_{\text{sup}}) \leq \text{LIN}(L_{\text{wide}})(1 + \frac{1}{M\varepsilon'})$$

sowie

$$\text{SIZE}(L_{\text{sup}}) \leq \text{SIZE}(L_{\text{wide}})(1 + \frac{1}{M\varepsilon'}),$$

wobei $\text{LIN}(L)$ *die Höhe eines optimalen fraktionalen Strip-Packings für L und* $\text{SIZE}(L)$ *die Gesamtfläche aller Rechtecke in L bezeichnen.*

Beweis. Wir betrachten eine Verallgemeinerung der oben benutzten Relation $\leq$; für jede Liste L erzeugen wir wie oben einen Stapel. Es bezeichne $\text{STACK}(L)$ den Bereich der Ebene, der vom Stapel bedeckt wird. Wir schreiben $L \leq_g L'$, falls $\text{STACK}(L)$ in $\text{STACK}(L')$ enthalten ist. Gilt $L \leq_g L'$, so folgt unmittelbar $\text{LIN}(L) \leq \text{LIN}(L')$ und $\text{SIZE}(L) \leq \text{SIZE}(L')$.

Wir definieren zwei Folgen L'_{inf} und L'_{sup} von Rechtecken derart, dass $L'_{\text{inf}} \leq_g L_{\text{wide}} \leq_g L_{\text{sup}} \leq L'_{\text{sup}}$ gilt. Dazu zerschneiden wir die Schwellenrechtecke, die eine Linie $ih(L_{\text{wide}})/M$ schneiden, in höchstens zwei Teile und verteilen die Rechtecke auf M Gruppen. Die i-te Gruppe besteht aus allen Rechtecken, die zwischen den Linien $(i-1)h(L_{\text{wide}})/M$ und $ih(L_{\text{wide}})/M$ liegen. Es seien a_i, b_i die kleinste und größte in der i-ten Gruppen auftretenden Breiten. Wir erhalten L'_{sup}, indem wir jedes Rechteck der i-ten Gruppe auf die Breite b_i und auf die Breite 1 in der ersten Gruppe aufrunden. Ähnlich erhalten wir L'_{inf}, indem wir jedes Rechteck in der i-ten Gruppe auf die Breite b_{i+1} und auf die Breite 0 in der letzten Gruppe abrunden. Dann ist $\text{STACK}(L'_{\text{sup}})$ gleich der Fläche $\text{STACK}(L'_{\text{inf}})$ plus ein Rechteck der Breite 1 und Höhe $h(L_{\text{wide}})/M$. Also gilt

$$\text{LIN}(L'_{\text{sup}}) = \text{LIN}(L'_{\text{inf}}) + h(L_{\text{wide}})/M$$

sowie

$$\text{SIZE}(L'_{\text{sup}}) = \text{SIZE}(L'_{\text{inf}}) + h(L_{\text{wide}})/M.$$

Somit gilt

$$
\begin{aligned}
\text{LIN}(L_{\text{sup}}) \ &\leq\ \text{LIN}(L'_{\text{sup}}) \\
&\leq\ \text{LIN}(L'_{\text{inf}}) + h(L_{\text{wide}})/M \\
&\leq\ \text{LIN}(L_{\text{wide}}) + h(L_{\text{wide}})/M.
\end{aligned}
$$

Da alle Rechtecke in L_{wide} eine Breite größer als ε' haben, gilt also

$$h(L_{\text{wide}})\varepsilon' \leq \text{SIZE}(L_{\text{wide}}) \leq \text{LIN}(L_{\text{wide}}).$$

Insgesamt erhalten wir

$$\text{LIN}(L_{\text{sup}}) \leq \text{LIN}(L_{\text{wide}})(1 + \frac{1}{M\varepsilon'}).$$

Die Schranke für $\text{SIZE}(L_{\text{sup}})$ können wir ähnlich beweisen. $\square$

Lemma 15.16. *Es sei* $L_{\text{aux}} := L_{\text{sup}} \cup L_{\text{narrow}}$. *Falls* $h_{\text{final}} > h'$, *dann gilt* $h_{\text{final}} \leq$ $\text{SIZE}(L_{\text{aux}})/(1 - \varepsilon') + 4M + 1$.

Beweis. Sei $a_1 < \cdots < a_r$ die geordnete Folge der Stufen, die durch modifiziertes NFDH erzeugt wurden, und sei $a_{s_1} < \cdots < a_{s_{r'}}$ diejenige Teilfolge der Stufen, die mindestens ein Rechteck enthalten, wie in Abbildung 15.4 dargestellt. Für alle $i \in \{1, \ldots, r'\}$ sei weiter b_{s_i} bzw. b'_{s_i} die Höhe des ersten bzw. letzten schmalen Rechtecks, das auf der Stufe a_{s_i} platziert wurde. Eine Stufe a_{s_i} wird geschlossen, wenn das nächste schmale Rechteck nicht mehr vollständig auf die betreffende Stufe passt. Alle schmalen Rechtecke auf Stufe a_{s_i} haben eine Höhe von mindestens b'_{s_i}. Es sei $a_{\bar{s}_1} < \cdots < a_{\bar{s}_{\bar{r}}}$ diejenige Teilfolge von $a_{s_1} < \cdots < a_{s_{r'}}$, für die $a_{\bar{s}_i} + b'_{\bar{s}_i} \leq \ell_{j+1} - 2$ gilt, wobei für $i \in \{1, \ldots, \bar{r}\}$ j die Schicht ist, die die Stufe $a_{\bar{s}_i}$ enthält. Es sei $\text{lay}(k) = j$ diejenige Schicht, die die Stufe a_k enthält. Wichtig ist hier, dass der Bereich $R'_j = [0, c_j] \times [\ell_j, \ell_{j+1} - 2]$ vollständig von breiten Rechtecken aus L_{sup} bedeckt ist. Wir unterscheiden die folgenden drei Fälle.

Fall 1: Auf Stufe a_k ist mindestens ein schmales Rechteck und es gilt $a_k + b'_k \leq \ell_{\text{lay}(k)+1} - 2$. In diesem Fall gilt $k = \bar{s}_i$ für $i \in \{1, \ldots, \bar{r}\}$. Aufgrund der Arbeitsweise von NFDH gilt dann

$$[a_k, a_k + b'_k] \subset [\ell_j, \ell_{j+1} - 2].$$

Also ist eine Fläche von mindestens $b'_{s_i}(1 - \varepsilon')$ von breiten und schmalen Rechtecken aus L_{aux} bedeckt.

Fall 2: Auf Stufe a_k ist mindestens ein schmales Rechteck und es gilt $a_k + b'_k > \ell_{\text{lay}(k)+1} - 2$ sowie $a_k \leq \ell_{\text{lay}(k)+1} - 2$. In diesem Fall ist eine Fläche von mindestens $(\ell_{\text{lay}(k)+1} - 2 - a_k)(1 - \varepsilon')$ von schmalen und breiten Rechtecken aus L_{aux} bedeckt.

Fall 3: Auf Stufe a_k kommen keine schmalen Rechtecke vor und es gilt $a_k \leq \ell_{\mathrm{lay}(k)+1} - 2$. Dieser Fall kann auftreten, wenn bereits die breiten Rechtecke eine Gesamtbreite von mehr als $1 - \varepsilon'$ haben und das aktuell zu platzierende schmale Rechteck zu breit ist. In diesem Fall wird eine Fläche von mindestens $(\ell_{\mathrm{lay}(k)+1} - 2 - a_k)(1 - \varepsilon')$ von breiten Rechtecken aus L_{sup} bedeckt.

Die Fälle 2 und 3 können höchstens einmal pro Schicht auftreten. Es sei

$$X := \sum_{k \notin \{\bar{s}_1, \ldots, \bar{s}_{\bar{r}}\}, a_k \leq \ell_{\mathrm{lay}(k)+1}-2} (\ell_{\mathrm{lay}(k)+1} - 2 - a_k).$$

Die Gesamtgröße SIZE(L_{sup}) aller breiten und schmalen Rechtecke ist mindestens $(1 - \varepsilon')(X + \sum_{i=1}^{\bar{r}} b'_{\bar{s}_i})$. Für alle $i \in \{1, \ldots, \bar{r} - 1\}$ erhalten wir also SIZE($L_{\mathrm{sup}} \cup L_{\mathrm{narrow}}) \geq (\sum_{i=1}^{\bar{r}-1} b_{\bar{s}_{i+1}} + X)(1 - \varepsilon')$. Andererseits ist die Höhe der zum Schluss ausgegebenen Packung höchstens $\sum_{i=1}^{\bar{r}} b_{\bar{s}_i} + X + 2M'$. Somit gilt

$$
\begin{aligned}
h_{\mathrm{final}} &\leq \sum_{i=1}^{\bar{r}} b_{\bar{s}_i} + X + 4M \\
&\leq \sum_{i=1}^{\bar{r}-1} b_{\bar{s}_{i+1}} + X + 4M + 1 \\
&\leq \frac{\mathrm{SIZE}(L_{\mathrm{sup}} \cup L_{\mathrm{narrow}})}{1 - \varepsilon'} + 4M + 1.
\end{aligned}
$$
□

Es bezeichne OPT(L) die optimale Packungshöhe für eine Eingabeliste L.

Satz 15.17. *Für jede Liste* $L = (r_1, \ldots, r_n)$ *von Rechtecken mit* $w_i, r_i \leq 1$ *erzeugt der Algorithmus* STRIPPACKING *eine Packung mit Gesamthöhe* $h_{\mathrm{final}} \leq (1 + \varepsilon)\mathrm{OPT}(L) + \mathcal{O}(1/\varepsilon^2)$; *die Laufzeit von* STRIPPACKING *ist polynomiell beschränkt in* n *und* $1/\varepsilon$.

Beweis. Mit Lemma 15.15 erhalten wir

$$\mathrm{SIZE}(L_{\mathrm{aux}}) \leq \mathrm{SIZE}(L)(1 + \frac{1}{M\varepsilon'}).$$

Gilt $h_{\mathrm{final}} > h$, so benutzen wir Lemma 15.16 sowie die Ungleichung SIZE(L) $\leq$ OPT(L) und erhalten

$$h_{\mathrm{final}} \leq \mathrm{SIZE}(L)\frac{1 + \frac{1}{M\varepsilon'}}{1 - \varepsilon'} + 4M + 1 \leq \mathrm{OPT}(L)\frac{1 + \frac{1}{M\varepsilon'}}{1 - \varepsilon'} + 4M + 1.$$

Andererseits können wir Lemma 15.15 benutzen und erhalten

$$
\begin{aligned}
h' &\leq \text{LIN}(L_{\text{sup}}) + 1 + 2M \\
&\leq \text{LIN}(L_{\text{wide}}) + 1 + 2M \\
&\leq \text{LIN}(L)(1 + \frac{1}{M\varepsilon'}) + 1 + 2M \\
&\leq \text{OPT}(L)(1 + \frac{1}{M\varepsilon'}) + 1 + 2M.
\end{aligned}
$$

In beiden Fällen erhalten wir zusammen mit der Definition von ε' und M also

$$
\begin{aligned}
h_{\text{final}} &\leq \text{OPT}(L)\frac{1 + \frac{1}{M\varepsilon'}}{1 - \varepsilon'} + 4M + 1 \\
&\leq (1 + \varepsilon)\text{OPT}(L) + 4(\frac{2 + \varepsilon}{\varepsilon})^2 + 1 \\
&\leq (1 + \varepsilon)\text{OPT}(L) + \mathcal{O}(1/\varepsilon^2)
\end{aligned}
$$

und haben insgesamt die Behauptung bewiesen.   □

Wir gehen jetzt noch darauf ein, wie wir das oben erwähnte fraktionale Strip-Packing approximativ lösen können. Zunächst können wir das zu lösende lineare Programm auch als

$$
\min \sum_{j=1}^{q} x_j
$$

$$
\text{s.t.} \quad \sum_{j=1}^{q} \frac{\alpha_{ij}}{\beta_i} x_j \geq 1 \quad \text{für alle } i \in \{1, \ldots, M\}, \tag{LP(L)}
$$

$$
x_j \geq 0 \quad \text{für alle } j \in \{1, \ldots, q\}
$$

formulieren. Es ist zunächst nicht klar, wie wir den Algorithmus aus Abschnitt 15.1 benutzen können. Wir beschreiben aber, wie wir für eine gegebene feste Höhe h approximativ testen können, ob die Liste L zulässig in einen Strip der Höhe h gepackt werden kann. Wir wollen also konstruktiv die Zulässigkeit des Ungleichungssystems

$$
\sum_{j=1}^{q} \frac{\alpha_{ij}}{\beta_i} x_j \geq 1 \quad \text{für alle } i \in \{1, \ldots, M\}, \; x \in B
$$

testen, wobei

$$
B := \{ x \in \mathbb{R}_{\geq 0}^q; \sum_{j=1}^{q} x_j = r \}.
$$

Wir betrachten dazu das Problem der Bestimmung von

$$\lambda^* := \max\left\{\lambda; \sum_{j=1}^{q} \frac{a_{ij}}{\beta_i} x_j \geq \lambda, i \in \{1, \ldots, M\}, x \in B\right\}.$$

Dies ist ein Max-Min-Resource-Sharing-Problem mit einem Block B und M Überdeckungsbedingungen. Die zu den Nebenbedingungen gehörenden Funktionen können wir hier auch als Matrixmultiplikation $Ax \geq \lambda$ auffassen. Für das Max-Min Resource Sharing Problem wollen wir in $\mathcal{O}(M(\bar{\varepsilon}^{-2} + \ln M))$ Iterationen eine $(1 - \bar{\varepsilon})$-approximative Lösung bestimmen, wobei $\bar{\varepsilon} = \Theta(\varepsilon)$. In jeder dieser Iterationen muss eine Instanz des Blockproblems gelöst werden; genauer haben wir einen Preisvektor $y = (y_1, \ldots, y_M)$ und wollen eine $(1 - \bar{\varepsilon}/6)$-approximative Lösung des Problems

$$\max\{y^{\mathrm{t}} Ax; x \in B\}$$

bestimmen. Der Block B ist ein skalierter Standardsimplex; das Optimum des obigen Problems wird also in einem Extremalpunkt angenommen. Die Extremalpunkte von B entsprechen solchen Konfigurationen C_j mit $\tilde{x}_j = r$ und $\tilde{x}_{j'} = 0$ für alle $j' \in \{1, \ldots, M\} \setminus \{j\}$. Somit genügt es, eine Teilmenge von Breitenklassen zu finden, die nebeneinander in den Strip passen und im zugehörigen Profitvektor $d^{\mathrm{t}} = y^{\mathrm{t}} A$ einen maximalen Profit haben. Dieses Problem kann als ganzzahliges lineares Programm mit Variablen z_i formuliert werden, die jeweils die Anzahl des Vorkommens der Breitenklasse w_i' angeben. Insgesamt müssen wir also für einen gegebenen Vektor $(y_1, \ldots, y_M)$ approximativ das Problem

$$\max \sum_{i=1}^{M} \frac{y_i}{\beta_i} z_i$$

$$\text{s.t.} \sum_{i=1}^{M} w_i' z_i \geq 1 \tag{15.6}$$

$$z_i \in \mathbb{N} \cup \{0\} \quad \text{für alle } z_i \in \{1, \ldots, M\}$$

lösen. Dieses Problem ist ein klassisches Rucksackproblem mit unbeschränkten Variablen und kann mit Hilfe des FPTAS in [140] innerhalb einer Laufzeitschranke von $\mathcal{O}(M + (1/\bar{\varepsilon})^3)$ gelöst werden. Insgesamt kann also die Instanz des Max-Min Resource Sharing Problems approximativ mit Zielfunktionswert $(1 - \bar{\varepsilon})\lambda^*$ gelöst werden. In unserem Fall haben wir $\lambda^* \geq 1$ für $r \geq \text{OPT}$. Es gibt hier zwei Möglichkeiten für das Resultat der Lösung des Max-Min Resource Sharing Problems. Entweder finden wir eine Lösung, die die Breitenklassen zu jeweils mindestens $\sum_j \frac{\alpha_{ij}}{\beta_i} x_j \geq (1 - \bar{\varepsilon})$ überdeckt; ist dies nicht der Fall, so wissen wir, dass es keine Lösung mit $\sum_j \frac{\alpha_{ij}}{\beta_i} x_j \geq 1$ gibt. Im ersten Fall können wir den Wert r für die binäre Suche verkleinern und im anderen Fall gilt $\text{OPT} > r$ und wir müssen einen größeren Wert für die Packungshöhe r wählen. Mittels binärer Suche von $r \in [L, 3L]$ können wir somit eine Lösung

x erzeugen, so dass $\sum_{j=1}^{q} x_j \leq (1 + \delta/4)\text{OPT}$ und $\sum_{j=1}^{q}(\alpha_{ij}/\beta_i)x_j \geq (1 - \bar{\varepsilon})$ gilt, wobei OPT die Höhe eines optimalen fraktionalen Strip Packing bezeichnet. Wir setzen dann $\tilde{x} = (1 + 4\bar{\varepsilon})x$ und erhalten

$$\sum_{j=1}^{q} \frac{\alpha_{ij}}{\beta_i} \geq (1 - \bar{\varepsilon})(1 + 4\bar{\varepsilon}) \geq 1$$

für alle $i \in \{1, \ldots, M\}$ und $\bar{\varepsilon} \leq 3/4$. In diesem Fall ist die Höhe der erzeugten Packung höchstens

$$\sum_{j=1}^{q} \tilde{x}_j \leq \text{OPT}(1 + 4\bar{\varepsilon})(1 + \delta/4) \leq (1 + \delta)\text{OPT},$$

falls wir $\delta \leq 1$ und $\bar{\varepsilon} := 3\delta/20$ wählen. Weil das Optimum von LP(L) im Intervall $[L, 3L]$ liegt, ist die Gesamtlaufzeit unseres Algorithmus also beschränkt durch

$$\mathcal{O}\left(M \left(\frac{1}{\delta^2} + \ln M \right) \ln \left(\frac{1}{\delta} \right) \max \left(M + \frac{1}{\delta^3}, M \ln \ln \left(\frac{M}{\delta} \right) \right) \right).$$

Da $M = \mathcal{O}(1/\varepsilon^2)$ und $\delta = \Theta(\varepsilon)$ gilt, ist die Laufzeit des Blocklösers durch $\mathcal{O}(\varepsilon^{-3})$ beschränkt; das gewünschte fraktionale Strip Packing kann also innerhalb einer Laufzeitschranke von $\mathcal{O}(\varepsilon^{-7})$ berechnet werden. Ferner ist es mit Hilfe eines Ansatzes aus [99] möglich, die binäre Suche bei der Bestimmung der Packungshöhe r zu eliminieren, indem nur eine einzige Lösung für einen festen Wert von r berechnet wird. Durch diese Modifikation erhalten wir eine Gesamtlaufzeitschranke von

$$\mathcal{O}\left(M \left(\frac{1}{\delta^2} + \ln M \right) \max \left(M + \frac{1}{\delta^3}, M \ln \ln \left(\frac{M}{\delta} \right) \right) \right).$$

Die Anzahl der Konfigurationen, die bei dem oben beschriebenen Ansatz berechnet werden, ist durch $\mathcal{O}(M(\varepsilon^{-2} + \ln M)) = \mathcal{O}(\varepsilon^{-4})$ beschränkt. Dies liegt daran, dass wir in jeder Iteration höchstens eine neue Konfiguration $x_j > 0$ hinzufügen. Diese Anzahl der Iterationen kann jedoch auf $\mathcal{O}(\varepsilon^{-2})$ verkleinert werden, indem wir anschließend mehrere Gleichungssysteme mit $M + 1$ Gleichungen und $M + 2$ Variablen lösen. Sei etwa $\tilde{x}$ eine Lösung des Gleichungssystems

$$\sum_{j=1}^{q} \alpha_{ij}\tilde{x}_j \; = b_i \geq \beta_i \qquad\qquad \text{für alle } i \in \{1, \ldots, M\},$$

$$\sum_{i=1}^{M} \tilde{x}_j \; = b_{M+1} \leq (1 + \delta)\text{OPT},$$

wobei o.B.d.A. $\tilde{x}_j > 0$ für alle $j \in \{1, \ldots, q'\}$ und $\tilde{x}_j = 0$ für alle $j \in \{q' + 1, \ldots, q\}$. Wir wählen dann eine Teilmatrix B des obigen Gleichungssystems mit $M + 2$ Spalten und $M + 1$ Zeilen aus und lösen das Gleichungssystem $Bz = 0$.

Es gibt dann einen nichttrivialen Vektor $\hat{z} \neq 0$ derart, dass $B\tilde{z} = 0$ gilt. Wir können also eine positive Variable $\tilde{x}_j$, die einer der $M + 2$ Spalten in B entspricht, eliminieren; genauer setzen wir $\tilde{x} = \tilde{x} + \tilde{z}\delta$, wobei $\tilde{z} \in \mathbb{R}^q$ derjenige Vektor ist, der aus $\hat{z}$ durch Auffüllen mit zusätzlichen Nullen besteht und δ passend gewählt wird. Jeder dieser Eliminationsschritte kann innerhalb einer Laufzeitschranke von $\mathcal{O}(\mathcal{M}(M))$ durchgeführt werden, wobei $\mathcal{M}(n)$ die Zeit ist, die benötigt wird, um ein Gleichungssystem mit n Variablen und n Gleichungen zu lösen. Insgesamt benötigen wir $\mathcal{O}(\varepsilon^4)$ solche Eliminationsschritte; wir können also innerhalb einer Laufzeitschranke von $\mathcal{O}(\varepsilon^{-4}\mathcal{M}(\varepsilon^{-2}))$ die Anzahl der Konfigurationen geeignet reduzieren.

In [107] wird ein asymptotisches vollständiges Approximationsschema mit Rate $(1 + \varepsilon)$ OPT $+1$ vorgestellt. Darüber hinaus wurde auch die dreidimensionale Version des Problems MIN STRIP PACKING in [106], basierend auf dem Algorithmus von Kenyon und Rémila und weiteren Ideen, untersucht. Die Autoren erhalten eine Güte von $(2 - \varepsilon)$ OPT $+\mathcal{O}(1/\varepsilon^2)$.

15.3 Übungsaufgaben

Übung 15.18. Finden Sie ein AFPTAS für diejenige Modifikation von MIN STRIP PACKING, bei der Rotationen der Rechtecke um Vielfache von 90° erlaubt sind. Vergleiche auch [109].

Übung 15.19. Finden Sie ein AFPTAS für das folgende Optimierungsproblem.

Problem 15.20 (MIN SCHEDULING MALLEABLE TASKS).
Eingabe: n Jobs $J_1, \ldots, J_n$, m Maschinen und Ausführungszeiten $p_j(\ell)$, die von der Anzahl $\ell \in \{1, \ldots, m\}$ der zugeordneten Maschinen abhängen.
Ausgabe: Für jeden Job eine Startzeit $s_j \geq 0$ und Anzahl $\ell_j \in \{1, \ldots, m\}$ von Maschinen so, dass zu jedem Zeitpunkt t höchstens m Maschinen beschäftigt sind, d. h.

$$\sum_{j; t \in [s_j, s_j + p_j(\ell_j)]} \ell_j \leq m,$$

und die Länge des Schedules $\max_j s_j + p_j(\ell_j)$ minimal ist.

Vergleiche auch [100]. Für den Fall, dass die Anzahl der Maschinen polynomiell in der Anzahl der Jobs ist, existiert sogar ein polynomielles Approximationsschema, siehe [110].

Übung 15.21. Finden Sie einen approximativen Algorithmus zur Lösung von Max-Min Resouce Sharing (C), falls der Blocklöser das Blockproblem nicht besser als mit konstanter Güte c lösen kann, d. h., falls der Blocklöser von der Form

$$\text{berechne } \hat{x} \in B \text{ derart, dass } p^t f(\hat{x}) \geq (1 - t)c^{-1}\Lambda(P) \qquad (ABS_c(p, t))$$

ist.

Kapitel 16

Semidefinite Programmierung

Erinnern wir uns an Kapitel 11. Dort haben wir lineare Programme mit Ganzzahligkeitsbedingungen, also lineare Programme der Form

$$\max c^t \cdot x$$

$$\text{s.t. } A \cdot x \leq b \qquad \text{(ILP)}$$

$$x_1, \ldots, x_n \in \{0, 1\}$$

relaxiert, d. h., wir haben die Ganzzahligkeitsbedingungen durch die Bedingung $x_1, \ldots, x_n \in [0, 1]$ ersetzt. Im Gegensatz zum Originalproblem lässt sich das relaxierte optimal in polynomieller Zeit lösen. Natürlich ist die Lösung des relaxierten Problems noch keine Lösung des ganzzahligen linearen Programms, sie gibt aber häufig eine Idee, wie daraus eine Lösung für dieses gewonnen werden kann.

Ein ähnliches Verfahren wollen wir in diesem Kapitel kennen lernen, nur relaxieren wir hier nicht 0/1-Lösungen über $[0, 1]$, sondern $-1/1$-Lösungen über $\mathbb{S}_n$ (man kann ja durch die Identifizierung

$$-1 = (-1, \underbrace{0, \ldots, 0}_{(n-1)\text{-mal}}) \quad \text{und} \quad 1 = (1, \underbrace{0, \ldots, 0}_{(n-1)\text{-mal}})$$

jede ganzzahlige $-1/1$-Lösung als Element von $\mathbb{S}_n$ auffassen, so dass die Erweiterung der Lösungsmenge auf $\mathbb{S}_n$ tatsächlich eine Relaxierung ist).

Solch eine Relaxierung kann dann häufig mittels semidefiniter Programmierung gelöst werden. Für die Definition der semidefiniten Programmierung benötigen wir aber noch einige Begriffe. Dabei erinnern wir uns, dass eine quadratische Matrix $X \in \mathbb{R}^{n \times n}$ *symmetrisch* heißt, wenn $X = X^t$.

Definition 16.1. Eine symmetrische Matrix $X \in \mathbb{R}^{n \times n}$ heißt *positiv semidefinit*, falls $x^t X x \geq 0$ für alle $x \in \mathbb{R}^n$.

Ein *semidefinites Programm* in Standardform (SSDP) hat die folgende Form:

$$\max \sum_{i,j=0}^{n} c_{ij} x_{ij}$$

$$\text{s.t. } \sum_{i,j=1}^{n} a_{ij}^{(k)} x_{ij} \leq b_k \quad \text{für alle } k \in \{1, \ldots, l\} \qquad \text{(SSDP)}$$

$$X = (x_{ij}) \text{ ist positiv semidefinit.}$$

Eingaben sind also eine Zielfunktion $C = (c_{ij})$ und l $(n \times n)$-Matrizen $A^{(k)} = (a_{ij}^{(k)}) \in \mathbb{R}^{n \times n}$, die die linearen Nebenbedingungen beschreiben.

Die Definition der semidefiniten Programmierung sieht auf den ersten Blick sehr konstruiert aus. Wir werden aber in diesem Kapitel einige Optimierungsprobleme kennen lernen, die sich in natürlicher Weise als semidefinite Programme formulieren lassen. Darüber hinaus kann man semidefinite Programme als Erweiterung der linearen Programmierung ansehen, siehe Übung 16.27.

Wir erinnern zunächst an einige grundlegende Eigenschaften positiv semidefiniter Matrizen.

Lemma 16.2. *Für eine symmetrische Matrix $X \in \mathbb{R}^{n \times n}$ sind äquivalent:*

(i) *X ist positiv semidefinit.*

(ii) *Alle Eigenwerte von X sind nichtnegativ.*

(iii) *Es existiert eine Matrix B so, dass $X = BB^{\mathrm{t}}$.*

Beweis. (i) $\Longrightarrow$ (ii): Da X symmetrisch ist, sind alle Eigenwerte von X reelle Zahlen. Angenommen, es existiert ein Eigenwert $\lambda < 0$. Dann gilt für einen Eigenvektor $x \in \mathbb{R}^n$ zu λ

$$x^{\mathrm{t}} X x = x^{\mathrm{t}} \lambda x = \lambda \sum_{i=1}^{n} x_i^2 < 0,$$

ein Widerspruch dazu, dass X positiv semidefinit ist.

(ii) $\Longrightarrow$ (iii) Da X symmetrisch ist, existiert eine Orthonormalbasis von Eigenvektoren, d. h. es existieren $v_1, \dots, v_n \in \mathbb{R}_n$ so, dass

(a) $X \cdot v_i = \lambda_i \cdot v_i$, (b) $\langle v_i, v_i \rangle = 1$ und (c) $\langle v_i, v_j \rangle = 0$

für alle $i, j \le n$ mit $i \ne j$, wobei $\lambda_1, \dots, \lambda_n \in \mathbb{R}$ die entsprechenden, nicht notwendigerweise paarweise verschiedenen Eigenwerte sind. Sei $v_i = (v_i^1, \dots, v_i^n)$ für alle $i \le n$. Mit

$$V := \begin{pmatrix} v_1^1 & v_2^1 & \cdots & v_n^1 \\ v_1^2 & v_2^2 & \cdots & v_n^2 \\ \vdots & \vdots & \ddots & \vdots \\ v_1^n & v_2^n & \cdots & v_n^n \end{pmatrix} \quad \text{und} \quad D := \begin{pmatrix} \lambda_1 & 0 & \cdots & 0 \\ 0 & \lambda_2 & \cdots & 0 \\ \vdots & \vdots & \ddots & \vdots \\ 0 & 0 & \cdots & \lambda_n \end{pmatrix}$$

gilt dann $X \cdot V = V \cdot D$ und damit

$$X = VDV^{\mathrm{t}}.$$

Da alle Eigenwerte nach Voraussetzung nichtnegativ sind, existiert die Matrix

$$\sqrt{D} := \begin{pmatrix} \sqrt{\lambda_1} & 0 & \cdots & 0 \\ 0 & \sqrt{\lambda_2} & \cdots & 0 \\ \vdots & \vdots & \ddots & \vdots \\ 0 & 0 & \cdots & \sqrt{\lambda_n} \end{pmatrix}.$$

Wir setzen nun $B := V\sqrt{D}$ und es folgt

$$BB^t = V\sqrt{D}(V\sqrt{D})^t = V\sqrt{D}\sqrt{D}^t V^t = V\sqrt{D}\sqrt{D}V^t = VDV^t = X.$$

(iii) $\implies$ (i): Es gilt

$$x^t A x = x^t A^t x = x^t (BB^t)^t x = x^t B^t B x = \langle Bx, Bx \rangle \geq 0. \qquad \square$$

Wichtig für die nun folgenden Abschnitte ist, dass sich zu einer symmetrischen positiv semidefiniten Matrix $X \in \mathbb{R}^{n \times n}$ eine Matrix B mit $X = BB^t$ in Zeit $\mathcal{O}(n^3)$ mittels der sogenannten Cholesky-Zerlegung konstruieren lässt, siehe zum Beispiel Golub und Loan [78], Seite 90 (die Cholesky-Zerlegung konstruiert sogar eine obere Dreiecksmatrix B).

Weiter sind semidefinite Programme, ebenso wie lineare Programme, sowohl theoretisch als auch praktisch effizient lösbar. Ähnlich wie bei der linearen Programmierung kann man den Ellipsoidalgorithmus anwenden, um eine polynomielle, aber nicht praktikable Laufzeit zu erhalten, siehe zum Beispiel [180], Kapitel 13. Darüber hinaus entwickelte Alizadeh sogenannte Interior-Point-Algorithmen, die auch in der Praxis eine gute Laufzeit haben, siehe zum Beispiel [4] und [162]. Wir zitieren aus den Arbeiten den folgenden Satz, ein Beweis würde eine allzu genaue theoretische Abhandlung benötigen, die den Rahmen unserer Betrachtungen sprengt.

Satz 16.3. *Sei* SSDP *ein semidefinites Programm. Dann gibt es für jedes $\varepsilon > 0$ einen Algorithmus, der bis auf einen additiven Fehler von ε das Programm* SSDP *in polynomieller Zeit bezüglich der Größe der Eingabe und $\log \varepsilon^{-1}$ löst.*

16.1 MAXCUT

Wir werden in diesem Abschnitt einen auf semidefiniter Programmierung basierenden Approximationsalgorithmus für MAXCUT entwerfen, der von Goemans und Williamson in [75] vorgestellt wurde. Dieses Problem haben wir schon in Kapitel 1 behandelt und einen Approximationsalgorithmus kennen gelernt, der eine Güte von $1/2$ garantiert. Wir werden hier allerdings das Problem noch etwas verallgemeinern und betrachten Graphen $G = (V, E)$ mit Gewichten auf der Kantenmenge E.

Bis zu dem hier vorgestellten Algorithmus gab es nicht wirklich maßgebliche Verbesserungen dieser Schranke. Es wurden zwar immer wieder neue Algorithmen angegeben, allerdings näherte sich die Gütegarantie, gerade bei großen Knotenzahlen, immer $1/2$ an.

Wir erinnern noch einmal an das Problem.

Problem 16.4 (MAXCUT).
Eingabe: Ein ungerichteter Graph $G = (V, E)$ mit Gewichtsfunktion $w : E \longrightarrow \mathbb{N}$.
Ausgabe: Eine Partition von V in zwei Mengen V_1, V_2 so, dass

$$w(V_1, V_2) := \sum_{\{i,j\} \in E : i \in V_1, j \in V_2} w(i, j)$$

maximal ist. (Eine solche Partition $V = V_1 \dot{\cup} V_2$ heißt *Schnitt*.)

Wie schon in einigen Abschnitten zuvor, betrachten wir die Gewichtsfunktion w auf ganz $\{\{i, j\}; i, j \in V\}$ und setzen $w(\{i, j\}) := 0$ für $\{i, j\} \notin E$.

Offensichtlich ist das Problem MAXCUT äquivalent zum folgenden ganzzahligen quadratischen Programm:

$$\max \sum_{i < j} w(i, j) \frac{1 - x_i x_j}{2} \tag{Q}$$

$$\text{s.t. } x_1, \dots, x_n \in \{-1, 1\}.$$

Dabei bedeutet $x_i = -1$, dass $i \in V_1$, und $x_i = 1$, dass $i \in V_2$. Die Summe

$$\sum_{i < j} w(i, j) \frac{1 - x_i x_j}{2}$$

ist dann das Gewicht des Schnittes (V_1, V_2).

Wir relaxieren nun (Q) über der Einheitskugel $\mathbb{S}_n := \{v \in \mathbb{R}^n; v^{\mathrm{t}} \cdot v = 1\}$ (der n-dimensionalen Einheitskugelschale bezüglich der Euklidischen Norm) und erhalten

$$\max \sum_{i < j} w(i, j) \frac{1 - v_i^{\mathrm{t}} \cdot v_j}{2} \tag{VP}$$

$$\text{s.t. } v_1, \dots, v_n \in \mathbb{S}_n.$$

Eine Lösung von (VP) liefert uns also n Einheitsvektoren $v_1, \dots, v_n$. Die Idee wird sein, mit einer zufälligen Hyperebene die Einheitskugel $\mathbb{S}_n$ in zwei Teile $\mathbb{S}_n^1$ und $\mathbb{S}_n^2$ zu separieren. Die Knoten x_i, deren Vektoren v_i in $\mathbb{S}_n^1$ liegen, werden dann die Elemente von V_1 sein, die anderen legen wir in V_2. Wie sich zeigen wird, bildet dieses Verfahren im Mittel einen sehr guten Schnitt.

Zunächst müssen wir aber das Programm (VP) effizient lösen können. Wir werden daher (VP) in das semidefinite Programm (P) wie folgt umwandeln.

Definieren wir $y_{ij} := v_i^t \cdot v_j$, so ist die Matrix $Y = (y_{ij})$ symmetrisch und nach Lemma 16.2 *(iii)* positiv semidefinit. Schreiben wir nun (VP) um in

$$\max \sum_{i<j} w(i,j) \frac{1 - y_{ij}}{2}$$

$$\text{s.t. } y_{ii} = 1 \text{ für alle } i \in \{1, \ldots, n\} \tag{P}$$

$$Y = (y_{ij})_{ij} \text{ ist positiv semidefinit,}$$

so erhalten wir in der Tat ein semidefinites Programm. Offensichtlich kann jede Lösung $v_1, \ldots, v_n$ von (VP) in polynomieller Zeit in eine Lösung $y_{ij} := v_i^t \cdot v_j$ von (P) so transformiert werden, dass die Zielfunktionswerte gleich sind.

Umgekehrt können aus jeder Lösung $Y = (y_{ij})$ des Programms (P) mit Hilfe der Cholesky-Zerlegung Vektoren $v_1, \ldots, v_n$ so in polynomieller Zeit konstruiert werden, dass $v_i^t \cdot v_j = y_{ij}$ für alle $i, j \le n$ (siehe die Bemerkung im Anschluss von Lemma 16.2). Weiter folgt aus $1 = y_{ii} = v_i^t \cdot v_i$ für alle $i \le n$ die Nebenbedingung $v_i \in \mathbb{S}_n$. Also ist $v_1, \ldots, v_n$ auch eine Lösung von (VP).

Damit können wir nun unseren Algorithmus für MAXCUT formulieren.

Algorithmus SDP-MAXCUT($G = (V, E)$)

1   Konstruiere eine Lösung $Y = (y_{ij})$ des semidefiniten Programms (P).
2   Konstruiere aus $Y = (y_{ij})$ Vektoren $v_1, \ldots, v_n \in \mathbb{S}_n$ mit Hilfe der Cholesky-Zerlegung.
3   Wähle einen zufälligen Vektor $r \in \mathbb{S}_n$.
4   Setze $V_1 := \{i ; v_i^t \cdot r \ge 0\}$ und $V_2 := \{i ; v_i^t \cdot r < 0\}$.
5   return (V_1, V_2)

Anschaulich gesehen bedeutet das Wählen eines Vektors $r \in \mathbb{S}_n$ in Schritt 4 die zufällige Auswahl einer Hyperebene $H = \{v \in \mathbb{R}^n ; v^t \cdot r = 0\}$ durch den Nullpunkt. Diese Hyperebene H partitioniert dann die Einheitskugel $\mathbb{S}_n$ in zwei Teile, siehe Abbildung 16.1. In Schritt 5 verteilen wir dann die in $\mathbb{S}_n$ enthaltenen Vektoren $v_1, \ldots, v_n$ entsprechend ihrer Lage auf die Mengen V_1 und V_2.

Wir wollen nun mit der Analyse des Algorithmus SDP-MAXCUT beginnen. Sei dazu

$$X(r) := w(\text{SDP-MAXCUT}(G))$$

die durch den Algorithmus definierte Zufallsvariable, d. h., $X(r)$ ist der Wert des Schnittes bei Auswahl von r. Sei weiter OPT der Wert eines optimalen Schnitts und OPT$_{\text{SDP}}$ der optimale Wert der semidefiniten Relaxierung.

Ziel dieses Abschnittes ist zu zeigen, dass der obige Algorithmus eine erwartete Güte von 0.87856 garantiert. Zunächst beweisen wir den folgenden Satz.

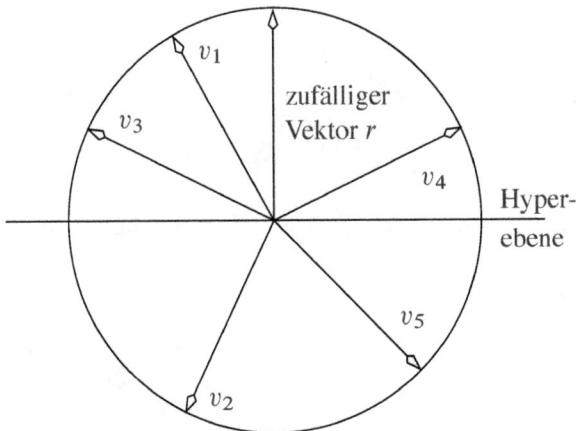

Abbildung 16.1. Berechnung eines Schnittes durch Auswahl einer zufälligen Hyperebene.

Satz 16.5. *Seien $v_1, \ldots, v_n$ die von Schritt 3 des Algorithmus* SDP-MAXCUT *konstruierten Vektoren. Dann gilt*

$$\mathrm{Exp}\,[X] \;\geq\; 0.87856 \sum_{i<j} w(i,j) \cdot \frac{1 - v_i^t \cdot v_j}{2}.$$

Beweis. Für alle $i, j \leq n$ mit $i < j$ sei

$$X_{ij} : \mathbb{S}_n \longrightarrow \mathbb{Q}; \; r \mapsto \begin{cases} w(i,j), & \text{falls } \mathrm{sgn}(v_i^t \cdot r) \neq \mathrm{sgn}(v_j^t \cdot r), \\ 0, & \text{sonst,} \end{cases}$$

wobei

$$\mathrm{sgn}(z) := \begin{cases} 1, & z \geq 0, \\ -1, & z < 0. \end{cases}$$

Dann gilt

$$X = \sum_{i<j} X_{ij}.$$

Aus der Linearität des Erwartungswertes folgt somit

$$\mathrm{Exp}\,[X] = \sum_{i<j} \mathrm{Exp}\,[X_{ij}].$$

Wir müssen also nur noch

$$\mathrm{Exp}\,[X_{ij}] \geq 0.87856 \cdot w(i,j) \frac{1 - v_i^t v_j}{2}$$

zeigen. Es gilt

$$
\begin{aligned}
\mathrm{Exp}\left[X_{ij}\right] &= 0 \cdot \Pr\left[X_{ij} = 0\right] + w(i,j) \cdot \Pr\left[X_{ij} = w(i,j)\right] \\
&= w(i,j) \cdot \Pr\left[\{r \in \mathbb{S}_n; \mathrm{sgn}(v_i^{t} \cdot r) \neq \mathrm{sgn}(v_j^{t} \cdot r)\}\right].
\end{aligned}
$$

Der Rest der Behauptung folgt dann aus den folgenden drei Lemmata.   □

Lemma 16.6. *Für alle $i < j$ gilt*

$$
\Pr\left[\{r \in \mathbb{S}_n; \mathrm{sgn}(v_i^{t} \cdot r) \neq \mathrm{sgn}(v_j^{t} \cdot r)\}\right] = \frac{1}{\pi} \arccos(v_i^{t} \cdot v_j).
$$

Beweis. Sei

$$
R_1 := \{r \in \mathbb{S}_n; v_i^{t} \cdot r \geq 0 \text{ und } v_j^{t} \cdot r < 0\}
$$

und

$$
R_2 := \{r \in \mathbb{S}_n; v_i^{t} \cdot r < 0 \text{ und } v_j^{t} \cdot r \geq 0\}.
$$

Da $\Pr[R_1] = \Pr[R_2]$, folgt

$$
\begin{aligned}
\Pr\left[\{r \in \mathbb{S}_n; \mathrm{sgn}(v_i^{t} \cdot r) \neq \mathrm{sgn}(v_j^{t} \cdot r)\}\right] &= \Pr[R_1 \cup R_2] \\
&= \Pr[R_1] + \Pr[R_2] \\
&= 2 \cdot \Pr[R_1].
\end{aligned}
$$

Sei nun $\theta := \arccos(v_i^{t} \cdot v_j)$. (Die geometrische Bedeutung ist in Abbildung 16.2 dargestellt.)

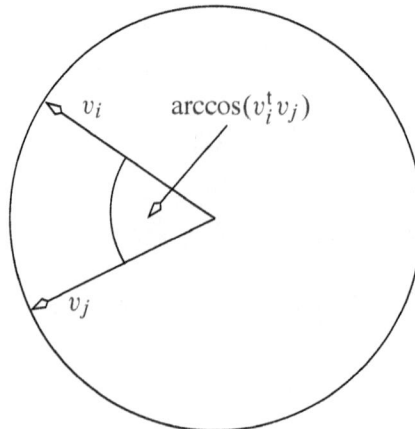

Abbildung 16.2. Der Winkel $\theta = \arccos(v_i \cdot v_j)$.

Die Menge R_1 ist die Schnittmenge von $\mathbb{S}_n$ mit zwei Halbräumen, die zusammen einen Winkel von θ einschließen. Folglich ist das Maß von R_1 genau das $\frac{\theta}{2\pi}$-fache des Maßes von $\mathbb{S}_n$, insbesondere gilt also

$$\Pr\left[\{r \in \mathbb{S}_n; v_i^t \cdot r \geq 0 \text{ und } v_j^t \cdot r < 0\}\right] = \frac{\theta}{2\pi} = \frac{\arccos(v_i^t \cdot v_j)}{2\pi},$$

und es folgt die Behauptung. □

Lemma 16.7. *Sei* $\alpha := \min_{0 < \theta \leq \pi}(\frac{2}{\pi} \frac{\theta}{1 - \cos\theta})$. *Dann gilt für alle* $i < j$

$$\Pr\left[\{r \in \mathbb{S}_n; \operatorname{sgn}(v_i^t \cdot r) \neq \operatorname{sgn}(v_j^t \cdot r)\}\right] \geq \alpha \cdot \frac{1 - v_i^t \cdot v_j}{2}.$$

Beweis. Aus Lemma 16.6 folgt

$$\Pr\left[\{r \in \mathbb{S}_n; \operatorname{sgn}(v_i^t \cdot r) \neq \operatorname{sgn}(v_j^t \cdot r)\}\right] = \frac{\arccos(v_i^t \cdot v_j)}{\pi}. \qquad (16.1)$$

Betrachte die Ungleichung

$$\frac{1}{\pi} \arccos(y) \geq \alpha \frac{1}{2}(1 - y), \qquad y \in [-1, 1]. \qquad (16.2)$$

Diese Ungleichung folgt direkt durch die Substitution $y = \cos\theta$ und der Voraussetzung $\alpha := \min_{0 < \theta \leq \pi}(\frac{2}{\pi} \frac{\theta}{1 - \cos\theta})$. Die Cauchy–Schwarzsche Ungleichung liefert uns dann

$$|v_i^t \cdot v_j| \leq \|v_i\| \cdot \|v_j\| = 1,$$

also gilt $v_i^t \cdot v_j \in [-1, 1]$. Ersetzen wir in (16.2) y durch $v_i^t \cdot v_j$ und setzen dann (16.2) in (16.1) ein, so erhalten wir

$$\Pr\left[\{r \in \mathbb{S}_n; \operatorname{sgn}(v_i^t \cdot r) \neq \operatorname{sgn}(v_j^t \cdot r)\}\right] \geq \alpha \cdot \frac{1 - v_i^t \cdot v_j}{2}. \qquad \square$$

Lemma 16.8. *Sei* α *wie oben. Dann gilt*

$$\alpha \geq 0.87856.$$

Beweis. Wir betrachten die Funktion

$$\theta \mapsto \frac{2}{\pi} \frac{\theta}{1 - \cos\theta}.$$

Zunächst gilt $\cos\theta \geq 1 - \frac{2}{\pi}\theta$ für alle $0 \leq \theta \leq \frac{\pi}{2}$ (siehe Abbildung 16.3), also insbesondere

$$\frac{2}{\pi} \frac{\theta}{1 - \cos\theta} \geq 1$$

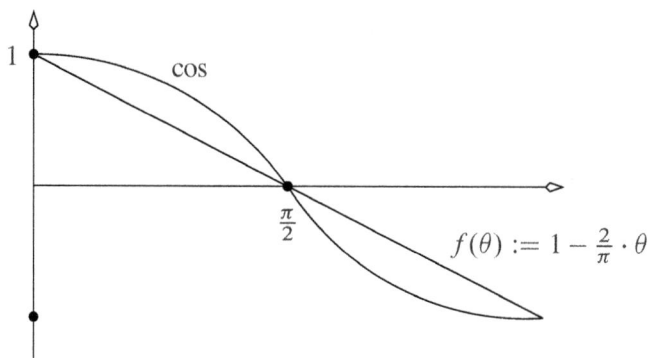

Abbildung 16.3. Funktionsskizze zum Beweis von Lemma 16.8.

für alle $0 < \theta \le \frac{\pi}{2}$.

Da weiter die Funktion $f(\theta) = 1 - \cos\theta$ streng konkav im Intervall $[\frac{\pi}{2}, \pi]$ ist, gilt

$$f(\theta) \le f(\theta_0) + (\theta - \theta_0) f(\theta_0) \tag{16.3}$$

für alle $\theta_0 \in [\frac{\pi}{2}, \pi]$. Hieraus erhalten wir, da zusätzlich $f(\theta_0) \le \sin\theta_0$ für alle $\theta_0 \in [\frac{\pi}{2}, \pi]$, dass

$$\begin{aligned}
1 - \cos\theta \ &\le \ f(\theta_0) + (\theta - \theta_0) f(\theta_0) \\
&\le \ 1 - \cos\theta_0 + (\theta - \theta_0)\sin\theta_0 \\
&= \ \theta \sin\theta_0 + (1 - \cos\theta_0 - \theta_0 \sin\theta_0).
\end{aligned}$$

Für $\theta_0 = 2.331122$ haben wir dann

$$1 - \cos\theta_0 - \theta_0 \sin\theta_0 < 0,$$

also

$$1 - \cos\theta < \theta \sin\theta_0,$$

und somit

$$\frac{2}{\pi} \frac{\theta}{1 - \cos\theta} > \frac{2}{\pi} \frac{1}{\sin\theta_0}$$

für alle $\frac{\pi}{2} < \theta < \pi$. Insgesamt folgt

$$\alpha = \min_{0 < \theta \le \pi} \frac{2}{\pi} \frac{\theta}{1 - \cos\theta} \ge \frac{2}{\pi} \frac{1}{\sin\theta_0} > 0.87856. \qquad \square$$

Wir erhalten also

$$\mathrm{Exp}[X] \ge 0.87856 \sum_{i < j} w(i, j) \cdot \frac{1 - v_i^t \cdot v_j}{2},$$

wobei $v_1, \ldots, v_n$ eine fast, d. h. bis auf eine additive Konstante ε optimale Lösung der semidefiniten Relaxierung ist. Genauer gilt

$$\sum_{i<j} w(i, j) \frac{1 - v_i^t \cdot v_j}{2} \geq \text{OPT}_{\text{SDP}} - \varepsilon.$$

Wir kommen damit zur Güte des in diesem Abschnitt vorgestellten Algorithmus.

Satz 16.9. *Sei $\alpha = 0.87856$. Der Algorithmus* SDP-MaxCut *kann so implementiert werden, dass für alle $\varepsilon > 0$ ein Schnitt mit erwarteter Güte*

$$(\alpha - \varepsilon) \cdot \text{OPT}$$

gefunden wird und die Laufzeit polynomiell in $n = |V|$ und $1/\varepsilon$ ist.

Beweis. Der approximative Algorithmus zum semidefiniten Programm berechnet eine Menge von Vektoren $v_1, \ldots, v_n$ mit Wert mindestens $\text{OPT}_{\text{SDP}} - \varepsilon$. Sei weiter OPT der Wert eines optimalen Schnittes. Dann gilt offensichtlich

$$\text{OPT}_{\text{SDP}} \geq \text{OPT}.$$

Mit Hilfe der Vektoren $v_1, \ldots, v_n$ berechnet der randomisierte Algorithmus einen Schnitt mit Gewicht

$$
\begin{aligned}
w &\geq \alpha(\text{OPT}_{\text{SDP}} - \varepsilon) \\
&\geq \alpha(\text{OPT} - \varepsilon) \\
&\geq (\alpha - \varepsilon)\,\text{OPT},
\end{aligned}
$$

falls OPT ≥ 1 gilt, es also einen Schnitt mit Gewicht mindestens 1 gibt.

Die Laufzeit ergibt sich aus den Laufzeiten der Algorithmen zum approximativen Lösen semidefiniter Programme.   □

16.2   Max≤ 2Sat

Das Problem MaxSat haben wir schon in den Abschnitten 10.1 und 11.1 behandelt. Ziel dieses Abschnittes ist es, einen neuen Ansatz zur Konstruktion eines randomisierten Approximationsalgorithmus kennen zu lernen, der auf semidefiniter Programmierung beruht.

Zunächst aber noch einmal die Formulierung des Problems.

Problem 16.10 (MaxSat).
Eingabe: Eine boolesche Formel $C_1 \wedge \cdots \wedge C_m$ über den booleschen Variablen
$x_1, \ldots, x_n$.
Ausgabe: Eine Belegung $\phi : \{x_1, \ldots, x_n\} \to \{\texttt{wahr}, \texttt{falsch}\}$ so, dass die Anzahl der erfüllten Klauseln maximiert wird.

Wir betrachten zuerst das eingeschränkte Problem MAX≤2SAT, bei dem jede Klausel C_j höchstens zwei Literale enthält, bevor wir im nächsten Abschnitt das allgemeine Problem MAXSAT behandeln.

Es scheint etwas überraschend, dass MAX≤2SAT tatsächlich NP-schwer ist, da ja das Problem 2SAT, wie wir bereits in Abschnitt 2.3 erläutert haben, in polynomieller Zeit gelöst werden kann. Wir werden deshalb zunächst den folgenden Satz beweisen.

Satz 16.11 (Karp [128]). MAX≤2SAT *ist* NP-*schwer.*

Beweis. Wir zeigen, dass, wenn wir zu jeder Instanz von MAX≤2SAT in polynomieller Zeit eine optimale Lösung finden, auch das Problem 3SAT in polynomieller Zeit lösen können.

Sei also

$$\phi = C_1 \wedge C_2 \wedge \cdots \wedge C_m$$

eine aussagenlogische Formel in 3-konjunktiver Normalform über den Variablen $X = \{x_1, \ldots, x_n\}$ mit Klauseln $C_i = (l_{1i} \vee l_{2i} \vee l_{3i})$.

Wir konstruieren nun zu jeder Klausel C_i eine Formel aus zehn Klauseln wie folgt:

$$\alpha_i \quad := \quad (l_{1i}) \wedge (l_{2i}) \wedge (l_{3i}) \wedge (y_i) \wedge (\neg l_{1i} \vee \neg l_{2i}) \wedge (\neg l_{1i} \vee \neg l_{3i})$$
$$\wedge (\neg l_{2i} \vee \neg l_{3i}) \wedge (l_{1i} \vee \neg y_i) \wedge (l_{2i} \vee \neg y_i) \wedge (l_{3i} \vee \neg y_i),$$

wobei y_i eine zusätzliche Variable sei. Die Formel

$$\alpha := f(\phi) = \alpha_1 \wedge \alpha_2 \wedge \cdots \wedge \alpha_m$$

über der Variablenmenge $X' := \{x_1, \ldots, x_n, y_1, \ldots, y_m\}$ ist also eine Instanz von MAX≤2SAT und lässt sich in polynomieller Zeit konstruieren.

Sei nun $\mu : X \longrightarrow \{\texttt{wahr}, \texttt{falsch}\}$ eine Belegung der Variablen aus X. Dann gilt, wie man leicht sieht:

(i) Ist $\mu(l_{1i}) = \mu(l_{2i}) = \mu(l_{3i}) = \texttt{falsch}$ (die Klausel C_i also nicht erfüllt), so erfüllt jede Fortsetzung von μ auf y_i höchstens sechs Klauseln von α_i.

(ii) Ist $\mu(l_{ji}) = \texttt{wahr}$ für ein $j \leq 3$ (die Klausel C_i also erfüllt), dann gibt es eine Fortsetzung von μ auf y_i so, dass genau sieben Klauseln von α_i erfüllt sind, und jede weitere Belegung der Variablen aus X' erfüllt höchstens sieben Klauseln von α_i.

Ist nun $\mu' : X' \longrightarrow \{\texttt{wahr}, \texttt{falsch}\}$ eine Belegung der Variablen aus X', so sind höchstens $7m$ Klauseln von α erfüllt und Gleichheit gilt genau dann, wenn die Einschränkung $\mu := \mu'|_X$ von μ' auf X eine erfüllende Belegung für ϕ liefert. Wir können also mit Hilfe einer optimalen Lösung von α entscheiden, ob ϕ erfüllbar ist. □

Für die Formulierung des Problems MAX≤2SAT als semidefinites Programm betrachten wir im Folgenden

$$\max \sum_{j=1}^{m} \nu(C_j) \tag{Q}$$

$$\text{s.t. } y_s \in \{-1, 1\} \quad \text{für alle } s \in \{0, \ldots, n\},$$

wobei wir $\nu(C_j)$ wie folgt definieren:

$$\nu(C_j) := \begin{cases} \dfrac{1 + y_0 y_s}{2}, & \text{falls } C_j = x_s, \\[2mm] \dfrac{1 - y_0 y_s}{2}, & \text{falls } C_j = \neg x_s, \\[2mm] 1 - \dfrac{1 - y_0 y_s}{2} \cdot \dfrac{1 - y_0 y_t}{2}, & \text{falls } C_j = x_s \vee x_t, \\[2mm] 1 - \dfrac{1 + y_0 y_s}{2} \cdot \dfrac{1 - y_0 y_t}{2}, & \text{falls } C_j = \neg x_s \vee x_t, \\[2mm] 1 - \dfrac{1 + y_0 y_s}{2} \cdot \dfrac{1 + y_0 y_t}{2}, & \text{falls } C_j = \neg x_s \vee \neg x_t. \end{cases} \tag{16.4}$$

Aus einer Lösung $y_0, y_1, \ldots, y_n$ konstruieren wir dann die Belegung

$$\mu : X \longrightarrow \{\texttt{wahr}, \texttt{falsch}\}; x_s \mapsto \begin{cases} \texttt{wahr}, & \text{falls } y_s = y_0, \\ \texttt{falsch}, & \text{sonst.} \end{cases}$$

Das obige Programm ist, wie man sieht, äquivalent zum Problem MAX≤2SAT. Der Wert $\nu(C_j)$ ist genau dann 1, wenn die Klausel C_j erfüllt ist, $\sum_{j=1}^{m} \nu(C_j)$ gibt also genau die Anzahl der erfüllten Klauseln an.

Allerdings ist die Zielfunktion ν zunächst nicht quadratisch, da ja Terme vierten Grades auftauchen. Man rechnet aber leicht nach, dass

$$1 - \frac{1 - y_0 y_s}{2} \frac{1 - y_0 y_t}{2} = \frac{1 + y_0 y_s}{4} + \frac{1 + y_0 y_t}{4} + \frac{1 - y_s y_t}{4},$$

$$1 - \frac{1 + y_0 y_s}{2} \frac{1 - y_0 y_t}{2} = \frac{1 - y_0 y_s}{4} + \frac{1 + y_0 y_t}{4} + \frac{1 + y_s y_t}{4} \quad \text{und}$$

$$1 - \frac{1 + y_0 y_s}{2} \frac{1 + y_0 y_t}{2} = \frac{1 - y_0 y_s}{4} + \frac{1 - y_0 y_t}{4} + \frac{1 - y_s y_t}{4}$$

für alle $y_0 \in \{-1, 1\}$ und $y_s, y_t \in \mathbb{R}$ gilt.

Wir können damit genau dasselbe Prinzip wie im letzten Abschnitt für das Problem MAXCUT anwenden, um ein semidefinites Programm zu erhalten.

Wir relaxieren zunächst das Programm (Q) zu

$$\max \sum_{j=1}^{n} v(C_j) \tag{VP}$$

$$\text{s.t. } v_s \in \mathbb{S}_{n+1} \quad \text{für alle } s \in \{0, \ldots, n\},$$

wobei wir $v(C_j)$ wie folgt definieren:

$$v(C_j) := \begin{cases} \dfrac{1 + v_0^t \cdot v_s}{2}, & \text{falls } C_j = x_s, \\[2mm] \dfrac{1 - v_0^t \cdot v_s}{2}, & \text{falls } C_j = \neg x_s, \\[2mm] 1 - \dfrac{1 - v_0^t \cdot v_s}{2} \cdot \dfrac{1 - v_0^t \cdot v_t}{2} & \text{falls } C_j = x_s \vee x_t, \\[2mm] 1 - \dfrac{1 + v_0^t \cdot v_s}{2} \cdot \dfrac{1 - v_0^t \cdot v_t}{2} & \text{falls } C_j = \neg x_s \vee x_t, \\[2mm] 1 - \dfrac{1 + v_0^t \cdot v_s}{2} \cdot \dfrac{1 + v_0^t \cdot v_t}{2} & \text{falls } C_j = \neg x_s \vee \neg x_t. \end{cases} \tag{16.5}$$

Das obige Programm ist, wie schon im letzten Abschnitt, äquivalent zu einem semidefinites Programm (man beachte, dass die obige Zielfunktion v wieder in eine quadratische Funktion umgeformt werden kann) und damit bis auf einen additiven Fehler optimal lösbar.

Wir erhalten also folgenden polynomiellen Algorithmus:

Algorithmus SDP-Max$\leq$2Sat$(C_1 \wedge \cdots \wedge C_m)$

```
 1   Bestimme eine Lösung v₀, . . . , vₙ von (VP), die nur um ε vom Optimum
     abweicht.
 2   Wähle einen zufälligen Vektor r ∈ 𝕊ₙ₊₁.
 3   for s = 1 to n do
 4      if sgn(rᵗ · vₛ) = sgn(rᵗ · v₀) then
 5         μᵣ(xₛ) = wahr
 6      else
 7         μᵣ(xₛ) = falsch
 8      fi
 9   od
10   return μᵣ
```

Wie bereits oben besprochen, verfolgt der obige Algorithmus dasselbe Ziel wie der im letzten Abschnitt für das Problem MaxCut. Wieder wird mit Hilfe einer zufälligen Hyperebene die Einheitskugel partitioniert. Variablen, deren korrespondierende

Vektoren in derselben Zusammenhangskomponente wie v_0 liegen, erhalten dann den Wert wahr, alle anderen den Wert falsch zugewiesen.

Sei nun

$$X_j : \mathbb{S}_{n+1} \longrightarrow \{0, 1\}; \quad r \mapsto \begin{cases} 1, & \text{falls } \mu_r(C_j) = \text{wahr}, \\ 0, & \text{sonst} \end{cases}$$

die Zufallsvariable, die (in Abhängigkeit von r) genau dann 1 ist, wenn die Klausel C_j durch den Algorithmus SDP-MAX≤2SAT auf wahr gesetzt wurde. Mit einer ähnlichen Argumentation wie im letzten Abschnitt erhält man dann

Lemma 16.12. *Für alle $j \leq m$ gilt*

$$\text{Exp}\big[X_j\big] \geq \alpha \cdot v(C_j),$$

wobei $\alpha := 0.87856$.

Beweis. Wir zeigen die Behauptung zunächst für Klauseln der Länge 1 und unterscheiden die beiden folgenden Fälle.

Fall 1: Sei $C_j = \neg x_s$. Insbesondere gilt dann

$$X_j(r) := \begin{cases} 1, & \text{falls } \text{sgn}(r^t \cdot v_0) \neq \text{sgn}(r^t \cdot v_s), \\ 0, & \text{sonst.} \end{cases}$$

Weiter haben wir

$$\begin{aligned} \text{Exp}\big[X_j\big] &= 0 \cdot \text{Pr}\big[X_j = 0\big] + 1 \cdot \text{Pr}\big[X_j = 1\big] \\ &= \text{Pr}\big[\{r \in \mathbb{S}_{n+1}; \text{sgn}(r^t \cdot v_s) \neq \text{sgn}(r^t \cdot v_0)\}\big]. \end{aligned}$$

Aus Lemma 16.7 folgt allerdings

$$\text{Pr}\big[\{r \in \mathbb{S}_{n+1}; \text{sgn}(r^t \cdot v_s) \neq \text{sgn}(r^t \cdot v_0)\}\big] \geq \alpha \cdot \frac{1 - v_s^t \cdot v_0}{2}$$

und aus $v(C_j) = \frac{1 - v_s^t \cdot v_0}{2}$ dann die Behauptung.

Fall 2: Sei $C_j = x_s$. Insbesondere gilt dann

$$X_j(r) := \begin{cases} 1, & \text{falls } \text{sgn}(r^t \cdot v_0) = \text{sgn}(r^t \cdot v_s), \\ 0, & \text{sonst.} \end{cases}$$

Weiter haben wir

$$\begin{aligned} \text{Exp}\big[X_j\big] &= \text{Pr}\big[\{r \in \mathbb{S}_{n+1}; \text{sgn}(r^t \cdot v_s) = \text{sgn}(r^t \cdot v_0)\}\big] \\ &= 1 - \text{Pr}\big[\{r \in \mathbb{S}_{n+1}; \text{sgn}(r^t \cdot v_s) \neq \text{sgn}(r^t \cdot v_0)\}\big]. \end{aligned}$$

Aus Lemma 16.6 folgt

$$\Pr\left[\{r \in \mathbb{S}_{n+1}; \operatorname{sgn}(r^t \cdot v_s) \neq \operatorname{sgn}(r^t \cdot v_0)\}\right] = \frac{\arccos(v_s^t \cdot v_0)}{\pi}.$$

Da weiter

$$\pi - \arccos(z) = \arccos(-z)$$

für alle $z \in [0, \pi]$, erhalten wir

$$
\begin{aligned}
\operatorname{Exp}\left[X_j\right] &= 1 - \frac{\arccos(v_s^t \cdot v_0)}{\pi} \\
&= \frac{\pi - \arccos(v_s^t \cdot v_0)}{\pi} \\
&= \frac{\arccos(-v_s^t \cdot v_0)}{\pi} \\
&\geq \alpha \cdot \frac{1 + v_s^t \cdot v_0}{2},
\end{aligned}
$$

wobei die letzte Ungleichung ähnlich wie in Lemma 16.7 gezeigt wird. Auch in diesem Fall folgt also die Behauptung.

Für Klauseln mit genau einem Literal ist der Satz somit gezeigt. Wir zeigen den Rest der Behauptung exemplarisch für Klauseln der Form $C_j = (x_s \wedge x_t)$, die anderen Fälle beweist man analog. Da, wie wir bereits gesehen haben,

$$v(C_j) = \frac{1 + v_0^t \cdot v_s}{4} + \frac{1 + v_0^t \cdot v_t}{4} + \frac{1 - v_s^t \cdot v_t}{4},$$

folgt aus der Linearität des Erwartungswertes

$$\operatorname{Exp}\left[X_j\right] = \operatorname{Exp}\left[X_j^{0s}\right] + \operatorname{Exp}\left[X_j^{0t}\right] + \operatorname{Exp}\left[X_j^{st}\right],$$

wobei

$$X_j^{0s}(r) := \begin{cases} \frac{1}{2}, & \text{falls } \operatorname{sgn}(r^t \cdot v_0) = \operatorname{sgn}(r^t \cdot v_s), \\ 0, & \text{sonst,} \end{cases}$$

$$X_j^{0t}(r) := \begin{cases} \frac{1}{2}, & \text{falls } \operatorname{sgn}(r^t \cdot v_0) = \operatorname{sgn}(r^t \cdot v_t), \\ 0, & \text{sonst,} \end{cases}$$

$$X_j^{st}(r) := \begin{cases} \frac{1}{2}, & \text{falls } \operatorname{sgn}(r^t \cdot v_s) \neq \operatorname{sgn}(r^t \cdot v_t), \\ 0, & \text{sonst.} \end{cases}$$

Diese Funktionen entsprechen aber genau den in der obigen Fallunterscheidung betrachteten Funktionen (bis auf einen Faktor von $\frac{1}{2}$). Es gilt daher

$$
\begin{aligned}
\mathrm{Exp}\left[X_j\right] &= \mathrm{Exp}\left[X_j^{0s}\right] + \mathrm{Exp}\left[X_j^{0t}\right] + \mathrm{Exp}\left[X_j^{st}\right] \\
&\geq \frac{1}{2}\cdot\alpha\frac{1+v_s^{\mathrm{t}}\cdot v_0}{2} + \frac{1}{2}\cdot\alpha\frac{1+v_t^{\mathrm{t}}\cdot v_0}{2} + \frac{1}{2}\cdot\alpha\frac{1-v_s^{\mathrm{t}}\cdot v_t}{2} \\
&= \alpha\frac{1+v_s^{\mathrm{t}}\cdot v_0}{4} + \alpha\frac{1+v_t^{\mathrm{t}}\cdot v_0}{4} + \alpha\frac{1-v_s^{\mathrm{t}}\cdot v_t}{4} \\
&= \alpha v(C_j),
\end{aligned}
$$

und damit die Behauptung. □

Ist nun X die Zufallsvariable, die die Anzahl der vom Algorithmus SDP-MAX$\leq$SAT erfüllbaren Klauseln angibt, so gilt

$$
X = \sum_{j=1}^{n} X_j,
$$

und es folgt aus der Linearität des Erwartungswertes

$$
\mathrm{Exp}\left[X\right] = 0.87856 \sum_{j=1}^{n} v(C_j).
$$

Die Summe $\sum_{j=1}^{n} v(C_j)$ ist aber der Wert einer optimalen Lösung des semidefiniten Programms (bis auf eine additive Konstante ε) und wir erhalten, wie schon im letzten Abschnitt,

Satz 16.13 (Goemans und Williamson [75]). *Der Algorithmus SDP-MAX$\leq$2SAT ist ein approximativer Algorithmus mit erwarteter Güte 0.87856.*

Es gibt eine Verbesserung von Feige und Goemans, siehe [59]. Die beiden Autoren geben in ihrer Arbeit einen Approximationsalgorithmus für das Problem MAX$\leq$2SAT, der eine Güte von 0.931 garantiert.

16.3 MaxSat

Wir kommen nun zum allgemeinen Problem MAXSAT. Unter anderem haben wir bereits zwei Approximationsalgorithmen für dieses Problem konstruiert, die in Abschnitt 11.1 zu einem Approximationsalgorithmus mit erwarteter Güte von 3/4 geführt haben, siehe Satz 11.4.

Wir lernen jetzt einen dritten Ansatz für das allgemeine Problem kennen, der auf semidefiniter Programmierung basiert, und werden damit am Ende dieses Abschnittes einen Algorithmus gefunden haben, der eine Güte von 0.7554 garantiert.

Sei also

$$\phi = C_1 \wedge \cdots \wedge C_m$$

eine boolesche Formel in konjunktiver Normalform über den booleschen Variablen $x_1, \ldots, x_n$ mit Klauseln $C_1, \ldots, C_m$. Für jede Klausel C_j sei

$$V_j^+ := \text{die Menge der positiven Variablen in } C_j,$$

$$V_j^- := \text{die Menge der negierten Variablen in } C_j.$$

Wir betrachten das folgende ganzzahlige quadratische Programm:

$$\max \sum_{j=1}^{m} z_j$$

$$\text{s.t.} \sum_{s \in V_j^+} \frac{1 + y_0 y_s}{2} + \sum_{s \in V_j^-} \frac{1 - y_0 y_s}{2} \geq z_j \quad \text{für alle } j \in \{0, \ldots, m\} \qquad (Q)$$

$$y_s \in \{-1, 1\} \quad \text{für alle } s \in \{0, \ldots, n\}$$

$$z_j \in \{0, 1\} \quad \text{für alle } j \in \{0, \ldots, m\}.$$

Wieder konstruieren wir aus einer Lösung $y_0, \ldots, y_n$ von (Q) die Belegung μ für die booleschen Variablen wie folgt:

$$\mu(x_s) = \text{wahr} :\Longleftrightarrow y_0 = y_s.$$

Wie man leicht sieht, ist das obige ganzzahlige quadratische Programm also äquivalent zum Problem MAXSAT.

Wiederum betrachten wir im Folgenden eine Relaxierung zu einem Vektorprogramm.

$$\max \sum_{j=1}^{m} z_j$$

$$\text{s.t.} \sum_{s \in V_j^+} \frac{1 + v_0^t \cdot v_s}{2} + \sum_{s \in V_j^-} \frac{1 - v_0^t \cdot v_s}{2} \geq z_j \quad \text{für alle } j \in \{0, \ldots, m\} \qquad (VP)$$

$$z_j \geq 0 \quad \text{für alle } j \in \{0, \ldots, m\}$$

$$z_j \leq 1 \quad \text{für alle } j \in \{0, \ldots, m\}$$

$$v_s \in \mathbb{S}_{n+1} \quad \text{für alle } s \in \{0, \ldots, n\}.$$

Ziel ist es, aus einer Lösung $(v_0, \ldots, v_n)$ von (VP) auf zwei verschiedene Arten eine Belegung der Variablen zu konstruieren: Im ersten Fall verfahren wir wie im letzten Abschnitt, d. h., wir wählen einen zufälligen Vektor $r \in \mathbb{S}_{n+1}$ und setzen x_s auf wahr, wenn $\mathrm{sgn}(v_0^{\mathrm{t}} \cdot r) = \mathrm{sgn}(v_s^{\mathrm{t}} \cdot r)$. Im zweiten Fall setzen wir die Variable x_s mit Wahrscheinlichkeit $\frac{1+v_0^{\mathrm{t}} \cdot v_s}{2}$ auf wahr.

Dabei wollen wir im ersten Fall, jedenfalls für die Klauseln der Länge höchstens 2, eine Güte erhalten, die der Güte des im letzten Abschnitt für das Problem MAX$\leq$2SAT kennen gelernten Algorithmus SDP-MAX$\leq$2SAT entspricht.

Wichtig dafür ist das folgende Lemma.

Lemma 16.14. *Für Klauseln C_j der Länge höchstens 2 gilt*

$$\sum_{s \in V_j^+} \frac{1 + v_0^{\mathrm{t}} \cdot v_s}{2} + \sum_{s \in V_j^-} \frac{1 - v_0^{\mathrm{t}} \cdot v_s}{2} \geq v(C_j). \tag{16.6}$$

Hierbei sei v wie in (16.5) definiert, d. h.

$$v(C_j) = \begin{cases} \dfrac{1 + v_0^{\mathrm{t}} \cdot v_s}{2}, & \textit{falls } C_j = x_s, \\[2mm] \dfrac{1 - v_0^{\mathrm{t}} \cdot v_s}{2}, & \textit{falls } C_j = \neg x_s, \\[2mm] 1 - \dfrac{1 - v_0^{\mathrm{t}} \cdot v_s}{2} \dfrac{1 - v_0^{\mathrm{t}} \cdot v_t}{2}, & \textit{falls } C_j = x_s \vee x_t, \\[2mm] 1 - \dfrac{1 + v_0^{\mathrm{t}} \cdot v_s}{2} \dfrac{1 - v_0^{\mathrm{t}} \cdot v_t}{2}, & \textit{falls } C_j = \neg x_s \vee x_t, \\[2mm] 1 - \dfrac{1 + v_0^{\mathrm{t}} \cdot v_s}{2} \dfrac{1 + v_0^{\mathrm{t}} \cdot v_t}{2}, & \textit{falls } C_j = \neg x_s \vee \neg x_t. \end{cases} \tag{16.7}$$

Beweis. Wir zeigen dies exemplarisch für $C_j = x_s \vee x_t$. In diesem Fall gilt, wie wir bereits auf Seite 329 gesehen haben:

$$v(C_j) = \frac{1 + v_0^{\mathrm{t}} \cdot v_s}{4} + \frac{1 + v_0^{\mathrm{t}} \cdot v_t}{4} + \frac{1 - v_s^{\mathrm{t}} \cdot v_t}{4} = 1 - \frac{1 - v_0^{\mathrm{t}} \cdot v_s}{2} \frac{1 - v_0^{\mathrm{t}} \cdot v_t}{2}.$$

Wir müssen also

$$\sum_{s \in V_j^+} \frac{1 + v_0^{\mathrm{t}} \cdot v_s}{2} + \sum_{s \in V_j^-} \frac{1 - v_0^{\mathrm{t}} \cdot v_s}{2} \; = \; \frac{1 + v_0^{\mathrm{t}} \cdot v_s}{2} + \frac{1 + v_0^{\mathrm{t}} \cdot v_t}{2}$$

$$\geq \; 1 - \frac{1 - v_0^{\mathrm{t}} \cdot v_s}{2} \frac{1 - v_0^{\mathrm{t}} \cdot v_t}{2}$$

zeigen.

Nun gilt

$$
\begin{aligned}
\frac{1 + v_0^t \cdot v_s}{2} &+ \frac{1 + v_0^t \cdot v_t}{2} - \left(1 - \frac{1 - v_0^t \cdot v_s}{2} \frac{1 - v_0^t \cdot v_t}{2} \right) \\
&= \frac{1}{2} + \frac{v_0^t \cdot v_s}{2} + \frac{1}{2} + \frac{v_0^t \cdot v_t}{2} - \frac{1}{2} - \frac{1}{2} + \frac{1 - v_0^t \cdot v_s}{2} \frac{1 - v_0^t \cdot v_t}{2} \\
&= -\frac{1 - v_0^t \cdot v_s}{2} - \frac{1 - v_0^t \cdot v_t}{2} + 1 + \frac{1 - v_0^t \cdot v_s}{2} \frac{1 - v_0^t \cdot v_t}{2} \\
&= \left(\frac{1 - v_0^t \cdot v_s}{2} - 1 \right) \cdot \left(\frac{1 - v_0^t \cdot v_t}{2} - 1 \right) .
\end{aligned}
$$

Es bleibt also zu zeigen, dass

$$
\left(\frac{1 - v_0^t \cdot v_s}{2} - 1 \right) \geq 0 \quad \text{und} \quad \left(\frac{1 - v_0^t \cdot v_t}{2} - 1 \right) \geq 0 .
$$

Offensichtlich ist dies äquivalent zu

$$
v_0^t \cdot v_s , v_0^t \cdot v_t \leq -1 .
$$

Da $v_0, v_s \in \mathbb{S}_{n+1}$, folgt aus der Cauchy–Schwarzschen Ungleichung

$$
|v_0^t \cdot v_s| \leq \|v_0\| \cdot \|v_s\| \leq 1
$$

(und analog für v_t), und damit die Behauptung. $\qquad\square$

Wir erweitern jetzt das Programm (VP) um die Nebenbedingung

$$
v(C_j) \geq z_j \quad \text{für alle } C_j \text{ der Länge} \leq 2
$$

und erhalten

$$
\max \sum_{j=1}^{m} z_j
$$

$$
\text{s.t.} \quad \sum_{s \in V_j^+} \frac{1 + v_0^t \cdot v_s}{2} + \sum_{s \in V_j^-} \frac{1 - v_0^t \cdot v_s}{2} \geq z_j \quad \text{für alle } j \in \{0, \ldots, m\} \tag{VP$'$}
$$

$$
\begin{aligned}
v(C_j) \geq z_j &\quad \text{für alle } C_j \text{ der Länge} \leq 2 \\
v_s \in \mathbb{S}_{n+1} &\quad \text{für alle } s \in \{0, \ldots, n\} \\
z_j \in [0,1] &\quad \text{für alle } j \in \{0, \ldots, m\} .
\end{aligned}
$$

Für Eingaben des Problems MAX$\leq$2SAT ist, dank des Lemmas 16.14, das obige Programm (VP$'$) äquivalent zu dem im letzten Abschnitt behandelten Vektorprogramm (VP). Die Nebenbedingungen

$$\sum_{s \in V_j^+} \frac{1 + v_0^t \cdot v_s}{2} + \sum_{s \in V_j^-} \frac{1 - v_0^t \cdot v_s}{2} \geq z_j \quad \text{für alle } j \in \{0, \ldots, m\}$$

werden ja in diesem Fall automatisch erfüllt. Weiter gilt $v(C_j) \geq z_j$ für alle zulässigen Lösungen, so dass wir die obige Zielfunktion

$$\max \sum_{j=1}^{m} z_j$$

durch

$$\max \sum_{j=1}^{m} v(C_j)$$

ersetzen können. Wir erhalten also damit für Eingaben von MAX$\leq$2SAT:

Lemma 16.15. *Für das Problem* MAX$\leq$2SAT *sind die Programme* (VP$'$) *und das in Abschnitt 16.2 behandelte Programm*

$$\max \sum_{j=1}^{n} v(C_j) \qquad \text{(VP-MAX$\leq$2SAT)}$$

$$s.t.\ v_s \in \mathbb{S}_{n+1} \quad \text{für alle } s \in \{0, \ldots, n\},$$

äquivalent.

Wir werden dies im Beweis von Satz 16.16 ausnutzen.

Wie schon in den letzten Abschnitten konstruieren wir mittels der Transformation $y_{st} = v_s^t \cdot v_t$ ein semidefinites Programm und aus einer fast optimalen Lösung des semidefiniten Programms mit Hilfe der Cholesky-Zerlegung eine fast optimale Lösung von (VP$'$).

Wir erhalten also folgenden polynomiellen Algorithmus:

Algorithmus MAXSAT1($C_1 \wedge \cdots \wedge C_m$)

1 Bestimme eine Lösung $v_0, \ldots, v_n, z_1, \ldots, z_m$ von (VP$'$), die nur um ε
   von einer optimalen Lösung abweicht.
2 Wähle ein $r \in \mathbb{S}_{n+1}$ zufällig.
3 for $s = 1$ to n do
4   if $\text{sgn}(v_0^t \cdot r) = \text{sgn}(v_s^t \cdot r)$ then
5      $\mu(x_s) = \text{wahr}$

```
 6    else
 7       μ(x_s) = falsch
 8    fi
 9  od
10  return μ
```

Ähnlich wie Lemma 16.12 zeigt man nun:

Satz 16.16. *Sei* $\alpha := 0.87856$. *Der Algorithmus* MAXSAT1 *erfüllt eine Klausel* C_j *der Länge höchstens* 2 *mit Wahrscheinlichkeit mindestens* αz_j.

Beweis. Sei also C_j eine Klausel der Länge höchstens 2 und X_j die Zufallsvariable, die genau dann 1 ausgibt, falls der Algorithmus eine Belegung ausgibt, die C_j erfüllt. Lemma 16.15 zeigt, dass die Lösungen der Programme (VP′) und (VP-MAX≤2SAT) gleich sind. Da auch die Algorithmen MAXSAT1 und SDP-MAX≤2SAT aus einer Lösung $v_0, \dots, v_n$ das Gleiche berechnen, folgt aus Lemma 16.12

$$\text{Exp}\big[X_j\big] \geq \alpha \cdot v(C_j).$$

Wegen $v(C_j) \geq z_j$ folgt dann die Behauptung. □

Eine weitere Möglichkeit, aus einer Lösung von (VP′) eine Belegung der Variablen zu konstruieren, ist der folgende Algorithmus.

Algorithmus MAXSAT2($C_1 \wedge \cdots \wedge C_m$)

1 Bestimme eine Lösung $v_0, \dots, v_n, z_1, \dots, z_m$ von VP′, die nur um ε von einer optimalen Lösung abweicht.
2 Wähle ein $r \in \mathbb{S}_{n+1}$ zufällig.
3 for $s = 1$ to n do
4   Setze x_s = wahr mit Wahrscheinlichkeit $\frac{1+v_0^!\cdot v_s}{2}$.
5 od

Satz 16.17. *Der Algorithmus* MAXSAT2 *erfüllt eine Klausel* C_j *der Länge* k *mit Wahrscheinlichkeit mindestens* $(1 - (1 - \frac{1}{k})^k)z_j$.

Beweis. Im Beweis von Satz 11.3 haben wir gezeigt, dass der Algorithmus RANDOMIZED ROUNDING MAXSAT eine Klausel der Länge k mit Wahrscheinlichkeit

$$\left(1 - \left(1 - \frac{1}{k}\right)^k\right) z_j$$

erfüllt, wenn x_s mit Wahrscheinlichkeit y_s auf wahr gesetzt wird. Dabei ist der Vektor

$(y_1, \ldots, y_n, z_1, \ldots, z_m)$ eine optimale Lösung des relaxierten linearen Programms LP(MAXSAT). Die Argumente können wir eins-zu-eins übernehmen, um auch den obigen Satz beweisen zu können. □

Wir kommen nun zur Formulierung unseres Algorithmus, der die Algorithmen RANDOMSAT aus Abschnitt 10.1, MAXSAT1 und MAXSAT2 verknüpft.

Algorithmus SDP-MAXSAT$(C_1 \wedge \cdots \wedge C_m)$

1 Wende den Algorithmus RANDOMSAT mit Wahrscheinlichkeit $p_1 = 0.4785$ an.

2 Wende den Algorithmus MAXSAT2 mit Wahrscheinlichkeit $p_2 = 0.4785$ an.

3 Wende den Algorithmus MAXSAT1 mit Wahrscheinlichkeit $p_3 = 0.0430$ an.

Wir erhalten folgendes Ergebnis:

Satz 16.18. SDP-MAXSAT *hat eine erwartete multiplikative Güte von mindestens* 0.7554.

Beweis. Sei $v_1, \ldots, v_n, z_1 \ldots, z_m$ eine fast optimale Lösung des Programms (VP′). Sei weiter X_j^1, X_j^2 bzw. X_j^3 die 0/1-Zufallsvariable, die angibt, ob die Belegung, die vom Algorithmus RANDOMSAT, MAXSAT2 bzw. MAXSAT1 konstruiert wurde, die Klausel C_j erfüllt ist. Ist dann X die Zufallsvariable, die vom Algorithmus SDP-MAXSAT konstruiert wird, so gilt

$$X = \sum_{j=1}^{m} (p_1 \cdot X_j^1 + p_2 \cdot X_j^2 + p_3 \cdot X_j^3).$$

Wegen der Linearität des Erwartungswertes ergibt sich dann die erwartete Güte als Summe der obigen Erwartungswerte.

Sei also C_j eine Klausel der Länge k. Dann gilt

$$\mathrm{Exp}\left[X_j^1\right] = 1 - \frac{1}{2^k} \qquad \text{nach Satz 10.5}$$

$$\mathrm{Exp}\left[X_j^2\right] \geq \left(1 - \left(1 - \frac{1}{k}\right)^k\right) \cdot z_j \qquad \text{nach Satz 16.17 und}$$

$$\mathrm{Exp}\left[X_j^3\right] \geq \begin{cases} \alpha \cdot z_j, & \text{falls } k \leq 2, \\ 0, & \text{sonst} \end{cases} \qquad \text{nach Satz 16.16.}$$

Die erwartete Anzahl der erfüllten Klauseln ist also durch folgenden Term nach unten beschränkt:

$$\sum_{C_j:\,\text{Länge 1}} \left(\frac{1}{2} p_1 + (p_2 + p_3 \alpha) \cdot z_j \right)$$

$$+ \sum_{C_j:\,\text{Länge 2}} \left(\frac{3}{4} p_1 + \left(\frac{3}{4} p_2 + p_3 \alpha \right) \cdot z_j \right)$$

$$+ \sum_{C_j:\,\text{Länge} \geq 3} \left(1 - \frac{1}{2^k} \right) p_1 + \left(1 - \left(1 - \frac{1}{k} \right)^k \right) p_2 \cdot z_j.$$

Man beachte, dass wir hierbei annehmen, dass MAXSAT1 gar keine Klausel der Länge mindestens 3 erfüllt.

Für $k \in \{1, \ldots, 4\}$ rechnet man elementar nach, dass die erwartete Anzahl der erfüllten Klauseln $0.7554 \cdot z_j$ überschreitet. Für $k \geq 5$ verwenden wir

$$1 - \left(1 - \frac{1}{k} \right)^k \geq 1 - \frac{1}{e} \quad \text{und} \quad 1 - 2^{-k} \geq 1 - 2^{-5}$$

und errechnen

$$\left(1 - \frac{1}{2^5} \right) p_1 + \left(1 - \frac{1}{e} \right) p_2 z_j \geq 0.7554 z_j.$$

Sei nun OPT_{SDP} der Wert einer optimalen Lösung der semidefiniten Relaxierung von MAXSAT (d. h. vom Programm VP') und OPT der Wert einer optimalen Lösung von MAXSAT. Dann gilt $\sum_{j=1}^{m} z_j \geq \text{OPT}_{\text{SDP}} - \varepsilon$ und $\text{OPT}_{\text{SDP}} \geq \text{OPT}$. Insgesamt erhalten wir damit für die erwartete Anzahl der erfüllten Klauseln:

$$\begin{aligned} \text{Exp}\,[X] \;&\geq\; 0.7554 \sum_{j=1}^{m} z_j \\ &\geq\; 0.7554(\text{OPT}_{\text{SDP}} - \varepsilon) \\ &\geq\; 0.7554(\text{OPT} - \varepsilon) \\ &\geq\; (0.7554 - \varepsilon)\,\text{OPT}, \end{aligned}$$

falls $\text{OPT} \geq 0.7554$ gilt, also überhaupt Klauseln erfüllbar sind.   □

Asano hat in [16] einen Algorithmus mit Güte 0.7877 vorgestellt. In demselben Artikel werden auch weitere Referenzen für das in diesem Abschnitt behandelte Problem angegeben.

16.4 MIN NODE COLORING

Ziel dieses Abschnittes ist es, einen auf semidefiniter Programmierung basierenden Algorithmus für das Problem MIN NODE COLORING vorzustellen.

Problem 16.19 (MIN NODE COLORING).
Eingabe: Ein Graph $G = (V, E)$.
Ausgabe: Eine minimale Knotenfärbung von G.

Genauer beweisen wir den folgenden Satz.

Satz 16.20 (Karger, Motwani, Sudan [123]). *Es gibt einen polynomiellen Algorithmus, der jeden 3-färbbaren Graphen $G = (V, E)$ mit $\widetilde{\mathcal{O}}(|V|^{\frac{1}{4}})$ Farben färbt.*

Färbungsprobleme kennen wir schon aus Abschnitt 5.3 und haben dort einen Greedy-Algorithmus kennengelernt, der einen k-färbbaren Graphen $G = (V, E)$ in polynomieller Zeit mit $\mathcal{O}(|V|/\log_k |V|)$ Farben färbt. Der folgende Algorithmus benötigt, allerdings nur im Fall $k = 3$, $\mathcal{O}(\sqrt{|V|})$ Farben.

Algorithmus COLOR1$(G = (V, E))$

```
1   n := |V|
2   while ∃v ∈ V : deg(v) ≥ √n do
3       Färbe v mit Farbe 1.
4       Färbe alle Nachbarn von v in Polynomzeit mit zwei weiteren neuen
        Farben.
5       Lösche v und alle Nachbarn von v.
6   od
7   Färbe den restlichen Graphen mit √n neuen Farben.
```

Der Algorithmus nutzt in Schritt 4 aus, dass der von den Nachbarn eines Knotens v induzierte Teilgraph bipartit ist (da G 3-färbbar ist) und bipartite Graphen in polynomieller Zeit 2-färbbar sind, siehe Kapitel 3, insbesondere Übungsaufgabe 3.30. Weiter wissen wir seit Abschnitt 3.1, dass der Greedy-Algorithmus ACOL jeden Graphen mit Maximalknotengrad Δ mit höchstens $\Delta + 1$ Farben färbt (Satz 3.6). Dies nutzen wir in Schritt 7 des obigen Algorithmus aus.

Der Beweis der Güte des obigen Algorithmus ist sehr einfach.

Satz 16.21 (Widgerson [193]). *Der Algorithmus COLOR1 färbt 3-färbbare Graphen $G = (V, E)$ mit $\mathcal{O}(\sqrt{|V|})$ Farben.*

Beweis. Sei $n := |V|$. In jedem Schleifendurchlauf löschen wir mindestens $\sqrt{n}$ Knoten, also werden höchstens $n/\sqrt{n}$ Iterationen durchgeführt und es werden in der Schleife höchstens $1 + 2n/\sqrt{n} = 1 + 2\sqrt{n}$ Farben benötigt. Der letzte Schritt verwendet höchstens $\sqrt{n}$ Farben, da der maximale Grad im Restgraphen höchstens $\sqrt{n} - 1$ ist. Insgesamt benötigen wir also maximal $1 + 3\sqrt{n}$ Farben. $\qquad\square$

Mit semidefiniter Programmierung lässt sich ein besseres Ergebnis erzielen. Wir
betrachten dazu das folgende Vektorprogramm:

$$\min \lambda$$
$$\text{s.t. } v_i^t \cdot v_j \leq \lambda \quad \text{für alle } \{i, j\} \in E \qquad\qquad\qquad\qquad \text{(VP)}$$
$$v_i \in \mathbb{S}_n.$$

Ähnlich wie in Abschnitt 16.1 für das Problem MAXCUT lässt sich das obige Programm in ein semidefinites Programm umformen. Die Idee, aus einer Lösung von
(VP) eine Färbung zu konstruieren, ist wieder ähnlich zu der in Abschnitt 16.1 behandelten Technik. Dort haben wir eine zufällige Hyperebene konstruiert und die Vektoren entsprechend ihrer Lage in der Einheitskugel $\mathbb{S}_n$ auf zwei Mengen aufgeteilt.
Wir suchen für das Problem MIN NODE COLORING eine Aufteilung der Knoten in c
Mengen, die dann unsere Farbklassen definieren. Wir werden also c zufällige Hyperebenen konstruieren und die Knotenmenge entsprechend der Lage der korrespondie-
renden Vektoren partitionieren. Dabei sollte auf der einen Seite c natürlich möglichst
klein sein, um wenige Farben zu verwenden, auf der anderen Seite aber groß genug,
damit die so erhaltene Färbung mit hinreichender Wahrscheinlichkeit auch zulässig
ist.

Zunächst zeigt aber das folgende Lemma, welche Kosten wir für das Programm
(VP) erwarten können.

Lemma 16.22. *Für jeden 3-färbbaren Graphen* $G = (V, E)$ *ist der Wert* λ *des Programms* (VP) *von oben durch* $-\frac{1}{2}$ *beschränkt.*

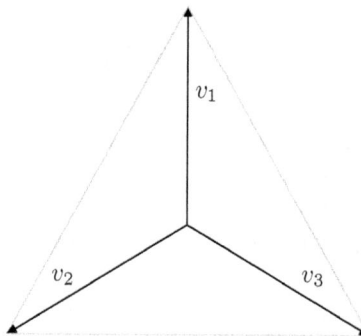

Abbildung 16.4. Das Dreieck aus Lemma 16.22.

Beweis. Wir konstruieren eine zulässige Lösung $\bar{v}_1, \ldots, \bar{v}_n, n = |V|$ so, dass

$$v_i^t \cdot v_j \leq -\frac{1}{2}$$

für alle $\{i, j\} \in E$. Dazu betrachten wir zunächst ein gleichseitiges Dreieck mit Ecken
v_1, v_2, v_3 wie in Abbildung 16.4. Da G 3-färbar ist, gibt es eine Färbung $c : V \longrightarrow$

$\{1, 2, 3\}$. Wir ordnen jetzt jedem Knoten mit Farbe $i \leq 3$ den Vektor v_i zu, d. h. $\bar{v}_i := v_{c(v)}$.

Da der Winkel zwischen zwischen zwei Vektoren v_i und v_j mit $i \neq j$ genau $2\pi/3$ ist, folgt für alle $\bar{v}_i, \bar{v}_j$ mit $\{i, j\} \in E$

$$\bar{v}_i^t \cdot \bar{v}_j = |\bar{v}_i||\bar{v}_j| \cos\theta = \cos\frac{2\pi}{3} = -\frac{1}{2},$$

und damit die Behauptung. □

Wir werden, wie oben beschrieben, mit Hilfe des obigen Vektorprogramms (VP) eine Partition der Knotenmenge konstruieren, die aber zunächst keine Färbung, sondern eine sogenannte Semifärbung des Graphen im Sinne der folgenden Definition bildet. Aus dieser lässt sich dann eine Färbung auf ganz V fortführen, wie Lemma 16.24 zeigt.

Definition 16.23. Eine *Semi-Färbung* mit $k \in \mathbb{N}$ Farben eines Graphen $G = (V, E)$ ist eine Abbildung $f : V \to \{1, \ldots, k\}$ so, dass

$$|\{\{i, j\} \in E; f(i) = f(j)\}| \leq \frac{|V|}{4}.$$

Ist f eine Semifärbung für einen Graphen $G = (V, E)$, so nennen wir jeden Knoten $v \in V$ mit $f(v) \neq f(w)$ für alle $w \in V$ mit $\{v, w\} \in E$ *korrekt gefärbt*. Die übrigen Knoten heißen *falsch gefärbt*. Ziel ist es, aus einer Semifärbung eine richtige Färbung zu konstruieren, die mit wenigen zusätzlichen Farben auskommt. Wichtig dafür ist das folgende Lemma.

Lemma 16.24. *Sei $G = (V, E)$ ein Graph. Dann gilt:*

(i) In einer Semifärbung sind mindestens $|V|/2$ Knoten korrekt gefärbt.

(ii) Ist G in polynomieller Zeit k-semifärbbar, so kann man in polynomieller Zeit eine korrekte Färbung mit $k \log|V|$ Farben für G konstruieren.

Beweis. (i) Sei $V' \subseteq V$ die Menge der falsch gefärbten Knoten und $E' = \{\{i, j\} \in E; f(i) = f(j)\}$ die Menge der „falsch gefärbten Kanten". Dann gilt

$$|V'| \leq 2|E'|,$$

so dass aus der Definition der Semifärbung die Behauptung folgt.

(ii) Haben wir eine Semifärbung von G mit k Farben, so löschen wir die korrekt gefärbten Knoten. Dies sind nach *(i)* mindestens $|V|/2$. Danach konstruieren wir in polynomieller Zeit für die übrig gebliebenen Knoten von G wieder eine Semifärbung mit k neuen Farben usw. Man benötigt also höchstens $\log|V|$ Iterationen und damit höchstens $k \log|V|$ Farben. □

Sei im Folgenden G ein 3-färbbarer Graph mit Maximalgrad Δ. Wir werden nun einen Algorithmus kennen lernen, der mit hoher Wahrscheinlichkeit eine gute Semifärbung findet (siehe Satz 16.25). Der Algorithmus verfolgt genau das oben beschriebene Prinzip, mit Hilfe von zufälligen Hyperebenen die Vektoren $v_1, \ldots, v_n$ geeignet zu partitionieren.

Algorithmus KMS1$(G = (V, E))$

1   $n := |V|$

2   Löse das Vektorprogramm (VP) und erhalte Vektoren $v_1, \ldots, v_n$.

3   Wähle $t = 2 + \log_3 \Delta$ zufällige Vektoren $r_1, \ldots, r_t$.

4   Bestimme

$$
\begin{aligned}
R_1 &= \{i; r_1^t \cdot v_i \geq 0, r_2^t \cdot v_i \geq 0, \ldots, r_t^t \cdot v_i \geq 0\}, \\
R_2 &= \{i; r_1^t \cdot v_i < 0, r_2^t \cdot v_i \geq 0, \ldots, r_t^t \cdot v_i \geq 0\}, \\
&\vdots \\
R_{2^t} &= \{i; r_1^t \cdot v_i < 0, r_2^t \cdot v_i < 0, \ldots, r_t^t \cdot v_i < 0\}.
\end{aligned}
$$

5   Färbe die Knoten in R_i mit Farbe i.

Satz 16.25. *Der Algorithmus* KMS1 *erzeugt für jeden 3-färbbaren Graphen mit Wahrscheinlichkeit* $1/2$ *eine Semifärbung mit* $\mathcal{O}(\Delta^{\log_3 2})$ *Farben.*

Beweis. Da $3^{\log_3 2} = 2$ und $3^{\log_3 \Delta} = \Delta$, folgt $2^{1/\log_3 2} = 3 = \Delta^{1/\log_3 \Delta}$. Damit erhalten wir

$$
2^{\log_3 \Delta} = \Delta^{\log_3 2}.
$$

Der Algorithmus verwendet also $2^t = 4 \cdot 2^{\log_3 \Delta} = 4\Delta^{\log_3 2}$ Farben.

Sei nun f die vom Algorithmus erzeugte Färbung. Dann gilt für alle $\{i, j\} \in E$

$$
\Pr[f(i) = f(j)] = \left(1 - \frac{1}{\pi} \arccos(v_i^t \cdot v_j)\right)^t.
$$

Um dies einzusehen, argumentieren wir analog wie in den letzten Abschnitten (siehe zum Beispiel den Beweis von Lemma 16.12, insbesondere Fall 2). Es gilt auch hier für einen zufälligen Vektor r_k

$$
\Pr\left[\operatorname{sgn}(v_i^t \cdot r_k) = \operatorname{sgn}(v_j^t \cdot r_k)\right] = 1 - \frac{1}{\pi} \arccos(v_i^t \cdot v_j),
$$

also ist die Wahrscheinlichkeit $\Pr[f(i) = f(j)]$, dass i und j die gleiche Farbe bekommen,

$$
\prod_{k=1}^{t} \Pr\left[\operatorname{sgn}(v_i^t \cdot r_k) = \operatorname{sgn}(v_j^t \cdot r_k)\right] = \left(1 - \frac{1}{\pi} \arccos(v_i^t \cdot v_j)\right)^t,
$$

da die Vektoren $r_1, \ldots, r_t$ unabhängig gewählt wurden. Nun folgt aus Lemma 16.22

$$v_i^t \cdot v_j \le \lambda \le -\frac{1}{2},$$

also ist

$$\theta := \arccos(v_i^t \cdot v_j) \ge \frac{2\pi}{3}$$

für alle $\{i, j\} \in E$, und es folgt

$$
\begin{aligned}
\left(1 - \frac{1}{\pi}\arccos(v_i^t \cdot v_j)\right)^t &\le \left(1 - \frac{1}{\pi}\frac{2\pi}{3}\right)^t \\
&= \left(\frac{1}{3}\right)^t \\
&= \left(\frac{1}{3}\right)^{2+\log_3 \Delta} \\
&= \frac{1}{9} \cdot \frac{1}{3^{\log_3 \Delta}} \\
&= \frac{1}{9\Delta}.
\end{aligned}
$$

Wir erhalten also

$$\Pr[f(i) = f(j)] \le \frac{1}{9\Delta}$$

für alle Kanten $\{i, j\} \in E$. Sei nun $m = |E|$ die Anzahl der Kanten in E,

$$X(r_1, \ldots, r_t) := |\{\{i, j\} \in E; f(i) = f(j)\}|$$

die Zufallsvariable, die die Anzahl der falsch gefärbten Kanten ausgibt (man beachte, dass die ausgegebene Färbung f ja von $r_1, \ldots, r_t$ abhängt), und X_{ij} die 0/1-Zufallsvariable, die genau dann 1 ist, wenn die Kante $\{i, j\} \in E$ falsch gefärbt ist. Dann gilt

$$\mathrm{Exp}\left[X_{ij}\right] = 0 \cdot \Pr[f(i) \ne f(j)] + 1 \cdot \Pr[f(i) = f(j)] \le \frac{1}{9\Delta}.$$

Offensichtlich ist $m \le \frac{n}{2}\Delta$. Daraus und aus der Linearität des Erwartungswertes erhalten wir

$$\mathrm{Exp}[X] = \sum_{\{i,j\}\in E} \mathrm{Exp}\left[X_{ij}\right] \le \frac{m}{9\Delta} \le \frac{\frac{n}{2}\Delta}{9\Delta} \le \frac{n}{18},$$

so dass aus der Markov-Ungleichung

$$\Pr[X \ge n/4] \le \Pr[X \ge n/9] \le \frac{\mathrm{Exp}[X]}{n/9} = \frac{1}{2}$$

folgt. Für die Wahrscheinlichkeit, dass der Algorithmus eine Semifärbung, d. h. eine Färbung, in der höchstens $n/4$ Kanten falsch gefärbt sind, findet, gilt somit

$$\Pr[X \leq n/4] = 1 - \Pr[X \geq n/4] \geq 1 - \frac{1}{2} = \frac{1}{2}. \qquad \square$$

Für 3-färbbare Graphen mit sehr großem Maximalgrad, d. h. $\Delta \approx n := |V|$, erhalten wir also einen Algorithmus mit Güte $\widetilde{\mathcal{O}}(n^{\log_3 2}) = \widetilde{\mathcal{O}}(n^{0.613})$. Das ist allerdings schlechter als Widgersons Algorithmus, der ja eine Güte von $\mathcal{O}(\sqrt{n})$ garantiert und eine bei weitem geringere Laufzeit hat. Der folgende Algorithmus kombiniert beide Methoden. Die dabei verwendete Konstante δ werden wir in der Analyse genauer beschreiben.

Algorithmus COLOR2$(G = (V, E))$

1    $n := |V|$
2   while $\exists v \in V : \deg(v) \geq \delta$ do
3   Färbe v mit Farbe 1.
4   Färbe die Nachbarn von v mit zwei neuen Farben.
5   Lösche v und dessen Nachbarn.
6   od
7   Semi-färbe den Restgraphen mit $\mathcal{O}(\delta^{\log_3 2})$ Farben.

Satz 16.26. *Für $\delta = n^{0.613}$ findet der Algorithmus* COLOR2 *mit hoher Wahrscheinlichkeit eine Semifärbung mit $\widetilde{\mathcal{O}}(n^{0.387})$ Farben.*

Beweis. Die while-Schleife verwendet $\mathcal{O}(\frac{n}{\delta})$ Farben, da wir in jeder Iteration mindestens $\delta + 1$ Knoten löschen. Der letzte Schritt verbraucht $\widetilde{\mathcal{O}}(\delta^{\log_3 2})$ Farben. Um beide Anzahlen zu balancieren, wähle δ so, dass $\frac{n}{\delta} = \delta^{\log_3 2}$. Dies ergibt $n = \delta^{\log_3 2 + 1}$, beziehungsweise

$$\delta = n^{(\log_3 2 + 1)^{-1}} = n^{0.613}.$$

Die erwartete Anzahl der Farben ist dann $\widetilde{\mathcal{O}}(\frac{n}{\delta} + \delta^{\log_3 2}) = \widetilde{\mathcal{O}}(n^{0.387})$. $\qquad \square$

Damit ist Satz 16.20 aber immer noch nicht gezeigt. Es gibt aber noch eine Verbesserung des KMS1, die sich wie folgt ergibt:

Algorithmus KMS2$(G = (V, E))$

1   Löse das Vektorprogramm (VP) und erhalte Vektoren $v_1, \ldots, v_n$.
2   Wähle $t = \widetilde{\mathcal{O}}(\Delta^{\frac{1}{3}})$ zufällige Vektoren $r_1, \ldots, r_t$.
3   Ordne jedem Vektor v_i denjenigen Zufallsvektor r_j zu, der den Wert $v_i^t \cdot r_j$ maximiert, d. h. $v_i^t \cdot r_j \geq v_i^t \cdot r_{j'}$ für alle j'.
4   Färbe die Vektoren v_i, die dem Vektor r_j zugeordnet sind, mit Farbe j.

Sei f die vom obigen Algorithmus erzeugte Färbung. Wie in dem Beweis von Satz 16.25 zeigt man nun, dass

$$\Pr[f(i) = f(j)] = \widetilde{\mathcal{O}}(t^{-3}) = \widetilde{\mathcal{O}}(\Delta^{-1})$$

für alle Kanten $\{i, j\} \in E$, wobei wir durch Auswahl geeigneter Konstanten sogar

$$\Pr[f(i) = f(j)] \le \frac{1}{2\Delta}$$

erhalten.

Weiter folgt mit ähnlichen Argumenten, dass KMS2 $\widetilde{\mathcal{O}}(\Delta^{\frac{1}{3}})$ Farben verwendet. Mit Hilfe der Technik von Widgerson (siehe Algorithmus COLOR2) erhalten wir damit einen Algorithmus, der mit hoher Wahrscheinlichkeit $\widetilde{\mathcal{O}}(n^{\frac{1}{4}})$ Farben benötigt, und haben Satz 16.20 bewiesen.

16.5 Übungsaufgaben

Übung 16.27. Zeigen Sie, dass jede Instanz von (LP) in polynomieller Zeit in eine Instanz von (SSDP) transformiert werden kann.

Übung 16.28. Formulieren Sie das Problem, den kleinsten Eigenwert einer positiv semidefiniten Matrix zu bestimmen, als semidefinites Programm.

Übung 16.29. Zeigen Sie, dass ein Graph genau dann 2-färbbar ist, wenn er Vektor-2-färbbar ist.

Übung 16.30. Für einen Graphen $G = (V, E)$ mit $V = \{v_1, \ldots, v_n\}$ sei das folgende ganzzahlige quadratische Programm gegeben:

$$\max \sum_{i=1}^{n} x_i - \sum_{\{v_i, v_j\} \in E} x_i \cdot x_j \qquad \text{(IQP(IS))}$$

$$\text{s.t. } x_i \in \{0, 1\} \quad \text{für alle } i \le n.$$

Zeigen Sie, dass das obige Programm äquivalent zum Problem MAX INDEPENDENT SET ist.

Übung 16.31. Zeigen Sie, dass das obige ganzzahlige quadratische Programm (IQP(IS)) und das zugehörige relaxierte Programm

$$\max \sum_{i=1}^{n} x_i - \sum_{\{v_i, v_j\} \in E} x_i \cdot x_j \qquad \text{(QP(IS))}$$

$$\text{s.t. } x_i \in [0, 1] \quad \text{für alle } i \le n$$

immer dasselbe Optimum haben.

Übung 16.32. Beweisen Sie Satz 16.20 im Detail.

Übung 16.33. Beweisen Sie Satz 16.13 im Detail.

Teil II

Nichtapproximierbarkeit

Kapitel 17

Komplexitätstheorie für Optimierungsprobleme

Komplexitätsklassen haben wir bisher nur für Sprach- bzw. Entscheidungsprobleme kennen gelernt, siehe Kapitel 2. Bevor wir uns in den folgenden Kapiteln verstärkt mit der Theorie der Nichtapproximierbarkeit beschäftigen wollen, benötigen wir entsprechende Begriffe auch für Optimierungsprobleme.

Ein weiteres Ziel ist die Unterscheidung von Optimierungsproblemen anhand ihrer Approximierbarkeit. Wir haben in den letzten Kapiteln gesehen, dass sich Optimierungsprobleme bezüglich ihrer Approximierbarkeit völlig verschieden verhalten können. So gibt es zum Beispiel Probleme, die sich beliebig gut approximieren lassen (MAX KNAPSACK), für andere dagegen gibt es nicht einmal einen Approximationsalgorithmus mit konstanter Güte (MIN TRAVELING SALESMAN). Wir werden in diesem Kapitel Komplexitätsklassen definieren, die diese verschiedenen Verhalten entsprechend berücksichtigen.

Mit Hilfe geeignete Reduktionsbegriffe lassen sich dann in jeder dieser Klassen diejenigen Optimierungsprobleme definieren, die, bezüglich der Klasse, am schwierigsten zu lösen sind, ähnlich zu der in Kapitel 2 benutzten Reduktion, mit deren Hilfe wir NP-vollständige Sprach- bzw. Entscheidungsprobleme eingeführt haben.

Im Einzelnen gehen wir wie folgt vor. Wir definieren im ersten Abschnitt zunächst die Komplexitätsklassen PO und NPO, die analog zu den Klassen P und NP definiert sind, und werden zeigen, dass die zugehörigen Entscheidungsprobleme dann schon aus P bzw. NP sind.

Im zweiten Abschnitt führen wir dann weitere Komplexitätsklassen ein, d. h., wir definieren Teilklassen der Klasse NPO, die das approximative Verhalten genauer beschreiben. So wird zum Beispiel die Klasse APX alle Probleme enthalten, für die es einen approximativen Algorithmus mit konstanter Güte gibt. Entsprechend dieser Unterteilung werden wir dann die bisher untersuchten Probleme charakterisieren und so, sozusagen nebenbei, einen kurzen Überblick über die bisher gewonnenen Resultate erhalten.

Im dritten Abschnitt schließlich definieren wir für viele der Komplexitätsklassen geeignete Reduktionsbegriffe und werden unter anderem sehen, welche Eigenschaften man von Reduktionen benötigt, um mit diesen entsprechend der Ziele arbeiten zu können.

17.1 Die Klassen PO und NPO

Wir starten mit der Definition der Klasse NPO, die eine analoge Charakterisierung zur Klasse NP, die wir ja für Entscheidungsprobleme eingeführt haben, darstellt.

Definition 17.1 (NPO). Ein Optimierungsproblem $\Pi = (\mathcal{I}, F, w)$ liegt in der Klasse NPO, wenn:

(i) $\mathcal{I} \in$ P. Es kann also in polynomieller Zeit getestet werden, ob eine Eingabe auch eine Instanz kodiert.

(ii) $\{(I, x); I \in \mathcal{I}, x \in F(I)\} \in$ P. Es gibt also Polynome p und q so, dass für alle Instanzen $I \in \mathcal{I}$ gilt:

    a. Für jede zulässige Lösung $x \in F(I)$ gilt $|x| \leq p(|I|)$.

    b. Für jeden String y mit $|y| \leq p(|I|)$ kann in Zeit $q(|I|)$ getestet werden, ob $y \in F(I)$.

(iii) Die Bewertungsfunktion w ist in polynomieller Zeit berechenbar.

Den Punkt (i) haben wir in den bisherigen Betrachtungen schon vorausgesetzt, siehe Definition 2.11. Wie man leicht sieht, sind die anderen beiden Bedingungen auch natürlich, sie besagen ja lediglich, dass die zu einer Instanz zugehörigen Lösungen auch mit Hilfe einer deterministischen Turingmaschine als solche erkannt werden können und sich ihr Wert ebenfalls effizient berechnen lässt.

Betrachten wir als Beispiel das Problem MAX CLIQUE. Hier sind die Instanzen Graphen und die Menge der Lösungen zu einem Graphen die Menge der Cliquen. Offensichtlich ist die Eingabegröße einer Clique beschränkt durch die Eingabegröße des Graphen. Weiter kann von jedem String in polynomieller Zeit entschieden werden, ob er auch tatsächlich eine Knotenmenge des Graphen kodiert und eine Clique ist. Der Wert solch einer Clique ist die Anzahl der Knoten und damit ebenfalls in polynomieller Zeit berechenbar.

Wir haben damit gezeigt:

Satz 17.2. *Es gilt* MAX CLIQUE $\in$ NPO.

Wie das Problem MAX CLIQUE sind alle der bisher betrachteten Optimierungsprobleme schon Probleme aus NPO, wir schränken unsere Problemmenge also nicht besonders ein. Auf der anderen Seite gibt es natürlich Optimierungsprobleme, die nicht in NPO liegen. Wir werden dies in Übungsaufgabe 17.19 behandeln.

Unmittelbar aus der Definition folgt nun

Satz 17.3. *Ist* $\Pi \in$ NPO, *dann ist das zugehörige Entscheidungsproblem aus* NP.

Stellen wir für ein Optimierungsproblem aus NPO die zusätzliche Forderung, dass eine optimale Lösung in polynomieller Zeit berechnet werden kann, so erhalten wir die zu P analoge Klasse PO.

Definition 17.4 (PO). Ein Optimierungsproblem Π liegt in der Komplexitätsklasse PO, wenn $\Pi \in$ NPO und zu jeder Instanz $I \in \mathcal{I}$ in polynomieller Zeit in $|I|$ eine optimale Lösung berechnet werden kann.

Wie schon für die Klasse NPO folgt nun unmittelbar aus der Definition:

Satz 17.5. *Ist* $\Pi \in$ PO, *dann ist das zugehörige Entscheidungsproblem aus* P.

Offensichtlich gilt dann PO $\subseteq$ NPO. Es ist allerdings, wie auch schon für die Klassen P und NP, unbekannt, ob hier auch die Umkehrung gilt. Zumindest würde aus PO = NPO schon P = NP folgen, wie der nächste Satz zeigt, und damit, laut den Ausführungen aus Kapitel 2, eine große Überraschung darstellen.

Satz 17.6. *Ist* PO = NPO, *so folgt auch* P = NP.

Beweis. Wir haben oben bereits gesehen, dass MAX CLIQUE $\in$ NPO. Weiter ist dieses Problem, wie Satz 2.31 zeigt, NP-schwer, was insbesondere bedeutet, dass die zugehörige Entscheidungsvariante NP-vollständig ist. Wäre nun MAX CLIQUE $\in$ PO, so wäre auch das zugehörige Entscheidungsproblem polynomiell lösbar, also aus P und, nach Definition der NP-Vollständigkeit, P = NP. $\square$

Zu einem Optimierungsproblem lässt sich nicht nur eine Entscheidungsvariante definieren, sondern auch ein Berechnungsproblem. Hier geht es nicht darum, eine optimale Lösung zu konstruieren, sondern nur den Wert einer optimalen Lösung zu bestimmen.

Definition 17.7. Sei Π ein Optimierungsproblem. Dann heißt

Problem 17.8 (BERECHNUNGSPROBLEM Π).
Eingabe: Eine Instanz I von Π.
Ausgabe: Der Wert einer optimalen Lösung von I.

das zu Π gehörige *Berechnungsproblem*.

Wir haben in Satz 2.24 gesehen, dass ein Optimierungsproblem mindestens so schwer wie das zugehörige Entscheidungsproblem ist, aus einem polynomiellen Algorithmus für das Optimierungsproblem lässt sich ja sofort ein polynomieller Algorithmus für die Entscheidungsvariante konstruieren.

Ähnliches gilt natürlich auch für das zugehörige Berechnungsproblem. Genauer haben wir hier sogar:

Satz 17.9. *Sei* $\Pi \in$ NPO. *Dann gilt:*

(i) Ist $\Pi \in$ PO, *so ist das zugehörige Berechnungsproblem in polynomieller Zeit lösbar.*

(ii) Das zugehörige Berechnungsmodell ist genau dann in polynomieller Zeit lösbar, wenn dies für das zugehörige Entscheidungsproblem gilt.

Beweis. Die meisten Aussagen folgen sofort aus der Definition. Für die Rückrichtung der zweiten Aussage benutzt man binäre Suche. □

Man führe sich vor Augen, dass die Definition der Klasse NPO genau so konstruiert wurde, dass die bisherigen Sätze beweisbar sind.

Was ist nun mit der Rückrichtung der ersten Aussage des obigen Satzes? In vielen, aber eben nicht in allen Fällen kann man aus einen Algorithmus für das Berechnungsmodell auch einen für das entsprechende Optimierungsproblem konstruieren.

Beispiel 17.10. Sei A ein Algorithmus für das Berechnungsmodell des Problems MAX CLIQUE, d. h., A berechnet die Größe einer maximalen Clique. Dann konstruiert der folgende Algorithmus eine Clique der Größe $\omega(G)$:

Algorithmus $A'(G = (V, E))$

```
1   Berechne ω₀ = ω(G).
2   for  e ∈ E do
3       Berechne ω(G − e).
4       if  ω₀ = ω(G − e) then
5          G = G − e
6       fi
7   od
8   return  G
```

17.2 Weitere Komplexitätsklassen

Wie wir bereits in der Einleitung beschrieben haben, verhalten sich Optimierungsprobleme aus NPO bezüglich ihrer Approximierbarkeit sehr verschieden. So haben wir bereits gesehen, dass sich das Problem MIN TRAVELING SALESMAN überhaupt nicht mit konstanter Güte approximieren lässt, für andere Problem dagegen gibt es sogar vollständige Approximationsschemata.

Wir wollen nun für jede der bisher kennen gelernten Verhaltensweisen geeignete Komplexitätsklassen definieren und starten mit der für die nächsten Kapiteln wichtigsten Klasse. Dabei erinnern wir uns, dass für einen Approximationsalgorithmus A für ein Optimierungsproblem $\Pi = (\mathcal{I}, F, w)$ die Funktion

$$\delta_A : \mathcal{I} \longrightarrow \mathbb{Q}; \quad I \mapsto \begin{cases} A(I)/\operatorname{OPT}(I), & \text{falls } \Pi \text{ ein Minimierungsproblem ist,} \\ \operatorname{OPT}(I)/A(I), & \text{sonst} \end{cases}$$

die multiplikative Güte von A angibt. Häufig wollen wir aber die Güte nur in Abhängigkeit der Eingabegröße der Instanzen abschätzen. Wir betrachten also anstelle der Funktion δ_A

$$\delta_A : \mathbb{N} \longrightarrow \mathbb{Q}; \quad n \mapsto \max_{I \in \mathcal{I}; |I|=n} \delta_A(I).$$

Definition 17.11 (APX). Sei $\mathcal{F}$ eine Menge von Funktionen von $\mathbb{N}$ nach $\mathbb{Q}$. Ein Optimierungsproblem Π aus NPO liegt in der Komplexitätsklasse $\mathcal{F} - \text{APX}$, wenn es einen polynomiellen Approximationsalgorithmus A für Π mit Güte $\delta_A \in \mathcal{F}$ gibt.

Bezeichnet $\mathcal{F}$ die Menge der konstanten Funktionen, dann schreiben wir anstelle von $\mathcal{F} - \text{APX}$ auch kurz APX. Diese Klasse besteht also aus allen Optimierungsproblemen, für die es einen Approximationsalgorithmus mit konstanter multiplikativer Güte gibt.

Eine weitere wichtige Klasse in diesem Zusammenhang ist die Klasse $\log - \text{APX}$, also diejenigen Optimierungsprobleme, die durch einen Algorithmus mit relativer Güte von $\mathcal{O}(\log n)$ approximiert werden können. Analog definiert man die Klassen $\text{poly} - \text{APX}$ und $\exp - \text{APX}$.

Für eine weitere Unterteilung bieten sich Approximationsschemata an.

Definition 17.12 (PTAS, FPTAS). Ein Optimierungsproblem Π aus NPO liegt in er Komplexitätsklasse PTAS bzw. FPTAS, wenn es ein polynomielles Approximationsschema bzw. vollständiges polynomielles Approximationsschema für Π gibt.

Offensichtlich folgt sofort aus den Definitionen

$$\text{PO} \subseteq \text{FPTAS} \subseteq \text{PTAS} \subseteq \text{APX} \subseteq \text{NPO}.$$

Weiter haben wir bereits in den letzten Kapiteln viele Resultate kennen gelernt, die zeigen, dass die Inklusionen tatsächlich echt sind (jedenfalls unter der Voraussetzung $P \neq NP$). Zusammenfassend können wir damit sagen:

Satz 17.13. *Unter der Voraussetzung* $P \neq NP$ *sind alle der folgenden Inklusionen echt*

$$\text{PO} \subseteq \text{FPTAS} \subseteq \text{PTAS} \subseteq \text{APX} \subseteq \text{NPO}.$$

Beweis. Offensichtlich ist MIN TRAVELING SALESMAN $\in$ NPO. Wir haben in Satz 6.22 gesehen, dass es für MIN TRAVELING SALESMAN keinen polynomiellen Approximationsalgorithmus mit konstanter Güte gibt, es folgt also NPO $\not\subseteq$ APX.

Das Problem MIN BIN PACKING ist nach Satz 7.12 in APX, allerdings gibt es nach Satz 7.11 kein polynomielles Approximationsschema für MIN BIN PACKING, wir haben also auch hier APX $\not\subseteq$ PTAS.

Am Ende von Abschnitt 6.2 haben wir erwähnt, dass es kein vollständiges Approximationsschema für das euklidische MIN TRAVELING SALESMAN gibt, wohl aber, wie Abschnitt 8.4 zeigt, ein Approximationsschema, womit auch hier PTAS $\not\subseteq$ FPTAS gezeigt ist.

Weiter wissen wir, dass es für das Problem MAX KNAPSACK ein vollständiges Approximationsschema gibt (siehe Kapitel 8), allerdings ist dieses Problem auch NP-schwer, wie Satz 2.34 zeigt. Es folgt also FPTAS $\not\subseteq$ PO und damit insgesamt die Behauptung. □

Zwei Komplexitätsklassen haben wir in den bisherigen Betrachtungen ausgenommen. Zum einen ist dies die Klasse der in Kapitel 3 behandelten Optimierungsprobleme, die eine konstante additive Güte garantieren (im Folgenden mit ABS bezeichnet), und zum anderen die Klasse der Optimierungsprobleme, für die es ein asymptotisches Approximationsschema gibt, die man auch mit PTAS$^\infty$ bezeichnet.

Wir haben schon in Satz 13.7 gezeigt, dass ABS $\subseteq$ PTAS$^\infty$. Weiter zeigt Übungsaufgabe 17.23, dass PTAS$^\infty$ $\subseteq$ APX. Dagegen gibt es durchaus Probleme, die in ABS liegen, für die es aber kein polynomielles Approximationsschema gibt (zum Beispiel das Problem MIN EDGE COLORING, siehe Satz 13.4). Auf der anderen Seite gibt es für MAX KNAPSACK ein polynomielles Approximationsschema, aber keinen Algorithmus mit konstanter additiver Güte (siehe Sätze 3.25 und 8.10).

Damit erhalten wir also die im folgenden Bild zusammengefasste Hierarchie für die in diesem Kapitel eingeführten Komplexitätsklassen, wobei unter der Voraussetzung P $\neq$ NP alle Inklusionen echt sind:

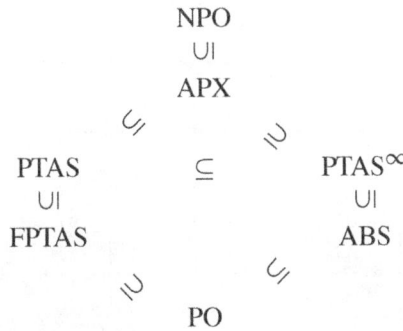

$$
\begin{array}{ccc}
& \text{NPO} & \\
& \cup| & \\
& \text{APX} & \\
\subseteq \qquad & & \qquad \supseteq \\
\text{PTAS} \quad \subseteq & & \quad \text{PTAS}^\infty \\
\cup| & & \cup| \\
\text{FPTAS} & & \text{ABS} \\
\supseteq \qquad & & \qquad \subseteq \\
& \text{PO} &
\end{array}
$$

Abbildung 17.1. Inklusionen der in diesem Kapitel betrachteten Komplexitätsklassen.

Die folgende Tabelle stellt noch einmal die Zugehörigkeit der wichtigsten bisher kennen gelernten Optimierungsprobleme zu den in diesem Abschnitt definierten Komplexitätsklassen dar. Dabei beschränken wir uns auf die in diesem Buch bewiesenen bzw. noch zu beweisenden Resultate. Ein leeres Feld bedeutet also nicht zwangsläufig, dass dies ein offenes Problem ist, sondern lediglich, dass diese Fragestellung hier gar nicht behandelt wurde.

Problem	FPTAS	PTAS	ABS	PTAS$^\infty$	APX
MIN JOB SCHEDULING		ja			ja
				Fortsetzung nächste Seite	

Fortsetzung von Seite 355					
Problem	FPTAS	PTAS	ABS	PTAS$^\infty$	APX
MAXCUT					ja
MIN NODE COLORING	nein	nein			nein, siehe Kapitel 20
MIN EDGE COLORING	nein	nein	ja	ja	ja
MIN NODE COLORING in planaren Graphen			ja		
MAX CLIQUE	nein	nein	nein		nein, siehe Kapitel 20
MAX KNAPSACK	ja	ja	nein		ja
MIN SET COVER	nein	nein			nein, siehe Kapitel 20
MAX COVERAGE					ja
MIN VERTEX COVER	nein	nein			nein, siehe Kapitel 20
MAX INDEPENDENT SET	nein	nein			nein, siehe Kapitel 20
MIN TRAVELING SALESMAN	nein	nein			nein
ΔMIN TRAVELING SALESMAN	nein	nein			ja
euklidisches MIN TRAVELING SALESMAN	nein	ja			ja
MIN BIN PACKING	nein	nein		ja	ja
MIN STRIP PACKING					ja
MAXSAT	nein	nein			ja

Tabelle 17.1. Überblick über die Zugehörigkeit der bisher kennen gelernten Optimierungsprobleme zu den oben definierten Komplexitätsklassen.

17.3 Reduktionen

Erinnern wir uns an den in Kapitel 2 kennen gelernten Begriff der polynomiellen Reduktion für Entscheidungsprobleme, den wir im Folgenden auch mit $\leq_P$ bezeichnen wollen. Mit diesem waren wir in der Lage, die Eigenschaft, ein Element aus P bzw. NP zu sein, übertragen zu können. Genauer gilt, siehe Satz 2.19, sind Π_1 und Π_2

Entscheidungsprobleme so, dass $\Pi_1 \leq_P \Pi_2$, dann erhalten wir

(i) $\Pi_2 \in P \implies \Pi_1 \in P$ und

(ii) $\Pi_2 \in NP \implies \Pi_1 \in NP$.

Die Klassen P und NP sind also unter der Relation $\leq_P$ im Sinne der folgenden Definition abgeschlossen.

Definition 17.14. Sei C eine Teilklasse von NPO und $\leq_X$ ein Reduktionsbegriff.

(i) Der Abschluss $\overline{C}^X$ von C unter $\leq_X$ ist definiert als die Menge aller Probleme Π aus NPO, für die es ein $\Pi' \in C$ so gibt, dass $\Pi \leq_X \Pi'$.

(ii) C heißt abgeschlossen unter $\leq$, wenn $\overline{C}^X = C$.

Weiter ist die Relation $\leq_P$ transitiv und wir haben mit dieser die sogenannten NP-vollständigen Probleme definiert, die, anders ausgedrückt, die schwersten Probleme aus NP charakterisieren.

Die Frage ist nun, wie wir eine ähnliche Theorie auch für die in diesem Kapitel definierten Komplexitätsklassen einführen können. Zunächst einmal ist klar, dass der bisher kennen gelernte Reduktionsbegriff der polynomiellen Reduktion diese Ziele nicht erreicht, das approximative Verhalten wird hier ja gar nicht berücksichtigt. Für einen vernünftigen Reduktionsbegriff benötigt man also mindestens noch die Eigenschaft, dass Lösungen zu einer Instanz $f(I)$ von Π_2 zu Lösungen für I transformiert werden können. Um dann auch Aussagen über die Lösbarkeit von Π_1 zu erhalten, muss diese Transformation dann offensichtlich auch polynomiell berechenbar sein.

Wir starten mit einer Definition, die diese Eigenschaften erfüllt, und diskutieren anschließend ihre Eigenschaften. Dabei sei für alle Instanzen I eines Optimierungsproblems $\Pi = (\mathcal{I}, F, w)$ und alle Lösungen $L \in F(I)$

$$
R(I, L) := \begin{cases} \text{OPT}(I)/w(L), & \text{falls } \Pi \text{ ein Maximierungsproblem ist,} \\ w(L)/\text{OPT}(I), & \text{falls } \Pi \text{ ein Minimierungsproblem ist.} \end{cases}
$$

$R(I, L)$ heißt auch *Rate von L bezüglich I*.

Definition 17.15 (APX-Reduktion). Seien $\Pi_1 = (\mathcal{I}_1, F_1, w_1)$ und $\Pi_2 = (\mathcal{I}_2, F_2, w_2)$ zwei Optimierungsprobleme aus NPO. Π_1 heißt APX-*reduzierbar* auf Π_2 (in Zeichen $\Pi_1 \leq_{APX} \Pi_2$), falls es zwei polynomiell berechenbare Funktionen f und g und eine Konstante $\rho > 0$ so gibt, dass gilt:

(i) f bildet Instanzen von Π_1 auf Instanzen von Π_2 ab,

(ii) g bildet für jede Instanz I von Π_1 die Lösungen von $f(I)$ auf Lösungen von I so ab, dass für alle Lösungen $L \in F_2(f(I))$ gilt

$$
R(f(I), L) \leq 1 + \rho\varepsilon \implies R(I, g(L)) \leq 1 + \varepsilon.
$$

Offensichtlich erfüllt diese Definition alle in der Einleitung erwähnten Bedingungen für die Komplexitätsklasse APX. Die Relation $\leq_{APX}$ ist transitiv und die Klasse APX unter $\leq_{APX}$ abgeschlossen. Es gilt sogar, wie man ebenfalls leicht sieht, dass auch PTAS unter $\leq_{APX}$ abgeschlossen ist. Diese Beobachtung fassen wir im folgenden Satz zusammen:

Satz 17.16. *Seien Π_1 und Π_2 zwei Optimierungsprobleme so, dass eine APX-Reduktion von Π_1 auf Π_2 existiert. Dann gilt:*

(i) *Gibt es für Π_2 einen Approximationsalgorithmus mit konstanter Güte, so auch für Π_1.*

(ii) *Gibt es für Π_2 ein polynomielles Approximationsschema, so auch für Π_1.*

Für FPTAS gelten die obigen Aussagen allerdings nicht, wie man sich schnell klarmacht. Wir werden deshalb noch gleich einen Reduktionsbegriff für diese Komplexitätsklasse kennen lernen.

Zunächst definieren wir aber auch für die APX-Reduktion den Begriff der Vollständigkeit.

Definition 17.17 (APX-schwer). Sei $\Pi \in$ NPO.

(i) Π heißt APX-*schwer*, wenn sich jedes Problem aus APX mittels einer APX-Reduktion auf Π reduzieren lässt.

(ii) Π heißt APX-*vollständig*, wenn Π APX-schwer und zusätzlich in APX enthalten ist.

Könnten wir nun von einem APX-vollständigen Problem Π zeigen, dass es ein polynomielles Approximationsschema für Π gibt, so würde sofort PTAS = APX folgen. Wir haben aber bereits in Satz 17.13 gesehen, dass PTAS eine echte Teilmenge von APX ist, weswegen es also für kein APX-schweres Problem ein polynomielles Approximationsschema geben kann, die Klasse PTAS und die Klasse der vollständigen APX-Probleme sind also disjunkt.

Welche Probleme sind denn nun APX-vollständig? Wir werden in den nächsten Kapiteln sehen, dass dies für das Problem MAX3SAT gilt. Mit Hilfe dieses Resultats ist man dann in der Lage, von einer ganzen Reihe weiterer Probleme (nämlich für die, für die man eine APX-Reduktion von MAX3SAT findet) die APX-Vollständigkeit nachzuweisen.

Wie wir bereits erwähnt haben, ist zwar die Klasse PTAS, nicht aber die Klasse FPTAS abgeschlossen unter APX-Reduktionen. Offensichtlich fehlt bei diesem Reduktionsbegriff, wie sich die Laufzeiten der Algorithmen auch in Abhängigkeit von der Approximationsgüte übertragen lassen. Wir wollen hier nur der Vollständigkeit halber FPTAS-Reduktionen formulieren und behandeln die Eigenschaften in den Übungen, da wir diesen Begriff im Folgenden nicht benötigen.

Definition 17.18 (FPTAS-Reduktion). Seien $\Pi_1 = (\mathcal{I}_1, F_1, w_1)$ und $\Pi_2 = (\mathcal{I}_2, F_2, w_2)$ zwei Optimierungsprobleme aus NPO. Π_1 heißt FPTAS-*reduzierbar* auf Π_2 (in Zeichen $\leq_{\mathrm{FPTAS}}$), falls es drei polynomiell berechenbare Funktionen f, g und r so gibt, dass gilt:

(i) f bildet Instanzen von Π_1 auf Instanzen von Π_2 ab,

(ii) g bildet für jede Instanz I von Π_1 die Lösungen von $f(I)$ auf Lösungen von I ab,

(iii) $r : \mathbb{N} \times \mathcal{I}_1 \longrightarrow \mathbb{N}$ ist eine Funktion so, dass für alle $n \in \mathbb{N}$, für alle Instanzen $I \in \mathcal{I}_1$ und für alle Lösungen $L \in F_2(f(I))$ gilt

$$\frac{|\,\mathrm{OPT}(F(I)) - w_2(f(I), L)\,|}{\mathrm{OPT}(F(I))} \leq \frac{1}{r(n, I)} \implies \frac{|\,\mathrm{OPT}(I) - w_1(I, g(I, L))\,|}{\mathrm{OPT}(I)} \leq \frac{1}{n}.$$

Man kann an den beiden bisher kennen gelernten Reduktionsbegriffen schon erahnen, dass es eine große Anzahl solcher Definitionen in der Literatur gibt. Oftmals ist die Art der Reduktion durch die Problemstellung motiviert, d. h., man interessiert sich dann nur für die Übertragbarkeit einzelner Eigenschaften der Optimierungsprobleme. Bei dem Begriff der APX-Reduktion war dies gerade die Frage, ob es für ein Problem einen Approximationsalgorithmus mit konstanter Güte gibt.

Ein globaler Reduktionsbegriff, d. h. eine Reduktion, unter der alle möglichen Komplexitätsklassen wie FPTAS, PTAS, APX, log-APX usw. abgeschlossen sind, wäre in diesem Zusammenhang natürlich wünschenswert, man kann sich auf der anderen Seite aber überlegen, dass es damit ziemlich schwer fallen wird, überhaupt Reduktionen zwischen Optimierungsproblemen zu finden. Ein solcher Begriff müsste ja alle möglichen approximativen Verhalten bewahren, so dass dieser eine große Zahl von Axiomen erfüllen müsste.

Eine ähnliche Idee verfolgt auch die Definition sogenannter lückenerhaltender Reduktionen, die wir im nächsten Kapitel definieren werden. Wir haben ja bereits erwähnt, dass die folgenden Kapitel dazu dienen werden, Nichtapproximierbarkeitsresultate zu erhalten. Zwar kann man auch mit Hilfe der APX-Reduktion Nichtapproximierbarkeitsgüten übertragen (genauer gilt (Kontraposition), ist $\Pi_1 \leq_{\mathrm{APX}} \Pi_2$ und gibt es für Π_1 keinen approximativen Algorithmus mit Güte besser als $1 + \varepsilon$, so gibt es auch für Π_2 keinen approximativen Algorithmus mit Güte besser als $1 + \rho\varepsilon$), man fragt sich aber zurecht, warum man für solche Ergebnisse Lösungen von Π_2 zu Lösungen von Π_1 transformieren muss. Die in Abschnitt 18.2 definierte GP-Reduktion wird diese Forderung nicht stellen und bietet zudem zusätzlich die Möglichkeit, auch Nichtapproximierbarkeitsresultate zu übertragen.

17.4   Übungsaufgaben

Übung 17.19. Definieren Sie ein Optimierungsproblem, dass nicht in der Klasse NPO enthalten ist.

Übung 17.20. Beweisen Sie die Sätze 17.3 und 17.5.

Übung 17.21. Vervollständigen Sie den Beweis von Satz 17.9.

Übung 17.22. Zeigen Sie, dass unter der Voraussetzung PO $\neq$ NPO die Inklusionen

$$\text{APX} \subseteq \log-\text{APX} \subseteq \text{poly}-\text{APX} \subseteq \exp-\text{APX}$$

echt sind.

Übung 17.23. Zeigen Sie, dass unter der Voraussetzung PO $\neq$ NPO die Klasse PTAS$^\infty$ eine echte Teilmenge von APX ist.

Übung 17.24. Zeigen Sie, dass die Komplexitätsklasse FPTAS unter $\leq_{\text{FPTAS}}$ abgeschlossen ist, und finden Sie ein Problem aus PTAS, das bezüglich $\leq_{\text{FPTAS}}$ vollständig ist.

Kapitel 18

Nichtapproximierbarkeit I

Neben den Nichtapproximierbarkeitsresultaten für die additive Güte, die wir ausführlich in Kapitel 3 besprochen hatten, konnten wir auch schon einige Nichtapproximierbarkeitsresultate bezüglich der multiplikativen Güte nachweisen. So haben wir zum Beispiel in Abschnitt 6.3 gezeigt, dass sich das allgemeine MIN TRAVELING SALESMAN Problem nicht mit konstanter (multiplikativer) Güte approximieren lässt, sowie von den Problemen MIN BIN PACKING bzw. MIN EDGE COLORING nachgewiesen, dass es für diese keine Approximationsalgorithmen mit konstanter Güte besser als 3/2 bzw. 4/3 geben kann, siehe die Abschnitte 7.1 und 13.1. Alle diese Beweise haben eine ähnliche Struktur: Man nimmt an, dass es einen Approximationsfaktor mit bestimmter Güte gibt, und zeigt dann, dass P $=$ NP, was wegen unserer Annahme P $\neq$ NP zu einem Widerspruch führt. So haben wir zum Beispiel für das Problem MIN EDGE COLORING gezeigt, dass es keinen approximativen Algorithmus mit Güte 4/3 geben kann, indem wir ausgenutzt haben, dass schon das Entscheidungsproblem, ob ein Graph 3-kantenfärbbar ist, NP-vollständig ist. Ähnliches werden wir auch für das Problem MIN NODE COLORING im ersten Abschnitt dieses Kapitels zeigen.

Ziel dieses Kapitels ist es, einen allgemeinen Überblick über die Techniken zu erhalten, wie Nichtapproximierbarkeitsresultate bewiesen werden können. Wir beginnen mit einem relativ einfachen Resultat, bevor wir das benutzte Verfahren genauer erläutern. Im zweiten Teil dieses Kapitels beschäftigen wir uns dann mit der Frage, wie Nichtapproximierbarkeitsresultate übertragen werden können. Genauer, ist Π_1 ein Optimierungsproblem, von dem bereits klar ist, dass es keine Approximationsalgorithmen mit einer Güte kleiner δ geben kann, und Π_2 ein zweites Optimierungsproblem, so fragt man sich, was eine polynomielle Reduktion

$$ f : \Pi_1 \longrightarrow \Pi_2 $$

zusätzlich erfüllen muss, damit man ein ähnliches Resultat auch für Π_2 erhält. (Wir haben solche Reduktionen bereits in Kapitel 17 kennen gelernt, speziell der Begriff der APX-Reduktion liefert solche Ergebnisse. Allerdings lassen sich damit nur konstante Nichtapproximierbarkeitsresultate übertragen.) Wir werden eine solche Reduktion am Beispiel der Probleme MAX3SAT und MAX CLIQUE kennen lernen und am Ende dieses Abschnitts bereits auf Ergebnisse vorgreifen, die vollständig allerdings erst in Kapitel 19 bewiesen werden können. Die Betrachtungen werden dann in Kapitel 20 weiter geführt.

18.1 MIN NODE COLORING

Wir beginnen unsere Betrachtungen, wie bereits besprochen, mit dem Problem MIN NODE COLORING und zeigen, dass es für dieses Problem keinen Approximationsalgorithmus mit Güte $4/3$ geben kann.

Wir zeigen sogar noch mehr. Selbst die Einschränkung des Problems auf Graphen mit hoher chromatischer Zahl ist schwer zu approximieren.

Problem 18.1 ($\geq m$ MIN NODE COLORING).
Eingabe: Ein Graph G mit $\chi(G) \geq m$.
Ausgabe: Eine minimale Knotenfärbung von G.

Man beachte, dass wir ein ähnliches Resultat für das Problem MIN EDGE COLORING nicht beweisen können. Dieses Problem ist, wie wir in Abschnitt 3.2 gesehen haben, bezüglich der additiven Güte ziemlich gut zu lösen. Genauer haben wir einen Approximationsalgorithmus kennen gelernt, der eine additive Güte von 1 garantiert. Solche Probleme lassen sich dann aber zumindest asymptotisch gut (bezüglich der multiplikativen Güte) approximieren, siehe die Einleitung von Kapitel 13 und Abschnitt 13.1.

Bevor wir unseren Satz beweisen können, erinnern wir zunächst an die folgende Definition, die wir bereits in Abschnitt 3.4 eingeführt haben und die die Grundlage für die im Beweis konstruierte Transformation bildet.

Definition 18.2. Sei $G = (V, E)$ ein Graph und $m \in \mathbb{N}$. Seien weiter

$$G_1 = (V_1, E_1), \ldots, G_m = (V_m, E_m)$$

isomorphe Kopien von G, insbesondere wollen wir voraussetzen, dass die Knotenmengen $V_1, \ldots, V_m$ paarweise disjunkt sind. Dann heißt der Graph $m \cdot G = (V^m, E^m)$ mit

$$V^m := \bigcup_{i=1}^{m} V_i \quad \text{und}$$

$$E^m := \bigcup_{i=1}^{m} E_i \cup \{\{v, w\}; v \in V_i \text{ und } w \in V_j \text{ für } i \neq j \leq m\}$$

m-te Summe von G.

Für ein Beispiel siehe Abbildung 18.1.

Das folgende Lemma stellt einen Zusammenhang zwischen der chromatischen Zahl eines Graphen G und seiner m-ten Summe $m \cdot G$ her.

Lemma 18.3. *Sei G ein Graph mit chromatischer Zahl $\chi(G)$. Dann ist die chromatische Zahl des Graphen $m \cdot G$ gerade $m\chi(G)$.*

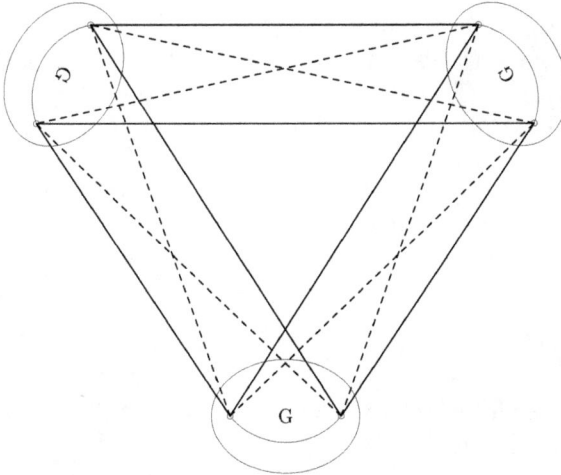

Abbildung 18.1. Der Graph $3 \cdot G$.

Beweis. Die Summe $m \cdot G$ enthält m Kopien von G und alle Knoten von zwei verschiedenen Kopien sind miteinander verbunden (vergleiche Abbildung 18.1). Offensichtlich benötigt also jede Kopie $\chi(G)$ neue Farben, d. h. $\chi(m \cdot G) \geq m \cdot \chi(G)$. Umgekehrt besitzt $m \cdot G$ offensichtlich eine Färbung mit $m \cdot \chi(G)$ Farben.   □

Satz 18.4. *Es gibt keinen approximativen Algorithmus mit Güte echt kleiner* $4/3$ *für das Färbungsproblem* $\geq m$MIN NODE COLORING, *außer* P $=$ NP.

Beweis. Sei $m \in \mathbb{N}$. Man beachte, dass im Fall $m = 1$ der folgende Beweis genau dem von Satz 13.4 entspricht, in dem wir gezeigt haben, dass es für das Problem MIN EDGE COLORING keinen Approximationsalgorithmus mit Güte echt kleiner $4/3$ gibt.

Angenommen, es gibt einen approximativen Algorithmus A mit Güte echt besser als $4/3$ für das Problem $\geq m$MIN NODE COLORING. Wir konstruieren hieraus einen Algorithmus B, der die 3-Färbbarkeit von Graphen entscheidet. Dieses Problem ist aber NP-vollständig, siehe Satz 3.5.

Algorithmus B(G)

```
1   Konstruiere m · G.
2   Wende A auf m · G an und setze c := A(m · G).
3   if c < 4m then
4      return G ist 3-färbbar.
5   else
6      return G ist nicht 3-färbbar.
7   fi
```

Offensichtlich ist dieser Algorithmus polynomiell in der Eingabelänge von G, wir müssen uns also nur noch überlegen, dass B tatsächlich das Problem 3MIN NODE COLORING löst.

Es gilt $\chi(m \cdot G) \geq m$, da K_m ein Teilgraph von $m \cdot G$ ist. Da A eine Güte echt kleiner als $4/3$ garantiert, folgt

$$A(m \cdot G) < \frac{4}{3}\chi(m \cdot G).$$

„$\Longrightarrow$" Ist nun G 3-färbbar, so haben wir $\chi(m \cdot G) = 3m$ und damit

$$A(m \cdot G) < \frac{4}{3}\, 3m = 4m.$$

Die Bedingung in Zeile 3 des Algorithmus B ist also erfüllt und B entscheidet sich damit korrekt dafür, dass G 3-färbbar ist.

„$\Longleftarrow$" Ist G nicht 3-färbbar, d. h. $\chi(G) \geq 4$, so folgt

$$4m \leq \chi(m \cdot G) \leq A(m \cdot G),$$

also ist Zeile 5 von B erfüllt und der Algorithmus B entscheidet sich korrekt dafür, dass G nicht 3-färbbar ist.   □

Betrachten wir die im obigen Beweis benutzte Technik noch einmal genauer. Um das Nichtapproximierbarkeitsresultat für das Problem $\geq m$MIN NODE COLORING zu erhalten, haben wir das NP-vollständige Entscheidungsproblem 3MIN NODE COLORING zu Hilfe genommen. Genauer haben wir die Abbildung

$$f : 3\text{MIN NODE COLORING} \longrightarrow \geq m\text{MIN NODE COLORING}; \quad G \mapsto m \cdot G$$

konstruiert, die wahr-Instanzen von 3MIN NODE COLORING auf Instanzen von $\geq m$MIN NODE COLORING abbildet, die kleine Werte (also eine kleine Färbungszahl) haben, und falsch-Instanzen von 3MIN NODE COLORING auf Instanzen von $\geq m$MIN NODE COLORING abbildet, die große Werte haben.

Das Bild von 3MIN NODE COLORING unter f besteht dann nur noch aus Instanzen von $\geq m$MIN NODE COLORING, die eine chromatische Zahl von entweder höchstens $3m$ oder aber mindestens $4m$ haben. Es entsteht also eine sogenannte Lücke zwischen den Werten der Bilder von f. Diese Lücke haben wir dann ausgenutzt, um zwischen den wahr- und falsch-Instanzen von 3MIN NODE COLORING unterscheiden zu können. Die Größe der Lücke entscheidet natürlich über den Wert der Nichtapproximierbarkeit. Abbildung 18.2 stellt die Idee noch einmal graphisch dar.

Die obige Konstruktion lässt sich natürlich sofort wie folgt verallgemeinern: Sei dazu Π ein Maximierungsproblem[1]. Sei weiter eine Funktion f gegeben, die für eine NP-vollständige Sprache L Elemente $x \in L$ auf Eingaben $I = f(x)$ in Π mit

---

[1] Wir werden im Folgenden nur Maximierungsprobleme behandeln. Die Sätze und Definitionen lassen sich aber schnell auch auf Minimierungsprobleme übertragen. Beispiele für Minimierungsprobleme findet man zum Beispiel in [119].

Färbungsproblem $\geq m\,$MIN NODE COLORING

$\chi(m \cdot G) \leq 3 \cdot m$ $\chi(m \cdot G) \geq 4 \cdot m$

G 3-färbbar G nicht 3-färbbar

NP-vollständiges Entscheidungsproblem 3MIN NODE COLORING

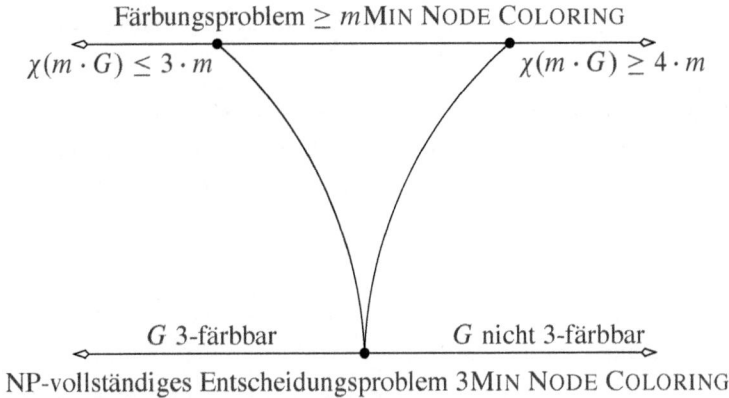

Abbildung 18.2. Reduktion im Beweis von Satz 18.4.

$\mathrm{OPT}(I) \geq l(|I|)$ abbildet, Elemente $x \notin L$ hingegen auf Eingaben $I = f(x)$ mit $\mathrm{OPT}(I) < l(|I|)\frac{1}{\rho(|I|)}$. Dabei seien $l : \mathbb{N} \longrightarrow \mathbb{N}$ und $\rho : \mathbb{N} \longrightarrow \mathbb{R}_{\geq 1}$ Funktionen, die in polynomieller Zeit auswertbar sind. Dann folgt:

Satz 18.5. *Unter den obigen Voraussetzungen gibt es keinen approximativen Algorithmus für* Π *mit Güte echt kleiner* $\rho(|I|)$, *außer* P = NP.

Beweis. Angenommen, es gibt einen approximativen Algorithmus A mit Güte $\delta_A(|I|) < \rho(|I|)$. Wir zeigen, dass wir dann in polynomieller Zeit das Wortproblem L entscheiden können. Dazu berechnen wir zunächst für $x \in \Sigma^*$ die Instanz $I = f(x)$, sowie $l(|I|)$ und $l(|I|)\frac{1}{\rho(|I|)}$ in polynomieller Zeit und wenden dann den Algorithmus A auf die zu x berechnete Eingabe I an. Ist die Ausgabe echt größer als $l(|I|)\frac{1}{\rho(|I|)}$, so sagen wir „$x \in L$", andernfalls „$x \notin L$".

„$\Longrightarrow$" Gilt $x \in L$, so ist $\mathrm{OPT}(I) \geq l(|I|)$, also

$$\mathsf{A}(I) > \mathrm{OPT}(I)\frac{1}{\rho(|I|)} \geq l(|I|)\frac{1}{\rho(|I|)}.$$

„$\Longleftarrow$" Gilt umgekehrt $x \notin L$, so ist $\mathrm{OPT}(I) < l(|I|)\frac{1}{\rho(|I|)}$ und es folgt

$$\mathsf{A}(I) \leq \mathrm{OPT}(I) < l(|I|)\frac{1}{\rho(|I|)}.$$

Also entscheidet sich A korrekt für die richtige Antwort. Da L NP-vollständig ist, folgt unmittelbar P = NP. □

18.2 Lückenerhaltende Reduktionen

Die oben benutzte Technik ist aber nicht die einzige Möglichkeit, Nichtapproximierbarkeitsresultate zu beweisen. Wie in der Einleitung bereits beschrieben, möchte man

den Reduktionsbegriff so erweitern, dass sich diese Ergebnisse, mit anderen Worten
also die Lücken, übertragen lassen.

Definition 18.6 (Gap Preserving Reduction (GP-Reduktion)). Es seien Π_1 und Π_2
zwei Maximierungsprobleme. Eine *GP-Reduktion* von Π_1 auf Π_2 mit Parametern
(l_1, ρ_1) und (l_2, ρ_2) ist eine in polynomieller Zeit berechenbare Funktion

$$f : \Sigma^* \to \Sigma^*$$

mit folgenden Eigenschaften für jede Eingabe I von Π_1:

(i) $f(I_1)$ ist eine Eingabe von Π_2,

(ii) ist $\mathrm{OPT}_{\Pi_1}(I_1) \geq l_1(|I_1|)$, so gilt $\mathrm{OPT}_{\Pi_2}(f(I_1)) \geq l_2(|f(I_1)|)$,

(iii) ist $\mathrm{OPT}_{\Pi_1}(I_1) \leq \dfrac{l_1(|I_1|)}{\rho_1(|I_1|)}$, so gilt $\mathrm{OPT}_{\Pi_2}(f(I_1)) \leq \dfrac{l_2(|f(I_1)|)}{\rho_2(|f(I_1)|)}$, und

(iv) $\rho_1(|I_1|) \geq 1$, $\rho_2(|f(I_1)|) \geq 1$.

Hierbei seien l_1 und ρ_1 Funktionen abhängig von $|I_1|$, der Eingabelänge von I_1,
und l_2 und ρ_2 Funktionen von $|I_2|$. Wir nennen ρ_1 die *Lücke* von Π_1 und ρ_2 die Lücke
von Π_2.

Wir setzen im Folgenden voraus, dass l_1, l_2, ρ_1 und ρ_2 in polynomieller Zeit auswertbar sind.

Gibt es nun, wie im Beweis von Satz 18.5, einen Algorithmus A, der für eine NP-
vollständige Sprache L Elemente $x \in L$ auf Eingaben I von Π_1 mit $\mathrm{OPT}(I) \geq$
$l_1(|I|)$ und Elemente $x \notin L$ auf Eingaben mit $\mathrm{OPT}(I) < l_1(|I|) \frac{1}{\rho_1(|I|)}$ abbildet, so
liefert uns eine GP-Reduktion von Π_1 auf Π_2 mit Parametern (l_1, ρ_1) und (l_2, ρ_2)
dann auch ein Nichtapproximierbarkeitsresultat für Π_2. Genauer gibt es dann auch
für Π_2 keinen Approximationsalgorithmus mit Güte echt kleiner als ρ_2, siehe Abbildung 18.3.

Man beachte, dass einige der bereits kennen gelernten polynomiellen Reduktionen
bereits GP-Reduktionen bilden. So gilt zum Beispiel für die in Abschnitt 5.2 definierte
polynomielle Reduktion

$$f(G) := G^c,$$

von MAX CLIQUE auf MAX INDEPENDENT SET, die jedem Graphen G sein Komplement G^c zuordnet,

$$\mathrm{OPT}(G) = \mathrm{OPT}(f(G))$$

für alle Graphen G. Die Abbildung f ist somit eine GP-Reduktion für alle möglichen
Parameter.

Bemerkung 18.7. (i) GP-Reduktionen lassen sich ganz kanonisch auch für den Fall
definieren, dass zumindest eines der beiden Probleme ein Minimierungsproblem ist.
Wir werden dies in Übungsaufgabe 18.15 behandeln.

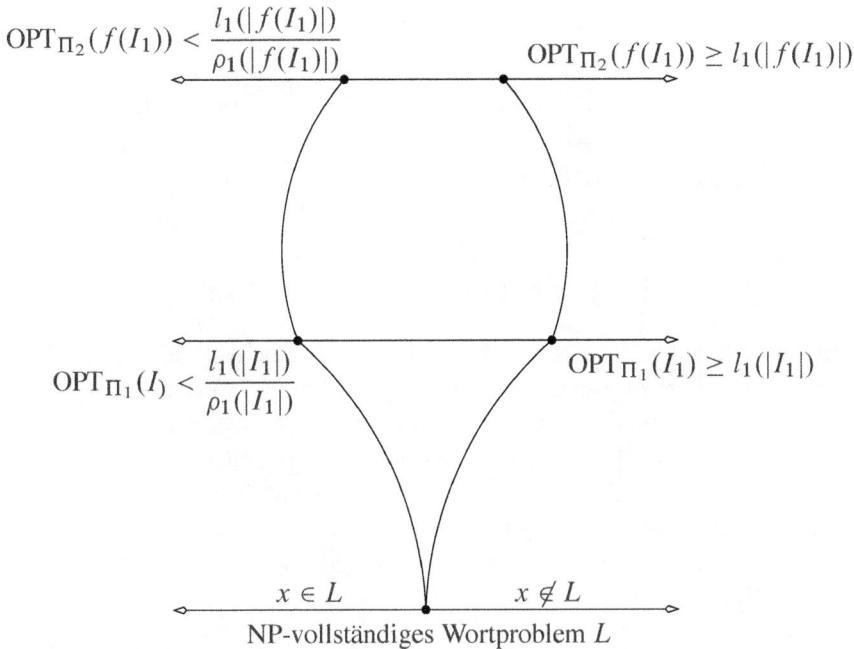

$$\text{OPT}_{\Pi_2}(f(I_1)) < \frac{l_1(|f(I_1)|)}{\rho_1(|f(I_1)|)} \qquad\qquad \text{OPT}_{\Pi_2}(f(I_1)) \geq l_1(|f(I_1)|)$$

$$\text{OPT}_{\Pi_1}(I) < \frac{l_1(|I_1|)}{\rho_1(|I_1|)} \qquad\qquad \text{OPT}_{\Pi_1}(I_1) \geq l_1(|I_1|)$$

$$x \in L \qquad\qquad x \notin L$$

NP-vollständiges Wortproblem L

Abbildung 18.3. Graphische Anschauung von GP-Reduktionen.

(ii) Vergleicht man GP-Reduktionen mit den Definitionen aus Abschnitt 17.3 zum Beispiel mit dem Begriff der APX-Reduktion, so fallen sofort zwei Unterschiede auf. Zum einen verlangen wir von einer GP-Reduktion von Π_1 auf Π_2 nicht mehr, dass Lösungen von $f(I)$ in polynomieller Zeit zu Lösungen von I transformiert werden, d. h., Approximationsresultate von Π_2 können nicht mehr zu Approximationsresultaten für Π_1 übertragen werden. Zum anderen benötigen wir keine Aussage mehr für alle Instanzen I von Π_1, sondern nur noch für solche, für die entweder $\text{OPT}(I) \geq l_1(|I|)$ oder $\text{OPT}(I) \leq l_1(|I|)/\rho_1(|I|)$ gilt. Damit ist klar, dass GP-Reduktionen nicht ganz so schwer zu finden sind wie zum Beispiel APX-Reduktionen.

Wir wollen nun eine GP-Reduktion von MAX3SAT auf MAX CLIQUE (und damit auch auf MAX INDEPENDENT SET) kennen lernen und mit Hilfe eines Nichtapproximierbarkeitsresultats für MAX3SAT ein solches auch für MAX CLIQUE herleiten. Zunächst aber zur Konstruktion der GP-Reduktion, vergleiche auch Papadimitriou and Yannakakis[165].

Beispiel 18.8 (MAX3SAT $\rightarrow$ MAX CLIQUE). Wir haben bereits im Beweis von Satz 2.31 eine polynomielle Transformation von 3SAT auf MAX CLIQUE benutzt und damit gezeigt, dass das Problem MAX CLIQUE NP-vollständig ist. Wir werden nun zeigen, dass diese Tranformation bereits eine GP-Reduktion bildet. Zunächst aber zur Erinnerung die Abbildung: Sei dazu α eine Formel in 3-konjunktiver Normalform, etwa

$$\alpha = (a_{11} \lor a_{12} \lor a_{13}) \land \cdots \land (a_{m1} \lor a_{m2} \lor a_{m3})$$

mit $a_{ji} \in \{x_1, \ldots, x_n\} \cup \{\neg x_1, \ldots, \neg x_n\}$ für alle $j \in \{1, \ldots, m\}, i \in \{1, \ldots, 3\}$.

Wir konstruieren nun aus α einen Graphen $G := f(\alpha)$ wie folgt:

$$V = \{(j, i); j \leq m, i \in \{1, \ldots, 3\}\},$$
$$E = \{\{(j, i), (h, l)\}; j \neq h, a_{ji} \neq \neg a_{h,l}\}.$$

Mit anderen Worten bildet also jede Klausel eine unabhängige Menge (von drei Knoten) in G und je zwei Knoten aus verschiedenen Klauseln sind genau dann durch eine Kante verbunden, wenn die entsprechenden Literale sich nicht widersprechen.

Im Beweis von Satz 2.31 haben wir gesehen, dass G genau dann eine Clique der Größe m besitzt, wenn α erfüllbar ist, wenn es also eine Belegung der Variablen so gibt, dass alle m Klauseln von α gleichzeitig erfüllt sind.

Mit der gleichen Argumentation kann man zeigen, dass für jede Belegung μ von α, die $m' \leq m$ Klauseln erfüllt, die Menge

$$\{(j, i); \mu(a_{ji}) = \mathtt{wahr}\}$$

eine Clique der Größe m' enthält und für jede Clique C der Größe $m' \leq m$ in G die Belegung

$$\mu(a_{ji}) = \mathtt{wahr} \text{ für alle } (j, i) \in C$$

eine partielle Belegung ist, die schon mindestens m' Klauseln erfüllt.

Wir setzen nun

(i) $l_1 = m$ (Anzahl der Klauseln),

(ii) $l_2 = m$ (ein Drittel der Anzahl der Knoten) und

(iii) $\rho_1 = \rho_2 = \frac{1}{1-\varepsilon}$ für ein $\varepsilon > 0$.

Wir erhalten damit: Ist $\mathrm{OPT}(\alpha) = m = l_1$, so ist $\mathrm{OPT}(f(\alpha)) = m = l_2$. Ist umgekehrt $\mathrm{OPT}(f(\alpha)) \geq (1 - \varepsilon)m$, dann erhalten wir damit eine Belegung der Variablen von α mit mindestens $(1 - \varepsilon)m$ erfüllten Klauseln.

Insgesamt haben wir also

$$\mathrm{OPT}(f(\alpha)) \geq (1 - \varepsilon)m \implies \mathrm{OPT}(\alpha) \geq (1 - \varepsilon)m$$

oder, äquivalent dazu,

$$\mathrm{OPT}(\alpha) < (1 - \varepsilon)m = \frac{1}{\rho_1} l_1 \implies \mathrm{OPT}(f(\alpha)) < (1 - \varepsilon)m = \frac{1}{\rho_2} l_2,$$

also ist die Transformation eine GP-Reduktion mit Parametern $(l_1, \rho_1), (l_2, \rho_2)$ (und zwar für alle $\rho_1 = \rho_2 = \frac{1}{1-\varepsilon} > 1$).

Diese GP-Reduktion liefert uns also ein Nichtapproximierbarkeitsergebnis für MAX INDEPENDENT SET und MAX CLIQUE, wenn wir zeigen können, dass das Problem MAX3SAT schwer zu approximieren ist. Dazu benutzen wir den folgenden Satz, dessen Beweis wir aber erst in Abschnitt 19.2 kennen lernen werden.

Satz 18.9. *Es existieren $\varepsilon > 0$ und eine polynomielle Reduktion f von* SAT *auf* MAX3SAT, *so dass gilt:*

- *Ist $I \in$ SAT, so sind auch alle Klauseln in $f(I)$ gleichzeitig erfüllbar,*
- *ist $I \notin$ SAT und enthält $f(I)$ m Klauseln, so sind höchstens $(1 - \varepsilon)m$ der m Klauseln gleichzeitig erfüllbar.*

Aus dem obigen Satz folgt sofort, dass es ein $\varepsilon > 0$ so gibt, dass das folgende Problem NP-vollständig ist.

Problem 18.10 (ε-ROBUST 3SAT).
Eingabe: Eine Instanz I von 3SAT, für die es entweder eine erfüllende Belegung gibt oder bei der für jede nichterfüllende Belegung mindestens $\varepsilon \cdot m$ Klauseln nicht erfüllt sind, wobei m die Anzahl der Klauseln von I sei.
Frage: Gibt es eine erfüllende Belegung für I?

Die nach Satz 18.9 existierende polynomielle Reduktion reduziert ja das Problem SAT auf ε-ROBUST 3SAT. Ziel des nächsten Kapitels wird es dann genau sein, vermöge einer neuen Charakterisierung der Klasse NP die NP-Vollständigkeit des Problems ε-ROBUST 3SAT für ein $\varepsilon > 0$ nachzuweisen.

Zunächst überlegen wir uns aber, was dieses Ergebnis mit Nichtapproximierbarkeitsresultaten zu tun hat.

Korollar 18.11 (Arora, Lund, Motwani, Sudan und Szegedy [14]). *Unter der Voraussetzung* NP $\neq$ P *existiert $c > 1$ so, dass es keinen polynomiellen Approximationsalgorithmus für* MAX3SAT *gibt, der eine Güte besser als c garantiert.*

Beweis. Seien ε und f so wie in Satz 18.9. Angenommen, es existiert ein polynomieller Approximationsalgorithmus A für MAX3SAT mit Güte besser als $c := (1-\varepsilon)^{-1}$, d. h., es gilt

$$A(I) > (1 - \varepsilon)\,\text{OPT}(I)$$

für alle Instanzen I von MAX3SAT. Um nun zu entscheiden, ob eine SAT-Formel α erfüllbar ist, wenden wir A auf $f(\alpha)$ an. Sei m die Anzahl der Klauseln in $f(\alpha)$. Sind mehr als $(1 - \varepsilon) \cdot m$ Klauseln erfüllt, so geben wir „α erfüllbar", sonst „α nicht erfüllbar" aus.

Wie im Beweis von Satz 18.5 zeigt man dann, dass dieser Algorithmus in polynomieller Zeit das NP-vollständige Problem SAT löst, ein Widerspruch. □

Aus dem obigen Korollar folgt dann natürlich sofort, dass es für MAX3SAT kein polynomielles Approximationsschema geben kann. Weiter erhalten wir als unmittelbare Konsequenz:

Korollar 18.12. *Es gibt kein polynomielles Approximationsschema für* MAX CLIQUE, *es sei denn,* P = NP.

Beweis. Die Behauptung ergibt sich durch das Verwenden der GP-Reduktion von MAX3SAT auf MAX CLIQUE aus Beispiel 18.8.　　　　　　　　　　　　　　　　□

Dank des Satzes 5.15, in dem wir ja gezeigt haben, dass sich aus einem Approximationsalgorithmus für MAX CLIQUE mit beliebiger konstanter Güte sofort ein polynomielles Approximationsschema konstruieren lässt, folgt aus dem obigen Korollar sofort:

Satz 18.13. *Für alle* $c > 1$ *existiert unter der Voraussetzung* P $\neq$ NP *kein Algorithmus mit konstanter Güte* c *für das Problem* MAX CLIQUE.

18.3　Übungsaufgaben

Übung 18.14. Finden Sie eine zu Satz 18.5 ähnliche Aussage auch für Minimierungsprobleme und beweisen Sie diese.

Übung 18.15. Definieren Sie GP-Reduktionen auch für den Fall, dass mindestens eines der Probleme ein Minimierungsproblem ist, und argumentieren Sie, dass Ihre Definition die für eine GP-Reduktion verlangten Eigenschaften besitzt.

Übung 18.16. Zeigen Sie, dass es für das Problem MAX INDEPENDENT SET unter der Voraussetzung P $\neq$ NP kein polynomielles Approximationsschema gibt.

Übung 18.17. Zeigen Sie, dass es für das Problem MIN VERTEX COVER unter der Voraussetzung P $\neq$ NP kein polynomielles Approximationsschema gibt.

Kapitel 19

PCP Beweissysteme

Wir werden in diesem Kapitel eines der wohl spektakulärsten Ergebnisse der Theoretischen Informatik kennen lernen, die in den letzten Jahren erzielt wurden. Genauer stellen wir eine neue Charakterisierung der Klasse NP vor, die auf Arora, Lund, Motwani, Sudan und Szegedy zurückgeht, siehe zum Beispiel [14].

Glaubt man der Presse, so erleichtert dieses Ergebnis das Verifizieren komplizierter Beweise enorm.

𝕿𝖍𝖊 𝕹𝖊𝖜 𝖄𝖔𝖗𝖐 𝕿𝖎𝖒𝖊𝖘   April 7, 1992

New Shortcut Found For Long Math Proofs

In a discovery that overturns centuries of mathematical tradition, a group of graduate students and young researchers has discovered a way to check even the longest and most complicated proof by scrutinizing it in just a few spots.

Was also auf den ersten Blick so aussieht, als könne man sich viel Arbeit ersparen, nämlich Beweise zu verifizieren, ohne diese langwierig lesen und verstehen zu müssen, hat allerdings erhebliche Konsequenzen. So heißt es in dem Artikel weiter:

Using this new result, the researchers have already made a landmark discovery in computer science. They showed that it is impossible to compute even approximate solutions for a large group of practical problems that have long foiled researchers...

Die erste Aussage des obigen Zitats bezieht sich auf sogenannte PCP Beweissysteme. PCP steht dabei für *Polynomiell Checkable Proofs*. Eine Anwendung dieser Systeme ist, wie bereits oben angedeutet, eine neue Charakterisierung der Klasse NP, genauer gilt

$$\text{PCP}(\log n, 1) = \text{NP}.$$

Wir werden in diesem Kapitel erläutern, was die obige Formel genau besagt, und versuchen, die Hauptideen des Beweises nachzuvollziehen. Leider ist eine vollständige Wiedergabe zu aufwändig und würde somit den Rahmen dieser Betrachtungen sprengen. Trotzdem werden die Erklärungen dieses Kapitels ein grobes Verständnis für dieses berühmte Theorem vermitteln. Insbesondere zeigen wir im zweiten Abschnitt eine zwar viel schwächere, aber trotzdem überraschende Variante des PCP-Theorems,

Eingabe I

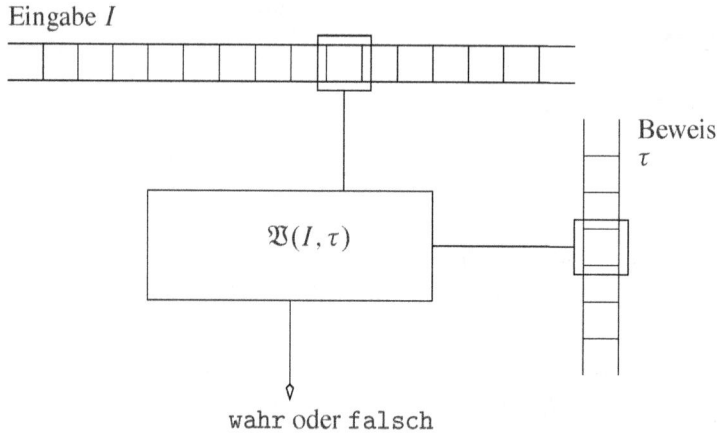

wahr oder falsch

Abbildung 19.1. Schematische Darstellung einer nichtdeterministischen Turingmaschine.

genauer werden wir beweisen, dass die Formel

$$NP \subseteq PCP(\text{poly}(n), 1)$$

gilt.

Der dritte Abschnitt dieses Kapitels beschäftigt sich dann mit den Konsequenzen dieser Aussage. Wir werden sehen, dass sich aus der neuen Charakterisierung der Klasse NP Nichtapproximierbarkeitsresultate ergeben, worauf sich ja auch der zweite Teil des obigen Zitats bezieht.

19.1   Polynomiell zeitbeschränkte Verifizierer

Wir erinnern uns, dass NP genau diejenigen Sprachen enthält, die von nichtdeterministischen Turingmaschinen in polynomieller Zeit erkannt werden können. Äquivalent hierzu ist, wie wir bereits gesehen haben: Es gilt $L \in NP$ genau dann, wenn für alle $I \in L$ ein Beweis τ (zum Beispiel eine Kodierung der Berechnung der Turingmaschine) existiert, so dass eine deterministische Turingmaschine diesen Beweis in polynomieller Zeit[1] überprüfen kann.

Beispiel 19.1 (3MIN NODE COLORING). Ist τ die Kodierung einer Färbung, so besteht die Überprüfung darin, zu testen, ob die durch τ gegebene Färbung eine korrekte 3-Färbung ist.

In Hinblick auf diesen Abschnitt wollen wir im Folgenden eine deterministische Turingmaschine, die zu einer gegebenen Eingabe I und einem potentiellen Beweis τ entscheidet, ob I eine JA-Instanz ist, auch einen *Verifizierer* nennen.

---

[1] polynomiell natürlich nur in der Eingabelänge von I.

Eingabe I

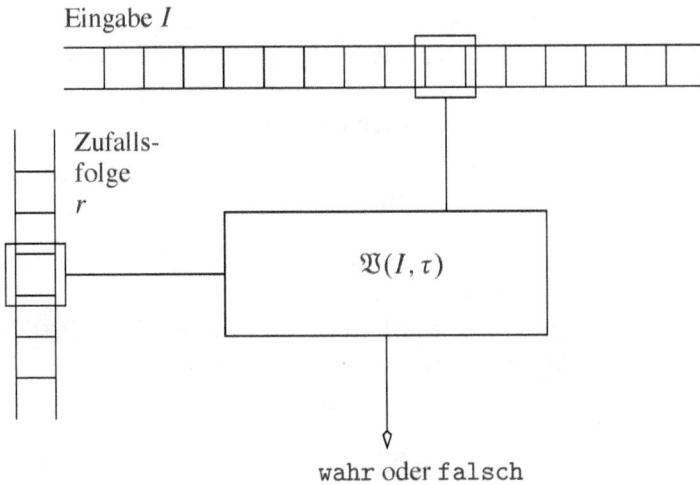

Zufalls-
folge
r

$\mathfrak{V}(I,\tau)$

wahr oder falsch

Abbildung 19.2. Schematische Darstellung einer randomisierten Turing-maschine.

Es gilt nun, dass die Klasse NP aus allen Entscheidungsproblemen $\Pi = (\mathcal{I}, Y_{\mathcal{I}})$ besteht, für die es einen polynomiell zeitbeschränkten Verifizierer $\mathfrak{V}$ so gibt, dass

$$\forall I \in Y_{\mathcal{I}} \ \exists \tau : \quad \mathfrak{V}(I,\tau) = \mathtt{wahr},$$

$$\forall I \notin Y_{\mathcal{I}} \ \forall \tau : \quad \mathfrak{V}(I,\tau) = \mathtt{falsch}.$$

Darüber hinaus haben wir im Laufe der Lektüre eine zweite Möglichkeit kennen gelernt, eine Turingmaschine mächtiger, d. h. die Menge der von der Turingmaschine erkannten Sprachen größer zu machen, indem wir ihr erlaubt haben, Zufallsentscheidungen zu treffen.

Erlaubt man zusätzlich einer randomisierten Turingmaschine einen einseitigen Fehler zu machen, so erhält man die Klasse RP, genauer besteht RP aus allen Entscheidungsproblemen $\Pi = (\mathcal{I}, Y_{\mathcal{I}})$, für die es einen polynomiell zeitbeschränkten Verifizierer $\mathfrak{V}$ so gibt, dass

$$\forall I \in Y_{\mathcal{I}} : \quad \Pr_{r}[\mathfrak{V}(I,r) = \mathtt{wahr}] \geq \frac{1}{2},$$

$$\forall I \notin Y_{\mathcal{I}} : \quad \Pr_{r}[\mathfrak{V}(I,r) = \mathtt{falsch}] = 1.$$

Einige Worte noch zur Berechnung der Wahrscheinlichkeiten: Da der Verifizierer polynomiell zeitbeschränkt ist, kann er auch nur polynomiell viele Bits des Zufallsstrings r lesen. Genauer, ist die Laufzeit von $\mathfrak{V}$ beschränkt durch das Polynom p, so können wir annehmen, dass für jede Eingabe I von Π die Länge von r genau $p(|I|)$ ist. Das Wahrscheinlichkeitsmaß Pr definiert dann die Gleichverteilung auf der Menge $\{0,1\}^{p(|I|)}$.

Was bedeutet nun die obige Definition? Ein Entscheidungsproblem Π ist aus RP, wenn es einen polynomiell zeitbeschränkten Verifizierer $\mathfrak{V}$ gibt, der sich für jede Eingabe $I \notin Y_\mathcal{I}$ immer korrekt für falsch entscheidet, für Eingaben $I \in Y_\mathcal{I}$ allerdings entscheidet sich $\mathfrak{V}$ mit Wahrscheinlichkeit höchstens $1/2$ für die falsche Antwort.

Man sieht sofort, dass

$$\text{RP} \subseteq \text{NP}$$

gilt, als Beweis verlangt der NP-Verifizierer einfach einen Zufallsstring, bei dem der RP-Verifizierer die Antwort wahr liefert.

Ein prominentes Beispiel für einen RP-Verifizierer ist der Primzahltest von Solovay und Strassen, d. h. ein Algorithmus für das Entscheidungsproblem

Problem 19.2 (PRIME).
Eingabe: Eine natürliche Zahl $p \in \mathbb{N}$.
Frage: Ist p eine Primzahl?

der polynomielle Laufzeit hat und eine einseitige Fehlerwahrscheinlichkeit von $1/2$ garantiert.

Zwar weiß man seit neuem, dass das Problem PRIME aus P ist, siehe [1], allerdings hat der zur Zeit schnellste polynomielle Algorithmus eine Laufzeit von $\tilde{\mathcal{O}}(\log^{7,5} n)$ (dabei ist n die zu testende Zahl) und wird somit in der Praxis nicht eingesetzt. Im Gegensatz dazu hat der probabilistische Solovay–Strassen-Primzahltest eine Laufzeit von $\mathcal{O}(\log n)$, die Laufzeit ist also linear.

Was passiert nun, wenn wir einer Turingmaschine beide Hilfsmittel erlauben, d. h., wenn die Turingmaschine sowohl Zugriff auf eine Folge zufälliger Bits (sie ist also eine probabilistische Turingmaschine im Sinne der Definition aus Abschnitt A.2) als auch Zugriff auf einen potentiellen Beweis hat?

Zunächst geben wir eine formale Definition und diskutieren dann im Anschluss die Mächtigkeit dieses Begriffes.

Definition 19.3 (Beschränkter Verifizierer). (i) Ein *Verifizierer* ist eine probabilistische polynomiell zeitbeschränkte Turingmaschine[2] $\mathfrak{V}$ mit Zugriff auf eine binäre Zeichenkette τ (die einen Beweis für $I \in L$ repräsentiert). $\mathfrak{V}$ kann dabei auf jedes Bit von τ zugreifen.

Der Verifizierer arbeitet dabei in zwei Phasen. Zunächst berechnet er randomisiert eine Folge von Adressen für τ und liest die Bits unter den Adressen von τ. In der zweiten Phase entscheidet sich der Tester deterministisch in Abhängigkeit von den gelesenen Bits von τ für wahr oder falsch.

(ii) Ein Verifizierer $\mathfrak{V}$ heißt $(r(n), q(n))$-*beschränkt*, wenn $\mathfrak{V}$ bei Eingaben I der Länge n nur $\mathcal{O}(r(n))$ Zufallsbits benutzt und $\mathcal{O}(q(n))$ Anfragen an den Beweis τ stellen

---

[2]Siehe Abschnitt A.2 für eine Definition.

darf. Wir setzen dann

$$\mathfrak{V}(I, \tau, r) = \begin{cases} \text{wahr}, & \mathfrak{V} \text{ akzeptiert } I \text{ mit Beweis } \tau \text{ und Zufall } r, \\ \text{falsch}, & \text{sonst.} \end{cases}$$

Eingabe I

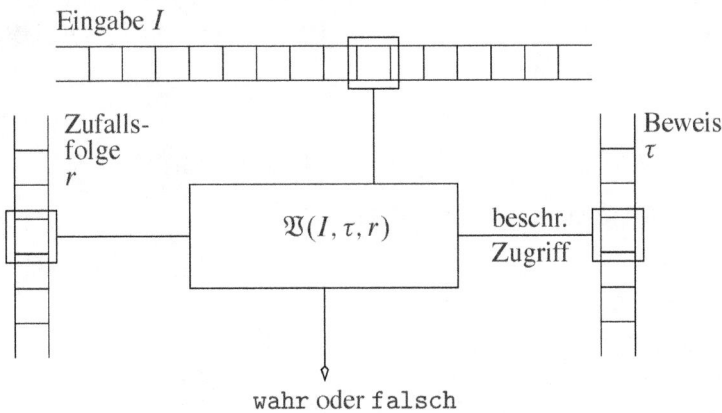

Abbildung 19.3. Ein $(r(n), q(n))$-beschränkter Verifizierer.

Der beschränkte Verifizierer hat also immer noch vollen Zugriff auf I, aber nur beschränkten Zugriff auf den Beweis τ. Abbildung 19.3 veranschaulicht den Sachverhalt.

$\mathfrak{V}$ arbeitet damit wie folgt:

Algorithmus $\mathfrak{V}(I, \tau, r)$

1 Lies die Eingabe I und den Zufallsstring r; schreibe auf das Arbeitsband gewisse Adressen $i_1(r), \dots, i_{\mathcal{O}(q(n))}(r)$ von Positionen im Beweis τ.

2 Untersuche per Anfrage die Bits in den gewählten Positionen von τ.

3 Abhängig von der Eingabe und den nachgefragten Bits akzeptiere oder verwerfe.

Definition 19.4. Eine Sprache $L \subseteq \Sigma^*$ ist in PCP$(r(n), q(n))$ genau dann, wenn es einen $(r(n), q(n))$-beschränkten Verifizierer $\mathfrak{V}$ so gibt, dass für alle $I \in \Sigma^*$ gilt:

(i) Wenn $I \in L$, dann existiert ein Beweis τ_I mit

$$\Pr_{r \in \{0,1\}^{\mathcal{O}(r(|I|))}} [\mathfrak{V}(I, \tau_I, r) = \text{wahr}] = 1,$$

d. h., $\mathfrak{V}$ akzeptiert für alle Zufallsstrings r der Länge $\mathcal{O}(r(n))$.

(ii) Wenn $I \notin L$, dann gilt für alle Beweise τ

$$\Pr_{r \in \{0,1\}^{\mathcal{O}(r(|I|))}} [\mathfrak{V}(I, \tau, r) = \text{falsch}] \geq \frac{1}{2},$$

d. h., jeder „Beweis" τ wird mit Wahrscheinlichkeit mindestens $\frac{1}{2}$ abgelehnt.

Wie schon bei der Definition von probabilistischen Algorithmen ist die Konstante $\frac{1}{2}$ in der Definition willkürlich gewählt und kann durch jede beliebige Konstante $0 < \varepsilon < 1$ ersetzt werden. Der Einfachheit halber bezeichnet man die mit dieser Fehlerwahrscheinlichkeit definierten Klassen dann auch manchmal mit $\mathrm{PCP}_\varepsilon(r(n), q(n))$.

Die Frage, die man sich zuerst stellt, ist nun, wie groß die Klasse $\mathrm{PCP}(\mathrm{poly}(n), \mathrm{poly}(n))$ eigentlich ist. Babai, Fortnow und Lund (siehe [19]) konnten den folgenden Satz zeigen.

Satz 19.5. *Es gilt*

$$\mathrm{PCP}(\mathrm{poly}(n), \mathrm{poly}(n)) = \mathrm{NEXP} := \mathrm{NTIME}(2^{\mathrm{poly}(n)}).$$

Darüber hinaus folgt unmittelbar aus der Definition

Satz 19.6. *Es gilt*

 (i) $\mathrm{PCP}(0, 0) = \mathrm{P}$,

 (ii) $\mathrm{PCP}(\mathrm{poly}(n), 0) = \mathrm{coRP}$ *und*

(iii) $\mathrm{PCP}(0, \mathrm{poly}\, n) = \mathrm{NP}$.

Beweis. *(i)* ist trivial. Hier erlauben wir dem Verifizierer weder Zugriff auf einen Zufallsstring noch Zugriff auf einen Beweis, so dass der Verifizierer wie die zugrundeliegende Turingmaschine deterministisch arbeitet.

(ii) Hier erlauben wir keinen Zugriff auf den potentiellen Beweis, so dass die Aussage direkt aus der Definition der Klasse coRP folgt.

(iii) Wir erlauben keine Zufallsbits, die Fehlerwahrscheinlichkeit kann also in diesem Fall entweder nur 0 oder 1 sein. Nach Definition ist sie höchstens $1/2$ und damit 0, der Verifizierer irrt sich also nie. Damit erhalten wir also

$$\forall I \in Y_{\mathcal{I}} \ \exists \tau : \ \Pr_{r \in \varnothing}[\mathfrak{V}(I, \tau, r) = \mathtt{wahr}] = 1, \text{ und}$$

$$\forall I \notin Y_{\mathcal{I}} \ \forall \tau : \ \Pr_{r \in \varnothing}[\mathfrak{V}(I, \tau, r) = \mathtt{falsch}] = 1. \qquad \square$$

Genauso einfach ist der Beweis der folgenden Aussage:

Satz 19.7. *Für alle Funktionen* $r, q : \mathbb{N} \longrightarrow \mathbb{N}$ *gilt*

$$\mathrm{PCP}(r(n), q(n)) \subseteq \mathrm{NTIME}(\mathrm{poly}(n) \cdot 2^{r(n)}).$$

Beweis. Sei also Π ein Entscheidungsproblem aus $\mathrm{PCP}(r(n), q(n))$ und $\mathfrak{V}$ ein entsprechender $(r(n), q(n))$-beschränkter Verifizierer für Π. Wir konstruieren nun aus $\mathfrak{V}$ eine nichtdeterministische Turingmaschine $\mathfrak{V}'$ wie folgt: Sei I eine Eingabe von Π der Länge n. Für alle $2^{\mathcal{O}(r(n))}$ Zufallsbits der Länge $\mathcal{O}(r(n))$ simuliert $\mathfrak{V}'$ die Rechnung von $\mathfrak{V}$ in $\mathrm{poly}(n)$ Schritten und akzeptiert I genau dann, wenn I von $\mathfrak{V}$ akzeptiert wird. Genauer arbeitet $\mathfrak{V}'$ also wie folgt:

Algorithmus $\mathfrak{V}'(I, \tau)$

 1   for $r \in \{0, 1\}^{\mathcal{O}(r(n))}$ do

```
2    if 𝔙(I, τ, r) = falsch then
3      return falsch
4      stop
5    fi
6  od
7  return wahr
```

Offensichtlich ist $\mathfrak{V}'$ $\mathcal{O}(\mathrm{poly}(n) \cdot 2^{r(n)})$-zeitbeschränkt und es folgt die Behauptung. □

Als eine unmittelbare Konsequenz aus dem obigen Satz erhalten wir:

Satz 19.8. *Es gilt*

 (i) $\mathrm{PCP}(\log n, \mathrm{poly}(n)) = \mathrm{NP}$ *und*

(ii) $\mathrm{PCP}(\log n, 1) \subseteq \mathrm{NP}$.

Beweis. *(i)* Zunächst folgt aus Satz 19.6 *(iii)* $\mathrm{NP} \subseteq \mathrm{PCP}(0, \mathrm{poly}(n))$. Da offensichtlich $\mathrm{PCP}(0, \mathrm{poly}(n)) \subseteq \mathrm{PCP}(\log n, \mathrm{poly}(n))$, folgt

$$\mathrm{NP} \subseteq \mathrm{PCP}(\log n, \mathrm{poly}(n)).$$

Umgekehrt folgt aus dem obigen Satz mit $r(n) = \log n$ auch

$$\mathrm{PCP}(\log n, \mathrm{poly}(n)) \subseteq \mathrm{NP}.$$

(ii) Diese Behauptung folgt wieder aus dem obigen Satz mit $r(n) = \log n$ und $q(n) = 1$. □

Die bisherigen Ergebnisse waren weitestgehend trivial und folgten mehr oder weniger aus den Definitionen. Überraschend ist nun, dass auch die umgekehrte Inklusion der Formel aus Satz 19.8 *(ii)* gilt, und damit die versprochene neue Charakterisierung der Klasse NP.

Satz 19.9 (Arora, Lund, Motwani, Sudan, Szegedy [14]). *Es gilt*

$$\mathrm{NP} = \mathrm{PCP}(\log n, 1).$$

Beweis. Die Inklusion $\mathrm{NP} \supseteq \mathrm{PCP}(\log n, 1)$ haben wir schon in Satz 19.8 *(ii)* gezeigt. Die eigentliche Schwierigkeit ist allerdings die andere Inklusion, d. h.

$$\mathrm{NP} \subseteq \mathrm{PCP}(\log n, 1)$$

zu zeigen. Der Beweis dieser Aussage ist aber sehr lang und würde den Rahmen unserer Betrachtungen sprengen. Wir werden deshalb an dieser Stelle nur kurz die wichtigsten Ideen wiedergeben.

(i) Man zeigt zunächst $NP \subseteq PCP(poly(n), 1)$. Zwar haben die potentiellen Beweise eine exponentielle Länge in n, sie können aber mit konstant vielen Zugriffen randomisiert auf Richtigkeit überprüft werden (diese Behauptung werden wir in Abschnitt 19.3 beweisen).

(ii) Im nächsten Schritt zeigt man $NP \subseteq PCP(\log n, poly \log n)$, wobei der Tester aber nur auf $\mathcal{O}(1)$ Teile des Beweises der Länge $poly \log n$ zugreifen muss.

(iii) Im dritten Schritt werden die Beweise für NP-vollständige Sprachen derart rekursiv kodiert, dass in jeder Rekursion immer auf $\mathcal{O}(1)$ Pakete des Beweises zugegriffen wird. Die Beweisgröße wird hierdurch kleiner und die Paketgröße ist durch die Paketgröße des vorhergehenden Rekursionsschritt bestimmt.

Fängt man dann mit einem $PCP(poly(n), 1)$ Beweissystem an, so kann man dieses nach endlich vielen Rekursionsschritten auf ein $NP \subseteq PCP(\log n, 1)$ Beweissystem reduzieren.

Diese sehr grobe Skizze soll uns an dieser Stelle genügen. Für einen vollständigen Beweis siehe [14], bzw. Abschnitt 19.3 für einen Beweis der Aussage (i). Man überlege sich, dass auch diese Formel schon eine Überraschung ist und eine Idee davon vermittelt, wie Beweise auf Korrektheit überprüft werden können, ohne diesen vollständig lesen zu müssen. $\quad\square$

Eine interessante Frage ist nun, wie viele benötigt werden, um mittels eines PCP-Verifizierers die Zugehörigkeit eines Wortes zu einer Sprache aus NP zu beweisen. Bellare, Goldreich und Sudan (siehe [23]) konnten nachweisen, dass

$$NP \subseteq PCP_{\frac{1}{2}}(\log n, \mathbf{19}) \qquad \text{und} \tag{19.1}$$

$$NP \subseteq PCP_{\varepsilon}(\log n, \mathbf{3}) \qquad \text{für } \varepsilon = 0.902 \tag{19.2}$$

gilt, wobei mit $\mathbf{19}$ und $\mathbf{3}$ tatsächlich Konstanten gemeint sind. Da man auf der anderen Seite leicht zeigen kann, dass

$$PCP_{\varepsilon}(\log n, \mathbf{2}) \subseteq P \qquad \text{für alle } \varepsilon < 1$$

(siehe Übungsaufgabe 19.33), sind die beiden obigen Ergebnisse also beinahe bestmöglich.

Neben der oben kurz vorgestellten Beweisidee für das PCP-Theorem gibt es seit neuem einen zweiten Beweis, dessen Hauptidee wir nun kurz erläutern wollen: Zunächst sieht man relativ schnell ein, dass die Aussage $NP \subseteq PCP(\log n, 1)$ sofort daraus folgt, dass das folgende Problem NP-vollständig für ein $\varepsilon > 0$ ist.

Problem 19.10 (ε-ROBUST 3SAT).
Eingabe:　Eine Instanz I von 3SAT, für die es entweder eine erfüllende Belegung gibt oder bei der für jede nichterfüllende Belegung mindestens $\varepsilon \cdot m$ Klauseln nicht erfüllt sind, wobei m die Anzahl der Klauseln von I sei.
Frage:　Gibt es eine erfüllende Belegung für I?

Wir betrachten dazu den folgenden Verifizierer (dabei ist I eine 3SAT-Formel über n Variablen mit m Klauseln, τ eine Belegung der Variablen und $r \in \{1, \dots, m\}$).

Algorithmus $\mathfrak{V} - \text{MAX3SAT}\left(\begin{array}{l} I = [(C_1 \wedge \cdots \wedge C_m); \{x_1, \dots, x_n\}], \\ \tau = (\mu_1, \dots, \mu_n) \in \{\text{wahr}, \text{falsch}\}^n, r \end{array} \right)$

1   Lies die r-te Klausel C_r ein.
2   Bestimme die Variablen $y_{r_1}, y_{r_2}, y_{r_3}$ aus C_r.
3   Lies die entsprechenden Belegungen $\mu_{r_1}, \mu_{r_2}, \mu_{r_3}$ der Variablen aus τ.
4   if $C_r = \text{wahr}$ then
5   return wahr
6   else
7   return falsch
8   fi

Dann gilt offensichtlich:

$$\forall I \in \varepsilon\text{-ROBUST 3SAT } \exists \tau : \quad \Pr_{r \in \{1, \dots, m\}}[\mathfrak{V} - \text{MAX3SAT}(I, \tau, r) = \text{wahr}] = 1,$$

$$\forall I \notin \varepsilon\text{-ROBUST 3SAT } \forall \tau : \quad \Pr_{r \in \{1, \dots, m\}}[\mathfrak{V} - \text{MAX3SAT}(I, \tau, r) = \text{falsch}] \geq \varepsilon.$$

Also gibt es einen $(\log m, 3)$-beschränkten Verifizierer für ε-ROBUST 3SAT (der obige Verifizierer liest ja nur drei Belegungen, d. h. drei Bits des präsentierten Beweises τ). Weiter ist m (die Anzahl der Klauseln) kleiner als die Eingabelänge einer 3SAT-Formel. Wir erhalten also

$$\varepsilon\text{-ROBUST 3SAT} \in \text{PCP}(\log n, 1).$$

Da wir vorausgesetzt haben, dass ε-ROBUST 3SAT NP-vollständig ist, folgt dies also für alle Probleme aus NP.

Auf der anderen Seite zeigen wir mit Hilfe des PCP-Theorems im folgenden Abschnitt, dass das Problem ε-ROBUST 3SAT NP-vollständig für ein $\varepsilon > 0$ ist. Wir werden damit den folgenden Satz bewiesen haben.

Satz 19.11. *Es gilt genau dann* NP $\subseteq$ PCP$(\log n, 1)$, *wenn ein* $\varepsilon > 0$ *so existiert, dass* ε-ROBUST 3SAT NP-*vollständig ist.*

Diese Beobachtung hat nun Dinur ausgenutzt, um einen neuen Beweis für das PCP-Theorem zu finden, siehe [51].

19.2   Nichtapproximierbarkeit von MAX3SAT

Dank der neuen Charakterisierung der Klasse NP sind wir nun in der Lage, Satz 18.9, also das am Ende von Abschnitt 18.2 angekündigte Nichtapproximierbarkeitsresultat für das Problem MAX3SAT, zu beweisen.

Insgesamt gehen wir dabei wie folgt vor:

(i) Wir konstruieren im ersten Schritt eine polynomielle Reduktion von SAT auf $k-$MAXGSAT für ein $k \in \mathbb{N}$ (für die Definition dieses Optimierungsproblems siehe unten) so, dass jede wahr-Instanz von SAT auf eine Instanz von k-MAXG-SAT abgebildet wird, die jeden Ausdruck erfüllt, umgekehrt aber falsch-Instanzen von SAT auf Instanzen abbildet, die höchstens die Hälfte der Ausdrücke erfüllt (mit anderen Worten konstruieren wir eine Lücke). In diesem Schritt wird maßgeblich eingehen, dass es für SAT einen $(\log n, 1)$-beschränkten Verifizierer gibt.

(ii) Im zweiten Schritt konstruieren wir dann eine GP-Reduktion von $k-$MAXGSAT auf MAXkSAT (die Lücke bleibt also erhalten).

(iii) Der dritte Schritt dient der Konstruktion einer GP-Reduktion von MAXkSAT auf MAX3SAT, womit die Behauptung dann gezeigt ist.

Die obigen Schritte entsprechen damit genau der in Abschnitt 18.2 zur Motivation der GP-Reduktion erläuterten Vorgehensweise zum Erzeugen bzw. Erhalten von Lücken, um mit diesen Nichtapproximierbarkeitsresultate nachzuweisen.

Das folgende Maximierungsproblem spielt, wie bereits gesagt, eine zentrale Rolle. Dabei heißt eine Funktion

$$\{\texttt{wahr}, \texttt{falsch}\}^n \longrightarrow \{\texttt{wahr}, \texttt{falsch}\}$$

auch *boolesche Funktion*.

Problem 19.12 ($k-$MAXGSAT).
Eingabe: Eine Menge von booleschen Funktionen $\Phi = \{\Phi_1, \ldots, \Phi_m\}$ in jeweils k Variablen aus einer n-elementigen Variablenmenge, gegeben durch ihre Wahrheitstabellen.
Ausgabe: Eine Belegung der Variablen mit einer maximalen Anzahl gleichzeitig erfüllter Funktionen[3].

In Übungsaufgabe 19.38 zeigen wir, dass es für alle $k \in \mathbb{N}$ einen deterministischen approximativen Algorithmus für k-MAXGSAT mit Güte 2^k gibt, der also eine Belegung findet, die mindestens $\frac{1}{2^k}$ OPT Ausdrücke erfüllt.

Wir werden nun (mittels der Konstruktion einer Lücke) beweisen, dass es ein $k \in \mathbb{N}$ so gibt, dass sich das Optimierungsproblem $k-$MAXGSAT nicht mit einer Approximationsgüte besser als 2 approximieren lässt. Wie die Zahl k zustande kommt, sehen wir dann im Beweis.

Lemma 19.13. *Es existieren ein $k \in \mathbb{N}$ und eine polynomielle Reduktion f von SAT auf k-MAXGSAT, so dass gilt:*

• *Ist $I \in$ SAT, so sind alle Funktionen in $f(I)$ gleichzeitig erfüllbar.*

---

[3]Eine boolesche Funktion Φ heißt erfüllt für $(x_1, \ldots, x_k)$, wenn $\Phi(x_1, \ldots, x_k) = \texttt{wahr}$.

- *Ist $I \notin$ SAT, so ist höchstens die Hälfte aller Funktionen in $f(I)$ gleichzeitig erfüllbar.*

Zusammen mit Satz 18.5 folgt hieraus sofort:

Korollar 19.14. *Für k-MAXGSAT gibt es unter der Voraussetzung P $\neq$ NP keinen Approximationsalgorithmus mit Güte besser 2.*

Beweis (von Lemma 19.13). Da SAT $\in$ NP, hat SAT einen $(\log n, 1)$-beschränkten Verifizierer $\mathfrak{V}$. O.B.d.A. verwende $\mathfrak{V}$ $c \log n$ zufällige Bits und untersucht k Bits im Beweis τ. Es gibt also höchstens $2^{c \log n} = n^c$ verschiedene Zufallsstrings und damit verschiedene Abläufe von $\mathfrak{V}$. Zusätzlich lesen wir in jedem Ablauf nur k Bits des Beweisstrings τ. Wir können also annehmen, dass die Anzahl der Bits in τ durch $N := k n^c$ nach oben beschränkt ist. Weiter interpretieren wir jeden Beweisstring als eine Belegung von Variablen $x_1, \ldots, x_N$ (wieder mit der üblichen Identifizierung $1 = \mathtt{wahr}$ und $0 = \mathtt{falsch}$). Wir betrachten nun einen festen Zufallsstring $r \in \{0, 1\}^{c \log n}$. Seien $i_1(r), \ldots, i_k(r)$ die Positionen bezüglich r in τ, d. h. die Stellen, die $\mathfrak{V}$ vom Beweis τ liest. Dann hängt die Entscheidung von $\mathfrak{V}$ nur von der Belegung der Variablen $x_{i_1(r)}, \ldots, x_{i_k(r)}$ ab. Wir definieren nun eine boolesche Funktion Φ_r durch

$$\Phi_r(a_1, \ldots, a_k) = \mathtt{wahr} \iff \mathfrak{V} \text{ akzeptiert für } x_{i_1(r)} = a_1, \ldots, x_{i_k(r)} = a_k.$$

Da der Verifizierer $\mathfrak{V}$ in polynomieller Zeit läuft, können wir die Wahrheitstabelle von Φ_r durch Berechnung der Entscheidungen von $\mathfrak{V}$ für alle 2^k möglichen Belegungen in polynomieller Zeit berechnen. Da insgesamt nur die Wahrheitstabellen von n^c booleschen Funktionen

$$\{\Phi_r; r \in \{0, 1\}^{c \log n}\}$$

berechnet werden müssen, können wir in polynomieller Zeit die Instanz von k-MAXGSAT bestimmen, diese Reduktion ist also polynomiell.

Weiter gilt: Ist $I \in$ SAT (gibt es also eine erfüllende Belegung für I), so existiert eine Zuordnung für $x_1, \ldots, x_N$, also ein Beweisstring, so dass alle Φ_r wahr sind (der Verifizierer entscheidet sich dann ja für alle Zufallsstrings r richtig). Ist umgekehrt $I \notin$ SAT, so gilt für alle Zuordnungen für $x_1, \ldots, x_N$, also alle Beweisstrings, dass sich der Verifizierer mit Wahrscheinlichkeit mindestens $1/2$ für $\mathtt{falsch}$ entscheidet, d. h., höchstens die Hälfte der Φ_r sind erfüllbar. $\square$

Mit Hilfe des obigen Lemmas sind wir nun in der Lage, eine ähnliche Aussage auch für das Problem MAX3SAT zu erhalten, und beweisen damit Satz 18.9 aus Abschnitt 18.2.

Satz 19.15 (Arora, Lund, Motwani, Sudan, Szegedy [14]). *Es existieren $\varepsilon > 0$ und eine Reduktion f von SAT auf MAX3SAT, so dass gilt:*

- *Ist $I \in$ SAT, so sind alle m Klauseln in $f(I)$ erfüllbar,*

- *ist $I \notin$ SAT, so sind höchstens $(1 - \varepsilon)m$ der m Klauseln von $f(I)$ erfüllbar.*

Beweis. Gegeben sei eine SAT-Instanz I. Wir berechnen mit Lemma 19.13 zunächst eine Instanz $f_1(I) = I'$ von k-MAXGSAT. Sei $x_1, \ldots, x_N$ die Menge der booleschen Variablen und $\{\Phi_i; i \in \{1, \ldots, n^c\}\}$ die Menge der booleschen Funktionen in I'. Eine solche boolesche Funktion Φ_i enthalte die Variablen $x_{i_1}, \ldots, x_{i_k}$.

Wir werden nun zunächst aus I' eine Instanz $f_2(I') = I''$ von MAXkSAT konstruieren, wobei die Reduktion f_2 natürlich lückenerhaltend sein wird. Sei dafür $i \leq n^c$ und definiere für jede Belegung

$$\mu : \{x_{i_1}, \ldots, x_{i_k}\} \longrightarrow \{0, 1\} = \{\text{falsch}, \text{wahr}\}$$

mit $\Phi_i(\mu) = \text{falsch}$ die Klausel

$$C_{i,\mu} = l_1 \vee \cdots \vee l_k$$

mit

$$l_i := \begin{cases} x_{i_j}, & \text{falls } \mu_j = \text{falsch}, \\ \neg x_{i_j}, & \text{sonst}, \end{cases}$$

wobei wir die Belegung μ als Vektor $\mu = (\mu_1, \ldots, \mu_k) \in \{0, 1\}^k$ auffassen. Weiter sei

$$\alpha_i := \bigwedge_{\mu \in \{0,1\}^k, \Phi_i(\mu) = \text{falsch}} C_{i,\mu},$$

und damit $I'' = \bigwedge_{i \leq n^c} \alpha_i$.

Man kann nun leicht zeigen, dass eine Belegung $\mu : \{x_{i_1}, \ldots, x_{i_k}\} \longrightarrow \{0, 1\}$ die Formel α_i genau dann erfüllt, wenn $\Phi_i(\mu) = \text{wahr}$, d. h., für jede Belegung $\mu : \{x_1, \ldots, x_N\} \longrightarrow \{0, 1\}$ ist die Anzahl der erfüllten Funktionen Φ_i, $i \leq n^c$, gleich der Anzahl der erfüllten Formeln α_i. Insgesamt erhalten wir also:

- Sind alle Funktionen Φ_i der Instanz I' erfüllbar, so sind auch alle Formeln α_i und somit auch alle Klauseln $C_{i,\mu}$ der Instanz $f_2(I') = I''$ erfüllbar.

- Gilt umgekehrt, dass jede Belegung nur die Hälfte aller Funktionen Φ_i erfüllt, dann werden auch nur höchstens die Hälfte der Formeln α_i erfüllt, was also mindestens einer nichterfüllten k-Klausel für alle diese α_i entspricht. In diesem Fall ist also der Anteil der nichterfüllbaren Klauseln mindestens

$$\frac{1}{2} 2^{-k} = 2^{-(k+1)}.$$

Damit haben wir also eine lückenerhaltene Reduktion von MAXkGSAT auf das Problem MAXkSAT konstruiert. Die Lücke überlebt also, auch wenn sie wesentlich kleiner wird.

Wir schreiben nun jede k-Klausel als Konjunktion von 3-Klauseln und konstruieren so eine lückenerhaltene Reduktion f_3 von MAXkSAT auf MAX3SAT. Aus der Klausel $(z_1 \vee \cdots \vee z_k)$ mit Literalen z_i wird

$$(z_1 \vee z_2 \vee a_1) \wedge \bigwedge_{l=1}^{k-4} (\neg a_l \vee z_{l+2} \vee a_{l+1}) \wedge (\neg a_{k-3} \vee z_{k-1} \vee z_k), \qquad (19.3)$$

wobei die a_is neue Variablen seien. Man beachte, dass dies genau der Transformation von SAT auf 3SAT entspricht, die wir im Beweis von Satz 2.30 konstruiert haben. Dieser Term ist also genau dann erfüllbar, wenn $(z_1 \vee \cdots \vee z_k)$ erfüllbar ist.

Insgesamt können wir somit eine Instanz $f(I) = (f_3 \circ f_2 \circ f_1)(I)$ von MAX3SAT berechnen, für die gilt:

- Ist $I \in$ SAT, so sind alle m Klauseln in $f(I)$ erfüllbar.

- Ist $I \notin$ SAT, so ergibt jede nichterfüllbare k-Klausel mindestens eine nicht erfüllbare 3-Klausel der $(k-2)$ 3-Klauseln.

Der Anteil der nicht erfüllbaren 3-Klauseln ist also mindestens

$$(k-2)^{-1} \, 2^{-(k+1)}.$$

Setzen wir nun

$$\varepsilon := \frac{1}{(k-2)2^{k+1}},$$

so sind bei m Klauseln in $f(I)$ höchstens

$$\left(1 - \frac{1}{(k-2)2^{k+1}}\right) \cdot m = (1-\varepsilon) \cdot m$$

Klauseln erfüllt.   □

Als unmittelbare Konsequenz erhalten wir das folgende, bereits am Ende von Abschnitt 18.2 mit Hilfe des obigen Satzes bewiesene Resultat.

Korollar 19.16. *Es gibt ein* $\varepsilon > 0$ *so, dass es für das Problem* MAX3SAT *keinen polynomielle Approximationsalgorithmus mit Güte besser als* $\frac{1}{1-\varepsilon}$ *gibt, es sei denn,* P = NP.

Einige Bemerkungen noch zur Größe der im obigen Korollar benutzten Konstante ε: Wir haben in den Beweisen von Lemma 19.13 und Satz 19.15 gesehen, dass ε unmittelbar davon abhängt, auf wie viele Bits des Beweises ein $(\log n, 1)$-beschränkter Verifizierer für SAT zugreifen muss, um sich mit geeigneter Wahrscheinlichkeit entscheiden zu können, ob eine SAT-Formel erfüllend ist oder nicht. Ist also die Anzahl der gelesenen Beweisbits bekannt, so lässt sich ε sofort bestimmen. Wir werden dies in Übungsaufgabe 19.32 noch einmal genauer untersuchen.

19.3 NP ⊆ PCP(poly(n), 1)

Wie bereits angekündigt, zeigen wir in diesem Abschnitt die Formel

$$NP \subseteq PCP(poly(n), 1)$$

und werden damit eine Vorstellung davon gewinnen, wie man Beweise randomisiert überprüfen kann, ohne diese vollständig lesen zu müssen. Die Betrachtungen in diesem Abschnitt wurden durch [137] motiviert.

Offensichtlich müssen wir nur nachweisen, dass es für das Entscheidungsproblem 3SAT einen (poly(n), 1)-Verifizierer gibt. Da 3SAT NP-vollständig ist, folgt dies dann für alle Probleme aus NP, und die Behauptung ist bewiesen.

Sei also im Folgenden

$$\alpha = C_1 \wedge \cdots \wedge C_m$$

eine Formel in dreikonjunktiver Normalform über den Variablen

$$X = \{x_1, \ldots, x_n\},$$

wobei die Klauseln die Form

$$C_i = (a_{i1} \vee a_{i2} \vee a_{i3})$$

haben. Ziel ist es, eine Belegung $\mu : X \longrightarrow \{\text{wahr}, \text{falsch}\}$ so zu kodieren, dass der Verifizierer nur auf konstant viele Bits der Kodierung zugreifen muss, um mit der gewünschten Wahrscheinlichkeit überprüfen zu können, ob diese Belegung die Formel erfüllt.

Dazu fassen wir wie üblich jede boolesche Variable $x \in X$ als Variable über $\mathbb{F}_2$ auf und interpretieren wahr als 1 und falsch als 0. Eine Belegung μ entspricht dann einem Vektor aus $\mu = (\mu_1, \ldots, \mu_n) \in \mathbb{F}_2^n$.

Mit

$$g(a) := \begin{cases} 1 - x, & \text{falls } a = x, \\ x, & \text{falls } a = \neg x \end{cases}$$

definieren wir für jede Klausel C_i das Polynom

$$f_{C_i} : \mathbb{F}_2^n \longrightarrow \mathbb{F}_2; \quad (x_1, \ldots, x_n) \mapsto g(a_{i1}) \cdot g(a_{i2}) \cdot g(a_{i3}).$$

Dann gilt, wie man sofort sieht:

Lemma 19.17. *Eine Belegung μ erfüllt eine Klausel C_i genau dann, wenn $f_{C_i}(\mu) = 0$.*

Weiter sei

$$f_\alpha(x_1, \ldots, x_n) := \sum_{i=1}^{m} f_{C_i}(x_1, \ldots, x_n).$$

Wir erhalten so also für jede boolesche Formel α in dreikonjunktiver Normalform ein Polynom dritten Grades. So ist zum Beispiel für die Klausel $C = (x_1 \vee \neg x_2 \vee \neg x_3)$

$$f_C(x_1, \ldots, x_n) = (1 - x_1) \cdot x_2 \cdot x_3.$$

Unser Ziel ist es, anhand des Polynoms f_α entscheiden zu können, ob eine gegebene Belegung auch erfüllend ist. Lemma 19.17 gibt uns dann eine Idee dafür, wie wir dies erreichen können, wir suchen einfach Nullstellen des Polynoms. Zunächst einmal ist offensichtlich eine erfüllende Belegung μ von α auch eine Nullstelle des Polynoms f_α, die Umkehrung dieser Aussage gilt aber im Allgemeinen nicht, wie das folgende Beispiel zeigt.

Beispiel 19.18. Wir betrachten die Formel

$$\alpha = (x_1 \vee x_2 \vee x_3) \wedge (\neg x_4 \vee \neg x_5 \vee \neg x_6).$$

Offensichtlich gilt dann

$$f_\alpha(x_1, \ldots, x_6) = (1 - x_1)(1 - x_2)(1 - x_3) + (1 - x_4)(1 - x_5)(1 - x_6).$$

Weiter ist $\mu = (0, 0, 0, 0, 0, 0)$ keine erfüllende Belegung von α, es gilt aber $f_\alpha(\mu) = 1 + 1 = 0$.

Damit ist unsere Vorgehensweise klar. Wir wollen eine Belegung μ für α als erfüllend erkennen, wenn μ eine Nullstelle des Polynoms f_α ist. Die eine Richtung haben wir bereits eingesehen, mit der anderen gibt es allerdings, wie das obige Beispiel zeigt, Probleme. Erinnern wir uns aber, dass unser Verifizierer zwar unter der Voraussetzung, dass der Beweis (in unserem Fall also die Belegung μ) richtig ist, immer korrekt entscheiden muss, für falsche Beweise aber mit einer Fehlerwahrscheinlichkeit von höchstens $\frac{1}{2}$ die falsche Antwort ausgeben darf. Unter Verwendung des folgenden Tricks können wir dies tatsächlich erreichen. Für jeden Vektor $r \in \mathbb{F}_2^m$ definieren wir

$$f_{r,\alpha}(x) := \sum_{i=1}^{m} r_i \cdot f_{C_i}(x).$$

Nun gilt natürlich immer noch $f_{r,\alpha}(\mu) = 0$ für jede erfüllende Belegung μ von α, umgekehrt können wir auch die Fehlerwahrscheinlichkeit abschätzen, die der Verifizierer bei einem falschen Beweis macht.

Lemma 19.19. *Sei α eine boolesche Formel in dreikonjunktiver Normalform mit m Klauseln über n Variablen und μ eine Belegung von α. Dann gilt:*

(i) Ist μ erfüllend, so erhalten wir

$$\Pr_{r \in \mathbb{F}_2^m} [f_{r,\alpha}(\mu) = 0] = 1.$$

(ii) Ist μ nicht erfüllend, so erhalten wir

$$\Pr_{r \in \mathbb{F}_2^m}[f_{r,\alpha}(\mu) = 0] = \frac{1}{2}.$$

Beweis. Den ersten Teil der Behauptung haben wir bereits oben bewiesen. Sei also im Folgenden μ keine erfüllende Belegung von α. Sei weiter

$$y_i := f_{C_i}(\mu)$$

für alle Klauseln $C_1, \ldots, C_m$ von α. Da μ nicht erfüllend ist, kann μ somit auch nicht Nullstelle aller Polynome f_{C_i} sein (siehe Lemma 19.17). Insbesondere folgt hieraus $y \neq (0, \ldots, 0)$. Weiter gilt $f_{r,\alpha}(\mu) = r^t \cdot y$ für alle $r \in \mathbb{F}_2^m$. Wir müssen also zeigen, dass die beiden Mengen

$$H_0 := \{r \in \mathbb{F}_2^m; r^t \cdot y = 0\} \quad \text{und} \quad H_1 := \{r \in \mathbb{F}_2^m; r^t \cdot y = 1\}$$

gleichmächtig sind. Daraus folgt dann unmittelbar (wegen $|H_0| + |H_1| = |\mathbb{F}_2^m|$):

$$\begin{aligned}
\Pr_{r \in \mathbb{F}_2^m}[f_{r,\alpha}(\mu) = 0] &= \frac{|H_0|}{2^m} \\
&= \frac{|\mathbb{F}_2^m|/2}{2^m} \\
&= \frac{1}{2},
\end{aligned}$$

also die Behauptung. Warum sind nun die Mengen H_0 und H_1 gleichmächtig. Zunächst sehen wir sofort, dass beide Mengen Hyperebenen im Vektorraum $\mathbb{F}_2^m$ bilden. Da Hyperebenen aber immer gleichmächtig sind, erhalten wir das gewünschte Resultat. $\qquad\square$

Bemerkung 19.20. Insbesondere haben wir im obigen Beweis gezeigt, dass für alle $x \in \mathbb{F}_2^m \setminus \{0\}$ die Formel

$$\Pr_{r \in \mathbb{F}_2^m}(r^t x = 0) = \frac{1}{2}$$

gilt. Diese Aussage werden wir auch später noch benötigen.

Rekapitulieren wir, was wir bisher erreicht haben. Für den Verifizierer

Algorithmus $\mathfrak{V}1(\alpha, \mu, r)$

1   Konstruiere $f_{r,\alpha}$.
2   Berechne $z := f_{r,\alpha}(\mu)$.
3   if $z = 0$ then

```
4     return wahr
5   else
6     return falsch
7   fi
```

gilt dank des obigen Lemmas

Lemma 19.21. *Sei α eine Formel in dreikonjunktiver Normalform mit m Klauseln. Dann gilt:*

(i) *Ist α erfüllbar, dann gibt es eine erfüllende Belegung μ so, dass*

$$\Pr_{r \in \mathbb{F}_2^m}[\mathfrak{V}(\alpha, \mu, r) = \texttt{wahr}] = 1.$$

(ii) *Ist α nicht erfüllbar, dann gilt für alle Belegungen μ*

$$\Pr_{r \in \mathbb{F}_2^m}[\mathfrak{V}(\alpha, \mu, r) = \texttt{falsch}] \geq \frac{1}{2},$$

Die Eingabelänge einer Formel in dreikonjunktiver Normalform ist offensichtlich $\mathcal{O}(3m)$. Weiter können wir o.B.d.A. annehmen, dass keine zwei Klauseln in einer Formel identisch sind. Damit ist dann $m \leq n^3$. Wir haben also einen (n^3, n)-beschränkten Verifizierer für 3SAT konstruiert (die Auswertung des Polynoms $f_{r,\alpha}$ benötigt ja den vollen Zugriff auf den Beweis $\mu \in \mathbb{F}_2^n$). Dies war aber nicht unser Ziel. Wir wollten dem Verifizierer ja nur konstant viele Zugriffe auf den Beweis erlauben.

Um dies zu erreichen, werden wir nun eine Belegung μ der Variablen geeignet kodieren.

Kodierung der Belegung

Für zwei Vektoren $x \in \mathbb{F}_2^k$ und $y \in \mathbb{F}_2^l$ sei das sogenannte *äußere Produkt* $x \circ y$ die $k \times l$-Matrix $(x_i \cdot y_j)_{i,j}$, also

$$x \circ y := \begin{pmatrix} x_1 y_1 & x_1 y_2 & \cdots & x_1 y_l \\ x_2 y_1 & x_2 y_2 & \cdots & x_2 y_l \\ \vdots & \vdots & & \vdots \\ x_k y_1 & x_k y_2 & \cdots & x_k y_l \end{pmatrix}.$$

Ist nun $\mu \in \mathbb{F}_2^n$ eine Belegung einer Formel über n Variablen, so sei $a := \mu, b := a \circ a$ und $c := a \circ b$ (wobei wir b als Vektor in $\mathbb{F}_2^{n^2}$ auffassen). Mit Hilfe dieser drei Matrizen definieren wir die folgenden linearen Funktionen:

$$G_a : \mathbb{F}_2^n \longrightarrow \mathbb{F}_2; \; (x_1, \ldots, x_n) \mapsto \sum_{i=1}^n a_i x_i,$$

$$G_b : \mathbb{F}_2^{n^2} \longrightarrow \mathbb{F}_2; \; (x_{11}, \ldots, x_{nn}) \mapsto \sum_{i,j=1}^n b_{ij} x_{ij} = \sum_{i=1}^n \sum_{j=1}^n a_i a_j x_{ij},$$

$$G_c : \mathbb{F}_2^{n^3} \longrightarrow \mathbb{F}_2; \; (x_{111}, \ldots, x_{nnn}) \mapsto \sum_{i,j,k=1}^n c_{ijk} x_{ijk} = \sum_{i=1}^n \sum_{j=1}^n \sum_{k=1}^n a_i a_j a_k x_{ijk}.$$

Unser Beweis τ besteht nun aus den Funktionswerten der drei Abbildungen G_a, G_b und G_c, hat also die folgende Form:

$G_a(0,0,\ldots,0)$	$G_a(1,0,\ldots,0)$	$\cdots$	$G_b(0,0,\ldots,0)$	$\cdots$	$G_c(1,1,\ldots,1)$

d. h. die in Tabelle 19.1 dargestellte Form

$\tau_1 = G_a(0,0,\ldots,0),$	$\tau_{2^n+1} = G_b(0,0,\ldots,0),$	$\tau_{2^n+2^{n^2}+1} = G_c(0,0,\ldots,0),$
$\tau_2 = G_a(1,0,\ldots,0),$	$\tau_{2^n+2} = G_b(1,0,\ldots,0),$	$\tau_{2^n+2^{n^2}+2} = G_c(1,0,\ldots,0),$
$\vdots$	$\vdots$	$\vdots$
$\tau_{2^n} = G_a(1,1,\ldots,1),$	$\tau_{2^n+2^n} = G_b(1,1,\ldots,0),$	$\tau_{2^n+2^{n^2}+2^n} = G_c(1,1,\ldots,0),$
	$\vdots$	$\vdots$
	$\tau_{2^n+2^{n^2}} = G_b(1,1,\ldots,1),$	$\tau_{2^n+2^{n^2}+2^{n^2}} = G_c(1,1,\ldots,0),$
		$\vdots$
		$\tau_{2^n+2^{n^2}+2^{n^3}} = G_c(1,1,\ldots,1),$

Tabelle 19.1. Form des Beweises τ.

und damit insgesamt eine Länge von $2^n + 2^{n^2} + 2^{n^3}$ Bits (also exponentiell in der Eingabelänge). Der Grund, warum wir diese kompliziert aussehende Kodierung wählen, ist einfach erklärt.

Zunächst beobachten wir, dass das Polynom $f_{r,\alpha}$, da der Grad 3 ist, die Form

$$f_{r,\alpha}(x) = c + \sum_{i \in I_1} x_i + \sum_{(i,j) \in I_2} x_i \cdot x_j + \sum_{(i,j,k) \in I_3} x_i \cdot x_j \cdot x_k$$

für geeignete Indexmengen $I_1 \subseteq \mathbb{N}$, $I_2 \in \mathbb{N}^2$ und $I_3 \in \mathbb{N}^3$ und eine Konstante $c \in \mathbb{F}_2$ hat. Interpretieren wir nun die Indexmengen in geeigneter Weise als Vektoren, d. h., wir betrachten die „charakteristischen Funktionen" der Indexmengen

$$\chi_{I_1} := (t_1, \ldots, t_n) \qquad \text{mit} \qquad t_i := \begin{cases} 0, & \text{falls } i \notin I_1, \\ 1, & \text{sonst,} \end{cases}$$

$$\chi_{I_2} := (t_{11}, \ldots, t_{nn}) \qquad \text{mit} \qquad t_{ij} := \begin{cases} 0, & \text{falls } (i, j) \notin I_2, \\ 1, & \text{sonst,} \end{cases}$$

$$\chi_{I_3} := (t_{111}, \ldots, t_{nnn}) \qquad \text{mit} \qquad t_{ijk} := \begin{cases} 0, & \text{falls } (i, j, k) \notin I_3, \\ 1, & \text{sonst,} \end{cases}$$

so erhält man sofort

$$f_{r,\alpha}(\mu) = c + G_\mu(\chi_{I_1}) + G_{\mu \circ \mu}(\chi_{I_2}) + G_{\mu \circ \mu \circ \mu}(\chi_{I_3}).$$

Für den Nachweis der Existenz einer Nullstelle des Polynoms $f_{r,\alpha}$ reicht es also aus, auf jeweils ein Bit der (tabellierten) Funktionen G_μ, $G_{\mu \circ \mu}$ und $G_{\mu \circ \mu \circ \mu}$ zuzugreifen.

Wir können nun den Verifizierer $\mathfrak{V}1$ von Seite 387 so verändern, dass er tatsächlich nur drei Bits des präsentierten Beweises zu lesen braucht, um sich mit der gewünschten Wahrscheinlichkeit für die korrekte Antwort zu entscheiden.

Dazu bezeichnen wir im Folgenden für einen String $s \in \mathbb{F}_2^{2^n}$ mit $\hat{s}$ diejenige Funktion $\hat{s} : \mathbb{F}_2^n \longrightarrow \mathbb{F}_2$, deren Funktionswerte genau s entsprechen, d. h.[4]

$$\hat{s}(x_1, \ldots, x_n) = s_{(1 + \sum_{i=1}^n 2^i \cdot x_i)}.$$

Damit können wir nun unseren neuen Verifizierer formulieren.

Algorithmus $\mathfrak{V}2(\alpha, s_1, s_2, s_3, r)$

1   Konstruiere $f_{r,\alpha} = c + \sum_{i \in I_1} x_i + \sum_{(i,j) \in I_2} x_i x_j + \sum_{(i,j,k) \in I_3} x_i x_j x_k$.

2   Berechne χ_{I_1}, χ_{I_2} und χ_{I_3}.

3   Berechne $z := c + \hat{s}_1(\chi_{I_1}) + \hat{s}_2(\chi_{I_2}) + \hat{s}_3(\chi_{I_3})$.

4   `if` $z = 0$ `then`

5   `return wahr`

6   `else`

7   `return falsch`

8   `fi`

Aus den obigen Betrachtungen, insbesondere aus Lemma 19.21, folgt dann sofort:

Lemma 19.22. *Sei α eine Formel in dreikonjunktiver Normalform. Dann gilt:*

(i) Ist α erfüllbar, dann gibt es einen Beweis s_1, s_2, s_3 so, dass

$$\Pr_{r \in \mathbb{F}_2^m} [\mathfrak{V}(\alpha, (s_1, s_2, s_3), r) = \text{wahr}] = 1.$$

---

[4]Wir interpretieren also einen Vektor $(x_1, \ldots, x_n) \in \mathbb{F}_2^n$ als Binärdarstellung der Zahl $\sum_{i=1}^n 2^i \cdot x_i$.

(ii) Ist α nicht erfüllbar, dann gilt für alle s_1, s_2, s_3, die eine Belegung μ von α gemäß der obigen Konstruktion kodieren,

$$\Pr_{r \in \mathbb{F}_2^m} [\mathfrak{V}(\alpha, (s_1, s_2, s_3), r) = \texttt{falsch}] \geq \frac{1}{2}.$$

Insbesondere ist $\mathfrak{V}2$ $(n^3, \mathbf{3})$-beschränkt.

Damit haben wir also einen erheblichen Fortschritt erreicht. $\mathfrak{V}2$ muss nicht mehr, wie der Verifizierer $\mathfrak{V}1$ von Seite 387, das gesamte Polynom auswerten, sondern nur noch auf drei Bits des präsentierten Beweises zugreifen, um seine Entscheidung zu treffen. Würden wir nur Beweise zulassen, die Kodierungen von Belegungen entsprechen, so wären wir dank Lemma 19.22 fertig.

Allerdings lassen wir ja beliebige Strings als mögliche Beweise zu. Wir werden in Übungsaufgabe 19.35 sehen, dass wir dann keine konstante Fehlerwahrscheinlichkeit mehr vom Verifizierer erwarten können, er wird sich für Formeln, die nicht erfüllbar sind, mit großer Wahrscheinlichkeit für die Erfüllbarkeit entscheiden.

Wie gehen wir nun mit diesem Problem um. Ein offensichtlicher Schritt ist, den Verifizierer auch überprüfen zu lassen, ob ein gegebener Beweis tatsächlich einer Kodierung einer Belegung gemäß der obigen Konstruktion entspricht. Wir werden in den nächsten Unterabschnitten sehen, wie wir dies mit konstanter Fehlerwahrscheinlichkeit und natürlich auch konstant vielen Zugriffen auf den Beweis bewerkstelligen können.

Linearitätstest

Um zu überprüfen, ob ein gegebener Beweis, d. h. drei Strings s_1, s_2 und s_3 der Länge $2^n, 2^{n^2}$ und 2^{n^3}, tatsächlich eine Belegung μ kodiert, nutzen wir die folgenden beiden Eigenschaften der Funktionen G_μ, $G_{\mu \circ \mu}$ und $G_{\mu \circ \mu \circ \mu}$ aus:

  (i) Alle drei Funktionen sind von der Form $\mathbb{F}_2^n \longrightarrow \mathbb{F}_2$; $x \mapsto a^t \cdot x$, und

 (ii) werden von demselben Vektor μ erzeugt.

Wir werden im Folgenden zeigen, wie wir die beiden Bedingungen mit konstanter Fehlerwahrscheinlichkeit und konstant vielen Zugriffen auf die Strings überprüfen können, und beginnen mit der ersten Eigenschaft. Dazu benötigen wir zunächst das folgende, einfach zu beweisende Lemma, das aus der linearen Algebra bekannt ist und in Übungsaufgabe 19.36 behandelt wird.

Lemma 19.23. *Sei $n \in \mathbb{N}$. Eine Funktion $G : \mathbb{F}_2^n \longrightarrow \mathbb{F}_2$ ist genau dann linear, wenn es einen Vektor $a \in \mathbb{F}_2^n$ so gibt, dass*

$$G_a(x) = a^t x$$

für alle $x \in \mathbb{F}_2^n$.

Um zu überprüfen, ob ein String s_i die Funktionswerte einer Funktion $x \mapsto a^{\mathrm{t}} \cdot x$ repräsentiert, müssen wir also nur nachweisen, dass $\hat{s}_i$ linear ist. Es genügt allerdings schon einzusehen, dass $\hat{s}_i$ von einer linearen Funktion im Sinne der folgenden Funktion approximiert wird.

Definition 19.24. Seien $S, G : \mathbb{F}_2^n \longrightarrow \mathbb{F}_2$ Funktionen und $\delta \in [0, 1]$.

(i) S und G heißen *δ-ähnlich*, wenn

$$\Delta(S, G) := \Pr_{x \in \mathbb{F}_2^n} [S(x) \neq G(x)] \leq \delta.$$

(ii) Sind S und G δ-ähnlich und ist G zusätzlich linear, dann heißt S auch *δ-linear*.

Wie das nächste Lemma zeigt, ist für eine δ-lineare Funktion S mit $\delta < 1/2$ eine lineare Funktion G, die δ-ähnlich zu S ist, schon eindeutig.

Lemma 19.25. *Sei $n \in \mathbb{N}$. Für je zwei lineare Funktionen $f, g : \mathbb{F}_2^n \longrightarrow \mathbb{F}_2$ mit $f \neq g$ gilt*

$$\Pr_{x \in \mathbb{F}_2^n} (f(x) \neq g(x)) = \frac{1}{2}.$$

Beweis. Dies folgt unmittelbar aus Bemerkung 19.20. Seien $v, w \in \mathbb{F}_2^n$ so, dass $f(x) = v^{\mathrm{t}}x$ und $g(x) = w^{\mathrm{t}}x$ für alle $x \in \mathbb{F}_2^n$. Da $f \neq g$ laut Voraussetzung, erhalten wir also $v - w \neq 0$ und damit sofort aus Bemerkung 19.20

$$\Pr_{x \in \mathbb{F}_2^n} (f(x) \neq g(x)) = \Pr_{x \in \mathbb{F}_2^n} ((v - w)^{\mathrm{t}}x \neq 0) = \frac{1}{2}. \qquad \square$$

Ziel ist es also, mit Hilfe von konstant vielen Zugriffen auf die Strings s_1, s_2 und s_3 mit konstanter Fehlerwahrscheinlichkeit zu entscheiden, ob diese δ-lineare Funktionen repräsentieren.

Dazu interpretieren wir, wie üblich, für jedes $i \leq 3$ den String s_i als Funktionswerte einer (eindeutigen) Funktion $\hat{s}_i$ und überprüfen diese auf Linearität. Aus Lemma 19.23 und Lemma 19.25 wird dann folgen, dass es drei eindeutige Vektoren $a \in \mathbb{F}_2^n, b \in \mathbb{F}_2^{n^2}$ und $c \in \mathbb{F}_2^{n^3}$ so gibt, dass

$$\Delta(\hat{s}_1, G_a), \quad \Delta(\hat{s}_2, G_b), \quad \Delta(\hat{s}_3, G_c) \leq \delta.$$

Die Eigenschaft, dass a, b und c von demselben Vektor μ via des äußeren Produktes erzeugt wurden, überprüfen wir dann im Anschluss.

Zunächst einmal ist offensichtlich, wie man den Linearitätstest durchführt. Man wählt sich zwei zufällige Vektoren x und y und testet, ob

$$\hat{s}_i(x + y) = \hat{s}_i(x) + \hat{s}_i(y)$$

gilt. Die Frage ist nur, wie groß dann die Wahrscheinlichkeit dafür ist, dass $\hat{s}_i$ tatsächlich δ-linear ist.

Lemma 19.26. *Sei $0 \leq \delta \leq 1/3$ und $S : \mathbb{F}_2^n \longrightarrow \mathbb{F}_2$ eine Funktion so, dass*

$$\Pr_{x,y \in \mathbb{F}_2^n} [S(x + y) \neq S(x) + S(y)] \leq \frac{\delta}{2}.$$

Dann gibt es eine lineare Funktion $G : \mathbb{F}_2^n \longrightarrow \mathbb{F}_2$ mit

$$\Delta(S, G) := \Pr_{x \in \mathbb{F}_2^n} [S(x) \neq G(x)] \leq \delta.$$

Beweis. Für jedes $x \in \mathbb{F}_2^n$ gilt $S(x) \in \mathbb{F}_2$. $S(x)$ kann also nur die Werte 0 oder 1 annehmen. Damit ist die Funktion

$$G : \mathbb{F}_2^n \longrightarrow \mathbb{F}_2; \quad x \mapsto \begin{cases} 0, & \text{falls } \Pr_{y \in \mathbb{F}_2^n}[S(x + y) - S(y) = 0] \geq 1/2, \\ 1, & \text{sonst} \end{cases}$$

wohldefiniert. Es gilt also

$$\Pr_{y \in \mathbb{F}_2^n} [S(x + y) - S(y) = G(x)] \geq 1/2$$

für alle $x \in \mathbb{F}_2^n$. In Übungsaufgabe 19.37 beweisen wir ein stärkeres Resultat (das wir auch gleich benötigen). Genauer gilt sogar $\Pr_{y \in \mathbb{F}_2^n}[S(x + y) - S(y) = G(x)] \geq 1 - \delta$.

Wir werden im Folgenden zeigen, dass G δ-ähnlich zu S und linear ist und damit genau die Aussagen des Lemmas erfüllt.

Zur δ-Ähnlichkeit: Es gilt

$$\Pr_{x \in \mathbb{F}_2^n} [S(x) \neq G(x)] = \Pr_{x \in \mathbb{F}_2^n} [S(x) \neq G(x)] \cdot \underbrace{\frac{\Pr_{y \in \mathbb{F}_2^n} [S(x + y) - S(y) = G(x)]}{\Pr_{y \in \mathbb{F}_2^n} [S(x + y) - S(y) = G(x)]}}_{\geq 1/2 \text{ nach Definition von } G}$$

$$\leq 2 \cdot \Pr_{x \in \mathbb{F}_2^n} [S(x) \neq G(x)] \cdot \Pr_{y \in \mathbb{F}_2^n} [S(x + y) - S(y) = G(x)]$$

$$= 2 \cdot \Pr_{x,y \in \mathbb{F}_2^n} [S(x + y) - S(y) = G(x) \wedge S(x) \neq G(x)]$$

$$= 2 \cdot \underbrace{\Pr_{x,y \in \mathbb{F}_2^n} [S(x + y) - S(y) \neq S(x)]}_{\leq \delta/2 \text{ nach Voraussetzung an } S}$$

$$\leq \delta.$$

Zur Linearität: Nach Übungsaufgabe 19.37 haben wir für alle $a, b \in \mathbb{F}_2^n$

$$\Pr_{x \in \mathbb{F}_2^n} [G(a) + G(b) + S(x) \neq S(x + a) + G(b)] \leq \delta$$

$$\Pr_{x \in \mathbb{F}_2^n} [G(b) + S(a + x) \neq S(b + a + x)] \leq \delta$$

$$\Pr_{x \in \mathbb{F}_2^n} [S(a + b + x) + G(a + b) \neq S(x)] \leq \delta$$

und damit (da insbesondere $\delta < 1/3$ vorausgesetzt ist)

$$\Pr_{x \in \mathbb{F}_2^n} [G(a) + G(b) + S(x) = G(a + b) + S(x)] \geq 1 - 3\delta > 0.$$

Man beachte, dass im obigen Ausdruck der Wert $S(x)$ keine Rolle spielt, weshalb hier für alle $a, b \in \mathbb{F}_2^n$

$$G(a + b) = G(a) + G(b)$$

gilt, G also linear ist.   □

Damit können wir nun unseren Linearitätstest formulieren. Die benutzte Konstante k_1 werden wir dann im folgenden Lemma präzisieren.

Algorithmus LINEARITÄTSTEST$\left(s \in \mathbb{F}_2^n, x_1, \ldots, x_{k_1}, y_1, \ldots, y_{k_1} \in \mathbb{F}_2^n\right)$

```
1   for i = 1 to k₁ do
2     if ŝ(xᵢ + yᵢ) ≠ ŝ(xᵢ) + ŝ(yᵢ) then
3       return falsch
4       stop
5     fi
6   od
7   return wahr
```

Lemma 19.27. *Sei $S : \mathbb{F}_2^n \longrightarrow \mathbb{F}_2$ eine Funktion. Für jedes $\delta \leq 1/3$ existiert eine Konstante k_1 so, dass gilt:*

(i) Ist $\hat{s} : \mathbb{F}_2^n \longrightarrow \mathbb{F}_2$ eine lineare Funktion, dann gilt

$$\Pr_{x \in \mathbb{F}_2^{2k_1 \cdot n}} [\text{LINEARITÄTSTEST}(s, x) = \text{wahr}] = 1.$$

(ii) Ist $\hat{s} : \mathbb{F}_2^n \longrightarrow \mathbb{F}_2$ keine δ-lineare Funktion, dann gilt

$$\Pr_{x \in \mathbb{F}_2^{2k_1 \cdot n}} [\text{LINEARITÄTSTEST}(s, x) = \text{wahr}] \leq 1/2.$$

Beweis. Der erste Punkt ist offensichtlich. Sei also im Folgenden $\hat{s}$ nicht δ-linear. Dann gilt nach Lemma 19.26

$$\Pr_{x, y \in \mathbb{F}_2^n} [\hat{s}(x + y) \neq \hat{s}(x) + \hat{s}(y)] \geq \frac{\delta}{2}.$$

Die Wahrscheinlichkeit, nach k_1-maligem Testen dieser Eigenschaft keinen Fehler zu entdecken, ist damit höchstens

$$(1 - \delta/2)^{k_1}.$$

Insbesondere existiert $k_1 \in \mathbb{N}$ so, dass

$$(1 - \delta/2)^{k_1} \leq 1/2$$

(wir können die Fehlerwahrscheinlichkeit sogar unter eine beliebige konstante Schranke drücken), womit die Behauptung gezeigt ist. $\qquad\square$

Allerdings sind wir an dieser Stelle noch nicht fertig. Wir können zwar jetzt mit konstanter Fehlerwahrscheinlichkeit davon ausgehen, dass die präsentierten drei Strings die Funktionswerte von δ-ähnlichen Funktionen sind, aber eben nicht, dass diese linear sind und vom gleichen Vektor erzeugt wurden, also tatsächlich einer Belegung entsprechen.

Konsistenztest

Wir nehmen nun an, dass wir drei lineare Funktionen G_a, G_b und G_c mit

$$G_a : \mathbb{F}_2^n \longrightarrow \mathbb{F}_2; \ (x_1, \ldots, x_n) \mapsto \sum_{i=1}^{n} a_i x_i,$$

$$G_b : \mathbb{F}_2^{n^2} \longrightarrow \mathbb{F}_2; \ (x_{11}, \ldots, x_{nn}) \mapsto \sum_{i,j=1}^{n} b_{ij} x_{ij},$$

$$G_c : \mathbb{F}_2^{n^3} \longrightarrow \mathbb{F}_2; \ (x_{111}, \ldots, x_{nnn}) \mapsto \sum_{i,j,k=1}^{n} c_{ijk} x_{ijk}$$

haben. Die Frage ist, wie wir überprüfen können, ob diese tatsächlich eine Belegung kodieren, d. h., wir müssen zeigen, dass $b = a \circ a$ und $c = b \circ a$ (mit konstanter Fehlerwahrscheinlichkeit) gilt. Wir wollen dies exemplarisch für den ersten Fall zeigen, die Behauptung für $c = b \circ a$ folgt analog.

Seien also $x, y \in \mathbb{F}_2^n$. Dann gilt

$$
\begin{aligned}
G_a(x) \cdot G_a(y) &= \left(\sum_{i=1}^{n} a_i x_i \right) \cdot \left(\sum_{j=1}^{n} a_j y_j \right) \\
&= \sum_{i,j=1}^{n} a_i a_j x_i x_y \\
&= G_{a \circ a}(x \circ y).
\end{aligned}
$$

Die Idee, die Gleichheit von $a \circ a$ und b nachzuweisen, ist also, für zufällige Werte $x, y \in \mathbb{F}_2^n$ zu überprüfen, ob

$$G_a(x) \cdot G_a(y) = G_b(x \circ y).$$

Das folgende Lemma gibt dann eine Abschätzung der Wahrscheinlichkeiten, mit dieser Methode einen Fehler zu entdecken, sollten die Matrizen $a \circ a$ und b ungleich sein.

Lemma 19.28. *Sei* $a \in \mathbb{F}_2^n$, $b \in \mathbb{F}_2^m$ *und* $c \in \mathbb{F}_2^{n \times m}$ *so, dass* $a \circ b \neq c$. *Dann gilt*

$$\Pr_{(x,y) \in \mathbb{F}_2^n \times \mathbb{F}_2^m} (G_a(x) \cdot G_b(y) = G_c(x \circ y)) \leq \frac{3}{4}.$$

Beweis. Wir formulieren die Behauptung zunächst etwas um (und beweisen damit in der Tat eine etwas allgemeinere Aussage). Seien also im Folgenden

$$A := (a_i \cdot b_j)_{ij} \in \mathbb{F}_2^{n \times m} \quad \text{und} \quad C := (c_{ij})_{ij} \in \mathbb{F}_2^{n \times m}.$$

Dann gilt offensichtlich $G_a(x) \cdot G_b(y) = x^t A y$ und $G_c(x \circ y) = x^t C y$ für alle $x \in \mathbb{F}_2^n$ und $y \in \mathbb{F}_2^m$. Weiter ist wegen der Voraussetzung $D := A - B \neq 0$, die Behauptung folgt also damit aus der Aussage

$$\Pr_{(x,y) \in \mathbb{F}_2^n \times \mathbb{F}_2^m}[x^t D y = 0] \leq \frac{3}{4}$$

für alle von 0 verschiedenen Matrizen $D \in \mathbb{F}_2^{n \times m}$.

Wir bezeichnen im Folgenden mit D_i, $i \leq m$, die Spalten der Matrix D. Dann folgt aus Bemerkung 19.20

$$\Pr_{x \in \mathbb{F}_2^n}[x^t D_i \neq 0] = \frac{1}{2}$$

und damit

$$\Pr_{x \in \mathbb{F}_2^n}[x^t D \neq 0] = \Pr_{x \in \mathbb{F}_2^n}[x^t D_1 \neq 0 \vee \cdots \vee x^t D_m \neq 0] \geq \frac{1}{2}.$$

Wir erhalten also insgesamt (wieder mit Bemerkung 19.20)

$$\Pr_{(x,y) \in \mathbb{F}_2^n \times \mathbb{F}_2^m}[x^t D y \neq 0] \geq \frac{1}{4},$$

und damit die Behauptung. $\qquad \square$

Um unseren Verifizierer zu konstruieren, müssen wir nun den Linearitäts- und den Konsistenztest irgendwie zusammenführen. Das Problem besteht ja offensichtlich darin, dass der Linearitätstest nur eine Aussage darüber trifft, ob die zu untersuchenden Funktionen δ-nahe zu linearen Funktionen sind, sie könnten aber weiterhin nichtlinear sein. Der Konsistenztest (und gerade auch Lemma 19.28 für die Abschätzung der Wahrscheinlichkeiten) erwartet aber lineare Funktionen. Was passiert also, wenn die drei Funktionen $\hat{s}_1$, $\hat{s}_2$ und $\hat{s}_3$ nicht linear, sondern nur δ-ähnlich zu den (nach Lemma 19.28 dann eindeutigen) linearen Funktionen G_a, G_b und G_c sind.

Angenommen, der Verifizierer benötigt für den Konsistenztest den Wert $G_a(x)$, er hat aber nur Zugriff auf $\hat{s}_i$. Um nun eine Aussage darüber treffen zu können, wie groß die Wahrscheinlichkeit dafür ist, dass die beiden Werte $\hat{s}_i(x)$ und $G_a(x)$ gleich sind, benötigen wir eine randomisierte Berechnung des Funktionswertes (x ist ja zum Zeitpunkt der Auswertung eine Konstante). Der Trick besteht nun darin, den Wert $\hat{s}_i(x)$ randomisiert mittels des folgenden Funktionenauswerters (FA) zu berechnen.

Algorithmus FA $\left(s \in \mathbb{F}_2^{2^n}, x \in \mathbb{F}_2^n\right)$

1   Wähle $r \in \mathbb{F}_2^n$ zufällig.
2   return $\hat{s}(x + r) - \hat{s}(x)$

Sollte $\hat{s}_i$ linear sein, so ist offensichtlich $\text{FA}(s_i, x) = \hat{s}_i(x)$. Ist allerdings $\hat{s}_i$ nur δ-ähnlich zu einer linearen Funktion G_a, so können wir, wie das folgende Lemma zeigt, zumindest die Wahrscheinlichkeit dafür bestimmen, dass beide Werte übereinstimmen.

Lemma 19.29. *Sei* $S : \mathbb{F}_2^n \longrightarrow \mathbb{F}_2$ δ-*ähnlich zu einer linearen Funktion* $G : \mathbb{F}_2^n \longrightarrow \mathbb{F}_2$. *Dann gilt für alle* $x \in \mathbb{F}_2^n$

$$\Pr_{r \in \mathbb{F}_2^n}\left(S(x + r) - S(x) = G(x)\right) \geq 1 - 2 \cdot \delta.$$

Beweis. Da S δ-ähnlich zu G ist, folgt

$$\Pr_{r \in \mathbb{F}_2^n}[S(r) \neq G(r)] \leq \delta \quad \text{und}$$

$$\Pr_{r \in \mathbb{F}_2^n}[S(x + r) \neq G(x + r)] \leq \delta,$$

und damit

$$\Pr_{r \in \mathbb{F}_2^n}[S(r) \neq G(r) \text{ oder } S(x + r) \neq G(x + r)] \leq 2 \cdot \delta.$$

Da aus $S(x+r) - S(r) \neq G(x+r) - G(r)$ unmittelbar $S(r) \neq G(r)$ oder $S(x+r) \neq G(x + r)$ folgt, erhalten wir insgesamt

$$\Pr_{r \in \mathbb{F}_2^n}(S(x + r) - S(x) \neq G(x)) \leq 2 \cdot \delta,$$

und damit die Behauptung. $\square$

Damit sieht dann der Konsistenztest wie folgt aus (für die genaue Größe der Konstante k_2 siehe das folgende Lemma):

Algorithmus KONSISTENZTEST $\left(\begin{array}{l} s_1 \in \mathbb{F}_2^{2^n}, s_2 \in \mathbb{F}_2^{2^m}, x_1, \ldots, x_{k_2} \in \mathbb{F}_2^n, \\ y_1, \ldots, y_{k_2} \in \mathbb{F}_2^m \end{array} \right)$

```
1  for i = 1 to k₂ do
2     if FA(s₁,xᵢ) · FA(s₁,yᵢ) ≠ FA(s₂,xᵢ ∘ yᵢ) then
3        return falsch
4     fi
5  od
6  return wahr
```

Lemma 19.30. *Seien* $a \in \mathbb{F}_2^n$, $b \in \mathbb{F}_2^{n^2}$ *und* $c \in \mathbb{F}_2^{n^3}$. *Seien weiter* $s_1 \in \mathbb{F}_2^{2^n}$, $s_2 \in \mathbb{F}_2^{2^{n^2}}$ *und* $s_3 \in \mathbb{F}_2^{2^{n^3}}$ *so, dass* $\hat{s}_1$, $\hat{s}_2$ *bzw.* $\hat{s}_3$ δ-*ähnlich zu den linearen Funktionen* G_a, G_b *bzw.* G_c *sind. Dann gibt es für alle* $\delta < 1/24$ *eine Konstante* $k_2 \in \mathbb{N}$ *so, dass gilt:*

(i) Ist $\hat{s}_1 = G_a$, $\hat{s}_2 = G_b$ *und* $\hat{s}_3 = G_c$ *und gilt zusätzlich* $b = a \circ a$ *und* $c = b \circ a$, *dann erhalten wir*

$$\Pr_{(x,y,z) \in \mathbb{F}_2^{k_2 \cdot n} \times \mathbb{F}_2^{k_2 \cdot n^2} \times \mathbb{F}_2^{k_2 \cdot n^3}} [\text{KONSISTENZTEST}(s_1, s_2, s_3, x, y, z) = \text{wahr}] = 1.$$

(ii) Ist $b \neq a \circ a$ *oder* $c \neq b \circ a$, *dann erhalten wir*

$$\Pr_{(x,y,z) \in \mathbb{F}_2^{k_2 \cdot n} \times \mathbb{F}_2^{k_2 \cdot n^2} \times \mathbb{F}_2^{k_2 \cdot n^3}} [\text{KONSISTENZTEST}(s_1, s_2, s_3, x, y, z) = \text{wahr}] \leq \frac{1}{2}.$$

Beweis. Die Aussage (i) ist wieder klar. Es gelte also im Folgenden $b \neq a \circ a$ (den Fall $c \neq b \circ a$ behandelt man analog). Es gilt

$\Pr[\text{FA}(s_1, x) \cdot \text{FA}(s_1, y) = \text{FA}(s_2, x \circ y)]$

$\leq \Pr \left[\begin{array}{l} \text{FA}(s_1, x) \cdot \text{FA}(s_1, y) = \text{FA}(s_2, x \circ y) \text{ und} \\ \text{FA}(s_1, x) = G_a(x) \wedge \text{FA}(s_1, y) = G_a(x) \wedge \text{FA}(s_2, x \circ y) = G_b(x \circ y) \end{array} \right]$

$\quad + \Pr \left[\begin{array}{l} \text{FA}(s_1, x) \cdot \text{FA}(s_1, y) \neq \text{FA}(s_2, x \circ y) \text{ und} \\ \text{FA}(s_1, x) \neq G_a(x) \vee \text{FA}(s_1, y) \neq G_a(x) \vee \text{FA}(s_2, x \circ y) \neq G_b(x \circ y) \end{array} \right]$

$\leq \Pr[G_a(x) \cdot G_a(y) = G_b(x \circ y)]$

$\quad + \Pr[\text{FA}(s_1, x) \neq G_a(x) \vee \text{FA}(s_1, y) \neq G_a(x) \vee \text{FA}(s_2, x \circ y) \neq G_b(x \circ y)]$

$\leq 3/4 + 2\delta + 2\delta + 2\delta = 3/4 + 6\delta.$

Da laut Voraussetzung $\delta < 1/24$, folgt $3/4 + 6\delta < 1$. Es gibt somit eine Konstante k_2 so, dass

$$(3/4 + 6\delta)^{k_2} \leq 1/2.$$

Wir können also durch k_2 Wiederholungen erreichen, dass der Test

$$\mathrm{FA}(s_1, x) \cdot \mathrm{FA}(s_1, y) = \mathrm{FA}(s_2, x \circ y)$$

mit Wahrscheinlichkeit höchstens $1/2$ akzeptiert wird. $\square$

Der $(n^3, 1)$-Verifizierer

Wir sind nun in der Lage, unseren $(n^3, 1)$-Verifizierer zu konstruieren. Das Verfahren ist klar, wir testen von einem präsentierten Beweis (s_1, s_2, s_3) zunächst einmal mittels LINEARITÄTSTEST und KONSISTENZTEST, ob dieser überhaupt eine Belegung kodiert. Nach Lemma 19.27 und Lemma 19.30 gibt es Konstanten k_1 und k_2 so, dass die Tests mit Wahrscheinlichkeit 1 akzeptieren, wenn dies der Fall ist, umgekehrt aber mit Wahrscheinlichkeit mindestens $1/2$ verwerfen, falls (s_1, s_2, s_3) keine Belegung kodiert. Weiter haben wir gesehen, dass dafür die Verifizierer nur konstant viele Zugriffe auf (s_1, s_2, s_3) benötigen, genauer benötigt der Verifizierer LINEARITÄTSTEST $2 \cdot k_1$ Zugriffe auf jeden String s_i und KONSISTENZTEST $2 \cdot k_2$ Zugriffe auf jeden String s_i.

Weiter benötigt der Verifizierer $\mathfrak{V}2$ nur drei Bits von (s_1, s_2, s_3), um sich mit gewünschter Wahrscheinlichkeit für die richtige Antwort zu entscheiden. Der Verifizierer

Algorithmus $\mathfrak{V}2(\alpha, s_1, s_2, s_3, r, x, y, x', y')$

```
 1   if LINEARITÄTSTEST(s₁, s₂, s₃, x, y) = falsch then
 2      return falsch
 3   fi
 4   if KONSISTENZTEST(s₁, s₂, s₃, x', y') = falsch then
 5      return falsch
 6   fi
 7   Konstruiere f_{r,α} = c + ∑_{i∈I₁} xᵢ + ∑_{(i,j)∈I₂} xᵢxⱼ + ∑_{(i,j,k)∈I₃} xᵢxⱼxₖ.
 8   Berechne χ_{I₁}, χ_{I₂} und χ_{I₃}.
 9   Berechne z := c + ŝ₁(χ_{I₁}) + ŝ₂(χ_{I₂}) + ŝ₃(χ_{I₃}).
10   if z = 0 then
11      return wahr
12   else
13      return falsch
14   fi
```

liefert dann das gewünschte Resultat. Wir haben also gezeigt:

Satz 19.31. *Es gilt*
$$\mathrm{NP} \subseteq \mathrm{PCP}(\operatorname{poly} n, 1).$$

19.4 Übungsaufgaben

Übung 19.32. Die Formeln

$$NP \subseteq PCP_{\frac{1}{2}}(\log n, 19) \qquad \text{und}$$

$$NP \subseteq PCP_{\varepsilon}(\log n, 3) \qquad \text{für } \varepsilon = 0.902$$

sagen aus, auf wie viele Beweisbits ein PCP-Verifizierer zugreifen muss, um mit geeigneter Wahrscheinlichkeit die richtige Entscheidung zu treffen. Welche Schranken folgen hieraus für die Güte von Approximationsalgorithmen für MAX3SAT?

Übung 19.33. Zeigen Sie

$$PCP_{\varepsilon}(\log n, 2) \subseteq P$$

für alle $\varepsilon < 1$.

Übung 19.34. Wie lauten die Parameter der im Beweis von Satz 19.15 konstruierten GP-Reduktionen?

Übung 19.35. Zeigen Sie, dass der folgende Verifizierer für das Problem 3SAT keine konstante Fehlerwahrscheinlichkeit für nichterfüllbare Klauseln garantiert.

Algorithmus $\mathfrak{V}2(\alpha, s_1, s_2, s_3, r)$

```
1   Konstruiere f_{r,α} = c + Σ_{i∈I_1} x_i + Σ_{(i,j)∈I_2} x_i x_j + Σ_{(i,j,k)∈I_3} x_i x_j x_k.
2   Berechne χ_{I_1}, χ_{I_2} und χ_{I_3}.
3   Berechne z := c + ŝ_1(χ_{I_1}) + ŝ_2(χ_{I_2}) + ŝ_3(χ_{I_3}).
4   if z = 0 then
5     return wahr
6   else
7     return falsch
8   fi
```

Übung 19.36. Beweisen Sie Lemma 19.23.

Übung 19.37. Sei $\delta \geq 0$ und $S : \mathbb{F}_2^n \longrightarrow \mathbb{F}_2$ eine Funktion so, dass

$$\Pr_{x,y \in \mathbb{F}_2^n}[S(x + y) \neq S(x) + S(y)] \leq \frac{\delta}{2}.$$

Sei weiter

$$G : \mathbb{F}_2^n \longrightarrow \mathbb{F}_2; \quad x \mapsto \begin{cases} 0, & \text{falls } \Pr_{y \in \mathbb{F}_2^n}[S(x + y) - S(y) = 0] \geq 1/2, \\ 1, & \text{sonst.} \end{cases}$$

Zeigen Sie $\Pr_{y \in \mathbb{F}_2^n}[S(x + y) - S(y) = G(x)] \geq 1 - \delta$ für $x \in \mathbb{F}_2^n$.

Übung 19.38. Entwerfen Sie einen Algorithmus für k-MAXGSAT mit Güte 2^k durch Derandomisieren eines geeigneten randomisierten Algorithmus.

Kapitel 20

Nichtapproximierbarkeit II

Aufbauend auf den Ergebnissen der vorangegangenen Kapitel wollen wir nun weitere Nichtapproximierbarkeitsresultate kennen lernen bzw. die bisher erzielten Ergebnisse erheblich verbessern.

So zeigen wir zum Beispiel, dass es für das Problem MAX CLIQUE nicht nur kein Approximationsschema gibt, sondern auch, dass ein $\varepsilon > 0$ so existiert, dass kein polynomieller Approximationsalgorithmus gefunden werden kann, der eine Güte besser als n^ε garantiert (dabei ist n die Knotenzahl). Der Beweis dafür basiert auf der schon kennen gelernten GP-Reduktion von MAX3SAT auf MAX CLIQUE zusammen mit einer Eigenschaft dieses Problems, die wir im Folgenden auch mit *self improvement* bezeichnen. Eine ähnliche Vorgehensweise gibt es auch für die bisher noch nicht behandelten Probleme MAX LABEL COVER und MAX SATISFY, die wir ebenfalls in diesem Kapitel vorstellen und damit das Wissen festigen werden.

Insgesamt werden wir vier Klassen von Nichtapproximationsresultaten zeigen (allerdings ohne Anspruch auf Natürlichkeit und Vollständigkeit), die man wie folgt klassifiziert, siehe auch Arora und Lund [12]:

Klasse	Beispiel	Nichtapproximationsfaktor
Klasse I	MAX3SAT	c, $c > 0$
Klasse II	MIN SET COVER	$(1 - \delta) \log n$, $\delta > 0$
Klasse III	MAX LABEL COVER	$2^{\log^{1-\delta} n}$, $\delta > 0$
Klasse IV	MAX CLIQUE	n^ε, $\varepsilon > 0$

Tabelle 20.1. Überblick über die in diesem Kapitel zu zeigenden Nichtapproximierbarkeitsresultate.

Wir starten mit dem Problem k-OCCURENCE MAX3SAT, ein Unterproblem von MAX3SAT, in dem jede Variable höchstens k-mal in den Klauseln vorkommen darf.

Problem 20.1 (k-OCCURENCE MAX3SAT).
Eingabe: Eine Instanz I von MAX3SAT so, dass jede Variable höchstens k-mal in den Klauseln von I vorkommt.
Ausgabe: Eine Belegung der Variablen, die die Anzahl der erfüllten Klauseln maximiert.

Wir werden sehen, dass dieses Problem schon für $k = 3$ NP-schwer ist, und lückenerhaltende Reduktionen von MAX3SAT auf 29-OCCURENCE MAX3SAT und von

29-OCCURENCE MAX3SAT auf 5-OCCURENCE MAX3SAT kennen lernen und damit zeigen, dass es insbesondere für das Problem 5-OCCURENCE MAX3SAT kein polynomielles Approximationsschema gibt.

Im zweiten Abschnitt dieses Kapitels behandeln wir dann das Problem MAX LABEL COVER und werden mit Hilfe einer GP-Reduktion von 5-OCCURENCE MAX3-SAT zeigen können, dass es auch für dieses Problem kein Approximationsschema gibt. Allerdings hat Tabelle 20.1 ein stärkeres Resultat angekündigt. Vermöge einer sogenannten quasi-polynomiellen GP-Reduktion (d. h. ein Algorithmus, der eine Laufzeit von $2^{\text{poly}(\log n)}$ hat) werden wir diese Nichtapproximierbarkeitsschranke beweisen. Da die Reduktion aber nur quasi-polynomiell ist, wird diese Aussage nur unter der etwas stärkeren Annahme NP $\not\subseteq$ DTIME($2^{\text{poly}(\log n)}$) folgen.

Abschnitt drei widmet sich dann dem Problem MIN SET COVER. Wir sehen eine GP-Reduktion von MAX LABEL COVER auf MIN SET COVER und beweisen damit, basierend darauf, dass MAX LABEL COVER nicht besser als $2^{\log^{1-\delta} n}$ approximiert werden kann, das in Tabelle 20.1 stehende Nichtapproximierbarkeitsresultat, natürlich wieder unter der Annahme NP $\not\subseteq$ DTIME($2^{\text{poly}(\log n)}$).

Die letzten Abschnitte dieses Kapitels beschäftigen sich dann mit den, vom approximativen Standpunkt aus betrachtet, äquivalenten Problemen MAX INDEPENDENT SET und MAX CLIQUE, mit dem Problem MAX SATISFY und mit dem Problem MIN NODE COLORING. Wir zeigen, dass es für diese Probleme keinen polynomiellen Approximationsalgorithmus mit Güte n^ε für ein $\varepsilon > 0$ gibt.

Insgesamt werden wir also die in Abbildung 20.1 dargestellten GP-Reduktionen beweisen.

20.1 k-OCCURENCE MAX3SAT

Wir beginnen mit der versprochenen Aussage, dass es für das Problem 3-OCCURENCE MAX3SAT keinen polynomiell zeitbeschränkten optimalen Algorithmus gibt, jedenfalls unter der Voraussetzung P $\neq$ NP.

Lemma 20.2. 3-OCCURENCE MAX3SAT *ist* NP-*schwer.*

Beweis. Um aus einer beliebigen Instanz I von 3SAT eine Instanz von 3-OCCURENCE MAX3SAT zu konstruieren, ersetzen wir jede Variable x in I, die k-mal in den Klauseln vorkommt, durch neue Variablen $x_1, \ldots, x_k$ und jedes Vorkommen von x in den Klauseln von I durch eine neue dieser Variablen. Zusätzlich bilden wir einen Kreis

$$(\neg x_1 \vee x_2) \wedge (\neg x_2 \vee x_3) \wedge \cdots \wedge (\neg x_k \vee x_1),$$

um in der Belegung $x_1 = x_2 = \cdots = x_k$ zu erzwingen.

Damit erhalten wir also eine Instanz von 3-OCCURENCE MAX3SAT. Ist nun 3-OCCURENCE MAX3SAT optimal in polynomieller Zeit lösbar, so können wir auch

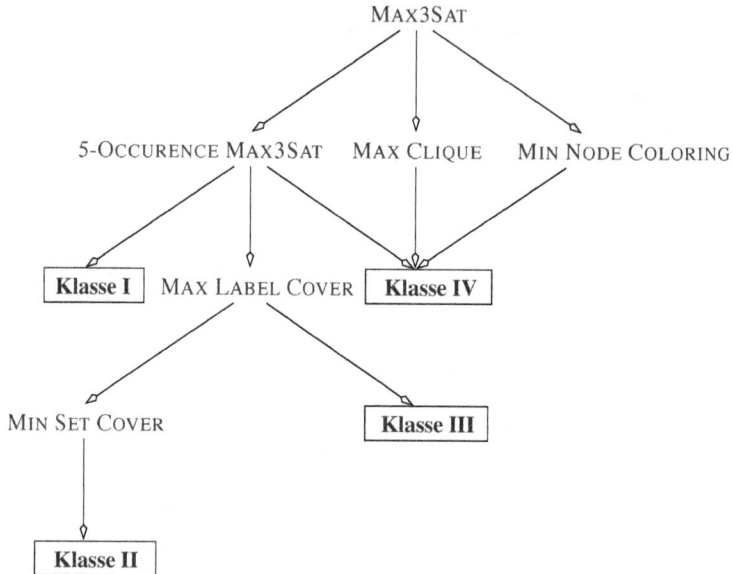

Abbildung 20.1. Überblick über die in diesem Abschnitt zu zeigenden GP-Reduktionen.

in polynomieller Zeit die Erfüllbarkeit von I entscheiden. Also ist 3-OCCURENCE MAX3SAT NP-schwer.   □

Diese Konstruktion liefert uns allerdings keine GP-Reduktion von MAX3SAT auf 3-OCCURENCE MAX3SAT, wie das folgende Beispiel zeigt.

Beispiel 20.3. Wir betrachten

$$I = \underbrace{(x) \wedge (x) \wedge \cdots \wedge (x)}_{l \text{ Stück}} \wedge \underbrace{(\neg x) \wedge (\neg x) \wedge \cdots \wedge (\neg x)}_{l \text{ Stück}}.$$

Ganz offensichtlich ist $\mathrm{OPT}(I) = l$. Wir bilden nun den Kreis

$$(\neg x_1 \vee x_2) \wedge \cdots \wedge (\neg x_{2l} \vee x_1)$$

und ersetzen die x in I wie beschrieben. Damit erhalten wir $4l$ Klauseln. Eine optimale Lösung von $f(I)$, wobei f die Transformation beschreibe, erfüllt $4l - 1$ Klauseln. Um dies einzusehen, setze

$$x_1, \ldots, x_l = \texttt{wahr} \quad \text{und} \quad x_{l+1}, \ldots, x_{2l} = \texttt{falsch}.$$

Dann sind alle Klauseln bis auf $(\neg x_l \vee x_{l+1})$ erfüllt.

Mit diesen „kleinen" Konstanten ist also keine lückenerhaltende Reduktion zu erreichen. Unser Ziel in diesem Abschnitt wird es sein, eine lückenerhaltende Reduktion von MAX3SAT auf 29-OCCURENCE MAX3SAT einzusehen, d. h., jede Variable darf in bis zu 29 Klauseln auftreten.

Wir betrachten zunächst eine normierte Variante von MAX3SAT, bei der wir die Anzahl der erfüllbaren Klauseln durch die Anzahl aller Klauseln m teilen, d. h., wir definieren

$$\|\mathrm{MAXSAT}(I)\| := \frac{\mathrm{OPT}(I)}{m}.$$

Offensichtlich gilt dann $0 \leq \|\mathrm{MAXSAT}(I)\| \leq 1$. Der Grund, normierte Versionen der Probleme zu betrachten, liegt einfach darin, dass sich damit die Parameter der GP-Reduktionen, wie wir gleich sehen werden, häufig viel einfacher schreiben lassen.

Des Weiteren benötigen wir eine spezielle Graphenklasse, die wir nun einführen wollen.

Definition 20.4 (Expandergraphen). Ein Graph $G = (V, E)$ heißt (n, d, c)-*Expander*, wenn $|V| = n$, der Maximalgrad $\Delta(G) = d$, $c > 0$ und für alle $W \subseteq V$ mit $|W| \leq \frac{n}{2}$ gilt

$$|N(W)| \geq c|W|,$$

wobei

$$N(W) := \{e \in E; e = \{x, y\}, x \in W, y \notin W\}$$

die sogenannte *Nachbarschaft* von W bezeichne.

Im Fall $c = 1$ bedeutet dies zum Beispiel, dass es mindestens $|W|$ Kanten gibt, die W und $V \setminus W$ verbinden, denn für alle $W \subseteq V$ ist

$$|\{\{x, y\} \in E; x \in W, y \in V \setminus W\}| \geq \min\{|W|, |V \setminus W|\}.$$

Expandergraphen spielen eine wichtige Rolle bei der Realisierung von Netzwerken für Parallelrechner. Die Existenz solcher Graphen ist nicht schwer einzusehen, siehe zum Beispiel [153]. Schwieriger ist die Konstruktion von Expandergraphen in polynomieller Zeit. Wir zitieren im Folgenden aus einer Arbeit von Lubotzky, Philips und Sarnak [149], die einen Höhepunkt einer Reihe von Arbeiten über dieses Thema darstellt.

Satz 20.5. *Es existiert ein $n_0 \in \mathbb{N}$ so, dass für alle Primzahlen $p = 1 \bmod 4$ eine Familie von $d = (p + 1)$-regulären $(n, p + 1, c(p))$-Expandergraphen $(G_n)_{n \geq n_0}$ existiert. Weiter können diese Graphen in Zeit $n^{\mathcal{O}(1)}$ konstruiert werden.*

Wichtig für unsere Konstruktion ist der folgende Satz, der aus [148] entnommen ist.

Satz 20.6. *Es existiert ein $n_0 \in \mathbb{N}$ so, dass wir für alle $n \geq n_0$ einen 14-regulären Graphen $G_{\bar{n}}$ mit $\bar{n} = n(1 + o(1))$ Knoten in polynomieller Zeit erzeugen können, der ein $(\bar{n}, 14, 1)$-Expander ist.*

Mit Hilfe dieses Satzes sind wir nun in der Lage, eine geeignete GP-Reduktion von MAX3SAT auf 29-OCCURENCE MAX3SAT($f(I)$) zu konstruieren.

Lemma 20.7. *Für alle $\delta > 0$ existiert eine GP-Reduktion f von $\|$MAX3SAT$\|$ auf $\|$29-OCCURENCE MAX3SAT$\|$ mit Parametern*

$$(1, (1 - \delta)^{-1}) \quad und \quad (1, (1 - \delta/43)^{-1}),$$

d. h., es gilt

$$\|\text{MAX3SAT}(I)\| = 1 \quad \Longrightarrow \quad \|29\text{-OCCURENCE MAX3SAT}(f(I))\| = 1,$$

$$\|\text{MAX3SAT}(I)\| < 1 - \delta \quad \Longrightarrow \quad \|29\text{-OCCURENCE MAX3SAT}(f(I))\| < 1 - \frac{\delta}{43}.$$

Beweis. Sei I eine Eingabe von MAX3SAT über n Variablen $x_1, \ldots, x_n$ und m Klauseln. Sei m_i die Anzahl der Klauseln, in denen x_i vorkommt. Wir setzen

$$N := \sum_{i=1}^{n} m_i.$$

Da jede Klausel höchstens drei Literale enthält, gilt $N \le 3m$. Mit

$$n_0 := \min_{i \le n} m_i - 1$$

gilt dann $m_i > n_0$ für alle $i \le n$. Da das $\bar{n}$-fache Wiederholen jeder Klausel nichts am Anteil der erfüllbaren Klauseln ändert, können wir O.B.d.A. $m_i = \bar{n}$ für alle $i \le n$ annehmen, d. h., ein entsprechender Expandergraph G_{m_i} existiert.

Wir konstruieren damit $f(I)$ wie folgt: Für jede Variable x_i

(i) ersetzen wir x_i durch m_i Kopien $x_i^1, \ldots, x_i^{m_i}$, indem wir für das j-te Auftreten x_i^j verwenden,

(ii) konstruieren wir den Expandergraphen $G_{m_i} = (V(G_{m_i}), E(G_{m_i}))$,

(iii) bilden wir für jedes $j, l \le m_i$ mit $\{j, l\} \in E(G_{m_i})$ neue Klauseln

$$(x_i^l \vee \neg x_i^j), (\neg x_i^l \vee x_i^j),$$

d. h. $(x_i^j = \text{wahr} \iff x_i^l = \text{wahr})$.

Die Anzahl neuer Klauseln in Schritt (iii) ist $\frac{14m_i}{2} 2 = 14m_i$. Insgesamt erhalten wir so

$$\sum_{i=1}^{n} 14m_i = 14N$$

neue und m alte Klauseln. Jede Variable tritt in genau 28 neuen Klauseln und einer alten Klausel auf.

Wir zeigen nun, dass eine optimale Belegung von $f(I)$ alle neuen Klauseln erfüllt.

Angenommen, eine neue Klausel werde nicht erfüllt. Dann haben die Variablen $x_i^1, \ldots, x_i^{m_i}$ verschiedene Wahrheitswerte. Diese Werte definieren eine Partition $/W,$ $V \setminus W)$ der Knotenmenge von G_{m_i}. O.B.d.A. sei $|W| \leq \frac{m_i}{2}$. Dann verbinden mindestens $|W|$ Kanten W mit $V \setminus W$. Wir unterscheiden zwei Fälle.

Fall 1: Im ersten Fall verlassen sogar mindestens $|W| + 1$ Kanten W. Jede Kante entspricht einer nichterfüllten neuen Klausel. Wir ändern nun den Wahrheitswert der Variablen in W. Dann werden mehr als $|W| + 1$ neue Klauseln erfüllt und höchstens $|W|$ alte Klauseln werden nicht erfüllt, wir haben also eine optimale Belegung verbessert, ein Widerspruch.

Fall 2: Im zweiten Fall verlassen genau $|W|$ Kanten W. Wir ändern die Wahrheitswerte von W und erhalten eine Wahrheitsbelegung mit der gleichen Anzahl von erfüllten Klauseln und zusätzlich haben nun $x_i^1, \ldots, x_i^{m_i}$ den gleichen Wahrheitswert. Durch Iteration dieses Verfahrens sind bei einer optimalen Wahrheitsbelegung alle neuen Klauseln von $f(I)$ erfüllt.

Wir erhalten also

(i) Ist $\|\text{MAX3SAT}(I)\| = 1$, so gilt $\|29\text{-OCCURENCE MAX3SAT}(f(I))\| = 1$.

(ii) Ist $\|\text{MAX3SAT}(I)\| < (1 - \delta)$, dann erfüllt jede Belegung weniger als

$$(1 - \delta)m$$

Klauseln von I. Damit können also in $f(I)$ nicht mehr als

$$14N + (1 - \delta)m$$

Klauseln erfüllt werden.

Für den Anteil n^* der nicht erfüllten Klauseln gilt

$$
\begin{aligned}
n^* \;&\geq\; 1 - \frac{14N + (1 - \delta)m}{14N + m} \\[2mm]
&=\; \frac{14N + m - 14N - m + \delta m}{14N + m} \\[2mm]
&=\; \frac{\delta m}{14N + m} \\[2mm]
&\overset{N \leq 3m}{\geq}\; \frac{\delta m}{42m + m} \\[2mm]
&=\; \frac{\delta}{43},
\end{aligned}
$$

und es folgt $\|29\text{-OCCURENCE MAX3SAT}(f(I))\| < 1 - \frac{\delta}{43}$.   □

Zum Abschluss dieses Abschnittes zeigen wir noch eine GP-Reduktion von $\|29$-OCCURENCE MAX3SAT$\|$ auf $\|5$-OCCURENCE MAX3SAT$\|$ und erhalten so die versprochene GP-Reduktion von $\|$MAX3SAT$\|$ auf $\|5$-OCCURENCE MAX3SAT$\|$.

Satz 20.8. *Für alle $\delta > 0$ existiert eine GP-Reduktion von* $||29\text{-OCCURENCE MAX-}$
$3\text{SAT}||$ *auf* $||5\text{-OCCURENCE MAX3SAT}||$ *mit Parametern* $(1, (1 - \delta)^{-1})$ *und* $(1, (1 -$
$\delta/29)^{-1})$.

Beweis. Der Beweis verläuft ähnlich wie der für den obigen Satz. Man ersetze einfach den Expander im obigen Beweis durch einen Kreis. Wenn eine Variable t-mal
auftaucht, so ersetzen wir diese durch t neue und fügen diese auf die t Knoten des
Kreises ein. Jede Variable erscheint dann in vier neuen und einer alten Klausel. Der
Rest des Beweises verläuft analog zum obigen.   □

Insgesamt haben wir damit gezeigt:

Satz 20.9. *Es gibt ein $\varepsilon > 0$ und eine polynomielle Transformation von* SAT *auf* 5-
OCCURENCE MAX3SAT *so, dass für alle Instanzen I von* SAT *gilt:*

$$I \in \text{SAT} \implies ||5\text{-OCCURENCE MAX3SAT}(f(I))|| = 1,$$
$$I \notin \text{SAT} \implies ||5\text{-OCCURENCE MAX3SAT}(f(I))|| < 1 - \varepsilon.$$

Für 5-OCCURENCE MAX3SAT gibt es also insbesondere kein polynomielles Approximationsschema. Dieses Problem ist somit in der in der Einleitung definierten
Klasse I.

Wir werden in den folgenden Abschnitten nur Instanzen von k-OCCURENCE
MAX3SAT betrachten, die jede Variable genau k-mal enthält. Man überzeugt sich
leicht davon, dass die obigen Aussagen auch für diese Einschränkung des Problems
gelten.

20.2   MAX LABEL COVER

Aufbauend auf dem im obigen Abschnitt gezeigten Nichtapproximierbarkeitsresultat
für das Problem 5-OCCURENCE MAX3SAT werden wir nun solche auch für das Problem MAX LABEL COVER herleiten können. Dabei konstruieren wir zunächst eine
GP-Reduktion von MAX3SAT auf MAX LABEL COVER und zeigen damit, dass MAX
LABEL COVER kein polynomielles Approximationsschema besitzt. Wir haben allerdings in der Einleitung ein stärkeres Nichtapproximierbarkeitsresultat versprochen.
Um dies beweisen zu können, benötigen wir eine zweite Reduktion, die allerdings,
wie sich zeigen wird, nicht polynomiell, aber immerhin quasi-polynomiell ist. Damit
werden wir dann zwar nicht mehr in der Lage sein, unter der Annahme P $\neq$ NP das
gewünschte Resultat zu zeigen, aber immerhin unter NP $\not\subseteq$ DTIME($2^{\text{poly}(\log n)}$).

Das Problem MAX LABEL COVER ist uns bisher noch nicht begegnet, deshalb
zunächst die Definition.

Problem 20.10 (MAX LABEL COVER).

Eingabe: Ein regulärer[1] bipartiter Graph $G = (V_1, V_2, E)$, eine natürliche Zahl N und für jede Kante $e \in E$ eine partielle Funktion $\Pi_e : \{1, \ldots, N\} \longrightarrow \{1, \ldots, N\}$.

Ausgabe: Ein Labelling $c : V_1 \cup V_2 \longrightarrow \{1, \ldots, N\}$, das eine maximale Anzahl von Kanten überdeckt. Dabei heißt eine Kante $e = \{v, u\}$ mit $v \in V_1$ und $u \in V_2$ überdeckt, wenn $\Pi_e(c(v)) = c(u)$.

Beispiel 20.11. Wir betrachten als Beispieleingabe einen bipartiten Graphen $G = (V_1 \cup V_2, E)$, $N = 2$ und für jede Kante $e \in E$ die partielle Funktion $\Pi_e : \{1, 2\} \longrightarrow \{1, 2\}; 1 \mapsto 2$. Ein Labelling, dass alle Kanten überdeckt, ist dann trivialerweise

$$c : V_1 \cup V_2 \longrightarrow \{1, 2\}; \quad v \mapsto \begin{cases} 1, & \text{falls } v \in V_1, \\ 2, & \text{sonst.} \end{cases}$$

Wie üblich betrachten wir die normierte Version dieses Problems, d. h., wir teilen die Anzahl der überdeckten Kanten mit der Anzahl aller Kanten.

Satz 20.12. *Für jedes $\varepsilon > 0$ existiert eine GP-Reduktion von*

$$f : \|5\text{-OCCURENCE MAX3SAT}\| \longrightarrow \|\text{MAX LABEL COVER}\|$$

mit Parametern $(1, (1 - \varepsilon)^{-1})$ und $(1, (1 - \varepsilon/3)^{-1})$.

Beweis. Sei also eine 5-OCCURENCE MAX3SAT-Formel

$$\alpha = C_1 \wedge \cdots \wedge C_m$$

über der Variablenmenge $\{x_1, \ldots, x_n\}$ gegeben. Weiter sei für jedes $i \leq m$ die i-te Klausel von der Form

$$C_i = (a_{i1} \vee a_{i2} \vee a_{i3}).$$

Wir definieren nun den Graphen $G = (V, E)$ aus α wie folgt:

$$V := \underbrace{\{1, \ldots, m\}}_{=:V_1} \cup \underbrace{\{1, \ldots, n\}}_{=:V_2},$$

$$E = \{(i, j); \ C_i \text{ enthält } x_j, \text{ negiert oder unnegiert}\}.$$

Die Knotenmenge V_1 entspricht also den Klauseln und die Knotenmenge V_2 den Variablen von α. Zwei Knoten (C_i und x_j) sind verbunden, wenn die entsprechende Variable in der Klausel auftaucht, siehe Abbildung 20.2.

Offensichtlich ist der so konstruierte Graph bipartit. Weiter hat jeder Knoten in V_1 den Grad 3 (in jeder Klausel gibt es genau drei Variablen) und jeder Knoten in V_2 den Grad 5 (jede Variable taucht in genau fünf Klauseln auf).

---

[1]Ein bipartiter Graph $G = (V_1, V_2, E)$ heißt regulär, wenn es zwei natürliche Zahlen r_1 und r_2 so gibt, dass alle Knoten aus V_1 Grad r_1 und alle Knoten aus V_2 Grad r_2 haben.

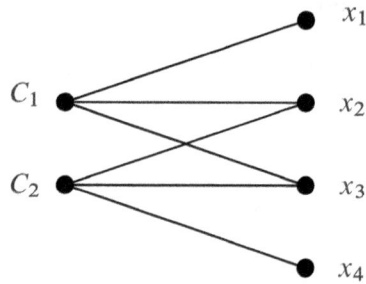

Abbildung 20.2. Ein Graph konstruiert aus der Formel $\alpha = C_1 \wedge C_2$ mit $C_1 = (x_1 \vee \neg x_2 \vee x_3)$ und $C_2 = (x_2 \vee \neg x_3 \vee \neg x_4)$.

Sei nun $N = 8$ und für jede Kante $e = (i, j)$ die Funktion Π_e folgendermaßen definiert: Sei $k \in \{1, 2, 3\}$ die Position, an der die Variable x_j in C_i auftaucht. Für jede Zahl $l \leq 8$ gibt es eindeutige Zahlen $\mu_1, \mu_2, \mu_3 \in \{0, 1\}$ so, dass $\mu_1 \cdot 2^0 + \mu_2 \cdot 2^1 + \mu_3 \cdot 2^2 + 1 = l$. Diese ergeben dann eine Belegung für die Variablen aus C_i (wieder durch die Identifizierung $0 = $ falsch und $1 = $ wahr). Wir definieren nun

$$\Pi_e(\mu_1, \mu_2, \mu_3) = \begin{cases} \mu_k, & \text{falls } C_i \text{ unter } (\mu_1, \mu_2, \mu_3) \text{ erfüllt ist,} \\ \text{undefined}, & \text{sonst.} \end{cases}$$

So gilt für das Beispiel aus Abbildung 20.2:

$\Pi_{1,1}(0, 0, 0) = 0; \Pi_{1,1}(1, 0, 0) = 1; \Pi_{1,1}(0, 1, 0) = 0; \qquad \Pi_{1,1}(1, 1, 0) = 1;$
$\Pi_{1,1}(0, 0, 1) = 0; \Pi_{1,1}(1, 0, 1) = 1; \Pi_{1,1}(0, 1, 1) = \text{undef.}; \quad \Pi_{1,1}(1, 1, 1) = 1.$

Ist nun α eine Instanz von 5-OCCURENCE MAX3SAT so, dass alle Klauseln gleichzeitig erfüllbar sind, und μ eine Belegung der Variablen, die dies erreicht, dann labeln wir die Knoten des Graphen wie folgt: Jeder Knoten j aus V_2 bekommt das Label $\mu(x_j)$. Für jeden Knoten i aus V_1 seien x_{i1}, x_{i2} und x_{i3} die in der Klausel C_i vorkommenden Variablen. Dann bekommt i das Label $(\mu(x_{i1}), \mu(x_{i2}), \mu(x_{i3}))$. Nach Definition der Funktionen Π_e sind damit alle Kanten überdeckt, es gilt also für alle Instanzen α

$$\|\text{5-OCCURENCE MAX3SAT}(\alpha)\| = 1 \Longrightarrow \|\text{MAX LABEL COVER}(f(\alpha))\| = 1.$$

Sei nun umgekehrt α eine Instanz von 5-OCCURENCE MAX3SAT so, dass jede Belegung der Variablen höchstens $(1 - \varepsilon) \cdot m$ der m Klauseln erfüllt. Sei weiter $c : V_1 \cup V_2 \longrightarrow \{1, \ldots, 8\}$ ein Labelling von $f(\alpha)$. Nach Definition der Funktionen Π_e werden nur die Kanten durch das Labelling überdeckt, deren Knoten aus V_2 das Label 0 oder 1 haben, wir können also o.B.d.A. annehmen, dass $c(v) \in \{0, 1\}$ für alle $v \in V_2$. Dieses Labelling definiert nun eine Belegung der Variablen μ_1 (durch $\mu_1(x_j) = $ wahr genau dann, wenn $c(j) = 1$). Auf der anderen Seite definiert das Label $c(i)$ für jeden Knoten $i \in V_1$ (also jeder Klausel C_i) eine Belegung μ_2 für die drei Variablen aus der Klausel (wie bei der Definition der Funktionen Π_e). Weiter ist eine Kante (i, j) genau dann überdeckt, wenn $\mu_2(x_j) = \mu_1(x_j)$ gilt und die Belegung μ_2 die Klausel C_i erfüllt. Mit anderen Worten gilt also für jede Zahl $c \leq m$: Ein Labelling, das mindestens $3 \cdot (m - c)$ der Kanten überdeckt, definiert eine Belegung, die mindestens $m - c$ der Klauseln erfüllt. Daraus folgt dann die Behauptung. $\square$

Kombiniert man den obigen Satz mit Satz 20.9, dann erhalten wir:

Korollar 20.13. *Es gibt ein $\varepsilon > 0$ und eine polynomielle Transformation von* SAT *auf* MAX LABEL COVER *so, dass für alle Instanzen I von* SAT *gilt:*

$$I \in \text{SAT} \implies \|\text{MAX LABEL COVER}(f(I))\| = 1,$$

$$I \notin \text{SAT} \implies \|\text{MAX LABEL COVER}(f(I))\| < 1 - \varepsilon.$$

Für MAX LABEL COVER *gibt es also kein polynomielles Approximationsschema.*

Versprochen hatten wir allerdings ein stärkeres Resultat. Um nun eine GP-Reduktion konstruieren zu können, die eine bei weitem bessere Lücke garantiert, benötigen wir zunächst die folgende Definition.

Definition 20.14. Sei $\mathcal{L} = (V_1, V_2, E, N, (\Pi_e)_{e \in E})$ eine Instanz des Problems MAX LABEL COVER. Dann nennen wir $\mathcal{L}^k = (V_1^k, V_2^k, E^k, N^k, (\Pi_e^k)_{e \in E})$ mit

$$
\begin{aligned}
V_1^k &:= \{(v_1, \ldots, v_k); v_i \in V_1 \text{ für alle } i \leq k\}, \\
V_2^k &:= \{(u_1, \ldots, u_k); u_i \in V_2 \text{ für alle } i \leq k\}, \\
E^k &:= \{((v_1, \ldots, v_k), (u_1, \ldots, u_k)); (v_i, u_i) \in E \text{ für alle } i \leq k\}, \\
N^k &:= \{(n_1, \ldots, n_k); n_i \leq N \text{ für alle } i \leq k\}, \\
\Pi_{(v,u)}^k &: N^k \longrightarrow N^k; (n_1, \ldots, n_k) \mapsto (\Pi_{(v_1, u_1)}(n_1), \ldots, \Pi_{(v_k, u_k)}(n_k)),
\end{aligned}
$$

die *k-te Potenz* von $\mathcal{L}$.

Der folgende Satz ist für die Berechnung der GP-Parameter von zentraler Bedeutung. Die Aussage zeigt, dass, wenn in der Instanz $\mathcal{L}$ nicht alle Kanten überdeckt werden können, die Anzahl der überdeckten Kanten in $\mathcal{L}^k$ mit zunehmendem k exponentiell fällt.

Satz 20.15. *Es gibt eine Konstante $c > 0$ so, dass für jede Eingabeinstanz $\mathcal{L} = (V_1, V_2, E, N, (\Pi_e)_{e \in E})$ von* MAX LABEL COVER *gilt*

$$\|\text{MAX LABEL COVER}(\mathcal{L}^k)\| \leq \|\text{MAX LABEL COVER}(\mathcal{L})\|^{c \cdot k / \log N}.$$

Wir werden diesen Satz hier nicht beweisen. Die Aussage folgt aber aus dem sogenannten *Parallel Repetition Theorem* von Raz, das in [174] zu finden ist.

Eingaben von MAX LABEL COVER lassen sich also zu neuen Eingaben transformieren, die eine größere Lücke garantieren. Diese Eigenschaft nennt man auch self improvement. Wir werden diese Eigenschaft im Laufe dieses Kapitels noch für einige weitere Beispiele kennen lernen. Zunächst aber ist klar, dass man diese Transformation nur dann in polynomieller Zeit durchführen kann, wenn die Eingabelängen der so konstruierten Instanzen polynomiell sind, wenn also $k = \mathcal{O}(1)$ gilt (die Anzahl der Knoten in $\mathcal{L}^k$ ist ja gerade $|V|^k$). Damit lässt sich aber, wie wir gleich im Beweis des folgenden Satzes sehen, die gewünschte Lücke nicht erreichen. Wir werden deshalb k so groß wählen müssen, dass die Transformation nicht mehr in polynomieller Zeit durchzuführen ist, aber immerhin quasi-polynomiell bleibt.

Dank des obigen Satzes sind wir nun in der Lage, unseren Hauptsatz zu formulieren.

Satz 20.16. *Für alle $0 < \delta < 1$ gibt es eine quasi-polynomielle Reduktion f von* SAT *auf* MAX LABEL COVER *so, dass für alle Instanzen I von* SAT *gilt*

$$I \in \text{SAT} \implies \|\text{MAX LABEL COVER}(f(I)\| = 1,$$

$$I \notin \text{SAT} \implies \|\text{MAX LABEL COVER}(f(I)\| < \frac{1}{2^{\log^{1-\delta} m}},$$

wobei $m = |E| \cdot N$ mit $f(I) = (V_1, V_2, E, N, (\Pi_e)_{e \in E})$ ist.

Für das Problem MAX LABEL COVER *gibt es also keinen polynomiellen Approximationsalgorithmus mit Güte besser als $2^{\log^{1-\delta} m}$.*

Beweis. Dank der vorangegangenen Ergebnisse müssen wir nur noch ein k so finden, dass die Transformation

$$f' : \text{MAX LABEL COVER} \longrightarrow \text{MAX LABEL COVER} : \mathcal{L} \mapsto \mathcal{L}^k$$

die gewünschten Eigenschaften erfüllt. Zunächst ist die Eingabegröße von $\mathcal{L}^k$ gerade $m := n^k$, wobei n die Eingabelänge von $\mathcal{L}$ ist, die Reduktion benötigt also Zeit poly(m).

Offensichtlich gilt

$$\|\text{MAX LABEL COVER}(\mathcal{L})\| = 1 \implies \|\text{MAX LABEL COVER}(\mathcal{L}^k)\| = 1$$

für alle Eingaben $\mathcal{L} = (V_1, V_2, E, N, (\Pi_e)_{e \in E})$ von MAX LABEL COVER und alle k.

Auf der anderen Seite zeigt Satz 20.15, dass es eine Konstante $c > 0$ so gibt, dass

$$\|\text{MAX LABEL COVER}(\mathcal{L})\| < 1 - \varepsilon \implies$$

$$\|\text{MAX LABEL COVER}(\mathcal{L}^k)\| < (1 - \varepsilon)^{c \cdot k / \log N}.$$

Beachtet man, dass N (die Anzahl der Labels) in der Reduktion von Satz 20.12 eine Konstante ist (genauer haben wir sogar $N = 8$ gesetzt), so erhalten wir

$$\|\text{MAX LABEL COVER}(\mathcal{L})\| < 1 - \varepsilon \implies \|\text{MAX LABEL COVER}(\mathcal{L}^k)\| < (1 - \varepsilon)^{c \cdot k}$$

für eine Konstante $c > 0$.

Sei $\delta \in (0, 1)$. Setzen wir nun $\varepsilon > 0$ wie in Satz 20.13, so müssen wir nur noch k so bestimmen, dass

$$(1 - \varepsilon)^{ck} \leq 2^{-\log^{1-\delta} m}$$

gilt. Wenden wir auf beiden Seiten der obigen Ungleichungen den Logarithmus an, so erhalten wir die äquivalente Bedingung

$$ck \cdot \log(1 - \varepsilon) \leq -\log^{1-\delta} m,$$

und unter Beachtung, dass $m = n^k$,

$$ck \cdot \log(1 - \varepsilon) \geq -k^{1-\delta} \log^{1-\delta} n.$$

Mit $k := -\frac{\log^{(1-\delta)/\delta} n}{c \log(1-\varepsilon)}$ folgt dann die Ungleichung und damit die angekündigte Lücke (man beachte, dass $1 - \varepsilon < 1$, weshalb $\log(1 - \varepsilon)$ negativ ist, es gilt also $k > 0$).

Es bleibt zu zeigen, dass für $k = \mathcal{O}(\log^{(1-\delta)/\delta} n)$ die Reduktion auch noch quasi-polynomiell ist. Wie wir bereits oben gesehen haben, lässt sich die Reduktion in Zeit $\text{poly}(m) = \text{poly}(n^k)$ durchführen. Es gilt nun

$$
\begin{aligned}
n^k &= n^{c \log^{(1-\delta)/\delta} n} \quad \text{für eine Konstante } c > 0 \\
&= 2^{\log(n^{c \log^{(1-\delta)/\delta} n})} \\
&= 2^{c \log^{(1-\delta)/\delta} n \cdot \log n} \\
&= 2^{\text{poly}(\log n)},
\end{aligned}
$$

womit der Satz bewiesen ist. $\qquad\qquad\qquad\qquad\qquad\qquad\qquad\qquad\qquad\qquad\quad\square$

Als unmittelbare Konsequenz erhalten wir das bereits in der Einleitung zu diesem Abschnitt versprochene Resultat.

Satz 20.17 (Arora [10]). *Unter der Voraussetzung* $\text{NP} \not\subseteq \text{DTIME}(2^{\text{poly}(\log n)})$ *gilt für alle* $0 < \delta < 10$, *dass es keinen Approximationsalgorithmus für* MAX LABEL COVER *gibt, der eine Güte von* $2^{\log^{1-\delta} m}$ *garantiert. Dabei ist* $m = |E| \cdot N$ *für eine Eingabe* $\mathcal{L} = (V_1, V_2, E, N, (\Pi_e)_{e \in E})$.

20.3 MIN SET COVER

Wir haben im letzten Abschnitt eine GP-Reduktion von SAT auf MAX LABEL COVER kennen gelernt und wollen diese hier nutzen, um ein Nichtapproximierbarkeitsresultat für das Problem MIN SET COVER herzuleiten. Zunächst einmal sieht man sofort, dass die GP-Reduktion von Satz 20.16 auch die Bedingungen

$$I \in \text{SAT} \implies \|\text{MAX LABEL COVER}(f(I))\| = 1, \tag{20.1}$$

$$I \notin \text{SAT} \implies \|\text{MAX LABEL COVER}(f(I))\| < \frac{1}{\log^3 |\mathcal{L}|} \tag{20.2}$$

erfüllt. Dabei setzen wir im Folgenden

$$|\mathcal{L}| := |E| \cdot N$$

für jede Instanz $\mathcal{L} = (V_1, V_2, E, N, (\Pi_e)_{e \in E})$ von MAX LABEL COVER. Formel (20.2) folgt nun unmittelbar aus der Ungleichung

$$\frac{1}{2^{\log^{0.8} m}} \leq \frac{1}{\log^3 m}$$

für alle $m \in \mathbb{N}$.

Wir lernen nun in diesem Abschnitt eine GP-Reduktion f von MAX LABEL COVER auf MIN SET COVER kennen, die die folgenden Eigenschaften besitzt:

$$\|\text{MAX LABEL COVER}(\mathcal{L})\| = 1 \implies \text{MIN SET COVER}(\mathcal{S}) \leq |V_1| + |V_2|,$$

$$\|\text{MAX LABEL COVER}(\mathcal{L})\| \leq \frac{1}{\log^3 |\mathcal{L}|} \implies$$

$$\text{MIN SET COVER}(\mathcal{S}) > \frac{\log n}{48}(|V_1| + |V_2|)$$

für jede Instanz $\mathcal{L} = (V_1, V_2, E, N, (\Pi_e)_{e \in E})$ von MAX LABEL COVER. Dabei ist $\mathcal{S} = (S = \{1, \ldots, n\}, S_1, \ldots, S_m) = f(\mathcal{L})$ die von $\mathcal{L}$ unter f konstruierte Instanz von MIN SET COVER, $|\mathcal{L}| = N \cdot |E|$ und $|\mathcal{S}| = n$ die Mächtigkeit von S.

Die Reduktion nutzt die folgende Definition.

Definition 20.18. Sei B eine endliche Menge und seien m, l natürliche Zahlen. Ein (m, l)-*Mengensystem* ist ein Hypergraph $\mathcal{B} = (B, \{C_1, \ldots, C_m\})$ auf B mit m Hyperkanten so, dass für alle Indexmengen $I \subseteq \{1, \ldots, m\}$ mit $|I| \leq l$ gilt

$$\bigcup_{i \in I} D_i \neq B,$$

wobei $D_i \in \{C_i, \bar{C}_i\}$ für alle $i \in I$.

In unserer Konstruktion werden wir ausnutzen, dass für alle natürlichen Zahlen m und l ein (m, l)-Mengensystem auf $\mathcal{O}(2^{2l} m^2)$ Punkten in Zeit poly$(2^{2l} m^2)$ erzeugt werden kann, siehe [12], Lemma 10.3. Genauer setzen wir $m = N$ (N ist die Anzahl der Labels in der Instanz von MAX LABEL COVER) und $l = \mathcal{O}(\log |\mathcal{L}|)$ und werden im Folgenden mit $\mathcal{B}_{N,l}$ das auf diese Weise erhaltene Mengensystem bezeichnen. $\mathcal{B}_{N,l}$ lässt sich also in Zeit poly$(|\mathcal{L}|)$ berechnen.

Sei nun $\mathcal{L} = (V_1, V_2, E, N, (\Pi_e)_{e \in E})$ eine Instanz von MAX LABEL COVER. Wir konstruieren daraus zunächst eine neue Instanz

$$\mathcal{L}' = (V_1', V_2', E', N', (\Pi_e')_{e \in E'})$$

mit $|V_1'| = |V_2'|$ wie folgt:

$$
\begin{aligned}
V_1' &:= V_1 \times V_2, \\
V_2' &:= V_2 \times V_1, \\
E' &:= \{\{(v_1, v_2), (v_2', v_1')\}; \{v_1, v_2'\} \in E\}, \\
N' &:= N, \\
\Pi'_{\{(v_1, v_2), (v_2', v_1')\}} &:= \Pi_{\{v_1, v_2'\}}.
\end{aligned}
$$

Wir erzeugen also $|V_2|$ Kopien von V_1 und $|V_1|$ Kopien von V_2 und definieren zwei Knoten im neuen Graphen als verbunden, wenn die entsprechenden Ursprungsknoten im alten Graphen schon verbunden waren. Der so definierte Graph ist dann wieder eine Instanz von MAX LABEL COVER. Weiter ist offensichtlich, dass, wenn der alte Graph ein Labelcover besitzt, der alle Kanten überdeckt, dies auch im neuen Graphen gilt. Hat umgekehrt der alte Graph kein Labelcover, das mehr als $\rho \cdot |E|$ der Kanten überdeckt, so gibt es auch im neuen Graphen kein Labelcover, das mehr als $\rho \cdot |E'|$ der Kanten von $\mathcal{L}'$ überdeckt. Wir können also im Folgenden annehmen, dass die betrachteten Eingaben von MAX LABEL COVER schon die Eigenschaft $|V_1| = |V_2|$ erfüllen.

Wir kommen nun zur Konstruktion unserer GP-Reduktion. Sei dazu im Folgenden $\mathcal{B}_{N,l} = (B, \{C_1, \ldots, C_N\})$ ein (N, l)-Mengensystem. Die daraus erzeugte Instanz $\mathcal{S}$ von MIN SET COVER hat die Form

$$S := E \times B$$

und für jeden Knoten $v \in V_1 \cup V_2$ und jedes Label $a \in \{1, \ldots, N\}$ sei

$$S_{v,a} := \{(e, b); e = \{v, u\}, \Pi_e(a) \text{ ist definiert und } b \notin C_{\Pi_e(a)}\},$$

falls $v \in V_1$, und

$$S_{v,a} := \{(e, b); e = \{v, u\} \text{ und } b \in C_a\},$$

falls $v \in V_2$. Wir bezeichnen die so definierte Reduktion mit f.

Unmittelbar aus der Konstruktion ergibt sich die erste Eigenschaft der Reduktion:

Lemma 20.19. *Für alle Eingaben* $\mathcal{L} = (V_1, V_2, E, N, (\Pi_e)_{e \in E})$ *von* MAX LABEL COVER *gilt*

$$\|\text{MAX LABEL COVER}(\mathcal{L})\| = 1 \implies \text{MIN SET COVER}(\mathcal{S}) \leq |V_1| + |V_2|,$$

wobei $\mathcal{S} = f(\mathcal{L})$.

Beweis. Sei also ein Labelling

$$c : V_1 \cup V_2 \longrightarrow \{1, \dots, N\}$$

gegeben, das alle Kanten überdeckt. Wir zeigen, dass dann die Mengen

$$\{S_{v,c(v)}; v \in V_1 \cup V_2\}$$

die Menge $E \times B$ schon überdeckt. Da $|\{S_{v,c(v)}; v \in V_1 \cup V_2\}| = |V_1| + |V_2|$, folgt hieraus die Behauptung.

Für jede Kante $e = \{v, u\}$, $(v, u) \in V_1 \times V_2$, gilt nun, da c alle Kanten überdeckt, $c(u) = \Pi_e(c(v))$. Weiter ist

$$\{e\} \times (B \backslash C_{c(v)}) \subseteq S_{v,c(v)} \quad \text{und} \quad \{e\} \times C_{c(u)} \subseteq S_{u,c(u)},$$

so dass $\{e\} \times B \subseteq S_{v,c(v)} \cup S_{u,c(u)}$. Es folgt also

$$E \times B \subseteq \bigcup \{S_{v,c(v)}; v \in V_1 \cup V_2\}. \qquad \square$$

Die zweite in der Einleitung zu diesem Abschnitt versprochene Eigenschaft der oben konstruierten Reduktion nachzuweisen, ist nicht ganz so trivial. Bisher haben wir auch noch nicht ausgenutzt, dass f mit Hilfe eines (N, l)-Mengensystems konstruiert wurde. Dies werden wir erst im Beweis des nächsten Lemmas benötigen.

Lemma 20.20. *Für jede natürliche Zahl* $l \in \mathbb{N}$ *und alle Eingaben* $\mathcal{L}$ *von* MAX LABEL COVER *gilt*

$$\|\text{MAX LABEL COVER}(\mathcal{L})\| < \frac{2}{l^2} \implies \text{MIN SET COVER}(\mathcal{S}) > \frac{l(|V_1| + |V_2|)}{16},$$

wobei $\mathcal{S} = f(\mathcal{L})$.

Beweis. Wir zeigen

$$\text{MIN SET COVER}(\mathcal{S}) \leq \frac{l(|V_1| + |V_2|)}{16} \implies \|\text{MAX LABEL COVER}(\mathcal{L})\| \geq \frac{2}{l^2},$$

also die Kontraposition. Sei dazu I ein Setcover von $\mathcal{S} = f(\mathcal{L})$ und definiere für jeden Knoten $v \in V_1 \cup V_2$

$$N_v := \{a \leq N; S_{v,a} \in I\}.$$

Offensichtlich folgt dann aus der Voraussetzung

$$\sum_{v \in V_1 \cup V_2} N_v \leq \frac{l(|V_1| + |V_2|)}{16}.$$

Die Idee ist nun, ein Labelling von $\mathcal{L}$ so zu konstruieren, dass wir für jeden Knoten v ein zufälliges Label $a \in N_v$ wählen. Wir werden zeigen, dass die erwartete Anzahl überdeckter Kanten dann mindestens $2/l^2 \cdot |E|$ beträgt. Dies heißt dann insbesondere, dass es auch ein Labelling gibt, das mindestens $2/l^2 \cdot |E|$ Kanten überdeckt, womit dann die Behauptung gezeigt wäre.

Sei dazu

$$V_1' := \{v \in V_1; |N_v| > l/2\} \qquad \text{und}$$
$$V_2' := \{v \in V_2; |N_v| > l/2\}.$$

Dann gilt $|V_1'| \leq 1/4|V_1|$ und $|V_2'| \leq 1/4|V_2|$. Um dies einzusehen, nehmen wir zunächst an, dass $|V_1'| > 1/4 \cdot |V_1|$ (für V_2' folgt die Aussage analog). Dann erhalten wir, da $|V_1| = |V_2|$,

$$\begin{aligned}
\frac{l(|V_1| + |V_2|)}{16} &\geq \sum_{v \in V_1} N_v \\
&\geq \sum_{v \in V_1'} N_v \\
&\geq \sum_{v \in V_1'} \frac{l}{2} \\
&= \frac{1}{4}|V_1|\frac{l}{2} \\
&= \frac{l}{8}|V_1| \\
&= \frac{l(|V_1| + |V_2|)}{16},
\end{aligned}$$

ein Widerspruch. Also gilt

$$\Pr_{v \in V_1}[N_v \leq l/2], \Pr_{v \in V_2}[N_v \leq l/2] \geq 3/4.$$

Wir benötigen jetzt noch die Wahrscheinlichkeit dafür, dass für eine beliebige Kante $e = \{v, u\} \in E$ beide Endknoten höchstens mit $l/2$ Label belegt sind.

Da der Graph regulär ist, sind für eine nach Gleichverteilung zufällig gewählte Kante $e = \{v, u\}$ auch die beiden Endpunkte bezüglich der Gleichverteilung zufällig gewählt. Es gilt daher

$$\Pr_{\{v,u\}\in E}[v \leq l/2 \text{ und } u \leq l/2] = 1 - \Pr_{\{v,u\}\in E}[v > l/2 \text{ oder } u > l/2]$$

$$\geq 1 - (1 - \Pr_{v\in V_1}[v \leq l/2] + 1 - \Pr_{u\in V_2}[u \leq l/2])$$

$$= \Pr_{v\in V_1}[v \leq l/2] + \Pr_{u\in V_2}[u \leq l/2] - 1$$

$$\geq 3/4 + 3/4 - 1$$

$$= 1/2.$$

Sei nun $e = \{v, u\}$ eine beliebige Kante so, dass $N_v, N_u \leq 1/4$. Da I ein Setcover ist, folgt insbesondere

$$e \times B \subseteq \left(\bigcup_{a_1 \in N_v} S_{v,a_1} \right) \cup \left(\bigcup_{a_2 \in N_u} S_{u,a_2} \right).$$

Wir betrachten die Mengen der Form S_{v,a_1} und S_{u,a_2} noch einmal genauer. Offensichtlich gilt

$$S_{v,a_1} = \bigcup_{f\in\Gamma(v)} \{f\} \times (B \backslash C_{\Pi_f(a_1)}) \quad \text{und}$$

$$S_{u,a_2} = \bigcup_{f\in\Gamma(u)} \{f\} \times C_{a_2}.$$

Da $|N_v| + |N_u| \leq l$, wird B von höchstens l Mengen $\{C_1, \ldots, C_N\} \cup \{\bar{C}_1, \ldots, \bar{C}_N\}$ überdeckt. Da aber $\mathcal{B} = (B, \{C_1, \ldots, C_N\})$ ein (N, l)-Mengensystem ist, gibt es somit ein Label $a_1 \in N_v$ mit $S_{u,\Pi_e(a_1)} \in I$, also gilt insbesondere $a_2 := \Pi_e(a_1) \in N_u$. Die Label a_1 und a_2 überdecken also e. Wie groß ist nun die Wahrscheinlichkeit, bei zufälliger Wahl der Label aus N_v und N_u die Label a_1 und a_2 zu ziehen? Da $|N_v|, |N_u| \leq l/2$, geschieht dies mit Wahrscheinlichkeit mindestens $(2/l)^2$.

Wir haben oben gezeigt, dass für mindestens die Hälfte aller Kanten die Endknoten höchstens $l/2$ Label zugewiesen bekommen. Jede dieser Kanten wird durch ein zufälliges Labelling mit Wahrscheinlichkeit mindestens $(2/l)^2$ überdeckt, so dass die erwartete Anzahl überdeckter Kanten mindestens

$$\frac{1}{2} \cdot \left(\frac{2}{l}\right)^2 \cdot |E| = \frac{2}{l^2} \cdot |E|$$

beträgt.   □

Wir sind nun dank des obigen Lemmas in der Lage, die zweite gewünschte Eigenschaft der GP-Reduktion von MAX LABEL COVER auf MIN SET COVER nachzuweisen.

Satz 20.21. *Es gibt eine polynomielle Reduktion* f *von* MAX LABEL COVER *auf* MIN SET COVER *so, dass für alle Eingaben* $\mathcal{L} = (V_1, V_2, E, N, (\Pi_e)_{e \in E})$ *von* MAX LABEL COVER *gilt:*

$$\|\text{MAX LABEL COVER}(\mathcal{L})\| = 1 \implies \text{MIN SET COVER}(\mathcal{S}) \leq |V_1| + |V_2|,$$

$$\|\text{MAX LABEL COVER}(\mathcal{L})\| < \frac{1}{\log^3 |\mathcal{L}|} \implies$$

$$\text{MIN SET COVER}(\mathcal{S}) > \frac{\log n}{48}(|V_1| + |V_2|),$$

wobei $\mathcal{S} = f(\mathcal{L})$ *und* $n := |\mathcal{S}|$ *die Kardinalität der Grundmenge von* $\mathcal{S}$ *ist.*

Beweis. Für jede Instanz $\mathcal{L} = (V_1, V_2, E, N, (\Pi_e)_{e \in E})$ von MAX LABEL COVER setzen wir $l := 2 \cdot \lceil \log |\mathcal{L}| \rceil$ und konstruieren zunächst ein (N, l)-Mengensystem $\mathcal{B}_{N,l} = (B, \{C_1, \ldots, C_N\})$ auf $\mathcal{O}(2^{2l}N^2)$ Punkten in Zeit poly$(2^{2l}N^2)$. Die Konstruktion benötigt also polynomielle Zeit in $|\mathcal{L}|$. Weiter gibt es eine Konstante $c > 0$ so, dass die Punktmenge von $\mathcal{B}_{N,l}$ durch $c2^{2l}N^2$ von oben beschränkt ist. Daraus konstruieren wir dann, wie bereits auf Seite 413 beschrieben, wiederum in polynomieller Zeit eine Instanz $\mathcal{S}$ des Problems MIN SET COVER, für die nach Lemma 20.19 gilt

$$\|\text{MAX LABEL COVER}(\mathcal{L})\| = 1 \implies \text{MIN SET COVER}(\mathcal{S}) \leq |V_1| + |V_2|,$$

Weiter gilt mit Lemma 20.20

$$\|\text{MAX LABEL COVER}(\mathcal{L})\| < \frac{2}{l^2} \implies \text{MIN SET COVER}(\mathcal{S}) > \frac{l(|V_1| + |V_2|)}{16}.$$

Sei nun $\mathcal{L}$ eine Instanz von MAX LABEL COVER mit

$$\|\text{MAX LABEL COVER}(\mathcal{L})\| < 1/\log^3(|\mathcal{L}|).$$

Für unsere Wahl von l gilt

$$\frac{2}{l^2} = \frac{2}{4 \cdot \lceil \log |\mathcal{L}| \rceil^2} \geq \frac{1}{(\log(|\mathcal{L}|))^3}$$

für hinreichend großes $|\mathcal{L}|$, also gilt auch $\|\text{MAX LABEL COVER}(\mathcal{L})\| < 2/l^2$ und damit MIN SET COVER$(\mathcal{S}) > l(|V_1| + |V_2|)/16$.

Wir müssen jetzt nur noch $\log n = \log |\mathcal{S}|$ in geeigneter Weise in Abhängigkeit von l darstellen. Nach Konstruktion von $\mathcal{S} = (S, \{S_1, S_2, \ldots\})$ gilt für die Grundmenge $S = E \times B$ also $\log |\mathcal{S}| = \log(|E| \cdot |B|)$. Weiter war $|B| = c2^{2l}N^2$ für eine Konstante

$c > 0$. Für hinreichend große Eingaben von MAX LABEL COVER (insbesondere solche mit $|E| \geq c$) folgt somit

$$
\begin{aligned}
\log |\mathcal{S}| &= \log(|E| \cdot c2^{2l} N^2) \\
&\leq \log((|E| \cdot N)^2) + \log(2^{2l}) \\
&\leq \log(|\mathcal{L}|^2) + 2l \\
&= 2 \cdot \log(|\mathcal{L}|) + 2l \\
&\leq 3l.
\end{aligned}
$$

Damit ist also $l \geq \frac{\log |\mathcal{S}|}{3}$ und es folgt

$$
\|\text{MAX LABEL COVER}(\mathcal{L})\| < \frac{1}{\log^3 |\mathcal{L}|} \Longrightarrow
$$

$$
\text{MIN SET COVER}(\mathcal{S}) > \frac{\log n}{48}(|V_1| + |V_2|). \quad \square
$$

Zusammen mit dem Nichtapproximierbarkeitsresultat für MAX LABEL COVER aus dem letzten Abschnitt (man beachte die einführenden Sätze am Beginn zu diesem Abschnitt) erhalten wir, dass MIN SET COVER in der Klasse II liegt.

Satz 20.22 (Lund und Yannakakis [150]). *Für das Problem* MIN SET COVER *gibt es unter der Voraussetzung* NP $\nsubseteq$ DTIME($2^{\text{poly}(\log n)}$) *keinen polynomiellen Approximationsalgorithmus mit Güte* $\log n/48$, *wobei* n *die Mächtigkeit der Grundmenge der jeweiligen Eingabe ist.*

Wir erinnern noch einmal an ein Ergebnis aus Abschnitt 4.1. Dort haben wir einen Approximationsalgorithmus für MIN SET COVER kennen gelernt, der eine Güte von $\mathcal{O}(\log n)$ garantiert. Der obige Satz zeigt, dass die Nichtapproximierbarkeitsschranke ebenfalls $\mathcal{O}(\log n)$ beträgt. Wir können also weder die Nichtapproximierbarkeitsschranke noch die Approximationsgüte wesentlich verbessern. Bei dem Problem MIN SET COVER handelt es sich damit um eines der wenigen Optimierungsprobleme, für die beide Schranken „gleich" sind.

20.4   MAX CLIQUE und MAX INDEPENDENT SET

Wir haben in Beispiel 18.8 bereits eine GP-Reduktion von MAX3SAT auf MAX CLIQUE gesehen und damit gezeigt, dass es, jedenfalls unter der Voraussetzung P $\neq$ NP, ein $\varepsilon > 0$ so gibt, dass kein Approximationsalgorithmus mit multiplikativer Güte $(1 - \varepsilon)^{-1}$ für MAX CLIQUE existiert. Weiter wissen wir seit Abschnitt 5.2, dass sich diese Aussage stark verschärfen lässt. Wir wiederholen noch einmal kurz die

Hauptideen (vor allem in der Sprache des Problems MAX CLIQUE): Für einen Graphen $G = (V, E)$ sei $\hat{E} := E \cup \{\{u, u\}; u \in V\}$. Sind nun $G_1 = (V_1, E_1)$ und $G_2 = (V_2, E_2)$ Graphen, so bezeichnen wir mit $G_1 \times G_2 = (V, E)$, wobei

$$V := V_1 \times V_2 \text{ und}$$
$$E := \{\{(u, v), (u', v')\}; \{u, u'\} \in \hat{E}_1 \text{ und } \{v, v'\} \in \hat{E}_2\},$$

das *Produkt* von G_1 und G_2. Für $G \times G$ schreiben wir auch kurz G^2.

Weiter kann man zeigen, dass $\omega(G_1 \times G_2) = \omega(G_1) \cdot \omega(G_2)$ für zwei Graphen G_1 und G_2 gilt. Ganz allgemein folgt also $\omega(G^k) = \omega(G)^k$ für alle $k \in \mathbb{N}$. Betrachten wir nun die Reduktion, die zunächst eine MAX3SAT-Instanz auf einen Graphen G wie in Beispiel 18.8 abbildet (dies ist eine GP-Reduktion mit Parametern $(m, \frac{1}{1-\varepsilon})$ und $(m, \frac{1}{1-\varepsilon})$ für alle $\varepsilon > 0$, wobei m die Anzahl der Klauseln bzw. ein Drittel der Knoten ist) und danach G auf G^k abbildet, so ist dies eine GP-Reduktion mit Parametern $(m, \frac{1}{1-\varepsilon})$ und $(m^k, \frac{1}{(1-\varepsilon)^k})$, die Lücke beträgt damit also $\frac{1}{(1-\varepsilon)^k}$ und kann demnach beliebig vergrößert werden.

Man beachte, dass diese vorgestellte Vorgehensweise genau der entspricht, die wir in Abschnitt 20.2 für das Problem MAX LABEL COVER kennen gelernt haben: Man zeigt zunächst, dass es für das Problem kein Approximationsschema gibt (es also eine eventuell sehr kleine Lücke gibt), und „bläst" danach die Lücke auf. Es handelt sich also auch bei MAX CLIQUE um ein Problem, dass sich selbst verbessert.

Wir haben damit gezeigt, dass es für alle $k \in \mathbb{N}$ keinen Approximationsalgorithmus für MAX CLIQUE mit konstanter Güte $(1-\varepsilon)^{-k}$ geben kann. Da weiter $\lim_{k \to \infty}(1-\varepsilon)^{-k} = \infty$, folgt unmittelbar:

Satz 20.23. *Unter der Voraussetzung* P $\neq$ NP *gibt es für das Problem* MAX CLIQUE *keinen Approximationsalgorithmus mit konstanter Güte.*

Wie schon bei MAX LABEL COVER ist hier auch das Problem, dass der Graph G^k genau $|V|^k$ Knoten hat. In einer polynomiellen Reduktion muss somit $k = \mathcal{O}(1)$ gelten, da wir andernfalls den Graphen G^k nicht mehr in polynomieller Zeit konstruieren können. Wir sind nun in der Lage, eine ähnliche Konstruktion wie für das Problem MAX LABEL COVER durchzuführen und erhalten damit, dass MAX CLIQUE in der Klasse III liegt, genauer, dass es unter der Voraussetzung NP $\not\subseteq$ DTIME($2^{\text{poly}(\log n)}$) keinen Approximationsalgorithmus für MAX CLIQUE mit Güte $2^{\log^{1-\delta}|V|}$ für alle $0 < \delta < 1$ geben kann.

Um nun mit dieser Idee auch ein Nichtapproximierbarkeitsresultat der Größe $|V|^\varepsilon$ zu erhalten, benötigen wir eine Konstruktion, die für $k = \mathcal{O}(\log|V|)$ aus einem Graphen $G = (V, E)$ einen Graphen G' erzeugt, der eine Cliquenzahl von $\omega(G') \approx \omega(G)^k$ besitzt und in polynomieller Zeit erzeugt werden kann. Im Gegensatz zum Problem MAX LABEL COVER funktioniert dies bei dem in diesem Abschnitt behandelten Problem.

Definition 20.24. Sei $n \in \mathbb{N}$ gegeben. Ein (n, k, α)-*Booster* $\mathcal{B}$ ist eine Menge $\mathcal{B} \subseteq P_k(\{1, \dots, n\})$ von k-elementigen Teilmengen von $\{1, \dots, n\}$, so dass für alle $A \subseteq \{1, \dots, n\}$ und $\rho = \frac{|A|}{n}$ gilt

$$(\rho - \alpha)^k \leq r_{\mathcal{B}}(A) := \frac{|\{B; B \in \mathcal{B}, B \subseteq A\}|}{|\mathcal{B}|} \leq (\rho + \alpha)^k.$$

Mit Hilfe dieser Definition lässt sich dann aus G ein neuer Graph definieren, der eine sehr große Clique besitzt, siehe das nachfolgende Lemma.

Definition 20.25. Sei $G = (V, E)$ mit $V = \{1, \dots, n\}$ ein Graph und $\mathcal{B}$ ein (n, k, α)-Booster. Das *Booster-Produkt* von G mit $\mathcal{B}$ ist definiert als

$$G_{\mathcal{B}} = (\mathcal{B}, \{\{S_i, S_j\}; S_i, S_j \in \mathcal{B}, S_i \cup S_j \text{ ist eine Clique in } G\}).$$

Lemma 20.26. *Sei G ein Graph mit n Knoten und $G_{\mathcal{B}}$ das Booster-Produkt von G mit $\mathcal{B}$ für einen (n, k, α)-Booster $\mathcal{B}$. Dann gilt*

$$\gamma_1 \leq \omega(G_{\mathcal{B}}) \leq \gamma_2$$

für

$$\gamma_1 = \left(\frac{\omega(G)}{n} - \alpha\right)^k |\mathcal{B}| \quad und \quad \gamma_2 = \left(\frac{\omega(G)}{n} + \alpha\right)^k |\mathcal{B}|.$$

Beweis. Sei $C \subseteq \{1, \dots, n\}$ eine maximale Clique der Größe $\omega(G)$ in G. Dann liegt die Anzahl der Teilmengen X von $\mathcal{B}$ mit $X \subseteq C$ zwischen

$$\left(\frac{\omega(G)}{n} - \alpha\right)^k \quad und \quad \left(\frac{\omega(G)}{n} + \alpha\right)^k.$$

Nach Definition von $G_{\mathcal{B}}$ bilden alle diese Mengen X eine Clique von $G_{\mathcal{B}}$, da für $X, X' \subseteq C$ mit $X \neq X'$ die Menge $X \cup X' \subseteq C$ auch eine Clique in G ist und damit $\{X, X'\} \in E(G_{\mathcal{B}})$.

Umgekehrt sei B eine größte Clique in $G_{\mathcal{B}}$. Dann ist $C = \bigcup_{X \in B} X$ eine Clique in G und hat die Größe $|C| \leq \omega(G)$, also ist $|C| = \omega(G)$, sonst wäre die zugehörige Clique in $G_{\mathcal{B}}$ zu klein. $\square$

Die Frage ist nun natürlich, ob ein Booster-Produkt auch in polynomieller Zeit konstruiert werden kann. Wie das nächste Beispiel zeigt, ist der triviale Booster kein Kandidat für solch eine Konstruktion.

Beispiel 20.27. $\mathcal{B} = P_k(\{1, \dots, n\})$ ist ein Booster mit $\alpha \approx 0$. Für jedes $A \subseteq \{1, \dots, n\}$ mit $|A| = \rho \cdot n$ ist

$$r_{\mathcal{B}}(A) = \frac{\binom{\rho n}{k}}{\binom{n}{k}} \approx \frac{(\rho n)^k}{n^k} = \rho^k.$$

Die Größe dieses Boosters ist $\binom{n}{k} = \mathcal{O}(n^k)$ und damit können wir diesen in einer polynomiellen Reduktion nur verwenden, falls $k = \mathcal{O}(1)$.

Es gibt allerdings, wie der nächste Satz zeigt, tatsächlich Booster mit der gewünschten Eigenschaft, die in polynomieller Zeit berechnet werden können.

Satz 20.28 (Alon, Feige, Widgerson und Zuckerman [5]). *Sei* $\alpha > 0$ *und* $k = \mathcal{O}(\log n)$. *Ein* (n, k, α)-*Booster* $\mathcal{B}$ *mit polynomieller Größe kann in polynomieller Zeit in* n *berechnet werden.*

Beweis. Der Beweis verwendet die explizite Konstruktion von Expandergraphen und kann in [67] nachgelesen werden. Wir werden jedoch in Abschnitt 20.7 kurz darauf eingehen, welche Rolle Expandergraphen bei nichtkonstanten Nichtapproximierbarkeitsresultaten spielen. $\square$

Damit sind wir in der Lage, den Hauptsatz dieses Abschnittes beweisen zu können.

Satz 20.29 (Arora, Lund, Motwani, Sudan, Szegedy [14]). *Unter der Voraussetzung* $\mathrm{P} \neq \mathrm{NP}$ *gibt es ein* $\gamma > 0$, *so dass es keinen approximativen Algorithmus für* MAX CLIQUE *mit Approximationsgüte* m^γ *gibt, wobei* m *die Anzahl der Knoten ist.*

Beweis. Dank der in der Einleitung zu diesem Abschnitt wiederholten Reduktion f von 3SAT auf MAX CLIQUE gibt es ein $\varepsilon > 0$ so, dass für alle Instanzen I von 3SAT gilt

$$I \in 3\text{SAT} \implies \omega(f(I)) = \frac{n}{3},$$

$$I \notin 3\text{SAT} \implies \omega(f(I)) < \frac{n}{3}(1 - \varepsilon),$$

wobei n die Anzahl der Knoten in $f(I)$ ist. Wir konstruieren nun einen $(n, \log n, \alpha)$-Booster $\mathcal{B}$ für $\alpha = \frac{\varepsilon}{9}$ und bilden hieraus das Booster-Produkt $G_{\mathcal{B}}$. Es gilt dann nach Lemma 20.26

$$\gamma_1 \leq \omega(G_{\mathcal{B}}) \leq \gamma_2$$

für

$$\gamma_i = \left(\frac{\omega(G)}{n} + (-1)^i \frac{\varepsilon}{9} \right)^{\log n} |\mathcal{B}|. \tag{20.3}$$

Ist nun die Formel I erfüllbar, so gilt wegen $\omega(G) = \frac{n}{3}$ und Formel (20.3)

$$\omega(G_{\mathcal{B}}) \geq \left(\frac{n}{3n} - \frac{\varepsilon}{9} \right)^{\log n} |\mathcal{B}| = \left(\frac{3 - \varepsilon}{9} \right)^{\log n} |\mathcal{B}|.$$

Ist umgekehrt I nicht erfüllbar, so gilt wegen $\omega(G) < \frac{n}{3}(1 - \varepsilon)$ und Formel (20.3)

$$\omega(G_{\mathcal{B}}) \leq \left(\frac{n}{3n}(1 - \varepsilon) + \frac{\varepsilon}{9} \right)^{\log n} |\mathcal{B}| = \left(\frac{3 - 2\varepsilon}{9} \right)^{\log n} |\mathcal{B}|.$$

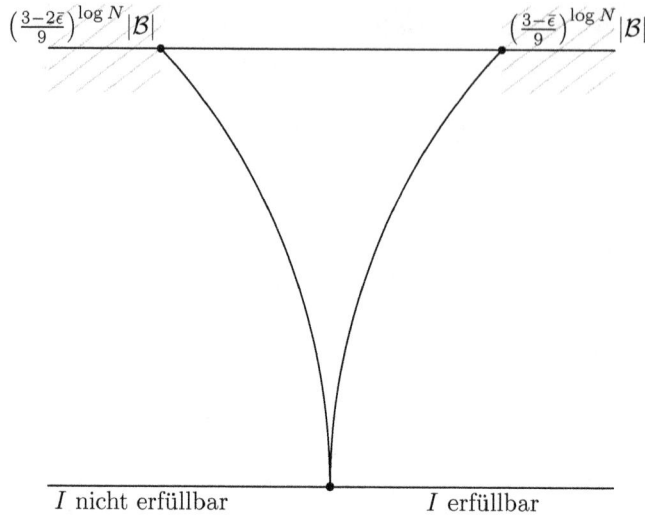

Zusammenfassend erhalten wir also

$$\omega(G) = n/3 \quad \Longrightarrow \quad \omega(G_\mathcal{B}) \geq \left(\frac{3-\varepsilon}{9}\right)^{\log n} |\mathcal{B}| \qquad \text{und}$$

$$\omega(G) \leq (1-\varepsilon) \cdot n/3 \quad \Longrightarrow \quad \omega(G_\mathcal{B}) \leq \left(\frac{3-2\varepsilon}{9}\right)^{\log n} |\mathcal{B}|$$

für jeden Graphen G.

Da

$$\left(\frac{3-\varepsilon}{9}\right) \Big/ \left(1 + \frac{\varepsilon}{3-2\bar{\varepsilon}}\right) = \left(\frac{3-2\varepsilon}{9}\right),$$

ist die multiplikative Lücke dann also

$$\left(\underbrace{1 + \frac{\varepsilon}{3-2\varepsilon}}_{=2^\gamma > 1}\right)^{\log n} = n^\gamma$$

für geeignetes $\gamma > 0$.

Weiter hat der Booster $\mathcal{B}$ polynomielle Größe, für die Anzahl der Knoten in $G_\mathcal{B}$ gilt also $V(G_\mathcal{B}) = |\mathcal{B}| \leq \text{poly}(n)$. Damit ist

$$|\mathcal{B}| \leq cn^k < n^{k'}$$

für $n \geq 2$ und geeignete $k, k' \in \mathbb{N}$, also

$$n^\gamma = (n^{k'})^{\frac{\gamma}{k'}} \geq |\mathcal{B}|^{\frac{\gamma}{k'}}.$$

Die Wahl $\frac{\gamma}{k'} = \gamma'$ liefert uns also eine Lücke größer als $|\mathcal{B}|^{\gamma'}$ und damit die Behauptung. $\qquad \square$

Wie bereits am Ende von Abschnitt 5.3 erwähnt, konnte Håstad in [87] sogar zeigen, dass es unter der Annahme coRP $\neq$ NP keinen polynomiellen Approximationsalgorithmus mit Güte n^ε für alle $\varepsilon \in [0,1)$ gibt. Da es auf der anderen Seite einen Algorithmus mit Güte n gibt (man wähle einfach einen Knoten des Graphen als Clique), ist dieses Nichtapproximierbarkeitsresultat also bestmöglich.

20.5 MAX SATISFY

Wir wollen nun die im letzten Abschnitt kennen gelernte Technik am Beispiel des Problems MAX SATISFY noch einmal vertiefen.

Problem 20.30 (MAX SATISFY).
Eingabe: Ein System von N Gleichungen in n Variablen über $\mathbb{Q}$.
Ausgabe: Eine größte Teilmenge von Gleichungen, so dass es eine Lösung gibt.

Die Idee zu zeigen, dass es ein $\delta > 0$ so gibt, dass MAX SATISFY nicht besser als N^γ (N ist die Anzahl der Gleichungen der Instanz) zu approximieren ist, verläuft genauso wie im letzten Abschnitt für das Problem MAX CLIQUE. Wir beweisen zunächst, dass es für MAX SATISFY keinen polynomiellen Approximationsalgorithmus mit Güte besser als $(1-\varepsilon)^{-1}$ für ein $\varepsilon > 0$ gibt (indem wir eine GP-Reduktion von MAX$\leq$2SAT auf MAX SATISFY finden), und nutzen dann die self-improvement-Eigenschaft dieses Problems aus.

Die Frage, die sich zunächst stellt, ist dann natürlich, ob das Problem MAX$\leq$2SAT überhaupt schwer zu approximieren ist. Wir haben im Beweis von Satz 16.11 schon eine polynomielle Reduktion von MAX3SAT auf MAX$\leq$2SAT kennen gelernt (und damit gezeigt, dass MAX$\leq$2SAT NP-schwer ist). Wie man allerdings leicht sieht, ist diese Transformation schon eine GP-Reduktion, wir werden dies in Übungsaufgabe 20.52 behandeln. Genauer folgt hieraus zusammen mit dem Nichtapproximierbarkeitsresultat für MAX3SAT

Lemma 20.31. *Es gibt Konstanten $d, \varepsilon > 0$ und eine polynomielle Reduktion f von* SAT *auf* MAX$\leq$2SAT *so, dass für jede Instanz I von* SAT *gilt:*

$$I \in \text{SAT} \implies \|\text{MAX}{\leq}2\text{SAT}(f(I))\| \geq d,$$

$$I \notin \text{SAT} \implies \|\text{MAX}{\leq}2\text{SAT}(f(I))\| < d(1-\varepsilon).$$

Die angekündigte GP-Reduktion von MAX$\leq$2SAT auf MAX SATISFY formulieren wir nun im folgenden Satz.

Satz 20.32. *Es gibt eine polynomieller Transformation f von* MAX$\leq$2SAT *auf* MAX SATISFY *so, dass für jede Instanz α von* MAX$\leq$2SAT *gilt*

$$\|\text{MAX}{\leq}2\text{SAT}(\alpha)\| \geq d \implies \|\text{MAX SATISFY}(f(\alpha))\| \geq \frac{2}{3} \cdot d,$$

$$\|\text{MAX}{\leq}2\text{SAT}(\alpha)\| \leq d \cdot (1-\varepsilon) \implies \|\text{MAX SATISFY}(f(\alpha))\| \leq \frac{2}{3} \cdot d(1-\varepsilon).$$

Beweis. Sei also α eine Eingabe von MAX$\leq$2SAT über den Variablen

$$\{x_1, \ldots, x_n\}.$$

Wir betrachten o.B.d.A. nur Eingaben, in denen jede Klausel aus genau zwei Literalen besteht (wir können Klauseln der Form $C = (a), a \in \{x_1, \ldots, x_n\} \cup \{\neg x_1, \ldots, \neg x_n\}$ ja durch die Klausel $(a \vee a)$ ersetzen, ohne dass sich in der Formel die Anzahl erfüllter Klauseln ändert). Für jede Klausel C von α erzeugen wir nun drei Gleichungen p_C^1, p_C^2 und p_C^3 über $\mathbb{Q}$ wie folgt:

Ist $C = (x_i \vee x_j)$, so setzen wir

$$
\begin{aligned}
y_i + y_j &= 1, \\
y_i &= 1, \\
y_j &= 1.
\end{aligned}
$$

Ist $C = (\neg x_i \vee x_j)$, so setzen wir

$$
\begin{aligned}
(1 - y_i) + y_j &= 1, \\
(1 - y_i) &= 1, \\
y_j &= 1.
\end{aligned}
$$

Ist $C = (\neg x_i \vee \neg x_j)$, so setzen wir

$$
\begin{aligned}
(1 - y_i) + (1 - y_j) &= 1, \\
(1 - y_i) &= 1, \\
(1 - y_j) &= 1.
\end{aligned}
$$

Zuerst sieht man schnell ein, dass eine optimale Belegung der Variablen $y_i \in \mathbb{Q}$, d. h. eine Belegung, die die meisten Gleichungen erfüllt, jedes y_i mit 0 oder 1 belegt.

Aus einer Belegung μ der Variablen y_i kann damit eine Belegung μ' der booleschen Variablen x_i durch $\mu'(x_i) = \texttt{wahr} \iff \mu(y_i) = 1$ gewonnen werden, für die dann gilt:

$$\mu'(C) = \texttt{wahr} \implies \mu \text{ erfüllt genau zwei der drei Gleichungen } p_C^1, p_C^2, p_C^3,$$

$$\mu'(C) = \texttt{falsch} \implies \mu \text{ erfüllt keine der drei Gleichungen } p_C^1, p_C^2, p_C^3,$$

womit die Behauptung bewiesen ist. $\square$

Wie angekündigt, verbessern wir das obige Resultat zunächst dadurch, dass wir durch eine Reduktion von MAX SATISFY auf sich die Lücke beliebig vergrößern.

Sei dazu eine Instanz I von MAX SATISFY mit Gleichungen der Form

$$p_1 = 0, \ldots, p_N = 0$$

gegeben. Seien weiter k und T Konstanten (die wir später spezifizieren). Für jede k-elementige Teilmenge $J = \{i_1, \ldots, i_k\}$ von $\{1, \ldots, N\}$ definieren wir nun neue Gleichungen via

$$\sum_{j=1}^{k} p_{i_j} 1^j = 0,$$

$$\sum_{j=1}^{k} p_{i_j} 2^j = 0,$$

$$\sum_{j=1}^{k} p_{i_j} 3^j = 0,$$

$$\vdots$$

$$\sum_{j=1}^{k} p_{i_j} T^j = 0.$$

Da die Anzahl der k-elementigen Teilmengen in $\{1, \ldots, N\}$ gerade $\binom{N}{k}$ ist, erhalten wir auf diese Weise $\binom{N}{k} \cdot T$ Gleichungen. Wir bezeichnen die so konstruierte Instanz mit $I_{k,T}$. Nun gilt:

Satz 20.33. *Für jede Instanz I von* MAX SATISFY *mit N Gleichungen, alle $\varepsilon, c \in [0, 1]$, alle $k \in \mathbb{N}$ gilt mit $T := N^{k+1}$:*

$$\|\text{MAX SATISFY}(I)\| \geq c \implies \text{MAX SATISFY}(I_{k,T}) \geq \binom{cN}{k}T,$$

$$\|\text{MAX SATISFY}(I)\| \leq c(1-\varepsilon) \implies \text{MAX SATISFY}(I_{k,T}) \leq \binom{cN}{k}T(1-\varepsilon)^k.$$

Beweis. Sei I eine Instanz von MAX SATISFY über n Variablen $x_1, \ldots, x_n \in \mathbb{Q}$ und N Gleichungen der Form $p_1(x_1, \ldots, x_n) = 0, \ldots, p_N(x_1, \ldots, x_n) = 0$.

Sei also $\mu : \{x_1, \ldots, x_n\} \longrightarrow \mathbb{Q}$ eine Belegung der Variablen und $J = \{i_1, \ldots, i_k\}$ eine k-elementige Teilmenge von $\{1, \ldots, N\}$. Erfüllt μ alle Gleichungen $p_{i_1}, \ldots, p_{i_k}$, so sind in der Instanz $I_{k,T}$ auch alle Gleichungen der Form

$$\sum_{j=1}^{k} p_{i_j}(\mu(x_1), \ldots, \mu(x_n))1^j = 0, \quad \ldots \quad , \sum_{j=1}^{k} p_{i_j}(\mu(x_1), \ldots, \mu(x_n))T^j = 0$$

erfüllt.

Für den zweiten Teil der Behauptung zeigen wir zunächst, dass

$$\|\text{MAX SATISFY}(I)\| \leq c(1 - \varepsilon) \Longrightarrow$$

$$\text{MAX SATISFY}(I_{k,T}) \leq \binom{N}{k} k + \binom{cN(1 - \varepsilon)}{k}(T - k)$$

für alle T gilt.

Erfüllt also umgekehrt μ nicht alle Gleichungen $p_{i_1}, \ldots, p_{i_k}$, so ist der Vektor

$$(\bar{p}_{i_1}, \ldots, \bar{p}_{i_k}) := (p_{i_1}(\mu(x_1), \ldots, \mu(x_n)), \ldots, p_{i_k}(\mu(x_1), \ldots, \mu(x_n)))$$

nicht der Nullvektor. Damit ist das Polynom f

$$y \mapsto \sum_{j=1}^{k} \bar{p}_{i_j} y^j$$

nicht das Nullpolynom. Da f Grad k hat, gibt es somit höchstens k Nullstellen von f, d. h., höchstens k der Gleichungen

$$\sum_{j=1}^{k} p_{i_j} 1^j = 0, \quad \sum_{j=1}^{k} p_{i_j} 2^j = 0, \quad \ldots \quad , \quad \sum_{j=1}^{k} p_{i_j} T^j = 0$$

werden von μ erfüllt.

Damit gilt dann: Gibt es eine Belegung μ, die mindestens $c \cdot N$, $c < 1$, der Gleichungen aus I erfüllt, dann sind für jede Auswahl von k unter μ erfüllten Gleichungen (dies sind genau $\binom{cN}{k}$ Stück) T Gleichungen der neuen Instanz erfüllt. Insgesamt sind also mindestens $\binom{cN}{k}T$ Gleichungen unter μ erfüllt.

Sind umgekehrt für eine Belegung μ höchstens $c(1 - \varepsilon)N$ Gleichungen von I erfüllt, dann gibt es höchstens $\binom{c(1-\varepsilon)N}{k}$ k-elementige Teilmengen der Form $\{i_1, \ldots, i_k\}$ von $\{1, \ldots, N\}$ so, dass alle Gleichungen $p_{i_1} = 0, \ldots, p_{i_k} = 0$ unter μ erfüllt sind, und mindestens $\binom{N}{k} - \binom{c(1-\varepsilon)N}{k}$ k-elementige Teilmengen so, dass nicht alle Gleichungen $p_{i_1} = 0, \ldots, p_{i_k} = 0$ unter μ erfüllt sind. Damit erfüllt also jede Belegung höchstens

$$\binom{N}{k} \cdot k - \binom{c(1 - \varepsilon)N}{k} \cdot (T - k)$$

der neuen Gleichungen.

Die Zwischenbehauptung ist also bewiesen. Setzen wir nun $T := N^{k+1}$, so gilt

$$
\frac{\binom{N}{k} \cdot k - \binom{c(1-\varepsilon)N}{k} \cdot (T-k)}{\binom{cN}{k} T} = \frac{\binom{N}{k} \cdot k + \binom{c(1-\varepsilon)N}{k} \cdot (T-k)}{\binom{cN}{k} T}
$$

$$
= \frac{\left(\binom{N}{k} - \binom{c(1-\varepsilon)N}{k}\right) \cdot k + \binom{c(1-\varepsilon)N}{k} \cdot T}{\binom{cN}{k} \cdot T}
$$

$$
= \underbrace{\frac{\left(\binom{N}{k} - \binom{c(1-\varepsilon)N}{k}\right) \cdot k}{\binom{cN}{k} \cdot N^{k+1}}}_{\approx 0} + \frac{\binom{c(1-\varepsilon)N}{k} \cdot T}{\binom{cN}{k} \cdot T}
$$

$$
\approx \frac{\binom{c(1-\varepsilon)N}{k}}{\binom{cN}{k}}
$$

$$
= \prod_{i=0}^{k-1} \frac{c(1-\varepsilon)N - i}{cN - i}
$$

$$
\leq \prod_{i=0}^{k-1} \frac{c(1-\varepsilon)N}{cN}
$$

$$
= \prod_{i=0}^{k-1} (1-\varepsilon)
$$

$$
= (1-\varepsilon)^k.
$$

Wir erhalten also

$$
\text{MAX SATISFY}(I_{k,T}) \leq \binom{N}{k} \cdot k - \binom{c(1-\varepsilon)N}{k} \cdot (T-k) \leq \binom{cN}{k} T (1-\varepsilon)^k. \quad \square
$$

Wir können also, wie schon bei den Problemen MAX CLIQUE und MAX LABEL COVER, die Lücke beliebig aufblasen. Setzen wir nun $k = (\log N)^{\mathcal{O}((1-\delta)/\delta)}$, so erhalten wir eine Eingabegröße N' für die neue Instanz I_{k,N^k} von

$$
N' = \binom{N}{k} N^k
$$

$$
= \mathcal{O}(N^k) \cdot N^k
$$

$$
= N^{\log^{\mathcal{O}((1-\delta)/\delta)} N}
$$

$$
= 2^{\text{poly}(\log N)}.
$$

Die Instanz I_{k,N^k} lässt sich also zumindest noch in quasi-polynomieller Zeit konstruieren.

Weiter zeigt man ganz analog wie für das Problem MAX LABEL COVER (siehe das Ende vom Beweis für Satz 20.16), dass für alle $0 < \gamma < 1$ gilt

$$(1 - \varepsilon)^{(\log N)^{\mathcal{O}((1-\delta)/\delta)}} \geq 2^{\log^{1-\gamma} N'}.$$

Das Problem MAX SATISFY ist also in der Klasse III enthalten.

Schauen wir uns noch einmal an, wie wir die neue Instanz I_{k,N^k} konstruiert haben. Wir haben für jede k-elementige Teilmenge von N, wobei N die Anzahl der Gleichungen in I ist, N^k neue Gleichungen konstruiert. Anders formuliert haben wir den in Beispiel 20.27 definierten trivialen Booster zu Hilfe genommen, um I_{k,N^k} zu erzeugen. Um jetzt ähnlich wie für das Problem MAX CLIQUE eine polynomielle Reduktion zu erhalten, nutzen wir Satz 20.28 aus und erzeugen zunächst in polynomieller Zeit einen (N, k, α)-Booster $\mathcal{B}$ mit $k = \log N$ und $\alpha = \varepsilon c/100$, wobei $c := 2d/3$ und ε und d die Konstanten aus Lemma 20.31 sind. Wir nutzen dann $\mathcal{B}$ aus, um wie oben die Instanz I_{k,N^k} zu konstruieren, genauer definieren wir für jede Menge des Boosters N^k neue Gleichungen. Wir erhalten damit den folgenden Satz, wobei wir die restlichen Details als Übungsaufgabe formulieren.

Satz 20.34 (Arora [10]). *Unter der Voraussetzung* P $\neq$ NP *existiert* $\gamma > 0$ *so, dass es für das Problem* MAX SATISFY *keinen polynomiellen Approximationsalgorithmus mit Güte besser als* N^γ *gibt. Dabei ist* N *die Anzahl der Gleichungen in der Instanz.*

20.6   MIN NODE COLORING

Ziel dieses Abschnittes ist, ein Nichtapproximierbarkeitsresultat für das Problem MIN NODE COLORING durch eine geeignete GP-Reduktion von MAX3SAT herzuleiten. Bevor wir aber den Hauptsatz dieses Abschnittes beweisen, reformulieren wir das Problem MIN NODE COLORING zunächst in geeigneter Weise (wie sich zeigen wird in eine Sprache, so dass man leicht eine Reduktion von MAX3SAT auf MIN NODE COLORING finden wird).

Genauer zeigen wir im ersten Schritt, dass das Problem

Problem 20.35 (MIN CLIQUE COVER).
Eingabe: Ein Graph $G = (V, E)$.
Ausgabe: Eine Partition $\mathcal{C}$ von V in Cliquen, so dass die Menge $\mathcal{C}$ minimal ist.[2]

äquivalent zum Problem MIN NODE COLORING ist. Um dies einzusehen, beachte man, dass eine minimale Färbung in einem Graphen eine minimale Partition der Knotenmenge in unabhängige Mengen definiert. Diese unabhängigen Mengen bilden ja

---

[2]Mit $\bar{\chi}(G)$ bezeichnet man dann die minimale Anzahl von Cliquen im Graphen G, die eine Partition der Knotenmenge von G bilden.

dann im dualen Graphen $G^c = (V, \{\{v, u\}; \{v, u\} \notin E\})$ eine Partition der Knoten in Cliquen. Die beiden Probleme sind also äquivalent. Im Folgenden betrachten wir deshalb nur noch das Problem MIN CLIQUE COVER.

Die angestrebte GP-Reduktion reduziert MAX3SAT auf MIN CLIQUE COVER in zwei Schritten. Zunächst konstruieren wir eine Reduktion von MAX CLIQUE auf das sogenannte Problem MAX r-CLIQUE. Im zweiten Schritt wird dann MAX r-CLIQUE auf MIN CLIQUE COVER reduziert. Das Problem MAX r-CLIQUE ist einfach die Einschränkung von MAX CLIQUE auf Graphen, die r-partit sind, ist also wie folgt formuliert:

Problem 20.36 (MAX r-CLIQUE).
Eingabe: Ein r-partiter Graph $G = (V_1 \cup \cdots \cup V_r, E)$.
Ausgabe: Eine Clique maximaler Kardinalität.

Wie üblich betrachten wir die normierte Version, genauer sei für eine Instanz I von MAX r-CLIQUE

$$\|\text{MAX } r\text{-CLIQUE}(I)\| := m/r,$$

wobei m die Knotenanzahl in einer maximalem Clique von I sei. Man beachte, dass auch hier

$$0 \leq \|\text{MAX } r\text{-CLIQUE}(I)\| \leq 1$$

gilt, da in einem r-partiten Graphen jede Clique eine Größe von höchsten r hat.

Satz 20.37. *Für jedes $\varepsilon > 0$ existiert ein $\delta > 0$ und eine polynomielle Reduktion*

$$f : \text{MAX3SAT} \longrightarrow \text{MAX } r\text{-CLIQUE}$$

so, dass für alle Instanzen I von MAX3SAT gilt

$$\|\text{MAX3SAT}(I)\| = 1 \implies \|\text{MAX } r\text{-CLIQUE}(f(I))\| = 1,$$

$$\|\text{MAX3SAT}(I)\| \leq \frac{1}{1+\varepsilon} \implies \|\text{MAX } r\text{-CLIQUE}(f(I))\| \leq n^{-\delta}.$$

Dabei ist n die Anzahl der Knoten in $f(I)$.

Beweis. Sei also I eine Formel in 3-konjunktiver Normalform, etwa

$$I = C_1 \wedge C_2 \wedge \cdots \wedge C_m$$

mit

$$C_i = (a_{i1} \vee a_{i2} \vee a_{i3})$$

über den Variablen $\{x_1, \ldots, x_n\}$. Wir konstruieren nun gemäß Satz 20.28 einen (m, k, α)-Booster $\mathcal{B}$ mit $\alpha = \varepsilon/100$ und $k = \mathcal{O}(\log m)$ auf der Menge der Klauseln. Sei weiter $b := |\mathcal{B}|$ und $B_1, \ldots, B_b$ die k-elementigen Mengen des Boosters. Jede dieser Teilmengen bestehe aus den Klauseln $B_i = \{C_{i_1}, \ldots, C_{i_k}\}$.

Der Graph $G = (V, E) = f(I)$ ist nun wie folgt definiert:

$$V := \{(i, t_1, \ldots, t_k); i \le b \text{ und } t_j \in \{1, 2, 3\} \text{ für alle } j \le k\},$$

$$E := \{((i, t_1, \ldots, t_k), (j, t_1', \ldots, t_k'))\}; i \ne j$$

$$\text{und } a_{i_p t_r} \ne \neg a_{j_q t_s'} \text{ für alle } r, s \le k \text{ und } p, q \le k\}.$$

Die erste Komponente i des Knotens $(i, t_1, \ldots, t_k)$ ist assoziiert mit einer Menge B_i des Boosters, die restlichen Komponenten $t_1, \ldots, t_k$ sind assoziiert mit den entsprechenden Literalen der Klauseln aus B_i, genauer ist mit $t_j \le 3$ das t_j-te Literal der Klausel C_{i_j} gemeint. Je zwei Knoten $\{((i, t_1, \ldots, t_k), (j, t_1', \ldots, t_k')\}$ sind genau dann adjazent, wenn die Menge der Literale $\{a_{i_l t_l}, a_{j_{l'} t_{l'}}; l, l' \le k\}$ nicht sowohl eine Variable als auch ihr Negiertes enthält.

Als Beispiel für die obige Konstruktion betrachten wir die Formel

$$\alpha = \underbrace{(x_1 \vee \neg x_2 \vee \neg x_3)}_{=C_1} \wedge \underbrace{(\neg x_1 \vee x_3 \vee \neg x_4)}_{=C_2} \wedge \underbrace{(x_2 \vee \neg x_3 \vee \neg x_5)}_{=C_3}$$

und den $(3, 2, \alpha)$-Booster $\mathcal{B} = \{\{C_1, C_2\}, \{C_1, C_3\}\}$. Der Graph $G = f(\alpha)$ hat dann die in Abbildung 20.3 gezeigte Gestalt.

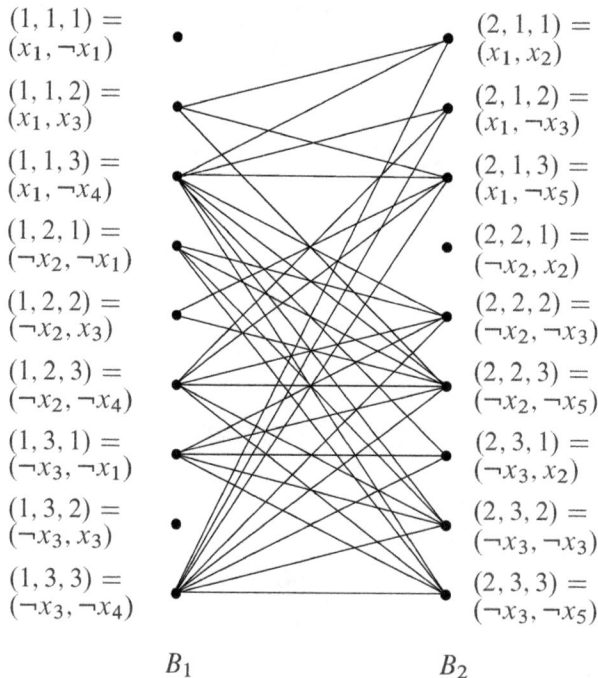

$$B_1 \qquad\qquad\qquad B_2$$

Abbildung 20.3. Der zur Formel α und dem Booster $\mathcal{B}$ konstruierte Graph.

Man beachte, dass diese Konstruktion ähnlich zu der GP-Reduktion aus Beispiel 18.8 ist. Dort hatten wir zu jeder Klausel eine unabhängige Menge der Größe 3 definiert.

In dieser Reduktion konstruieren wir zu jeder Teilmenge des Boosters $\mathcal{B}$ (diese haben ja eine Kardinalität von k) eine unabhängige Menge der Größe 3^k. Der Graph $G = f(I)$ ist somit $|\mathcal{B}|$-partit. Weiter tritt in einer Clique C von G nie gleichzeitig eine Variable und ihr Negiertes auf, eine Clique definiert somit eine (partielle) Belegung der Variablen (durch $\mu(a_{i_1 t_1}) = \mu(a_{i_2 t_2}) = \cdots = \mu(a_{i_k t_k}) = \mathtt{wahr}$ für alle Knoten $(i, t_1, \ldots, t_k) \in C$). Diese partielle Belegung erfüllt dann alle Klauseln aus der Menge $\{C_{i_j}; (i, t_1, \ldots, t_k) \in C; j \leq k\}$.

Ist nun μ eine erfüllende Belegung, dann gibt es für jede Klausel C_r ein $a_{r j_r}$ so, dass $\mu(a_{r j_r}) = \mathtt{wahr}$ gilt. Also bildet die Knotenmenge

$$C := \{(i, j_{i_1}, \ldots, j_{i_k}); i \leq b\}$$

offensichtlich eine Clique der Größe $b = |\mathcal{B}|$ in G (wir wählen also aus jeder Klausel ein mit $\mathtt{wahr}$ belegtes Literal aus und betrachten dann das entsprechende k-Tupel für jede Teilmenge B_i), d. h., es gilt

$$\|\mathrm{MAX3SAT}(I)\| = 1 \implies \|\mathrm{MAX}\ r\text{-}\mathrm{CLIQUE}(f(I))\| = 1.$$

Sei nun umgekehrt I eine Formel, für die höchstens $\frac{1}{1+\varepsilon} \cdot m$ Klauseln gleichzeitig erfüllt werden können. Sei weiter C eine Clique in $f(I)$ und

$$A := \{C_{i_j}; (i, t_1, \ldots, t_k) \in C; j \leq k\}.$$

Wie wir oben bereits gesehen haben, gibt es dann eine Belegung der Variablen, die alle Klauseln aus A erfüllt, es gilt also $|A| \leq m/(1 + \varepsilon)$, und damit $|A|/m \leq 1/(1 + \varepsilon)$.

Weiter ist jeder Knoten von C zu genau einer Menge B_i des Boosters assoziiert (zu jeder Teilmenge B_i des Boosters haben wir ja genau 3^k unabhängige Knoten konstruiert). Aus der Definition des Boosters folgt also

$$|C| \leq (|A|/m + \alpha)^k \cdot |\mathcal{B}| \leq (1/(1 + \varepsilon) + \alpha)^k \cdot |\mathcal{B}|.$$

Mit $\gamma := -\log(1/(1 + \varepsilon) + \alpha)$ folgt dann wegen $(1/(1 + \varepsilon) + \alpha) < 1$, dass $\gamma > 0$ und wegen $k = \log m$ die Eigenschaft $|C| \leq m^{-\gamma} \cdot |\mathcal{B}|$.

Die Anzahl der Knoten $f(I)$ ist gerade $n = |\mathcal{B}| \cdot 3^{\log m} = m \cdot m^{\log 3} = m^{\log 3 + 1}$, damit ist also $|C| \leq n^{-\gamma/(\log 3 + 1)} \cdot |\mathcal{B}|$. Mit $\delta := \gamma/(\log 3 + 1)$ folgt dann die Behauptung. $\qquad\Box$

Die Eingaben zum Problem MAX r-CLIQUE sind r-partite Graphen. Wie wir im vorangegangenen Beweis gesehen haben, konstruiert die kennen gelernte Reduktion sogar r-partite Graphen $G = (V_1 \cup \cdots \cup V_r, E)$, deren unabhängige Komponenten $V_1, \ldots, V_r$ alle die gleiche Mächtigkeit besitzen. Ist $k = |V_1| = \cdots = |V_r|$, so nennen wir solche Graphen im Folgenden auch $r \times k$-Graphen. Genauer:

Definition 20.38. Ein $r \times k$-Graph $G = (V, E)$ ist ein Graph, dessen Knotenmenge in r unabhängige Mengen so partitioniert werden kann, dass alle diese unabhängigen Mengen die Mächtigkeit k haben.

Mit der obigen Bemerkung haben wir also gezeigt, dass auch die Einschränkung des Problems MAX r-CLIQUE auf $r \times k$-Graphen in der Klasse IV liegt, insbesondere gilt also:

Satz 20.39. *Es gibt ein $\delta > 0$ und eine Reduktion f von* SAT *auf* MAX r-CLIQUE *so, dass*

$$I \in \text{SAT} \quad \Longrightarrow \quad \|\text{MAX } r\text{-CLIQUE}(f(I))\| = 1,$$

$$I \notin \text{SAT} \quad \Longrightarrow \quad \|\text{MAX } r\text{-CLIQUE}(f(I))\| < n^{-\delta},$$

wobei $f(I)$ ein $r \times k$ Graph ist und $n = r \cdot k$ die Anzahl der Knoten im Graphen bezeichnet.

Wir werden im Folgenden eine Reduktion f von MAX r-CLIQUE auf MIN CLIQUE COVER konstruieren, die $r \times k$-Graphen auf $r \times k'$ Graphen so abbildet, dass für alle $\delta > 0$ gilt

$$\|\text{MAX } r\text{-CLIQUE}(G)\| = 1 \quad \Longrightarrow \quad \bar{\chi}(f(G)) = k',$$

$$\|\text{MAX } r\text{-CLIQUE}(G)\| < n^{-\delta} \quad \Longrightarrow \quad \bar{\chi}(f(G)) > k' \cdot N^{\delta/7}.$$

Dabei sei $n = rk$ die Anzahl der Knoten in G und $N = rk'$ die Anzahl der Knoten in $f(G)$.

Um nun die Reduktion beschreiben zu können, wollen wir zunächst $r \times k$-Graphen $G = (V_1 \cup \cdots \cup V_r, E)$ in geeigneter Weise parametrisieren. Seien dazu $R = \{0, 1, \ldots, r - 1\}$ und $K = \{0, 1, \ldots, k - 1\}$ und identifiziere die Knotenmenge $V = V_1 \cup \cdots \cup V_r$ mit $R \times K$ so, dass die j-te unabhängige Menge V_j gerade $\{j\} \times K$ entspricht.

Mit dieser Notation lässt sich die folgende Konstruktion sehr leicht beschreiben. Sei $G = (R \times K, E)$ ein $r \times k$-Graph. Für jedes $i \in \{0, 1, \ldots, k-1\}$ sei $G_i = (R \times K, E_i)$ der Graph mit Knotenmenge wie G und Kantenmenge

$$E_i := \{\{(j, q), (j', q')\}; \{(j, (q + i) \bmod k), (j', (q' + i) \bmod k)\} \in E\},$$

d. h., die Kantenmenge E wird um i geshiftet. Offensichtlich gilt dann $G = G_0$. Weiter kann man die obige Konstruktion auch als Umnummerierung der Knoten interpretieren. Dies zeigt, dass die Graphen G_i untereinander isomorph sind.

Mit diesen geshifteten Kantenmengen definieren wir dann die sogenannte Erweiterung von G.

Definition 20.40. Sei $G = (R \times K, E)$ ein $r \times k$-Graph. Dann heißt der $r \times k$-Graph

$$\tilde{G} := (R \times K, \bigcup_{i=0}^{k-1} E_i)$$

Erweiterung von G.

Damit können wir die erste Eigenschaft der Reduktion nachweisen.

Lemma 20.41. *Für jeden $r \times k$-Graphen G gilt*

$$\|\text{MAX } r\text{-CLIQUE}(G)\| = 1 \Longrightarrow \bar{\chi}(\tilde{G}) = k.$$

Beweis. Da $\tilde{G}$ als $r \times k$-Graph insbesondere eine unabhängige Menge der Mächtigkeit k besitzt, benötigt jedes Cliquecover mindestens k Cliquen, um die Knotenmenge von $\tilde{G}$ zu überdecken. Aus der Angabe eines Cliquecovers der Größe k folgt sofort die Behauptung.

Sei C eine Clique in G der Mächtigkeit k (die laut Voraussetzung ja existiert). Definiere weiter für alle $i \in \{0, 1, \dots, k-1\}$

$$C_i := \{(j, q); (j, (q + i) \bmod k) \in C\}.$$

Die Mengen C_i sind paarweise disjunkt, überdecken die Knotenmenge von $\tilde{G}$ und alle C_i bilden Cliquen. Wir haben also ein Cliquecover der Größe k gefunden, woraus die Behauptung folgt. $\square$

Die zweite Eigenschaft ist, wie üblich, schwieriger nachzuweisen. Zunächst gilt das folgende Lemma.

Lemma 20.42. *Sei G ein $r \times k$-Graph mit $\omega(G) = \omega(\tilde{G})$. Dann gilt für alle $\rho > 0$*

$$\|\text{MAX } r\text{-CLIQUE}(G)\| < 1/\rho \Longrightarrow \bar{\chi}(\tilde{G}) > k \cdot \rho.$$

Beweis. Da der Graph $\tilde{G}$ genau $r \cdot k$ Knoten hat und $\omega(\tilde{G})$ die Größe einer maximalen Clique in $\tilde{G}$ ist, benötigt ein Cliquecover mindestens $rk/\omega(\tilde{G})$ Cliquen für eine Überdeckung. Da nach Voraussetzung $\omega(\tilde{G}) = \omega(G) < r/\rho$ gilt, folgt $\bar{\chi}(\tilde{G}) > k \cdot \rho$. $\square$

Leider erfüllt nicht jeder $r \times k$-Graph die Voraussetzung des obigen Lemmas. Ziel ist es also jetzt, aus einem $r \times k$-Graphen G in polynomieller Zeit einen $r \times k'$-Graphen G' zu konstruieren, für den die Bedingung $\omega(G') = \omega(\tilde{G}')$ erfüllt ist. Weiter wird $\omega(G) = \omega(G')$ gelten, so dass wir mit den obigen beiden Lemmata GP-Reduktionen erhalten, für die

$$\|\text{MAX } r\text{-CLIQUE}(G)\| = 1 \Longrightarrow \|\text{MAX } r\text{-CLIQUE}(G')\| = 1 \Longrightarrow \bar{\chi}(\tilde{G}') = k,$$

$$\|\text{MAX } r\text{-CLIQUE}(G)\| < \frac{1}{\rho} \Longrightarrow \|\text{MAX } r\text{-CLIQUE}(G')\| < \frac{1}{\rho} \Longrightarrow \bar{\chi}(\tilde{G}') > k' \cdot \rho$$

gilt. Wie sich zeigen wird, ist $k' \le 3 \cdot (rk)^5$, so dass mit $\rho = (rk)^8$ folgt $\rho > (rk')^{8/7}$, womit dann die Hauptaussage dieses Abschnittes gezeigt ist.

Wichtig für die nun folgende Konstruktion ist:

Definition 20.43. Sei G ein $r \times k$-Graph und $l \le r \cdot k$. G heißt l-unique-shiftable, wenn es für jede Clique C von $\bar{G}$ der Größe l genau ein $i \in \{0, 1, \ldots, k-1\}$ so gibt, dass C eine Clique in G_i ist, und für alle weiteren $j \ne i$ ist C eine unabhängige Menge in G_j.

Für unsere weiteren Betrachtungen sind nur $(2, 3)$-unique-shiftable Graphen von Interesse, d. h. Graphen, die sowohl 2- als auch 3-unique-shiftable sind.

Lemma 20.44. *Sei G ein $(2, 3)$-unique-shiftable $r \times k$-Graph. Dann gilt $\omega(G) = \omega(\tilde{G})$.*

Beweis. Offensichtlich gilt $\omega(G) \le \omega(\tilde{G})$, da $E(G) \subseteq E(\tilde{G})$. Sei nun umgekehrt C eine Clique in $\bar{G}$. Da G insbesondere 2-unique-shiftable ist, gibt es für alle $v, w \in C$ ein $i \in \{0, 1, \ldots, k-1\}$ so, dass $\{v, w\}$ eine Kante in G_i, aber keine Kante in G_j für alle $j \ne i$ ist. Dank der Eigenschaft, dass G zusätzlich 3-unique-shiftable ist, wird, wie wir gleich zeigen werden, folgen, dass dieses i für alle Paare $v, w \in C$ gleich ist. Somit ist C also auch eine Clique in G_i, und es gibt dann, da G isomorph zu G_i ist, eine Clique in G der Größe $|C|$, womit das Lemma bewiesen ist.

Es bleibt also zu zeigen, dass der Shift i eindeutig für alle $v, w \in C$ ist. Zunächst gibt es für alle $u, v, w \in C$ genau ein i so, dass $\{u, v, w\}$ eine Clique in G_i bildet (G ist 3-unique-shiftable). Also sind sowohl $\{u, v\}, \{u, w\}$ als auch $\{v, w\}$ Kanten in G_i (und nur in G_i). Für vier beliebige Knoten $v, w, v', w' \in C$ gilt dies dann natürlich auch für die Kanten $\{v, w\}$ und $\{v', w'\}$. $\qquad\square$

Wie kann man nun aus einem $r \times k$-Graphen in polynomieller Zeit einen $(2, 3)$-unique-shiftable Graphen konstruieren? Entscheidend dafür ist die Funktion, die im folgenden Lemma erzeugt wird.

Lemma 20.45. *Für jede natürliche Zahl n kann in Zeit $\operatorname{poly}(n)$ eine injektive Abbildung*

$$T : \{0, 1, \ldots, n-1\} \longrightarrow \{0, 1, \ldots, 3 \cdot n^5\}$$

so konstruiert werden, dass für je zwei Tripel $(v_1, v_2, v_3), (u_1, u_2, u_3)$ mit

$$(v_{\pi(1)}, v_{\pi(2)}, v_{\pi(3)}) \ne (u_1, u_2, u_3)$$

für alle Permutationen $\pi : \{1, 2, 3\} \longrightarrow \{1, 2, 3\}$ gilt

$$T(v_1) + T(v_2) + T(v_3) \ne T(u_1) + T(u_2) + T(u_3) \bmod 3n^5. \tag{20.4}$$

Beweis. Wir betrachten den folgenden Algorithmus und analysieren seine Eigenschaften im Anschluss.

Algorithmus ABB_T(n)

1   $T(0) := 0$
2   $m := 3 \cdot n^5$
3   $M := \{0, 1, \ldots, m\}$
4   $C_1^0 := \{0\}$, $C_2^0 := \{0\}$, $C_3^0 := \{0\}$
5   for $i = 1$ to $n - 1$ do
6   Wähle ein Element $a \in M \setminus (C_1^i \cup C_2^i \cup C_3^i)$.
7       $T(i) = a$
8       $C_1^i = \{T(u_1) + T(u_2) + T(u_3) - T(v_1) - T(v_2) \bmod 3n^5;$
        $u_1, u_2, u_3, v_1, v_2 \leq i\}$
9       $C_2^i = \{\frac{1}{2}(T(u_1) + T(u_2) + T(u_3) - T(v_2) \bmod 3n^5);$
        $u_1, u_2, u_3, v_2 \leq i\}$
10      $C_3^i = \{\frac{1}{3}(T(u_1) + T(u_2) + T(u_3) \bmod 3n^5); u_1, u_2, u_3 \leq i\}$
11 od

Der Algorithmus läuft offensichtlich in polynomieller Zeit.

Angenommen, wir haben die i-te Schleife im obigen Algorithmus bereits durchlaufen und suchen nun $T(x)$ für $x = i + 1$. Der Wert $T(x)$ muss, damit (20.4) gilt, für alle $v_1, v_2, u_1, u_2, u_3 \in \{0, 1, \ldots, i\}$ die folgenden Ungleichungen erfüllen:

$$T(x) + T(v_1) + T(v_2) \neq T(u_1) + T(u_2) + T(u_3) \bmod 3n^5, \quad (20.5)$$

$$T(x) + T(v_1) + T(v_2) \neq T(x) + T(u_2) + T(u_3) \bmod 3n^5, \quad (20.6)$$

$$T(x) + T(v_1) + T(v_2) \neq T(x) + T(x) + T(u_3) \bmod 3n^5, \quad (20.7)$$

$$T(x) + T(v_1) + T(v_2) \neq T(x) + T(x) + T(x) \bmod 3n^5, \quad (20.8)$$

$$T(x) + T(x) + T(v_2) \neq T(u_1) + T(u_2) + T(u_3) \bmod 3n^5, \quad (20.9)$$

$$T(x) + T(x) + T(v_2) \neq T(x) + T(u_2) + T(u_3) \bmod 3n^5, \quad (20.10)$$

$$T(x) + T(x) + T(v_2) \neq T(x) + T(x) + T(u_3) \bmod 3n^5, \quad (20.11)$$

$$T(x) + T(x) + T(v_2) \neq T(x) + T(x) + T(x) \bmod 3n^5, \quad (20.12)$$

$$T(x) + T(x) + T(x) \neq T(u_1) + T(u_2) + T(u_3) \bmod 3n^5, \quad (20.13)$$

$$T(x) + T(x) + T(x) \neq T(x) + T(u_2) + T(u_3) \bmod 3n^5, \quad (20.14)$$

$$T(x) + T(x) + T(x) \neq T(x) + T(x) + T(u_3) \bmod 3n^5. \quad (20.15)$$

Offensichtlich sind dabei einige Ungleichungen redundant. So müssen die Ungleichungen (20.6) und (20.11) sowieso, also unabhängig von der Wahl $T(x)$ gelten, Ungleichung (20.7) beispielsweise folgt aus (20.5) usw., so dass zum Schluss nur noch die Ungleichungen

$$T(x) + T(v_1) + T(v_2) \;\neq\; T(u_1) + T(u_2) + T(u_3) \bmod 3n^5,$$

$$T(x) + T(x) + T(v_2) \;\neq\; T(u_1) + T(u_2) + T(u_3) \bmod 3n^5,$$

$$T(x) + T(x) + T(x) \;\neq\; T(u_1) + T(u_2) + T(u_3) \bmod 3n^5$$

übrig bleiben.

Es bleibt also nur noch einzusehen, dass die Menge $M \setminus (C_1^i \cup C_2^i \cup C_3^i)$, aus denen im Algorithmus der Wert $T(x)$ gewählt wird, nicht leer ist. Es gilt nun $|C_1^i| = i^5$, $|C_2^i| = i^4$ und $|C_3^i| = i^3$, so dass wegen $|M| = 3n^5$ und $i \leq n - 1$ die Behauptung folgt. $\qquad\qquad\square$

Damit lässt sich dann die letzte Lücke zum Beweis unseres Hauptsatzes schließen.

Lemma 20.46. *Aus jedem $r \times k$-Graphen $G = (R \times K, E)$ kann man in polynomieller Zeit einen $r \times k'$-Graphen G' konstruieren, der $(2, 3)$-unique-shiftable ist und für den weiter $\omega(G) = \omega(G')$ gilt, wobei $k' = 3 \cdot (rk)^5$.*

Beweis. Die Konstruktion nutzt im Wesentlichen die dank Lemma 20.45 in polynomieller Zeit erzeugbare injektive Abbildung T. Sei also $n = rk$, $k' = 3 \cdot (rk)^5$ und setze $W := \{0, 1, \ldots, k' - 1\}$. Wir identifizieren $\{0, 1, \ldots, n - 1\}$ mit $R \times K$. Der Graph G' ist dann wie folgt definiert:

$$V(G') \;:=\; R \times W,$$

$$E(G') \;:=\; \left\{ \{(j_1, w_1), (j_2, w_2)\}; \; \begin{array}{l} \exists q_1, q_2 \in K : \{(j_1, q_1), (j_2, q_2)\} \in E \\ \wedge\, T(j_1, q_1) = w_1, T(j_2, q_2) = w_2 \end{array} \right\}.$$

Da T injektiv ist, folgt sofort $\omega(G) = \omega(G')$, da jede Clique in G zu jeder Clique in G' korrespondiert und umgekehrt.

Wir müssen also nur noch zeigen, dass G' $(2, 3)$-unique-shiftable ist. Um die 2-unique-shiftable-Eigenschaft nachzuweisen, müssen wir einsehen, dass für jede Kante e in $\tilde{G}'$ genau ein $i \leq k' - 1$ so existiert, dass e auch eine Kante in G_i' ist.

Angenommen, dies ist nicht der Fall. Dann gibt es zwei Kanten e_1, e_2 in $\tilde{G}'$ und zwei verschiedene Shifts $i_1, i_2 \leq k' - 1$ so, dass e_1 eine Kante in G_{i_1}' und e_2 eine Kante in G_{i_2}' ist. Mit $e_1 = \{(j_1, q_1), (j_2, q_2)\}$ und $e_2 = \{(j_1', q_1'), (j_2', q_2')\}$ gilt dann also

$$(T(j_1, q_1) + i_1) \;=\; (T(j_1, q_1') + i_2) \bmod k' \quad \text{und}$$

$$(T(j_2, q_2) + i_1) \;=\; (T(j_2, q_2') + i_2) \bmod k',$$

und es folgt $T(j_1, q_1) - T(j_2, q_2) = T(j_1, q_1') - T(j_2, q_2') \bmod k'$. Weiter ist dann $T(j_1, q_1) + T(j_2, q_2') = T(j_1, q_1') + T(j_2, q_2) \bmod k'$. Addiert man nun noch auf beiden Seiten $T(j_2, q_2')$, so erhalten wir

$$T(j_1, q_1) + T(j_2, q_2') + T(j_2, q_2') = T(j_1, q_1') + T(j_2, q_2) + T(j_2, q_2') \bmod k'$$

und können die Eigenschaft der Funktion T ausnutzen. Nach Lemma 20.45 gilt nun $(j_1, q_1) = (j_1, q_1')$ und $(j_2, q_2') = (j_2, q_2)$, also sind die Kanten e_1 und e_2 gleich, ein Widerspruch zur Annahme. Der Graph G' ist also 2-unique-shiftable.

Mit ganz analogen Ideen weist man auch nach, dass G' 3-unique-shiftable ist. Wir werden dies in Übungsaufgabe 20.55 beweisen.   □

Insgesamt erhalten wir damit den Hauptsatz dieses Abschnittes

Satz 20.47 (Khanna, Linial und Safra [131]). *Es existiert ein $\delta > 0$ so, dass es keinen polynomiellen Approximationsalgorithmus für das Problem* MIN CLIQUE COVER *(und somit auch für* MIN NODE COLORING*) mit Güte besser als n^δ gibt, wobei n die Anzahl der Knoten ist.*

Beweis. Dies folgt sofort aus der oben konstruierten Reduktion von MAX r-CLIQUE auf MIN CLIQUE COVER zusammen mit dem Nichtapproximierbarkeitsresultat aus Satz 20.39.   □

Feige und Kilian konnten in [60] sogar zeigen, dass für alle $\delta > 0$ das Problem MIN NODE COLORING nicht effizient mit Güte $n^{1-\delta}$ approximiert werden kann, allerdings unter der härteren Annahme NP $\not\subseteq$ ZPP, wobei ZPP die Klasse aller Sprachen bezeichnet, für die es einen randomisierten Algorithmus gibt, der keinen Fehler macht und dessen erwartete Laufzeit polynomiell ist.

Da es auf der anderen Seite sehr einfach ist, eine Färbung für einem Graphen auf n Knoten mit n Farben anzugeben (jeder Knoten bekommt einfach seine eigene Farbe), ist das Problem MIN NODE COLORING also so schlecht wie nur möglich zu approximieren.

20.7   Das PCP-Theorem und Expandergraphen

Schaut man sich die in diesem Kapitel kennen gelernten Nichtapproximierbarkeitsresultate an, so fällt auf, dass alle aus zwei, leider hier nicht bewiesenen Aussagen folgen. Da ist zum einen Raz' Repetitiontheorem, mit dessen Hilfe wir von dem Problem MAX LABEL COVER (und damit auch für MIN SET COVER) eine nichtkonstante Nichtapproximierbarkeitsschranke erhalten haben. Zum anderen gab uns die polynomielle Konstruktion geeigneter Booster die Grundlage dafür, die nichtkonstanten Nichtapproximierbarkeitsschranken für MAX CLIQUE, MAX SATISFY, MAX r-CLIQUE und MIN NODE COLORING nachzuweisen.

Wir wollen in dem nun folgenden letzten Abschnitt dieses Kapitels kurz darauf eingehen, wie man mittels des PCP-Theorems, welches ja, wie wir gesehen haben, zunächst nur konstante Nichtapproximierbarkeitsschranken garantieren kann, auch auf nichtkonstante Schranken kommt. Wie der Titel dieses Abschnittes schon andeutet, werden Expandergraphen dabei eine wichtige Rolle spielen, vergleiche auch Prömel und Steger [170].

Dazu schauen wir uns das Problem MAX CLIQUE noch einmal genauer an. Erinnern wir uns an die Konstruktion der GP-Reduktion von MAX3SAT auf MAX CLIQUE aus Beispiel 18.8. Dort haben wir für eine Formel α zu jeder Klausel von α eine unabhängige Menge der Größe 3 konstruiert, wobei die Knoten in der unabhängigen Menge den Literalen der Klausel entsprachen. Zwei Knoten aus unterschiedlichen unabhängigen Mengen waren genau dann durch eine Kante verbunden, wenn sich die entsprechenden Literale nicht widersprachen, d. h., wenn das eine Literal nicht die Negation des anderen war. Weiter haben wir gesehen, dass wir aus einer Belegung μ der Variablen von α eine Clique konstruieren können, deren Größe der Anzahl der erfüllten Klauseln entsprach.

Wir wollen jetzt direkt aus einem PCP($\log n$, 1)-Verifizierer $\mathfrak{V}$ für SAT einen Graphen konstruieren. $\mathfrak{V}$ liest also zu jedem Zufallsstring r aus

$$\{0,1\}^{\mathcal{O}(\log n)} = \{0,1\}^{c\log n}$$

(für eine geeignete Konstante c) genau q Bits des Beweises $\tau = (\tau_1, \tau_2, \dots)$, sagen wir $(\tau_{i_1(r)}, \dots, \tau_{i_q(r)})$. Der Graph G_α, der dann aus einer SAT-Formel α konstruiert wird, hat die folgende Gestalt: Zunächst konstruieren wir zu jedem Zufallsstring r eine unabhängige Menge V_r (und erhalten so $2^{c\log n} = n^c$ unabhängige Mengen). Genauer fügen wir für jede Belegung der Variablen $(\tau_{i_1(r)}, \dots, \tau_{i_q(r)})$, für die $\mathfrak{V}$ bezüglich r akzeptiert, einen Knoten in V_r ein. Zwei Knoten aus verschiedenen unabhängigen Mengen V_r und $V_{r'}$ werden dann mit einer Kante verbunden, wenn die in den Knoten vorkommenden Variablen alle die gleiche Belegung haben, sich die Belegungen also nicht widersprechen. Wir erhalten auf diese Weise einen Graphen der Größe höchstens $n^c \cdot 2^q$.

Jede Clique in dem so konstruierten Graphen entspricht also einem Beweis. Mehr noch, die Größe einer Clique ist dann gleich der Anzahl der Zufallsfolgen, für die der Verifizierer $\mathfrak{V}$ den Beweis akzeptiert.

Da es für eine erfüllbare Formel immer einen Beweis gibt, für den $\mathfrak{V}$ auch immer akzeptiert, umgekehrt aber $\mathfrak{V}$ für eine nichterfüllbare Formel mit Wahrscheinlichkeit höchstens $1/2$ (d. h. nur für die Hälfte der Zufallsstrings) akzeptiert (und zwar für alle präsentierten Beweise), erhalten wir damit:

$$\alpha \text{ ist erfüllbar} \implies \omega(G_\alpha) = n^c,$$
$$\alpha \text{ ist nicht erfüllbar} \implies \omega(G_\alpha) \leq \frac{1}{2}n^c.$$

Die Lücke beträgt also 2.

Es ist nun sehr einfach, dieses Resultat zu verbessern. Wir haben ja bereits gesehen, dass die Zahl $1/2$ für die Akzeptanz des Verifizierers völlig willkürlich gewählt war, wichtig ist nur, dass diese Zahl eine Konstante ist. Wählen wir nun zum Beispiel 2^{-40}

für diese Grenze, so erhalten wir:

$$\alpha \text{ ist erfüllbar} \implies \omega(G_\alpha) = n^c,$$

$$\alpha \text{ ist nicht erfüllbar} \implies \omega(G_\alpha) \leq \frac{1}{2^{40}} n^c,$$

die Lücke beträgt damit 2^{40}. Insgesamt ist also das Problem MAX CLIQUE für keine Konstante approximierbar.

Dies lässt sich auch auf etwas andere Weise einsehen. Statt die Akzeptanzwahrscheinlichkeit zu verringern, könnten wir den Verifizierer einfach häufiger aufrufen, sagen wir 40-mal. Wir bräuchten dann Zufallsfolgen der Länge $40 \cdot c \log n = \mathcal{O}(\log n)$, würden also einen Graphen konstruieren, der aus $n^{40 \cdot c}$ unabhängigen Mengen besteht (und jede dieser Menge wiederum aus höchstens 2^q Knoten), wobei wieder zwei Knoten genau dann durch eine Kante verbunden sind, wenn sich die entsprechenden Belegungen der Variablen in dem Beweisabschnitt nicht widersprechen. Man mache sich klar, dass diese Konstruktion genau dem Vorgehen von Abschnitt 18.8 entspricht, für jeden der 40 Aufrufe wird ein eigenständiger Graph konstruiert (alle diese Graphen sind natürlich isomorph) und am Schluss wird dann daraus der Produktgraph gebildet.

Wir erhalten damit wie oben:

$$\alpha \text{ ist erfüllbar} \implies \omega(G_\alpha) = n^{40 \cdot c},$$

$$\alpha \text{ ist nicht erfüllbar} \implies \omega(G_\alpha) \leq (\frac{1}{2} n^c)^{40} = \frac{1}{2^{40}} n^{40 \cdot c}.$$

Allerdings stehen wir jetzt vor demselben Problem wie schon am Anfang von Abschnitt 20.4. Um eine nichtkonstante Lücke, zum Beispiel n^δ, zu erhalten, müssten wir den Verifizierer $\mathfrak{V}$ $(\delta \cdot c \log n)$-mal aufrufen. Dazu benötigen wir dann aber Zufallsstrings der Länge mindestens $\delta \cdot (c \log n)^2$ (für jeden Aufruf $c \log n$ Bits), was dazu führt, dass der oben definierte Graph aus mindestens $2^{\delta \cdot (c \log n)^2}$ unabhängigen Mengen besteht, also nicht mehr in polynomieller Zeit konstruiert werden kann.

Der Trick besteht nun darin, die Zufallsfolgen zu recyceln. d. h., wir konstruieren, ausgehend von $c \log n$ Zufallsbits, $\mathcal{O}(\log n)$ Zufallsfolgen, die jeweils eine Länge von $c \log n$ Bits haben und sich in etwa wie richtige Zufallsfolgen verhalten. Realisieren lässt sich dies über sogenannte Irrfahrten in einem speziellen Graphen G (siehe Lemma 20.48, wir werden Expandergraphen nutzen). Dabei ist eine Irrfahrt in G eine Folge von Knoten $v_1, v_2, \ldots$ so, dass ausgehend von einem zufälligen Startknoten v_1 der Knoten v_i jeweils zufällig aus der Nachbarschaft von v_{i-1} gewählt wird. Um nun unser Ziel zu erreichen, benötigen wir einen Graphen auf n^c Knoten. Wir bezeichnen im Folgenden mit d den Maximalgrad dieses Graphen.

Die Zufallsfolgen der gewünschten Länge erhalten wir, indem wir jedem Knoten aus G eine Zufallsfolge der Länge $c \log n$ zuweisen (dies sind ja genau n^c Stück, so dass je zwei Knoten unterschiedliche Folgen zugeordnet werden können). Die Berechnung eines zufälligen Startknotens für die Irrfahrt benötigt Zufallsfolgen der Länge

$\log n^c = c \log n$. Wollen wir eine Irrfahrt der Länge $k \log n$ für eine Konstante k erzeugen, so müssen wir für die zufällige Wahl eines Knotens v_i aus der Nachbarschaft von v_{i-1} höchstens $\log d$ Zufallsbits zur Hilfe nehmen. Wir erhalten auf diese Weise eine pseudozufällige Bitfolge der Länge $kc(\log n)^2$, und zwar unter Zuhilfenahme von $c \log n + \log d \cdot \log n = \mathcal{O}(\log n)$ Zufallsbits.

Wir müssen nun daraus noch zu jeder Formel α eine Instanz G_α von MAX CLIQUE erzeugen. Die Konstruktion verläuft aber ähnlich wie oben: Zu jeder echten Zufallsfolge der Länge $r \in \{0, 1\}^{c \log n}$ konstruieren wir wieder eine unabhängige Menge V_r. Dann erzeugen wir für r, wie oben beschrieben, $k \log n$ Folgen der Länge $c \log n$. Wir bezeichnen die so erhaltenen Folgen mit $r^1, \ldots, r^{k \log n}$. Damit können wir $\mathfrak{V}$ nun $(k \log n)$-mal aufrufen. Insgesamt liest der Verifizierer also für jedes r genau $q \cdot k \log n$ Bits des Beweises. Für jede Belegung der Variablen dieses Teilbeweises, für den $\mathfrak{V}$ bezüglich r akzeptiert, fügen wir nun einen Knoten in V_r ein. Wieder sind zwei Knoten aus verschiedenen unabhängigen Mengen miteinander verbunden, wenn sich die entsprechenden Belegungen nicht widersprechen.

Insgesamt hat der so konstruierte Graph dann eine Knotenzahl von

$$n^c \cdot 2^{q \cdot k \log n} = n^c \cdot n^{q \cdot k} = n^{c + qk}.$$

Diese Transformation ist also polynomiell, wenn wir zeigen können, dass wir die Pseudozufallsfolgen in polynomieller Zeit konstruieren können, mit anderen Worten, wenn wir für alle $n \in \mathbb{N}$ in polynomieller Zeit einen Expandergraphen G auf n Knoten so erzeugen können, dass die konstruierten pseudozufälligen Folgen auch tatsächlich unser gewünschtes Nichtapproximierbarkeitsresultat zeigen.

Zunächst einmal ist aber wichtig zu verstehen, was diese Pseudozufallsfolgen überhaupt erfüllen müssen.

Wie oben sieht man nun sofort, dass eine Clique in G_α einem Beweis entspricht. Weiter ist die Größe der Clique gleich der Anzahl der Zufallsfolgen r, für die $\mathfrak{V}$ den Beweis in jedem Aufruf akzeptiert, genauer, wenn $\mathfrak{V}$ in jedem Aufruf i bezüglich der Folge r^i akzeptiert. Damit haben wir zumindest

$$\alpha \text{ ist erfüllbar} \quad \Longrightarrow \quad \omega(G_\alpha) = n^c.$$

Die zweite Eigenschaft folgt leider nicht unmittelbar. Wären die r^is nun unabhängig, wären wir fertig, die Größe der Clique ließe sich dann als Produkt der Anzahl der Folgen, die den Beweis in jedem einzelnen Aufruf akzeptieren, schreiben. Leider wurden aber alle r^is aus r nur unter Zuhilfenahme von jeweils $\log d$ zusätzlichen Zufallsbits konstruiert, so dass diese offensichtlich nicht unabhängig sind.

An dieser Stelle kommen nun Expandergraphen ins Spiel. Wir wissen ja bereits, dass sich diese in polynomieller Zeit konstruieren lassen. Weiter gilt aber:

Lemma 20.48. *Sei $G = (V, E)$ ein $(n^c, d, 1)$-Expandergraphen. Dann gibt es für jede Menge $W \subseteq V$ mit $|W| \leq n^d / 2$ eine Konstante k so, dass eine Irrfahrt der Länge $k \log n$ mit Wahrscheinlichkeit höchstens $1/n$ ganz in W liegt.*

Beweis. Nach der Definition von Expandergraphen und Satz 20.6 gibt es einen Expandergraphen so, dass

$$|N(W)| \geq |W|$$

für alle $W \subseteq V$ mit $|W| \leq |V|/2$, wobei wir mit

$$N(W) := \{e \in E; e = \{x, y\}, x \in W, y \notin W\}$$

die Nachbarschaft von W bezeichnen.

Ist nun $v_1, v_2, \ldots$ eine Irrfahrt mit Startknoten $v_1 \in W$ (alle anderen brauchen wir nicht zu betrachten, da diese dann sowieso schon außerhalb von W starten und somit nicht ganz in W liegen können), so wählen wir den Knoten v_i zufällig aus der Nachbarschaft von v_{i-1}. Wir können damit auch anstelle der zu zeigenden Wahrscheinlichkeit ausrechnen, wie wahrscheinlich es ist, dass eine Kante, die mindestens einen Endknoten in W hat, ganz in W liegt.

Sei nun E_W die Menge der Kanten, die mindestens einen Endknoten in W haben. Da G einen Maximalgrad von d hat, gilt $|E_W| \leq d \cdot |W|$. Weiter wissen wir, dass $|N(W)| \geq |W|$ dieser Kanten einen Endknoten in $V \setminus W$ haben. Es gilt nun

$$\frac{|N(W)|}{|E_W|} \geq \frac{|W|}{d \cdot |W|} = \frac{1}{d}.$$

Also ist die Wahrscheinlichkeit dafür, dass eine zufällige Kante mit mindestens einem Endknoten in W schon ganz in W enthalten ist, höchstens

$$1 - \frac{1}{d} \leq 1.$$

Es gibt somit ein $k > 1$ so, dass

$$\left(1 - \frac{1}{d}\right)^k < \frac{1}{2}.$$

Damit ist die Wahrscheinlichkeit dafür, dass von $k \log n$ Kanten, die jeweils mindestens einen Endknoten in W haben und unabhängig voneinander gewählt wurden, alle ganz in W liegen, höchstens

$$\left(1 - \frac{1}{d}\right)^{k \log n} < \left(\frac{1}{2}\right)^{\log n} = \frac{1}{n}. \qquad \square$$

Wie können wir nun mit Hilfe des obigen Lemmas die Anzahl der Zufallsfolgen abschätzen, die einen falschen Beweis akzeptieren. Das ist ganz einfach, wir setzen im obigen Lemma W einfach als die Menge der Knoten, denen diejenigen Zufallsfolgen zugewiesen wurden, für die $\mathfrak{V}$ den falschen Beweis akzeptiert. Nach der Eigenschaft des Verifizierers sind dies höchstens die Hälfte aller Knoten, also gilt $|W| \leq n^c/2$.

Die Länge einer Clique, die den falschen Beweis kodiert, ist nun die Anzahl aller Zufallsfolgen, für die $\mathfrak{V}$ in jedem Aufruf akzeptiert, d. h., wir benötigen die Wahrscheinlichkeit dafür, dass die konstruierte Irrfahrt ganz in W verläuft. Diese ist aber nach Lemma 20.48 gerade höchstens $1/n$, d. h., die Größe solch einer Clique ist höchstens n^{c-1}. Da nun zu einer nichterfüllbaren Klausel jeder präsentierte Beweis falsch ist, erhalten wir

$$\alpha \text{ ist nicht erfüllbar} \implies \omega(G_\alpha) \le n^{c-1},$$

die Lücke ist also n. Setzen wir nun $m := n^{c+qk}$ (dies ist die Anzahl der Knoten im konstruierten Graphen G_α), so erhalten wir eine Lücke von $m^{1/(c+qk)}$, mit $\delta = \frac{1}{c+qk}$ also unser gewünschtes Resultat.

20.8 Übungsaufgaben

Übung 20.49. Konstruieren Sie eine GP-Reduktion von MAX LABEL COVER auf MAX CLIQUE.

Übung 20.50. Wir konstruieren ein (m, l)-Mengensystem mit $2l < \log m$ wie folgt: Sei $X = \{0, 1\}^m$, wähle bezüglich der Gleichverteilung eine Teilmenge von X der Mächtigkeit $2^{2l} \cdot m^2$ und setze $C_i := \{x \in B; x_i = 1\}$. Zeigen Sie, dass dann die Wahrscheinlichkeit dafür, dass $\mathcal{B} := (B, \{C_1, \ldots, C_m\})$ ein (m, l)-Mengensystem ist, mindestens $1 - o(1)$ ist.

Übung 20.51. Seien $\alpha \in (0, 1)$ und $c \ge 1$ Konstanten. Sei weiter $n \in \mathbb{N}$ und $k := c \log n$. Wir wählen bezüglich der Gleichverteilung $\mathcal{O}(n/\alpha^k)$ Teilmengen von $\{1, \ldots, n\}$ der Mächtigkeit k. Zeigen Sie, dass diese Teilmengen dann mit Wahrscheinlichkeit mindestens $1 - o(1)$ einen (n, k, α)-Booster bilden.

Übung 20.52. Zeigen Sie, dass die im Beweis von Satz 16.11 benutzte Transformation von MAX3SAT auf MAX$\le$2SAT schon eine GP-Reduktion ist, und beweisen Sie damit Lemma 20.31.

Übung 20.53. Beweisen Sie Satz 20.34 im Detail.

Übung 20.54. Beweisen Sie, dass es ein $\varepsilon > 0$ so gibt, dass das Problem FRACTIONAL CHROMATIC NUMBER nicht besser als n^ε approximiert werden kann, wobei n die Anzahl der Knoten ist.

Übung 20.55. Vervollständigen Sie den Beweis von Lemma 20.46.

Übung 20.56. Zeigen Sie unter Ausnutzung der Ergebnisse aus Abschnitt 20.7

$$\mathrm{PCP}_{\frac{1}{2}}(\log n, 1) \subseteq \mathrm{PCP}_{\frac{1}{n}}(\log n, \log n).$$

Teil III

Anhang

Anhang A

Turingmaschinen

Wir wollen in diesem Kapitel einen kurzen Überblick über die in dem vorliegenden Buch benutzten Maschinenmodelle geben. Dabei definieren wir im ersten Abschnitt deterministische und nichtdeterministische Turingmaschinen. Diese Maschinenmodelle sind eng verknüpft mit den Komplexitätsklassen P (deterministische Turingmaschinen) und NP (nichtdeterministische Turingmaschinen). Es gibt von beiden Arten die verschiedensten Verallgemeinerungen, von denen wir hier die sogenannten Mehrband- und Mehrspurturingmaschinen genauer untersuchen wollen. Es wird sich zeigen, dass diese Verallgemeinerungen die Mächtigkeit des Begriffs Turingmaschine nicht erhöhen, d. h., jede Mehrband- bzw. Mehrspurturingmaschine lässt sich von einer normalen Turingmaschine simulieren.

Eine weitere in diesem Buch behandelte wichtige Klasse von Algorithmen sind sogenannte randomisierte Algorithmen. Diese können ebenfalls, mit probabilistischen Turingmaschinen, beschrieben werden. Wir werden deshalb im zweiten Abschnitt dieses Kapitels auch diese Klasse von Turingmaschinen einführen und unter anderem zeigen, dass sich jede nichtdeterministische Turingmaschine durch eine probabilistische simulieren lässt.

A.1 Turingmaschinen

Turingmaschinen wurden von Alan M. Turing in [189] eingeführt. Wir zitieren zur Motivation zunächst aus der Originalarbeit.

> Computing is normally done by writing certain symbols on paper.
> ...
> I assume that the computation is carried out on one-dimensional paper, i.e., on a tape divided into squares. I shall also suppose that the number of symbols which may be printed is finite. ...
> The behaviour of the computer at any moment is determined by the symbols which he is observing, and his 'state of mind' at the moment. We may suppose that there is a bound B to the number of symbols or squares which the computer can observe at one moment. ...
> We will also suppose that the number of states of mind which need be taken into account is finite.

> Let us imagine the operations performed by the computer to be split up into 'simple operations' which are so elementary that it is not easy to imagine them further divided. ...
>
> (a) Changes of the symbol on one of the observed squares.
>
> (b) Changes of one of the squares observed to another square within L squares of one of the previously observed squares.
>
> It may be that some of these changes necessearily involve a change of state mind. The most general single operation must therefore be taken to be one of the following:
>
> (A) A possible change (a) of the symbol together with a possible of state of mind.
>
> (B) A possible change (b) of observed squares, together with a possible change of state of mind.

Eine 1-Band Turingmaschine besteht also aus einer sogenannten Zentraleinheit und einem Band. Auf diesem Band kann die Turingmaschine mittels eines Schreib-/Lesekopfes zugreifen. In der Zentraleinheit befindet sich ein endliches Programm, dass den Schreib-/Lesekopf in Abhängigkeit vom aktuellen Bandinhalt und dem inneren Zustand der Zentraleinheit steuert, siehe Abbildung A.1. Es gibt eine Vielzahl von Turingmaschinenmodellen, von denen wir das einfachste nun formal kennen lernen.

Definition A.1 (Deterministische Turingmaschine (DTM)). Eine (1-Band) *deterministische Turingmaschine* ist ein 6-Tupel $\mathfrak{M} = (Q, \Sigma, \Gamma, q_0, \delta, F)$ mit

- einer endlichen Zustandsmenge Q,

- einem Eingabealphabet Σ,

- einem Arbeitsalphabet $\Gamma \supseteq \Sigma$ mit dem Blanksymbol $\mathbf{b} \in \Gamma \backslash \Sigma$,

- einem Anfangszustand $q_0 \in Q$,

- einer (partiellen) Übergangsfunktion $\delta : (Q \backslash F) \times \Gamma \to \Gamma \times \{l, r\} \times Q$ und

- einer Menge von Endzuständen F.

Dabei stehen die Symbole l und r dafür, den Schreib-/Lesekopf nach links bzw. rechts zu bewegen. Weiter nennen wir das Feld aus dem Arbeitsband, auf dem der Schreib-/Lesekopf steht, Arbeitsfeld. Die Abbildungsvorschrift $\delta(q, a) = (a', l/r, q')$ besagt also: Im Zustand q mit a auf dem Arbeitsfeld drucke a' auf das Arbeitsfeld, bewege den Kopf ein Feld nach links/rechts und gehe in den Zustand q' über.

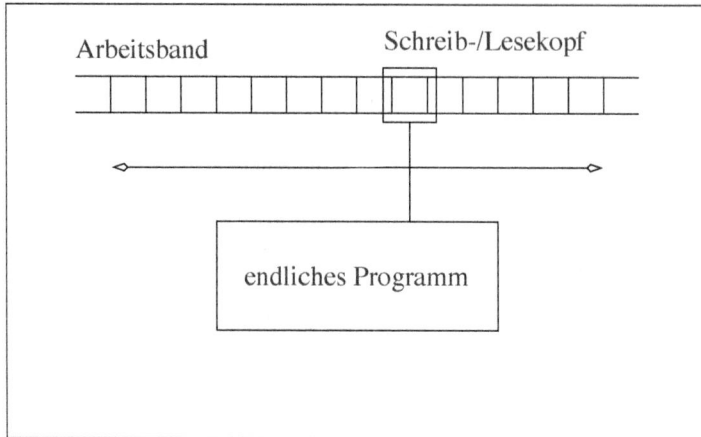

Abbildung A.1. Schematische Darstellung einer Turingmaschine.

Definition A.2 (Konfiguration). (i) Eine *DTM-Konfiguration* ist ein Wort aus $\Gamma^* Q \Gamma^*$, wobei uqv die Bandinschrift

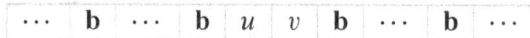

$$\cdots \quad \mathbf{b} \quad \cdots \quad \mathbf{b} \quad u \quad v \quad \mathbf{b} \quad \cdots \quad \mathbf{b} \quad \cdots$$

im Zustand q mit erstem Buchstaben von v auf dem Arbeitsfeld kodiert.

(ii) Für $u = u_0 b$ und $v = a v_0$ sei die Folgekonfiguration von uqv definiert durch

$$u_0 q' b a' v_0, \quad \text{falls} \quad \delta(q, a) = (a', l, q'),$$
$$u_0 b a' q' v_0, \quad \text{falls} \quad \delta(q, a) = (a', r, q')$$

(für $u = \varepsilon$ bzw. $v = \varepsilon$ gilt dies mit $u_0 = \varepsilon$ und $b = \mathbf{b}$ bzw. $v_0 = \varepsilon$ und $a = \mathbf{b}$).

(iii) Eine Konfiguration κ heißt *Stoppkonfiguration*, falls keine Folgekonfiguration von κ existiert.

Wir schreiben $\kappa \vdash_{\mathfrak{M}} \kappa'$, wenn κ' eine Folgekonfiguration von κ ist, und $\kappa \vdash_{\mathfrak{M}}^* \kappa'$, wenn $n \geq 0$ und $\kappa_0, \ldots, \kappa_n$ so existieren, dass $\kappa_0 = \kappa$, $\kappa_i \vdash_{\mathfrak{M}} \kappa_{i+1}$ für alle $1 \leq i \leq n-1$ und $\kappa_n = \kappa'$.

Beispiel A.3. Sei $\mathfrak{M} = (\{q_0, q_1, q_2\}, \{|\}, \{|, \mathbf{b}\}, q_0, \delta, \{q_2\})$ eine deterministische Turingmaschine, wobei δ wie folgt definiert ist:

$$\begin{aligned}
\delta(q_0, |) &= (|, r, q_0), \\
\delta(q_0, \mathbf{b}) &= (|, l, q_1), \\
\delta(q_1, |) &= (|, l, q_1), \\
\delta(q_1, \mathbf{b}) &= (\mathbf{b}, r, q_2).
\end{aligned}$$

Eine Konfigurationsfolge von $\mathfrak{M}$ ist zum Beispiel

$$\mathbf{b}q_0|||\mathbf{bb} \vdash^3 \mathbf{b}|||q_0\mathbf{bb} \vdash \mathbf{b}||q_1||\mathbf{b} \vdash^3 q_1\mathbf{b}||||\mathbf{b} \vdash \mathbf{b}q_2||||\mathbf{b},$$

allgemein also $q_0|^n \vdash^*_{\mathfrak{M}} q_2|^{n+1}$, d. h., $\mathfrak{M}$ bestimmt die Nachfolgerfunktion in unärer Darstellung.

Ein Wort $x \in \Sigma^*$ wird von einer deterministischen Turingmaschine $\mathfrak{M}$ *akzeptiert*, wenn die Turingmaschine bei Eingabe von x nach einer endlichen Anzahl von Konfigurationswechsel in einer Stoppkonfiguration uqv mit $q \in F$, also in einer Stoppkonfiguration mit Endzustand endet (solche Konfigurationen heißen auch *akzeptierende Stoppkonfigurationen*). Endet die Konfigurationsfolge in einer Stoppkonfiguration uqv mit $q \in \Gamma \setminus F$, dann wird w nicht von $\mathfrak{M}$ akzeptiert. Damit lässt sich die von $\mathfrak{M}$ erkannte Sprache wie folgt definieren.

Definition A.4 (Erkannte Sprache). Die von einer deterministischen Turingmaschine $\mathfrak{M}$ *erkannte Sprache* $L(\mathfrak{M})$ ist die Menge aller akzeptierten Wörter $w \in \Sigma^*$, d. h.

$$L(\mathfrak{M}) = \{w \in \Sigma^*; q_0w \vdash^*_{\mathfrak{M}} \alpha q\beta \text{ für ein } q \in F \text{ und } \alpha, \beta \in \Gamma^*\}.$$

(Beachte, dass $\alpha q\beta$ eine Stoppkonfiguration ist.)

Wir kommen nun zu dem für uns wichtigen Begriff der Zeit, die eine Turingmaschine benötigt, um eine Eingabe abzuarbeiten, d. h. die Anzahl der Konfigurationswechsel, bis die Maschine in einer (akzeptierten oder nichtakzeptierten) Stoppkonfiguration landet.

Definition A.5 (Laufzeit). (i) Sei $\mathfrak{M}$ eine deterministische Turingmaschine. Dann ist $T_{\mathfrak{M}}(w)$ die Anzahl der Konfigurationswechsel, die $\mathfrak{M}$ bei Eingabe von $w \in \Sigma^*$ durchläuft, und

$$T_{\mathfrak{M}} : \mathbb{N} \to \mathbb{N} \cup \{\infty\}; \quad n \mapsto \max\{T_{\mathfrak{M}}(w); w \in \Sigma^*, |w| \le n\}$$

die *Zeitkomplexität* von $\mathfrak{M}$.

(ii) Eine deterministische Turingmaschine $\mathfrak{M}$ heißt $p(n)$-*zeitbeschränkt*, wenn $\mathfrak{M}$ für jede Eingabe $w \in \Sigma^*$ mit $|w| = n$ höchstens $p(n)$ Schritte für die Berechnung benötigt.

(iii) Eine $p(n)$-zeitbeschränkte Turingmaschine heißt *polynomiell zeitbeschränkt*, wenn p nach oben durch ein Polynom beschränkt ist.

Damit lässt sich also die Klasse P, wie wir bereits wissen, wie folgt definieren. Eine Sprache $L \subseteq \Sigma^*$ ist in der Klasse P enthalten, wenn es eine polynomiell zeitbeschränkte deterministische Turingmaschine $\mathfrak{M}$ so gibt, dass $L(\mathfrak{M}) = L$.

Ein weiteres wichtiges Maschinenmodell ist das der nichtdeterministischen Turingmaschine, mit deren Hilfe wir die Klasse NP definieren können.

Definition A.6 (Nichtdeterministische Turingmaschine (NTM)). Eine 1-Band *nicht-deterministische Turingmaschine* ist von der Form $\mathfrak{M} = (Q, \Sigma, \Gamma, q_0, \Delta, F)$ mit

- einer endlichen Zustandsmenge Q,

- einem Eingabealphabet Σ,

- einem Arbeitsalphabet $\Gamma \supseteq \Sigma$ mit dem Blanksymbol $\mathbf{b} \in \Gamma \backslash \Sigma$,

- einem Anfangszustand $q_0 \in Q$,

- einer Übergangsrelation $\Delta \subseteq (Q \backslash F) \times \Gamma \times \Gamma \times \{l, r\} \times Q$ und

- einer Menge von Endzuständen F.

Bis auf die Definition der Übergangsfunktion δ ist also alles wie bei deterministischen Turingmaschinen definiert. Anstelle einer Übergangsfunktion δ beschreibt nun eine Relation Δ die Übergänge. Da bei deterministischen Turingmaschinen die Übergänge durch eine Funktion δ beschrieben werden, heißt dies insbesondere, dass zu jeder Konfiguration die Folgekonfiguration (so diese überhaupt existiert) eindeutig ist, also nur von dem inneren Zustand q und dem Buchstaben a auf dem Arbeitsfeld abhängt. Die Turingmaschine verarbeitet also jede Eingabe deterministisch. Im Gegensatz dazu werden die Übergänge bei nichtdeterministischen Turingmaschinen durch eine Relation Δ beschrieben. Zu einem inneren Zustand q und einem Buchstaben a auf dem Arbeitsfeld kann es also mehrere Werte $(a', t, q') \in \Gamma \times \{l, r\} \times Q$ so geben, dass $(q, a, a', t, q') \in \Delta$. Die Turingmaschine verarbeitet damit ihre Eingaben nichtdeterministisch.

Da die Konfigurationsfolgen einer nichtdeterministischen Turingmaschine zu einer Eingabe nicht eindeutig sind, kann für ein Wort $w \in \Sigma^*$ in einer nichtdeterministischen Turingmaschine sowohl eine Konfigurationsfolge existieren, die in einen Endzustand, also in eine akzeptierende Stoppkonfiguration läuft, als auch eine Konfigurationsfolge, die zwar in einer Stoppkonfiguration uqv endet, für die aber $q \notin F$ gilt.

Wir sagen daher, dass eine nichtdeterministische Turingmaschine ihre Eingabe akzeptiert, wenn eine Folge von Konfigurationen existiert, die in einen Endzustand läuft. Damit ist die von einer nichtdeterministischen Turingmaschine erkannte Sprache wie für deterministische Turingmaschinen definiert.

Definition A.7 (Erkannte Sprache). Sei $\mathfrak{M}$ eine nichtdeterministische Turingmaschine. Dann ist die von $\mathfrak{M}$ erkannte Sprache $L(\mathfrak{M})$ die Menge aller von $\mathfrak{M}$ akzeptierten Wörter.

Auch die Definition der Laufzeit einer nichtdeterministischen Turingmaschine ähnelt der für deterministische. Allerdings ist auch hier wieder das Problem, dass für eine feste Eingabe $w \in \Sigma^*$ die Konfigurationswechsel, je nach Auswahl der Übergänge, stark variieren können. Wir definieren daher:

Definition A.8 (Laufzeit). (i) Sei $\mathfrak{M}$ eine nichtdeterministische Turingmaschine. Dann ist $T_{\mathfrak{M}}(w)$ die maximale Anzahl der Konfigurationswechsel, die $\mathfrak{M}$ bei Eingabe von $w \in \Sigma^*$ durchläuft, und

$$T_{\mathfrak{M}} : \mathbb{N} \to \mathbb{N} \cup \{\infty\}; \quad n \mapsto \max\{T_{\mathfrak{M}}(w); w \in \Sigma^*, |w| = n\}$$

die *Zeitkomplexität* von $\mathfrak{M}$.

(ii) Eine nichtdeterministische Turingmaschine $\mathfrak{M}$ heißt $p(n)$-*zeitbeschränkt*, wenn $\mathfrak{M}$ für jede Eingabe $w \in \Sigma^*$ mit $|w| = n$ höchstens $p(n)$ Schritte für die Berechnung benötigt.

(iii) Eine $p(n)$-zeitbeschränkte nichtdeterministische Turingmaschine heißt *polynomiell zeitbeschränkt*, wenn p nach oben durch ein Polynom beschränkt ist.

Damit besteht dann die Klasse NP aus genau den Sprachen L, für die es eine polynomiell zeitbeschränkte nichtdeterministische Turingmaschine $\mathfrak{M}$ so gibt, dass $L(\mathfrak{M}) = L$. Und wieder ist unmittelbar klar, dass P $\subseteq$ NP, da ja jede deterministische Turingmaschine auch nichtdeterministisch ist (die Übergangsfunktion δ lässt sich ganz einfach auch als eine Übergangsrelation schreiben).

Wie bereits in der Einleitung beschrieben, gibt es darüber hinaus verschiedene Varianten von Turingmaschinen, zum Beispiel:

(i) Ein nach links begrenztes Band.

(ii) Mehrere Bänder, mehrere Schreib- und Leseköpfe, mehrdimensionale Bänder.

(iii) Der Kopf kann auch stehenbleiben, d. h., für die Übergangsfunktion gilt $\delta : Q \times \Gamma \longrightarrow \Gamma \times \{l, r, n\} \times Q$, wobei n für nicht bewegen steht.

Von den oben angegebenen Varianten wollen wir im Folgenden zwei genauer betrachten.

Definition A.9 (Mehrspurturingmaschine). (i) Eine k-*Spur nichtdeterministische Turingmaschine* (mit k Spuren und einem Schreib-/Lesekopf) hat die Form $\mathfrak{M} = (Q, \Sigma, \Gamma, q_0, \Delta, F)$ mit

$$\Delta \subseteq Q \times \Gamma^k \times \Gamma^k \times \{l, n, r\} \times Q.$$

Eine Transition $(q, (a_1, \ldots, a_n), (a'_1, \ldots, a'_k), d, q') \in \Delta$ bedeutet: Im Zustand q und a_i auf dem Arbeitsfeld von Spur i für alle $i = 1, \ldots, k$ drucke jeweils a'_i, bewege den Kopf nach d und gehe in den Zustand q' über.

(ii) Eine k-*Spur deterministische Turingmaschine* (mit k Spuren und einem Schreib-/Lesekopf) hat die Form $\mathfrak{M} = (Q, \Sigma, \Gamma, q_0, \Delta, F)$ mit

$$\delta : Q \times \Gamma^k \longrightarrow \Gamma^k \times \{l, n, r\} \times Q.$$

Die Abbildungsvorschrift $\delta(q, (a_1, \ldots, a_n)) = ((a'_1, \ldots, a'_k), d, q')$ bedeutet: Im Zustand q und a_i auf dem Arbeitsfeld von Spur i für alle $i = 1, \ldots, k$ drucke jeweils a'_i, bewege den Kopf nach d und gehe in den Zustand q' über.

Die Eingabe zu einer Mehrspurturingmaschine wird üblicherweise auf die erste Spur geschrieben. Im Übrigen sind die Begriffe „akzeptiertes Wort" und „erkannte Sprache" wie für 1-Band Turingmaschinen definiert.

Wichtig für die folgenden Betrachtungen ist, dass die beiden Maschinenmodelle Turingmaschine und Mehrspurturingmaschine im approximativen Sinne äquivalent sind.

Satz A.10. *Jede polynomiell zeitbeschränkte deterministische bzw. nichtdeterministische Mehrspurturingmaschine lässt sich durch eine polynomiell zeitbeschränkte deterministische bzw. nichtdeterministische Turingmaschine simulieren.*

Der Beweis ist relativ elementar und eine gute Übung, um die oben definierten Begriffe zu festigen. Wir werden die Behauptung deshalb in den Übungen behandeln.

Als zweites wollen wir sogenannte Mehrbandturingmaschinen einführen. Im Gegensatz zu den oben definierten Mehrspurturingmaschinen gibt es hier für jede Spur einen eigenen Schreib-/Lesekopf.

Definition A.11 (Mehrbandturingmaschine). (i) Eine k-*Band nichtdeterministische Turingmaschine* (mit k Bändern und einem Schreib-/Lesekopf pro Band) hat die Form $\mathfrak{M} = (Q, \Sigma, \Gamma, q_0, \Delta, F)$ mit

$$\Delta \subseteq Q \times \Gamma^k \times \Gamma^k \times \{l, n, r\}^k \times Q.$$

Eine Transition $(q, (a_1, \ldots, a_n), (a'_1, \ldots, a'_k), (d_1, \ldots, d_k), q') \in \Delta$ bedeutet: Im Zustand q und a_i auf dem Arbeitsfeld vom Band i für alle $i = 1, \ldots, k$ drucke jeweils a'_i, bewege den Kopf i nach d_i und gehe in den Zustand q' über.

(ii) Eine k-*Band deterministische Turingmaschine* (mit k Bändern und einem Schreib-/Lesekopf pro Band) hat die Form $\mathfrak{M} = (Q, \Sigma, \Gamma, q_0, \Delta, F)$ mit

$$\delta : Q \times \Gamma^k \longrightarrow \Gamma^k \times \{l, n, r\}^k \times Q.$$

Die Abbildungsvorschrift $\delta(q, (a_1, \ldots, a_n)) = ((a'_1, \ldots, a'_k), (d_1, \ldots, d_k) q,')$ bedeutet: Im Zustand q und a_i auf dem Arbeitsfeld vom Band i für alle $i = 1, \ldots, k$ drucke jeweils a'_i, bewege den Kopf i nach d_i und gehe in den Zustand q' über.

Auch hier wird die Eingabe auf das erste Band geschrieben und die Begriffe „akzeptiertes Wort" und „erkannte Sprache" sind wie für 1-Band Turingmaschinen definiert.

Wie schon für Mehrspurturingmaschinen nimmt die Menge der erkannten Sprachen nicht zu.

Satz A.12. *Jede polynomiell zeitbeschränkte k-Band nichtdeterministische Turingmaschine kann durch eine polynomiell zeitbeschränkte 1-Band nichtdeterministische Turingmaschine simuliert werden.*

Beweis (Skizze). Sei $\mathfrak{M} = (Q, \Sigma, \Gamma, q_0, \Delta, F)$ eine k-Band nichtdeterministische Turingmaschine. Gesucht ist eine 1-Band nichtdeterministische Turingmaschine $\mathfrak{M}'$ und eine Kodierung von $\mathfrak{M}$-Konfigurationen so, dass zu jeder $\mathfrak{M}$-Transition eine Folge von $\mathfrak{M}'$-Transitionen existiert.

$\mathfrak{M}'$ hat das Arbeitsalphabet $\Gamma' = \Gamma \cup \{\star\}$ und $2k$ Spuren. Die Spuren $2i - 1$ seien für die Inschriften auf den Bändern i zuständig, die Spuren $2i$ für die Markierung der Kopfstellung von $\mathfrak{M}$ auf den i-ten Bändern (dort steht dann $\star$), siehe Abbildung A.2.

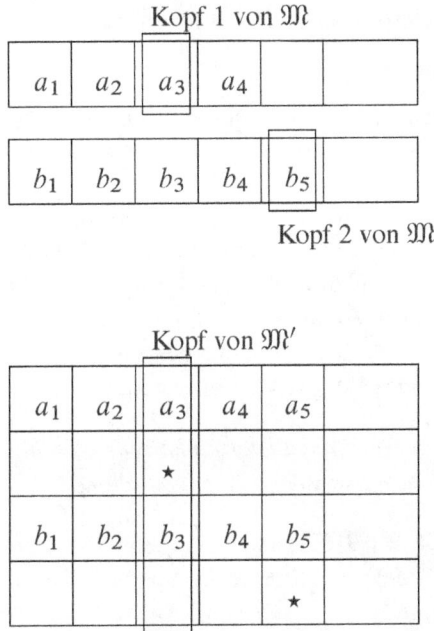

Abbildung A.2. Simulation einer Mehrbandturingmaschine.

Die Frage ist nun, wie man $\mathfrak{M}$-Transitionen

$$q(a_1, \dots, a_n)(a'_1, \dots, a'_k)(d_1, \dots, d_k)q'$$

simuliert. Wir wollen das in der folgenden Aufzählung kurz erläutern:

1) Gehe von links nach rechts bis zum letzten $\star$-Feld und

    1.1) zähle die Anzahl der gefundenen $\star$,

    1.2) speichere die $a_1, \dots, a_k$ auf den Spuren $1, 3, 5, \dots, 2k - 1$ bei den entsprechenden $\star$ (dazu verwende $Q' = Q \times \{1, \dots, k\} \times \Gamma^k \times \Delta$).

2) Laufe von rechts nach links bis zum ersten $\star$-Feld und

    2.1) verwende den Spur-Zähler,

    2.2) drucke a'_i auf Spur $(2i - 1)$,

2.3) verschiebe $\star$ abhängig von $d_i \in \{r, l\}$ nach rechts bzw. links auf der Spur $2i$.

3) Gehe in den Zustand q' über.

Es bleibt zu zeigen, dass die so definierte 1-Band Turingmaschine wieder polynomielle Laufzeit hat. Dies formulieren wir als Übungsaufgabe. □

Den obigen Beweis kann man ähnlich auch für deterministische Turingmaschinen zeigen, da sich alles deterministisch durchführen lässt. Wir erhalten daher als Folgerung:

Satz A.13. *Jede polynomiell zeitbeschränkte k-Band deterministische Turingmaschine kann durch eine polynomiell zeitbeschränkte 1-Band deterministische Turingmaschine simuliert werden.*

Eine wichtige Anwendung des obigen Satzes ist, dass eine von einer nichtdeterministischen Turingmaschine erkannte Sprache auch von einer deterministischen Turingmaschine erkannt wird. Allerdings wird die Laufzeit, d. h. die Anzahl der Konfigurationswechsel, stark wachsen. Wir werden dies im Anschluss des Beweises zu diesem Satzes anhand eines Beispiels genauer betrachten.

Satz A.14. *Wenn L von einer nichtdeterministischen Turingmaschine erkannt wird, dann auch von einer deterministischen Turingmaschine.*

Beweis (Skizze). Sei $\mathfrak{M} = (Q, \Sigma, \Gamma, q_0, \Delta, F)$ eine nichtdeterministische Turingmaschine und $L = L(\mathfrak{M})$ die von $\mathfrak{M}$ erkannte Sprache. Gesucht ist also eine deterministische Turingmaschine $\mathfrak{L}$ mit $L = L(\mathfrak{L})$.

Die deterministische Turingmaschine $\mathfrak{L}$ hat alle möglichen Konfigurationsfolgen von $\mathfrak{M}$ zu erzeugen und bei Auffinden einer Stoppkonfiguration uqw mit $q \in F$ zu akzeptieren. Sei

$$r = \max_{(q,a) \in (Q \setminus F) \times \Gamma} |\{(a', t, q') \in \Gamma \times \{l, r\} \times Q; (q, a, a', t, q') \in \Delta\}|$$

die maximale Anzahl von Transitionen für alle $(q, a) \in (Q \setminus F) \times \Gamma$. Für jedes Paar (q, a) lässt sich damit die Auswahl einer Transitionen $(q, a, a', t, q') \in \Delta$ durch ein $i \in \{1, \dots, r\}$ beschreiben. Also sind alle Konfigurationsfolgen $\kappa_0 \vdash_{\mathfrak{M}} \cdots \vdash_{\mathfrak{M}} \kappa_n$ mit $\kappa_0 = q_0 w$ eindeutig repräsentierbar durch Wörter in $\{1, \dots, r\}^*$ der Länge n.

Wir können nun eine deterministische Turingmaschine $\mathfrak{L}$ mit drei Bändern konstruieren, wobei das erste Band für die Eingabe, das zweite Band für das Erzeugen aller Wörter in $\{1, \dots, r\}^*$ und das dritte Band für die Simulation einer $\mathfrak{M}$-Berechnung zu einem festen Wort auf dem zweiten Band zuständig sei. Da wir bereits wissen, dass sich jede Mehrbandturingmaschine durch eine Einbandturingmaschine simulieren lässt, folgt daraus die Behauptung. □

Wie versprochen zeigen wir nun an einem Beispiel, dass durch die obige Konstruktion die Anzahl der Konfigurationswechsel stark ansteigen kann. Hier lässt sich also nicht wie für Mehrspur- und Mehrbandturingmaschinen (siehe die Sätze A.12 und A.14) die polynomielle Zeitbeschränkung übertragen (andernfalls hätten wir ja P = NP bewiesen).

Beispiel A.15. Wir betrachten eine nichtdeterministische Turingmaschine $\mathfrak{M}$ mit drei Zuständen $Q = \{q_0, q_1, q_F\}$, Eingabealphabet $\Sigma = \{0, 1\}$, Arbeitsalphabet $\Gamma = \{0, 1, \mathbf{b}\}$, Endzustand q_F (d. h. $F = \{q_F\}$) und der Übergangsrelation

$$
\begin{aligned}
\Delta \;=\; & \{(q_0, i, i, r, q_0); i \in \{0, 1\}\} \;\cup \\
& \{(q_0, i, i, r, q_1); i \in \{0, 1\}\} \;\cup \\
& \{(q_1, i, i, r, q_0); i \in \{0, 1\}\} \;\cup \\
& \{(q_1, i, i, r, q_1); i \in \{0, 1\}\} \;\cup \\
& \{(q_1, \mathbf{b}, \mathbf{b}, n, q_F)\} \cup \{(q_0, \mathbf{b}, \mathbf{b}, n, q_F)\},
\end{aligned}
$$

siehe Abbildung A.3.

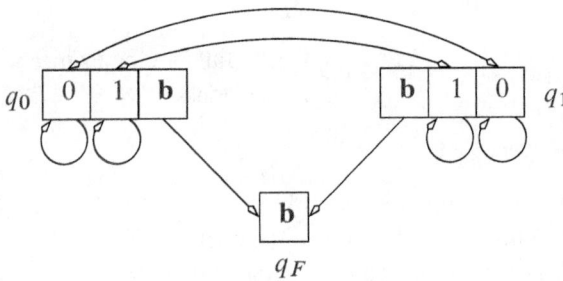

Abbildung A.3. Graphische Darstellung der Turingmaschine aus Beispiel A.15.

Offensichtlich gilt $L(\mathfrak{M}) = \Sigma^*$, da, egal welche Eingabe der Turingmaschine präsentiert wird, das Programm immer in einen akzeptierten Endzustand läuft, sobald der Schreib-/Lesekopf das Blanksymbol $\mathbf{b}$ liest. Weiter führt $\mathfrak{M}$ zu jeder Eingabe $w \in \Sigma^*$ mit $|w| = n$ genau n Konfigurationswechsel durch, da der Schreib-/Lesekopf in jedem Schritt ein Feld nach rechts rückt.

Zu jedem Zustand $q \in \{q_0, q_1\}$ und jedem Buchstaben $a \in \{0, 1\}$ auf dem Arbeitsfeld, auf dem sich der Schreib-/Lesekopf gerade befindet, hat $\mathfrak{M}$ genau zwei Möglichkeiten:

(i) $\mathfrak{M}$ bleibt im Zustand q, lässt das Arbeitsfeld unverändert und geht einen Schritt nach rechts,

(ii) $\mathfrak{M}$ geht in den Zustand $q' \in \{q_0, q_1\}\backslash\{q\}$ über, lässt das Arbeitsfeld unverändert und geht einen Schritt nach rechts.

Es gibt also 2^n verschiedene Konfigurationsfolgen für die Eingabe w. Die im obigen Beweis aus $\mathfrak{M}$ konstruierte deterministische Turingmaschine muss somit 2^n Konfigurationsfolgen simulieren, hat also eine Laufzeit von mindestens $\mathcal{O}(2^n)$.

Turingmaschinen erkennen nicht nur Sprachen, sondern können auch Funktionen berechnen.

Definition A.16. Sei $f : (\Sigma^*)^n - - \to \Sigma^*$ eine partielle Funktion über $(\Sigma^*)^n$ und $\mathfrak{M} = (Q, \Sigma, \Gamma, q_0, \delta, F)$ eine deterministische Turingmaschine. Wir sagen, $\mathfrak{M}$ berechnet f, falls gilt:

(i) Für alle $(w_1, \ldots, w_n) \in \mathrm{Def}(f)$ gilt

$$q_0 w_1 \mathbf{b} w_2 \mathbf{b} \cdots w_n \mathbf{b} \vdash_{\mathfrak{M}}^* q f(w_1, \ldots, w_n)$$

mit $q \in F$.

(ii) Für alle $(w_1, \ldots, w_n) \notin \mathrm{Def}(f)$ wird von $q_0 w_1 \mathbf{b} w_2 \mathbf{b} \cdots w_n \mathbf{b}$ aus keine Stoppkonfiguration mit einem Endzustand erreicht.

f heißt Turing-berechenbar, falls eine Turingmaschine existiert, die f berechnet.

Beispiel A.17. Die Funktion

$$f_{\mathrm{prim}} : \{|\}^* \longrightarrow \{|\}^* ; |^n \mapsto \begin{cases} |, & \text{falls } n \text{ eine Primzahl ist,} \\ \varepsilon, & \text{sonst} \end{cases}$$

ist Turing-berechenbar.

Beweis. Wir verwenden eine 3-Band Turingmaschine für den Beweis. Dabei enthält das erste Band die Eingabe $|^n$, das zweite Band enthält einen Zähler $|^i$, der von $|^2$ bis $|^{n-1}$ läuft, und das dritte Band schließlich das Arbeitsband, das testet, ob n durch i teilbar ist.

In der ersten Iteration schreiben wir $|^2$ auf das zweite Band und kopieren die Eingabe auf das dritte Band.

$$\begin{array}{|l|}\hline |^n \\\hline |^2 \\\hline |^n \\\hline\end{array}$$

Dann laufen wir parallel das zweite und dritte Band durch und streichen $|$-Symbole auf dem dritten Band iterativ.

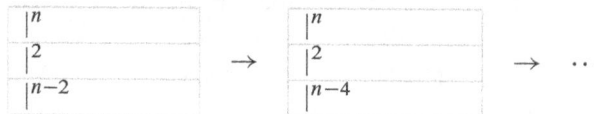

$$\begin{array}{|l|}\hline |^n \\\hline |^2 \\\hline |^{n-2} \\\hline\end{array} \quad \to \quad \begin{array}{|l|}\hline |^n \\\hline |^2 \\\hline |^{n-4} \\\hline\end{array} \quad \to \quad \cdots$$

Falls n durch $i = 2$ teilbar ist, löschen wir das letzte $|$-Symbol auf dem dritten Band zum gleichen Zeitpunkt, zu dem wir das Endsymbol auf dem zweiten Band erreichen.

```
| | | | | b          | | | | |   | b
| | | b        →     | | |   | b            →
| | | | | b          | | |   | b
```

```
| | | | | b          | | |   | b
| | | b        →     b
| | | b              b
```

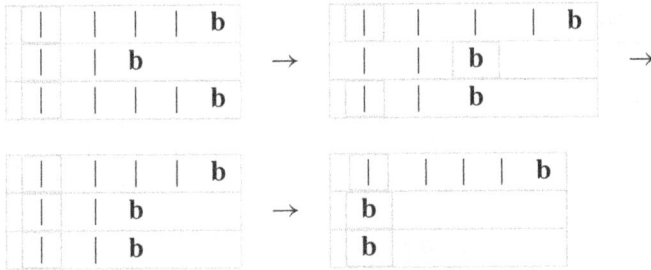

Dann bricht die Turingmaschine ab und gibt ε aus.

Falls n nicht teilbar ist, so erhalten wir das folgende Bild:

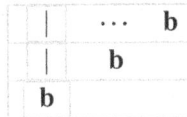

```
|     · · ·   b
|       b
b
```

Danach erhöhe den Zähler $|^i$ auf dem zweiten Band und teste, ob auf dem ersten Band das Gleiche wie auf dem zweiten steht. Falls ja, brich ab und gib $|$ auf dem ersten Band aus. Falls nein, teste, ob n durch $i + 1$ teilbar ist, und so weiter.   □

Eine Funktion $f : (\Sigma^*)^n - - \to \Sigma^*$ heißt im intuitiven Sinne berechenbar, falls es einen Algorithmus (entweder umgangssprachlich oder in Programmiersprache formuliert) gibt, der f berechnet, d. h., der für alle $w_1, \ldots, w_n \in \mathrm{Def}(f)$ jeweils $f(w_1, \ldots, w_n)$ liefert und sonst nicht terminiert.

Eine bekannte Vermutung aus dem Jahre 1936 ist die sogenannte *Churchsche These*:

Vermutung A.18. Eine Funktion f ist genau dann im intuitiven Sinne berechenbar, wenn sie Turing-berechenbar ist.

Um diese These zu belegen, gibt es Präzisierungen von Berechenbarkeit (wie zum Beispiel WHILE-, GOTO-berechenbar und μ-Rekursivität), die formal äquivalent zu Turingmaschinen sind, im Folgenden aber nicht erläutert werden. Allen gemein ist, dass sie die Churchsche These unterstützen. Wir können daher im Rahmen unserer Betrachtungen einfach annehmen, dass umgangssprachlich formulierte Algorithmen immer auch von einer Turingmaschine simuliert werden können.

A.2   Probabilistische Turingmaschinen

Wir benötigen während der Lektüre dieses Buches für verschiedene Anwendungen randomisierte Berechnungen, wie zum Beispiel beim randomisierten Runden oder für die Definition der Klassen $\mathrm{PCP}(r(n), p(n))$.

Wir beginnen mit der Definition einer Offline-Turingmaschine und definieren damit probabilistische Turingmaschinen.

Eingabeband (Read Only)

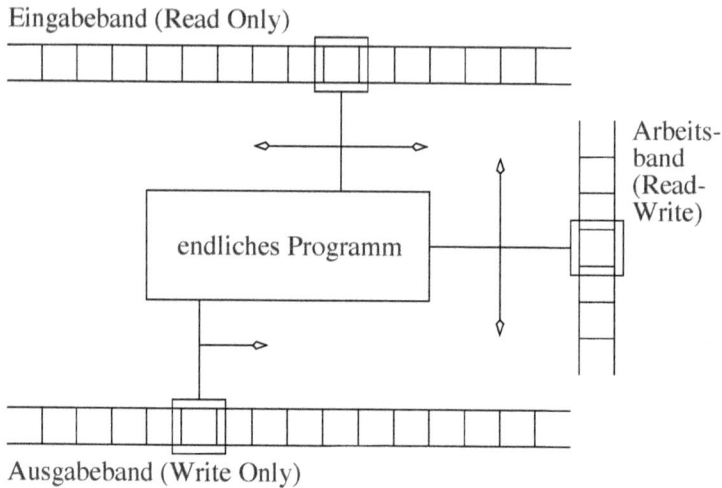

Abbildung A.4. Schematische Darstellung einer Offline-Turingmaschine.

Definition A.19 (Offline-Turingmaschine (Offline-TM)). Eine *Offline Turingmaschine* ist eine deterministische Turingmaschine mit einem Eingabe-, einem Ausgabe- und einem Arbeitsband. Auf dem Arbeitsband darf gelesen und geschrieben werden und der Lesekopf darf in beide Richtungen bewegt werden. Von dem Eingabeband darf nur gelesen werden und der Lesekopf darf ebenfalls in beide Richtungen bewegt werden. Auf dem Ausgabeband darf nur geschrieben werden und der Lesekopf darf nur in eine Richtung bewegt werden. d. h., eine einmal gemachte Ausgabe kann nicht wieder überschrieben werden.

Die Abbildung A.4 zeigt eine schematische Darstellung einer Offline Turingmaschine.

Definition A.20 (Probabilistische Turingmaschine (PTM)). Eine *probabilistische Turingmaschine* ist eine Offline-Turingmaschine mit folgenden Änderungen:

(i) Es gibt ein zusätzliches Band, das eine Folge $z \in \{0, 1\}^*$ von Zufallsbits enthält. Der Lesekopf für das Zufallsband darf nur in eine Richtung bewegt werden, d. h., jedes Zufallsbit kann nur einmal gelesen werden.

(ii) Die Übergangsfunktion hängt zusätzlich auch von dem Bit in der Zelle des Zufallsbandes ab, auf dem der Lesekopf steht, bleibt aber deterministisch, d. h., sie ist eine Abbildung

$$\delta : (Q \backslash F) \times \Gamma^2 \times \{0, 1\} \longrightarrow \Gamma^2 \times \{l, r\}^2 \times Q.$$

Dabei besagt $\delta(q, a, b, z) = (q', a', b', t_1, t_2)$: Befindet sich die Turingmaschine im Zustand q mit a auf dem Arbeitsfeld, b auf dem Eingabefeld und z auf

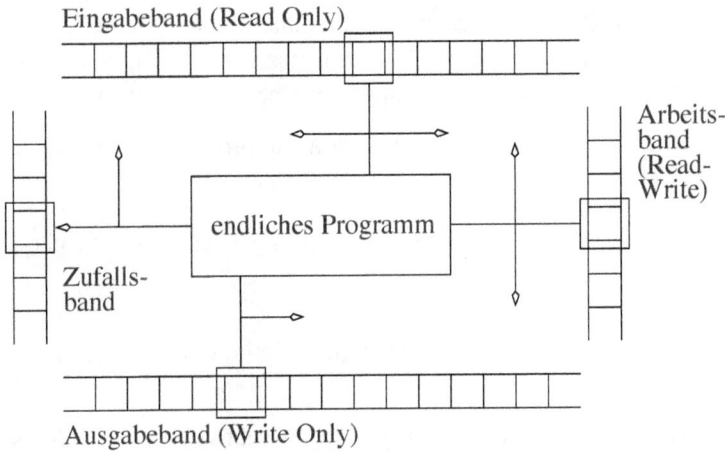

Abbildung A.5. Schematische Darstellung einer probabilistischen Turingmaschine.

dem Zufallsfeld, schreibe a' auf das Arbeitsfeld und gehe auf dem Arbeitsband einen Schritt in Richtung t_1, schreibe b' auf das Ausgabefeld und gehe auf dem Ausgabefeld einen Schritt weiter, gehe auf dem Zufallsband einen Schritt weiter, gehe auf dem Eingabeband einen Schritt in Richtung t_2 und gehe in den inneren Zustand q' über.

(iii) Eine Berechnung ist nur dann gültig, wenn die Anzahl der Zufallsbits mindestens so lang ist wie die Länge der Berechnung.

Offensichtlich kann man eine probabilistische Turingmaschine auch als deterministische Turingmaschine ansehen, wenn man das Zufallsband einfach als zusätzliches Eingabeband und damit den Zufallsstring z als zusätzliche Eingabe interpretiert. Wir haben ja im letzten Abschnitt gesehen, dass sich jede n-Band Turingmaschine durch eine 1-Band Turingmaschine simulieren lässt, ohne dass sich die Laufzeiten zu sehr erhöhen.

Wir wollen aber im Folgenden die Zufallsstrings nicht als Teil der Eingabe betrachten. Damit ist es nötig, einen neuen Laufzeit- und Berechnungsbegriff einzuführen.

Definition A.21. (i) Eine probabilistische Turingmaschine $\mathfrak{M}$ heißt $p(n)$-*zeitbeschränkt*, wenn $\mathfrak{M}$ für jede Eingabe $(a, z) \in \Sigma^* \times \{0, 1\}^*$ mit $|a| = n$ höchstens $p(n)$ Schritte für die Berechnung benötigt.

(ii) Eine $p(n)$-zeitbeschränkte Turingmaschine $\mathfrak{M}$ heißt *polynomielle zeitbeschränkt*, wenn p nach oben durch ein Polynom beschränkt ist.

Die Berechnungslänge ist damit also insbesondere unabhängig von $z \in \{0, 1\}^*$. Weiter können wir wegen Definition A.20 *(iii)* dann annehmen, dass $z \in \{0, 1\}^{p(n)}$.

Die von einer probabilistischen Turingmaschine $\mathfrak{M}$ akzeptierte Sprache $L(\mathfrak{M}) \subseteq$ $\Sigma^* \times \{0, 1\}^*$ ist wie für deterministische Turingmaschinen definiert. Ziel ist allerdings, probabilistische Turingmaschinen für Sprachen über Σ anzugeben.

Definition A.22. Sei $\mathfrak{M}$ eine $p(n)$-zeitbeschränkte probabilistische Turingmaschine. Dann ist für alle $x \in \Sigma^*$ mit $|x| = n$:

$$\Pr\left[\mathfrak{M} \text{ akzeptiert } x\right] \ := \ \Pr\left[\{y \in \{0, 1\}^{p(n)}; (x, y) \in L(\mathfrak{M})\}\right]$$

$$= \ \frac{|\{y \in \{0, 1\}^{p(n)}; (x, y) \in L(\mathfrak{M})\}|}{2^{p(n)}}.$$

Damit erhalten wir unmittelbar eine weitere alternative Definition der Klasse NP.

Satz A.23. *Eine Sprache $L \subseteq \Sigma^*$ ist genau dann aus NP, wenn es eine polynomiell zeitbeschränkte probabilistische Turingmaschine $\mathfrak{M}$ so gibt, dass*

$$L = \{x \in \Sigma^*; \Pr\left[\mathfrak{M} \text{ akzeptiert } x\right] > 0\}.$$

Beweis. Im Beweis von Satz A.14 haben wir aus einer nichtdeterministischen Turingmaschine $\mathfrak{M}$ eine deterministische 3-Band Turingmaschine konstruiert, die die von $\mathfrak{M}$ akzeptierte Sprache akzeptiert. Diese entspricht aber genau einer probabilistischen Turingmaschine.

Die Rückrichtung formulieren wir als Übungsaufgabe. $\square$

Wie schon im nichtprobabilistischen Fall können auch probabilistische Turingmaschinen Funktionen berechnen.

Definition A.24. Sei $\mathfrak{M}$ eine probabilistische Turingmaschine. Dann definiert $\mathfrak{M}$ eine partielle Funktion

$$\Phi_{\mathfrak{M}} : \Sigma^* \times \{0, 1\}^* \longrightarrow \Sigma^*,$$

d. h., $\Phi_A(x, z)$ ist der Wert, der nach der Berechnung auf dem Ausgabeband von $\mathfrak{M}$ bei Eingabe von x und dem Zufallsstring z steht.

Die von einer probabilistischen Turingmaschine $\mathfrak{M}$ definierte Funktion $\Phi_{\mathfrak{M}}$ ist im Allgemeinen partiell, da es nicht zu jeder Eingabe $(x, z) \in \Sigma^* \times \{0, 1\}^*$ auch eine Berechnung gibt. So ist zum Beispiel $\Phi_{\mathfrak{M}}(x, z)$ undefiniert, falls die Berechnungslänge größer als $|z|$ ist.

Ist $\mathfrak{M}$ eine probabilistische Turingmaschine, so bezeichnen wir für eine Eingabe $x \in \Sigma^*$ mit $\mathfrak{M}(x)$ die Zufallsvariable, die zu jedem Zufallsstring $z \in \{0, 1\}^*$ die zu x und z durch $\mathfrak{M}$ berechnete Ausgabe liefert, also

$$\mathfrak{M}(x) = \Phi_{\mathfrak{M}}(x, \cdot).$$

Damit gilt dann

Definition A.25. *(i)* Sei $\mathfrak{M}$ eine probabilistische Turingmaschine. Dann heißt

$$\phi_{\mathfrak{M}} : \Sigma^* \longrightarrow \Sigma^*; \quad x \mapsto \begin{cases} y, & \text{falls } \Pr[\mathfrak{M}(x) = y] > \frac{1}{2}, \\ \text{undefiniert}, & \text{sonst} \end{cases}$$

die von $\mathfrak{M}$ berechnete Funktion, wobei

$$\Pr[\mathfrak{M}(x) = y] := \lim_{n \to \infty} \frac{|\{z \in \{0,1\}^n; \Phi_{\mathfrak{M}}(x,z) = y\}|}{2^n}.$$

(ii) Eine partielle Funktion

$$f : \Sigma^* \longrightarrow \Sigma^*$$

heißt *probabilistisch berechenbar*, wenn es eine probabilistische Turingmaschine mit $f = \phi_{\mathfrak{M}}$ gibt.

A.3 Übungsaufgaben

Übung A.26. Beweisen Sie Satz A.10.

Übung A.27. Vervollständigen Sie den Beweis von Satz A.12.

Übung A.28. Vervollständigen Sie den Beweis von Satz A.23.

Bisher haben wir Komplexitätsklassen nur bezüglich der Anzahl der Konfigurationswechsel (also der Laufzeit) einer Turingmaschine definiert. Genauer haben wir hauptsächlich polynomiell zeitbeschränkte Turingmaschinen betrachtet. Wir wollen im Folgenden den Begriff der Platzbeschränktheit einführen und anhand von zwei Übungsaufgaben festigen.

Wir nennen eine 1-Band Turingmaschine $\mathfrak{M}$ $S(n)$-*platzbeschränkt*, wenn der Schreib/Lesekopf von $\mathfrak{M}$ für alle Eingaben $w \in \Sigma^*$ höchstens $S(|w|)$ verschiedene Felder des Arbeitsbandes besucht. Analog ist dieser Begriff auch für Mehrspur- und Mehrbandturingmaschinen definiert.

Mit DSPACE($S(n)$) bezeichnen wir dann alle Sprachen $L \subseteq \Sigma^*$, die von einer $s(n)$-platzbeschränkten deterministischen Turingmaschine erkannt werden, und analog ist NSPACE($S(n)$) definiert.

Übung A.29. Zeigen Sie, dass für jede $S(n)$-platzbeschränkte Turingmaschine $\mathfrak{M}$ gilt

$$S(n) \leq T_{\mathfrak{M}}(n) + 1.$$

Folgern Sie

$$\begin{aligned} \text{DTIME}(S(n)) &\subseteq \text{DSPACE}(S(n)) \quad \text{und} \\ \text{NTIME}(S(n)) &\subseteq \text{NSPACE}(S(n)). \end{aligned}$$

Übung A.30. Sei $S : \mathbb{N} \longrightarrow \mathbb{R}_{\geq 0}$ eine monoton wachsende Funktion mit $S(n) \geq \log n$ für alle $n \in \mathbb{N}$. Zeigen Sie, dass für jede Sprache $L \subseteq \Sigma^* = \{0, 1\}^*$ gilt

$$L \in \mathrm{DSPACE}(S(n)) \Longrightarrow L \in \mathrm{DTIME}(2^{S(n)}).$$

(Insbesondere gilt also $\mathrm{DSPACE}(\log n) \subseteq \mathrm{P}$.)

Anhang B
Behandelte Probleme

B.1 Entscheidungsprobleme

B.1.1 Probleme aus P

Problem B.1 (EULERKREIS).
Eingabe: Ein Multigraph G.
Frage: Ist G eulersch?

Problem B.2 (PLANAR GRAPH).
Eingabe: Ein Graph G.
Frage: Ist G planar?

Problem B.3 (PRIME).
Eingabe: Eine natürliche Zahl $p \in \mathbb{N}$.
Frage: Ist p eine Primzahl?

B.1.2 NP-vollständige Probleme

Problem B.4 ($\{0, 1\}$ LINEAR PROGRAMMING).
Eingabe: Ein ganzzahliges lineares Ungleichungssystem $Ax \geq b$.
Frage: Gibt es einen Lösungsvektor $x = (x_1, \ldots, x_m)$ mit $x_i \in \{0, 1\}$ für alle $i \in \{1, \ldots, m\}$?

Problem B.5 (CLIQUE).
Eingabe: Ein Graph $G = (V, E)$, eine Zahl $k \in \mathbb{N}$.
Frage: Existiert eine Clique $C \subseteq V$ mit $|C| \geq k$?

Problem B.6 (EDGE 3-COLORING).
Eingabe: Ein Graph $G = (V, E)$.
Frage: Gibt es eine Kantenfärbung von G mit höchstens drei Farben?

Problem B.7 (HAMILTON CIRCUIT).
Eingabe: Ein Graph $G = (V, E)$.
Frage: Ist G hamiltonsch?

Problem B.8 (INDEPENDENT SET).
Eingabe: Ein Graph $G = (V, E)$ und $k \in \mathbb{N}$.
Frage: Gibt es eine unabhängige Menge U von V mit $|U| \geq k$?

Problem B.9 (JOB SCHEDULING).
Eingabe: m Maschinen $M_1, \ldots, M_m$, n Jobs $J_1, \ldots, J_n$, Ausführungszeiten
             $p_1, \ldots, p_n$ für jeden Job und $k \in \mathbb{N}$.
Frage: Existiert ein Schedule mit einem Makespan kleiner gleich k?

Problem B.10 (JOB SCHEDULING PRIORITÄTSGEORDNETER JOBS).
Eingabe: m Maschinen, n Jobs $J_1, \ldots, J_n$ mit denselben Ausführungszeiten $p_1 =$
             $\cdots = p_n = 1$, auf denen eine Ordnung $\leq$ gegeben ist, wobei $J_i \leq$
             J_j bedeute, dass die Bearbeitung von J_i beendet sein muss, bevor die
             Bearbeitung von J_j beginnt.
Frage: Gibt es einen Schedule mit einer Länge von höchstens 3?

Problem B.11 (KNAPSACK).
Eingabe: Zahlen $p_1, \ldots, p_n, w_1, \ldots, w_n, q, K \in \mathbb{N}$.
Frage: Gibt es eine Teilmenge $I \subseteq \{1, \ldots, n\}$ mit

$$\sum_{i \in I} w_i \leq K \quad \text{und} \quad \sum_{i \in I} p_i = q?$$

Problem B.12 (NODE 3-COLORING).
Eingabe: Ein Graph $G = (V, E)$.
Frage: Existiert eine 3-Färbung von G?

Problem B.13 (PARTITION).
Eingabe: Eine Menge $S = \{a_1, \ldots, a_n\}$ natürlicher Zahlen.
Frage: Gibt es eine Partition $S = S_1 \dot{\cup} S_2$ so, dass

$$\sum_{a_i \in S_1} a_i = \sum_{a_i \in S_2} a_i?$$

Problem B.14 (SAT).
Eingabe: Eine aussagenlogische Formel α in konjunktiver Normalform.
Frage: Ist α erfüllbar?

Problem B.15 (3SAT).
Eingabe: Eine aussagenlogische Formel in 3-konjunktiver Normalform.
Frage: Ist α erfüllbar?

Problem B.16 (3SAT*).

Eingabe: Ein boolescher Ausdruck α in konjunktiver Normalform, wobei jede Variable höchstens drei Literale enthält und jede Variable genau zweimal negiert und zweimal unnegiert vorkommt.

Frage: Gibt es eine erfüllende Belegung für α?

Problem B.17 (ε-ROBUST 3SAT).

Eingabe: Eine Instanz I von 3SAT, für die es entweder eine erfüllende Belegung gibt oder bei der für jede nichterfüllende Belegung mindestens $\varepsilon \cdot m$ Klauseln nicht erfüllt sind, wobei m die Anzahl der Klauseln von I sei.

Frage: Gibt es eine erfüllende Belegung für I?

Problem B.18 (SEQUENCING WITHIN INTERVALS).

Eingabe: n Jobs $J_1, \ldots, J_n$ mit „Deadlines" $d_1, \ldots, d_n \in \mathbb{N}$, „Release Times" $r_1, \ldots, r_n$ und Laufzeiten $p_1, \ldots, p_n$.

Ausgabe: Gibt es einen zulässigen Schedule, d. h. eine Funktion $\sigma : \{1, \ldots, n\} \to \mathbb{N}$ so, dass für alle $i \in \{1, \ldots, n\}$ gilt:

   (i) $\sigma(i) \geq r_i$ (Job J_i kann nicht vor der Zeit r_i starten),

  (ii) $\sigma(i) + p_i \leq d_i$ (Job J_i ist vor der Zeit d_i abgearbeitet) und

 (iii) für alle $j \in \{1, \ldots, n\} \setminus \{i\}$ gilt $\sigma(j) + p_j \leq \sigma(i)$ oder $\sigma(j) \geq \sigma(i) + p_i$ (zwei Jobs können nicht gleichzeitig bearbeitet werden).

Problem B.19 (SUBSET SUM).

Eingabe: Zahlen $p_1, \ldots, p_n, q \in \mathbb{N}$.

Frage: Gibt es eine Teilmenge $I \subseteq \{1, \ldots, n\}$ mit

$$\sum_{i \in I} p_i = q?$$

B.2   Minimierungsprobleme

B.2.1   Minimierungsprobleme aus PO

Problem B.20 (MIN SPANNING TREE).

Eingabe: Ein Graph $G = (V, E)$ und eine Gewichtsfunktion $w : E \longrightarrow \mathbb{N}$.

Ausgabe: Ein minimal erzeugender Baum von G.

B.2.2 NP-schwere Minimierungsprobleme

Problem B.21 (MIN STRIP PACKING).
Eingabe: Eine Folge $L = (r_1, \ldots, r_n)$ von Rechtecken mit Breite $w(r_i)$ und Höhe $h(r_i)$; ein Streifen mit fester Breite und unbeschränkter Höhe.
Ausgabe: Eine Packung dieser Rechtecke in den Streifen so, dass sich keine zwei Rechtecke überlappen und die Höhe des gepackten Streifens minimal ist.

Problem B.22 (MIN BIN PACKING).
Eingabe: Zahlen $s_1, \ldots, s_n \in (0, 1)$.
Ausgabe: Eine Partition $\{B_1, \ldots, B_k\}$ von $\{1, \ldots, n\}$ von Bins so, dass k minimal ist.

Problem B.23 (MIN BIN PACKING MIT KONFLIKTEN).
Eingabe: Eine Menge $V = \{1, \ldots, n\}$, Zahlen $s_1, \ldots, s_n \in (0, 1]$ und ein Graph $G = (V, E)$.
Ausgabe: Eine Partition von V in Bins $B_1, \ldots, B_l$ so, dass

$$\sum_{i \in B_j} s_i \leq 1 \text{ für alle } j \leq l \text{ und } \{k, k'\} \notin E \text{ für alle } k, k' \in B_j.$$

Problem B.24 (RESTRICTED BIN PACKING(δ, m)).
Eingabe: Zahlen $s_1, \ldots, s_n \in (\delta, 1)$ so, dass höchstens m Zahlen verschieden sind (d. h. $|\{s_1, \ldots, s_n\}| = m$).
Ausgabe: Eine Partition $\{B_1, \ldots, B_k\}$ von $\{1, \ldots, n\}$ von Bins so, dass k minimal ist.

Problem B.25 (MIN EDGE COLORING).
Eingabe: Ein Graph $G = (V, E)$.
Ausgabe: Eine minimale Kantenfärbung von G.

Problem B.26 (MIN HITTING SET).
Eingabe: Eine Menge $S = \{1, \ldots, n\}$ und eine Menge $F = \{S_1, \ldots, S_m\}$ von Teilmengen von S.
Ausgabe: Eine minimale Teilmenge $H \subseteq S$ so, dass $H \cap S_i \neq \varnothing$ für alle $i \in \{1, \ldots, m\}$.

Problem B.27 (MIN JOB SCHEDULING).
Eingabe: $m \in \mathbb{N}$ Maschinen $M_1, \ldots, M_m$, $n \in \mathbb{N}$ Jobs $J_1, \ldots, J_n$ und Ausführungszeiten $p_1, \ldots, p_n$ für jeden Job.
Ausgabe: Ein Schedule mit minimalem Makespan.

Problem B.28 (MIN m-MACHINE JOB SCHEDULING).
Eingabe: $n \geq m$ Jobs $J_1, \ldots, J_n$ mit Laufzeiten $p_1 \geq \cdots \geq p_n$.
Ausgabe: Ein Schedule auf m Maschinen mit minimalen Makespan.

Problem B.29 (MIN JOB SCHEDULING AUF NICHTIDENTISCHEN MASCHINEN).
Eingabe: n Jobs, m Maschinen und Ausführungszeiten p_{ij} für Job i auf Maschine j.
Ausgabe: Ein Schedule mit minimalem Makespan.

Problem B.30 (MIN JOB SCHEDULING MIT KOMMUNIKATIONSZEITEN).
Eingabe: n Jobs, m identische Maschinen, Kommunikationszeiten c_{ij}, $i, j \leq n$, $i \neq j$, Reihenfolgebedingungen, die durch einen azyklischen, gerichteten Graphen $G = (V, A)$ beschrieben sind, und Ausführungszeiten p_i für Job i.
Ausgabe: Ein Schedule mit minimalem Makespan.

Problem B.31 (MIN NODE COLORING).
Eingabe: Ein Graph $G = (V, E)$.
Ausgabe: Eine minimale Knotenfärbung von G.

Problem B.32 (MIN SET COVER).
Eingabe: Eine Menge $S = \{1, \ldots, n\}$, $F = \{S_1, \ldots, S_m\}$ mit $S_i \subseteq S$ und $\bigcup_{S_i \in F} S_i = S$.
Ausgabe: Eine Teilmenge $F' \subseteq F$ mit $\bigcup_{S_i \in F'} S_i = S$ so, dass $|F'|$ minimal ist.

Problem B.33 (MIN VERTEX COVER).
Eingabe: Ein Graph $G = (V, E)$.
Ausgabe: Ein Vertex Cover C mit minimaler Knotenanzahl.

Problem B.34 (MIN WEIGHTED SET COVER).
Eingabe: Eine Menge $S = \{1, \ldots, n\}$, $F = \{S_1, \ldots, S_m\}$ mit $S_i \subseteq S$ und $\bigcup_{S_i \in F} = S$ und eine Gewichtsfunktion

$$w : F \longrightarrow \mathbb{N}$$

auf F.
Ausgabe: Eine Teilmenge $F' \subseteq F$ mit $\bigcup_{S_i \in F'} = S$ und minimalem Gesamtgewicht, d. h.,

$$\sum_{S_i \in F'} w(S_i)$$

ist minimal.

Problem B.35 (MIN TRAVELING SALESMAN).

Eingabe: Ein vollständiger Graph $G = (\{v_1, \ldots, v_n\}, E)$ mit einer Gewichtsfunktion $w : E \longrightarrow \mathbb{N}$ auf den Kanten.

Ausgabe: Eine Permutation $\pi : \{1, \ldots, n\} \to \{1, \ldots, n\}$ so, dass der Wert

$$w(\pi) = \sum_{i=1}^{n-1} w(\{v_{\pi(i)}, v_{\pi(i+1)}\}) + w(\{v_{\pi(n)}, v_{\pi(1)}\})$$

minimal ist.

Problem B.36 (MIN $\triangle$TSP).

Eingabe: Anzahl von Punkten $n \in \mathbb{N}$ und Abstände $w(i, j) = w(j, i)$ für alle
$i, j \in \{1, \ldots, n\}, i \neq j$, so, dass die Dreiecksungleichung gilt.

Ausgabe: Eine Permutation $\pi : \{1, \ldots, n\} \to \{1, \ldots, n\}$ so, dass

$$w(\pi) = \sum_{i=1}^{n-1} w(v_{\pi(i)}, v_{\pi(i+1)}) + w(v_{\pi(n)}, v_{\pi(1)})$$

minimal ist.

Problem B.37 ($\triangle$TSP(1,2)).

Eingabe: n Städte mit Distanzen $d_{ij} \in \{1, 2\}$, so dass die Dreiecksungleichung
erfüllt ist.

Ausgabe: Eine Rundreise minimaler Gesamtdistanz.

Problem B.38 (MIN TREE MULTICUT).

Eingabe: Ein Baum $T = (V, E)$ und $s_1, \ldots, s_k, t_1, \ldots, t_k \in V$.

Ausgabe: Eine minimale Teilmenge $F \subseteq E$ so, dass in $T' = (V, E \setminus F)$ für keines
der Paare $(s_i, t_i), i \in \{1, \ldots, k\}$ der Knoten s_i in derselben Zusammenhangskomponente liegt wie t_i.

B.3   Maximierungsprobleme

B.3.1   Maximierungsprobleme aus PO

Problem B.39 (MAX CONNECTED COMPONENT).

Eingabe: Ein ungerichteter Graph $G = (V, E)$.

Ausgabe: Eine größte Zusammenhangskomponente von G.

B.3.2 NP-schwere Maximierungsprobleme

Problem B.40 (2D-MAX KNAPSACK).
Eingabe: n Rechtecke mit Breiten $l_i \leq 1$, Höhen $h_i \leq 1$ und Gewichten w_i für alle $i \leq n$.
Ausgabe: Eine überschneidungsfreie Packung der Rechtecke in ein Quadrat mit Seitenlänge 1 so, dass die Summe der gepackten Rechtecke maximiert wird.

Problem B.41 (MAX 2 BIN PACKING).
Eingabe: n natürliche Zahlen $g_1, \ldots, g_n$ und eine Kapazität $C \in \mathbb{N}$
Ausgabe: Zwei disjunkte Teilmengen $S_1, S_2 \subseteq \{1, \ldots, n\}$ so, dass

$$\sum_{s \in S_1} g_s, \sum_{s \in S_2} g_s \leq C$$

und $|S_1| + |S_2|$ maximal ist.

Problem B.42 (MAX k CENTER).
Eingabe: Ein vollständiger Graph $G = (V, E)$ mit Kantengewichten $w(e) \in \mathbb{N}$ für alle $e \in E$ so, dass die Dreiecksungleichung erfüllt ist, und eine Zahl $k \in \mathbb{N}$.
Ausgabe: Eine Teilmenge $S \subseteq V$ mit $|S| = k$ so, dass

$$\max\{\operatorname{connect}(v, S); v \in V\}$$

minimal ist, wobei $\operatorname{connect}(v, S) := \{w(\{v, s\}); s \in S\}$.

Problem B.43 (MAX BUDGETED COVERAGE).
Eingabe: Eine Menge S, eine Gewichtsfunktion $w : S \to \mathbb{N}$, eine Menge $F = \{S_1, \ldots, S_m\}$ mit $S_i \subseteq S$, eine Budgetfunktion $c : F \longrightarrow \mathbb{N}$ und eine natürliche Zahl $k \in \mathbb{N}$.
Ausgabe: Eine Teilmenge $C \subset F$ mit $|c(C)| \leq k$ so, dass

$$w(S') := \sum_{s \in S'} w(s)$$

maximal ist, wobei $S' := \bigcup_{S_i \in C} S_i$.

Problem B.44 (MAX CLIQUE).
Eingabe: Ein Graph $G = (V, E)$.
Ausgabe: Eine maximale Clique in G.

Problem B.45 (MAX r-CLIQUE).
Eingabe: Ein r-partiter Graph $G = (V_1 \cup \cdots \cup V_r, E)$.
Ausgabe: Eine Clique maximaler Kardinalität.

Problem B.46 (MAX COVERAGE).
Eingabe: Eine Menge S, eine Gewichtsfunktion $w : S \to \mathbb{N}$, eine Menge $F = \{S_1, \ldots, S_m\}$ mit $S_i \subseteq S$ und eine natürliche Zahl $k \in \mathbb{N}$.
Ausgabe: Eine Teilmenge $C \subset F$ mit $|C| = k$ so, dass

$$w(S') := \sum_{s \in S'} w(s)$$

maximal ist, wobei $S' := \bigcup_{S_i \in C} S_i$.

Problem B.47 (MAXCUT).
Eingabe: Ein ungerichteter Graph $G = (V, E)$ mit Knotenmenge V und Kantenmenge E.
Ausgabe: Eine Partition $(S, V \setminus S)$ der Knotenmenge so, dass die Größe $w(S)$ des *Schnittes*, also die Zahl der Kanten zwischen S und $V \setminus S$, maximiert wird.

Problem B.48 (MAX INDEPENDENT SET).
Eingabe: Ein Graph $G = (V, E)$.
Ausgabe: Eine unabhängige Menge maximaler Kardinalität.

Problem B.49 (MAX KNAPSACK).
Eingabe: n Gegenstände mit Gewichten $g_1, \ldots, g_n \in \mathbb{N}$ und Gewinnen $p_1, \ldots, p_n \in \mathbb{N}$, die Kapazität $B \in \mathbb{N}$ des Rucksacks.
Ausgabe: Eine Auswahl der Gegenstände $I \subseteq \{1, \ldots, n\}$ mit $\sum_{i \in I} g_i \leq B$ so, dass der Gewinn $\sum_{i \in I} p_i$ maximal ist.

Problem B.50 (MAX LABEL COVER).
Eingabe: Ein regulärer bipartiter Graph $G = (V_1, V_2, E)$, eine natürliche Zahl N und für jede Kante $e \in E$ eine partielle Funktion $\Pi_e : \{1, \ldots, N\} \longrightarrow \{1, \ldots, N\}$.
Ausgabe: Ein Labelling $c : V_1 \cup V_2 \longrightarrow \{1, \ldots, N\}$, das eine maximale Anzahl von Kanten überdeckt. Dabei heißt eine Kante $e = \{v, u\}$ mit $v \in V_1$ und $u \in V_2$ überdeckt, wenn $\Pi_e(c(v)) = c(u)$.

Problem B.51 (MAX MATCHING).
Eingabe: Ein Graph $G = (V, E)$.
Ausgabe: Ein maximales Matching von G.

Problem B.52 (MAX k-MATCHING).
Eingabe: Ein Hypergraph $\mathcal{H} = (V, E)$.
Ausgabe: Ein maximales k-Matching.

Problem B.53 (MAXSAT).
Eingabe: Eine boolesche Formel $C_1 \wedge \cdots \wedge C_m$ über den booleschen Variablen
$x_1, \ldots, x_n$.
Ausgabe: Eine Belegung $\mu : \{x_1, \ldots, x_n\} \to \{\mathtt{wahr}, \mathtt{falsch}\}$ so, dass die Anzahl
der erfüllenden Klauseln maximiert wird.

Problem B.54 (WEIGHTED MAXSAT).
Eingabe: Eine boolesche Formel $\alpha = C_1 \wedge C_2 \wedge \cdots \wedge C_n$ in konjunktiver Nor-
malform und natürliche Zahlen $w_1, \ldots, w_n \in \mathbb{N}$.
Ausgabe: Eine Belegung μ der Variablen so, dass

$$\sum_{C_i, \mu(C_i)=\mathtt{wahr}} w_i$$

maximal ist.

Problem B.55 (k-OCCURENCE MAX3SAT).
Eingabe: Eine Instanz I von MAX3SAT so, dass jede Variable höchstens k-mal in
den Klauseln von I vorkommt.
Ausgabe: Eine Belegung der Variablen, die die Anzahl der erfüllten Klauseln maximiert.

Problem B.56 (k−MAXGSAT).
Eingabe: Eine Menge von booleschen Funktionen $\Phi = \{\Phi_1, \ldots, \Phi_m\}$ in jeweils
k Variablen aus einer n-elementigen Variablenmenge, gegeben durch
ihre Wahrheitstabellen.
Ausgabe: Eine Belegung der Variablen mit einer maximalen Anzahl gleichzeitig
erfüllter Funktionen.

Problem B.57 (MAX$\geq k$SAT).
Eingabe: Eine boolesche Formel $\phi = C_1 \wedge \cdots \wedge C_m$ über den booleschen Variablen
$x_1, \ldots, x_n$ so, dass jede Klausel

$$C_i = (l_{i,1} \vee \cdots \vee l_{i,k_i}); i \in \{1, \ldots, m\}$$

eine Disjunktion von mindestens k Literalen $l_{i,j}$ ist, d. h. $k_i \geq k$.
Ausgabe: Eine Belegung $\mu : \{x_1, \ldots, x_n\} \to \{\mathtt{wahr}, \mathtt{falsch}\}$ so, dass die Anzahl
der erfüllenden Klauseln maximiert wird.

Problem B.58 (MAX SATISFY).

Eingabe: Ein System von N Gleichungen in n Variablem über $\mathbb{Q}$.

Ausgabe: Eine größte Teilmenge von Gleichungen, so dass es eine Lösung gibt.

Literaturverzeichnis

[1] AGRAWAL, M., N. KAYAL und N. SAXENA: *PRIMES is in P*, Annals of Mathematics 160(2): 781–793, 2004.

[2] AHO, A. V., J. E. HOPCROFT und J. D. ULLMAN: *The Design and Analysis of Computer Algorithms*. Addison-Wesley, Reading, MA, 1974.

[3] AHUJA, R. K., TH. L. MAGNANTI und J. B. ORLIN: *Network flows: theory, algorithms, and applications*. Prentice-Hall, Upper Saddle River, NJ, USA, 1993.

[4] ALIZADEH, F.: *Interior point methods in semidefinite programming with applications to combinatorial optimization*. SIAM Journal on Optimization, 5(1):13–51, 1995.

[5] ALON, N., U. FEIGE, A. WIDGERSON und D. ZUCKERMAN: *Derandomized graph products*. Computational Complexity, 5(1):60–75, 1995.

[6] ALON, N. und J. SPENCER: *Ten Lectures on the Probabilistic Method*. SIAM, Philadelphia, 1987.

[7] ALON, N. und J. SPENCER: *The Probabilistic Method*. John Wiley, New York, 1992.

[8] ANGLUIN, D. und L. C. VALIANT: *Fast probabilistic algorithms for Hamiltonian circuits and matchings*. Journal of Computer and System Sciences, 18:155–193, 1979.

[9] APPLE, K. und W. HAKEN: *Every Planar Map is Four Colorable*. Band 98 der Reihe *Contemporary Mathematics*. AMS Press, Providence, 1989.

[10] ARORA, S.: *Probabilistic Checking of Proofs and Hardness of Approximation Problems*. Doktorarbeit, Princeton University, Princeton, 1994.

[11] ARORA, S.: *Polynomial time approximation schemes for Euclidean traveling salesman and other geometric problems*. Journal of the ACM, 45(5):753–782, 1998.

[12] ARORA, S. und C. LUND: *Hardness of approximations*. In: HOCHBAUM, D. S. (Herausgeber): *Approximation Algorithms for NP-Hard Problems*, Seiten 399–446. PWS Publishing Company, Boston, MA, 1997.

[13] ARORA, S., C. LUND, R. MOTWANI, M. SUDAN und M. SZEGEDY: *Proof verification and hardness of approximation problems*. In: *Proceedings of the 33rd IEEE Symposium on Foundations of Computer Science (FOCS)*, Seiten 14–23. IEEE Computer Society Press, New York, 1992.

[14] ARORA, S., C. LUND, R. MOTWANI, M. SUDAN und M. SZEGEDY: *Proof verification and the hardness of approximation problems*. Electronic Colloquium on Computational Complexity (ECCC), 5(8), 1998.

[15] ARORA, S. und SH. SAFRA: *Probabilistic Checking of Proofs; A New Characterization of NP*. *Proceedings of the 33rd IEEE Symposium on Foundations of Computer Science (FOCS)*, Seiten 2–13. IEEE Computer Society Press, New York, 1992.

[16] ASANO, TAKAO: *An improved analysis of Goemans and Williamson's LP-relaxation for MAX SAT*. Theoretical Computer Science, 354(3):339–353, 2006.

[17] ASTEROTH, A. und C. BAIER: *Theoretische Informatik – eine Einführung in Berechenbarkeit, Komplexität und formale Sprachen mit 101 Beispielen*. Pearson Studium, Pearson Education Deutschland, München, 2002.

[18] AUSIELLO, G., P. CRESCENZI und M. PROTASI: *Approximate solution of* NP *optimization problems*. Theoretical Computer Science, 150(1):1–55, 1995.

[19] BABAI, L., L. FORTNOW und C. LUND: *Non-deterministic exponential time has two-prover interactive protocols*. Computational Complexity, 1:3–40, 1991.

[20] BAKER, B. S.: *Approximation algorithms for* NP-*complete problems on planar graphs*. Journal of the ACM, 41(1):153–180, 1994.

[21] BAR-YEHUDA, R. und S. EVEN: *A linear-time approximation algorithm for the weighted vertex cover problem*. Journal of Algorithms, 2:198–203, 1981.

[22] BATTEN, L. M. und A. BEUTELSPACHER: *The Theory of Finite Linear Spaces*. Cambridge University Press, New York, 1993.

[23] BELLARE, M., O. GOLDREICH und M. SUDAN: *Free bits, PCPs and non-approximability – towards tight results*. *Proceedings of the 36th IEEE Symposium on Foundations of Computer Science (FOCS)*, Seiten 422–431. IEEE Computer Society Press, New York, 1995.

[24] BERGE, C.: *Graphs and hypergraphs*. Band 6 der Reihe *North-Holland Mathematical Library*, zweite durchgesehene Auflage. Elsevier Science Publishers B.V., North-Holland, Amsterdam, 1976. Aus dem Französischen übersetzt von Edward Minieka.

[25] BERGE, C.: *Hypergraphs. Combinatorics of finite sets*. Band 45 der Reihe *North-Holland Mathematical Library*. Elsevier Science Publishers B.V., North-Holland, Amsterdam, 1989.

[26] BERGE, C.: *On the chromatic index of linear hypergraph and the Chvatal conjecture*. In: *Proceedings of the Third International Conference on Combinatorial Mathematics, New York, NY, USA, 1989*, Seiten 40–44. New York Academy of Sciences, New York, 1989.

[27] BERGE, C.: *Graphs*. Band 6 der Reihe *North-Holland Mathematical Library*, dritte durchgesehene Auflage. Elsevier Science Publishers B.V., North-Holland, Amsterdam, 1991.

[28] BERGER, B. und J. ROMPEL: *A better performance guarantee for approximate graph coloring*. Algorithmica, 5(4):459–466, 1990.

[29] BERGHAMMER, R. und F. REUTER: *A linear time approximation algorithm for bin packing with absolute approximation factor 3/2*. Science of Computer Programming, 48(1):67–80, 2003.

[30] BERMAN, P. und V. RAMAIYER: *Improved approximations for the Steiner tree problem*. In: *Proceedings of the Third Annual ACM/SIGACT–SIAM Symposium on Discrete Algorithms (SODA)*, Seiten 325–334, ACM–SIAM, New York, 1992.

[31] BERMAN, P. und G. SCHNITGER: *On the complexity of approximating the independent set problem.* Information and Computation, 96(1):77–94, 1992.

[32] BODLAENDER, H. L. und K. JANSEN: *On the complexity of the maximum cut problem.* In: ENJALBERT, P., E. W. MAYR und K. W. WAGNER (Herausgeber): *STACS '94, Proceedings of the 11th Annual Symposium on Theoretical Aspects of Computer Science, Caen, France, February 24–26, 1994,* Seiten 769–780. Springer, Berlin, 1994.

[33] BRUCKER, P.: *Scheduling Algorithms.* Springer, Berlin, 2004.

[34] CAI, L. und J. CHEN: *On fixed-parameter tractability and approximability of NP-hard optimization problems.* In: *Proceedings of the Second Israel Symposium on Theory of Computing Systems (ISTCS),* Seiten 118–126. IEEE Computer Society Press, New York, 1993.

[35] CAI, L., J. CHEN, R. G. DOWNEY und M. R. FELLOWS: *On the structure of parameterized problems in NP.* Information and Computation, 123(1):38–49, 1995.

[36] CHANG, W. I. und E. L. LAWLER: *Edge coloring of hypergraphs and a conjecture of Erdös, Faber, Lovász.* Combinatorica, 8(3):293–295, 1988.

[37] CHEN, J. und D. K. FRIESEN: *The complexity of 3-dimensional matching.* Technischer Bericht, Departement Computer Science, Texas A&M University, 1995.

[38] CHEN, J., S. P. KANCHI und A. KANEVSKY: *On the complexity of graph embeddings (extended abstract).* In: DEHNE, F. K. H. A., J.-R. SACK, N. SANTORO und S. WHITESIDES (Herausgeber): *Algorithms and Data Structures: Third Workshop, WADS '93, Montréal, Canada, August 11–13, 1993,* Band 709 der Reihe *Lecture Notes in Computer Science,* Seiten 234–245. Springer, Berlin, 1993.

[39] CHRISTOFIDES, N.: *Worst-case analysis of a new heuristic for the traveling salesman problem.* In: TRAUB, J. F. (Herausgeber): *Symposium on New Directions and Recent Results in Algorithms and Complexity.* Academic Press, Orlando, Fla., 1976.

[40] CHRISTOFIDES, N.: *Worst-case analysis of a new heuristic for the traveling salesman problem.* Technischer Bericht, Graduate School of Industrial Administration, Carnegie-Mellon University, Pittsburgh, Pennsylvania, 1976.

[41] CHVATAL, V.: *A greedy heuristic for the set covering problem.* Mathematics of Operations Research, 4:233–235, 1979.

[42] COFFMAN, JR., E. G., M. R. GAREY und D. S. JOHNSON: *Approximation algorithms for bin packing – an updated survey.* In: AUSIELLO, G., M. LUCERTINI und P. SERAFINI (Herausgeber): *Algorithms design for computer system design,* Seiten 49–106. Springer, New York, 1984.

[43] COFFMAN, JR., E. G., M. R. GAREY, D. S. JOHNSON und R. E. TARJAN: *Performance bounds for level-oriented two-dimensional packing algorithms.* SIAM Journal of Computing, 9:808–826, 1980.

[44] COOK, S. A.: *The complexitiy of theorem-proving procedures.* In: *STOC,* Seiten 151–158, 1971.

[45] CORMEN, TH. T., CH. E. LEISERSON und R. L. RIVEST: *Introduction to Algorithms.* MIT Press, Cambridge, MA, 1990.

[46] CRESCENZI, P. und A. PANCONESI: *Completeness in approximation classes.* Information and Computation, 93(2):241–262, 1991.

[47] DANTZIG, G.: *Linear Programming and Extensions.* Princeton University Press, Princeton, 1998.

[48] DIEDRICH, F. und K. JANSEN: *Faster and simpler approximation algorithms for mixed packing and covering problems.* Theoretical Computer Science, 377:181–204, 2007.

[49] DIESTEL, R.: *Graph Theory.* Band 173 der Reihe *Graduate Texts in Mathematics.* Springer, Berlin, 2005.

[50] DINITZ, E. A.: *Algorithm for solution of a problem of maximum flow in networks with power estimation.* Soviet Mathematics Doklady, 11:1277–1280, 1970.

[51] DINUR, I.: *The PCP theorem by gap amplification.* Journal of the ACM, 54(3):12, 2007.

[52] EBBINGHAUS, H. D., J. FLUM UND W. THOMAS: *Einführung in die mathematische Logik.* Wissenschafliche Buchgesellschaft, Darmstadt, 1978.

[53] EDMONDS, J.: *Paths, trees and flowers.* Canadian Journal of Mathematics, 17:449–467, 1965.

[54] EDMONDS, J. und R. M. KARP: *Theoretical improvements in algorithmic efficiency for network flow problems.* Journal of the ACM, 19(2):248–264, 1972.

[55] ENDERTON, H. B.: *A Mathematical Introduction to Logic.* Academic Press, Boston, MA, 1972.

[56] FAGIN, R.: *Generalized first-order spectra an polynomial time recognizable sets.* In: KARP, R. (Herausgeber): *Complexity of Computation,* Band 7 der Reihe *SIAM–AMS Proceedings,* Seiten 43–73. AMS Press, Providence, RI, 1974.

[57] FARKAS, J.: *Über die Theorie der Einfachen Ungleichungen.* Journal für reine und angewandte Mathematik, 124:1–27, 1901.

[58] FEIGE, U.: *A Threshold of ln in for Approximating Set Cover (Preliminary Version).* In: *Proceedings of the Twenty-Fifth Annual ACM Symposium on Theory of Computing (STOC), Philadelphia, Pennsylvania, USA, May 22–24, 1996,* Seiten 314–318. AMS Press, New York, 1996.

[59] FEIGE, U. und M. X. GOEMANS: *Approximating the value of two prover proof systems, with applications to MAX 2SAT and MAX DICUT.* In: *Proceedings of the Third Israel Symposium on the Theory of Computing and Systems (ISTCS), Tel Aviv, Israel, January 4–6, 1995,* Seiten 182–189. IEEE Computer Society Press, New York, 1995.

[60] FEIGE, U. und J. KILIAN: *Zero knowledge and the chromatic number.* In: *IEEE Conference on Computational Complexity,* Seiten 278–287. IEEE Computer Society Press, New York, 1996.

[61] FISHKIN, A. V., K. JANSEN und M. MASTROLILLI: *On minimizing average weighted completion time: a PTAS for the job shop problem with release dates.* In: IBARAKI, T., N. KATOH und H. ONO (Herausgeber): *Algorithms and Computation, Proceedings of the 14th International Symposium, ISAAC 2003, Kyoto, Japan, December 15–17, 2003,* Seiten 319–328. Springer, Berlin, 2003.

[62] FISHKIN, A. V., K. JANSEN und M. MASTROLILLI: *Grouping techniques for scheduling problems: simpler and faster*. Erscheint in: Algorithmica, 2008.

[63] FORD, L. R. und D. R. FULKERSON: *Flows in Network*. Princeton University Press, Princeton, 1962.

[64] FORSTER, O.: *Algorithmische Zahlentheorie*. Vieweg, Braunschweig, 1996.

[65] FRIESEN, D. K.: *Tighter bounds for the multifit processor scheduling algorithm*. SIAM Journal on Computing, 13(1):170–181, 1984.

[66] FÜREDI, Z.: *The chromatic index of simple hypergraphs*. Graphs and Combinatorics, 2:89–92, 1986.

[67] GABBER, O. und Z. GALIL: *Explicit constructions of linear size superconcentrators*. In: *Proceedings of the 20th Annual Symposium on Foundations of Computer Science, 29–31 October 1979, San Juan, Puerto Rico*, Seiten 364–370. IEEE Computer Society Press, New York, 1979.

[68] GAREY, M. R., R. L. GRAHAM und D. S. JOHNSON: *Some NP-complete geometric problems*. In: *Proceedings of the Eighth Annual ACM Symposium on Theory of Computing (STOC), Hershey, Pennsylvania, USA, 3–5 May 1976*, Seiten 10–22. ACM Press, New York, 1976.

[69] GAREY, M. R., R. L. GRAHAM, D. S. JOHNSON und A. C. YAO: *Resource constrained scheduling as generalized bin packing*. Journal of Combinatorial Theory Series A, 21:257–298, 1976.

[70] GAREY, M. R. und D. S. JOHNSON: *Two-processor scheduling with start times and deadlines*. SIAM Journal on Computing, 6:416–426, 1977.

[71] GAREY, M. R. und D. S. JOHNSON: *Strong NP-completeness results: motivation, examples, and implications*. Journal of the ACM, 25(3):499–508, 1978.

[72] GAREY, M. R. und D. S. JOHNSON: *Computers and Intractability: A Guide to the Theory of NP-Completeness*. W. H. Freeman, New York, 1979.

[73] GAREY, M. R., D. S. JOHNSON und L. J. STOCKMEYER: *Some simplified NP-complete graph problems*. Theoretical Computer Science, 1:237–267, 1976.

[74] GAVRIL, F. Private communication, 1974.

[75] GOEMANS, M. X. und D. P. WILLIAMSON: *.878-approximation algorithms for MAX CUT and MAX 2SAT*. In: *STOC*, Seiten 422–431, 1994.

[76] GOEMANS, M. X. und D. P. WILLIAMSON: *New 3/4 approximation algorithm for MAXSAT*. SIAM Journal on Discrete Mathematics, 7:656–666, 1994.

[77] GOEMANS, M. X. und D. P. WILLIAMSON: *The primal-dual method for approximation algorithms and its application to network design methods*. In: HOCHBAUM, D. S. (Herausgeber): *Approximation Algorithms for NP-Hard Problems*, Seiten 144–191. PWS Publishing Company, Boston, MA, 1997.

[78] GOLUB, G. H. und C. F. V. LOAN: *Matrix Computations*. Band 3 der Reihe *Johns Hopkins series in the mathematical sciences*. The Johns Hopkins University Press, Baltimor, MD, 1983.

[79] GRAHAM, R.: *Bounds for certain multiprocessor anomalies*. The Bell Systems Technical Journal, 45:1563–1581, 1966.

[80] GRAHAM, R.: *Bounds for certain multiprocessor timing anomalies*. SIAM Journal on Applied Mathematics, 17:416–426, 1969.

[81] GRIGNI, M., E. KOUTSOUPIAS und CH. H. PAPADIMITRIOU: *An approximation scheme for planar graph TSP*. In: *Proceedings of the 36th IEEE Symposium on Foundations of Computer Science (FOCS)*, Seiten 640–645. IEEE Computer Society Press, New York, 1995.

[82] GRIGORIADIS, M. D., L. G. KHACHIYAN, L. PORKOLAB und J. VILLAVICENCIO: *Approximate max-min resource sharing for structured concave optimization*. SIAM Journal on Optimization, 11(4):1081–1091, 2000.

[83] GRÖTSCHEL, A., L. LOVÁSZ und A. SCHRIJVER: *Geometric Algorithms and Combinatorial Optimization*. Springer, Berlin, 1993.

[84] HALLDÓRSSON, M. M.: *A still better performance guarantee for approximate graph colorings*. Information Processing Letters 45(1):19–23, 1993.

[85] HALLDÓRSSON, M. M. und J. RADHAKRISHNAN: *Greed is good: Approximating independent sets in sparse and bounded-degree graphs*. Algorithmica, 18:145–163, 1997.

[86] HANEN, C. und A. MUNIER: *An approximation algorithm for scheduling unitary tasks on m processors with communication delays*. Technischer Bericht LITP 12, Université P. et M. Curie, Paris, 1995.

[87] HÅSTAD, J.: *Clique is hard to approximate within $n^{1-epsilon}$*. In: *Proceedings of the 37th IEEE Symposium on Foundations of Computer Science (FOCS)*, Seiten 627–636. IEEE Computer Society Press, New York, 1996.

[88] HINDMAN, N.: *On a conjecture of Erdös, Faber and Lovász about n-colorings*. Canadian Journal of Mathematics, 33:563–570, 1981.

[89] HOCHBAUM, D. S.: *Approximation algorithms for the set covering and vertex cover problems*. SIAM Journal on Computing, 11(3):555–556, 1982.

[90] HOCHBAUM, D. S.: *Approximation covering and packing problems*. In: HOCHBAUM, D. S. (Herausgeber): *Approximation Algorithms for NP-Hard Problems*, Seiten 94–143. PWS Publishing Company, Boston, MA, 1997.

[91] HOCHBAUM, D. S. und A. PATHRIA: *Analysis of the Greedy Approach in Covering Problems*. Unveröffentlichtes Manuskript, 1994.

[92] HOCHBAUM, D. S. und D. B. SHMOYS: *Using dual approximation algorithms for scheduling problems theoretical and practical results*. Journal of the ACM, 34(1):144–162, 1987.

[93] HOCHBAUM, D. S. und D. B. SHMOYS: *A polynomial approximation scheme for scheduling on uniform processors: using the dual approximation approach*. SIAM Journal on Computing, 17(3):539–551, 1988.

[94] HOLYER, I.: *The NP-completeness of edge-coloring*. SIAM Journal on Computing, 10(4):718–720, 1981.

[95] HOOGEVEEN, J. A., J. K. LENSTRA und B. VELTMAN: *Preemptive scheduling in a two-stage multiprocessor flow shop is* NP-*hard*. European Journal of Operation Research, 89(1):172–175, 1996.

[96] HOPCROFT, J. E. und R. E. TARJAN: *Efficient planarity testing*. Journal of the ACM, 21(4):549–568, 1974.

[97] IBARRA, O. H. und C. E. KIM: *Fast approximation algorithms for the knapsack and sum of subset problems*. Journal of the ACM, 22(4):463–468, 1975.

[98] JANSEN, K.: *An approximation scheme for bin packing with conflicts*. In: *Proceedings of the Sixth Scandinavian Workshop on Algorithm Theory (SWAT '98), Stockholm, Schweden, July 8–10, 1998*, Band 1432 der Reihe *Lecture Notes in Computer Science*, Seiten 35–46. Springer, Berlin, 1998.

[99] JANSEN, K.: *Approximation algorithms for the general max-min resource sharing problem: faster and simpler*. In: HAGERUP, T. und J. KATAJAINEN (Herausgeber): *Proceedings of the Ninth Scandinavian Workshop on Algorithm Theory (SWAT 2004), Humlebaek, Dänemark, July 8–10, 2004*, Band 3111 der Reihe *Lecture Notes in Computer Science* Seiten 311–322. Springer, Berlin, 2004.

[100] JANSEN, K.: *Scheduling malleable parallel tasks: an asymptotic fully polynomial-time approximation scheme*. Algorithmica, 39(1):59–81, 2004.

[101] JANSEN, K.: *Approximation algorithms for the mixed fractional packing and covering problem*. SIAM Journal on Optimization, 17:331–352, 2006.

[102] JANSEN, K., M. KARPINSKI, A. LINGAS und E. SEIDEL: *Polynomial time approximation schemes for max-bisection on planar and geometric graphs*. SIAM Journal of Computing, 35:110–119, 2005.

[103] JANSEN, K. und L. PORKOLAB: *Improved approximation schemes for scheduling unrelated parallel machines*. Mathematics of Operations Research, 26:324–338, 2001.

[104] JANSEN, K. und L. PORKOLAB: *Polynomial time approximation schemes for general multiprocessor job shop scheduling*. Journal of Algorithms, 45(2):167–191, 2002.

[105] JANSEN, K. und R. SOLIS-OBA: *A polynomial time approximation scheme for the square packing problem*. Erscheint in: Integer Programming and Combinatorial Optimization, 2008.

[106] JANSEN, K. und R. SOLIS-OBA: *An asymptotic approximation scheme for 3D strip packing*. In: *Proceedings of the 17th Annual ACM–SIAM Symposium on Discrete Algorithms, SODA 2006, Miami, USA*, Seiten 143–152. ACM Press, New York, 2006.

[107] JANSEN, K. und R. SOLIS-OBA: *New approximability results for 2-dimensional packing problems*. In: *Proceedings of the Second International Symposium on Mathematical Foundations of Computer Science, MFCS 2007, Cesky Krumlov, Tschechische Republik*, Band 4708 der Reihe *Lecture Notes in Computer Science*, Seiten 103–114. Springer, Berlin, 2007.

[108] JANSEN, K., R. SOLIS-OBA und M. SVIRIDENKO: *Makespan minimization in job shop: a linear time approximation scheme*. SIAM Journal on Discrete Mathematics, 16:288–300, 2003.

[109] JANSEN, K. und R. VAN STEE: *On strip packing with rotations.* In: *ACM Symposium on the Theory of Computing, STOC 2005,* Seiten 755–761. Baltimore, USA, 2005.

[110] JANSEN, K. und R. THÖLE: *Approximation algorithms for scheduling parallel jobs: breaking the approximation ratio of 2.* Übermittelt.

[111] JANSEN, K. und G. ZHANG: *On rectangle packing: maximizing benefits.* Algorithmica, 47:323–342, 2007.

[112] JENSEN, T. R. und B. TOFT: *Graph Coloring Problems.* Wiley-Interscience Series in Discrete Mathematics and Optimization, John Wiley, New York, 1995.

[113] JOHNSON, D. S.: *Approximation algorithms for combinatorial problems.* Journal of Computer and System Sciences, 9(3):256–278, 1974.

[114] JOHNSON, D. S.: *Worst-case behaviour of graphs coloring algorithms.* In: *Proceedings of the 5th Southeastern Conference on Combinatorics, Graph Theory, and Computing. Congressus Numerantium X.* Seiten 513–527, 1974.

[115] JOHNSON, D. S.: *The NP-completeness column: an ongoing guide.* Journal of Algorithms, 13(3):502–524, 1992.

[116] JOHNSON, D. S., A. J. DEMERS, J. D. ULLMAN, M. R. GAREY und R. L. GRAHAM: *Worst-case performance bounds for simple one-dimensional packing algorithms.* SIAM Journal on Computing, 3(4):299–325, 1974.

[117] KAHN, J.: *On some hypergraph problems of Paul Erdös and the asymptotics of matching, covers and colorings.* In: Graham, R. L., und J. Nesetril (Herausgeber): *The Mathematics of Paul Erdös I,* Kapitel Seiten 345–371. Springer, Berlin-Heidelberg, 1997.

[118] KAHN, J. und P. D. SEYMOUR: *A fractional version of the Erdös–Faber–Lovász conjecture.* Combinatorica, 12(2):155–160, 1992.

[119] KAKLAMANIS, CH., P. PERSIANO, TH. ERLEBACH und K. JANSEN: *Constrained bipartite edge coloring with applications to wavelength routing.* In: *ICALP '97: Proceedings of the 24th International Colloquium on Automata, Languages and Programming, London, UK, 1997,* Seiten 493–504. Springer, Berlin, 1997.

[120] KANN, V.: *Maximum bounded 3-dimensional matching in MAX SNP-complete.* Information Processing Letters, 37(1):27–35, 1991.

[121] KANN, V.: *On the Approximability of NP-Complete Optimization Problems.* Doktorarbeit, Royal Institute of Technology, Stockholm, 1992.

[122] KARGER, D. R., R. MOTWANI und G. D. S. RAMKUMAR: *On approximating the longest path in a graph (preliminary version).* In: DEHNE, F. K. H. A., J.-R. SACK, N. SANTORO und S. WHITESIDES (Herausgeber): *Algorithms and Data Structures, Third Workshop, WADS '93, Montréal, Canada, August 11–13, 1993, Proceedings,* Seiten 421–432. Springer, Berlin, 1993.

[123] KARGER, D. R., R. MOTWANI und M. SUDAN: *Approximate graph coloring by semidefinite programming.* In: *IEEE Symposium on Foundations of Computer Science,* Seiten 2–13. IEEE Computer Society Press, New York, 1994.

[124] KARLOFF, H.: *Linear Programming*. Birkhauser Boston Inc., Cambridge, MA, USA, 1991.

[125] KARMARKAR, N.: *A new polynomial-time algorithm for linear programming*. Combinatorica, 4(4):373–396, 1984.

[126] KARMARKAR, N.: *A new polynomial-time algorithm for linear programming*. In: *Proceedings of the Sixteenth Annual ACM Symposium on Theory of Computing, 1984, Washington, D.C., USA*, Seiten 302–311. ACM Press, New York, 1984.

[127] KARMARKAR, N. und R. M. KARP: *An efficient approximation scheme for the one-dimensional bin-packing problem*. In: *23rd Annual Symposium on Foundations of Computer Science, 3–5 November 1982, Chicago, Illinois, USA*, Seiten 312–320. IEEE Computer Society Press, New York, 1982.

[128] KARP, R. M.: *Reducibility among combinatorial problems*. In: MILLER, R. E. und J. W. THATCHER (Herausgeber): *Complexity of Computer Computations*, Seiten 85–103. Plenum Press, New York, 1972.

[129] KELLERER, H., U. PFERSCHY und D. PISINGER: *Knapsack Problems*. Springer, Berlin, Germany, 2004.

[130] KENYON, C. und E. RÉMILA: *A near optimal solution to a two-dimensional cutting stock problem*. Mathematics of Operations Research, 25:645–656, 2000.

[131] KHANNA, S., N. LINIAL und S. SAFRA: *On the hardness of approximating the chromatic number*. In: *Israel Symposium on the Theory of Computing and Systems*, Seiten 250–260. IEEE Computer Society Press, New York, 1993.

[132] KHANNA, S., R. MOTWANI, M. SUDAN und U. V. VAZIRANI: *On syntactic versus computational views of approximability*. In: *Proceedings of the 35th Annual Symposium on Foundations of Computer Science, 20–22 November 1994, Santa Fe, New Mexico, USA*, Seiten 819–830. IEEE Computer Society Press, New York, 1994.

[133] KLEIN, H. und M. MARGRAF: *A remark on the conjecture of Erdös, Faber and Lovász*. Erscheint in: Journal of Geometry, 2007.

[134] KNUTH, D. E.: *The Art of Computer Programming, Volume III: Sorting and Searching*. Addison-Wesley, Reading, MA, 1973.

[135] KOLAITIS, PH. G. und M. N. THAKUR: *Logical definability of* NP *optimization problems*. Information and Computation, 115(2):321–353, 1994.

[136] KOLAITIS, PH. G. und M. N. THAKUR: *Approximation properties of* NP *minimization classes*. Journal of Computer and System Sciences, 50(3):391–411, 1995.

[137] KRUMKE, S. O.: *Das PCP-Light-Theorem*. Technische Universität Kaiserslautern, Kaiserslautern, 2005.

[138] KUCERA, L.: *The complexity of clique finding algorithms*. Unveröffentlichtes Manuskript, 1976.

[139] LAWLER, E. L.: *Combinatorial Optimization: Networks and Matroids*. Holt, Reinhart and Winston, New York, 1976.

[140] LAWLER, E. L.: *Fast approximation algorithms for knapsack problems*. Mathematics of Operations Research, 4(4):339–356, 1979.

[141] LENSTRA, H. W.: *Integer programming with a fixed number of variables*. Mathematics of Operations Research, 8:538–548, 1983.

[142] LENSTRA, J. K., D. B. SHMOYS und E. TARDOS: *Approximation algorithms for scheduling unrelated parallel machines*. Mathematical Programming, 46:259–271, 1990.

[143] LEVIN, L. A.: *Universal sorting problems*. Problems of Information Transmission, 9:265–266, 1973.

[144] LIPTON, R. J. und R. E. TARJAN: *A separator theorem for planar graphs*. SIAM Journal on Applied Mathematics, 36(2):177–189, 1979.

[145] LIPTON, R. J. und R. E. TARJAN: *Applications of a planar separator theorem*. SIAM Journal on Computing, 9(3):615–627, 1980.

[146] LOVÁSZ, L.: *On the ratio of the optimal integral and fractional covers*. Discrete Mathematics, 13:383–390, 1975.

[147] LÜBBECKE, M.: *Approximationsalgorithmen*. Vorlesungsskript, Sommersemester 2004. Technische Universität Berlin, Berlin, 2004.

[148] LUBOTZKY, A., R. PHILLIPS und P. SARNAK: *Explicit expanders and the Ramanujan conjectures*. In: *Proceedings of the Eighteenth Annual ACM Symposium on Theory of Computing, 28–30 May 1986, Berkeley, California, USA*, Seiten 240–246. ACM Press, New York, 1986.

[149] LUBOTZKY, A., R. PHILLIPS und P. SARNAK: *Ramanujan graphs*. Combinatorica, 8(3):261–277, 1988.

[150] LUND, C. und M. YANNAKAKIS: *On the hardness of approximating minimization problems*. Journal of the ACM, 41(5):960–981, 1994.

[151] MAGAZINE, M. J. und O. OGUZ: *A fully polynomial approximation algorithm for the 0-1 knapsack problem*. European Journal of Operational Research, 8(3): 270–273, 1981.

[152] MAHAJAN, S. und R. HARIHARAN: *Derandomizing semidefinite programming based approximation algorithms*. In: *Proceedings of the 36th IEEE Symposium on Foundations of Computer Science (FOCS)*, Seiten 162–169. IEEE Computer Society Press, New York, 1995.

[153] MARGULIS, G.: *Explicit construction of concentrators*. Problemy Peredachi Informatsii, 9(4):71–80, 1973.

[154] MCDIARMID, C.: *On the method of bounded differences*. In: SIEMONS, J. (Herausgeber): *Surveys in Combinatorics*, Band 141 der Reihe *London Mathematical Society Lecture Notes*. Cambridge University Press, Cambridge, England, 1989.

[155] MCMULLEN, P.: *Convex Polytopes, by Branko Grünbaum, second edition (first edition (1967) written with the cooperation of V. L. Klee, M. Perles and G. C. Shephard; second edition (2003) prepared by V. Kaibel, V. L. Klee and G. M. Ziegler), Graduate Texts in Mathematics, Vol. 221, Springer 2003, 568 pp.* Comb. Probab. Comput., 14(4):623–626, 2005.

[156] MICALI, S. und V. V. VAZIRANI: *An $O(sqrt(|v|)|E|)$ algorithm for finding maximum matching in general graphs.* In: *Proceedings of the 21st Annual Symposium on Foundations of Computer Science, 13–15 October 1980, Syracuse, New York, USA,* Seiten 17–27. IEEE Computer Society Press, New York, 1980.

[157] MONIEN, B.: *How to find long paths efficiently.* Annals of Discrete Mathematics, 25:239–254, 1985.

[158] MOTWANI, R.: *Lecture notes on approximation algorithms: Volume I.* Technischer Bericht CS-TR-92-1435. Department of Computer Science, Stanford University, Stanford, 1992.

[159] MOTWANI, R. und P. RAGHAVAN: *Randomized Algorithms.* Cambridge University Press, New York, 1995.

[160] MUNIER, A. und J. C. KÖNIG: *A heuristic for a scheduling problem with communication delays.* Operation Research, 45(1):145–147, 1997.

[161] NESTEROV, Y. und A. S. NEMIROVSKII: *An interior-point method for generalized linear-fractional programming.* Mathematical Programming, 69:177–204, 1995.

[162] NESTEROV, Y. und A. S. NEMIROVSKII: *Interior Point Polynomial Algorithms in Convex Programming.* Band 13 der Reihe *Studies in Applied Mathematics.* SIAM, Philadelphia, PA, 1994.

[163] NIGMATULLIN, R. G.: *Complexity of the approximate solution of combinatorial problems.* Soviet Mathematics Doklady, 16:1199–1203, 1975.

[164] PAPADIMITRIOU, CH. H. und K. STEIGLITZ: *Combinatorial Optimization: Algorithms and Complexity.* Prentice-Hall, Englewood Cliffs, NY, 1982.

[165] PAPADIMITRIOU, CH. H. und M. YANNAKAKIS: *Optimization, approximation, and complexity classes.* Journal of Computer and System Sciences, 43(3):425–440, 1991.

[166] PAPADIMITRIOU, CH. H. und M. YANNAKAKIS: *The traveling salesman problem with distances one and two.* Mathematics of Operations Research, 18(1):1–11, 1993.

[167] PAPADIMITRIOU, CH. H. und M. YANNAKAKIS: *On limited nondeterminism and the complexity of the V-C dimension.* Journal of Computer and System Sciences, 53(2):161–170, 1996.

[168] PAPADIMITRIOU, C. H.: *Combinatorial Complexity.* Addison-Wesley, Reading, MA, 1993.

[169] PREPARATA, F. P. und M. I. SHAMOS: *Computational Geometry – An Introduction.* Springer, New York, 1985.

[170] PRÖMEL, H. J. und A. STEGER: *Wie man Beweise verifiziert, ohne sie zu lesen.* In: Wegener, I. (Herausgeber): *Higlights aus der Informatik,* Seiten 305–325. Springer, Berlin, 2001.

[171] RAGHAVAN, P.: *Randomized Rounding and Discrete Ham-Sandwiches: Provably Good Algorithms for Routing and Packing Problems.* Doktorarbeit, EECS Department, University of California, Berkeley, 1986.

[172] RAGHAVAN, P.: *Probabilistic construction of deterministic algorithms: approximating packing integer programs.* Journal of Computer and System Sciences, 37(2):130–143, 1988.

[173] RAGHAVAN, P. und C. D. THOMPSON: *Randomized rounding: a technique for provably good algorithms and algorithmic proofs.* Combinatorica, 7(4):365–373, 1987.

[174] RAZ, R.: *A parallel repetition theorem.* In: *Proceedings of the Twenty-Seventh Annual ACM Symposium on Theory of Computing, 29 May–1 June 1995, Las Vegas, Nevada, USA*, Seiten 447–456. ACM Press, New York, 1995.

[175] ROBERTSON, N., D. P. SANDERS, P. SEYMOUR und R. THOMAS: *A new proof of the four-colour theorem.* Research Announcements of the ACM, 2:17–25, 1996.

[176] SAHNI, S.: *Approximate algorithms for the* 0/1 *knapsack problem.* Journal of the ACM, 22(1):115–124, 1975.

[177] SAHNI, S.: *Algorithms for scheduling independent tasks.* Journal of the ACM, 23(1):116–127, 1976.

[178] SAHNI, S. und T. F. GONZALEZ: P-*complete approximation problems.* Journal of the ACM, 23(3):555–565, 1976.

[179] SALZMANN, H., D. BETTEN, T. GRUNDHÖFER, H. HÄHL, R. LÖWEN und M. STROPPEL: *Compact Projective Planes.* Walter de Gruyter, Berlin-New York, 1995.

[180] SCHRIJVER, A.: *Theory of Linear and Integer Programming.* John Wiley, New York, 1986.

[181] SEYMOUR, P. D.: *Packing nearly-disjoint sets.* Combinatorica, 2(1):91–97, 1982.

[182] SHMOYS, D. B.: *Computing near-optimal solutions to combinatorial optimization problems.* Technischer Bericht, Ithaca, NY, 1995.

[183] SIMCHI-LEVI, D.: *New worst-case results for the bin packing problem.* Naval Research Logistics, 41:579–585, 1994.

[184] SLEATOR, D. D.: *A 2.5 times optimal algorithm for packing in two dimensions.* Information Processing Letters, 10(1):37–40, 1980.

[185] SRINIVASAN, ARAVIND: *Improved approximations of packing and covering problems.* In: *STOC '95: Proceedings of the 27th annual ACM Symposium on Theory of Computing, 1995, New York, NY, USA*, Seiten 268–276. ACM Press, New York, 1995.

[186] SRIVASTAV, A. und P. STANGIER: *Weighted fractional and integral k-matching in hypergraphs.* Technischer Bericht No. 92.123, Institut für Informatik, Universität zu Köln, 1994.

[187] STOCKMEYER, L. J.: *Planar 3-colorability is* NP-*complete.* Special Interest Group on Algorithms and Computation Theory News, 5(3):19–25, 1973.

[188] T. ERLEBACH, K. JANSEN UND E. SEIDEL: *Polynomial-time approximation schemes for geometric graphs.* SIAM Journal of Computing, 34:1302–1323, 2005.

[189] TURING, A. M.: *On computable numbers, with an application to the Entscheidungsproblem.* Proceedings of the London Mathematical Society, 2(42):230–265, 1936.

[190] VEGA, W. FERNANDEZ DE LA und G. S. LUEKER: *Bin packing can be solved within 1 + ε in linear time.* Combinatorica, 1(4):349–355, 1981.

[191] VIZING, V. G.: *On an estimate of the chromatic class of a p-graph.* Metody Diskreto Analiz, 3:23–30, 1964. Auf Russisch.

[192] WANKA, R.: *Approximationsalgorithmen. Eine Einführung.* Leitfäden der Informatik, B.G. Teubner, Wiesbaden, 2006.

[193] WIDGERSON, A.: *Improving the performance guarantee for approximate graph coloring.* Journal of the ACM, 30(4):729–735, 1983.

[194] WILLIAMSON, D. P.: *The primal-dual method for approximation algorithms.* Mathematical Programming, Series B, 91:447–478, 2002.

[195] WRIGHT, S. und F. POTRA: *Interior point methods.* Journal of Computational and Applied Mathematics, 124:281–302, 2000.

[196] YANNAKAKIS, M.: *On the approximation of maximum satisfiability.* Journal of Algorithms, 17(3):475–502, 1994.

[197] ZUCKERMAN, D.: NP-*complete problems have a version that's hard to approximate.* In: *Proceedings of the Eighth Annual Structure in Complexity Theory Conference,* Seiten 305–312. IEEE Computer Society Press, New York, 1993.

[198] ZUCKERMAN, D.: *On unapproximable versions of* NP-*complete problems.* SIAM Journal on Computing, 25(6):1293–1304, 1996.

Abbildungsverzeichnis

1.1 Ein optimaler Schedule zu den Jobs aus Beispiel 1.1. 3

1.2 Das Ergebnis von LIST SCHEDULE für die Instanz aus Beispiel 1.1. . . . 4

1.3 Ein Beispiel für einen Schnitt. 6

1.4 Der vollständige Graph auf sechs Knoten. 15

1.5 Ein Graph G, ein Teilgraph von G und ein induzierter Teilgraph von G. . 15

1.6 Der Graph zur Inzidenzmatrix in Tabelle 1.1. 16

1.7 Der Graph aus Beispiel 1.9. 17

1.8 Beispiel eines Graphen mit Loops und parallelen Kanten. 18

2.1 Die Komplexitätsklassen P und NP unter der Voraussetzung P $\neq$ NP. . . 25

2.2 Der zur Formel (2.1) gehörende Graph. 38

2.3 Die Verteilung des Jobs J_{n+1}. 46

2.4 In der Reduktion von 3SATauf EDGE 3-COLORING benutzte invertierende Komponente, rechts die im Folgenden benutzte symbolische Darstellung. 48

2.5 Zusammensetzen der invertierenden Komponente für eine Variable, die
genau viermal in der Formel α vorkommt. 48

2.6 Die Satisfaction-Testing-Komponente für die Klausel $C_i = (c_{i1} \vee c_{i2} \vee c_{i3})$. 49

3.1 Ein Graph mit $\chi(G) = 3$: $c(v_1) = v(v_5) = 1, c(v_2) = c(v_4) = c(v_6) = $
2 und $c(v_3) = 3$. 52

3.2 Die Graphen G_0 und G_i. 53

3.3 Links der vollständige Graph auf vier Knoten, rechts der auf fünf Knoten. 56

3.4 Die vom Algorithmus konstruierte Knoten- und Farbenfolge. 58

3.5 Umfärbung der Kanten durch u im Fall 1. 59

3.6 Umfärbung der Kanten durch u im Fall 2. 59

3.7 Ein Kantenzug im Graphen G'. 60

3.8 Ein planarer und zwei nichtplanare Graphen. 61

3.9 Ein Beispiel mit sechs Ländern. 62

3.10 Der aus Beispiel 3.9 konstruierte Graph. 63

3.11 Der Graph H für den Beweis der NP-Vollständigkeit von NODE 3-CO-
LORING in planaren Graphen. 64

3.12 Teil 1 der Konstruktion des planaren Graphen $f(G)$ aus G. 65

3.13 Teil 2 der Konstruktion des planaren Graphen $f(G)$ aus G. 65

3.14 Teil 3 der Konstruktion des planaren Graphen $f(G)$ aus G. 65

3.15 Teil 4 der Konstruktion des planaren Graphen $f(G)$ aus G. 66

3.16 Eine Facette ist schraffiert 67

3.17 Beispiel: $n = 5, e = 6, f = 3$. 68

3.18 Anordnung der Nachbarn von v. 71

3.19 Die geschlossene Kurve ist fett gezeichnet. 72

3.20 Das schraffierte Gebiet wird nur von den Kanten durch x_i, x_j und v geschnitten. 73

3.21 Kreuzungsfreie Einbettung der neuen Kanten. 73

3.22 $G = K_3$ (links) und $2 \cdot G$ (rechts). 77

4.1 Eine Beispielinstanz von MIN SET COVER: $S = \{1, \ldots, 25\}$, die Mengen sind in der oberen rechten Ecke angegeben und durch Schraffur gekennzeichnet. 82

5.1 Links der Ursprungsgraph, rechts sein Komplement. Die Knoten v_4, v_5, v_6 bilden ein Vertexcover in G, die Knoten v_1, v_2, v_3 eine Clique in G^c. . 92

5.2 Eine Beispielinstanz von MIN VERTEX COVER. 93

5.3 Ein Beispiel mit $\gamma_t - 1 = 4$ und $\kappa_t - 1 = 2$. 96

5.4 Ein einfacher Graph G und sein Quadrat. 99

6.1 Form eines optimalen Schedules in Fall 2. 107

6.2 Schedule, der vom Algorithmus LPT im Fall 2 konstruiert wird. 108

6.3 Schedule des Algorithmus nach der Transformation. 109

6.4 Die sieben Brücken über den Pregel. 112

6.5 Beispiel für die Arbeitsweise des Algorithmus EULERKREIS. 113

6.6 Beispiel eines erzeugenden Baumes. 114

6.7 Die Zahlen symbolisieren die jeweiligen Kantengewichte. 115

6.8 Beispiel für die Arbeitsweise des Algorithmus KRUSKAL. 115

6.9 Schritt 1 des Algorithmus MIN ΔTSP-1: Ein minimal spannender Baum wird erzeugt. 116

6.10 Schritt 2 des Algorithmus MIN ΔTSP-1, die Kanten werden verdoppelt. . 116

6.11 Die gefundene Rundreise $v_1, v_5, v_2, v_3, v_4, v_6, v_7, v_8, v_1$. 117

6.12 Beispiel für ein perfektes Matching (fettgezeichnet). 118

6.13 Schritt 1 des Algorithmus MIN ΔTSP-2. 119

6.14 Schritt 2 des Algorithmus MIN ΔTSP-2: Ein minimales perfektes Matching wird hinzugefügt. 120

6.15 Die gefundene Rundreise $v_1, v_5, v_2, v_6, v_8, v_7, v_4, v_3, v_1$. 120

6.16 Beispiel für den worst-case-Fall: Oben der Graph G (mit Kantengewichten 1); in der Mitte das Optimum; unten die Lösung des Algorithmus. . . 121

6.17 Überdeckungstester für eine Kante $e = \{u, v\}$. 124

6.18 Die drei Möglichkeiten, wie ein Hamiltonkreis die Komponenten durchlaufen kann (fett gezeichnet). 125

6.19 Zusammensetzen aller Komponenten zu Kanten, die alle einen gemeinsamen Endknoten habe. 125

7.1 Links die Bins des optimalen Bin-Packing, rechts das Erzeugnis von FF und BF. 130

7.2 Graphische Darstellung der Funktion w. 131

7.3 Beispiel: $c(B_3) = \max(\frac{5}{6}, \frac{1}{2}) = \frac{5}{6}$. 134

7.4 Alle Bins sind mit einem oder zwei Gegenständen gepackt. 138

7.5 Graphische Darstellung einer optimale Lösung zur Instanz aus Beispiel 7.14. Hier gilt opt$(L) = \frac{9}{20} = h(r_1)$. 140

7.6 Graphische Darstellung der Lösung, die der Algorithmus NFDH für die Instanz aus Beispiel 7.14 liefert. Hier gilt NFDH$(L) = \frac{3}{4}$. 141

7.7 Stufenorientierter Algorithmus. 142

7.8 Beispiel für Formel (7.6.) 143

7.9 Links: NFDH$(L) = \frac{n}{2}$, rechts: opt$(L) = \frac{n}{4} + 1$. 144

7.10 Graphische Darstellung der Lösung, die der Algorithmus FFDH für die Instanz aus Beispiel 7.14 liefert. Hier gilt FFDH$(L) = \frac{13}{20}$. 145

7.11 Beispiel für die Arbeitsweise des Algorithmus von Sleator. 146

7.12 Partitionierung von R_i. 148

8.1 Beispiel einer Bounding Box zu einer Instanz I. 163

8.2 Beispiel einer Dissection zu einer Instanz I. 164

8.3 Beispiel eines Quadtrees zu einer Instanz I. 164

8.4 Ein Liniensegment zwischen x_i und x_j. 165

8.5 Beispiel eines Quadrats mit zwanzig Portalen. 166

8.6 Die beiden linken Kurven berühren sich, die rechten Kurven schneiden bzw. kreuzen sich im Punkt p. 166

8.7 Short cuts an Portalen. Dabei können Selbstüberkreuzungen entstehen. . . . 167

8.8 Entkreuzung der Selbstüberschneidung. 167

8.9 Einschränkung einer Portaltour auf ein Quadrat. 169

8.10 Links wird der Knoten in den Pfad P_1 platziert, rechts in den Pfad P_2. . . 169

8.11 Beispiel für eine Instanz. Die optimale Rundreise ist bereits eingezeichnet. 171

8.12 Eine optimale Portaltour für die obige Instanz. 171

8.13 Beispiel einer $(1, 2)$-geshifteten Dissection, wobei hier nur die geshifteten Quadrate vom Level 1 dargestellt sind. Jedes geshiftete Quadrat ist mit einer unterschiedlichen Schattierung identifiziert. 172

9.1 Arbeitsweise des Algorithmus EXACTKNAPSACK. Dabei ist $p_{\max} :=$ $\max\{p_1, \ldots, p_n\}$ der maximale Gewinn eines Gegenstandes der Eingabe. Die Werte in der Tabelle werden von oben nach unten und von links nach rechts berechnet. Bereits berechnete Werte sind schraffiert. 180

10.1 Schematische Vorgehensweise eines randomisierten Algorithmus (links) verglichen mit einem deterministischen Algorithmus (rechts). 194

12.1 Graphische Darstellung der Strecke zwischen zwei Punkten x und y. . . . 228

12.2 Zwei Halbräume definiert durch die Hyperebene $H = \{x; (1, 1)^t \cdot x = 1\}$. 229

12.3 Beispiel für die Seitenflächen des Polyeders aus Beispiel 12.3 *(i)*. 230

12.4 Beispiel für die Seitenflächen des Polyeders aus Beispiel 12.3 *(ii)*. 231

12.5 Beispiel zur geometrischen Interpretation einer Optimallösung. Die gesuchte Hyperebene ist fett gezeichnet. 235

12.6 Graphische Darstellung der Idee Dual Fitting. 249

14.1 Ein Beispiel für den Allokationsgraphen bezüglich einer relaxierten Lösung zu einer Eingabe des Problems MIN JOB SCHEDULING mit fünf Jobs und drei Maschinen. 277

15.1 Eine Packung mit vier Rechtecken des Typs A und B. 305

15.2 Einteilung des Platzes für die breiten Rechtecke und Anordnung der breiten Rechtecke im eingeteilten Platz. 307

15.3 Aufteilen einer Konfiguration C_j. 308

15.4 Hinzufügen der schmalen Rechtecke mittels modifiziertem NFDH. 309

15.5 Stapel für L_{wide} und Partitionierung in Gruppen und anschließende lineare Rundung zur Konstruktion von L_{sup}. 310

16.1 Berechnung eines Schnittes durch Auswahl einer zufälligen Hyperebene. 323

16.2 Der Winkel $\theta = \arccos(v_i \cdot v_j)$. 324

16.3 Funktionsskizze zum Beweis von Lemma 16.8. 326

16.4 Das Dreieck aus Lemma 16.22. 342

17.1 Inklusionen der in diesem Kapitel betrachteten Komplexitätsklassen. . . . 355

18.1 Der Graph $3 \cdot G$. 363

18.2 Reduktion im Beweis von Satz 18.4. 365

18.3 Graphische Anschauung von GP-Reduktionen. 367

19.1 Schematische Darstellung einer nichtdeterministischen Turingmaschine. . 372

19.2 Schematische Darstellung einer randomisierten Turingmaschine. 373

19.3 Ein $(r(n), q(n))$-beschränkter Verifizierer. 375

20.1 Überblick über die in diesem Abschnitt zu zeigenden GP-Reduktionen. . 402

20.2 Ein Graph konstruiert aus der Formel $\alpha = C_1 \wedge C_2$ mit $C_1 = (x_1 \vee \neg x_2 \vee x_3)$ und $C_2 = (x_2 \vee \neg x_3 \vee \neg x_4)$. 408

20.3 Der zur Formel α und dem Booster $\mathcal{B}$ konstruierte Graph. 430

A.1 Schematische Darstellung einer Turingmaschine. 446

A.2 Simulation einer Mehrbandturingmaschine. 451

A.3 Graphische Darstellung der Turingmaschine aus Beispiel A.15. 453

A.4 Schematische Darstellung einer Offline-Turingmaschine. 456
A.5 Schematische Darstellung einer probabilistischen Turingmaschine. 457

Tabellenverzeichnis

1.1 Die Inzidenzmatrix zum Graphen aus Abbildung 1.6. 16

7.1 Beispieleingabe für das Problem MIN STRIP PACKING. Die optimale Lösung sehen wir in Abbildung 7.5. 140

12.1 Auftretende Kombinationen für primale und duale LP-Probleme. 242

15.1 Die verschiedenen Konfigurationen mit Rechtecken vom Typ A und B. . 306

17.1 Überblick über die Zugehörigkeit der bisher kennen gelernten Optimierungsprobleme zu den oben definierten Komplexitätsklassen. 356

19.1 Form des Beweises τ. 388

20.1 Überblick über die in diesem Kapitel zu zeigenden Nichtapproximierbarkeitsresultate. 400

Symbolindex

Algorithmisches

$|I|_\Sigma$	Länge einer Instanz, kodiert über Σ, 9
A	Algorithmus, 10
A(I)	Wert der vom Algorithmus A gefundenen Lösung zur Instanz I, 12
$\delta(I)$	Approximationsgüte zur Instanz I, 12
$\mathcal{I}$	Instanzenmenge, 8
$\langle A \rangle$	Eingabelänge einer Matrix, 10
$\langle b \rangle$	Eingabelänge eines Vektors, 10
$\langle n \rangle$	Eingabelänge einer natürlichen Zahl, 10
$\langle q \rangle$	Eingabelänge einer rationalen Zahl, 10
$\mathfrak{M}$	Turingmaschine, 21
OPT(I)	Wert einer optimalen Lösung zur Instanz I, 12
Π	Optimierungs- bzw. Entscheidungsproblem, 8
Σ	endliches Alphabet, häufig $\Sigma = \{0, 1\}$, 9
Σ^*	Menge der Wörter über Σ, 9
F	Menge der zulässigen Lösungen, 8
$R(I, L)$	Rate einer Lösung L bezüglich einer Instanz I, 357
$T_A(I)$	Laufzeit des Algorithmus A für die Eingabe I, 10
$Y_\mathcal{I}$	Menge der JA-Instanzen, 8

Graphen

$\bar{\chi}(G)$	cliquecover number, 428
$\chi'(G)$	chromatischer Index, 56
$\chi(G)$	chromatische Zahl, 52
$\chi_f(G)$	Fractional Chromatic Number des Graphen G, 226
$\Delta(G)$	Maximalgrad von G, 14
$\delta(G)$	Minimalgrad von G, 14
$\delta(v)$	Grad eines Knotens v, 14
$\Gamma(v)$	Menge der Nachbarn eines Knotens, 54

init(e)   Anfangsknoten von e, 17

$\nu(G)$ Größe eines maximalen Matchings in G, 238

$\nu^*(G)$ Größe eines maximalen fraktionalen Matchings in G, 238

$\tau(G)$ Größe eines minimalen Vertex Covers von G, 238

$\tau^*(G)$ Größe eines minimalen fraktionalen Vertex Covers von G, 238

ter(e)   Endknoten von e, 17

$\tilde{G}$ Erweiterung von G, 433

A_G Adjazenzmatrix von G, 16

$E(G)$ Kantenmenge des Graphen G, 14

G endlicher Graph, 14

$G - e$ Löschen einer Kante, 15

$G - v$ Löschen eines Knotens, 15

G^2 Produktgraph $G \times G$, 99

G^c Komplementgraph von G, 92

$G_1 \times G_2$ Produkt der beiden Graphen G_1 und G_2, 99

G_i um i geshifteter $r \times k$ Graph, 432

I_G Inzidenzmatrix von G, 16

K_n vollständiger Graph auf n Knoten, 14

$K_{n,m}$ der vollständige bipartite Graph auf $n + m$ Knoten, 61

$m \cdot G$ m-te Summe von G, 77

$V(G)$ Knotenmenge des Graphen G, 14

w Gewichtsfunktion auf G, 14

Komplexitätstheorie

DSPACE($s(n)$) Sprachen, die von einer $s(n)$-platzbeschränkten deterministischen Turingmaschine erkannt werden, 459

DTIME($p(n)$) Sprachen, die von einer $p(n)$-zeitbeschränkten deterministischen Turingmaschine erkannt werden, 22

exp-APX   Komplexitätsklasse für Optimierungsprobleme, 354

$\leq_{APX}$ APX-Reduktion, 357

$\leq_{FPTAS}$ FPTAS-Reduktion, 359

log-APX   Komplexitätsklasse für Optimierungsprobleme, 354

$\mathcal{O}$ Menge von Funktionen, 11

NTIME($p(n)$) Sprachen, die von einer $p(n)$-zeitbeschränkten nichtdeterministischen
              Turingmaschine erkannt werden, 22

Ω Menge von Funktionen, 11

poly-APX   Komplexitätsklasse für Optimierungsprobleme, 354

Θ Menge von Funktionen, 11

$\widetilde{\mathcal{O}}(g)$ Menge von Funktionen, 11

e Kodierung, 20

$L(\mathfrak{M})$ von einer Turingmaschine $\mathfrak{M}$ erkannte Sprache, 447

$L(\Pi)$ zu Π assoziierte Sprache, 21

$L(\Pi, e)$ zu Π assoziierte Sprache, 21

$o(g)$ Menge von Funktionen, 11

T_A Laufzeit des Algorithmus A, 11

$T_\mathfrak{M}$ Zeitkomplexität der Turingmaschine $\mathfrak{M}$, 22

APX   Komplexitätsklasse für Optimierungsprobleme, 354

FPTAS   Komplexitätsklasse für Optimierungsprobleme, 354

PTAS   Komplexitätsklasse für Optimierungsprobleme, 354

NP   Komplexitätsklasse für Wort- bzw. Entscheidungsprobleme, 22

NPO   Komplexitätsklasse für Optimierungsprobleme, 351

P   Komplexitätsklasse für Wort- bzw. Entscheidungsprobleme, 22

PO   Komplexitätsklasse für Optimierungsprobleme, 352

Lineare Algebra

co(K)   konvexe Hülle von K, 228

dim S Dimension eines linearen bzw. affinen Teilraums, 228

ex(K)   Menge der Ecken einer konvexen Teilmenge K, 228

rank(A)   Rang der Matrix A, 234

Sonstiges

bin(n)   Binärdarstellung einer naturlichen Zahl n, 9

$\Delta(f, g)$ Abstand zweier Funktionen f und g, 391

Exp[X]   Erwartungswert einer Zufallsvariablen X, 190

$\neg$ Verneinung, 30

Pr   Wahrscheinlichkeitsmaß, 188

$\text{sgn}(x)$ Vorzeichen einer reellen Zahl $x \in \mathbb{R}$, 323

Δ symmetrische Differenz zweier Mengen, 7

$\vee$ logisches ODER, 30

$\wedge$ logisches UND, 30

H harmonische Zahl, 82

$W(\mathsf{A}, I)$ Wahrscheinlichkeitsraum, den ein randomisierter Algorithmus A zur Eingabe I benutzt, 194

$x \circ y$ äußeres Produkt zweier Vektoren, 387

Index

δ-ähnlich, 391
$\{0, 1\}$ LINEAR PROGRAMMING, 41, 461
$\geq m$ MIN NODE COLORING, 362
ε-ROBUST 3SAT, 369, 378, 463
2D-MAX KNAPSACK, 156, 467
3SAT, 36, 462
3SAT*, 50, 463

A

Adjazenzmatrix, 16
affiner Teilraum, 228
ähnlich
    $\delta \sim$, 391
Algorithmus
    probabilistischer $\sim$, 212
    pseudopolynomieller $\sim$, 184
    randomisierter $\sim$, 193
Anfangsknoten, 17
Apple, 67
Approximationsfaktor, 12
Approximationsgüte, 12
    additive $\sim$, 51
    erwartete $\sim$, 195
    multiplikative $\sim$, 12
Approximationsschema, 150
    vollständiges $\sim$, 177
approximativen Blocklöser, 290
APX, 354
APX-Reduktion, 357
aussagenlogische Formel, 30
äußeres Produkt, 387

B

Basis
    einer Matrix, 236
Basislösung, 236
Baum, 114
    erzeugender $\sim$, 114
    minimal spannender $\sim$, 114
Belegung, 30
Berechnungsproblem, 352
    zugehöriges $\sim$, 352
Berechnungsproblem Π, 352

Bin Packing, 128
Blocklöser
    approximativer $\sim$, 290
Blockproblem, 289
boolesche Funktion, 380
Booster, 420
    $\sim$ Produkt, 420

C

Cauchy, 96
Cauchy–Schwarzsche Ungleichung, 96
chromatische Zahl, 52
chromatischer Index, 56
Churchsche These, 455
Clique, 14
CLIQUE, 27, 461

D

ΔTSP$(1,2)$, 466
Differenz
    symmetrische $\sim$, 7
Digraph, 17
Dimension
    eines affinen Teilraums, 228
    eines linearen Teilraums, 228
    eines Polyeders, 229
    eines Polytops, 229
Dissection, 163
DTM-Konfiguration, 446
duales Programm, 237
Dualitätssatz
    schwacher $\sim$, 238
    starker $\sim$, 241

E

Ecke, 14, 230
EDGE 3-COLORING, 47, 254, 461
Ellipsoidalgorithmus, 233
Endknoten, 17
Ereignis, 188
    Elementar$\sim$, 188
Erfüllbarkeit, 30
Erwartungswert, 190
    Linearität des $\sim$, 190

Euler, 68, 111
Eulerkreis, 111
EULERKREIS, 111, 461
Eulersche Polyederformel, 68
exp-APX, 354
Expander, 403
Extremalpunkt, 228

F
Facette, 67, 229
Färbung
    Kanten∼, 56
    Knoten∼, 51
    Semi-∼, 343
Farkas, 240
Farkas-Lemma, 240
Formel
    aussagenlogische ∼, 30
FPAS, 177
FPTAS, 177, 354
FPTAS-Reduktion, 359
FRACTIONAL CHROMATIC NUMBER, 226,
    442
Fractional Chromatic Number, 226
fraktionale Lösung, 206
Funktion
    boolesche ∼, 380

G
Gleichverteilung, 189
GP-Reduktion, 366
Grad eines Knotens, 14
Graph, 14
    d-induktiver ∼, 269
    $r \times k$ ∼, 432
    Di ∼, 17
    Erweiterung, 433
    Eulerscher ∼, 111
    gerichteter ∼, 17
    kantengewichteter ∼, 14
    knotengewichteter ∼, 14
    Komplement ∼, 92
    Multi ∼, 18
    planarer ∼, 61
    Produkt ∼, 99, 419
    Summe ∼, 77
    vollständiger ∼, 14

H
Haken, 67
Halbraum, 229
HAMILTON CIRCUIT, 122, 461
harmonische Zahl, 82
Heawood, 62
Hülle
    konvexe ∼, 228
Hyperebene, 228
Hypergraph, 211, 219
Hyperkanten, 211, 219

I
INDEPENDENT SET, 43, 461
initial vertex, 17
Interior-Point-Methoden, 233
Inzidenzmatrix, 16

J
JOB SCHEDULING, 8, 43, 462
    prioritätsgeordneter Jobs, 287, 462

K
k-Matching, 219
$k-$MAXGSAT, 380, 469
k-OCCURENCE MAX3SAT, 400, 469
Kante, 230
    Loop ∼, 18
    parallele ∼, 18
Kantenfärbung, 56
kantengewichteter Graph, 14
Kempe, 62
Khachiyan, 233
KNAPSACK, 38, 462
Knoten, 14
Knotenfärbung, 51
knotengewichteter Graph, 14
Kodierung, 9, 20
    zulässige ∼, 26
Königsberger Brückenproblem, 111
Komplementgraph, 92
Konfiguration
    DTM- ∼, 446
konjunktive Normalform, 30
konvex, 227
konvexe Hülle, 228
Kreis
    Eulerscher ∼, 111

Kreisgraph, 175
Kruskal, 114

L

Lösungspolyeder, 234
L_w, 27
Lagrange-Zerlegungsmethode, 289
Laufzeit, 10
    polynomielle $\sim$, 11
linearer Teilraum, 228
Lineares Programm, 232
    Allgemeine Form, 232
    Kanonische Form, 232
    Standardform, 232
Linearität des Erwartungswertes, 190
Literal, 30
log-APX, 354
Loop, 18
LP-Relaxierung, 206

M

m-Summe eines Graphen, 76
Markov-Ungleichung, 215
    allgemeine $\sim$, 215, 226
Matching, 93, 118
    k-$\sim$, 219
    perfektes $\sim$, 118
Matrix
    symmetrische $\sim$, 318
MAX 2 BIN PACKING, 79, 467
MAX BUDGETED COVERAGE, 90, 467
MAX CLIQUE, 76, 467
MAX CONNECTED COMPONENT, 466
MAX COVERAGE, 85, 468
MAX INDEPENDENT SET, 50, 79, 94, 468
MAX k CENTER, 104, 467
MAX k-MATCHING, 219, 469
MAX KNAPSACK, 75, 152, 468
MAX LABEL COVER, 407, 468
MAX MATCHING, 237, 468
MAX r-CLIQUE, 429, 467
MAX SATISFY, 423, 470
MAXSAT, 205, 327, 469
MAXCUT, 6, 200, 321, 468
Maximalgrad, 14
Maximierungsproblem, 8
MAX$\geq k$SAT, 187, 469

Menge
    unabhängige $\sim$, 15
(m, l)-Mengensystem, 412
MIN BIN PACKING, 128, 464
    mit eingeschränkten Gewichten, 158
    mit Konflikten, 269, 464
MIN CLIQUE COVER, 428
MIN ΔTSP, 110, 466
MIN EDGE COLORING, 56, 254, 464
MIN HITTING SET, 210, 224, 464
MIN JOB SCHEDULING, 3, 106, 157, 272, 464
    mit Kommunikationszeiten, 279, 465
MIN m-MACHINE JOB SCHEDULING, 151, 465
MIN NODE COLORING, 52, 102, 341, 465
MIN OPENSHOP SCHEDULING, 287
Min Scheduling Malleable Tasks, 317
MIN SET COVER, 81, 217, 245, 465
MIN SPANNING TREE, 114, 463
MIN STRIP PACKING, 140, 303, 464
MIN TRAVELING SALESMAN, 110, 161, 465
MIN TREE MULTICUT, 225, 466
MIN VERTEX COVER, 91, 238, 465
MIN WEIGHTED SET COVER, 89, 465
Minimalgrad, 14
Minimierungsproblem, 8
Multigraph, 18

N

Nachbarn, 54
NODE 3-COLORING, 52, 462
Normalform
    konjunktive $\sim$, 30
NP, 22
    $\sim$-schwer, 29, 30
        streng $\approx$, 185
    $\sim$-vollständig, 25, 29
        streng $\approx$, 185
NPO, 351

O

Optimierungsproblem, 8

P

P, 22
Packung, 128

parallel, 18
PARTITION, 43, 50, 129, 462
Partitionssatz, 198
PCP, 375
PLANAR GRAPH, 63, 461
platzbeschränkte Turingmaschine, 459
PO, 352
poly-APX, 354
Polyeder, 229
polynomiell zeitbeschränkte Turingmaschi-
    ne, 447, 449
polynomielle Reduktion, 24
Polytop, 229
positiv semidefinit, 318
primales Programm, 237
PRIME, 374, 461
Probleme
    {0, 1} LINEAR PROGRAMMING, 41,
        461
    ≥ m MIN NODE COLORING, 362
    ε-ROBUST 3SAT, 369, 378, 463
    2D-MAX KNAPSACK, 156, 467
    3SAT, 36, 462
    3SAT*, 50, 463
    Berechnungsproblem Π, 352
    CLIQUE, 27, 461
    ΔTSP(1,2), 466
    EDGE 3-COLORING, 47, 254, 461
    EULERKREIS, 111, 461
    FRACTIONAL CHROMATIC NUMBER,
        226, 442
    HAMILTON CIRCUIT, 122, 461
    INDEPENDENT SET, 43, 461
    JOB SCHEDULING, 8, 43, 462
        prioritätsgeordneter Jobs, 287, 462
    k−MAXGSAT, 380, 469
    k-OCCURENCE MAX3SAT, 400, 469
    KNAPSACK, 38, 462
    L_w, 27
    MAX 2 BIN PACKING, 79, 467
    MAX BUDGETED COVERAGE, 90, 467
    MAX CLIQUE, 76, 467
    MAX CONNECTED COMPONENT, 466
    MAX COVERAGE, 85, 468
    MAX INDEPENDENT SET, 50, 79, 94,
        468
    MAX k CENTER, 104, 467

MAX k-MATCHING, 219, 469
MAX KNAPSACK, 75, 152, 468
MAX LABEL COVER, 407, 468
MAX MATCHING, 237, 468
MAX r-CLIQUE, 429, 467
MAX SATISFY, 423, 470
MAXSAT, 205, 327, 469
MAXCUT, 6, 200, 321, 468
MAX≥kSAT, 187, 469
MIN BIN PACKING, 128, 464
    mit eingeschränkten Gewichten, 158
    mit Konflikten, 269, 464
MIN CLIQUE COVER, 428
MIN ΔTSP, 110, 466
MIN EDGE COLORING, 56, 254, 464
MIN HITTING SET, 210, 224, 464
MIN JOB SCHEDULING, 3, 106, 157,
    272, 464
    mit Kommunikationszeiten, 279, 465
MIN m-MACHINE JOB SCHEDULING,
    151, 465
MIN NODE COLORING, 52, 102, 341,
    465
MIN OPENSHOP SCHEDULING, 287
Min Scheduling Malleable Tasks, 317
MIN SET COVER, 81, 217, 245, 465
MIN SPANNING TREE, 114, 463
MIN STRIP PACKING, 140, 303, 464
MIN TRAVELING SALESMAN, 110,
    161, 465
MIN TREE MULTICUT, 225, 466
MIN VERTEX COVER, 91, 238, 465
MIN WEIGHTED SET COVER, 89, 465
NODE 3-COLORING, 52, 462
PARTITION, 43, 50, 129, 462
PLANAR GRAPH, 63, 461
PRIME, 374, 461
RESTRICTED BIN PACKING(δ, m), 257,
    464
SAT, 31, 462
SEQUENCING WITHIN INTERVALS, 45,
    463
Sorting, 18
SUBSET SUM, 39, 186, 463
WEIGHTED MAXCUT, 19
WEIGHTED MAXSAT, 469
Wortproblem L, 21

Produkt
    äußeres ~, 387
Programm
    primales ~, 237
    semidefinites ~, 318
PTAS, 150, 354

R
$r \times k$-Graph, 432
randomisierter Algorithmus, 193
Rate, 357
RESTRICTED BIN PACKING(δ, m), 257, 464
Reduktion
    APX- ~, 357
    FPTAS- ~, 359
    GP-~, 366
    polynomielle ~, 24
Runden
    randomisiertes ~, 208
Rundreise, 109

S
SAT, 31, 462
Schlupfvariable, 233
Schwacher Dualitätssatz, 238
Schwarz, 96
schwer
    NP-~, 29, 30
Seitenfläche, 229
Semi-Färbung, 343
semidefinit, positiv, 318
SEQUENCING WITHIN INTERVALS, 45, 463
Sorting, 18
Sprache
    assoziierte ~, 21
    erkannte ~, 21, 447
Starker Dualitätssatz, 241
Stoppkonfiguration, 446
    akzeptierende ~, 21, 447
Strip-Packing, 303
SUBSET SUM, 39, 186, 463
symmetrische Matrix, 318

T
Teilgraph, 14
    induzierter ~, 14
Teilraum
    affiner ~, 228

linearer ~, 228
terminal vertex, 17
Turingmaschine, 10
    deterministische ~, 445
    Mehrband- ~, 450
    Mehrspur- ~, 449
    nichtdeterministische ~, 448
    platzbeschränkte ~, 459
    polynomiell zeitbeschränkte ~, 447, 449
    probabilistische ~, 456
    zeitbeschränkte ~, 447, 449

U
Überdeckungsproblem, 289
unabhängige Menge, 15

V
Verifizierer, 372, 374
    beschränkter ~, 374
Vizing, 57
vollständig
    NP-~, 25, 29
    streng NP-~, 185

W
Wahrscheinlichkeitsmaß, 188
WEIGHTED MAXCUT, 19
WEIGHTED MAXSAT, 469
Wort
    akzeptiertes ~, 21, 447
Wortproblem L, 21

Z
zeitbeschränkte Turingmaschine, 447, 449
Zeitkomplexität, 11, 22, 447, 449
Zeuge, 23
Zufallsvariable, 189
    Summe, 190
zusammenhängend, 15